CHEMISCHE TECHNOLOGIE
IN EINZELDARSTELLUNGEN
HERAUSGEBER: PROF. DR. A. BINZ, BERLIN
SPEZIELLE CHEMISCHE TECHNOLOGIE

DIE
SCHWEFELFARBSTOFFE

IHRE

HERSTELLUNG UND VERWENDUNG

Von

DR. OTTO LANGE
DOZENT AN DER TECHN. HOCHSCHULE ZU MÜNCHEN

ZWEITE AUFLAGE

MIT 26 FIGUREN IM TEXT

Springer-Verlag Berlin Heidelberg GmbH

1925

© Springer-Verlag Berlin Heidelberg 1925
Ursprünglich erschienen bei Otto Spamer, Leipzig 1925
Softcover reprint of the hardcover 2nd editon 1925

ISBN 978-3-662-33653-3   ISBN 978-3-662-34051-6 (eBook)
DOI 10.1007/978-3-662-34051-6

Vorwort zur ersten Auflage.

Die Anregung, die *Vidal* im Jahre 1893 durch die Herstellung der ersten
Schwefelfarbstoffe gab, erwies sich in der Folge als einer der fruchtbarsten
technischen Gedanken der letzten Jahrzehnte. Heute, da wir imstande sind,
das nahezu abgeschlossene Gebiet der Schwefelfarbstoffe zu überblicken,
sehen wir erst die Umwälzung, die die Baumwollfärberei durch die Einführung dieser direkt und leicht färbbaren, hervorragend echten Farbstoffe
erfuhr; wir sehen die große Zahl von Nebenindustrien, die sich erst im
Anschluß an die Großfabrikation der Schwefelfarbstoffe entwickelten, und
können verfolgen, wie die Weiterführung des *Vidal*schen Gedankens auch
auf wissenschaftlichem Gebiete zur Darstellung einer Fülle neuer Körper
nach teilweise völlig neuen Methoden führte.

So schnell die Entwicklung der Schwefelfarbstoffindustrie einsetzte:
— wir zählen annähernd 3, 4, 10, 6, 14, 24 deutsche Patente und Patentanmeldungen der Jahre 1893 bis 1898, aber je 70 in den folgenden drei
Jahren — ebenso schnell kam die fortschreitende Bewegung zur Ruhe,
und zwar in dem Maße, als man erkannte, daß die Anwendung der verschiedenen Gruppen von Ausgangsmaterialien doch eine relativ eng begrenzte
war und daß sich demzufolge neue Nuancen nicht mehr erzielen ließen. Vom
Jahre 1902 ab ging die Zahl der geschützten Verfahren ständig zurück, und
wenn uns auch das Jahr 1910 noch 21 Schwefelfarbstoffpatente brachte,
so enthalten diese doch kaum mehr als Verbesserungs- oder Analogie-
verfahren.

Vorliegende Arbeit, die auf Grund langjähriger praktischer Tätigkeit
auf diesem Gebiet entstand, soll nun ebensowohl dem Chemiker als auch
dem wissenschaftlich geschulten Färber die Daten liefern, die ihm ermöglichen, sich unter Benutzung der mit besonderer Sorgfalt gesammelten
Literaturnachweise über jede Frage auf dem Gebiete der Schwefelfarbstoffchemie zu informieren. Diesem Charakter des Buches als Nachschlagewerk
entspricht es auch, daß wegen des Umfanges der Materie die Literaturnachweise oft die eingehende Beschreibung der einzelnen Verfahren ersetzen
mußten. Von Kalkulations- und Preistabellen wurde abgesehen, da
diese Zahlen von der Örtlichkeit abhängig sind und rasch veralten. Ebenso
konnte auf verschiedene Details, insbesondere auf die Wiedergabe der Monats-
daten der Patenterteilungen usw. verzichtet werden, da fast alle Patente
über Schwefelfarbstoffe im Original, ebenso wie auch in den beiden vorzüglichen Werken von *Friedländer* (Fortschritte der Teerfarbenindustrie) und

A. Winter (Patente der organischen Chemie), leicht zugänglich sind. Alle deutschen und nahezu alle ausländischen Schwefelfarbstoffpatente und Patentanmeldungen, die bis zum 1. Nov. 1911 erschienen sind, sind im vorliegenden Buche aufgenommen; das Erreichen dieser Vollständigkeit wurde wesentlich gefördert durch die leichte Zugänglichkeit der von *Freiherrn von Bassus* in mustergültiger Weise geleiteten Bibliothek des Münchener Polytechnischen Vereines.

Den Firmen:

Farbenfabriken vorm. Friedrich Bayer, Elberfeld, und

Leopold Cassella & Co., G. m. b. H., Frankfurt a. M.,

die mir ihre Musterbücher freundlichst zur Verfügung stellten, ebenso wie den Firmen

C. G. Haubold, Maschinenfabrik (Färbereimaschinen), Chemnitz i. S.,

de Dietrich, Maschinenfabrik, Niederbronn i. Elsaß,

A. H. G. Dehne, Maschinenfabrik (Filterpressen usw.), Halle a. Saale,

Elsässische Maschinenbau-A.-G. (Druckerei- und Textilveredelungs-
maschinen), Mühlhausen i. Elsaß,

Fellner & Ziegler, Maschinenfabrik (Trockenanlagen), Frankfurt a. M.-
Bockenheim,

die meine Arbeit durch Überlassung von Werkzeichnungen förderten — die Zeichnungen Figur 1—3 und 9 wurden mir von der Firma *L. Cassella* zur Verfügung gestellt — sage ich auch an dieser Stelle meinen besten Dank.

Schließlich spreche ich Herrn *Dr. Friedrich Steppes*, München, für die wertvolle Unterstützung, die er mir bei der letzten Abschrift und beim Lesen der Korrektur bot, meinen herzlichsten Dank aus.

München, 1. November 1911.

Dr. **Otto Lange.**

Vorwort zur zweiten Auflage.

Dem Geleitwort zur ersten Auflage ist hinsichtlich der Fortentwicklung der Schwefelfarbstoffchemie kaum mehr hinzuzufügen: sie ist auch in dem Jahrzehnt 1910 bis 1920 steril geblieben. Jede Farbenfabrik verfügt über eine Anzahl erprobter Marken, die wohl auch, von Ausnahmen abgesehen, aus gleichartigen Zwischenprodukten hergestellt werden, da die Schutzfristen der Patente größtenteils abgelaufen sind; die Ausgangsmaterialien sind einfache Abkömmlinge der Benzol-, Diphenylamin- und Phenazinreihe geblieben (s. S. 187 d. 1. Aufl.), kompliziertere Zwischenprodukte, die früher und bis zum heutigen Tage als Ausgangsstoffe für Schwefelfarben in Vorschlag gebracht wurden, haben keine besondere Bedeutung erlangt. Als Vermächtnis der Schwefelfarbstoffchemie kann man eine Reihe von Küpenfarbstoffen betrachten, die auf einen im Schwefelfarbengebiet ruhenden Keim zurückzuführen ist. Diese durch bedeutende Echtheit und Schönheit der Färbungen ausgezeichneten, schwefelhaltigen und auf dem Wege über die Polysulfidschmelze entstandenen Küpenfarbstoffe konnten in der vorliegenden Neuauflage des Werkes nicht aufgenommen werden, da ihnen eines der Hauptkennzeichen der echten Schwefelfarbstoffe, das direkte Aufziehen aus schwefelalkalischem Bade fehlt, das fruchtbar scheinende Gebiet beansprucht unser Interesse jedoch in so hohem Maße, daß seine monographische Bearbeitung sich nach einer noch abzuwartenden Zeit ruhiger Weiterentwicklung wohl empfehlen dürfte.

Die Kürzungen, die auf Wunsch des Verlages aus wirtschaftlichen Gründen vorgenommen werden mußten, beschränken sich auf einzelne Abschnitte, die in der ersten Auflage gar zu ausführlich bearbeitet worden waren. Überdies ist inzwischen im gleichen Verlage mein Werk „Zwischenprodukte der Teerfarbenfabrikation" erschienen (Leipzig 1920), in dem die organischen Ausgangsmaterialien für Herstellung von Schwefelfarbstoffen leichter auffindbar angeordnet und ausführlicher beschrieben sind als in der ersten Auflage des vorliegenden Werkes. Andere Kapitel, die gestrichen oder gekürzt werden mußten, finden sich ebenfalls ausführlicher bearbeitet und im richtigen Zusammenhange in meiner Leipzig 1924 erschienenen Neubearbeitung der „Chemisch-Technischen Vorschriften", so z. B. „Hydrosulfite" (Schwefelfarbstoffwerk 1. Aufl. S. 196) im Vorschriftenwerk Bd. II, Kap. 264—269; „Gespinstfasern" (Schwefelfarbstoffwerk, 1. Aufl. S. 268) im Vorschriftenwerk Bd. II, ab Kap. 228; „Schwefel und seine Abkömmlinge", (Schwefelfarbstoffwerk, 1. Aufl. S. 189) im Vorschriftenwerk, Bd. IV, Kap. 66—87 usw.

Die Tabellen am Schlusse des Buches wurden bis Mitte 1924 ergänzt und aus Gründen der Raumersparnis anders abgesetzt, dem Inhalte der letzten Auflage nach sind sie unverändert geblieben.

Herrn *F. Sailer*, der mich beim Lesen der Korrektur unterstützte, sage ich auch an dieser Stelle meinen besten Dank.

München, 1. Januar 1925.

Dr. Otto Lange.

Inhalt.

Einleitung.

Die Konstitution der Schwefelfarbstoffe.

Das Färben mit Schwefelfarbstoffen.

Gewebedruck mit Schwefelfarbstoffen.

Die Schwefelfarbstoff-Patente in tabellarischer Übersicht.

Einleitung.

I. Historischer Überblick.

Die Bedeutung der Schwefelfarbstoffe folgt aus ihrer wichtigsten Eigenschaft: sie färben ungebeizte Baumwolle aus Schwefelnatrium und Kochsalz haltender Lösung.

Für die direkte Baumwollfärberei brachte das Jahr 1884 eine bedeutungsvolle Erfindung: das von *Bötticher* aufgefundene Kongorot, den ersten Repräsentanten der künstlichen direkten Baumwollfarbstoffe; fast gleichzeitig erhielten wir Kenntnis von der Erfindung des Kanarins, des ersten schwefelhaltigen, direkt färbenden Baumwollfarbstoffes. Kanarin ist ein praktisch kaum mehr, höchstens zum Nuancieren basischer Farbstoffe verwendeter Farbstoff, der durch Oxydation von Rhodankalium z. B. mit chlorsaurem Kali in salzsaurer Lösung[1] oder mit Chlorgas, Schwefelsäureanhydrid[2] usw. entsteht.

Ein stickstofffreies schwefelärmeres Analogon des Kanarins liegt in einem braunroten direkten Baumwollfarbstoff vor, der sich aus dem *Stenhouse*schen Diphenylendisulfid[3] durch Einwirkung rauchender Schwefelsäure bildet[4].

Schließlich gehören zu den vor der Erfindung der Schwefelfarbstoffe bekannten schwefelhaltigen Körpern mit Farbstoffcharakter wohl auch die von *Bennert* aus aromatischen Aminen und Gemengen von solchen durch Behandlung mit Schwefeldioxyd oder wässeriger schwefeliger Säure (am besten unter Druck) erhaltenen Thiamine[5], blau gefärbte jedoch in den meisten Lösungsmitteln unlösliche Körper, die nur durch Sulfierung[6] oder Nitrierung[7] in wasser- und alkalilösliche Form gebracht werden können. Die nitrierten Produkte sind braune, ungebeizte Baumwolle färbende Farbstoffe. *Bennert* stellte auch durch direktes Schwefeln von α-Nitronaphthalin einen grünen schwefelhaltigen Farbkörper dar[8], der selbst — ebenfalls seiner Unlöslichkeit wegen — nicht

---

[1] D. R. P. 32 356, siehe auch F. P. 127 541.
[2] D. R. P. 101 804.
[3] Annalen **149**, 247.
[4] D. R. P. 91 816.
[5] D. R. P. 45 887.
[6] D. R. P. 45 888.
[7] D. R. P. 45 889.
[8] D. R. P. 48 802.

Farbstoff ist, aber durch geeignete Behandlung mit Alkalien oder Oleum[1] usw. in lösliche Form übergeführt werden kann. Die zuerst von *Troost* und anderen[2] erhaltenen Reduktionsfarbstoffe der Dinitronaphthaline, die Vorläufer des Echtschwarz[3], scheinen überhaupt Schwefel zu enthalten (s. S. 161).

Damit wären die wichtigsten Körper genannt, die, ohne selbst Schwefel-farbstoffe zu sein, in naher Beziehung zu diesen stehen. Als das Geburtsjahr der Schwefelfarbstoffchemie nimmt man das Jahr 1873 an; in dieses fällt die Erfindung der Cachou de Laval-Farbstoffe[4] durch *Croissant* und *Bretonnière*[5]. Vielleicht besteht diese Datierung nicht ganz zu Recht; denn diese höchst übelriechenden Konglomerate der verschiedensten Körper, die als Farbstoffe von stets wechselnder Zusammensetzung nur ihrer Billigkeit wegen eine Zeitlang für die direkte Baumwollfärberei in Betracht kamen, wären allein niemals die Ursache der Entwicklung der Schwefelfarbstoffindustrie geworden. Nach den Angaben der in *Kopps* Besitze befindlichen Patent-schrift[6] waren diese Körper durch Erhitzen der verschiedensten organischen — und zwar cellulosehaltigen — Abfallprodukte mit schwefelhaltigen Substanzen erhalten worden; sie waren poröse schwarze Massen ,,von furchtbarem Mercaptangeruch", die sich leicht in Wasser lösten und aus dieser Lösung durch Metallsalze (mit Ausnahme der Alkalisalze), sowie durch alle in der Kattundruckerei verwendeten Substanzen gefällt wurden. Schon in der Sitzung vom 30. November desselben Jahres berichtete *Witt*[7] über die Fortsetzung seiner Versuche mit diesen Körpern. Er kam auf Grund dieser und der früheren Versuche zu der Ansicht, daß diese Körper Alkalisalze von Mercaptosäuren seien; er stellte sie schließlich nach der Patentvorschrift selbst dar, indem er 40 g eines Kohlehydrates (Stärke, Kleie usw.) mit 80 g einer Schwefelungslauge erhitzte; letztere erhielt er durch Kochen von 70 ccm Natronlauge von 40° Bé., 65 ccm Wasser und 30 g Schwefelblumen. — Es sind zwar späterhin zuweilen noch Verfahren zur Herstellung geschwefelter Farb-

---

[1] D. R. P. 49 966.

[2] Chem. Centralbl. **1861**, 980.

[3] D. R. P. 84 989.

[4] Die Cachou-Lavale sollten während des Krieges noch einmal große Bedeutung erlangen. Es war in Frankreich, wo man sich als die Zufuhr der deutschen Farbstoffe aufhörte nicht Rat wußte und ab 1916 Sägespäne, Rinden, Heu, Stärke, Kräuter usw. auf Schwefelfarbstoffe verschmolz. Am besten soll sich ein bei 120° aus 9 Teilen Schwefelnatrium, 1 Teil Schwefel und 3,5 Teile Torf erhaltener brauner und ein schwarzbrauner Farbstoff bewährt haben, den man durch Verschmelzen von Erbsenstärke bei Gegenwart von Kupfervitriol erhielt. Ein sehr licht- und seifenechtes Braun wurde auch aus nitrierter Solventnaphtha erhalten. In Rev. den. d. mat. col. 1920, 145 bringt *L. Diserens* eine Übersicht über eine Anzahl solcher und aus einfachen Teerzwischenprodukten herstellbarer Schwefelfarbstoffe.

[5] Dinglers Polytechn. Journ. **211**, 404; **215**, 363 u. 561; Lehnes Färberzeitung **1**, 128 (Lepetit).

[6] E. P. 1489 von 1873 und F. P. 98 915 vom 12. IV. 1873.

[7] Ber. **7**, 1746. — Nach *Richardson* und *Aykroid*, Journ. Chem. Soc. Ind. **15**, 328, sollen die Körper Thiophenderivate sein.

stoffe aus unbestimmt zusammengesetzten Natur- oder Abfallprodukten bekannt geworden[1], doch kann man behaupten, daß erst die Verwendung chemisch einheitlicher reiner Körper die heutige Schwefelfarbstoffindustrie geschaffen hat. Dieser Anstoß von weitesttragender Bedeutung wurde jedoch erst 20 Jahre später von *Vidal* gegeben. Er erhitzte oder verschmolz einfache Benzol- oder Naphthalinabkömmlinge mit Schwefel allein oder mit Schwefel und Alkalien und fand, daß sich diese Ausgangsmaterialien dadurch in Farbstoffe umwandeln ließen, die sich nicht nur durch die Fähigkeit auszeichneten, ungebeizte Baumwolle direkt zu färben, sondern die auch mit einer bisher kaum gekannten Widerstandsfähigkeit gegen Zerstörung an der Faser hafteten. *Vidal* erkannte die Tragweite seiner Erfindung ganz richtig; das erste deutsche Patent[2], in höherem Maße aber noch das zweite[3] vom 10. Dezember 1893 lassen erkennen, daß er sich klar darüber war, welche Körper für die Bildung von Schwefelfarbstoffen besonders geeignet sind. Die Ausgangsmaterialien, die er angibt, p-Dioxybenzole, Toluchinon, Brenzcatechin, Dioxynaphthaline, Naphthochinon, ferner Amino- und Aminooxybenzole und ihre zahlreichen Abkömmlinge, das Azophenin, die Indamine, Nitrosophenol und Aminonaphthole, Naphthylendiamin und alle Körper, die „unter dem Einflusse der Erhitzung mit Schwefel bei Gegenwart von Alkalien in jene Körper überzugehen vermögen, wie Azofarbstoffe, Oxyazo-Azoxyverbindungen — diese Ausgangsmaterialien sind, allein, in Gemengen, oder als Komponenten von Kondensationsprodukten, auch späterhin so häufig als Ursprungskörper zur Darstellung von Schwefelfarbstoffen verwendet worden, daß man sagen kann: die Schwefelfarbstoffchemie wäre ohne diese Körper undenkbar. Und so stellten diese Patente denn auch ein Arbeitsprogramm auf Jahre hinaus dar, ihr Inhalt bot zahlreichen späteren Erfindern Stoff und Anregung für manche zu wertvollen Schwefelfarbstoffen führende Untersuchung. *Vidal* konnte, wohl zu seinem eigenen Schaden, eine genaue Bearbeitung all dieser Körper, insbesondere bei dem damaligen Stande der Kenntnisse, nicht vornehmen. Seine Bedeutung als Erfinder wird dadurch jedoch nicht geringer; die Erkenntnis nicht nur der Vorzüge seiner neuen Farbstoffe veranlaßte ihn, Reinigungsverfahren ausfindig zu machen, die erst die Verwendung der Produkte für den Druck ermöglichten[4]. Und er war es schließlich, der auch die ersten theoretischen Erklärungsversuche über die Konstitution der Schwefelfarbstoffe gab. Wenn diese Erklärungsversuche auch nicht exakt begründet sind, so besitzen sie doch einen so hohen Grad von Wahrscheinlichkeit, daß sie heute noch für manche Gruppen der Schwefelfarbstoffe als richtig angenommen

---

[1] D. R. P. 118 701 (ungesättigte Fettsäuren); D. R. P. 103 302 (Pyroxylin und nitrierte Cellulosederivate); D. R. P. 115 337 (nitrierte Harze); E. P. 8229/00 (Sulfitcelluloseablauge); A. P. 909 151 bis 909 156 (Polysaccharide, Stärke usw.); A. P. 909 227 (verschiedene Zucker); A. P. 886 532 (Holzteerrückstände); F. P. 306 672 (gerbstoff- und cellulosehaltige Substanzen). *Vanino:* Neueste Erfindungen und Erfahrungen **1908**, 130 und 153 (Hopfenabfälle, Kakaoschalen und Cichorie).

[2] D. R. P. 84 632 und Zusatz 91 719 vom 23. III. 1894.

[3] D. R. P. 85 330 und Zusatz 90 369 vom 23. III. 1894, F. P. 231 188 und 236 405.

[4] D. R. P. 88 392, 91 720, 94 501.

werden; zum mindesten erleichterten erst diese von *Vidal* veröffentlichten theoretischen Daten den Ausbau der aus einfachen Benzolderivaten hervorgehenden Schwefelfarbstoffe nach der Diphenyl- und Thiodiphenylaminreihe.

Die Farbstoffe gewannen nur langsam an Boden: zum Teil haftete ihnen noch der Geruch des Cachou de Laval an, zum Teil war es das selbstverständliche Mißtrauen gegen das Neue[1]), das heute noch alle Laien an die Giftigkeit und — auch viele Nichtlaien! — an die typische Lichtunechtheit[2] der Anilinfarben glauben läßt, zum Teil war aber auch ein gewisses Mißtrauen wegen der Ungleichartigkeit der Produkte noch gerechtfertigt. Die Thiocatechine, die *Vidal* im Jahre 1894 erfunden hatte[3], waren schwer löslich und wirklich nicht sehr lichtecht, und auch die schnell entstandenen Konkurrenzprodukte, wie Katigenschwarzbraun (1896), Immedialbraun (1897), die Echtschwarzmarken der *Bad. Anilin- und Sodafabrik* usw., hatten noch recht viele Mängel, was sich unter anderem durch die zum Teil recht komplizierten Färbevorschriften äußerte.

Einen Wendepunkt für die Schwefelfarbstoffindustrie bedeutete das Jahr 1897 durch die Erfindung des Immedialschwarz, das *Kalischer* durch Erhitzen von Oxydinitrodiphenylamin

$$\text{OH}-\!\!\bigcirc\!\!-\underset{\underset{\text{NO}_2}{|}}{\overset{\overset{\text{H}}{|}}{\text{N}}}\!\!-\!\!\bigcirc\!\!-\text{NO}_2$$

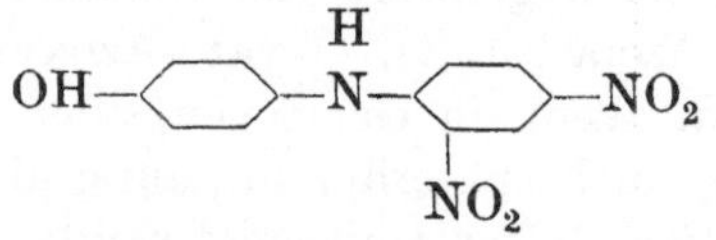

mit Schwefelnatrium und Schwefel erhielt. Man hatte bis dahin braune, schwarzbraune, schwärzliche und gelbbraune Schwefelfarbstoffe — durchweg wenig wertvolle, unausgesprochene Nuancen — erhalten; auch die Vidalschwarz der Jahre 1893 und 1895 waren keine rein schwarz färbenden Farbstoffe und die Färbungen bedurften der Nachbehandlung mit Fixierungsmitteln. Darum war die Auffindung des Immedialschwarz[4] ein Ereignis für die Farbstoffindustrie und für die Färbereipraxis, insofern als der Farbstoff das erste Glied einer langen Reihe der wertvollsten schwarzen Schwefelfarbstoffe darstellt, die nun alle über die außerordentlich leicht in reinster Form erhaltbaren Nitrodiphenylaminderivate zugänglich waren. Aber gerade das obige Oxydinitrodiphenylamin (das Ausgangsmaterial für das Immedialschwarz) ist prädestiniert zur Bildung eines hervorragenden Schwefelfarbstoffes, allein schon wegen seiner Verwandtschaft mit p-Aminophenol und Dinitrophenol, zwei Körper, für die *Vidal* schon die besondere Eignung, Schwefelfarbstoffe zu geben, festgestellt hatte[5]; und in der Tat handelte es sich um einen Farbstoff, der an Intensität, Schönheit und Echtheit sogar mit

---

[1] Chem.-Ztg. **1895**, 1853 und 2007.

[2] *A. Kertesz:* Färber-Ztg. **1910**, 287.

[3] D. R. P. 82 748.

[4] D. R. P. 103 861 und A. P. 610 541, *Kalischer*, übertragen auf *Leop. Cassella & Co.*, Frankfurt a. Main (vgl. hierzu D. R. P. 99 039 — das erste Diphenylaminderivat verschmolz demnach *Vidal*).

[5] D. R. P. 85 330 und 98 437, 1896.

dem Anilinschwarz in Wettbewerb zu treten vermochte, der die — für damalige Verhältnisse, wo die blauen Schwefelfarbstoffe noch unbekannt waren — schätzenswerte Eigenschaft besaß, durch Oxydation auf der Faser in ein echtes — oder durch Oxydation in Substanz in ein in der Küpe färbbares — farbstarkes Blau überzugehen, der aber trotzdem (im Gegensatz zu den Vidalschwarzmarken) ein direktes unveränderliches Schwarz färbte — kurz: Der Farbstoff besaß Vorzüge, wie keiner der bisher bekannten Farbstoffe dieser Klasse. Es gab in der Folge bald kaum eine Fabrik, die nicht ebenfalls ein schwefelhaltiges Schwarz in ihrem Produktionsverzeichnis geführt hätte; so entstand speziell auf dem Schwarzmarkte ein heftiger Konkurrenzkampf, der den Preis dieser Marken eine Zeitlang äußerst niedrig hielt; erst eine im Jahre 1909 abgeschlossene Konvention vermochte den verschiedenen Interessen gerecht zu werden.

Im Jahre 1897 waren neben den Vidalfarbstoffen bekannt: Das Immedialschwarz und sein blaues Umwandlungsprodukt, Immedialblau C, die entsprechenden Konkurrenzprodukte Kryogenblau G und R[1], Sulfanilinschwarz (*Kalle & Co.*, Biebrich), Katigenschwarz T (*Farbenfabr. vorm. F. Bayer*, Elberfeld), eine große Zahl von Braunmarken und das abseits stehende Anthrachinonschwarz der *Bad. Anilin- und Sodafabrik.* Bekannt war ferner auch schon ein an und für sich wertloser grüner Schwefelfarbstoff[2]; er verdankte seine Entstehung einem Zusatz von Kupfer zur Schmelze, eine Modifikation, die später in anderer Anwendung bedeutende Wichtigkeit erlangen sollte. In diese Zeit fiel auch die erste Darstellung eines Schwefelfarbstoffes mit Hilfe von Chlorschwefel[3] und jene eines schwarzen Schwefelfarbstoffes mittels Thiosulfates[4] (Claytonschwarz). Von 1898 bis annähernd 1904 sehen wir eine so rapid fortschreitende Entwicklung in der Erfindung neuer Schwefelfarbstoffe, wie sie in der Geschichte der chemischen Industrie ihresgleichen sucht. In der Zeit vom 1. Januar 1900 bis 1. Juli 1902 erscheinen im Durchschnitt wöchentlich zwei Patente[5], eine Folge der einfachen Herstellungsweise der neuen Produkte und eine Folge ferner des Umstandes, daß die großen Farbenfabriken, die fast ausschließlich als Patentnehmer auftraten, über eine große Zahl von Ausgangsmaterialien verfügten, die nun alle (außer der Verwendung für ihren ursprünglichen Bestimmungszweck) auch mit mehr oder weniger Erfolg auf ihre Verwendbarkeit zur Bildung von Schwefelfarbstoffen geprüft wurden. Verschmolzen wurde jedenfalls alles, und wenn auch viele der so entstandenen Farbstoffe nur ein kurzes Dasein fristeten, so hatte diese fieberhafte Tätigkeit doch auch ihre Vorteile, insofern als bald eine gewisse Übersättigung des Marktes und eine Art von Abspannung eintrat, so daß Zeit zum Ausbau der Resultate übrigblieb. Man hatte wohl schon versucht, durch Variationen der Schmelztemperatur und

---

[1] *Friedländer:* Fortschr. d. Teerfarben-Ind. **5**, 419.
[2] D. R. P. 101 577: *Lepetit, Dollfuß* und *Ganßer.*
[3] D. R. P. 103 646: *L. Cassella & Co.*
[4] D. R.P. 106 030: *Clayton Comp.*, 19. Juni 1898.
[5] *Friedländer:* Fortschr. d. Teerfarben-Ind **6**, 611.

-dauer reinere und farbkräftigere Produkte zu erhalten, nunmehr lernte man jedoch den Gebrauch von Lösungs- und Schmelzenverdünnungsmitteln kennen, man arbeitete die Reinigungsverfahren weiter aus[1] und wurde durch Verbesserung der Abscheidungsmethoden instand gesetzt, die Schwefelfarbstoffe in reiner, konzentrierter und stets gleichmäßiger Form zu liefern. Der Nuancenreichtum stieg durch die Anwendung von geeigneten Mischungen und Einstellungen. Die Folge der verbesserten Schmelzmethoden war die Auffindung der bisher übersehenen blauen Schwefelfarbstoffe und ihre Herstellung aus den Reduktionsprodukten der zur Schwarzfabrikation dienenden nitrierten Ausgangsmaterialien[2]. Wenn auch die erzielten Nuancen zunächst noch trüb waren, so hatten diese Farbstoffe doch den Vorzug, in direkter Schmelze zu entstehen und auch direkt zu färben, so daß man nicht darauf angewiesen war, schwarze Schwefelfarbstoffe durch Oxydation (Entwicklung auf der Faser) in blaue zu verwandeln.

Einen größeren Fortschritt brachte jedoch erst wieder das Jahr 1900 durch die Erfindung des Immedialreinblau, des ersten klaren leuchtenden Schwefelfarbstoffes von methylenblauartiger Nuance[3]. Er erlangte zwar in der Praxis zunächst nicht die volle Bedeutung, da die ersten Produkte in der Färberei einige Schwierigkeiten bereiteten und nicht genügend echt waren, seine Wichtigkeit beruht jedoch darauf, daß die schon früher[4] mit geringem Erfolge auf Schwefelfarbstoffe verarbeiteten Indophenole nunmehr in die erste Reihe der Ausgangsmaterialien traten. Immer mehr gerieten nun für diese prächtigen Farbstoffe die alten Schwefelungsmethoden in den Hintergrund; die „Kochung", d. h. das Schwefeln der Substanzen unter Verwendung geeigneter Lösungsmittel unterm Rückflußkühler[5] bei Temperaturen wenig über 100°[6] ist seither für Farbstoffe, die sich bei diesen Temperaturen überhaupt bilden, die meist geübte Darstellungsweise. Die Immedialindone, Katigenindigo, die Thion-, Kryogen- usw. Blau wären durch Beibehaltung der alten Polysulfidschmelze mit ihren wechselnden Temperaturen und der stets drohenden Gefahr lokaler Überhitzung nie aufgefunden worden.

Nahezu vom selben Tage, von dem das Immedialreinblaupatent datiert ist, stammt eine weitere Erfindung, ebenfalls der Firma *L. Cassella & Co.*[7], die die Nuancenmannigfaltigkeit weiterhin vergrößerte. Es handelt sich um den ersten Schwefelfarbstoff von rötlicher Farbe, der durch Schwefelung des Aminooxyphenazins erhalten wurde. Schon vorher[8] waren Derivate der Phenazine der Schwefel-Schwefelnatriumschmelze unterworfen worden; man hatte jedoch schwarze Schwefelfarbstoffe erhalten. Besonders unter Anwendung einer von den *Höchster Farbwerken* erfundenen Modifikation

---

[1] D. R. P. 135 952 und 136 188.

[2] D. R. P. 116 337, 112 399 und Zusatz, 118 440 u. a.

[3] D. R. P. 134 947 vom 19. August 1900, A. P. 693 633, *v. Weinberg* und *Herz.*

[4] D. R. P. 131 999 von 1899 und 132 212 von 1898.

[5] D. R. P. 127 835; vgl. reichsgerichtliche Entscheidung vom 27. März 1909.

[6] Siehe Angabe im D. R. P. 134 947.

[7] D. R. P. 126 175, A. P. 701 435, *A. v. Weinberg.*

[8] F. P. 299 531 der *Akt.-Ges. für Anilinfabr. Berlin* und D. R. P. 120 561.

(Zusatz von Kupfersalzen zur Schmelze[1]) erzielte man später aus verschiedenen Azinabkömmlingen klare violette, bordeaux- bis gelbrote verhältnismäßig echte Schwefelfarbstoffe[2], deren rötlichster Repräsentant der Höchster Thiogenpurpur[3] ist; sie enthalten, wie man heute annimmt[4], alle noch das unveränderte Azinmolekül, das durch Eintritt von Mercaptan-, Di- und Polysulfidgruppen die Fähigkeit erhält, sich in Schwefelnatrium zu lösen. Durch diese Erkenntnis war es verständlich geworden, warum die ursprünglich rote Nuance der Azinfarbstoffe durch die Schwefelung keine wesentliche Veränderung erfährt; zugleich war aber auch die Möglichkeit gegeben, durch Einführung solcher die Schwefelnatriumlöslichkeit bedingender Gruppen in rein rote Farbstoffe anderer Klassen zu ebensolchen rein roten Schwefelfarbstoffen zu gelangen[5]. Theoretisch wurde dieses Ziel durch Einführung von Sulfhydrylgruppen in rote Azofarbstoffe erreicht; die nach einem Patente der *Basler Chem. Industrie-Ges.*[6] dargestellten Sulfinazofarbstoffe ziehen tatsächlich direkt auf Baumwolle, sie färben der Nuance der verwendeten Azofarbstoffe entsprechend; in der Praxis aber haben diese Farbstoffe keine große Bedeutung erlangt.

In der Gelb- und Braungruppe hatte man wohl seit Erfindung der Thiocatechine durch *Vidal*[7] namhafte Verbesserungen erzielt[8]; zu rein gelben bzw. orangefarbenen Schwefelfarbstoffen von auch ohne Nachbehandlung hervorragender Echtheit gelangte man jedoch erst durch die Schwefelung von m - Toluylendiamin und seinen Derivaten, z. B. der Thioharnstoffabkömmlinge[9], und zwar wieder nur dadurch, daß man die Methode des Verschmelzens änderte und nicht mit Schwefelkalali und Schwefel, sondern nur mit Schwefel allein verschmolz. Zu den ersten Vertretern dieser wertvollen Farbstoffe gehörte das Immedialgelb[10] und Immedialorange[11].

Alle diese Schwefelfarbstoffe entstehen durch die mehr oder weniger modifizierte gewöhnliche Schwefel- oder Polysulfidschmelze; in dem Maße aber, als sich die Vorstellungen über den inneren Bau der Schwefelfarbstoffe klärten, und als man zu der Erkenntnis kam, daß verschiedene Schwefelungsmittel einen Körper — z. B. vom Typus des p-Aminophenols — in Thiodiphenylaminderivate überführen können, daß aber nur ein besonderes Schwefelungsmittel unter bestimmten Bedingungen imstande ist, zu einem wertvollen Farbstoff zu führen — in dem Maße wuchsen auch die Be-

---

[1] D. R. P. 171 177.

[2] *Schwalbe:* Zeitschr. f angew. Chemie **1907**, 433.

[3] D. R. P. 181 125 von 1905; siehe Chem.-Ztg., Rep. **1905**, 363.

[4] *Friedländer:* Zeitschr. f. angew. Chemie **1906**, 618.

[5] *Friedländer* und *Mauthner:* Chem. Centralbl. **1904**, II, 1174.

[6] D. R. P. 161 462 vom 7. November 1903.

[7] D. R. P. 82 748.

[8] D. R. P. 126 964 und 128 659.

[9] D. R. P. 144 762 der *Bad. Anilin- und Sodafabrik*, erteilt 20. Juli 1903.

[10] D. R. P. 139 430, *L. Cassella & Co.*, erteilt am 12. Januar 1903, A. P. 712 747, *A. v. Weinberg* und *O. Lange.*

[11] D. R. P. 152 595, *L. Cassella & Co.*, ab 7. Mai 1902; A. P. 714 542, *A. v. Weinberg* und *O. Lange.*

strebungen, die Schwefelfarbstoffe nicht nur nach bloß empirischen Methoden darzustellen. Bis zu einem gewissen Grade blieb der Erfolg nicht aus: nachdem *A. G. Green* und *A. Meyenberg* schon 1898, gestützt auf die von *Vidal* zuerst ausgesprochene Vermutung, daß die schwarzen und blauen Schwefelfarbstoffe Thiazine seien, mit Hilfe von Thiosulfosäuren zu einer Art Synthese von Schwefelfarbstoffen gelangt waren[1], wurden von *Bernthsen* und der *Bad. Anilin- und Sodafabrik* späterhin sehr bedeutende Resultate erzielt[2], so daß man heute tatsächlich von dem gelungenen Aufbau gewisser blauer Schwefelfarbstoffe sprechen kann[3]; völlig einwandfrei bewiesene Konstitutionsformeln lassen sich allerdings noch nicht aufstellen.

Mit diesen Jahren war der Höhepunkt in der Auffindung neuer Schwefelfarbstoffe überschritten. Die seither bis zum heutigen Tage noch erschienenen Patente enthalten zum Teil recht unwesentliche Verbesserungen alter Verfahren, zum Teil aber gehen sie von relativ komplizierten Ausgangsmaterialien aus, deren Herstellungskosten die errungenen Vorteile nicht aufwiegen. Nur hervorragend echte — besonders chlorechte — reine Nuancen, billig herstellbar, haben in der Schwefelfarbstoffreihe noch Aussicht auf Erfolg; dazu kommt noch, daß die Konkurrenz der Küpenfarbstoffe sich recht erheblich fühlbar macht.

Die ursprünglichen Färbemethoden der Schwefelfarbstoffe haben wie diese selbst ebenfalls manche Wandlung durchgemacht. Die ersten Vidalfarbstoffe wurden nicht viel anders wie die Cachou de Laval gefärbt[4]: man imprägnierte das Gewebe mit der siedenden alkalischen Farbstofflösung und fixierte mit Hilfe einer Metallsalzlösung; erst dadurch wurden die unscheinbaren grünlichen Töne zu den echten dunklen Färbungen „entwickelt". Deshalb war auch der Druck mit diesen Farbstoffen nur dergestalt ausführbar, daß man irgendeine Metallsalzlösung auf das Gewebe aufdruckte und bei der nun folgenden Färbung mit der kochenden Farbstofflösung eine Fixierung des Farbstoffes nur an den Stellen erzielte, die mit Metallsalz bedruckt worden waren.

Die ersten Schwefelfarbstoffe enthielten eine derartige Menge anorganischer Salze, daß man 10, 20, sogar 30% vom Gewicht der Baumwolle an Farbstoff brauchte; heute gibt es Schwefelfarbstoffe, die in nur 1- und 2proz. Färbung genügende Intensität besitzen. Während noch Ende der neunziger Jahre des vorigen Jahrhunderts egale Färbungen mit Schwefelfarbstoffen kaum zu erzielen waren, da die dem Gewebe anhaftende Färbeflotte unter dem Einflusse der Luftoxydation zu Fleckenbildung führte, während ferner die damals üblichen Nachbehandlungsmethoden höchst ungünstig auf die Festigkeit des Gewebes einwirkten, ist man heute durch vervollkommnete Färbeverfahren imstande, mit den für die anderen Farbstoffe üblichen (für Zwecke der Schwefelfarbstoff-Färberei geringfügig modifizierten) maschinellen

---

[1] D. R. P. 120 560, 127 440, 127 856, 128 916, 130 440.
[2] D. R. P. 167 012, 178 940, 179 225.
[3] D. R. P. 178 940, letzter Absatz in Beispiel 1.
[4] *O. N. Witt:* Ber. **7**, 1531.

Einrichtungen mit Schwefelfarbstoffen sogar helle Nuancen in völlig gleichmäßiger Färbung zu erzielen; bzw. man lernte es, den die Faser schädigenden Einfluß der in saurer Lösung ausgeführten Nachbehandlungsmethoden auszuschalten. In neuester Zeit sind die Schwefelfarbstoffe durch die Möglichkeit, sie auch unter Verwendung der gebräuchlichen Kupferwalzen drucken zu können, sowie dadurch, daß man sie immer häufiger in mechanischen Färbeapparaten färbt, in stetig steigendem Maße in Aufnahme gekommen und haben zahlreiche für gewisse Zwecke bisher ausschließlich übliche Farbstoffe, wie Indigo, Anilinschwarz, Catechu usw., teilweise aus ihrer Position verdrängt.

Eine schwierige Frage auf dem Gebiete der Schwefelfarbstoffe ist jene des Patentschutzes, also die Beurteilung, ob ein Anspruch sich tatsächlich auf eine Neuerung oder wesentliche Verbesserung stützt. Da die Patentliteratur nahezu die einzige Quelle ist, die uns zur Verfügung steht, tritt die Frage der Patentabschätzung nach dem Wert der einzelnen Verfahren auch an uns heran. Es ist an und für sich eine schwierige Sache, Angaben von Parteien — denn ein Patentanspruch ist ja nichts anderes — kritisch zu verwerten; in manchen Fällen wird eine solche Beurteilung überhaupt zur Unmöglichkeit, wenn man nicht selbst in dem fraglichen Gebiete tätig ist und die betreffenden Farbstoffe sehen und prüfen kann.

Einige Beispiele werden die hier obwaltenden Verhältnisse klarlegen: Dinitrooxydiphenylamin gibt ebenso wie sein Reduktionsprodukt, das Diaminodioxydiphenylamin, wie wir heute wissen, Immedialschwarz, trotzdem die Ausgangsmaterialien eigentlich zwei völlig verschiedene Körper sind. In den Jahren 1901 und 1903 entspann sich tatsächlich in dieser Angelegenheit zwischen den beteiligten Faktoren ein Patentstreit, da die Tatsache, daß nachgewiesenermaßen die in o-Stellung zum Diphenylaminstickstoff befindliche Nitrogruppe in der Polysulfidschmelze zunächst reduziert wird, nicht ohne weiteres zu der Folgerung berechtigt, daß die zweite Nitrogruppe ebenfalls gleichzeitig in die Aminogruppe sich verwandelt, und da — wie später beschrieben — inzwischen anderweitige Kondensationen eintreten können, die einen anderen Farbstoff entstehen lassen als im ersteren Falle. In diesem Falle gelang der Nachweis der Identität der beiden Farbstoffe, da bewiesen werden konnte, daß sich Dinitrooxydiphenylamin in der Polysulfidschmelze zunächst in Diaminooxydiphenylamin umwandelt (siehe organische Ausgangsmat., S. 86 ff.) und die beiden Körper demnach übereinstimmende Farbstoffe geben müssen. In anderen Fällen ist ein solcher Nachweis bei unserer Unkenntnis der Vorgänge in der Polysulfidschmelze nicht zu führen. m-Kresol gibt z. B. einen braunen Schwefelfarbstoff[1], ebenso geben gewisse Naphthalintrisulfosäuren ebenfalls braune[2] bis schwarze Schwefelfarbstoffe[3]; niemand wird die Patentfähigkeit der beiden Farbstoffe bezweifeln, und dennoch ist es nicht ausgeschlossen, daß aus der Naphthalin-

---

[1] D. R. P. 102 897.
[2] D. R. P. 198 049.
[3] D. R. P. 98 439.

trisulfosäure unter dem Einflusse der Polysulfidschmelze m-Kresol entsteht[1].
— Seit jeher gab es auf dem Gebiete der Schwefelfarbstoffe Überraschungen;
man erhält eben selten einheitliche Endprodukte, sondern meistens Gemenge
verschiedenfärbender Substanzen[2]; man besitzt kein Unterscheidungsmerkmal der fertigen Farbstoffe, keine physikalischen Konstanten, nicht einmal
einwandfreie Reaktionen auf die sich von verschiedenen Ausgangsmaterialien
ableitenden Gruppen von Schwefelfarbstoffen, so daß die Entscheidung der
Neuheit eines Verfahrens in manchen Fällen überhaupt nicht zu treffen ist.
Neun deutsche und ebensoviel ausländische Patente, die voneinander verschieden sind, beziehen sich auf das Dinitrophenolschwarz; ein Blick in die
Tabelle auf S. 116 beweist, daß es sehr schwer sein dürfte, in diesem Falle
zu entscheiden, welche von den Verfahren heute noch patentfähig wären!
Besonders kompliziert werden die Verhältnisse dadurch, daß zuweilen eine
geringfügig erscheinende Schmelzmodifikation, wie z. B. Änderung der Temperatur, der Schmelzdauer usw., zu einem Schwefelfarbstoff führen kann,
der in seinen sämtlichen Eigenschaften etwas völlig Neues bietet, so daß ein
solches Verfahren tatsächlich eine technische Neuerung (oder Verbesserung)
darstellt. Dialkylaminooxydiphenylamin gab z. B., bei Temperaturen um
180° mit Polysulfid verschmolzen, einen unbedeutenden bläulich färbenden
Schwefelfarbstoff[3]; bei höchstens 140° jedoch, am besten bei 115 bis 120°,
entsteht das Immedialreinblau[4]. Ein anderer Patentnehmer vollzog nun die
Schwefelung unter Glycerinzusatz[5], d. h. er verhinderte dadurch die Schmelze
am Eintrocknen, ebenso, wie der Erfinder des Immedialreinblaus durch Ersatz des verdampfenden Wassers oder durch Benutzung des Rückflußkühlers
die Höhererhitzung der Schmelze vermieden hatte. Da die aus den beiden
Patentansprüchen zu ersehende Temperaturdifferenz von 5° nicht in Betracht
kommt, und da, wie das Patent 141 752 in Beispiel 1 selbst sagt, die Endprodukte nicht verschieden, sondern ähnlich sind, so erscheint hier einfach
eine Vorkehrung patentiert, die das Eintrocknen der Schmelze verhindert,
eine Vorkehrung, wie sie längst bekannt war[6]! Ein anderer Patentnehmer
setzte zur Schmelze des Immedialreinblauausgangsmaterials statt Glycerin
Naphthole zu[7], um die Homogenität der Schmelze zu erhalten und erreichte
das gleiche wie das Patent 141 752 durch Glycerinzusatz, „obwohl sich
Glycerin und Naphthole", wie es in der weiteren Begründung heißt, „in
chemischer und physikalischer Beziehung in keiner Weise nahestehen."
Als technischer Vorteil, der als patentfähige Verbesserung in der Darstellung
der blauen Farbstoffe aus Dialkylaminooxydiphenylamin angesehen wurde,
erscheint demnach hier der Zusatz des indifferenten Naphtholes zur Schmelze!

---

[1] D. R. P. 81 484; Chem. Centralbl. **1899**, II, 1131.
[2] D. R. P. 109 456.
[3] D. R. P. 132 212.
[4] D. R. P. 134 947.
[5] D. R. P. 141 752.
[6] D. R. P. 127 835.
[7] D. R. P. 150 546.

Häufig sind Umgehungen in sehr eleganter Weise ausgeführt, so daß die Erteilung des Patentes an die Gegenpartei nicht verhindert werden konnte. Es wurden z. B. anstandslos Patente erteilt, die Schutz für die Darstellung von Schwefelfarbstoffen aus gewissen Azofarbstoffen[1] verlangten, obwohl es seit den ersten Vidalpatenten bekannt war, daß Azofarbstoffe aus einem fixen Bestandteil und einer flüchtigen Base in der Polysulfidschmelze glatt die Base abspalten, die unverändert wegdestilliert, während der fixe Bestandteil — um den es sich eben handelte! — normal verschmolzen wird. Oder man stellte andere durch Reduktion leicht spaltbare Verbindungen dar[2] (wie z. B. Phenoläther) usw. Kurz, würde man aus den rund 500 Schwefelfarbstoffpatenten nur diejenigen herausnehmen, die wirklich Neues bringen, so blieben wohl kaum 100 übrig. Um so weniger, als es auch zahlreiche sog. Ausarbeitungspatente gibt: oft wurde nämlich, besonders während der Blütezeit der Schwefelfarbstofferfindungen, das erste Resultat sofort zum Patent angemeldet und erst im Verlauf der Ausarbeitung wurden nun Verbesserungen und Vereinfachungen der Schmelze[3] erzielt, oder man fand irgendein Homologes oder Derivat des ursprünglichen Ausgangsmaterials, das ähnliche oder bessere Resultate gab[4], so daß zuweilen mehrere Patente ein und dasselbe Gebiet behandeln, bis schließlich eine endgültige Vorschrift erzielt wird. Nicht selten sind überhaupt Angaben von Patenten mit Vorsicht aufzunehmen; kommt es doch vor, daß sie sich teilweise widersprechen (D. R. P. 105 632 und 134 704 z. B.).

Der Wert der einzelnen Patente ist demnach sehr verschieden zu beurteilen, und die Schwierigkeit der Beurteilung wächst, wenn man sich mit dem ausländischen Patentmaterial beschäftigt. Die sehr allgemein und häufig unbestimmt gehaltenen Angaben lassen zuweilen kaum erkennen, ob es sich um längst bekannte Ausgangsmaterialien und Verfahren handelt oder um neue Ideen. Ein geradezu klassisches Beispiel für die „Vielseitigkeit" mancher Erfinder ist das englische Patent 11 370/1896; in diesem sind als Ausgangsmaterialien annähernd alle Körper der aromatischen Reihe genannt!

Zum Schlusse dieses Abschnittes sind im folgenden die Benennungen der Schwefelfarbstoffe zusammengestellt, wie sie die einzelnen Firmen für ihre Produkte gewählt haben; dieser Handelsname läßt also den Ursprung des Farbstoffes direkt erkennen. (Firmenregister S. 370.)

Es fabrizieren:

Leopold Cassella & Co., Frankfurt a. M.: Immedialfarbstoffe;

Farbenfabriken vorm. Friedrich Bayer, Elberfeld: Katigenfarbstoffe;

Farbwerke vorm. Meister, Lucius & Brüning, Höchst: Thiogen- und Melanogenfarbstoffe;

Bad. Anilin- und Sodafabrik, Ludwigshafen a. Rh.: Kryogenfarbstoffe;

---

[1] Gruppe VII, 1; siehe aber auch organ. Ausgangsmaterialien.
[2] D. R. P. 144 765.
[3] D. R. P. 113 893, 120 476, 131 468, 131 567.
[4] D. R. P. 166 865, 166 981, 171 118.

Aktiengesellschaft für Anilinfabr., Berlin-Treptow: Schwefelfarbstoffe;
Kalle & Co., Biebrich a. Rh.: Thionfarbstoffe („Sulfanilinbraun“);
Farbwerke vorm. A. Leonhardt, Mühlheim a. M.: Pyrolfarbstoffe;
Gesellschaft für chemische Industrie, Basel: Pyrogenfarbstoffe;
J. R. Geigy, Basel: Eklipsefarbstoffe;
Weiler ter Meer, Ürdingen: Auronalfarbstoffe;
Farbwerke vorm. Sandoz, Basel: Thionalfarbstoffe;
Clayton Anilin Comp., Manchester: Claytonfarbstoffe;
Griesheim Elektron (Oehlerwerk), Offenbach a. M.: Thioxinfarbstoffe;
Jäger, G. m. b. H., Düsseldorf: Thiophorfarbstoffe; ferner die selten angewendeten Bezeichnungen: Amidazol-, Sulfo-, Cross-Dye-(Holliday-) Farbstoffe.

II. Physikalische und chemische Eigenschaften der Schwefelfarbstoffe.

1. Physikalische Eigenschaften.

Die Schwefelfarbstoffe gehören zur Gruppe der Baumwollfarbstoffe.
Sie entstehen durch Erhitzen der verschiedensten organischen, und zwar fast
ausschließlich der aromatischen Reihe angehörigen Substanzen, mit schwefelabgebenden Agentien. Je nach der Natur des Ausgangsmateriales findet die
Aufnahme von Schwefel in das Molekül verschieden leicht statt, die Schwefelung vollzieht sich dementsprechend bei verschiedenen Temperaturen, in
verschieden langen Zeiten mit oder ohne Zusatz alkalischer, saurer oder indifferenter Lösungsmittel.

Die Schwefelfarbstoffe haben folgende Haupteigenschaften:

1. Sie sind in alkalischen Flüssigkeiten löslich.

2. Sie bestehen in schwefelalkalischen Lösungen als Leukoverbindungen, in die sie ebensoleicht übergehen als die Regeneration dieser Leukoverbindungen zum Farbstoff (durch oxydierende Vorgänge) erfolgt.

3. Baumwolle wird aus den alkalischen Lösungen der Schwefelfarbstoffe
direkt, also ohne Anwendung von Beizmitteln, gefärbt.

Die auf dem Wege der normalen Polysulfidschmelze gewonnenen Schwefelfarbstoffe stellen in gemahlenem Zustande dunkelgefärbte Pulver dar, die,
wenn die Schmelze durch Eintrocknen gewonnen wurde, häufig nach Mercaptanen riechen und sich in Wasser mit oder ohne Zusatz von Schwefelnatrium leicht lösen. Schwefelfarbstoffe der Indophenolreihe (Gruppe IV)
besitzen häufig eine je nach dem Maße ihrer Reinigung mehr oder weniger ausgesprochene Körperfarbe; man kennt sie als schön dunkelkornblumenblaue
bis violette Pulver, die beim Reiben Metallglanz annehmen[1]; zum sehr geringen Teil sind sie auch kristallinisch erhalten worden. So erhält man z. B.
den Schwefelfarbstoff aus dem Indophenol: p-Aminophenol + Xylenol in
kleinen braunen, metallisch glänzenden Kryställchen[2], jenen aus dem Indophenol: α-Naphthol + p-Aminodimethylanilin, aus Benzol krystallisiert, in

---

[1] D. R. P. 153 130, 178 088, 161 665 u. a.
[2] D. R. P. 191 863.

Form kleiner kupferglänzender Prismen[1], auch manche der sog. synthetischen Schwefelfarbstoffe, die über die Thiosulfosäuren gewonnen werden, wurden krystallisiert erhalten. In dem Maße jedoch, als sich diese einfachsten Thiazinkörper durch Weiterverkettung den echten Schwefelfarbstoffen nähern, hört ihre Krystallisationsfähigkeit auf. Es scheint aber, als wären auch die komplizierter zusammengesetzten Schwefelfarbstoffe krystallisierbar, wenn sie in genügend reiner Form vorliegen. Verschmilzt man z. B. dieselben Ausgangsmaterialien, einmal in normaler Polysulfidschmelze, und das andere Mal in alkoholischer Lösung, so erhält man nur in letzterem Falle als Rückstand rein krystallinische Schwefelfarbstoffe; im alkoholischen Filtrat sind die amorphen, trüb färbenden Körper enthalten. Die durch Verschmelzen mit Schwefel allein resultierenden Thiokörper sind zumeist braune, blasig poröse Massen von muscheligem Bruch, die gemahlen gelbe, braune, dunkelbraune bis schwarze Pulver darstellen. (Siehe aber E. P. 5572/05.)

Die ersten Schwefelfarbstoffe hatten außer ihren sonstigen schlechten Eigenschaften auch die, daß sie hygroskopisch waren. Diese Eigenschaft wurde herbeigeführt durch den Gehalt an hygroskopischen Salzen; die Farbstoffe zerflossen dementsprechend schon nach kurzer Lagerung, sie mußten daher sofort verwendet werden. Außer der Lästigkeit barg diese Eigenschaft auch noch eine gewisse Gefahr in sich: in solchem Zustande neigten die Schwefelfarbstoffe sehr zur Selbstoxydation, die sich bis zur Selbstentzündung steigern konnte. Die reine Form, in der die Schwefelfarbstoffe heute in den Handel kommen, schließt solche Vorkommnisse aus, obwohl manche — auch reine Schwefelfarbstoffe — zur Selbsterwärmung neigen, wenn sie z. B. als Leukoverbindungen ausgefällt und filtriert werden[2]; als solche sind sie zuweilen zunächst beständig, bis der Oxydationsprozeß an der Luft beginnt und die Erwärmung hervorruft. Man kann in den wenigen in Betracht kommenden Fällen dadurch der mit der Selbsterwärmung verbundenen Nuancenverschlechterung vorbeugen[3], daß man diese Oxydation künstlich herbeiführt, so daß sich die Temperatur kontrollieren läßt; bei richtig geleitetem Verfahren lassen sich auf diesem Wege sogar Nuancenverbesserungen herbeiführen[4].

Von physikalischen Konstanten kann bei den Schwefelfarbstoffen keine Rede sein: Der fast völlige Mangel an Krystallisationsfähigkeit, ihre Natur als Gemenge meist hochmolekularer Körper, die Unmöglichkeit, den mechanisch beigemengten Schwefel völlig zu entfernen[5], gestatten weder die Ausführung von Analysen noch die Bestimmung von Schmelzpunkt, Molekulargewicht u. dgl. Wenn sich zuweilen Analysenzahlen und sonstige exakte Angaben vorfinden, so handelt es sich dabei um einfache Körper der Thiazinreihe, die Zwischenprodukte darstellen[6]. Analysiert sind ferner die Bisulfit-

---

[1] D. R. P. 179 839.
[2] D. R. P. 132 424.
[3] D. R. P. 140 610.
[4] D. R. P. 137 784.
[5] *Wichelhaus:* Ber. **43**, 2925.
[6] D. R. P. 122 850.

verbindung[1] des Immedialreinblaus und seine Halogenderivate[2], die Alkylierungsprodukte[3] einiger (fertiger) Schwefelfarbstoffe und einige wenige andere Zwischenkörper auf dem Wege zu den Schwefelfarbstoffen. Die Resultate sind außerdem häufig auch noch mehrdeutig und insofern unvollständig, als die Bestimmung des Molekulargewichtes fehlt.

Als Unterscheidungsmerkmale der Schwefelfarbstoffe kommen demnach nur gewisse Reaktionen in Betracht. Sehr beliebt ist z. B. die Angabe der Lösungsfarbe der fertigen Produkte in konzentrierter Schwefelsäure. Als Unterscheidungsmerkmal ist diese Angabe völlig wertlos; aus der Tatsache jedoch, ob sich ein Farbstoff überhaupt in konzentrierter Schwefelsäure löst oder nicht, läßt sich in einigen Fällen die Verschiedenheit zweier aus demselben Ausgangsmaterial nach verschiedenen Methoden entstandenen Schwefelfarbstoffen erweisen[4].

Die Löslichkeit oder Nichtlöslichkeit der Schwefelfarbstoffe in hochsiedenden organischen Lösungsmitteln, wie z. B. Anilin[5], Naphthalin usw. (niedrig siedende kommen überhaupt nicht in Betracht), wird zuweilen angegeben — leider viel zu selten, da sich auf diesem Wege wohl Unterscheidungsmerkmale finden ließen; statt dessen findet sich fast in jedem Patent die vollständig überflüssige Angabe, daß der betreffende Schwefelfarbstoff in verdünnten Mineralsäuren unlöslich sei: Jeder ein Endprodukt darstellende Schwefelfarbstoff ist in verdünnten Mineralsäuren unlöslich und kann aus seinen alkalischen Lösungen mit Säuren quantitativ gefällt werden. Die beiden Patente[6], die säurelösliche Schwefelfarbstoffe anführen, enthalten nebenbei die Angabe, daß diese Farbstoffe zugleich Wollfarbstoffe sind; sie entstehen durch Einwirkung von molekularen Mengen Ausgangsmaterial und Schwefel, sind demnach keine Endprodukte, sondern stellen Zwischenphasen dar, die noch Aminogruppen enthalten. Das Einwirkungsprodukt von NaSH auf Aminooxytolazin[7] besitzt geringe Affinität zur Baumwollfaser und ist salzsäurelöslich, da es noch eine Aminogruppe enthält; bei weiterer Schwefelung wird es zum Farbstoff und zugleich salzsäureunlöslich[8]. — Ähnlich verhält es sich mit der Löslichkeit der Schwefelfarbstoffe in Alkohol: die ausgefällten Farbstoffsäuren sind ohne Ausnahme unlöslich in Alkohol. Dieses Verhalten niedrig siedenden organischen Lösungsmitteln gegenüber gibt sogar Gelegenheit, den Gang einer Schmelze, was das Verschwinden des Ausgangsmateriales betrifft, zu kontrollieren (siehe S. 145); beim Auskochen einer Probe mit dem Lösungsmittel geht noch vorhandenes Ausgangsmaterial in Lösung, während der bereits gebildete Schwefelfarbstoff ungelöst bleibt[9].

---

[1] D. R. P. 135 952.
[2] *Gnehm* und *F. Kaufler:* Ber. **37**, 3032.
[3] D. R. P. 131 758 und folgende.
[4] D. R. P. 116 354 und 127 835.
[5] D. R. P. 116 354 und 136 016, siehe auch E. P. 5572/06.
[6] D. R. P. 99 039 und 114 802.
[7] D. R. P. 174 331.
[8] D. R. P. 181 327.
[9] D. R. P. 135 563; siehe auch die Angabe D. R. P. 113 418.

Die Natriumverbindungen dieser Farbstoffsäuren, wie sie uns z. B. in den löslichen gelben und braunen Schwefelfarbstoffen der Thiazolreihe vorliegen, lösen sich zuweilen, wenn auch nur schwierig, in Alkohol[1]. Doch ist es fraglich, ob man es nicht auch in diesen Fällen mit Zwischenprodukten zu tun hat. Oft müssen die Angaben der Patente, besonders was die Löslichkeit der Schwefelfarbstoffe anbelangt, mit Vorsicht aufgenommen werden[2].

Die **Löslichkeit in Wasser** hängt von der Aufarbeitungsmethode ab: Eingetrocknete Schmelzen, die die Schwefelfarbstoffe nach den heutigen Ansichten als Mercaptan-Alkalisalze enthalten, sowie unlösliche Farbstoffe, die nachträglich, z. B. durch Eindampfen mit Alkalien, in solche Salze übergeführt werden, sind wasserlöslich; die Schwefelfarbstoffe selbst in der Form der *Witt*schen Mercaptosäuren[3] als Disulfide sind wasserunlöslich. Nicht unwichtig ist es für Färbereizwecke, daß manche Schwefelfarbstoffe in Polysulfidlösung unlöslich und durch Schwefelnatrium aussalzbar sind; so lösen sich z. B. in 1 l Wasser 550 g Katigenbraun 5 G direkt, aber nur 250 g bei Hinzufügen von 250 g Schwefelnatrium.

2. Chemische Eigenschaften.

Die chemischen Eigenschaften der Schwefelfarbstoffe sind bedingt durch ihre Doppelnatur als **Farbstoff** und **Leukoverbindung**. Gelinde Reduktionsmittel, wie schon die schwefelalkalische Färbeflotte eines ist, führen die Farbstoffe in Leukoverbindungen über, als solche gehen sie auch auf die Faser; ebenso genügt schon die Einwirkung des Luftsauerstoffes, um die Leukoverbindungen in die unlöslichen Farbstoffe zurückzuverwandeln und auf der Faser niederzuschlagen. Diese Eigenschaft der leichten Reduzier- und Oxydierbarkeit ist von größter Bedeutung für die Färberei mit Schwefelfarbstoffen. Das Dämpfen und die Nachbehandlungsmethoden sind dem Wesen nach stets Oxydationsprozesse.

Dadurch, daß die Schwefelfarbstoffe der Diphenylaminreihe verschiedene Oxydations- oder Reduktionsstufen darstellen, je nach dem durch die Intensität der Schwefelung bedingten Grade der Verkettung, erklärt sich das Entstehen der blauen und schwarzen Nuancen. Die verschieden starke Schwefelung bedingt jedoch auch einen verschiedenen Grad von basischen Eigenschaften, die ihrerseits wieder von direktem Einfluß auf die Selbstoxydation sind. So erklärt es sich, daß die Schwefelfarbstoffe, was ihre Überführbarkeit in Leukoverbindungen betrifft, sich so verschieden verhalten: manche Farbstoffe gehen direkt auf die Faser und werden an der Luft oder durch Oxydationsmittel nur unerheblich verändert[4], manche hingegen, wie z. B. die von den Indophenolen sich ableitenden Immedialindone erfahren nach Entfernung der Flotte eine durchgreifende Veränderung, sie bilden wie Indigo

---

[1] D. R. P. 163 143, 157 540 usw.; vgl. auch D. R. P. 145 909.
[2] D. R. P. 147 403 und die Angaben des D. R. P. 157 862.
[3] Ber. **7**, 1746.
[4] D. R. P. 113 418, 101 862, 105 058, 113 795, 127 835, 118 079 usw.

in den reduzierend wirkenden schwefelalkalischen (bzw. ätzalkalischen, Zink,
Zinnchlorür, Hydrosulfit usw. enthaltenden) Lösungen Küpen[1]. Die Fähigkeit der Schwefelfarbstoffe, Küpen zu bilden, ist außer von der Natur des
Ausgangsmateriales auch in hohem Maße von der Menge des bei ihrer Bildung
vorhandenen Reduktionsmittels abhängig, und es gelingt, wenn man dieses
möglichst einschränkt, die Bildung der Leukoverbindung völlig zu verhindern.
Solche Farbstoffe zeichnen sich durch besondere Haltbarkeit ihrer Lösungen
und durch große Widerstandsfähigkeit gegen oxydierende Einflüsse aus[2].
Anderseits war die spontane und unregelmäßig erfolgende Oxydation der
leicht reduzierbaren Schwefelfarbstoffe die Ursache zahlreicher Mißstände
während des Färbeprozesses (siehe S. 208 und Tabellen ab Nr. 587).

Energische Reduktionsmittel (z. B. Zinkstaub in saurer Lösung)
wirken auf manche Schwefelfarbstoffe schwefelwasserstoffabspaltend ein,
ohne daß diese sich in ihren Eigenschaften wesentlich verändern[3]. Andere
stärkere Reduktionsmittel, wie Traubenzucker mit starker Natronlauge, verändern die Schwefelfarbstoffe beim Erhitzen vollständig; es entstehen unter
Ammoniakabspaltung Kondensationsprodukte unbekannter Art. Bei gelinder
Anwendung wirken diese Mittel wie Schwefelnatrium.

Starke Oxydationsmittel wirken auf die Schwefelfarbstoffe zerstörend ein; Permanganat, sowie unterchlorigsaure Salze, verwandeln sie in
nicht mehr färbende Produkte[4]. Dagegen bewirkt die gelinde Einwirkung
unterchlorigsaurer Salze eine erheblich schwächere Oxydation, die sich
z. B. in Nuancenänderung auf der Faser äußert[5]. Die Empfindlichkeit
der Schwefelfarbstoffe gegen Chlor in jeder Art von Einwirkung ist jedoch
immer sehr groß; es ist dies der einzige wesentliche Nachteil, den sie besitzen. Im Ätzdruck wird von der Zerstörbarkeit der Schwefelfarbstoffe
durch Chlorate, wenn auch nur in beschränktem Maße, Gebrauch gemacht[6] (S. 254).

Salpetersäure wirkt, wenn heiß angewendet, auch in verdünntem
Zustande zerstörend.

Kalte konzentrierte Schwefelsäure löst die Schwefelfarbstoffe,
ohne sie zu verändern, farbig auf; die meisten vertragen auch gelindes Erwärmen in konzentriert schwefelsaurer Lösung.

Die in den Schwefelfarbstoffen vorhandenen Mercaptangruppen bedingen die Salzbildung. Während die Alkalisalze sämtlich leicht löslich sind,
sind die Erdalkalisalze unlöslich[7], ebenso ihre Metallsalze. Der Lackbildung
ist in gewisser Hinsicht ähnlich die Fällbarkeit der Schwefelfarbstoffe durch
Kolloide, wie Leim, Casein usw.[8].

---

[1] D. R. P. 146 797, 200 391 u. a.
[2] D. R. P. 169 859.
[3] D. R. P. 125 857, 126 964 (122 850, *Geigy* und *Ris*, siehe Konstitution).
[4] D. R. P. 107 729.
[5] Patentanmeldung G 15 020.
[6] E. P. 16 170/1901.
[7] D. R. P. 131 757.
[8] D. R. P. 225 314.

Auf der Mercaptannatur der Schwefelfarbstoffe basiert auch ihre **Substituierbarkeit** durch Alkylierungsmittel[1]. Die Alkylierung kann ebensowohl auf der Faser[2] als auch in Substanz[3] erfolgen und ist nicht auf die Leukoverbindungen beschränkt, sondern auch mit den Farbstoffen selbst, mit den Disulfiden, ausführbar[4]. Im Zusammenhang damit sei erwähnt, daß es in vereinzelten Fällen auch gelingt, fertige Schwefelfarbstoffe noch zu halogenisieren und so zu veränderten Farbennuancen zu kommen[5].

In einem Falle wurde die Bildung einer krystallisierten Doppelverbindung eines Schwefelfarbstoffes mit Bisulfit beobachtet[6]; im übrigen gehen die meisten Schwefelfarbstoffe mit Sulfiten oder Bisulfiten in leicht wasserlösliche Produkte vom Charakter von Sulfosäuren oder Thiosulfosäuren über[7].

Schließlich sind jene Schwefelfarbstoffe, die sich noch im Besitze unveränderter Aminogruppen befinden — für praktische Zwecke kommen nur einige gelbe und braune, den Primulinen nahestehende Schwefelfarbstoffe in Betracht — noch auf der Faser **diazotierbar**; die so erhaltenen Diazoverbindungen lassen sich mit geeigneten Komponenten (z. B. β-Naphthol) kombinieren.

Über Reaktionen einiger Schwefelfarbstoffe siehe Färberei.

---

[1] D. R. P. 131 758.
[2] D. R. P. 134 962, 134 176, 134 177.
[3] D. R. P. 131 758 und Zusatz.
[4] D. R. P. 134 962.
[5] D. R. P. 211 837.
[6] D. R. P. 135 952.
[7] D. R. P. 88 392, 91 720, 94 501, 135 952.

Die Konstitution der Schwefelfarbstoffe.

Die Konstitution einer organischen Verbindung erscheint dann völlig einwandfrei aufgeklärt, wenn es gelingt, auf Grund der analytischen Daten, auf Grund zunächst hypothetischer, vielleicht durch Analogieschlüsse erhaltener Anschauungen und auf Grund schließlich der genauen Erkenntnis der Abbauprodukte eines Körpers das Molekulargebäude dieser Substanz aus seinen Bausteinen wieder zu errichten, und die so erhaltene Verbindung mit jener, deren Konstitution zu ermitteln war, zu identifizieren.

In diesem Sinne kann von einer Konstitutionsaufklärung der Schwefelfarbstoffe nicht die Rede sein. Die analytischen Daten sind spärlich gesät und nur bei einigen Schwefelfarbstoffen der Blaureihe erhalten worden, da nur diese methylenblauartigen Körper rein genug dargestellt werden konnten; in dem Maße aber, als sich diese Farbstoffe den echten Schwefelfarbstoffen nähern, nimmt die Krystallisationsfähigkeit ab. Diese Eigenschaft steht in innigem Zusammenhang mit der Tatsache, daß viele Teerfarbstoffe überhaupt[1], speziell aber die direkt ziehenden Baumwollfarbstoffe[2] und gewisse kompliziertere Schwefelfarbstoffe[3] kolloidale Lösungen geben. Aus diesem Grunde kann auch von einer Molekulargewichtsbestimmung keine Rede sein, da diese bekanntlich nur dann ausführbar ist, wenn die dissoziierende Kraft des Lösungsmittels keinesfalls weiter geht als bis zur Zerlegung des Körpers in Einzelmoleküle. Über den Abbau von Schwefelfarbstoffen dürfte kaum genügend Beobachtungsmaterial vorliegen[4], um auf Grund dieser Daten allgemein geltende Schlüsse ziehen zu können. Und was schließlich den synthetischen Aufbau der Schwefelfarbstoffe betrifft, so erstreckt sich dieser in den wenigen bekannten Fällen nur auf die niedrig geschwefelten Glieder der Reihe. Wenn es aber gelang, auch kompliziertere Schwefelfarbstoffe auf verfolgbarem Wege aufzubauen, so war es unmöglich, sie mit schon bekannten in der Polysulfid-

---

[1] *L. Pelet-Jolivet:* Theorie des Färbeprozesses. Dresden 1910.

[2] *F. Krafft:* Ber. **32**, 1608; *G. Preuner:* Dissert. Heidelberg 1898.

[3] *Pelet-Jolivet:* S. 27; *Biltz:* Ber. **38**, 2973. — Siehe Kapitel Färberei.

[4] *Gnehm:* Journ. f. prakt. Chemie **68**, 171. — *Vidal* spricht auch einmal (Mon. scient. **17**, 429) von der Entschwefelung blauer Schwefelfarbstoffe zu Thiodiphenylaminen, doch ist kein Beobachtungsmaterial beigebracht; er sagt nur: „La formation des colorantes bleus résulte de l'action du soufre sur ces thiodiphénylamines. Elle consiste en une condensation uniquement sulfurée, celle-ci précède la formation du colorant noir. Ce fait est verifié: 1., 2. etc.; 3. par la rétrogradation vers les thiodiphénylamines génératrices par les agents de désulfuration, tels que les sulfites alcalins en solution aqueuse."

schmelze entstandenen Schwefelfarbstoffen zu identifizieren, da gleiche oder ähnliche Lösungs- und tinktorielle Eigenschaften zweier Farbstoffe noch nicht genügen, um daraus auf ihre Identität schließen zu können[1].

Trotzdem ist man seit einigen Jahren durch die Arbeiten von *Vidal, Bernthsen, Gnehm* und Mitarbeiter, *Green, Meyenberg, Wichelhaus* u. a. in der Lage, sich ein im großen und ganzen befriedigendes Bild über den inneren Bau der Schwefelfarbstoffe zu machen. Wenn die Lücken der erhaltenen Resultate auch beinahe ausschließlich durch Analogieschlüsse ausgefüllt sind, so kann die große Wahrscheinlichkeit dieser Ergebnisse nicht mehr in Frage gestellt werden.

Diese Ergebnisse besagen, daß die Schwefelfarbstoffe der Blau- und Schwarzreihe Thiodiphenylaminabkömmlinge sind, während sich die gelben und braunen vom Thiazol ableiten. Während erstere demnach den Farbstoffen der Methylenblaureihe nahestehen, sind letztere analog konstituiert wie Dehydrothiotoluidin bzw. die Primulinbase. In den roten, sich von den Azinen ableitenden Schwefelfarbstoffen dürfte der Azinring unverändert vorhanden sein. Schließlich ist es durch die Arbeiten von *Wichelhaus* wahrscheinlich gemacht worden, daß sich die stickstofffreien Schwefelfarbstoffe von Phenolen ableiten.

Wir teilen dieses Kapitel demnach, wie folgt, ein:

I. Schwefel im Ring.
   a) Thiazine:
      1. Allgemeines.
      2. Beweise für die Thiazinnatur der blauen und schwarzen Schwefelfarbstoffe:
         α) Thiosulfosäuren, Methylenblau,
         β) Immedialreinblau,
         γ) *Vidals* Untersuchungen,
         δ) die schwarzen Schwefelfarbstoffe.
   b) Andere schwefelhaltige Ringe (Thianthren, Acrithiol, Piazthiol).
   c) Thiazole:
      1. Allgemeines.
      2. Beweise für die Thiazolnatur der gelben und braunen Schwefelfarbstoffe.

II. Schwefel in der Seitenkette.
   a) Mercaptane, Disulfide.
   b) Thiozonide.
   c) Polysulfide:
      1. *Möhlaus* Arbeiten.
      2. *Schultz'* und *Beyschlags* Untersuchungen.

III. Azine.

IV. Die stickstofffreien Schwefelfarbstoffe.

---

[1] D. R. P. 140 964, 106 030 u. a.

I. Ringförmig gebundener Schwefel.

a) Thiazine.

1. Allgemeines:

Die Thiazinfarbstoffe entstehen aus dem Chromogen Thiodiphenylamin

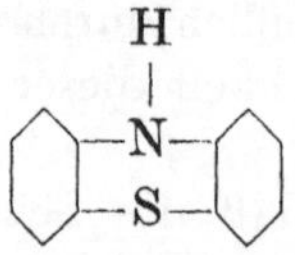

$$\text{Ringsystem: } C_6H_4\!<\!\!\begin{array}{c} NH \\ S \end{array}\!\!>\!C_6H_4$$

durch Eintritt auxochromer Gruppen, wie z. B. NH_2, OH, $N(CH_3)_2$. Der
Eintritt dieser Gruppen bedingt bei der folgenden Farbstoffbildung eigen-
artige Bindungsverhältnisse, denen durch eine der drei folgenden Formeln
Ausdruck gegeben wird:

$$\text{(I)} \quad \text{(II)} \quad \text{(III)}$$

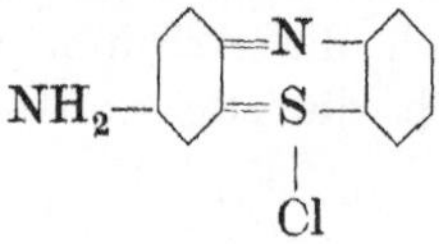

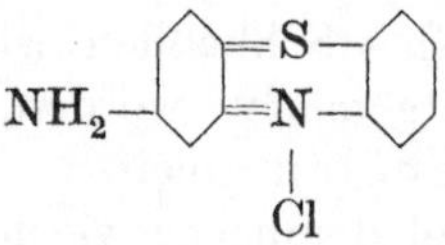

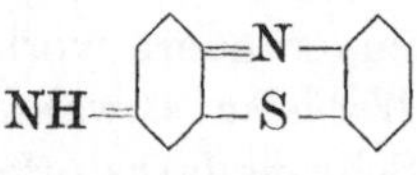

Für uns ist der Streit um die Existenzberechtigung eines dieser drei Ausdrücke von *Kehrmann*[1] (I), *Green*[2] (II) oder *Bernthsen*[3] (III) belanglos; wir
werden uns der *Bernthsen*schen Formel bedienen, weil sie völlig unwiderlegt
ist und von *Bernthsen* in seinen klassischen Methylenblauarbeiten, die uns
überhaupt erst die Kenntnis der ganzen Gruppe vermittelt haben, als ein-
fachster Ausdruck der hier obwaltenden Verhältnisse zum erstenmal Verwendung fand[4].

So schwer sich das Thiodiphenylamin selbst aus den Komponenten
Diphenylamin und Schwefel bildet[5], so leicht vollzieht sich die Bildung seiner
Derivate, deren bekanntestes, das **Methylenblau**, im Jahre 1876 von *Caro*[6]
aufgefunden wurde. Die für vorliegenden Zweck[7] wichtigsten Bildungsweisen
der Thiodiphenylaminderivate (Leukoverbindungen) bzw. der Thiazinfarbstoffe sind folgende:

1. Aus **p-Diaminen** durch Erhitzen mit Schwefel oder besser durch
Behandeln ihrer salzsauren Lösung mit Schwefelwasserstoff, und nachfolgende
Oxydation mit Eisenchlorid (*Lauth*sche Reaktion)[8]. — Vom Dimethyl-

---

[1] Ber. **32**, 2601; **34**, 4170; **43**, 927 usw.

[2] Ber. **32**, 3155.

[3] Annalen **230**, 73; **211**, 1; Ber. **16**, 1025 und 2896; **17**, 611; D. R. P. 25 150.

[4] *Hantzsch:* Ber. **39**, 1365.

[5] Siehe die neue Darstellungsmethode von *Ackermann:* D. R. P. 222 879 u. 224 348.

[6] D. R. P. 1886 (E. P. 3751/1877; A. P. 204 796; F. P. 122 720).

[7] Die prinzipiell ähnlichen Verfahren sind: D. R. P. 25 240, 14 014, 14 581, 23 278,
68 141, 73 556, 46 938.

[8] Ber. **9**, 1035.

anilin bzw. seinem Nitroso- oder Aminoderivat gelangt man so zum Tetra-alkylthionin:

$$R_2N-\underset{S}{\bigcirc}-NH_2 \quad \bigcirc-NR_2 \;\rightarrow\; R_2N=\overset{N}{\underset{\underset{Cl}{\bullet}}{\bigcirc}}-S-\bigcirc-NR_2$$

2. Aus fertig gebildeten **Diphenylaminderivaten** entstehen, wenn auch nur spurenweise, Methylenblaukörper beim Oxydieren bei Gegenwart von Schwefelwasserstoff:

$$R_2N\cdots\underset{S}{\overset{\overset{|H|}{N}}{\bigcirc}}\cdots-NR_2$$

. 3. **Einfache Körper** der Methylenblaureihe (Thionol, Thionolin) entstehen durch Einwirkung von elementarem Schwefel auf **p-Dioxy-** und **Aminooxybenzole** bzw. **p-Diamine**[1] bei 200°:

$$OH-\underset{}{\bigcirc}-OH \quad NH_2-\underset{}{\bigcirc}-OH + S_2 = \frac{SH_2}{H_2O} + OH-\overset{\overset{H}{N}}{\underset{S}{\bigcirc}}-OH$$

4. **Einwirkung von Alkalipolysulfiden auf 2, 4-Diamino-1-phenol**[2]:

$$\underset{OH-}{NH_2-}\bigcirc-NH_2 \quad OH-\overset{NH_2}{\underset{}{\bigcirc}}-NH_2 \;\rightarrow\; \underset{OH-}{NH_2-}\overset{H}{\underset{S}{\bigcirc}}-N-\overset{NH_2}{\underset{}{\bigcirc}}-NH_2$$

(Siehe auch die Zusammenfassung von Bildungsweisen der Thiodiphenyl-amine bei *Vidal*[3].)

5. **Nitrieren des Thiodiphenylamins**, Reduzieren und Oxydieren der erhaltenen Leukoverbindungen zum Farbstoff[4].

6. **Einwirkung von Salzen der Thioschwefelsäure auf p-Nitroso-** oder **Aminophenol**[5]. Die Bildung von Thiodiphenylaminabkömmlingen ist zwar hier nicht streng nachgewiesen, jedoch sehr wahrscheinlich.

7. Die **Thiosulfosäureverfahren**[6], praktisch und theoretisch von großer Bedeutung, nicht nur für die Farbstoffe der Methylenblaureihe, sondern auch für die Konstitution der Schwefelfarbstoffe. —

Das Thiosulfosäureverfahren, von *Ullrich* entdeckt, von *Bernthsen* vervollkommnet, ist im Prinzip folgendes: p-Benzolderivate, die in Orthostellung

---

[1] D. R. P. 103 301.
[2] D. R. P. 117 921.
[3] Mon. scient. **17**, 427 (Chem. Centralbl. **1903**, II, 267).
[4] D. R. P. 25 150.
[5] D. R. P. 106 030.
[6] D. R. P. 38 573, 39 757.

zu einer nicht substituierten Aminogruppe einen schwefelhaltigen Rest (z. B. Mercaptan, Disulfid oder Thiosulfosäure) enthalten, werden mit Aminen zusammenoxydiert, deren p-Stellung frei ist. Die verwendbarsten und am leichtesten zugänglichen schwefelhaltigen Substitutionsprodukte sind die Thiosulfosäuren.

Die Thiosulfosäuren können nach einem patentierten Verfahren der *Clayton Comp.*[1] erhalten werden durch Behandlung von Disulfiden (z. B. Anilin-o[2]- oder p[3]-disulfid, o-Dimethylanilindisulfid[4]) mit Schwefeldioxyd, also durch gewissermaßen stückweise erfolgenden Aufbau ($S + SO_2$). Das gebräuchlichste Verfahren ist jedoch jenes, nach dem man unsymmetrisch dialkyliertes Diamin und unterschwefligsaures Natrium gemeinsam, z. B. mit Chromat bei Gegenwart von Tonerdesulfat, oxydiert[5]. Die hinzugefügten Tonerde- oder auch Chromoxydsalze[6] (eventuell Essigsäure oder andere schwache Säuren) haben den Zweck, die nötige geringe Acidität hervorzurufen und sich mit der gebildeten in freier Form unbeständigen Thiosulfosäure zu beständigen Verbindungen zu vereinigen.

$$R_2N-\!\!\!\bigcirc\!\!\!\begin{matrix}-NH_2\\-S\cdot SO_3H\end{matrix}$$

Die freien, in schwachsauren Lösungen, in heißem Wasser und in verdünnten Alkalien, leicht löslichen Thiosulfosäuren sind folgender **Umwandlungen** fähig: Mit Zinkstaub in saurer Lösung oder mit Schwefelwasserstoff entsteht in der Kälte das an der Luft leicht zum Disulfid oxydable **Mercaptan**:

$$R_2N-\!\!\!\bigcirc\!\!\!\begin{matrix}-NH_2\\-SH\end{matrix} \rightarrow R_2N-\!\!\!\bigcirc\!\!\!\begin{matrix}-NH_2\\-S\end{matrix}\!\!-\!\!\begin{matrix}H_2N-\\-S\end{matrix}\!\!\!\bigcirc\!\!\!-NR_2$$

(Mercaptan)   (Disulfid)

Ebenso entsteht das **Disulfid** durch längeres Stehenlassen der alkalischen Thiosulfosäurelösung oder durch Erwärmen ihrer schwefelalkalischen oder schwefelsauren Lösung, in letzterem Falle bis zum Aufhören der Schwefeldioxydentwicklung. Sauer oder alkalisch reduziert geht das Disulfid wieder in Mercaptan über. Mercaptan, Disulfid oder Thiosulfosäure[7] geben, mit Dimethylanilin zusammenoxydiert, zunächst das Indamin, das durch Oxydation z. B. mit Chromat bei Gegenwart von Chlorzink und Erhitzen auf 100° während einer halben Stunde in Methylenblau übergeht. Die einzelnen Operationen können vereinigt werden und die Reaktion vollzieht sich dann nach folgendem Schema:

---

[1] D. R. P. 120 504, siehe auch 120 560.
[2] *A. W. Hofmann:* Ber. **12**, 2363.
[3] *K. A. Hofmann:* Ber. **27**, 2807 u. 3320.
[4] *Merz* und *Weith:* Ber. **19**, 1570.
[5] Ber. **12**, 2070; **16**, 2234.
[6] D. R. P. 45 839.
[7] D. R. P. 46 805.

$$NR_2-\underset{\overset{|}{Cl}}{\bigcirc}-S\cdot SO_3H \quad \bigcirc-NR_2 \;\rightarrow\; NR_2=\bigcirc-S\cdot SO_3H \quad \bigcirc-NR_2 \quad \text{(Indamin)}$$

$$\rightarrow NR_2=\underset{\overset{|}{Cl}}{\bigcirc}-S\cdot SO_3-\bigcirc-NR_2 \;+\; HCl + O \;\rightarrow\; NR_2-\underset{\overset{|}{Cl}}{\bigcirc}-S-\bigcirc-NR_2$$

(Grüner Zwischenkörper) (Methylenblau)

Das Disulfid liefert jedoch weiter auch beim Stehen an der Luft, in Benzol oder einem andern indifferenten Lösungsmittel einen in gelben Nadeln krystallisierenden Körper[1], der schwefelreicher ist, als Mercaptan und Disulfid, und durch Oxydation mit Eisenchlorid in schwach saurer Lösung, allein oder mit Dimethylanilin vereint, kein Methylenblau gibt, sondern in Methylenrot (Nebenprodukt bei der Methylenblaufabrikation) übergeht. Dieser Körper wurde Supersulfid[2] genannt:

$$\bigcirc \overset{NH_2}{\underset{NR_2}{}}-S-S-S-\bigcirc\overset{NH_2}{\underset{NH_2}{}} \;(?) \;\rightarrow\; NR_2-\bigcirc\overset{N}{\underset{S}{}}>S$$

(Methylenrot)

Reduziert, geht das Supersulfid jedoch in Mercaptan über, von dem der obige Weg zum Methylenblau führt.

Es ergeben sich demnach folgende Beziehungen:

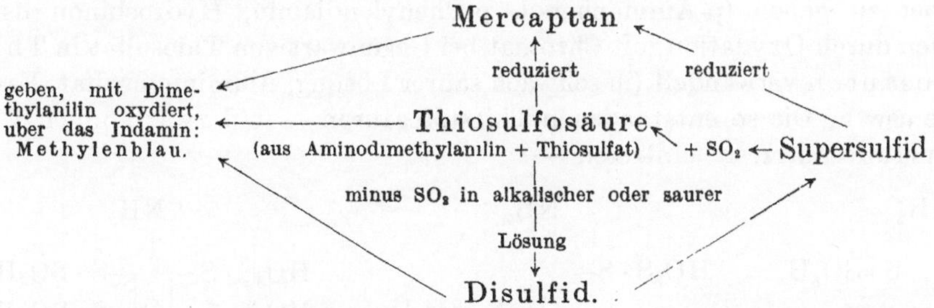

Der Zusammenhang dieser Beziehungen mit dem Thiodiphenylamin ergibt sich außer aus den in der angegebenen Literatur geführten Nachweisen vor allem durch die Tatsache, daß *Bernthsen*[3], vom Thiodiphenylamin ausgehend, durch dessen Nitrierung, Reduktion und Alkylierung der erhaltenen Aminogruppen das *Lauth*sche Violett erhielt:

$$\bigcirc\overset{N}{\underset{S}{}}=\bigcirc=NR_2\cdot Cl$$

---

[1] D. R. P. 47 374.

[2] siehe Chem.-Ztg. **1907**, 936 und *Erdmann:* Annalen **362**, 133 bis 193 (Thiozonidtheorie).

[3] D. R. P. 25 150.

Über den Weg von diesem zu den übrigen Methylenblaukörpern siehe *Bernthsens* öfter zitierte Arbeiten[1].

Bezeichnet man, wie dies auch im folgenden geschehen wird, den Kern, der den Thiosulfosäurerest enthält, als **erste Komponente**, den zweiten parafreien Kern als **zweite Komponente**, so ist es offenbar, daß durch Veränderung dieser Komponenten Farbstoffe verschiedenster Art entstehen können[2].

Die Thiazinfarbstoffe sind als Ringgebilde bedeutend beständiger als die Indokörper, die z. B. schon mit kalten verdünnten Mineralsäuren zerlegt werden. Reduziert geben sie Leukoverbindungen, die durch Oxydation, häufig schon in Berührung mit Luft, in Farbstoffe übergehen. Sie lösen sich in Bisulfitlauge unter Bildung von Thiosulfosäuren und bilden leicht Salze (das Chlorzinkdoppelsalz ist das Methylenblau des Handels). Sie sind Beizenfarbstoffe und färben die vorbereitete Baumwolle in blauen Tönen an. Ihre Verwandtschaft zur Wolle ist gering, zur Seide größer, **unverkennbar** ist auch die Affinität mancher Glieder zur **ungebeizten** Baumwolle.

2. Beweise für die Thiazinnatur der blauen Schwefelfarbstoffe.

α) *Thiosulfosäuren, Methylenblau.*

Die ersten Versuche, ähnliche Reaktionen, wie sie zur Methylenblaubildung führen, auch auf die Bildung von Schwefelfarbstoffen zu übertragen, gingen von der *Clayton Aniline Comp.* aus[3]. Die Verfahren beruhen auf folgenden Reaktionen: 1. Phase: Benzolderivate, die imstande sind, chinoide Körper zu geben (p-Aminophenol, p-Phenylendiamin, Hydrochinon usw.) werden durch Oxydation mit Chromat bei Gegenwart von Thiosulfat in **Thiosulfosäuren** verwandelt (in schwach saurer Lösung, Aluminiumsulfat, Essigsäure usw.). Die so entstandenen Thiosulfosäuren — und zwar können 1 bis 4 Thiosulfosäurereste eintreten —

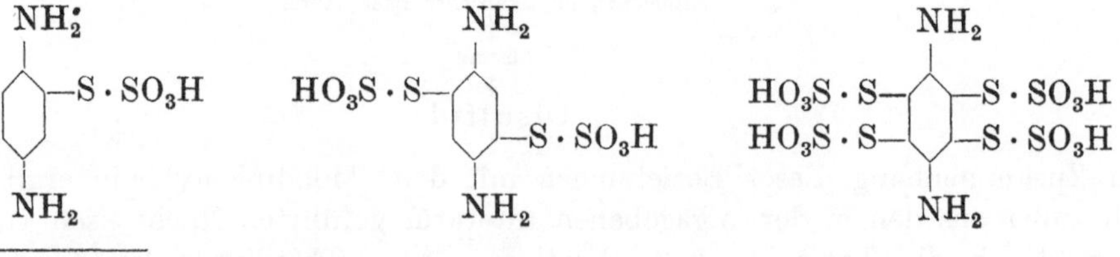

$$
\begin{array}{ccc}
NH_2 & NH_2 & NH_2 \\
\big\vert & \big\vert & \big\vert \\
\langle\!\!\!\!\bigcirc\!\!\!\!\rangle\!\!-\!\!S\cdot SO_3H & HO_3S\cdot S\!\!-\!\!\langle\!\!\!\!\bigcirc\!\!\!\!\rangle\!\!-\!\!S\cdot SO_3H & \begin{array}{l} HO_3S\cdot S\!\!-\!\!\langle\!\!\!\!\bigcirc\!\!\!\!\rangle\!\!-\!\!S\cdot SO_3H \\ HO_3S\cdot S\!\!-\!\!\!\!-\!\!S\cdot SO_3H \end{array} \\
\big\vert & \big\vert & \big\vert \\
NH_2 & NH_2 & NH_2 \\
\end{array}
$$

---

[1] Annalen **230** und **251**.

[2] Z. B. D. R. P. *E. Lellmann* 46 938; bes. *Nietzky:* D. R. P. 73 556; Ber. **32**, 2601, o-Aminothiophenol + Pikrylchlorid

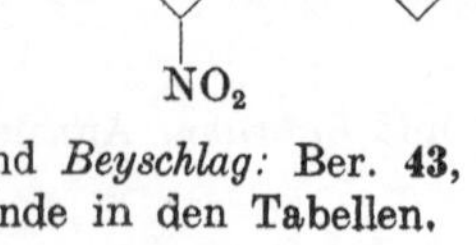

$$
NO_2\!\!-\!\!\langle\!\!\!\!\bigcirc\!\!\!\!\rangle\!\!\overset{\displaystyle -S-}{\underset{\displaystyle -HN-}{}}\!\!\langle\!\!\!\!\bigcirc\!\!\!\!\rangle \qquad \text{Dinitrophenthiazin}
$$

$$
NO_2
$$

Konst. siehe *Mitsugi, Möhlau* und *Beyschlag:* Ber. **43**, 927.

[3] D. R. P. 120 560 und folgende in den Tabellen.

sind in ihrer Konstitution durch Analysen und Reaktionen genau bestimmt; so gibt die Dithiosulfosäure z. B.[1] Acetyl- und Benzilidenderivate, mit salpetriger Säure entsteht das bei 225° (über den Schmelzpunkt erhitzt) heftig explodierende p-Phenylenbisdiazosulfid usw.

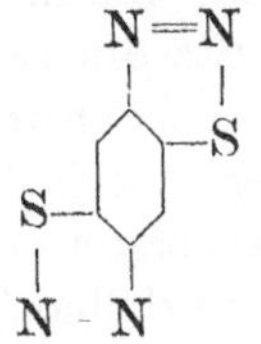

$$\text{N=N} \quad \text{S} \quad \text{N-N}$$

Diese Thiosulfosäuren von p-Aminokörpern (auch von p-Nitrosokörpern, in diesem Falle braucht man kein Oxydationsmittel) geben in der 2. Phase: mit einem Diamin oder p-Aminophenol als zweite Komponente mit Chromat zusammenoxydiert das indoide Zwischenprodukt, das durch Verkochen in saurer Lösung — 3. Phase — in den schwefelhaltigen Farbstoff übergeführt wird.

Die ersten beiden Phasen sind in ihrem Verlaufe verfolgbar, ohne daß jedoch die Konfiguration der Indokörper bekannt wäre; schematisch könnte man sich die Bildung der Körper der zweiten Phase wie folgt vorstellen:

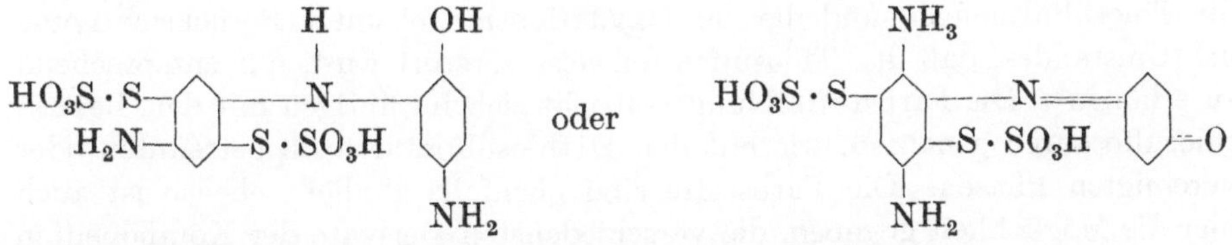

(Vielleicht beteiligt sich auch der zweite Thiosulfosäurerest an der Reaktion.)

Die 3. Phase ist unkontrollierbar, um so mehr, als von vornherein, um die Bildung brauner Farbstoffe zu vermeiden[2], ein Überschuß von Thiosulfat verwendet wird, der jedenfalls in dem später (S. 49, Claytonschwarz) zu beschreibendem Sinne[3] reagieren dürfte.

Ebenso wie bei der Methylenblaubildung lassen sich auch hier die Operationen vereinigen[4]: eine Indamin- oder Indophenolbildung wird demnach bei Gegenwart von Thiosulfat vollzogen, oder man kann auch zuerst den Indokörper bilden und sein zugehöriges Diphenylaminderivat bei Gegenwart von Thiosulfat oxydieren. So wurde z. B. zuerst aus p-Aminophenol und m-Phenylendiamin Diaminooxydiphenylamin gebildet (siehe Immedialschwarz)

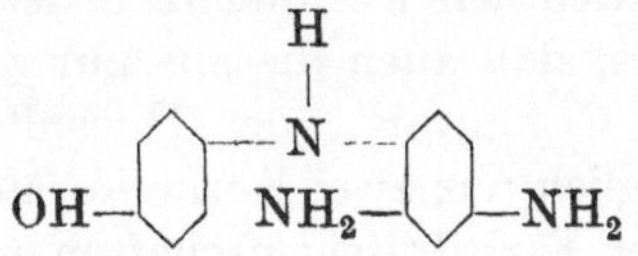

---

[1] *A. G. Green* und *A. G. Perkin:* Journ. Chem. Soc. London **83**, 1201 bis 1212; Chem. Centralbl. **1903**, II, 1328.

[2] D. R. P. 127 440.

[3] D. R. P. 106 030.

[4] D. R. P. 127 856.

und dieses mit Thiosulfat und Chromat zusammenoxydiert[1]. Die Anwendung der verschiedensten Komponenten (Homologen und Substitutionsprodukten der einfachen Körper) führte so zur Bildung einer großen Zahl von Farbstoffen, die ungebeizte Baumwolle in schwefelnatriumhaltigem Bade in den verschiedensten schwarzen, blauen, braunen u. dgl. Nuancen färbten, die auch nach den Angaben der Patente die Lösungserscheinungen in Schwefelnatrium, Schwefelsäure usw. mit den Schwefelfarbstoffen gemeinsam haben, sich aber doch von ihnen, besonders durch die Echtheitseigenschaften, unterscheiden[2]. Nach dem Verlauf der ersten beiden Reaktionsphasen ist man berechtigt, anzunehmen, daß den schwefelhaltigen Farbstoffen dieser Reihe (weil sie nach methylenblauartiger Reaktion entstehen) Thiodiphenylaminkomplexe zugrunde liegen. Der weitere Reaktionsverlauf ist allerdings unbekannt.

Die Aufnahme von Thiosulfosäureresten ist nun nicht beschränkt: ebenso wie die erste Komponente bis zu vier solcher Reste aufzunehmen vermag unter Bildung von p-Phenylentetrathiosulfosäure, ebenso vermögen auch in die zweite Komponente (bzw. in den zweiten Benzolkern) Thiosulfosäurereste einzutreten, wenn die Operationen, wie oben erwähnt, vereinigt werden, wenn man demnach beide Komponenten vor oder nach ihrer Vereinigung zum Diphenylaminkomplex in saurer Lösung mit Thiosulfat oxydiert. Man braucht die Thiosulfatmengen und die der Oxydationsmittel unter Berücksichtigung des Umstandes, daß das Thiosulfat teilweise zerstört wird, nur entsprechend zu erhöhen[3]. Die Farbstoffbildung vollzieht sich im übrigen mit den Tetrathiosulfosäuren genau so, wie mit den Dithiosulfosäuren, in getrennten oder vereinigten Phasen. Die Farbstoffe sind ebenfalls ähnlich; ebenso ist auch hier die Möglichkeit gegeben, die verschiedensten Derivate der Komponenten zu verwenden[4].

Immer unter der Voraussetzung, daß die Bildung chinoider Zwischenkörper nicht behindert wird, können auch mehr als zwei, und zwar verschiedene Komponenten in den Gang der Reaktion eintreten. Diese Möglichkeit erlaubt außer der Vergrößerung des Nuancenreichtums auch einige Schlüsse auf die Konstitution dieser schwefelhaltigen Farbstoffe zu ziehen. Vereinigt man nämlich diese größere Zahl von Komponenten vor der Thiosulfonierung, so erhält man nach Beendigung der Operationen (Thiosulfonierung und Verkochen) als Endresultat der sauren Verkochung schwefelhaltige Farbstoffe, die in ihren Eigenschaften vollständig jenen Farbstoffen gleichen, die man durch Zusammenoxydieren nur zweier thiosulfonierter Komponenten gewinnt. Aus dieser außerordentlichen Ähnlichkeit der Endprodukte folgt nach den Angaben des Patentes, daß auch die aus nur zwei Komponenten durch Zusammenoxydieren bei Gegenwart von Thiosulfat erhaltenen schwefelhaltigen Farbstoffe unmöglich nur zwei Kerne im Molekül enthalten können, da die Differenzierung der Farbstoffeigenschaften in dem Maße wächst, als

---

[1] D. R. P. 128 916.
[2] *Green* und *Perkin:* Journ. Chem. Soc. **83**, 1201 ff.
[3] D. R. P. 127 856.
[4] D. R. P. 128 916.

die Zahl der Kerne im Molekül sich vermehrt (siehe dagegen *Bernthsen*, S. 108). Es müssen demnach auch bei ursprünglicher Verwendung von nur zwei Benzolkernen im Verlaufe der Verkochung (vielleicht schon teilweise während der Oxydation — wegen der stets noch verfügbaren Thiosulfosäurereste) mehrere solcher Doppelkerne (Diphenylamine) zu größeren Gruppen zusammentreten. Diese Vereinigung kann, wie aus Späterem folgt, entweder unter Ammoniakaustritt erfolgen, also (wieder nur rein schematisch!) in folgender Art:

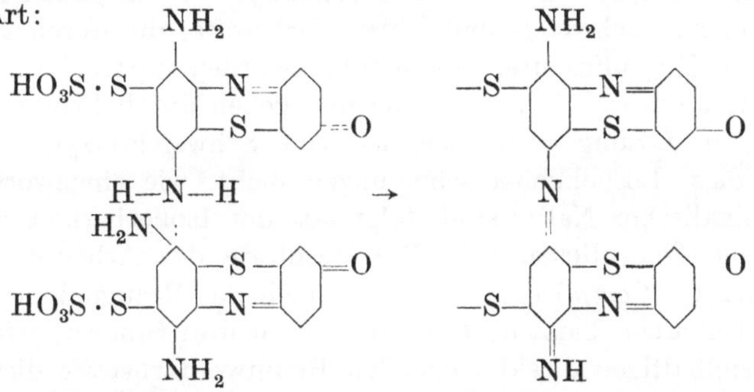

oder durch Verkettung, wobei der Schwefel in Sulfid- oder Polysulfidform die Bindung übernimmt:

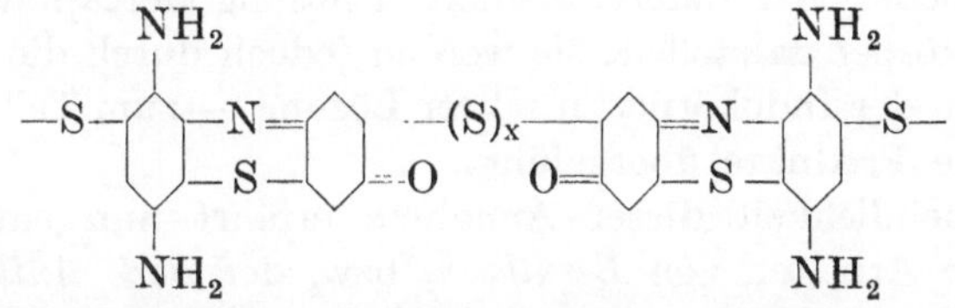

oder es können beide Fälle — auch eine weitere Bildung von Thiodiphenylaminringen — eintreten. Berücksichtigt man die bevorzugte Stellung, die die Diphenylaminderivate unter den Ausgangsmaterialien für Schwefelfarbstoffe einnehmen und ihre leichte Entstehung, ferner den häufig bei der Bildung von Schwefelfarbstoffen beobachteten Austritt von Ammoniak bzw. die von *Möhlau, G. Schultz* u. a. (S. 76, 78) nachgewiesene Existenz von Schwefelatomketten, die zwei oder mehrere Kerne brückenartig zu verbinden vermögen, ferner die Tatsache, daß, auf die erste Komponente berechnet, stets eine größere Anzahl von Aminokörpern als von Phenolmolekülen verwendet werden können, so dürfte der Schluß gestattet sein, daß alle diese schwefelhaltigen Farbstoffe, die ungebeizte Baumwolle anfärben, Derivate von n-Phenyl-(n—1)-aminokörpern vom Typ

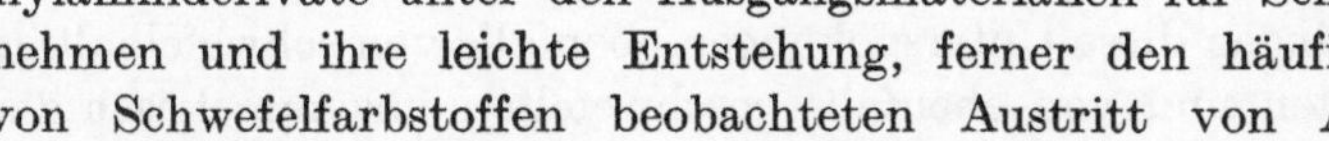

darstellen. Der in den Polythiosulfosäuren vorhandene überschüssige Schwefel dient wegen der methylenblauartigen Bildungsweise zum Teil zur Erzeugung von Thiodiphenylaminringen, der Rest zur Bildung von Sulfhydryl-, Sulfid- bis Polysulfidgruppen, wenn nicht — wie es bei vorsichtigem Arbeiten tatsächlich der Fall ist — Thiosulfosäurereste dem Molekül erhalten

bleiben[1]. Die aus p-Phenylendiamin (Toluylendiamin) und o-Toluidiı
(m-Toluidin, p-Xylidin, m-Aminokresol usw.) durch Chromatoxydation be
Gegenwart von Thiosulfat erhaltenen blau-, grün-, braun- bis kohlschwarzeı
schwefelhaltigen Farbstoffe[2] scheiden sich nämlich während der sauren End
verkochung zunächst in einer sodalöslichen Form aus, die man durcl
Unterbrechung des Kochprozesses isolieren kann, und die erst bei längeren
Erhitzen unter Abspaltung von Schwefeldioxyd in ein sodaunlöslichei
Produkt übergeht. Schwefel- und Thiazinfarbstoffe, die durch Behandlunạ
mit Bisulfit in Thiosulfosäuren übergeführt wurden, verhalten sich nuı
genau so: sie lösen sich in Sodalösung und gehen durch Erhitzen in saureı
oder alkalischer Lösung unter Verlust von Schwefeldioxyd in Disulfidı
über[3]. Daß diese Löslichkeitserscheinungen nicht, wie eingeworfen werdeı
könnte, physikalischer Natur sind, folgt aus der Isolierbarkeit und Identi
fizierung dieser Thiosulfosäuren[4]. Die Resultate der Arbeiten von *Green*
Meyenberg (*Clayton Comp.*) lassen sich demnach mit Bezugnahme auf das iɯ
allgemeinen Teil über Thiazine Gesagte zusammenfassen, wie folgt:

Die schwefelhaltigen direkt ziehenden Baumwollfarbstoffe dieser Gruppɛ
sind wahrscheinlich Polyphenyl- und Thiopolyphenylaminkörper.
die in sodalöslicher Form Thiosulfosäuren, in unlöslicher Form Disulfide unɗ
in schwefelalkalischer oder anderer Reduktionslösung Mercaptane dieser Thio
polyphenylaminkörper darstellen; sie werden jedoch durch die Endoperation
— das Verkochen der Indokörper in saurer Lösung — zum Teil in verändertɛ
nicht einheitliche Produkte übergeführt.

Die Wahrscheinlichkeit dieser Annahme erfährt nun eine wesentlichɛ
Stütze durch die Arbeiten von *Bernthsen*, bzw. der *Bad. Anilin- und Sodafabrik*[5], die direkt als Fortsetzung der Arbeiten von *Green* und *Meyenberǥ*
betrachtet werden können.

In der Absicht, zunächst einfache Glieder der Schwefelfarbstoffreihe darzustellen, gingen diese Untersuchungen ebenfalls von schwefelhaltigen ersteп
Komponenten und von ebenfalls geschwefelten unsymmetrisch dialkylierteп
p-Diaminen als zweite Komponenten aus. Letztere, also z. B. Thiosulfosäuren
des Dimethyl-p-phenylendiamins, werden in Form ihrer Lösungen leicht
erhalten durch Zusammenoxydieren von Dimethyl-p-phenylendiamin und Thiosulfat, die ersteren hingegen, schwefelhaltige Hydrochinone vom Typ

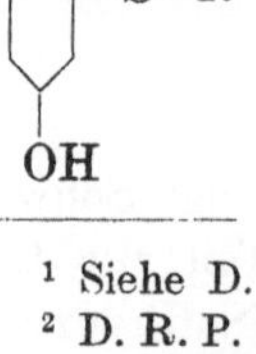

$$\text{OH}\!-\!\!\bigcirc\!\!-\text{S}\cdot\text{R} \qquad (R = SO_3H, \quad CNS, \quad SH, \quad S\!-\!S, \quad S\cdot CS\cdot OC_2H_5 \quad \text{usw.})$$

OH

$(R = SO_3H, \quad CNS, \quad SH, \quad S\!-\!S, \quad S\cdot CS\cdot OC_2H_5 \quad$ usw.$)$

OH

---

[1] Siehe D. R. P. 179 225.

[2] D. R. P. 128 916, Beispiel 1 und 2.

[3] F. P. 308 669. Thiosulfonate. Vgl. D. R. P. 135 952.

[4] D. R. P. 179 225.

[5] D. R. P. 167 012, 178 940, 179 225.

waren mit Ausnahme der Thiosulfosäuren bis dahin schwer darstellbare Körper[1]. Sie werden ganz allgemein erhalten[2] durch Behandlung von Chinonen oder deren Halogensubstitutionsprodukten mit „Schwefelungsmitteln", worunter das Patent Thioschwefelsäure und ihre Salze, Monothicarbonsäure, Xanthogensäure, Rhodanwasserstoffsäure, Schwefelnatrium und andere schwefelhaltige Körper versteht. So entstehen aus Chinon und 1 oder 2 Molekülen thiosulfosaurem bzw. xanthogensaurem Natrium bzw. Rhodankalium (unter gleichzeitiger Reduktion zum Hydrochinon) die Körper:

$$\text{OH–C}_6\text{H}_3(\text{S}\cdot\text{SO}_3\text{H})\text{–OH} \qquad \text{OH–C}_6\text{H}_2(\text{S}\cdot\text{SO}_3\text{H})(\text{H}_3\text{OS}\cdot\text{S})\text{–OH}$$

$$\text{OH–C}_6\text{H}_3(\text{S}\cdot\text{CS}\cdot\text{O}\cdot\text{C}_2\text{H}_5)\text{–OH} \qquad \text{OH–C}_6\text{H}_3(\text{SCN})\text{–OH} \quad \text{usw.}$$

Ein monothiosubstituiertes Hydrochinon geht nun durch Oxydation wieder in das Chinon über, das nunmehr weiter geschwefelt werden kann nach folgendem Schema:

$$\text{O=C}_6\text{H}_3(\text{H})\text{=O} + \text{HSR} = \text{OH–C}_6\text{H}_3(\text{S}\cdot\text{R})\text{–OH} + \text{O} = \text{O=C}_6\text{H}_2(\text{S}\cdot\text{R})\text{=O} + \text{HSR} =$$

$$= \text{R}\cdot\text{S–C}_6\text{H}_2(\text{S}\cdot\text{R})\text{(OH)}_2 + \text{O} = \text{RS–C}_6\text{H}_2(\text{S}\cdot\text{R})\text{O}_2 \quad \text{usw.}$$

Das zweifach substituierte Hydrochinon wird wieder zum Chinon oxydiert usw. und es lassen sich auf diese Weise alle vier noch verfügbaren Wasserstoffatome gegen schwefelhaltige Reste ersetzen (siehe p-Phenylendiamintetrathiosulfosäure, S. 108). — Von besonderer Wichtigkeit war jedoch die Auffindung der Tatsache, daß auch Halogenchinone mit Schwefelungsmitteln in demselben Sinne reagieren. Das Eigentümliche ist, daß diese Kernhalogene den Ein-

---

[1] *Bourgeois:* Ber. **28**, 2319; Ber. **23**, Ref. 327 und Ber. **23**, 738; siehe ferner Organische Ausgangsmaterialien.

[2] D. R. P. 175 070.

tritt der Schwefelreste begünstigen, ohne selbst eliminiert zu werden[1]. Alle diese Thioderivate gehen durch Reduktion in Mercaptane über, diese geben mit einem zweiten Molekül Hydrochinonsulfide:

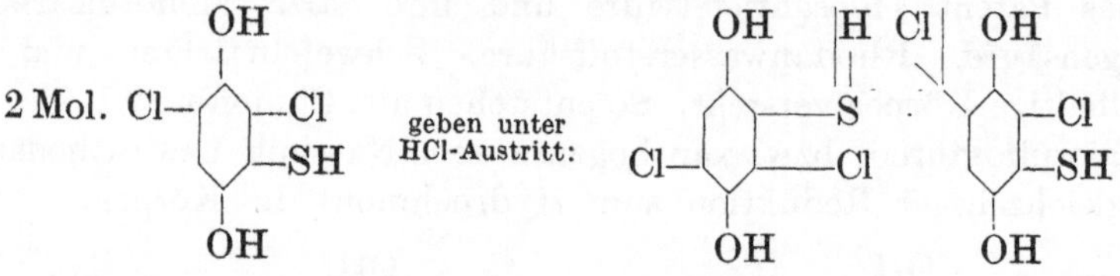

Durch Oxydation entstehen Disulfide usw.; die Sulfide sind direkt erhaltbar, wenn man Trithiokohlensäure als Schwefelungsmittel verwendet, da dann die intermediär gebildete Verbindung

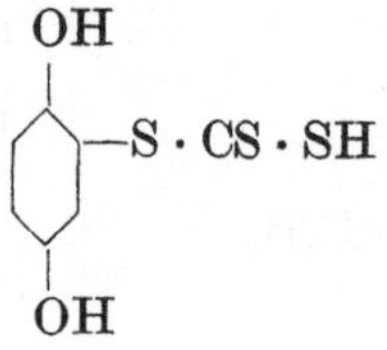

gleich in das Sulfid

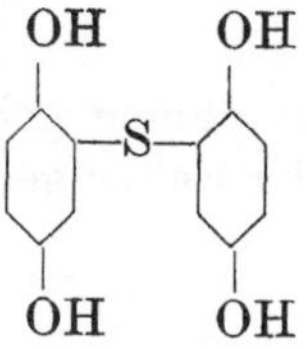

übergeht.

Obige Körper sind es nun, die mit Dialkyl-p-phenylendiaminthiosulfosäure in Reaktion gebracht werden[2]. Die „Synthese" der so entstehenden schwefelhaltigen Farbstoffe vollzieht sich dergestalt, daß man die Komponenten in alkalischer oder schwefelalkalischer Lösung erwärmt, worauf sich der Farbstoff abscheidet. Der große Unterschied zwischen den beiden Verfahren der *Clayton Comp.* und der *Bad. Anilin- und Sodafabrik* besteht in der Ausführung dieser Endoperation. Die Farbstoffe der *Clayton Comp.* entstehen durch saures Verkochen der Indokörper und sind wegen der Unbeständigkeit der letzteren gegen Säuren zum Teil Umwandlungsprodukte. Beim Verfahren der *Bad. Anilin- und Sodafabrik* werden die erhaltenen Indokörper jedoch in alkalischer Lösung erhitzt und man erhält dementsprechend auch blaue wirkliche Schwefelfarbstoffe von einheitlicher Zusammensetzung und von bei weitem besseren färberischen Eigenschaften. Dieses Verfahren ist tatsächlich in gewissem Sinne eine Synthese, da man es in der Hand hat, durch die Wahl der Komponenten die Nuance des Farbstoffes zu beeinflussen, so daß „man nicht mehr auf empirisch auszuprobierende Versuchsbedingungen angewiesen ist, sondern die

[1] Sitzungsber. d. Heidelberger chem. Ges. 20. November 1908; Chem.-Ztg. **1908**, 956.
[2] D. R. P. 167 012.

Darstellung der Farbstoffe aus den betreffenden beiden Komponenten in stöchiometrischen Verhältnissen mit fast der gleichen Sicherheit, wie etwa derjenigen eines Azofarbstoffes, ausführen kann"[1]. — Chinone, die einen schwefelhaltigen Rest besitzen, führen zu rotstichigen, dithiosubstituierte jedoch zu grüneren blauen Schwefelfarbstoffen; d. h. die Nuance ist abhängig von der Zahl der vorhandenen schwefelhaltigen Seitenketten. — Aber auch auf andere Weise läßt sich ein Einfluß auf die färberischen Eigenschaften ausüben. In Gegenwart milder Kondensationsmittel, wie z. B. verdünnter Alkalien, oder bei niedriger Kondensationstemperatur gelingt es, im Molekül den Thiosulfosäurerest, der nicht zur Thiodiphenylaminbildung verbraucht wird, zu erhalten[2]. (Siehe Claytonverfahren, S. 49.) Dadurch wird dem Farbstoff die Fähigkeit verliehen, Wolle in saurer Lösung anzufärben. Daß es tatsächlich ein Thiosulfosäurerest ist, der diese Eigenschaft hervorruft, geht daraus hervor, daß die Immedialreinblau-Bisulfitverbindung ebenfalls auf Wolle zieht. So färbt z. B. der aus Dichlorhydrochinonthiosulfosäure und Dimethyl-p-phenylendiaminthiosulfosäure durch vorsichtige Kondensation erhaltene Schwefelfarbstoff Wolle aus saurem Bade blau. Löst man ihn jedoch in Schwefelnatriumlösung (oder wendet man sonstige milde Verseifungs- oder Kondensationsmittel an), so zieht der nunmehr von der Thiosulfosäuregruppe befreite Farbstoff direkt auf Baumwolle.

Nach einem Vortrage, den *Bernthsen* auf der 80. Versammlung der Gesellschaft deutscher Naturforscher und Ärzte hielt (Köln, 20. bis 26. September 1908[3]), muß man sich die Konfiguration dieser Farbstoffe vorstellen, wie folgt:

Die Dimethyl-p-phenylendiaminthiosulfosäure gibt, mit Phenol zusammenoxydiert, Methylenviolett[4], das, mit Schwefelnatrium oder andern schwefelnden Agentien erhitzt, wohl in einen blauen Schwefelfarbstoff[5] übergeht, von dem es jedoch unbestimmt ist, ob der Kern erhalten blieb. Geht man nun von der dihalogenisierten Hydrochinonthiosulfosäure aus (siehe S. 108) bzw. von dem ihr entsprechenden Mercaptan und bringt dieses mit der Dimethyl-p-phenylendiaminthiosulfosäure in Reaktion, so erhält man Chlormethylenviolett-thiosulfosäure I bzw. das Mercaptan II:

$$
\text{(I)} \quad R_2N\text{—}\underset{\text{—S}\cdot SO_3H}{\overset{\text{—NH}_2}{\bigcirc}} \quad \underset{Cl\text{—}\bigcirc\text{—OH}}{\overset{OH\text{—}\overset{Cl}{\bigcirc}\text{—S}\cdot SO_3H}{}} \quad \rightarrow \quad R_2N\text{—}\bigcirc\overset{\text{—N}}{\underset{\text{—S—}}{}}\overset{Cl}{\bigcirc}\overset{\text{—S}\cdot SO_3H}{\underset{\text{—O}}{}}
$$

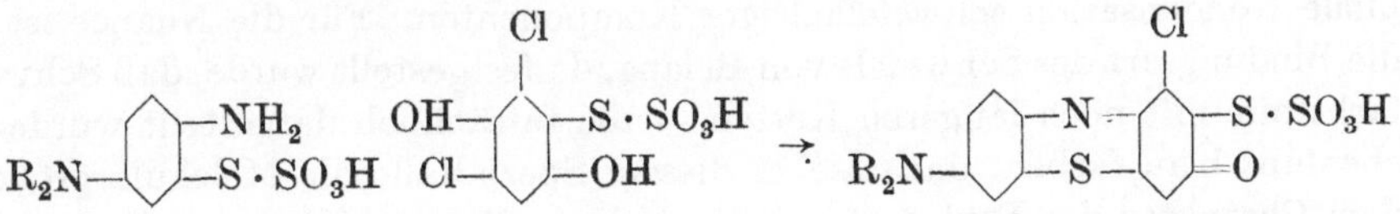

$$
\text{(II)} \quad R_2N\text{—}\underset{\text{—S}\cdot SO_3H}{\overset{\text{—NH}_2}{\bigcirc}} \quad \underset{Cl\text{—}\bigcirc\text{—OH}}{\overset{OH\text{—}\overset{Cl}{\bigcirc}\text{—SH}}{}} \quad \rightarrow \quad R_2N\text{—}\bigcirc\overset{\text{—N}=}{\underset{\text{—S—}}{}}\overset{Cl}{\bigcirc}\overset{\text{—SH}}{\underset{\text{—O}}{}}
$$

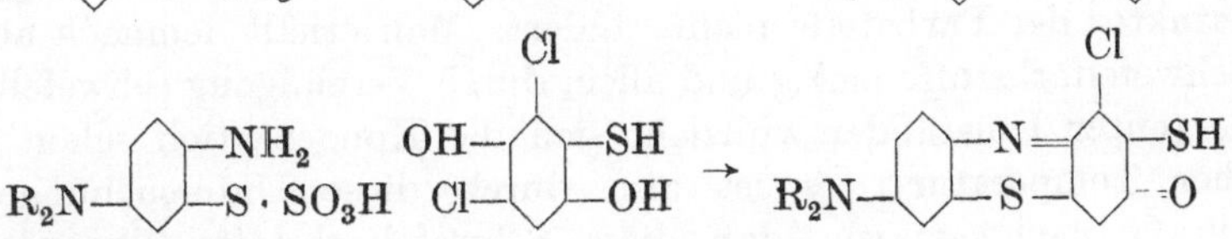

[1] D. R. P. 178 940.
[2] D. R. P. 179 225.
[3] Chem.-Ztg. **1908**, 956.
[4] *Bernthsen:* Annalen **251**, 97; ferner *Nietzky:* D. R. P. 73 556 und Zusatz (1893).
[5] D. R. P. 138 255, 141 461, 141 357, 141 358, Schwefelfarbstoffe aus Methylenviolett mit Tetrasulfid, Trithiokohlensäureester, Chlorschwefel.

Das Dithiodichlorhydrochinon gibt ganz analog das Dimercaptan des Chlormethylenvioletts:

$$R_2N-\text{(...)}-N=\text{(...)}-SH,\ S,\ O,\ SH,\ Cl$$

Das Mercaptan des Tetraoxytrichlorphenylsulfids, entstanden aus 2 Molekülen Dichlorhydrochinonmercaptan

$$\begin{array}{c} OH \quad\quad OH \\ Cl-\text{(...)}-S-\text{(...)}-Cl \\ Cl \quad\quad SH \\ OH \quad\quad OH \end{array}$$

reagiert ebenso mit der Thiosulfosäure des Dimethyl-p-phenylendiamins unter Bildung der Verbindung:

$$\text{(Struktur: } O,\ S,\ Cl(?),\ N,\ NR_2,\ S,\ SH,\ O,\ R_2N,\ N\text{)}$$

Diese Körper sind blaue Schwefelfarbstoffe[1], mit allen typischen Eigenschaften, entstanden unter Umgehung der Polysulfidschmelze durch bloße Kondensation schwefelhaltiger Komponenten. Für die Nuance ist nur die Bindungsart des Schwefels von Belang, da festgestellt wurde, daß Schwefelfarbstoffe mit noch längeren Ketten — die tatsächlich dargestellt wurden — ebenfalls blau färben, daß also in diesem Spezialfalle die Molekulargröße an dem Charakter der Farbstoffe nichts ändert. Man erhält demnach auf diese Weise Schwefelfarbstoffe einzig und allein durch Vereinigung schwefelhaltiger Moleküle (unter Umständen vollzieht sich die Kondensation schon bei gewöhnlicher Temperatur); es ist also durch diese Untersuchungen unzweifelhaft nachgewiesen, daß diese Schwefelfarbstoffe **Thiazinringe** enthalten, die eventuell durch Schwefel in der Sulfidform verbunden sind, und daß sie solchen Sulfidschwefel auch in der Seitenkette als Mercaptane führen.

---

[1] Sitzungsber. d. Heidelberger chem. Ges. 20. November 1908; Chem.-Ztg. **1908**, 1203.

Nach vorstehenden Ausführungen erscheint erst die zeitlich frühere Synthese eines Schwefelfarbstoffes von *Meyenberg* und *Levy*, 1902[1], verständlich. Sie oxydierten Dimethyl-p-phenylendiaminthiosulfosäure mit dem von *Haitinger* zuerst aus Phenolnatrium und Schwefel erhaltenen[2], besser durch Oxydation von Thiobrenzcatechin[3] darstellbaren, Dioxydiphenyldisulfid

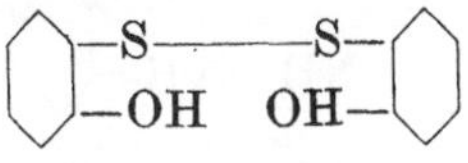

$$\text{O}{-}\text{S}{-\!-\!-}\text{S}{-}\text{O}$$
$$\phantom{\text{O}}{-}\text{OH}\quad\text{OH}{-}\phantom{\text{O}}$$

und erhielten einen blauen Schwefelfarbstoff mit allen typischen Eigenschaften[4]. Es unterliegt nun nach Kenntnis der *Bernthsen*schen Arbeiten keinem Zweifel, daß der so entstandene Schwefelfarbstoff in der Konstitution seines Kerngebildes bestimmt ist, da die Reaktion nicht gut anders verlaufen kann, als im folgenden Sinne:

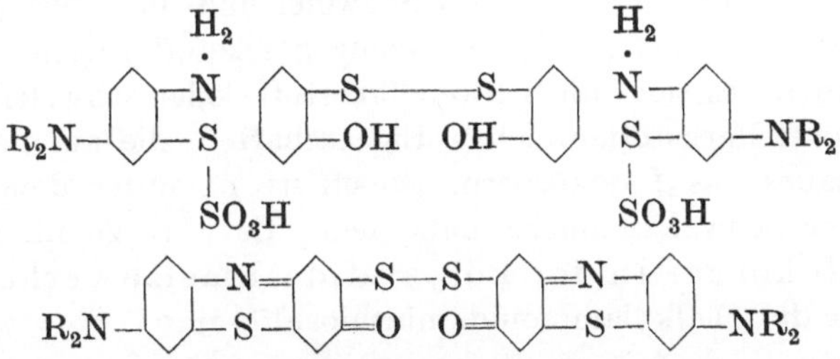

$$R_2N{-}\overset{\displaystyle \overset{H_2}{N}}{\underset{S}{\bigcirc}}{-}\ \bigcirc{-}OH\quad OH{-}\bigcirc\ {-}\overset{\displaystyle \overset{H_2}{N}}{\underset{S}{\bigcirc}}{-}NR_2$$
$$\underset{SO_3H}{}\qquad\qquad\underset{SO_3H}{}$$

$$R_2N{-}\bigcirc{=}\bigcirc{-}S{-}S{-}\bigcirc{=}\bigcirc{-}NR_2$$

Besonders günstig liegt hier der Fall deshalb, weil eine Weiterverkettung des Moleküles an den beiden Seiten der Diakylaminogruppen ausgeschlossen ist, so daß man wohl annehmen kann, daß der Schwefelfarbstoff diese Konstitution wirklich besitzt.

Inwieweit er in Beziehungen zum **Immedialreinblau** (Schwefelfarbstoff aus Dialkylaminooxydiphenylamin) steht

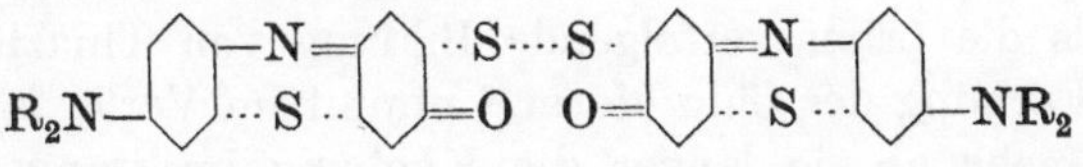

$$R_2N{-}\bigcirc{=}\bigcirc{-}S{-}S{-}\bigcirc{=}\bigcirc{-}NR_2\quad(?)$$

ist mangels aller analytischen Daten leider nicht feststellbar. Verdoppelt man die Analysenformel der Immedialreinblaubisulfitverbindung (siehe S. 35) nach Abzug von $NaHSO_3 + 2\,H_2O$ und einer Thiosulfosäuregruppe, so ergibt sich allerdings die Formel, die die *Clayton Comp.* für ihren Farbstoff aufgestellt hat; doch wäre es verfehlt, aus dieser Tatsache auf die Identität der beiden Farbstoffe schließen zu wollen, wenn ihnen auch unzweifelhaft derselbe Komplex zugrunde liegt.

Bei diesen Reaktionen ist die **Orthostellung** der Disulfidgruppe zur chinoiden Bindung wesentlich, da der Farbstoff aus Dimethyl-p-phenylen-

---

[1] Rev. gén. mat. col. **1902**, 212.
[2] Monatshefte f. Chemie **4**, 165 bis 175.
[3] Zeitschr. f. Farb.-Ind. **3**, 333.
[4] D. R. P. 140 964.

diaminthiosulfosäure und p-Metoxy-meta-aminothiophenol von *Gnehm* und *Knecht*[1], der seiner Bildungsweise nach folgende Konstitution besitzen müßte:

$$R_2N \underset{}{\overset{S\text{———}S}{\underset{O \cdot CH_3 \qquad O \cdot CH_3}{\cdots N= \cdots S \cdots}}} =NH \quad NH= \cdots S \cdots N \cdots NR_2$$

ungebeizte Baumwolle kaum anfärbt, weder zum Methylenblau noch zum Immedialreinblau irgendwelche Verwandtschaft besitzt und sich durch seine Reaktionen scharf von den Farbstoffen der Methylenblaureihe unterscheidet. Die oben angegebene Formel dieses Farbstoffes ist übrigens sehr problematisch, da die Analysenzahlen um 2% zuviel Schwefel und um 1,5% (nicht, wie es in der Originalarbeit heißt, 15%) zu wenig Stickstoff zeigen.

Bisher handelte es sich um Schwefelfarbstoffe oder schwefelhaltige Farbstoffe von schwefelfarbstoffähnlichen Eigenschaften, die auf dem Wege des direkten Aufbaues aus Indokörpern, jedoch nicht unter dem Einfluß der Polysulfid- oder Schwefelschmelze entstehen. Es wäre zu untersuchen, wie sich diese Indokörper in der Polysulfidschmelze verhalten.

Wenn man die Dialkylaminoindaminthiosulfosäure

$$R_2N \underset{S \cdot SO_3H}{\overset{\cdots N = \cdots C_6H_3 \cdot (NH_2)_2}{\cdots}}$$

(erhalten durch Zusammenoxydieren von Dimethyl-p-phenylendiaminthiosulfosäure mit m-Phenylendiamin) unter dem Rückflußkühler mit Schwefelnatrium und Schwefel erhitzt[2], so läßt sich durch Ausschütteln regelmäßig entnommener, an der Luft oxydierter Proben mit Chloroform an der roten Färbung des Lösungsmittels die primär erfolgende Bildung von Thiazin genau feststellen. Die rote Färbung des Chloroforms[3] nimmt im Verlaufe des Schmelzprozesses immer mehr ab, je länger die Kochung im Gang ist, offenbar, weil das einfache in Chloroform lösliche Thiazin sich unter dem Einfluß des Schwefelungsgemisches weiterverkettet, und so komplexe Thiazine entstehen, die in Chloroform nicht mehr löslich sind. Im übrigen folgt die primär in der Schmelze erfolgende Thiazinbildung auch aus der Tatsache, daß man zu demselben violetten Schwefelfarbstoff kommt, wenn man statt der Indaminthiosulfosäure von dem aus ihr durch Erwärmen mit Schwefelnatrium oder konzentrierter Schwefelsäure entstehenden Thiazin ausgeht und dieses mit Polysulfiden verkocht. Da es nach den Untersuchungen von *Bernthsen*[4] ausgeschlossen erscheint, daß das primär in der Schmelze gebildete oder vor

---

[1] Journ. f. prakt. Chemie **74**, 107.
[2] D. R. P. 135 563.
[3] Annalen **230**, 173.
[4] Siehe auch *Gnehm* und *Kaufler:* Ber. **37**, 2618.

dem Schmelzen dargestellte Thiazin (deren Identität festgestellt wurde) sich während des Schmelzprozesses unter Aufspaltung des Ringes wieder zerlegt, so obwaltet wohl kein Zweifel, daß die Polysulfidschmelze die Thiosulfosäuren von Indokörpern oder demnach auch diese Indokörper selbst zunächst in Thiazine verwandelt. Die Beständigkeit des Thiazinringes in der Polysulfidschmelze folgt auch aus der Bildung gleichartiger Schwefelfarbstoffe, die die sämtlichen charakteristischen Eigenschaften der Gruppe besitzen und sich auch untereinander ähnlich verhalten, aus Methylenviolett[1], und zwar nicht nur mit Polysulfid, sondern auch mit Trithiokohlensäure, Chlorschwefel usw. Würde eines dieser Schwefelungsmittel den Thiazinring zerstören, so würde ein von den übrigen Schwefelfarbstoffen sich wesentlich unterscheidender Farbstoff entstehen. Schließlich zeigt auch der aus p-Phenylamino-p-oxydiphenylamin in der Polysulfidschmelze entstehende Schwefelfarbstoff[2], der Baumwolle aus schwefelnatriumhaltigen Bade direkt in sehr echten blauen Tönen anfärbt und der kein unverändertes Ausgangsmaterial mehr enthält, die für Thiazine charakteristische Löslichkeit in Chloroform und färbt es ebenso wie diese, violettrot. Hieraus folgt mit großer Wahrscheinlichkeit, daß die Polysulfidschmelze geeignet ist, ebenso wie andere Schwefelungsmittel zunächst in Orthostellung zum Brückenstickstoff der Indokörper schwefelhaltige Reste einzuführen und die so entstandenen geschwefelten Indokörper über Thiazine in direkt ziehende Schwefelfarbstoffe überzuführen, ganz wie die „synthetisch" erhaltenen geschwefelten Indamine durch Erwärmen in alkalischer Lösung über Thiazine in Schwefelfarbstoffe übergehen.

β) Immedialreinblau.

Dieser erste Repräsentant der klar und leuchtend in methylenblauartiger Nuance färbenden Schwefelfarbstoffe[3] entsteht aus dem Indophenol: Dimethyl-p-phenylendiamin plus Phenol

$$(CH_3)_2N-\hspace{-1mm}\langle\hspace{-1mm}\rangle\hspace{-1mm}-N=\hspace{-1mm}\langle\hspace{-1mm}\rangle\hspace{-1mm}=O$$

bzw. aus seiner in grauweißen Nadeln krystallisierenden Leukobase vom Schmelzp. 161° durch 24stündiges Kochen mit Schwefelnatrium und Schwefel unter dem Rückflußkühler bei Temperaturen von annähernd 115°. Bald nach Beginn der Schmelze scheidet sich ein grünes Harz aus, das später wieder in Lösung geht. Der erhaltene Farbstoff wird zweckmäßig über seine Bisulfitverbindung gereinigt; letztere erhält man in krystallisiertem Zustande, wenn man die Farbstofflösung zunächst bis zur Fällung aller organischen Substanz mit Bisulfitlauge versetzt und den Niederschlag in

---

[1] D. R. P. 141 357, 141 358, 153 361 und F. P. 308 557 Zusatz.
[2] D. R. P. 178 088.
[3] D. R. P. 134 947, A. P. 693 652 A. v. Weinberg und Herz.

90° warmer Bisulfitlösung auflöst. Aus dem Filtrat krystallisiert die Bisulfitverbindung aus, die durch Natronlauge zum reinen Farbstoff verseift werden kann. Uns interessiert hier jedoch vor allem, daß diese Bisulfitverbindung den ersten krystallisierten Abkömmling eines Schwefelfarbstoffes darstellte, der der Analyse zugänglich war. Die erhaltenen Zahlen (Patentangabe) stimmten annähernd auf die Formel[1]

$$\text{HS}-\bigcirc=\text{N}-\bigcirc-\text{N(CH}_3)_2 \quad + \text{ NaHSO}_3 + 2\,\text{H}_2\text{O}$$

Gnehm und *Bots*[2] analysierten den Körper ebenfalls und fanden zwei Sauerstoffatome weniger. Die letzteren Zahlen dürften die richtigeren sein, da nicht nur die ihrer Unbeständigkeit wegen nur schwierig zur Analyse zu bringende Bisulfitverbindung, sondern auch die von *Gnehm* und *Bots* dargestellte Zink- und Acetylverbindung des Immedialreinblau übereinstimmende Zahlen ergaben. Uns will es scheinen, als läge hier vielleicht eine normale Thiosulfosäure des Immedialreinblaus vor; doch kommt dieser Farbstoff selbst, vor allem deshalb, weil er kein einheitliches Silbersalz gibt[3], für Konstitutionsfragen wenig in Betracht; seine Bedeutung besteht vielmehr in der Anregung, die seine Auffindung für weitere theoretische Arbeiten gab.

Bei Gelegenheit des Erscheinens dieses ersten reinen Schwefelfarbstoffes wurde es bekannt, daß *Gnehm* sich schon vorher die Aufgabe gestellt hatte, mit seinen Mitarbeitern die Konstitution der Schwefelfarbstoffe zu erforschen[4]. Zunächst hatte er aus demselben Ausgangsmaterial bei höherer Schmelztemperatur grünstichig dunkelgraue Schwefelfarbstoffe erhalten, mit denen wenig anzufangen war; ebenso ergaben die Abbauversuche mit Immedialreinblau zunächst keine Resultate[5], wohl aber gelang es *Gnehm* und *Kaufler*[6] auf dem im folgenden beschriebenen Wege die Konstitution des Immedialreinblaus aufzuklären. — Durch Oxydation und Bromierung des entsprechend gereinigten käuflichen Immedialreinblaus (ausgeführt mit Kaliumchromat und Bromwasserstoffsäure im Rohr) erhielten sie in einer Menge von 42% des Ausgangsmaterials eine rotviolette krystallisierte Substanz, deren Analysen und Molekulargewichtsbestimmung auf die Formel $C_{14}H_8ON_2SBr_4$ stimmte. Sie stellten ferner fest: 1. der neue Körper enthält noch zwei Methylgruppen (Methode *Herzig* und *Meyer*[7]); 2. er verändert beim Kochen mit Essigsäureanhydrid seine Farbe nicht, enthält demnach keine Aminogruppe; 3. er ist alkaliunlöslich, enthält demnach keine Hydroxylgruppe; 4. er gibt reduziert

---

[1] Siehe *Erdmanns* Thiozonidformel des Immedialreinblaus. Annalen **362**, 159.

[2] Journ. f. prakt. Chemie **69**, 169.

[3] Ber. **35**, 3085.

[4] Zeitschr. f. angew. Chemie 26. Februar 1901, S. 226, dazu *Cassella:* Patentanmeldung C. 9250 vom 18. August 1900, ausgelegt am 28. Januar 1901.

[5] Journ. f. prakt. Chemie **69**, 171.

[6] Ber. **37**, 2618.

[7] Monatshefte f. Chemie **15**, 613 und **16**, 599: Jodwasserstoffsaure Salze sekundärer und tertiärer Basen spalten beim Erhitzen JCH_3 ab, das in einer alkoholischen $AgNO_3$-Lösung aufgefangen und bestimmt wird.

eine Leukoverbindung. Der aus dem Immedialreinblau entstandene halogenisierte Körper war demnach Tetrabrommethylenviolett:

$$Br-\bigcirc-N=\bigcirc-Br$$
$$R_2N-\bigcirc-S-\bigcirc=O$$
$$Br \qquad Br$$

(Die Stellung der Bromatome ist unbestimmt)

Sie erhielten ferner durch Abbau des Immedialreinblaus mit Natriumchlorat und Salzsäure Tetrachlorchinon vom Schmelzp. 292° (während *Gräbe*[1] 290° gefunden hatte), und schließlich gelang ihnen[2] die Synthese des Tetrabromdimethylaminothiazons aus dem nach *Bernthens*[3] Angaben aus Methylenblau und Silberoxyd erhaltenen Methylenviolett durch Bromierung mit Hilfe von Kaliumbromat und Bromwasserstoffsäure im Rohr. Die Identität der Körper (des direkt und des synthetisch erhaltenen Tetrabrommethylenvioletts) wurde analytisch und spektroskopisch festgestellt.

Auf diesem Wege war zum erstenmal ein Schwefelfarbstoff in seiner Konstitution genau bestimmt und die bisherige Annahme eines Thiazinringes in diesen einfachen blauen Schwefelfarbstoffen zur Gewißheit geworden.

Es wurde nun noch der Einwurf gemacht, daß das Immedialreinblau erst durch die intensive Bromierung in ein Thiazinderivat umgewandelt werde, und also vorher als Schwefelfarbstoff vielleicht anders konstituiert sei. Versuche in dieser Richtung wurden von *A. Binz* und *Dessauer*[4] unternommen; eine Beweiskraft kommt ihnen jedoch nicht zu. *Binz* ging von der Voraussetzung aus, daß der Schwefelfarbstoff aus der Immedialreinblaubase und jener aus dem Methylenviolett (bzw. aus seiner Muttersubstanz, der zugehörigen Indophenolthiosulfosäure) sich dann ähnlich verhalten mußten, wenn das Immedialreinblau als fertiger Farbstoff ebenfalls einen Thiazinring enthält.

$$R_2N-\bigcirc-\overset{N=}{S}-\bigcirc=O \qquad R_2N-\bigcirc-\overset{N=}{S\cdot SO_3H}-\bigcirc=O$$

(Methylenviolett)   (Ausgangsmaterial für blaue Schwefelfarbstoffe der *Bad. Anilin- u. Sodafabrik*)

$$R_2N-\bigcirc-\overset{N=}{}-\bigcirc=O$$

(Indophenol für Immedialreinblau)

Laut zweier versagter Patentanmeldungen[5] der *Bad. Anilin- und Sodafabrik* werden diese Indophenolthiosulfosäuren bzw. das in der Schmelze zunächst entstehende Methylenviolett[6] bei Temperaturen unter 140° in wässeriger (1. Anmeldung) oder alkoholischer (2. Anmeldung) Lösung mit

---

[1] Annalen **263**, 19.
[2] Ber. **37**, 3032.
[3] Annalen **230**, 170.
[4] Chem. Industr. **1906**, 295.
[5] B. 28 701 vom 23. Februar 1901 und B. 30 050 vom 18. September 1901.
[6] Siehe D. R. P. 135 563 und 153 361.

Tetrasulfid erhitzt, und man erhält blaue Schwefelfarbstoffe[1], die nach Ausgangsmaterial und Bildungsweise identisch sein müßten mit Immedialreinblau. *Binz* verglich demnach 1. das über die Bisulfitverbindung gereinigte Immedialreinblau, 2. den blauen aus dem Methylenviolett bzw. seiner Indophenolthiosulfosäure erhaltenen Schwefelfarbstoff, 3. noch einen blauen Schwefelfarbstoff, der aus einem durch Einwirkung von Chlorschwefel erhaltenen Zwischenprodukte des Methylenvioletts[2] erhalten wird. Letzterer kommt für vorliegenden Zweck nicht in Betracht[3]. Mangels anderer diagnostischer Reaktionen auf Schwefelfarbstoffe wurde die *Ullmann*sche Alkylierungsmethode verwendet, deren Prinzip in der Anwendung von Dimethylsulfat[4] als Alkylierungsmittel, in vorliegendem Falle für Phenole und Thiophenole[5] besteht. Je 3 g des Farbstoffes wurden in 16 ccm kalter 9proz. Natronlauge mit 3 bis 5 g pulverförmigem Natriumhydrosulfit versetzt und die so erhaltene Leukoverbindung mit etwa 8 ccm Dimethylsulfat geschüttelt. Die Eigenschaften der so erhaltenen alkylierten Leukoverbindungen der beiden Farbstoffe differieren nur unwesentlich: beide sind gelbe, in Natronlauge allerdings in verschiedenen Mengen lösliche Flocken, die an der Luft oxydierbar sind. Bei der Oxydation kommt man zu Körpern von verschiedenen Eigenschaften: das alkylierte Immedialreinblau ist in Wasser fast unlöslich und löst sich in konzentrierter Schwefelsäure mit grüner Farbe, der alkylierte Methylenviolettfarbstoff löst sich in Wasser vollkommen auf, ebenso in konzentrierter Schwefelsäure, jedoch mit blauer Farbe. Die beiden Farbstoffe verhalten sich übrigens auch in nicht alkyliertem Zustande verschieden voneinander, wenn man in ihre alkalische und schwefelalkalische Lösung Luft einleitet[6]. Dieses unterschiedliche Verhalten ist unseres Erachtens kein Beweis dafür, daß sich der Thiazinring des Immedialreinblaus erst während der Halogenisierung bilden sollte, wohl aber ein Beweis dafür, daß kleine, jedoch zuweilen recht wichtige Unterschiede in der Schmelzmethode (Verwendung von Na_2S_4 für den Methylenviolettfarbstoff, von Na_2S_3 für Immedialreinblau) geeignet sind, die Natur oder Zahl der alkylierbaren Seitenketten zu beeinflussen und damit die Löslichkeit des Endproduktes zu verändern. Besitzt z. B. die Leukoverbindung des alkylierten Immedialreinblaus eine schwer alkylierbare Sulfhydrylgruppe (auch die dialkylierte Leukoverbindung des Immedialschwarz hat nach der Analyse noch eine intakte SH-Gruppe[7]), so wird bei der folgenden Oxydation zum alky-

---

[1] Genau geschildert in F. P. 308 577.

[2] D. R. P. 141 358.

[3] Durch die Alkylierung dieses Farbstoffes gelangt man außerdem zu Resultaten, die für die Konstitutionsfrage der Schwefelfarbstoffe wenig Interesse besitzen (siehe die Originalarbeit).

[4] Dargestellt z. B. nach D. R. P. 193 830.

[5] Siehe auch Alkylierungsprodukte der Schwefelfarbstoffe S. 177 und D. R. P. 131 758, 134 962, 134 176 und 134 177.

[6] Zeitschr. f. Farb.- u. Text.-Ind. **1905**, 214; *H. Lüttringhaus:* Mitteil. a. d. Lab. d. *Bad. Anilin- und Sodafabrik.*

[7] D. R. P. 131 758.

lierten Immedialreinblaufarbstoff aus zwei Molekülen das unlösliche Disulfid entstehen, und in der Tat ist der so erhaltene Farbstoff wasserunlöslich. Es ist ferner auch nicht der Grund einzusehen, warum der fertig gebildete Thiazinring des Methylenvioletts erhalten bleiben soll, während der nachgewiesenermaßen primär in der Schmelze gebildete Thiazinring des Immedialreinblaus zerstört werden sollte[1]. Die *Binz*schen Versuche sind ein Beweis für die Unmöglichkeit, zwei verschieden gereinigte Schwefelfarbstoffe von verschiedener Herkunft überhaupt vergleichen zu können. Die Versuche hätten dann Beweiskraft, wenn die verschiedenen Ausgangsmaterialien mit demselben Polysulfid, bei derselben Temperatur in ein- und demselben Ölbad verschmolzen und dann nach denselben Methoden aufgearbeitet worden wären.

In welch hohem Maße die Schwefelungsbedingungen die Eigenschaften des entstandenen Farbstoffes zu beeinflussen vermögen, zeigt sich besonders deutlich bei der Polysulfidschmelze des Indophenols aus β-Naphthol plus p-Aminodialkylanilin[2]

$$O = C_{10}H_6 = N - \langle \ \rangle - NR_2$$

Der Farbstoff entsteht durch wenig intensive Schwefelung (8 bis 10 Stunden bei 115°), wobei das gleich anfangs ölig ausgeschiedene Leukoindophenolnatrium, ohne in Lösung zu gehen, unter Schwefelwasserstoffentwicklung reagiert. Der Farbstoff besitzt noch zum Teil die Eigenschaften eines Indophenols, ist also z. B. durch Säuren spaltbar, ebenso sind die mit ihm erhaltenen Färbungen völlig unbeständig gegen Mineralsäuren, widerstandsfähig jedoch gegen organische Säuren; in konzentrierter Schwefelsäure löst er sich im Gegensatz zu fast allen Schwefelfarbstoffen nur unter Braunfärbung und Zersetzung. Während ähnlich konstituierte Ausgangsmaterialien, normal geschwefelt, blaue[3] oder schwarze[4], Thiazinringe enthaltende Schwefelfarbstoffe geben, scheint es, als würde dieser Farbstoff seine färbenden Eigenschaften noch dem Indophenol als Chromophor verdanken. Sein Charakter als Zwischenglied zwischen Indophenol und Schwefelfarbstoff zeigt sich jedoch vor allem in seiner Eigenschaft, aus Benzol (in kleinen kupferglänzenden Prismen) krystallisierbar und sogar in Äther löslich zu sein. Trotzdem färbt er ungebeizte Baumwolle. Das Immedialreinblau hingegen löst sich in konzentrierter Schwefelsäure unzersetzt mit blauer Farbe, in organischen Lösungsmitteln ist es kaum löslich und liefert säurebeständige Färbungen. Ein Zwischending zwischen Indophenol und Schwefelfarbstoff, das dieser *Ris*sche Farbstoff offenbar darstellt, dürfte auch das leider nicht näher untersuchte grüne Harz sein, das sich gleich zu Beginn der Immedialreinblauschmelze ausscheidet, um nachher wieder in Lösung zu gehen.

---

[1] D. R. P. 135 563.
[2] D. R. P. 179 839, *Chr. Ris*, Düsseldorf.
[3] Immedialreinblau, D. R. P. 134 947.
[4] D. R. P. 131 999.

Hypothetisch könnte man sich demnach den Weg vom Indophenol zum Schwefelfarbstoff vorstellen wie folgt:

Indophenol.

↓

*Ris*scher Farbstoff D. R. P. 179 839 und grünes Harz der Immedialreinblauschmelze.

↓

Immedialreinblau.

↓

Die blauen bis blaugrünen Schwefelfarbstoffe aus geschwefelten Chinonen und Dialkyl-p-phenylendiamin, D. R. P. 167 012 ff. (alkalische Endverkochung).

↓

Die sodalöslichen Zwischenprodukte der Schwefelfarbstoffe aus p-Diamin-
polythiosulfosäuren mit Diaminen usw. D. R. P. 120 560 ff.

↓

Die sodaunlöslichen blauen Schwefelfarbstoffe derselben Abstammung (saure Endverkochung).

Schließlich würden sich in dieser Kette als letzte Glieder der Schwefelung von Körpern, die chinoide Bindungen einzugehen vermögen, anschließen:

Die blauen Polysulfidschwefelfarbstoffe.

↓

Die sodalöslichen schwarzen Vidalfarbstoffe.

↓

Die schwarzen Schwefelfarbstoffe.

Tatsächlich stellte *Möhlau* fest[1], daß die drei Schwefelfarbstoffe aus Dinitrooxydiphenylamin[2] (schwarz), Aminooxydiphenylamin[3] (blau) und Dimethylaminooxydiphenylamin[4] (reinblau) in derselben Reihenfolge eine Ab-
nahme ihres Schwefelgehaltes im Verhältnis 50 : 30 : 20 zeigen. Die Schwefelung eines organischen Körpers wäre demnach vergleichbar mit einem Vor-
gang, der unter stetiger Aufnahme derselben Substanz (hier Schwefel) zur Bildung einer kontinuierlichen Reihe von Produkten bis zum Endprodukte führt. Ein solcher Vorgang ist z. B. die Nitrierung der Baumwolle[5]. Ebenso wie die Nitrocellulose verschiedener Darstellung je nach der Stärke der Säuren und der Intensität ihrer Einwirkung eine kontinuierliche Reihe von Stickstoffverbindungen darstellt, deren Stickstoffgehalt stufenförmig (unter Bildung verschieden gearteter Produkte) steigt, ebenso scheint die

---

[1] 79. Versamml. deutscher Naturforscher u. Ärzte, Dresden, September 1907.

[2] D. R. P. 103 861.

[3] D. R. P. 116 337.

[4] D. R. P. 134 947.

[5] *Zacharias:* Zeitschr. f. Farben-Ind. **2**, 233; Chem. Centralbl. **1903**, II, 269.

Schwefelung organischer Substanz zwecks Darstellung von Schwefelfarbstoffen nur in den Endprodukten zu annähernd gleichartig zusammengesetzten Körpern zu führen, während die Zwischenglieder (die als solche zuweilen faßbar sind) wechselnde Zusammensetzung zeigen.

Auf demselben Wege, nämlich von leicht rein erhaltbaren Derivaten der immedialblauähnlichen Schwefelfarbstoffe ausgehend, untersuchte neuerdings *G. H. Frank*[1] die Einwirkungsprodukte von Chloressigsäure auf eine Anzahl von blauen Schwefelfarbstoffen. Er erhielt leicht zu reinigende lösliche Glycinderivate, die analysiert wurden. So soll das Immedialindon ein Dicarboxylderivat $C_{17}H_{14}O_4N_2S_2$ geben, das reduziert in die Leukoverbindung übergeht:

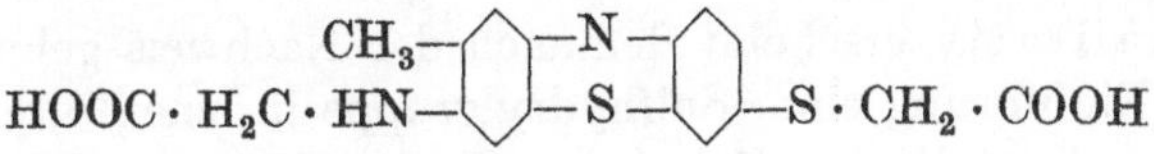

$$\text{HOOC} \cdot \text{H}_2\text{C} \cdot \text{HN}\!-\!\langle\ \rangle\ \overset{\text{CH}_3-\langle\ \rangle-\text{N}-}{\underset{\text{S}-}{}}\!\langle\ \rangle\!-\text{S} \cdot \text{CH}_2 \cdot \text{COOH}$$

Mit den dem Immedialreinblau und Immedialindon ähnlichen Farbstoffen ist, im Grunde genommen, das Untersuchungsmaterial für theoretische Arbeiten erschöpft, da die anderen blauen Schwefelfarbstoffe (die schwarzen kommen überhaupt nicht in Frage) keine krystallisierten Derivate geben. Insbesondere sind die Schwefelfarbstoffe aus nicht alkylierten Aminooxydiphenylaminderivaten für diese Untersuchungen unverwendbar, da sie ihrer freien Aminogruppe wegen noch mehr Anlaß zur Bildung komplizierter verketteter schwefelhaltiger Abkömmlinge geben als die aus alkylierten Aminodiphenylaminderivaten. *Gnehm* und *Schröter*[2] versuchten daher, zunächst erfolglos, die Synthese der Schwefelfarbstoffe auf dem Wege der Einführung von schwefelhaltigen Resten in Methylenblaukörper bekannter Konstitution. Der Weg sollte vom Aminothiazin über dessen Diazoverbindung durch Behandlung der letzteren mit Xantogenaten[3], Thiocarbonaten[4] oder Cupronatriumthiosulfat[5] zum geschwefelten Thiazin, also zum mutmaßlichen Schwefelfarbstoff führen. Die Resultate entsprachen zunächst nicht den Erwartungen; erst die später von *Gnehm* und *Kaufler*[6] wieder aufgenommenen Untersuchungen brachten einigen Erfolg. Unter Benutzung *Kehrmann*scher Vorschriften[7] suchten sie durch Erhitzen von Methylenblau mit Ammoniak im Rohr Aminogruppen anzulagern, erhielten jedoch statt eines amidierten Methylenblaus, dadurch, daß eine Dimethylamingruppe eliminiert wurde, Dimethylleukothionolin:

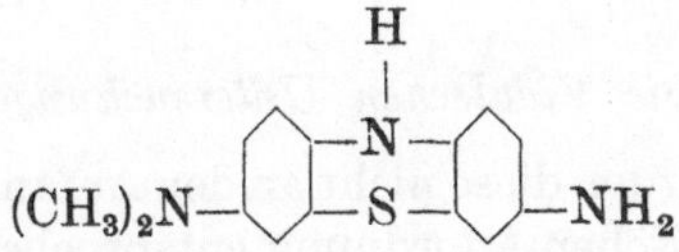

$$(\text{CH}_3)_2\text{N}\!-\!\langle\ \rangle\ \overset{\overset{\text{H}}{\mid}}{\underset{\text{S}-}{\text{N}-}}\!\langle\ \rangle\!-\text{NH}_2$$

<hr>

1 Proc. Chem. Soc. **1910**, 218.
2 Journ. f. prakt. Chemie **73**, 1 bis 20; *W. Schröter:* Inaug.-Dissert. 1905.
3 Journ. f. prakt. Chemie **41**, 179.
4 Gazz. chim. ital. **21**, 213.
5 Ber. **34**, 3968.
6 Ber. **39**, 1016 bis 1020.
7 Annalen **322**, 1; Ber. **33**, 3294.

Die Diazoverbindung dieses Körpers wurde nach *Leuckardt*[1] mit Xanthogenat versetzt und die Xanthogenverbindung mit 80 proz. Schwefelsäure zerlegt:

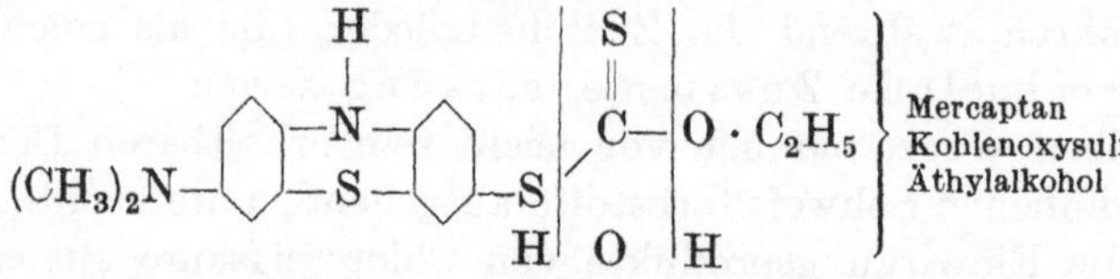

$$(CH_3)_2N\!-\!\langle\rangle\!-\!\overset{\overset{\displaystyle H}{|}}{\underset{\underset{\displaystyle H}{|}}{N}}\!-\!\langle\rangle\!-\!\overset{}{\underset{\underset{\displaystyle H}{|}}{S}}\!-\!\overset{\overset{\displaystyle S}{\|}}{\underset{\underset{\displaystyle H}{|}}{C}}\!-\!\overset{}{\underset{\underset{\displaystyle }{}}{O}}\!\cdot C_2H_5 \quad \left\} \begin{array}{l}\text{Mercaptan}\\ \text{Kohlenoxysulfid}\\ \text{Äthylalkohol}\end{array}\right.$$

Das Endprodukt war ein blauschwarzes, nicht reinigbares Pulver, das die **Eigenschaften eines Schwefelfarbstoffes besaß**: amorphe Struktur und Löslichkeit in Schwefelnatrium zu einer farblosen Leukoverbindung; aus dieser Lösung wurde Baumwolle direkt in graublauen waschechten Tönen angefärbt. Qualitativ erscheint demnach der Nachweis gelungen, daß ein Thiazin durch Einführung einer Sulfhydrylgruppe in einen direkt auf Baumwolle ziehenden schwefelfarbstoffähnlichen Farbstoff verwandelt werden kann.

Von einem nitrierten Thiazinfarbstoff (Methylengrün[2]) ausgehend, verliefen dieselben Versuche, zu einem Schwefelfarbstoff zu gelangen, erfolglos[3].

Schließlich sei ein kompliziertes Thiazinderivat erwähnt, das ein Schwefelfarbstoff ist und von *E. Laube* und *J. Libkind*[4] durch Erhitzen des Kondensationsproduktes aus 1-Aminoanthrachinon und 1:2:4-Chlordinitrobenzol mit Polysulfid erhalten wurde (2-Aminoanthrachinon reagiert schwieriger):

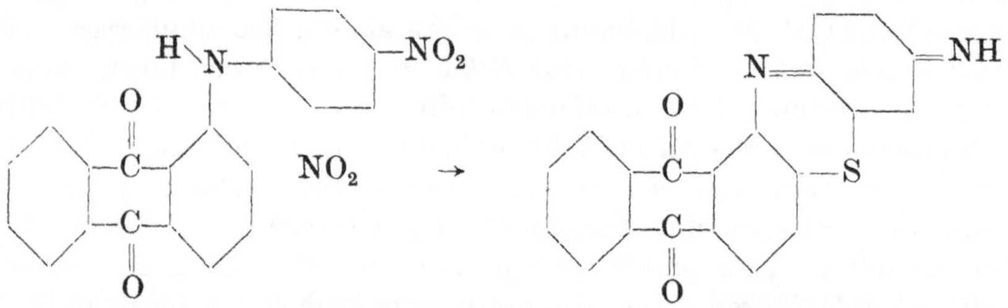

Die Analysen stimmen auf diese Formel, so daß demnach (siehe Immedialschwarz) die Polysulfidschmelze Reduktion der Dinitroverbindung, Ammoniakabspaltung und Schwefeleintritt bewirkt. Weitere Belege als die Analysenzahlen sind nicht angegeben. Der sich vom 1-Aminoanthrachinon ableitende Schwefelfarbstoff färbt grün, jener vom 2-Aminoanthrachinon braun, Reaktion und Bindung des Schwefels verlaufen demnach im zweiten Falle anders.

γ) *Die Vidalschen Untersuchungen.*

Nicht ohne Absicht wurden diese nicht an den Anfang dieses Kapitels gestellt — wie es einer chronologischen Anordnung entsprochen hätte — da es zweckmäßig erschien, zunächst über das einigermaßen sichere Material zu berichten.

---

[1] Journ. f. prakt. Chemie **41**, 179; siehe auch *Friedländer* und *Mauthner:* Zeitschr. f. Farben-Ind. **3**, 333.

[2] D. R. P. 38 979 und Ber. **39**, 1020; *Schultz-Julius:* Tabellen **1902**, Nr. 589.

[3] Journ. f. prakt. Chemie 76, 401; vgl. **73**, 18.

[4] Ber. **43**, 1730.

Die ersten theoretischen Erörterungen *Vidals* stammen aus dem Jahre 1896[1]. Ihnen reihen sich die Veröffentlichungen im Moniteur scientifique der Jahre 1897[2] und 1903[3] an, ferner finden sich in mehreren Patenten[4] zuweilen Angaben theoretischen Inhaltes.

Erhitzt man Hydrochinon, Schwefel und Ammoniak[5], so erhält man neben H_2O und H_2S Leukothionol:

(I)

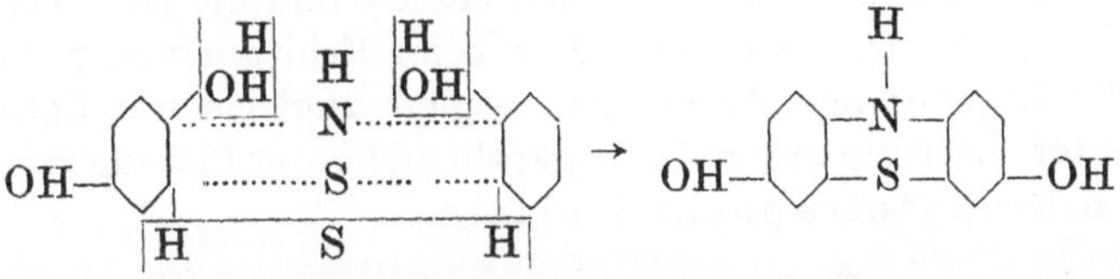

p-Aminophenol, mit Schwefel allein erhitzt, gibt wenig Leukothionol neben H_2S, NH_3 und viel schwarzem Farbstoff.

(II)

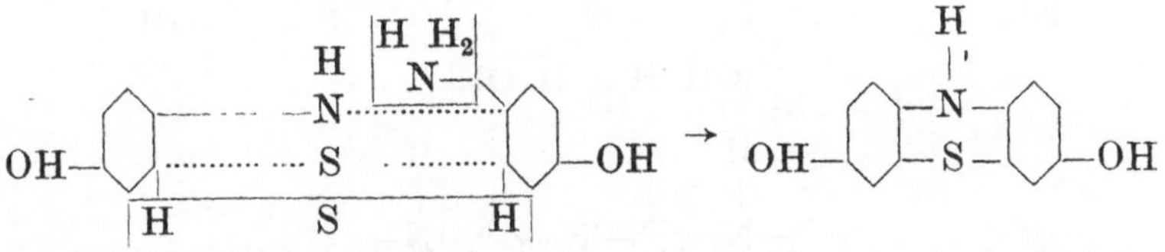

p-Aminophenol mit Schwefel und Ammoniak gibt ausschließlich schwarzen Farbstoff[7] (III).

Gleiche Teile p-Aminophenol und Hydrochinon, in molekularen Mengen mit Schwefel erhitzt, geben neben H_2O und H_2S quantitativ Leukothionol (IV).

Gleiche Teile Hydrochinon und p-Phenylendiamin, molekular mit Schwefel erhitzt, geben H_2O, H_2S und Leukothionolin:

(V)

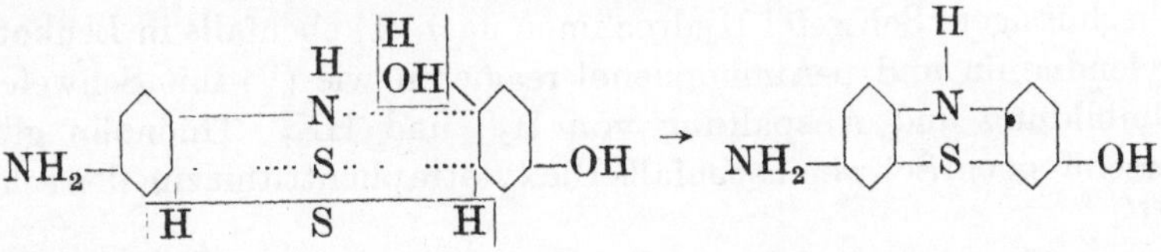

Dieses Thionolin, mit Schwefel weiter erhitzt, gibt ausschließlich schwarzen Farbstoff (VI).

Niemals reagieren bei Anwendung eines Gemenges von p-Phenylendiamin und p-Aminophenol: Phenylendiamin mit Phenylendiamin oder Aminophenol mit Aminophenol in ähnlich einfachem Sinne, sondern stets

---

[1] D. R. P. 99 039.

[2] Mon. scient. **11**, II, 655 bis 657; Chem. Centralbl. **1897**, II, 748.

[3] Rev. gén. de mat. col. **1902**, 84; Mon. scient. **17**, 427 bis 430; **19**, 25; Chem. Centralbl. **1903**, II, 266.

[4] D. R. P. 84 632, 99 039, 103 301, 111 385 u. a., besonders aber in E. P. 13 093 96.

[5] *Willgerodt:* Ber. **20**, 2470.

[6] Siehe D. R. P. 122 854, Beispiel 4.

[7] D. R. P. 111 385, Beispiel 5.

Phenylendiamin mit Aminophenol unter Bildung von Leukothionolin. Niemals reagiert Hydrochinon mit Schwefel allein oder mit Ammoniak allein, es treten stets Imidgruppen und Schwefel vereint ein.

Bis hierher sind alle Angaben durch Versuche gestützt und bewiesen. Das erhaltene Leukothionol bzw. Leukothionolin wurde von *Vidal*, wenn auch nur auf qualitativem Wege[1], mit dem von *Bernthsen*[2] auf anderem Wege gewonnenen Körpern identifiziert. *Vidal* erklärt nun die zwei Tatsachen, die zu (II) und (III) führen, wie folgt: Das beim Erhitzen von p-Aminophenol mit Schwefel freiwerdende Ammoniak reagiert zugleich mit überschüssigem Schwefel weiter auf fertig gebildetes Leukothionol unter Bildung von schwarzem Farbstoff: p-Dioxytetraphentrithiazin.

(VII)

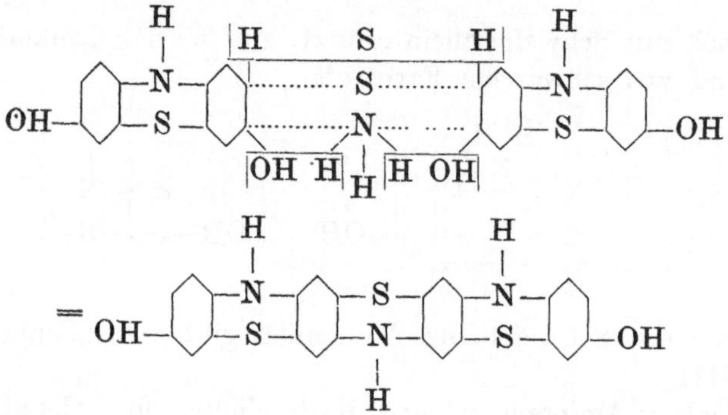

Es entsteht demnach hauptsächlich (VII) neben wenig (II). Verwendet man hingegen gleiche Teile p-Aminophenol und Hydrochinon, so erhält man quantitativ (II), weil zunächst p-Aminophenol mit Schwefel unter Bildung von (II) (Leukothionol) reagiert; das abgespaltene Ammoniak verwandelt aber hier mit überschüssigem Schwefel Hydrochinon nach (I) ebenfalls in Leukothionol. p-Phenylendiamin und p-Aminophenol reagieren wie (V) mit Schwefel unter Thionolinbildung und Abspaltung von H_2S und HN_3, Thionolin gibt aber mit überschüssigem Schwefel ebenfalls Dioxytetraphentrithiazin, den schwarzen Farbstoff:

(VIII)

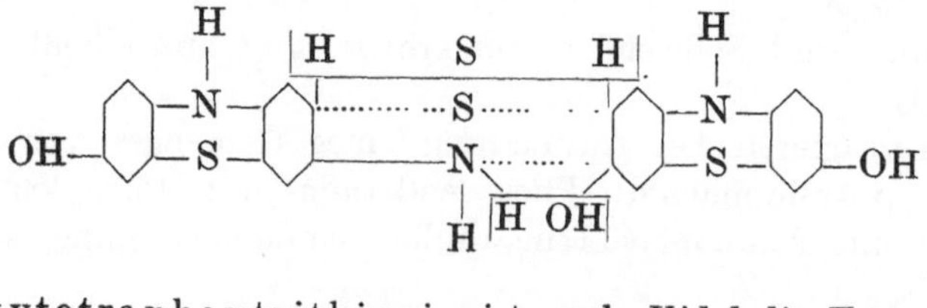

Dieses Dioxytetraphentrithiazin ist nach *Vidal* die Formel des Vidalschwarz und nach seinen Folgerungen sollen alle schwarzen Schwefelfarbstoffe ähnlich konstituiert sein. Man gelangt nämlich zu „ähnlichen" schwarzen Farbstoffen (identifiziert sind die Körper in keinem Fall), wenn man die

---

[1] D. R. P. 103 301.
[2] Annalen **230**, 189.

Diphenylamine bzw. Thiodiphenylamine nicht erst aufbaut, sondern von fertig gebildeten Körpern ausgeht. Erhitzt man je 1 Mol. p-Oxyaminodiphenylamin oder p-Oxyaminothiodiphenylamin plus p-Diaminodiphenylamin oder p-Diaminothiodiphenylamin mit der entsprechenden Menge Schwefel ungefähr 8 Stunden auf 240°, so erhält man ein und dasselbe p-Oxy-p′-aminotetraphentrithiazin:

(IX)

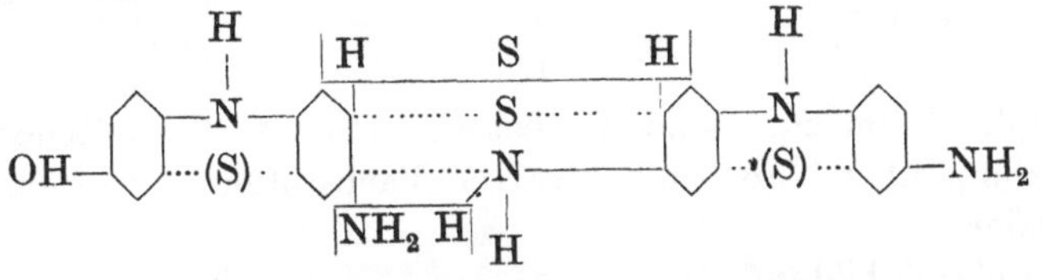

(X)

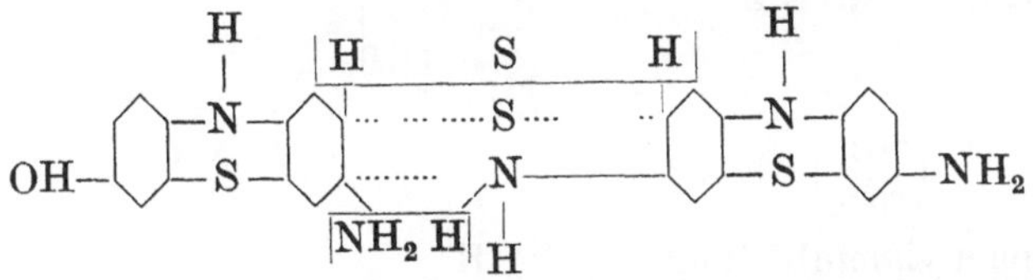

Die Körper sind in Wasser unlöslich, in Soda oder Ätzalkalien je nach ihrem Gehalte an Oxygruppen mehr oder weniger leicht löslich[1], und zwar mit verschiedenen meist bläulichen oder violetten Tönen, in Schwefelnatrium jedoch mit charakteristisch flaschengrüner Färbung, die auf der Faser, mit Luft oder besser mit Bichromat oxydiert, in Schwarz übergeht. Häufig lösen sich die Farbstoffe in konzentrierter Schwefelsäure und besitzen untereinander analoge färberische Eigenschaften.

Aber: ... „es ist zu bemerken[2], daß die beiden erhaltenen Körper in ihren physikalischen und tinktoriellen Eigenschaften etwas voneinander verschieden sind [(X) ist mehr schwammförmig, (IX) mehr pulverförmig], auch die Ausfärbungen weisen bei genauer Betrachtung kleine Unterschiede auf.“ Da die Farbstoffmoleküle jedenfalls schwefelhaltige Seitenketten besitzen dürften, ist demnach anzunehmen, daß diese der Zahl oder ihrer Natur nach in den beiden Körpern (IX) und (X) verschieden sind. Ebenso erhält *Vidal*[1] ein Dioxytetraphentrithiazin, das der Entstehung nach identisch sein müßte, mit (VII), aus p-Dioxythiodiphenylamin mit Schwefel und Ammoniak nach (I), ferner p-Diamino- oder p-Aminooxytetraphentrithiazin nach Beispiel 4 des Patentes aus p-Oxyaminothiodiphenylamin oder aus p-Oxyaminodiphenylamin oder aus p-Aminophenol mit Ammoniak und Schwefel usf.

Der Kern der *Vidal*schen Anschauungen dürfte jedenfalls klar ersichtlich sein: p-Amino- oder Oxybenzole, für sich oder gemengt, oder als schon kondensierte Diphenylamine oder Thiodiphenylamine, vereinigen sich, mit Schwefel allein oder mit Schwefel und Ammoniak erhitzt (je nach dem Stick-

---

[1] D. R. P. 111 385, Beispiel 1.

[2] D. R. P. 99 039; vgl. auch die Auraminbildung aus Diphenylmethanderivaten, D. R. P. 53 614 u. a.

stoffgehalt des Moleküls), zu untereinander ähnlichen siebenkernigen Kondensationsprodukten vom Typ der Tetraphentrithiazine:

$$\left(\begin{array}{c}NH_2\\OH\end{array}\right) \!-\! \overset{\overset{\displaystyle H}{|}}{\underset{\displaystyle S}{N}}\!-\!\overset{\displaystyle S}{\underset{\displaystyle N}{}}\!-\!\overset{\overset{\displaystyle H}{|}}{\underset{\displaystyle S}{N}}\!-\!\left(\begin{array}{c}NH_2\\OH\end{array}\right)$$

Diese Tetraphentrithiazine sind Farbstoffe. Der fortschreitende Vorgang der Entwicklung über blaue zu schwarzen Farbstoffen wäre demnach nach *Vidal* folgender:

1. Diphenylaminbildung:

$$\left(\begin{array}{c}OH\\NH_2\end{array}\right)\!-\!\bigcirc\!-\!\overset{\overset{\displaystyle H}{|}}{N}\,\overset{\displaystyle H}{\underset{}{OH}}\,\bigcirc\!-\!NH_2$$

2. Thiodiphenylaminbildung:

$$\left(\begin{array}{c}OH\\NH_2\end{array}\right)\!-\!\bigcirc\overset{\overset{\displaystyle H}{|}}{\underset{\displaystyle S}{N}}\bigcirc\!-\!\underset{\overline{|H\ S\ H|}}{}NH_2$$

3. Kondensation:

a) mit p-substituiertem Benzol zu Thiodiphenylaminderivaten:

$$\left(\begin{array}{c}OH\\NH_2\end{array}\right)\!-\!\bigcirc\overset{\overset{\displaystyle H}{|}}{\underset{\displaystyle S}{N}}\bigcirc\overset{\overset{\displaystyle H}{|}}{N}\bigcirc\!-\!\left(\begin{array}{c}OH\\NH_2\end{array}\right)\quad[1]$$

b) mit gleichen oder ähnlichen Molekülen ohne Ammoniakentwicklung zu blauen Schwefelfarbstoffen:

$$\left(\begin{array}{c}OH\\NH_2\end{array}\right)\!-\!\bigcirc\overset{\overset{\displaystyle H}{|}}{\underset{\displaystyle S}{N}}\bigcirc\!-\!NH_2\ \cdots\!S\!\cdots\ NH_2\!-\!\bigcirc\overset{\overset{\displaystyle H}{|}}{\underset{\displaystyle S}{N}}\bigcirc\!-\!\left(\begin{array}{c}OH\\NH_2\end{array}\right)$$

c) mit gleichen oder ähnlichen Molekülen unter Ammoniakabspaltung zu schwarzen Schwefelfarbstoffen:

$$\left(\begin{array}{c}OH\\NH_2\end{array}\right)\!-\!\bigcirc\overset{\overset{\displaystyle H}{|}}{\underset{\displaystyle S}{N}}\bigcirc\!-\!\overset{\displaystyle S}{\underset{\displaystyle N}{}}\!-\!\bigcirc\overset{\overset{\displaystyle H}{|}}{\underset{\displaystyle S}{N}}\bigcirc\!-\!\left(\begin{array}{c}OH\\NH_2\end{array}\right)$$

---

[1] *Kehrmann* und *W. Schaposchnikow:* Ber. **33**, 3291; *Schaposchnikow:* Chem. Centralbl. **1900**, II, 340.

Es muß jedoch betont werden: Diese *Vidal*schen Formeln sind allgemeine Ausdrücke für die Kerngebilde, die den blauen bzw. schwarzen Schwefelfarbstoffen zugrunde liegen; sie berücksichtigen weder die jedem Farbstoff eigenen chinoiden Bindungen noch ist ersichtlich warum immer nur vier Benzolringe vereinigt werden; ebensowenig erklären sie die leichte Alkalilöslichkeit[1] bzw. die Unlöslichkeit der Schwefelfarbstoffe in Säuren usw.; immerhin wird die Auffassung folgender Tatsachen durch diese Formeln sehr wahrscheinlich gemacht:

Erhitzt man p-Dioxydiphenylamin mit Schwefel[2], so erhält man auch bei Temperaturen von 230 bis 240° nur blaue Farbstoffe, ebenso beim Erhitzen mit Polysulfid[3]; auf keine Weise läßt sich ohne Sprengung des Ringes ein Schwarz erzielen[4]. Erhitzt man jedoch p-Amino-p-oxydiphenylamin mit Schwefel oder Polysulfid, so resultiert zunächst ein blauer[5] Schwefelfarbstoff, der jedoch bei weiterem Erhitzen in einen schwarzen[6] übergeht. Dabei ist folgende, sehr wichtige Beobachtung gemacht worden[5]: Ab 160° entweicht Schwefelwasserstoff bis 180°; hier hört die Schwefelwasserstoffentwicklung auf und man muß unterbrechen, da sich sonst unter starker Ammoniakentwicklung der schwarze Farbstoff bildet. Diese Ammoniakabspaltung ist das Charakteristische bei der Schwarzbildung; zuweilen beobachtet man Ammoniakentwicklung, Temperaturerhöhung[7] und Änderung des Farbtones von Blau nach Schwarz, häufiger dürfte jedoch die Ammoniakabspaltung langsamer vor sich gehen, so daß man sie nicht beobachtet oder das Ammoniak[8] anderweitig gebunden wird. Man weiß, daß die wenigsten aller Patente diesbezügliche Angaben enthalten, und wo solche vorhanden sind, findet sich auch die Angabe über Ammoniakentwicklung[9]. Tatsächlich vermag nun ein Körper wie Dioxydiphenylamin mangels einer Aminogruppe kein Ammoniak abzuspalten. Die Verbindung mehrerer Moleküle Dioxythiodiphenylamin kann demnach nur durch Schwefel etwa in folgender Weise geschehen:

$$\underset{OH-\langle\rangle-S-\langle\rangle-OH}{\overset{\overset{\textstyle H}{|}}{\langle\rangle-N-\langle\rangle}}\ \cdots\ S_x\ \cdots\ \underset{OH-\langle\rangle-S-\langle\rangle-OH}{\overset{\overset{\textstyle H}{|}}{\langle\rangle-N-\langle\rangle}}$$

Diese Formel wäre somit der allgemeine Ausdruck für blaue Schwefelfarbstoffe (siehe *Haitingers* Phenol - o - disulfid plus p - Aminodimethylanilinthiosulfosäure)[10]. Aus dem primär gebildeten Aminooxy-

---

[1] Vgl. *Erdmann:* Annalen **362**, 152.

[2] D. R. P. 149 637.

[3] F. P. 338 761.

[4] Siehe auch D. R. P. 113 334.

[5] D. R. P. 116 337.

[6] F. P. 231 188.

[7] D. R. P. 144 119.

[8] D. R. P. 109 352 und 114 265.

[9] D. R. P. 113 334, 144 119, 136 016 und F. P. 296 810 u. a.

[10] D. R. P. 140 964.

thiodiphenylamin wird sich zunächst zwischen 160 und 180° der blaue Farbstoff

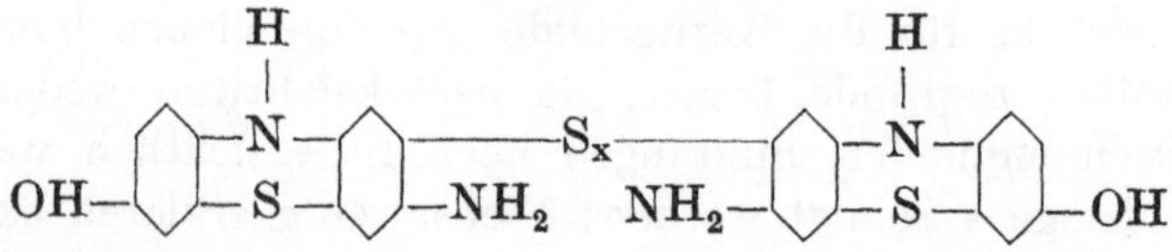

$$\text{OH}\!-\!\underset{S}{\overset{\overset{\displaystyle H}{|}}{\underset{N}{\bigcirc}}}\!-\!\bigcirc\!-\!NH_2 \quad\quad S_x \quad\quad NH_2\!-\!\bigcirc\!-\!\underset{S}{\overset{\overset{\displaystyle H}{|}}{\underset{N}{\bigcirc}}}\!-\!OH$$

bilden, der ab 180° unter Ammoniakabspaltung in den schwarzen Farbstoff übergeht (ähnlich wie sich Hydroacridine aus meta-amidierten Di- und Triphenylmethanderivaten bilden). Ebenso wie diese Fälle durch die *Vidal*schen Formeln ausgezeichnet erklärt werden, erklären diese auch, warum Di-p-di-m-tetraoxydiphenylamin (nach *Vidals* Angaben) weder einen blauen noch einen schwarzen Schwefelfarbstoff liefert, da die Schwefelung über die Bildung von einfachem Tetraoxythiodiphenylamin nicht hinausgehen kann:

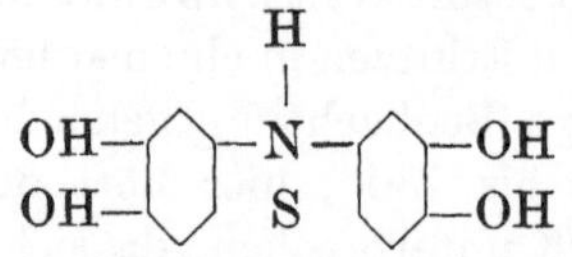

$$\begin{matrix} OH\!-\! \\ OH\!-\! \end{matrix}\bigcirc\overset{\overset{\displaystyle H}{|}}{\underset{S}{N}}\bigcirc\begin{matrix} \!-\!OH \\ \!-\!OH \end{matrix}$$

Daraus ergibt sich die weitere Folgerung: Die Substituenten üben nur insofern einen Einfluß auf die Farbstoffbildung aus, als ihre Stellung den Eintritt des Schwefels entweder verhindert oder begünstigt. Ist die Möglichkeit des Schwefeleintrittes gegeben, so sind die noch vorhandenen Substituenten für den Schwefelfarbstoff nur insofern von Belang, als sie seine Löslichkeitseigenschaften beeinflussen.

Auf die neueren Arbeiten von *Haas*[1] über die chlorechten grünen, blauen, violettblauen bis schwarzen Schwefelfarbstoffe aus Carbazolderivaten von folgendem Typ

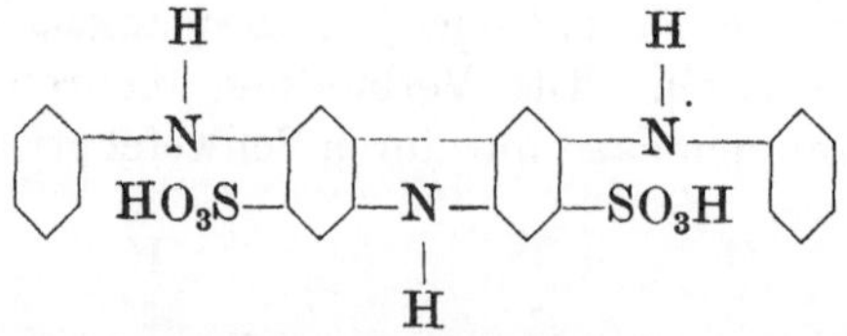

$$\bigcirc\!-\!\underset{HO_3S}{\overset{\overset{\displaystyle H}{|}}{N}}\!-\!\bigcirc\!-\!\underset{H}{\overset{|}{N}}\!-\!\bigcirc\!-\!\underset{SO_3H}{\overset{\overset{\displaystyle H}{|}}{N}}\!-\!\bigcirc$$

näher einzugehen und einen Erklärungsversuch ihrer Entstehung im Sinne der *Vidal*schen Anschauungen zu geben, ist des verfügbaren Raumes wegen nicht möglich. Ebenso kann nur darauf hingewiesen werden, daß die Entstehung des schwarzen Schwefelfarbstoffes[2] aus Tetraaminodiphenyl-p-azophenylen[3]

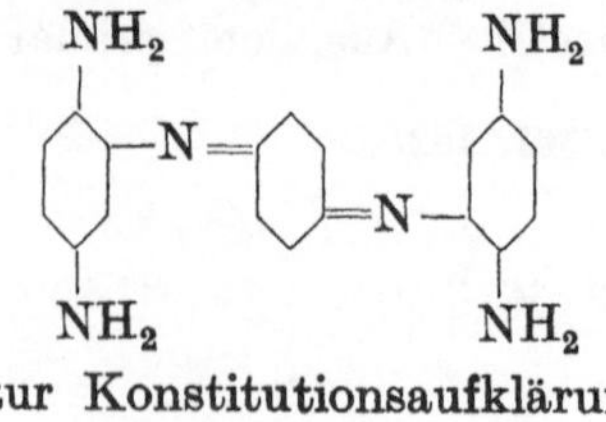

$$\underset{NH_2}{\overset{\overset{\displaystyle NH_2}{|}}{\bigcirc}}\!-\!N\!=\!\bigcirc\!=\!N\!-\!\underset{NH_2}{\overset{\overset{\displaystyle NH_2}{|}}{\bigcirc}}$$

ebenfalls geeignet wäre, zur Konstitutionsaufklärung im *Vidal*schen Sinne beizutragen.

<hr>

[1] E. P. 15 417/1908; Chem.-Ztg., **1909**, Rep. 15; vgl. F. P. 390 715 und Zusatz.
[2] D. R. P. 167 769.   [3] *Bandrowsky:* Ber. **27**, 480.

δ) Die schwarzen Schwefelfarbstoffe (Clayton- und Dinitrophenolschwarz).

Erhitzt man Nitrosophenol[1] mit Thiosulfaten in saurer Lösung, so erhält man schwarze Schwefelfarbstoffe[2]. Für diese Farbstoffbildung sind die besten Mengenverhältnisse: 1 Mol. Nitrosophenol auf 1 Mol. Thiosulfat; nimmt man jedoch einen Überschuß des letzteren, so erhält man die beständige Lösung eines Zwischenproduktes, das nach allem gelegentlich der Darstellung der synthetischen Schwefelfarbstoffe Gesagten eine Thiosulfosäure des p-Aminophenols ist. Hierfür spricht auch, daß bei richtig gewählten Bedingungen keine Schwefelabscheidung erfolgt und das Thiosulfat quantitativ zur Bildung von $S{\cdot}SO_3H$-Gruppen verbraucht wird.

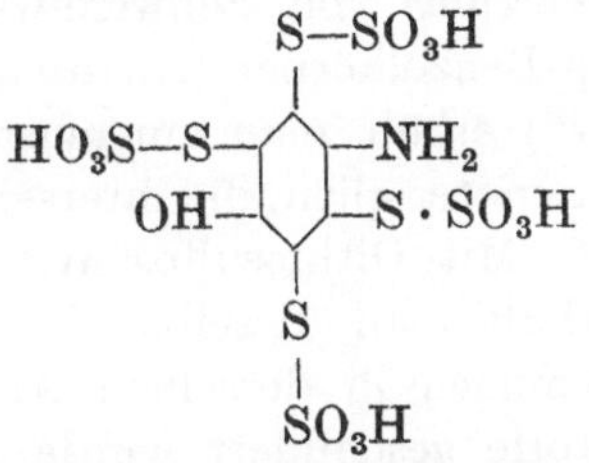

Kocht man diese Lösung für sich weiter, so erhält man einen wertlosen Baumwolle grau färbenden Farbstoff; kocht man jedoch nach Hinzufügen eines weiteren Moleküls Nitrosophenol, so erhält man den schwarzen Farbstoff, der auch, wie erwähnt, direkt erhaltbar ist, wenn man gleich anfangs molekulare Verhältnisse von p-Nitrosophenol und Thiosulfat wählt. In letzterem Falle wird die ihre Farbe von Karmoisinrot über Violett, Grünlichbraun bis Schwarz ändernde Flüssigkeit gekocht, bis die Schwefeldioxydentwicklung vorüber ist und dann durch Verdünnen, sowie teilweises Neutralisieren der Säure der Farbstoff abgeschieden. Da nun von *Bernthsen* nachgewiesen ist[3], daß sich aus salzsaurem Diphenylamin mit Thiosulfat Thiodiphenylamin bildet, so könnte man sich im Zusammenhang mit den *Vidal*schen Arbeiten vorstellen, daß sich zunächst über die Mono- oder Polythiosulfosäure des Aminooxydiphenylamins Leukothionolin bildet, das nach den *Vidal*schen Ausführungen weiter nach folgendem Schema reagiert:

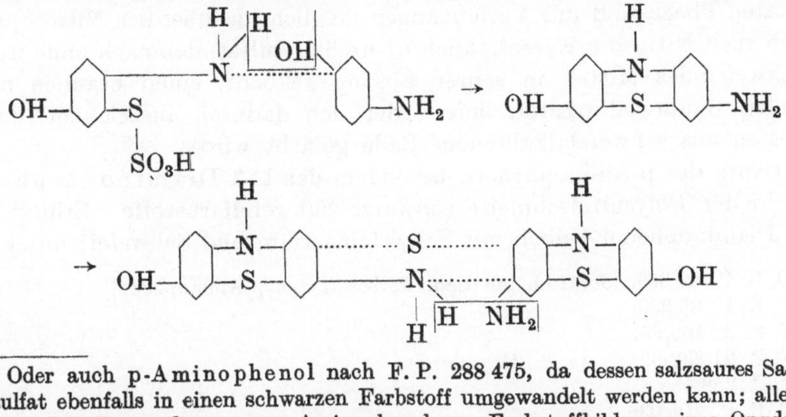

[1] Oder auch p-Aminophenol nach F. P. 288 475, da dessen salzsaures Salz mit Thiosulfat ebenfalls in einen schwarzen Farbstoff umgewandelt werden kann; allerdings bedarf es bei Verwendung von p-Aminophenol zur Farbstoffbildung eines Oxydationsmittels, z. B. Bichromat.

[2] D. R. P. 106 030, Claytonschwarz. [3] Annalen **230**, 87.

Es müßte demnach ein Dioxytetraphentrithiazin entstehen; doch unterscheiden sich die beiden Farbstoffe Claytonschwarz und Vidalschwarz (letzteres entsteht aus Nitrosophenol durch Reduktion mit Na_2S bei 170 bis 175° und weiteres Erhitzen nach Hinzufügen von Schwefel[1]) in ihren Eigenschaften sehr wesentlich: Ersteres löst sich leicht mit kohlschwarzer Farbe in Alkalien und in Soda, in konzentrierter Schwefelsäure blau, färbt Baumwolle direkt schwarz; Vidalschwarz[2] löst sich in Alkalien und in Soda flaschengrün und bedarf einer Fixierung auf der Faser. In einem englischen Patent[3] der *Clayton Comp.* wird nun noch eine zweite Bildungsweise dieser Farbstoffe beschrieben. Durch Einwirkung von Schwefelwasserstoff in stark saurer Lösung auf verschiedene p-Benzolkörper (Nitrosoanilin, Chinonimide, Chlorimide, p-Aminophenol usw.) erhält man zunächst, als Zwischenkörper, Dimercaptane dieser Ausgangsmaterialien, die ihrerseits mit weiterem Ausgangsmaterial Dithiazine geben. Mit Dithiosulfosäuren, die reduziert in die Dimercaptane übergehen, erhält man dieselben Resultate[4]. Die Bildung des Claytonschwarz erfolgt demnach in derselben Art, wie auf S. 28 die Entstehung der Claytonfarbstoffe geschildert wurde: die erste Phase ist die Bildung der Di- oder Polythiosulfosäuren des Nitroso- bzw. Aminophenols,

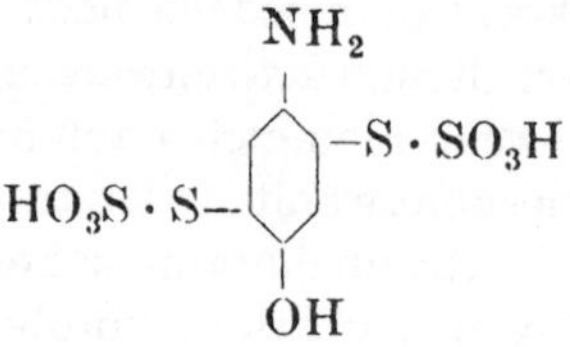

$$\mathrm{HO_3S\cdot S}-\!\!\!\underset{\mathrm{OH}}{\overset{\mathrm{NH_2}}{\bigcirc}}\!\!\!-\mathrm{S\cdot SO_3H}$$

die in der **zweiten Phase** mit weiterem Nitrosophenol (= Aminophenol + Oxydationsmittel[5]) unter primärer Bildung von Körpern mit chinoiden Bindungen (vgl. die Farbenänderung der Lösung) reagiert und schließlich durch Verkochen in saurer Lösung in der **dritten Phase** in den Farbstoff übergeführt wird. Auch hier sind die Reaktionen der beiden ersten Phasen verständlich, besonders da das Zwischenprodukt abscheidbar ist; über den Gang der letzten Phase sind nur Vermutungen möglich, da überdies Nitrosophenol (ebenso auch Nitroso-o-Kresol), auch **ohne** Thiosulfat, demnach ohne irgendein schwefelndes Mittel, in saurer Lösung gekocht, einen braunen direkt ziehenden Baumwollfarbstoff liefert, der sich dadurch auszeichnet, daß er am besten aus schwefelalkalischem Bade gefärbt wird[6].

Derivate des p-Aminophenols, besonders das 1:3-Diamino-4-phenol, geben in der Polysulfidschmelze schwarze Schwefelfarbstoffe. Erhitzt man dieses Diaminophenol jedoch mit Schwefelnatrium und Schwefel[7] unter Ver-

---

[1] D. R. P. 90 369, identisch mit dem Farbstoff aus p-Aminophenol.

[2] D. R. P. 85 330.

[3] E. P. 22 460/98.

[4] E. P. 21 832/98, *Green & Meyenberg.*

[5] F. P. 288 465.

[6] D. R. P. 106 036.

[7] D. R. P. 117 921. — Siehe *H. Vetter:* Schwefelfarbstoffe aus 1, 2, 4-Dinitrophenol. Diss. Dresden 1910.

meidung jeden Überschusses an Schwefelalkalien (um das ausfallende Reaktionsprodukt vor weiteren Umsetzungen in schwefelalkalischer Lösung zu bewahren, also z. B. in dem Mengenverhältnis: 12,4 Base + 6,0 Na_2S + 3,2 S) in wässeriger Lösung unterm Rückflußkühler, so erhält man eine Diaminoleukoverbindung vom Charakter des Leukothionolins in Gestalt glänzender Blättchen. Durch Oxydation geht es leicht in das entsprechende Thionolin über, das mit Säuren violette, mit Alkalien blaue Salze gibt. Die Verbindung ist analysiert und hat höchstwahrscheinlich die Formel:

$$\begin{array}{c} H \quad NH_2 \\ NH_2 - \langle\rangle - N - \langle\rangle \\ OH - \langle\rangle - S - \langle\rangle - NH_2 \end{array}$$

Sie unterscheidet sich demnach vom Leukothionolin[1] durch einen Mehrgehalt von zwei Aminogruppen. Durch anders geleitete Schwefelung[2], und zwar durch Erhitzen von Diaminophenol mit wässerigen Lösungen von Thiosulfat erhält man ein anderes Zwischenprodukt, einen in Alkali blau löslichen, Baumwolle blau färbenden Körper, der, offenbar über eine Thiosulfosäure, z. B.

$$\begin{array}{c} NH_2 - \langle\rangle - NH_2 \\ OH - \langle\rangle - S \cdot SO_3H \end{array}$$

entstehend, schon ein höher geschwefeltes Produkt darstellt, da er Baumwolle aus kaltem alkalischen Bade anzufärben vermag, während das Diaminoleukothionolin keine Farbstoffnatur besitzt. Nach *Vidals* Anschauungen würde demnach ein Farbstoff folgender Konfiguration vorliegen:

$$\begin{array}{c} H \quad NH_2 \qquad H \qquad SH \; NH_2 \; H \\ NH_2 - \langle\rangle - N - \langle\rangle - S - \langle\rangle - N - \langle\rangle - NH_2 \\ OH - \langle\rangle - S - \langle\rangle - NH_2 \quad NH_2 - \langle\rangle - S - \langle\rangle - OH \end{array}\Big]_3$$

$$\times \qquad \times$$

Durch bloßes Erhitzen für sich oder mit indifferenten hochsiedenden Lösungsmitteln (wie z. B. mit Anilin, Kresol, Phenol usw.) auf 200° geht dieser blaue Farbstoff unter **Ammoniakabspaltung** in den schwarzen Schwefelfarbstoff über (Ringschluß bei ×).

In Wirklichkeit liegen die Verhältnisse jedoch bei weitem komplizierter: Die eine NH_2-Gruppe, die das Diaminophenol gegenüber dem p-Aminophenol mehr besitzt, wird durch Bildung des Diaminoleukothionolins im Molekül verdoppelt, und es ergeben sich dadurch neue Möglichkeiten der Verkettung innerhalb der in größerer Zahl zusammentretenden einfachen Moleküle; ebenso, wie bei der zweiten Bildungsweise des Farbstoffes mittels Thiosulfates die entstehenden Mono- bis Trithiosulfosäuren des Diamino-

---

[1] D. R. P. 103 301.

[2] D. R. P. 116 354.

[3] Siehe die Formel im Monit. scient. **59**, I, 430, Bleu et noir immédiat ou d'o-p-diamido-p-oxythiodiphénylamine.

4*

phenols einer größeren Zahl von Kondensationen fähig sind als die Mono- bis Tetrathiosulfosäuren des p-Aminophenols. Nicht berücksichtigt ist auch der weitere Eintritt von S-haltigen Resten. So erklären sich die zahlreichen Abarten des Diamino- bzw. Dinitrophenolschwarz: das erste Diaminophenolschwarz von *Vidal*[1] ist in Schwefelnatrium blau löslich, oxydiert sich auf der Faser in Schwarz, und die Färbung schlägt mit Bichromat nach Rot um[2], während manche schwarze Schwefelfarbstoffe überhaupt keine Leukoverbindungen geben, demnach direkt schwarz auf die Faser gehen und in Lösung unbegrenzt haltbar sind, da sie durch den Luftsauerstoff nicht verändert werden[3]. Der obenbeschriebene Farbstoff aus Dinitrophenol und Thiosulfat[4] hat völlig andere Eigenschaften: er löst sich in Anilin und in konzentrierter Schwefelsäure mit tiefschwarzer Farbe und ist säureecht. Der nach einem Patent der Firma *Sandoz*[5] aus Dinitrophenolnatrium beim Erhitzen mit Thiosulfatlösung unter Druck (durch Austritt je eines Moleküles NH_3 auf 2 Mol. Dinitrophenol) entstehende Farbstoff ist hingegen in Anilin und in konzentrierter Schwefelsäure völlig unlöslich usw. Es gibt, wie aus der tabellarischen Übersicht der Dinitrophenolfarbstoffe zu ersehen ist, wenig gleichartige Produkte, und wenn die Eigenschaften genauer angegeben wären, würde man wohl kaum zwei völlig gleich lösliche und färbende Farbstoffe finden. Durch die verschiedenen Arbeitsmethoden: Erhitzen mit Polysulfid, Schwefel, Thiosulfat, im Überschuß oder in molekularen Mengen, bei normalem oder Überdruck usw., werden die Verkettungs- und Kondensationsmöglichkeiten so zahlreich (insbesondere, wenn man auch die Entstehung schwarzer Schwefelfarbstoffe aus Umwandlungsprodukten oder Gemengen[6] mit einbezieht), daß es verständlich erscheint, wie die verschiedenen oft geringfügigen, oft bedeutenden Differenzen in Löslichkeit, Färbbarkeit usw. zustande kommen.

Wir können jedenfalls drei in ihren Eigenschaften scharf unterschiedene Gruppen von schwarzen Schwefelfarbstoffen aufstellen:

1. Die Vidalfarbstoffe: flaschengrün löslich, müssen auf der Faser fixiert werden;

2. Clayton- und Dinitrophenol- bzw. Immedialschwarz: schwarz oder blau löslich, brauchen keine Nachbehandlung;

3. Echtschwarz aus Dinitronaphthalinen[7]: vollständig anders geartete Farbstoffe, die aus kaltem Bade färben und sich auch sonst kaum wie Schwefelfarbstoffe verhalten (S. 161).

---

[1] D. R. P. 98 437; vgl. auch das Zwischenprodukt, das bei der Schwefelung von p-Aminophenol mit Chlorschwefel entsteht, D. R. P. 103 646.

[2] Der Farbstoff ist wertlos, dies geht schon aus der Entscheidung hervor, die seinerzeit dieses Verfahren gegenüber jenem des französischen Pat. 267 343 Zusatz zu 259 509 der Manufact. Lyonnaise (Cassella) nichtig erklärte.

[3] D. R. P. 169 856.

[4] D. R. P. 116 354.

[5] D. R. P. 136 016.

[6] D. R. P. 108 496, 115 003, 114 802, 122 826, 122 827 u. a.

[7] D. R. P. 84 989, 88 847, siehe Patentübersicht.

Auch innerhalb dieser drei Gruppen tritt, wie wir gesehen haben, eine große Verschiedenheit des Verhaltens der einzelnen Glieder auf, so daß man sagen kann:

Die Konstitution der schwarzen Schwefelfarbstoffe ist nur insoweit aufgeklärt, als wir wissen, daß allen der Thiazinring zugrunde liegt. Im weiteren wird es auch in Zukunft nur möglich sein, von Fall zu Fall zu entscheiden, wie dieser oder jener schwarze Farbstoff durch Kondensation einzelner substituierter Thiazinmoleküle entsteht; eine Verallgemeinerung, daß man von der Konstitutionsaufklärung der Schwefelfarbstoffe (wie z. B. von jener der Triphenylmethanfarbstoffe) sprechen könnte, ist ausgeschlossen.

b) Andere Ringe des Schwefels.

Die Schwierigkeit der Konstitutionsfragen auf dem Gebiete der Schwefelfarbstoffe liegt vor allem in der Vielseitigkeit, mit der der Schwefel in Verbindungen einzutreten vermag. Wenn, wie im vorstehenden gezeigt wurde, die wichtigste Ringbildung, in die der Schwefel bei der Entstehung der blauen und schwarzen Schwefelfarbstoffe eintritt, der Thiazinring ist, so ist es doch theoretisch nicht ausgeschlossen, daß noch andere Kombinationen vorkommen können. Die wichtigsten davon sollen im folgenden erörtert werden.

Von vornherein liegt die Möglichkeit vor, daß nicht nur drei Thiazinringe miteinander zu verschmelzen vermögen in Form der *Vidal*schen Tetraphentrithiazine, sondern daß auch z. B. ein Phenazinring einen oder zwei Thiazinringe anzugliedern vermag, oder umgekehrt, daß sich an einen Thiazinring ein oder zwei Phenazinringe anschließen können:

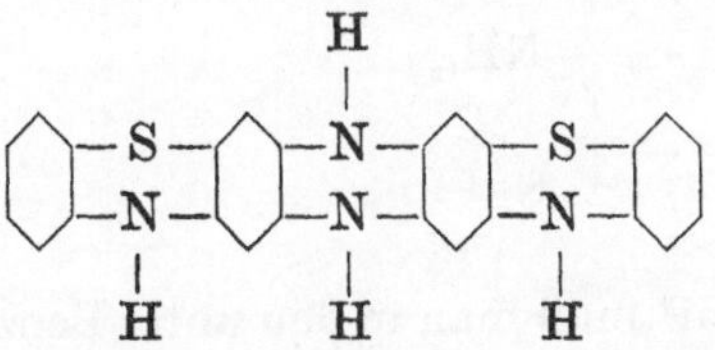

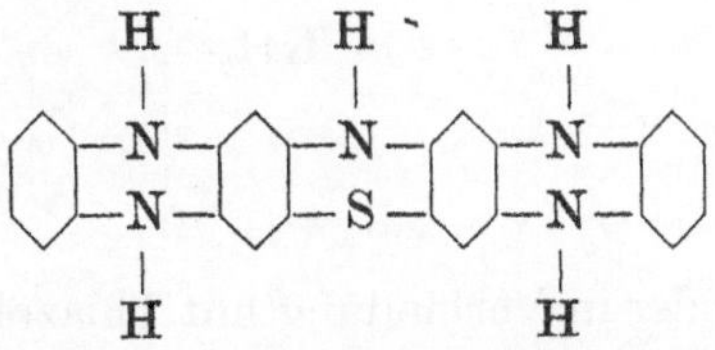

Es scheint, als würden manche Azinfarbstoffe eine derartige Konfiguration besitzen[1]. Ebenso erscheint es nicht ausgeschlossen, daß der Thiazinring in Kombination mit dem Thiazolring

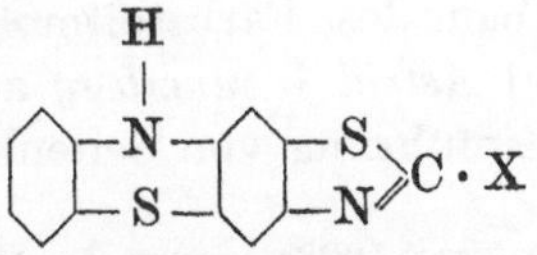

in manchen schwarzbraunen Schwefelfarbstoffen auftritt, wie sie aus gewissen Diphenylaminderivaten entstehen[2]. Die Bildung von Thianthrenringen[3], allein oder vereinigt mit Thiazinringen (siehe auch das Thiochinanthren[4] von

---

[1] F. P. 299 531 und das weiter verschmolzene Dimercaptan des D. R. P. 187 868.
[2] Vgl. D. R. P. 65 739.
[3] *J. J. B. Deuß:* Ber. **41**, 2329.
[4] Ber. **42**, 1172.

A. Edinger und *G. Treupel*[1]), demnach von Körpern, denen das Diphenylendisulfid[2] als Muttersubstanz zugrunde liegt,

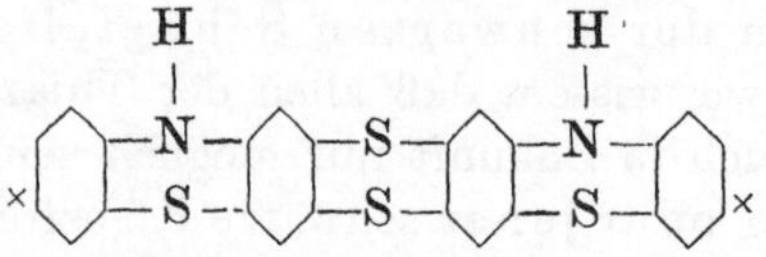

$$\text{H}\qquad\qquad\text{H}$$
$$\times\overset{\displaystyle\text{—N—}}{\underset{\displaystyle\text{—S—}}{\bigcirc}}\overset{\displaystyle\text{—S—}}{\underset{\displaystyle\text{—S—}}{\bigcirc}}\overset{\displaystyle\text{—N—}}{\underset{\displaystyle\text{—S—}}{\bigcirc}}\times$$

ist zwar in Schwefelfarbstoffen noch nicht nachgewiesen, ebensowenig wie die Bildung des **Phenoxtinringes**[3]

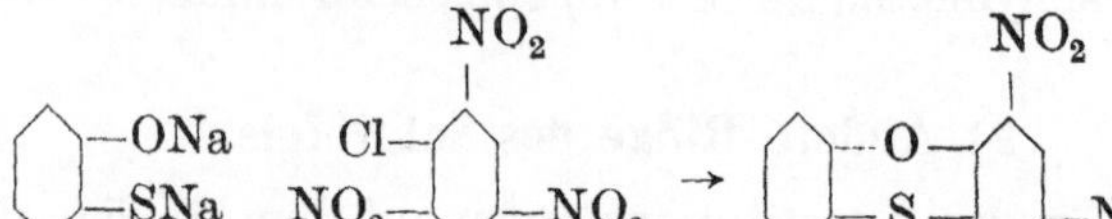

$$\underset{\displaystyle\text{—SNa}}{\overset{\displaystyle\text{—ONa}}{\bigcirc}}\quad\underset{\displaystyle\text{NO}_2\text{—}\bigcirc\text{—NO}_2}{\overset{\displaystyle\text{Cl—}\bigcirc\text{—}}{\overset{\text{NO}_2}{|}}}\rightarrow\underset{\displaystyle\text{—S—}\bigcirc\text{—NO}_2}{\overset{\displaystyle\text{—O—}\bigcirc}{\overset{\text{NO}_2}{|}}}$$

Doch ist ihrer einfachen Bildungsweise wegen die Möglichkeit, daß diese Ringgebilde vorkommen können, nicht ausgeschlossen. Die Bildung eines **Thiopyronringes** müssen wir hingegen in dem aus Diaminodiphenylmethan[4] entstehenden Schwefelfarbstoff mit Sicherheit annehmen

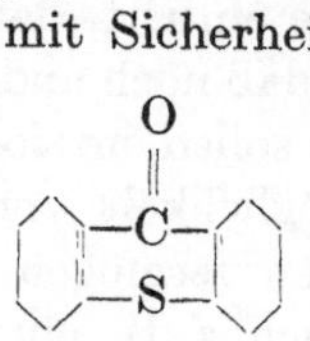

$$\overset{\displaystyle\text{O}}{\underset{\displaystyle\text{—S—}}{\overset{\displaystyle\text{—C—}}{\bigcirc\ \bigcirc}}}$$

ferner in den sich von Fluorescein ableitenden Schwefelfarbstoffen von *Wichelhaus, Vieweg* u. a.[5] Den **Thiobenzidinring**[6]

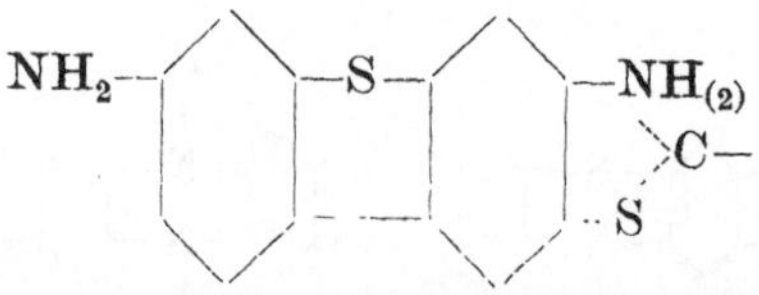

$$\text{NH}_2\text{—}\bigcirc\text{—S—}\bigcirc\text{—NH}_{(2)}\quad\overset{\displaystyle\text{C—}}{\underset{\displaystyle\text{S}}{\big>}}$$

allein oder in Verbindung mit Thiazolringen[7] muß man in den unter Benzidinzusatz dargestellten gelben Schwefelfarbstoffen annehmen, da das Benzidin, das zuweilen in Mengen von 100% des Ausgangsmaterials der Schwefelschmelze zugesetzt wird, selbst keinen Schwefelfarbstoff bildet und sich daher wohl nur in dieser Form oder als Kondensationsprodukt mit dem Ausgangsmaterial an dem Aufbau des Farbstoffmoleküls mitbeteiligen kann. Versuche, die von *Lange* und *Astrid Wennerberg* ausgeführt wurden, um das Thiobenzidin selbst durch Einführung von Seitenketten und Kondensations-

---

[1] Therapeut. Monatshefte, August 1908; ferner Ber. **33**, 3769 und **35**, 96, woselbst sich weitere Literaturangaben finden.

[2] Annalen **149**, 247; Ber. **29**, 435.

[3] Ber. **38**, 1411 und **39**, 1340; Chem. Centralbl. **1911**, 1594; D. R. P. 234 743.

[4] D. R. P. 205 216; Journ. f. prakt. Chemie **65**, 499; D. R. P. 65 739; siehe auch D. R. P. 228 756, 4-Nitrothioxanthon; ferner die Arbeiten von *H. Apitzsch, C. Kelber:* Ber. **43**, 1259, woselbst sich weitere Literaturangaben finden.

[5] Ber. **33**, 2570, ferner **32**, 1127; **40**, 126 und D. R. P. 52 139, 114 268, 220 628.

[6] D. R. P. 38 795.　　　[7] D. R. P. 78 162, 79 206, 79 207.

reaktionen in Schwefelfarbstoffe zu verwandeln, ließen die Richtigkeit des Gesagten erkennen. Auf drei schwefelhaltige Ringgebilde ist in der Patentliteratur näher hingewiesen; es sind dies die Piazthiole, die hypothetischen Acrithiole und die Thiazole.

Piazthiol.

Ähnlich wie das Chromogen Chinoxalin aus o-Diaminen und Glyoxal entsteht[1],

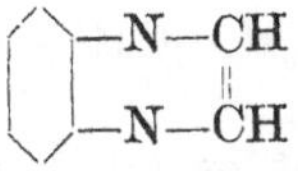

bildet sich auch aus o-Diaminen und Schwefel Piazthiol:

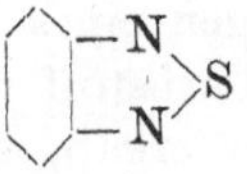

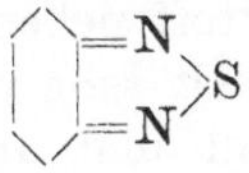

Es wurde zuerst dargestellt von *Hinsberg*[2] durch Einwirkung von Schwefeldioxyd (ähnlich verhält sich auch selenige Säure) auf o-Diamine. Beim Einleiten des Gases in siedendes o-Phenylendiamin erhält man so chionoxalinartig riechende Krystalle dieses gegen Oxydationsmittel und Entschwefelung (z. B. mit Kupferpulver) äußerst beständigen Piazthiols, das jedoch durch Reduktion leicht unter Schwefelwasserstoffabspaltung in das o-Phenylendiamin rückverwandelt wird. Diese Eigenschaften veranlaßten *Ris*[3] zu der Annahme solcher Schwefelstickstoffbindungen auch in den Schwefelfarbstoffen; sie sollen sich vom Schwefelstickstoff ableiten, wodurch ihre Eigenschaften bedingt werden, während andere Chromophore die Färbung erzeugen können. Es gelang ihm, als Beweis für diese Annahme aus o-p-Diaminodiphenylamin mit Schwefeldioxyd einen schwarzen Schwefelfarbstoff zu erhalten, aus dem sich mit Reduktionsmitteln unter Schwefelwasserstoffentwicklung die Base leicht zurückgewinnen ließ[4].

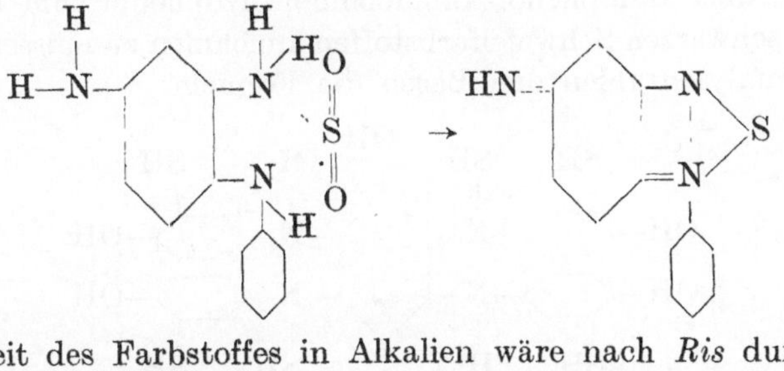

Die Löslichkeit des Farbstoffes in Alkalien wäre nach *Ris* durch Addition an den Schwefel zu erklären.

Ausgehend von dieser Annahme versuchte *Ris* nun die Konstitution der schwarzen Schwefelfarbstoffe von diesem Gesichtspunkte aus zu erforschen[5].

---

[1] Ber. **24**, 1870; **25**, 604 und 2416.

[2] Ber. **22**, 862 und 2895; **23**, 1393; D. R. P. 49 191, *Bayer* 1889; siehe auch D. R. P. 34 472 von *Isaac Boas Boasson*, Lyon.

[3] D. R. P. 122 850, *Geigy*, Basel.

[4] Chem. Ind. **1904**, 36; Bull. soc. Mulhouse 1901.   [5] Ber. **33**, 796.

Er ließ Schwefel bei 180 bis 190° auf ein Gemenge von p-Aminophenol und Oxyazobenzol (I) einwirken, und ferner auf p-Aminophenol allein[1] (II). Im ersteren Falle erhielt er unter lebhafter Anilin- und Ammoniak- aber o h n e Schwefelwasserstoffentwicklung einen farblosen, nicht krystallisierenden Körper, dessen Analysenzahlen auf die Formel $C_{36}H_{31}N_5S_7O_6$ (I) stimmten, der demnach entstanden schien aus:

$$4\,C_6H_4{<}{{OH}\atop{NH_2}} + 2\,C_6H_5{-}N = N{-}C_6H_4{-}OH + 7\,S \text{ minus } (NH_3 \text{ und } C_6H_5{-}NH_2).$$

Im zweiten Falle (II) erhielt er (ähnlich wie *Vidal*, siehe S. 42) unter g e r i n g e r Ammoniak- aber s t a r k e r Schwefelwasserstoffentwicklung sehr viel schwarzen Farbstoff neben geringen Mengen eines farblosen Zwischenproduktes (*Vidal* erhielt sehr viel schwarzen Farbstoff neben wenig Leukothionol), das gereinigt und analysiert Zahlen ergab, die auf die Formel $C_{24}H_{21}N_3S_4O_4$ (II) schließen ließen (Leukothionol war der Analyse nach demnach nicht entstanden). Base II unterscheidet sich von Base I demnach um einen Mindergehalt von $C_{12}H_{10}N_2S_3O_2$ als Folge der geringeren Zahl verketteter Moleküle, ferner aber charakteristisch durch folgende Eigenschaften: Die saure Lösung beider Basen gibt mit Metallsalzen, salpetriger Säure und anderen nichtmetallischen Lösungsmitteln dunkle Niederschläge, von denen sich die der Base I in Alkalien schwarz, die der Base II blau lösen. Base I oxydiert sich ferner in alkalischer Lösung langsam bläulich grau, Base II jedoch schnell rein blau. Sie ähneln einander aber insofern, als beide sauer reduziert u n t e r H_2S E n t w i c k l u n g in Verbindungen übergehen, die, ohne Aussehen und Eigenschaften geändert zu haben, um zwei Schwefelatome ärmer sind, was durch die Analyse festgestellt wurde. Beide gehen ferner beim weiteren Schwefeln in schwarze Schwefelfarbstoffe über[2]. *Ris* glaubt nun auf Grund dieser Eigenschaften eine indulinähnliche Bildung, wie sie vom p-Dioxydiphenylamin über Indophenol-Anilidochinon-Azophenin zum Indulin führt[3] auch bei den schwarzen Schwefelfarbstoffen annehmen zu müssen und gibt auf Grund der Analysenzahlen den Basen die Formeln:

(I)

      SH   SH OH · H   SH
OH—⬡—N—⬡—N—⬡—OH
OH—⬡—N——N—⬡—OH
      SH   H   SH SH
           N—H
           ⬡
   SH—⬡
        OH

---

[1] Monit. scient. **1897**, 655.   [2] D. R. P. 122 826 und 122 827.
[3] *Witt:* Ber. **20**, 2659 und **21**, 676.

(II)

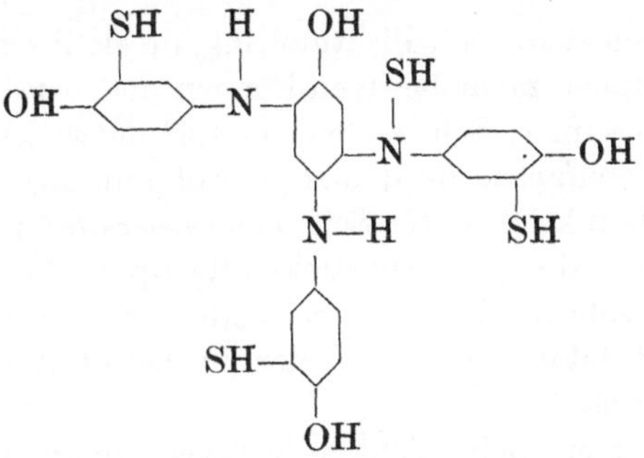

in denen der leichten Eliminierbarkeit des Schwefels durch Annahme der
S—N-Bindung Rechnung getragen wird. Diese Bindungen sollen dadurch zustande kommen, daß sich SH_2 an die Azogruppen addiert,

$$C_6H_5-N \overset{\ }{\underset{H}{=}} \overset{\ }{\underset{SH}{N}} - C_6H_5 - OH$$

Anilin abgespalten und der schwefelhaltige Rest an den Chinonanilrest an-
gelagert wird. Die schwarzen Schwefelfarbstoffe hätten dann folgende Formeln:

(Ia) aus (I)

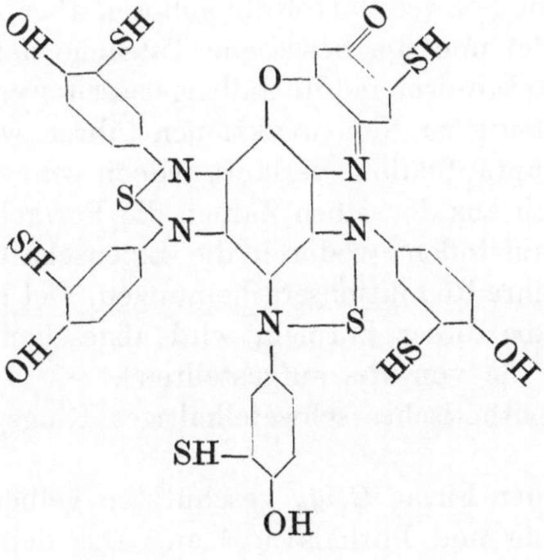

(IIa) aus (II)

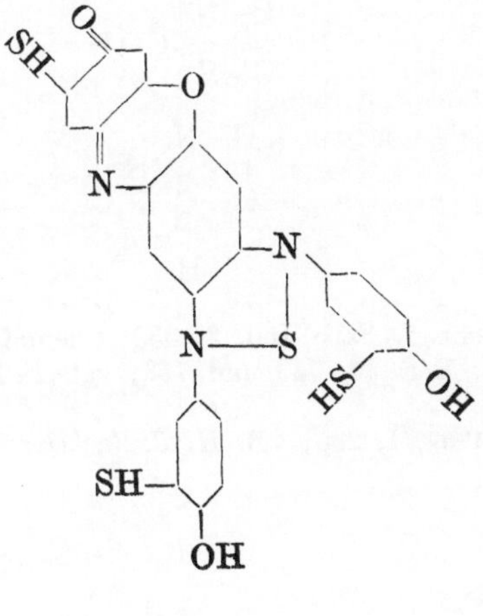

Sie enthalten, wie man sieht, den Piazthiolring, da sie ihrer Säureunlöslichkeit wegen keine Imidgruppen mehr besitzen können und bei der Reduktion ebenfalls, wenn auch langsamer, Schwefelwasserstoff entwickeln. Nach *Ris* sind alle schwarzen Schwefelfarbstoffe derartige Abkömmlinge des Schwefelstickstoffes, und durch Reduktion unter Schwefelwasserstoffentwicklung spaltbar. Im speziellen bedingt die Schwefelstickstoffgruppe die Eigenschaften der Schwefelfarbstoffe insofern, als der so gebundene Schwefel in Berührung mit $Na_2S : SNa$ bzw. SH bildet, wodurch der Farbstoff die Eigenschaften der Schwefelfarbstoffe erhält.

Diese Formeln lassen sich leicht widerlegen, denn alle Gründe, die in den vorhergehenden Kapiteln für die Existenz des Thiazinringes in den blauen und schwarzen Schwefelfarbstoffen angeführt wurden, gelten hier auch. Es sprechen jedoch auch noch andere Momente gegen diese hypothetischen Annahmen: O x a z i n e, wie sie in obigen Farbstofformeln angenommen werden, sind in Schwefelfarbstoffen ausgeschlossen, da sie gar keine Verwandtschaft zur Baumwollfaser besitzen[1]; sie sind demnach in keinem einzigen Falle als Ausgangsmaterialien für Schwefelfarbstoffe verwendet worden, ihre Bildung durch die Schwefelschmelze wurde nie beobachtet. Die zahlreichen OH-Gruppen müßten außerdem die Echtheit der entstehenden Farbstoffe sehr stark herabsetzen (die Schwefelfarbstoffe gehören aber zu den echtesten aller bekannten Farbstoffe) und die bewiesene Tatsache der Bildung von Disulfiden aus der Mercaptanform müßte fallengelassen werden, da die sterische Behinderung sehr häufig zu Nebenreaktionen führen würde; der Prozeß der Disulfid- bzw. Mercaptanbildung verläuft jedoch sehr glatt und einheitlich. Schließlich lassen sich aus denselben Zahlen die Formeln auch mit Annahme von Thiazinringen aufstellen, wodurch die Eigenschaften der Schwefelfarbstoffe, insbesondere ihre Reduktionserscheinungen, viel besser erklärbar sind[2]. Von einer Wiedergabe dieser Formeln wird abgesehen, da sie ebensowenig beweisbar sind, wie die von *Ris* aufgestellten[3].

Ein weiteres hypothetisches schwefelhaltiges Ringsystem, das
     A c r i t h i o l,
nimmt *Ris* in den der Firma *Geigy* geschützten gelben Schwefelfarbstoffen aus m-Toluylendiamin und Phthalsäure[4] an. Das dem Thiazol

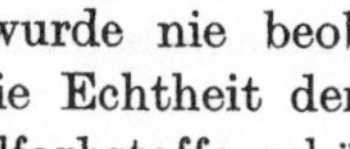

$$\begin{array}{c} -C-N \\ \ |\ \ \ \diagdown \\ \quad\quad C-H \\ \ |\ \ \diagup \\ -C-S \end{array}$$

isomere Acrithiol

$$\begin{array}{c} -C-N \\ \ ||\ \ \ \diagdown \\ \quad\quad S \\ \ |\ \ \diagup \\ -C-C \\ \ | \\ H \end{array}$$

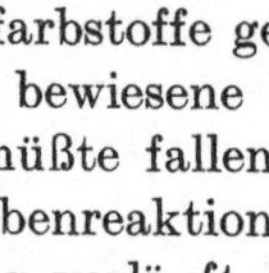

[1] *Friedländer:* Zeitschr. f. Farb.-Ind. **3**, 333; Chem. Centralbl. **1904**, II, 1174.

[2] *Schultz, Beyschlag:* Ber. **42**, 743 und 753; vgl. *F. Pollak:* Zeitschr. f. Farb.-Ind. **3**, 233 und 253.

[3] Chem. Centralbl. **1902**, I, 285; vgl. *H. T. Bucherer:* Ber. **40**, 3412.

[4] D. R. P. 126 964.

(verhält sich zum Piazthiol wie Acridin zum Phenazin) soll in den gelben Schwefelfarbstoffen dieselbe Rolle spielen wie das Piazthiol in den schwarzen: der an Stickstoff gebundene Acrithiolschwefel ist labiler als die im Kern gebundenen Schwefelatome, er ist demnach nicht nur durch Reduktion leichter abspaltbar, sondern er soll auch befähigt sein, mit Schwefelnatrium polysulfidartige Verbindungen zu geben, die ungebeizte Baumwolle färben. So soll sich die Tatsache erklären, daß die freie Farbstoffsäure des gelben Farbstoffes, in Soda gelöst, kaum auf die Faser aufzieht, wohl aber sofort nach Hinzufügen geringer Mengen von Schwefelnatrium. Im folgenden Kapitel über Thiazole wird auf das Arithicol nochmals Bezug genommen werden.

Thiazole.

Die Bildung des Thiazolringes vollzieht sich dann besonders leicht, wenn die stickstoffhaltige Seitenkette eines Benzolderivates durch Kohlenstoffgruppen, Alkyl, Acetyl usw. substituiert ist[1], oder wenn aromatische Amine kohlenstoffhaltige Seitenketten im Kern enthalten — demnach, wenn man Homologe des Anilins der Schwefelung unterwirft.

Schwefelt man p-Toluidin bei 140° unter Zusatz von Bleiglätte, so tritt der Schwefel in Orthostellung[2] zur Aminogruppe ein

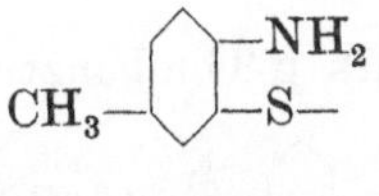

$$CH_3-\underset{}{\bigcirc}\!\!\begin{array}{l}-NH_2\\ -S-\end{array}$$

und es bildet sich Thio-p-toluidiń[3]. Die Base ist leicht in Salzsäure löslich und hat den Schmelzp. 106°. Erhitzt man jedoch auf 175 bis 185°[4], so resultiert, besonders wenn man mit dem Verhältnis von 2 Atomen Schwefel auf 1 Mol. p-Toluidin arbeitet[5] eine neue schwefelhaltige Base vom Schmelzp. 175°, die in Salzsäure schwer löslich ist. Diese Base ist es, deren Konstitution auch für jene zahlreicher gelber und brauner Schwefelfarbstoffe von Bedeutung ist.

Die Analysen dieses *Dahl*schen Körpers ergaben Zahlen, die auf die Formel $(C_7H_6N)_2S$ hinwiesen, während das Thio-p-toluidin die Formel $(C_7H_6NH_2)_2S$ besitzt. *Jacobson*[6], der auf Veranlassung der Firma *John Dawson* das von *Green*[7] entdeckte, seiner Zusammensetzung nach unbekannte Primulin untersuchte, behandelte dieses mit Jodwasserstoff und rotem Phosphor und fand bei der Analyse Zahlen, die auf die Formel des *Dahl*schen Körpers $(C_7H_6N)_2S$ stimmten. Die beiden Körper zeigten auch im übrigen übereinstimmende

---

[1] Ber. **13**, 1223.

[2] Ber. **19**, 1074.

[3] D. R. P. 34 299.

[4] D. R. P. 35 790, *Dahl*; auch 47 102 und 53 938; über gemischte Thiokörper (Thiotolylanilin usw.) siehe *E. Meyer* u. a.

[5] E. P. 6319/1888, *Bayer*; Ber. **21**, Ref. 877 erwähnt schon die Base „Dithio-p-toluidin" ebenso wie ihre Sulfosäuren als substantive Baumwollfarbstoffe; allerdings wird mit erheblich größeren Schwefelmengen bei höherer Temperatur gearbeitet.

[6] Ber. **22**, 330.

[7] Journ. soc. chem. Ind. **1888**, 179.

Eigenschaften, insbesondere die charakteristische Fluorescenz ihrer alkoholischen Lösungen. *Jacobson* gab dem Körper den Namen **Dehydrothiotoluidin**, weil er sich vom *Merz-Weith-Truhlář*schen Thiotoluidin durch den Mindergehalt von vier Wasserstoffatomen unterschied. Zur Konstitutionsaufklärung fand er folgende Anhaltspunkte: a) die Hälfte des Stickstoffes ist diazotierbar[1], b) die Diazoverbindung gibt verkocht das Phenol $C_{14}H_{10}NS(OH)$, c) in diesem ist nur ein Wasserstoffatom (jenes vom Hydroxyl) mit Essigsäureanhydrid durch Acetyl ersetzbar, d) das zweite Stickstoff- und das Schwefelatom sind wasserstofffrei, ersteres scheint nitril-, letzteres sulfidartig gebunden zu sein, e) das Molekulargewicht entspricht der Formel C_{14}. — *Gattermann*[2], der zu gleicher Zeit dieselbe Frage studierte, stellte noch das Vorhandensein einer Doppelbindung fest. Die Zusammenfassung der Resultate in einer Formel (siehe auch *Green*[3]) und die Einreihung des Dehydrothiotoluidins in die Klasse der *A. W. Hofmann*schen Thiazolabkömmlinge gelang *Gattermann* und *Pfitzinger*[4], indem sie durch Abspaltung der Aminogruppe das Dehydrothiotoluidin in das bekannte Benzenylaminotolylmercaptan überführten

$$CH_3\!-\!\!\left\langle\!\!\bigcirc\!\!\right\rangle\!\!{>}\!\!\begin{array}{c}N\\S\end{array}\!\!{>}\!C\!-\!C_6H_5\cdot NH_2 \quad\rightarrow\quad CH_3\!-\!\!\left\langle\!\!\bigcirc\!\!\right\rangle\!\!{>}\!\!\begin{array}{c}N\\S\end{array}\!\!{>}\!C\cdot C_6H_5$$

und dieses durch Oxydation des p-Thiobenztoluids synthetisierten[5].

$$CH_3\!-\!\!\left\langle\!\!\bigcirc\!\!\right\rangle\!\!{>}\!\!\begin{array}{c}N\\S\end{array}\!\!{>}\!C\cdot C_6H_5 \qquad (\underline{H\ H})$$

In der Kalischmelze gespalten, gibt dieses entamidierte Dehydrothiotoluidin Benzoesäure und Aminothiokresol (I), das mit Nitrit in das haltbare Diazosulfid übergeht, während Dehydrothiotoluidin selbst p-Aminobenzoesäure gibt (II).

(I) $CH_3\!-\!\!\left\langle\!\!\bigcirc\!\!\right\rangle\!\!{>}\!\!\begin{array}{c}N\\S\end{array}\!\!{>}\!C\cdot C_6H_5$ Diazosulfid[6] $CH_3\!-\!\!\left\langle\!\!\bigcirc\!\!\right\rangle\!\!{>}\!\!\begin{array}{c}N\\S\end{array}\!\!{>}\!N$ $CH_3\!-\!\!\left\langle\!\!\bigcirc\!\!\right\rangle\!\!{>}\!\!\begin{array}{c}N\\S\end{array}\!\!{>}\!C\cdot C_6H_4\cdot NH_2$ (II)

In derselben Abhandlung wiesen sie der Primulinbase, wenn auch der schwierigen Reinigungsmöglichkeit wegen nur auf Grund qualitativer Versuche, die Formel eines mehrfach verketteten Dehydrothiotoluidins zu:

$$CH_3\!-\!\!\left\langle\!\!\bigcirc\!\!\right\rangle\!\!{>}\!\!\begin{array}{c}N\\S\end{array}\!\!{>}\!C\cdot C_6H_3\!\!\left\langle\!\!\begin{array}{c}N\\S\end{array}\!\!\right\rangle\!\!C\cdot C_6H_3\!\!\left\langle\!\!\begin{array}{c}N\\S\end{array}\!\!\right\rangle\!\!C\cdot C_6H_4\cdot NH_2 \quad\left(\begin{array}{c}\text{allenfalls noch}\\\text{weiter verkettet}\end{array}\right)$$

---

[1] Ist schon im *Dahl*schen Patente 35 790 angegeben.
[2] Ber. **22**, 424.
[3] Ber. **22**, 968.
[4] Ber. **22**, 1063.
[5] *Gattermann* und *Neuberg:* Ber. **25**, 1081.
[6] Ber. **22**, 910.

Die Primulinbase entsteht aus p-Toluidin durch Erhitzen mit mehr als zwei Atomen Schwefel oder aus Dehydrothiotoluidin mit Schwefel[1]; sie ist weiterschwefelbar und gibt in der Polysulfidschmelze braune Schwefelfarbstoffe[2]. Der Bildung der Primulinbase liegt demnach ein ähnlicher Vorgang zugrunde, wie der Bildung der schwarzen aus den blauen Schwefelfarbstoffen[3]. Die Aufklärung der Konstitution dieser Körper ermöglichte späterhin die Synthese derartiger Thiazolkörper; für unsere Zwecke ist besonders interessant der mit Natriumpolysulfid erhaltene Ringschluß aus Benzyliden- bzw. Benzylverbindungen[4]:

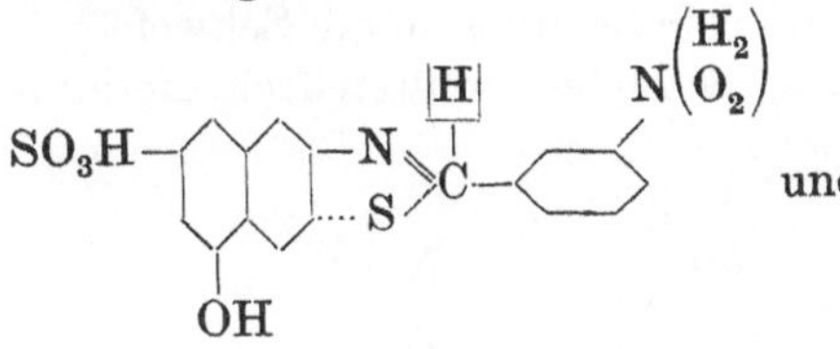

$$\text{SO}_3\text{H} - \underset{\text{OH}}{\bigcirc\!\!\bigcirc} - \text{N} \overset{\text{H}}{\underset{\text{S}}{>}} \text{C} - \bigcirc - \text{N}\binom{\text{H}_2}{\text{O}_2} \qquad \text{und} \qquad \text{SO}_3\text{H} - \bigcirc\!\!\bigcirc \overset{\text{H}\;\text{H}\;\text{H}}{\underset{\text{S}}{\mid\;\;\mid\;\;\mid}}{}^{\!\!\!\!\text{N}}\!\!\! C - \bigcirc - \text{N}\binom{\text{O}_2}{\text{H}_2}$$

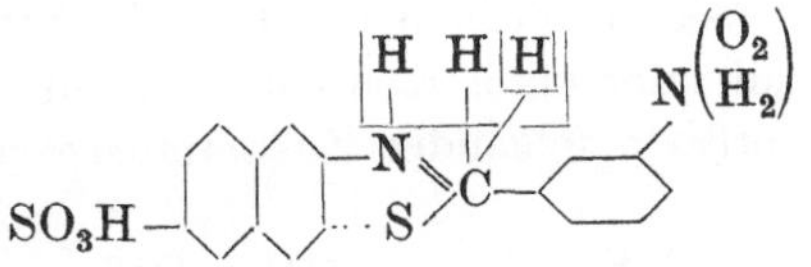

Die Bildungsweisen der Dehydrothiotoluidine und Primuline, ebenso wie jene der gelben bis braunen, aus Basen vom Typ des Toluidins, Toluylendiamins usw. durch Erhitzen mit Schwefel allein erhaltenen Schwefelfarbstoffe, sind nun völlig identisch. Die Farbstoffe der beiden Gruppen gleichen sich auch im Aussehen, im Farbton, in der relativ geringen Lichtechtheit der Färbungen und in der Fähigkeit einzelner Vertreter der beiden Gruppen (falls sie sich noch im Besitz freier Aminogruppen befinden), auf der Faser diazotierbar zu sein und z. B. mit β-Naphthol gekuppelt rote bis rotbraune Färbungen zu geben. Berücksichtigt man ferner die markante Affinität, die das Primulin (das sind die Sulfosäuren der hochgeschwefelten Toluidine), ebenso, wie auch andere Glieder dieser Reihe in alkalischem Bade zur ungebeizten Pflanzenfaser besitzen (z. B. die Einwirkungsprodukte von Nitrobenzoylhalogeniden auf Sulfosäuren der Thiazolbasen und die durch Reduktion aus ihnen erhaltenen Körper[5]), so kann man die Schwefelfarbstoffe dieser Reihe unbedenklich der Primulinbase anreihen. Über die Art der Verkettung und über die Molekulargröße ist allerdings nichts bekannt.

Es wäre nun nur noch zu untersuchen, ob diese gelben und braunen Schwefelfarbstoffe nicht Beziehungen zum Acridin haben oder statt des Thiazolkernes die isomere Acrithiolgruppe als Chromophor besitzen. Es findet sich in einem Falle in der Patentliteratur die Andeutung[6], als wären gewisse

---

[1] D. R. P. 61 204, *Kalles* Chrominbraun.

[2] D. R. P. 97 285.

[3] *Friedländer:* Fortschr. d. Teerfarb.-Ind. **6**, 615.

[4] D. R. P. 165 126 und 165 127, *Bayer.*

[5] D. R. P. 163 040; siehe auch Zeitschr. f. Farb.-Ind. **3**, 398, der Chromophor der Methinammoniumfarbstoffe:

$$\overset{-\text{N}}{\underset{-\text{N}}{>}} \text{C} - \text{CH} = \text{CH} \qquad \text{bzw.} \qquad \overset{-\text{S}}{\underset{-\text{N}}{>}} \text{C} - \text{CH} = \text{CH} -$$

[6] D. R. P. 157 467, „. . . . diese Farbstoffe haben wohl Beziehungen zum Acridin wegen ihrer großen Verwandtschaft zum Leder."

in der Polysulfidschmelze entstehende braune Schwefelfarbstoffe[1] aus Diphenylmethanderivaten Acridinabkömmlinge. Dies ist nicht der Fall, da, Diphenylmethane mit Schwefel erhitzt zunächst in Thiobenzophenone[2] übergehen, die sich beim Erhitzen auf Temperaturen von etwa 250° in Phenylthiazole umlagern. Tatsächlich sind die genannten Schwefelfarbstoffe, bei 150 bis 170° gebildet, grünlichschwarz und säureunecht und gehen erst beim Erhitzen auf 230° in echte braune Schwefelfarbstoffe über. Erhitzt man jedoch Körper, die sonst unter Bildung von Thiazolringen gelbe bis braune Schwefelfarbstoffe geben, bei Gegenwart von Substanzen, mit denen sie sich zu kondensieren vermögen, z. B. β-Naphthol und m-Toluylendiamin, mit Schwefel[3] — mit oder ohne Kondensationsmitteln —, so entstehen schwefelfreie Acridinderivate folgender Zusammensetzung:

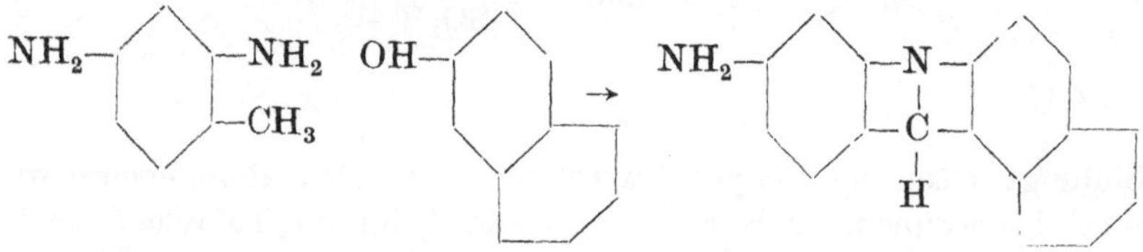

die jedoch nur auf tannierte Baumwolle oder auf Leder ziehen. Die Neigung zur Bildung des Acridinkomplexes überwiegt hier die Neigung, Schwefel aufzunehmen, ähnlich, wie beim Verschmelzen eines Gemenges von p-Aminophenol mit acetylierten Aminen (letztere allein geben geschwefelte braune Farbstoffe[4]) die Neigung zur Bildung von Thiazinringen aus den entstandenen Kondensationsprodukten überwiegt, da keine braunen, sondern schwarze[5] Schwefelfarbstoffe entstehen. Daraus folgt, daß nicht der Acridin- sondern der Thiazolring die Farbstoffnatur der braunen Schwefelfarbstoffe bedingt.

Die Annahme von Acrithiolringen (S. 58) in den gelben Schwefelfarbstoffen wird durch folgende Überlegung hinfällig:

Durch Kondensation eines Gemenges gleicher Moleküle m-Toluylendiamin und Phthalsäure[6] erhält man das Produkt I[7]:

(I)   (II)

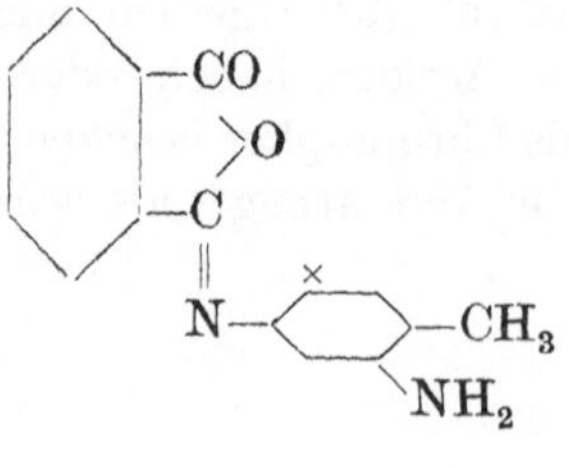

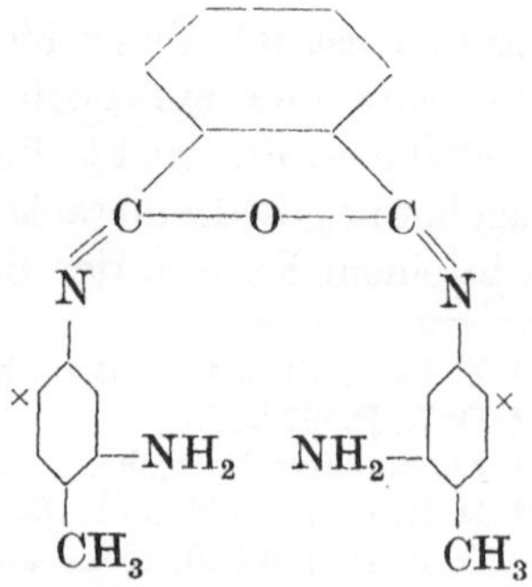

---

[1] D. R. P. 139 989.
[2] D. R. P. 57 963 und Ber. **20**, 1731.
[3] D. R. P. 130 360.
[4] D. R. P. 82 748.
[5] D. R. P. 128 361.   [6] *Biedermann:* Ber. **10**, 1161.   [7] D. R. P. 126 964 und 128 659.

Dieser Körper, ebenso wie das nicht kondensierte molekulare Gemenge beider Körper, ferner auch das Ausgangsmaterial aus 2 Mol. Base mit 1 Mol. Phthalsäure (II), geben in der Polysulfidschmelze wertvolle gelbe Schwefelfarbstoffe, weil die in den Stellungen × angreifende Thiazolbildung glatt verlaufen kann. Das Kondensationsprodukt aus 2 Mol. Phthalsäure und 1 Mol. Base

$$\text{(III)}\qquad
\begin{array}{c}
-C=N-\!\!\langle\ \rangle\!\!-CH_3 \\
{>}O \qquad\qquad N=C- \\
-C \qquad\qquad\quad O{<} \\
O \qquad\qquad\quad O=C-
\end{array}$$

gibt jedoch in der Polysulfidschmelze einen wertlosen Farbstoff. Bei Annahme der Acrithiolringbildung müßten aber mindestens gleichwertige Produkte aus I und III entstehen, da diese Ringbildung in III ebenso leicht möglich ist wie in I oder II; es müßte im Gegenteil I den wertloseren Farbstoff liefern, da die Chromophorbildung des Acrithiols hier nur einmal auftreten kann.

Ebenso entsteht bei Verwendung von m-Phenylendiamin statt Toluylendiamin in Simultanschmelze mit Phthalsäure ein wertloser olivgrüner Schwefelfarbstoff; die fehlende Methylengruppe hat jedoch mit der Acrithiolbildung gar nichts zu tun, wohl aber ist ihr Fehlen die Ursache, daß keine Thiazolbildung eintreten kann. Es dürfte demnach die Annahme, daß den gelben und braunen durch direkte Schwefelschmelze entstehenden Schwefelfarbstoffen der Thiazolring zugrunde liegt, die richtige sein[1].

II. Schwefel in der Seitenkette.

a) Mercaptane und Disulfide.

Der Bildung von schwefelhaltigen Ringen geht, wie wir im vorstehenden gesehen haben, die Bildung von Mercaptanen voraus, d. h. unter dem Einfluß der schwefelnden Substanzen werden Kernwasserstoffe, und zwar zunächst die in Orthostellung zur Amino- oder Oxygruppe befindlichen, gegen Sulfhydryl SH ersetzt und im weiteren werden durch Oxydations- und andere Vorgänge die schwefelhaltigen Ringe geschlossen. Erfahrungsgemäß genügen die derart dem Molekül einverleibten Schwefelatome nicht, um die Substanz in einen Schwefelfarbstoff zu verwandeln, da ihr noch eine Haupteigenschaft, nämlich die Löslichkeit in Schwefelalkalien, fehlt.

Nach den herrschenden Ansichten erwirbt sie diese Fähigkeit erst durch den Eintritt weiterer Sulfhydrylgruppen ins Molekül. Nun sind allerdings auch SO_3H-, OH-, COOH- und andere Gruppen geeignet, eine Substanz alkali- oder schwefelnatriumlöslich zu machen; man kann jedoch leicht feststellen,

---

[1] Vgl. auch D. R. P. 157 103.

daß bei Anwesenheit dieser Gruppen allein beim Färben aus alkalischen Lösungen eine Befestigung des Farbstoffes auf der Faser nicht stattfindet. Anders bei Anwesenheit von SH-Gruppen, wenn demnach nicht Phenole, sondern Thiophenole vorliegen. Wir haben gelegentlich der Erörterungen über die Wechselbeziehungen zwischen Thiosulfosäuren, Mercaptanen und Disulfiden gesehen, daß die gelindeste Oxydationswirkung imstande ist, Mercaptane in Disulfide überzuführen. (Thiophenol geht z. B. schon beim Stehen in ammonialkalischer Lösung[1] an der Luft in Phenyldisulfid über.) Es kommt also den Mercaptangruppen eines Schwefelfarbstoffes auch noch die Funktion zu, ihn auf der Faser zu befestigen dadurch, daß sie durch Oxydation in unlösliche Disulfide übergehen. In der Schmelze besteht demnach der Schwefelfarbstoff als Natriumsalz des Mercaptans $X—S \cdot Na$, ebenso in der Flotte; beim Ausblasen der Schmelze mit Luft hingegen wird er in derselben unlöslichen Disulfidform $X \cdot S—S \cdot X$ niedergeschlagen, in der er auch auf der Faser als unlöslicher waschechter Farbstoff erscheint[2]. Daraus geht auch ohne weiteres hervor, daß die Anwesenheit von Mercaptan- und Disulfidgruppen im Schwefelfarbstoffmolekül mit seiner Nuance und mit seiner Fähigkeit, die unvorbereitete Faser zu färben, nichts zu tun hat. Hierüber wird im folgenden und im Kapitel Färberei noch berichtet werden.

Vidal war über die Wirksamkeit der SH-Gruppen völlig anderer Ansicht[3]. Nach seinen Darlegungen beruht die Löslichkeit der meisten Schwefelfarbstoffe auf ihrem Gehalt an Hydroxylgruppen, also auf ihrem Phenolcharakter. Die allenfalls vorhandenen Mercaptangruppen sollen nur eine Nuancenverschiebung von Blau bzw. Schwarz nach Grau hervorrufen. Seine Beweisführung ist durch die *Friedländer*schen Untersuchungen völlig widerlegt worden.

Ebenso wie der Wasserstoff der Mercaptangruppen (über ihre Reaktionsfähigkeit siehe auch *Friedländers* Bericht in der Chem.-physik. Gesellschaft in Wien vom 9. November 1909[4]) durch Säureradikale ersetzbar ist, z. B. unter Bildung von Thiosulfosäuren, läßt sich in jedes Mercaptan auch Alkyl[5] einführen, wodurch die gemischten Thioäther, z. B. Phenyläthylthioäther oder Phenyläthylsulfid

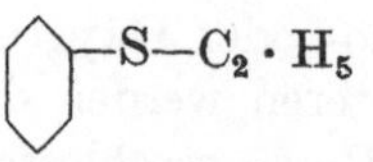

$$\langle\!\!\!\!\bigcirc\!\!\!\!\rangle\!\!-\!S—C_2 \cdot H_5$$

entstehen. Diese charakteristischen Eigenschaft der Mercaptane dient zu ihrem Nachweis; so reagiert z. B. die Dithiocarbonsäure

$$\begin{matrix} S \\ HO \end{matrix}\!\!>\!\!C—S \cdot H \;\rightarrow\; \begin{matrix} S \\ HO \end{matrix}\!\!>\!\!C—S \cdot \text{Celluloseradikal}$$

---

[1] D. R. P. 118 087; *E. Bauer:* Zeitschr. f. angew. Chemie **1902**, 53.
[2] *Friedländer:* Zeitschr. f. angew. Chemie **1906**, 616.
[3] Monit. scient. **19**, 25 bis 27; Chem. Centralbl. **1905**, I, 411.
[4] Chem.-Ztg. **1909**, 1284.
[5] D. R. P. 122 606.

mit Cellulose schon in der Kälte unter Bildung von Viscose, und man schloß aus dieser Verbindungsfähigkeit der Mercaptangruppen mit der Cellulose auch auf ähnliche Verbindungen zwischen Schwefelfarbstoffen und Baumwolle und erklärte so die große Echtheit der ersteren[1]. Eine auch stark schwefelalkalische Schwefelfarbstofflösung wird tatsächlich durch eine schwefelalkalische Viscoselösung gefällt[2], doch kann der Vorgang auch anders gedeutet werden[3]. Die Bildung der Thioäther vollzieht sich sehr leicht schon durch Schütteln der Mercaptane in einer passenden Lösung mit alkylierenden Mitteln. Es ergab sich durch diese Eigenschaft auch die Möglichkeit, manche Schwefelfarbstoffe in fertigem Zustande auf ihren Gehalt an Mercaptangruppen zu prüfen und sie zugleich in Alkylierungsprodukte überzuführen, die sich nicht nur durch in günstigem Sinne veränderte färberische Eigenschaften auszeichneten, sondern auch infolge ihrer außerordentlich reinen Form eine Analyse gestatteten. Die erhaltenen Resultate sind vielleicht nicht als vollwertige Beweise für die Konstitution der Schwefelfarbstoffe im *Vidal*schen Sinne anzusehen[4], immerhin bieten sie eine wertvolle Stütze für diese Anschauungen; sie gelten jedoch als absolut vollwertiger Beweis für die Mercaptannatur der Schwefelfarbstoffe.

Die Alkylierung der Schwefelfarbstoffe in Substanz wird dergestalt ausgeführt, daß man[5] z. B. die Rohschmelze des Immedialschwarz in Wasser löst und nach Hinzufügen von etwa 10% Schwefelnatrium (zur Verhütung der Oxydation) mit 30% der angewandten Farbstoffmenge Benzylchlorid schüttelt (ebenso kann man Jodmethyl, Chloräthyl, Bromacetamid[6], Phenyldimethylbenzylammoniumchlorid[7], Dimethylsulfat usw. verwenden). Das Alkylierungsprodukt scheidet sich während des Schüttelns aus, da wegen der Substitution der HS-Gruppen die Ursache der Löslichkeit des Farbstoffes in Schwefelnatrium wegfällt. Durch fraktioniertes Auslaugen des benzylierten Farbstoffes mit Schwefelkohlenstoff, dann mit Chloroform und schließlich mit Phenol und Chloroform wurden drei analysenreine Fraktionen erhalten. Die Analysen ergaben, daß in das reduzierte Molekül des Oxydinitrodiphenylamins (Ausgangsmaterial für Immedialschwarz) vier Atome Schwefel eingetreten waren, darunter zwei in Form alkylierbarer Sulfhydrylgruppen. In Schwefelkohlenstoff gelöst war vermutlich (wohl in der Disulfidform) der Körper

$$(I) \quad \underset{\underset{\displaystyle S\cdot B}{|}}{\overset{\displaystyle B\cdot S}{\underset{O}{\bigcirc}}} \!\!\begin{array}{c} =N- \\ -S- \end{array}\!\! \underset{-NH_2}{\overset{NH_2}{\bigcirc}} \!\!\begin{array}{c} -S-S- \end{array}\!\! \underset{NH_2-}{\overset{NH_2}{\bigcirc}} \!\!\begin{array}{c} -N= \\ -S- \end{array}\!\! \underset{\underset{\displaystyle S\cdot B}{|}}{\overset{\displaystyle S\cdot B}{\bigcirc}} \qquad C_{52}H_{40}S_8N_6O_2$$

(B = Benzylrest)

[1] Zeitschr. f. Farb.-Ind. **4**, 465.

[2] D. R. P. 187 868.

[3] *Schwalbe:* Neuere Färbetheorien. Stuttgart 1907, S. 84.

[4] *Gnehm* und *Kaufler:* Ber. **37**, 2618.

[5] D. R. P. 131 758. Vgl. die Benzylierungsversuche in *H. Vetters* Diss. Dresden 1910.

[6] D. R. P. 131 177.

[7] D. R. P. 134 176 und Ber. **10**, 2079.

Von ihm leitet sich durch Ammoniakaustritt der Körper II ab; II = I − NH$_3$, besitzt also die Gruppierung:

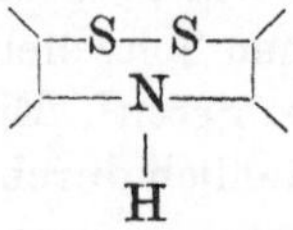

$$\rangle\!-\!\overset{\displaystyle S\!-\!S}{\underset{\displaystyle \underset{\displaystyle H}{|}}{N}}\!-\!\langle$$

er ist in Schwefelkohlenstoff schwer löslich. Neben ihm fand sich jedoch noch ein in Schwefelkohlenstoff und in Chloroform unlöslicher Körper III, der sich von der verdoppelten Formel I durch Ammoniakaustritt ableitet. Schließlich stimmten die Analysenzahlen der dritten in Schwefelkohlenstoff unlöslichen, in Chloroform kaum löslichen Fraktion auf einen Körper (IV), der sich von den vorgenannten in der Analyse durch seinen Mindergehalt an Schwefel unterschied, dem demnach folgende Formel zukommen dürfte: $(C_{52}H_{40}S_8N_6O_2)$ minus S und minus NH$_3$

(IV)   [Strukturformel]   (B = Benzylrest)

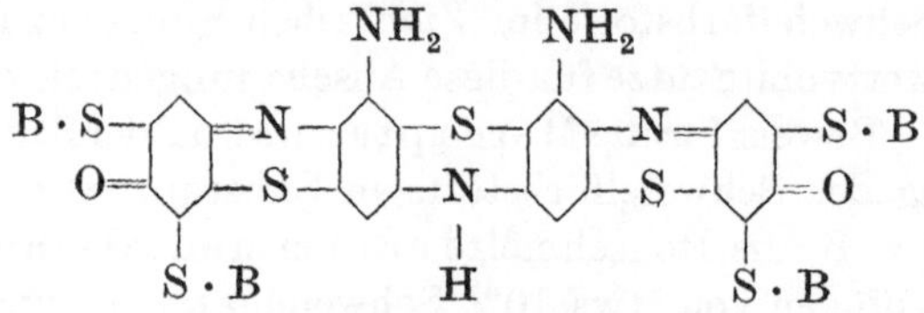

Die Wichtigkeit der Resultate liegt nicht nur in der unzweifelhaften Feststellung der Mercaptangruppen im Molekül des Immedialschwarz, sondern auch in der Betätigung der schon öfter betonten Tatsache, daß wir es auch hier nicht mit einheitlichen Produkten zu tun haben, sondern mit **Gemengen verschieden weit verketteter Moleküle, die im vorliegenden Falle durch die verschiedene Löslichkeit ihrer Alkyl- bzw. Alphylderivate getrennt werden konnten**[1].

Die Alkylierung kann auch auf der Faser erfolgen und ist in diesem Falle nicht auf die Leukoverbindung der Schwefelfarbstoffe beschränkt, sondern erstreckt sich auch auf die Dämpf- oder Oxydationsprodukte, so daß man entweder annehmen muß, daß der auf der Faser vorhandene Schwefelfarbstoff außer Disulfidgruppen auch noch unveränderte Mercaptangruppen enthält, oder — was wegen der Echtheit der Färbungen wahrscheinlicher ist —, daß die durch die Oxydation veränderten Mercaptangruppen durch das Alkylierungsmittel teilweise wiederhergestellt und dann alkyliert werden[2], wodurch die Nuancenveränderung zustande kommt.

Zu diesen alkylierten Schwefelfarbstoffen dürften auch jene zu zählen sein, die man auf direktem Wege aus den Ausgangsmaterialien selbst gewinnt, wenn man diese mit Polysulfiden in alkoholischer Lösung unter Druck erhitzt[3]. Die meisten Körper, die zu Leukoverbindungen gebenden Schwefel-

---

[1] Siehe auch die Alkylierung des Immedialreinblau und des Schwefelfarbstoffes aus Methylenviolett; *A. Binz:* Chem. Ind. **1906**, 296.

[2] D. R. P. 134 962.

[3] D. R. P. 132 424.

arbstoffen führen, lassen sich auf diese Weise in sehr reine Schwefelfarbstoffe
von sehr großer Leuchtkraft überführen, die sich durch ihre Stärke, zum Teil
sogar durch Krystallisationsfähigkeit auszeichnen. Bloßes Kochen der in der
gewöhnlichen Polysulfidschmelze gewonnenen Schwefelfarbstoffe mit Spiritus,
wie es zu Reinigungszwecken ausgeführt wird, führt nicht zur Alkylierung[1].
Diese Verschiedenheit der in der alkoholischen Druckschmelze erhaltenen
Farbstoffe gegenüber jenen, die aus denselben Ausgangsmaterialien in der
gewöhnlichen Polysulfidschmelze gewonnen werden, berechtigt zu dem Schluß,
daß der Alkohol während der Schmelze unter Druck äthylierend wirkt, und
zwar dürfte nur ein Teil der Sulfhydrylgruppen alkyliert werden, weil sich
die so erhaltenen Farbstoffe, zum Unterschiede von den nach D. R. P. 131 758
durch Alkylierung der fertigen Schwefelfarbstoffe erhaltenen, in Schwefelnatrium lösen, nicht aber in Lauge.

Die Erkenntnis der Funktionen der Mercaptangruppen im Schwefelfarbstoffmolekül führte, wie schon geschildert wurde (S. 63), dazu, Sulfhydrylgruppen in Körper der Methylenblaureihe einzuführen und die entstandenen
Mercaptane auf ihre Eigenschaften als Schwefelfarbstoffe zu prüfen. Besonders günstige Resultate ergaben sich jedoch durch die zahlreichen in
dieser Hinsicht angestellten Versuche von *Friedländer*, *Mauthner*, *Müller*,
Fichter u. a.

Allgemein lassen sich Mercaptangruppen in organische Körper einführen:
1. Durch Umsetzen aromatischer Chlornitroverbindungen mit Schwefelnatrium oder Rhodanverbindungen (*Blanksma*, *Willgerodt* u. a.). 2. Über die
aus den Sulfosäuren mit Chlorphosphor erhaltbaren Sulfochloride durch
Reduktion (*Fichter*). 3. Aus Sulfosäuren in der Natriumsulfhydratschmelze
(*Schwalbe*). 4. Aus Diazoverbindungen a) über die Sulfinsäuren (*Gattermann*),
b) über die Xanthogenate (nach *Leuckardt*), c) über die Rhodanverbindungen
durch Reduktion (*Gattermann*). Schließlich erreicht man den Endzweck auch
durch Darstellung von Disulfiden, die dann durch Reduktion in Schwefelnatriumlösung gespalten werden. So erhielten *Friedländer* und *Mauthner*[2]
durch Kondensation von o-Diaminodiphenyldisulfid (dem Analogon des
o-Dioxydiphenyldisulfids[3]) mit Anthrachinon oder Chinonimidabkömmlingen
Körper vom Typ:

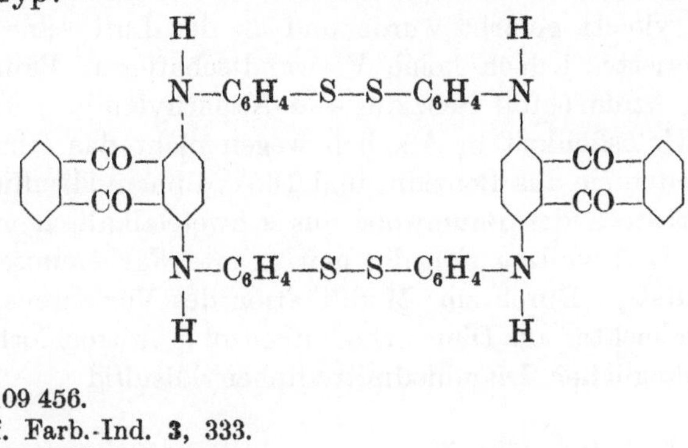

$$
\begin{array}{c}
\text{H} \qquad\qquad\qquad\qquad \text{H} \\
| \qquad\qquad\qquad\qquad\qquad | \\
\text{N}-\text{C}_6\text{H}_4-\text{S}-\text{S}-\text{C}_6\text{H}_4-\text{N} \\
\end{array}
$$

—CO—   —CO—
—CO—   —CO—

$$
\begin{array}{c}
\text{N}-\text{C}_6\text{H}_4-\text{S}-\text{S}-\text{C}_6\text{H}_4-\text{N} \\
| \qquad\qquad\qquad\qquad\qquad | \\
\text{H} \qquad\qquad\qquad\qquad \text{H}
\end{array}
$$

---

[1] D. R. P. 109 456.
[2] Zeitschr. f. Farb.-Ind. **3**, 333.
[3] Monatshefte f. Chemie **4**, 162.

Der vorstehende, aus Chinizarinhydrür und Diaminodiphenyldisulfid entstandene blaue Farbstoff löst sich zwar nicht in Schwefelnatrium, gibt jedoch mit andern Reduktionsmitteln, z. B. mit alkalischer Hydrosulfitlösung, eine Küpe, aus der Baumwolle langsam angefärbt wird. Ähnlich verhalten sich die Kondensationsprodukte von Diaminodiphenyldisulfid und Phenazthionium (I) oder Gallocyanin (II):

(I) 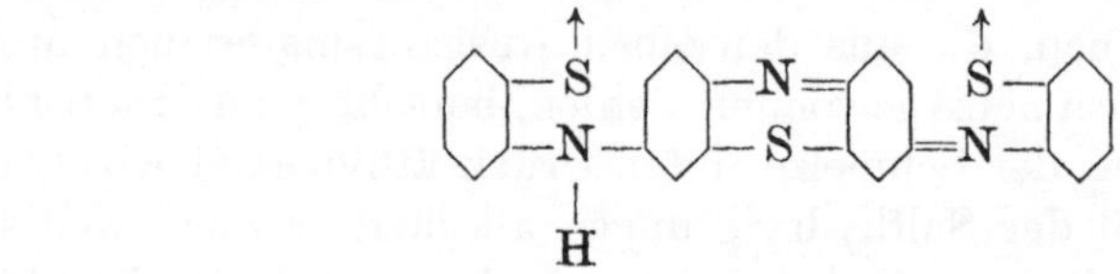   (Als Farbstoff verdoppelt)

(II)

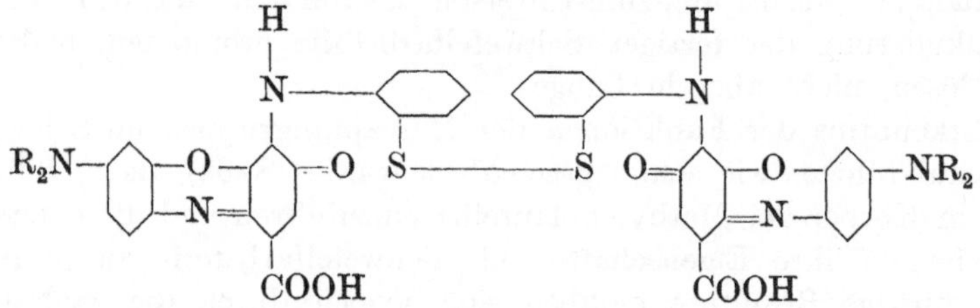

I ist in Schwefelnatrium schwer löslich, II gibt damit eine farblose Küpe, der Farbstoff besitzt jedoch seiner Oxazinnatur wegen keine Verwandtschaft zur Baumwolle.

Das wertvollste theoretische, wenn auch in geringerem Maße praktische Ergebnis erbrachten jedoch die Versuche von *Friedländer* und *Mauthner*[1], rote Azofarbstoffe nach demselben Verfahren durch Einführung von SH-Gruppen schwefelalkalilöslich zu machen und so direkt auf Baumwolle ziehende schwefelhaltige Farbstoffe zu erhalten. Zunächst kombinierten sie 2 Mol. diazotierter Naphthionsäure mit o-Dioxydiphenyldisulfid (*Haitinger*), erhalten aus Thiobrenzcatechin

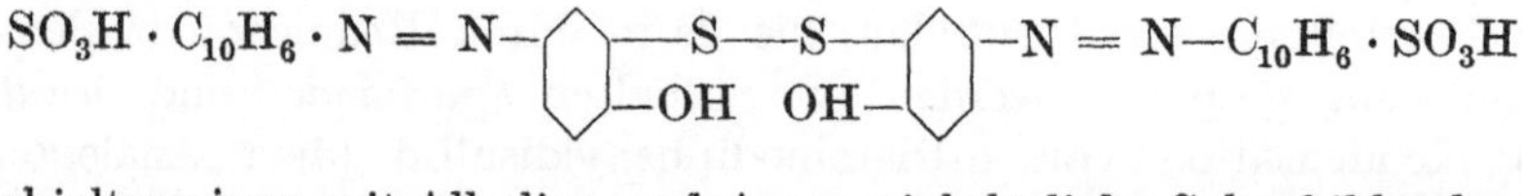

$$SO_3H \cdot C_{10}H_6 \cdot N = N - \bigcirc\!\!-S\!-\!S\!-\!\bigcirc\!\!- N = N - C_{10}H_6 \cdot SO_3H$$
$$\qquad\qquad\qquad\qquad -OH \quad OH-$$

und erhielten einen mit Alkalien und Ammoniak lösliche Salze bildenden Azofarbstoff, der zwar durch Schwefelnatrium, offenbar unter Reduktion der Disulfidgruppe, violett gefärbt wurde und an der Luft seine ursprüngliche Färbung regenerierte, jedoch keine Verwandtschaft zur Baumwolle besaß. Ebenso gab der Azofarbstoff Benzidin + α-Naphthylamin + Dioxydiphenyldisulfid seiner Unlöslichkeit in Alkalien wegen nicht das erhoffte Resultat. Wohl aber erhielten sie aus Benzidin und Dioxydiphenyldisulfid einen alkalilöslichen Azofarbstoff, der Baumwolle aus schwefelalkalischem Bade violett färbte. An der Luft vollzog sich der gewünschte Farbenumschlag (Regeneration des Disulfids). Durch eine Modifikation des Verfahrens, nämlich ausgehend von dem leichter aus Dinitrorhodanbenzol (Dinitrochlorbenzol + Rhodankalium) zugänglichen Diaminodinitrodiphenyldisulfid

---

[1] Zeitschr. f. Farb.-Ind. **1904**, 333.

$$NO_2-\overset{-Cl}{\underset{-NO_2}{\bigcirc}} + KSCN \rightarrow NO_2-\overset{-S\cdot CN}{\underset{-NO_2}{\bigcirc}}$$

$$\rightarrow NH_2-\overset{-S}{\underset{-NO_2}{\bigcirc}}-\overset{S-}{\underset{NO_2-}{\bigcirc}}-NH_2$$

wurde die Reaktion jedoch erst technisch verwendbar[1]. Durch Tetrazotierung des obigen Disulfides und Kuppelung der Tetrazoverbindung mit den verschiedensten Azokomponenten erhält man tatsächlich, auch bei Abwesenheit von Hydroxyl- bzw. Carboxylgruppen, in Schwefelnatrium lösliche Azofarbstoffe, die aus dieser Lösung auf Baumwolle gehen und hierselbst durch Dämpfen oder sonstige Oxydation in die unlöslichen Disulfide rückverwandelt werden. Bei der Verwendung von Metallsalzen als Oxydationsmittel entstehen Metallmercaptide, die den Farbstoffen eine bedeutende Widerstandsfähigkeit gegen Wäsche verleihen. Ein solcher Farbstoff ist z. B.:

$$C_2H_5\cdot \overset{H}{\underset{}{N}}-C_{10}H_6-N=N-\overset{-S}{\underset{-NO_2}{\bigcirc}}\ \overset{S-}{\underset{NO_2-}{\bigcirc}}-N=N-C_{10}H_6-\overset{H}{\underset{}{N}}\cdot C_2H_5$$

In gewissem Sinne liegt hier eine Abhängigkeit von Konstitution und direkter Färbbarkeit auf Baumwolle insofern vor, als diese Farbstoffe eine Analogie mit den Stilbenazofarbstoffen zeigen; doch ist diese Übereinstimmung nur eine zufällige, die direkte Baumwollfärbbarkeit ist in Wirklichkeit völlig unabhängig von der Zugehörigkeit zu einer bestimmten Farbstoffklasse.

Die in der Schwefelnatriumlösung erfolgende reduktive Spaltung, wie sie der Disulfidgruppe widerfährt, erstreckt sich nicht, wie man vermuten könnte, auch auf die Azogruppen, denn diese sind gegen Schwefelnatrium beständig[2], da sich z. B. der Monoazofarbstoff aus o-Amino nitro phenol-p-sulfosäure und β-Naphthol[3] mit Schwefelnatrium reduzieren läßt, ohne gespalten zu werden. Übrigens sind diese schwefelhaltigen roten Azofarbstoffe nicht mit jenen zu verwechseln, deren Schwefelgehalt durch die Anwesenheit von Thiazolkernen im Molekül herbeigeführt ist; diese letzteren sind nur bei Gegenwart von Hydroxyl- oder ähnlichen Gruppen alkalilöslich[4]. Die obigen schwefelhaltigen Azofarbstoffe besitzen allerdings den Nachteil geringer Echtheit[5]; auch ihre Löslichkeit in Schwefelalkalien läßt zu wünschen übrig[6], besonders aber die Oxydation an der Luft, also die Wiederherstellung der Disulfide, erfolgt zu langsam[7]. Es wurde daher versucht[8], von der o-Nitro-

---

[1] D. R. P. 161 462 und *A. Müller:* Zeitschr. f. Farb.-Ind. **3**, 189 und **5**, 357.

[2] *Hübner* und *Bamberger:* Ber. **36**, 3822.

[3] D. R. P. 148 213.

[4] D. R. P. 54 921, 58 641, 57 557, auch 163 040.

[5] Ber. **40**, 4420.

[6] *H. A. Müller:* Zeitschr. f. Farb.-Ind. **1906**, 358.

[7] *Schwalbe:* Chem.-Ztg. **1908**, 123.

[8] *Fichte:* Chem.-Ztg. **1906**, 835; und mit *Fröhlich:* Zeitschr. f. angew. Chemie **1906**, 1211.

p-toluidin-5-sulfosäure ausgehend (Ersatz von NH_2 gegen SH → Oxydation zum Disulfid → Chlorieren der Sulfogruppe → Reduktion zum Dimercaptan → Diazotieren und Kuppeln)

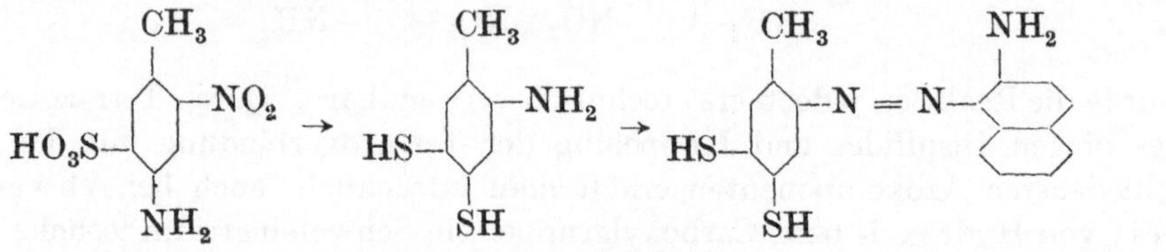

zu Azofarbstoffen zu gelangen, die wegen der Anwesenheit z w e i e r Mercaptangruppen löslicher sind[1]. Dieses Ziel wurde tatsächlich erreicht, ohne allerdings die sonstigen Eigenschaften der Farbstoffe zu verbessern; sie sind weder säure- noch lichtecht. — Wie schließlich aus diesen Untersuchungen *Friedländers* klassische Thioindigosynthese hervorgegangen ist, durch Darstellung der Thiosalicylsäure aus diazotierter Anthranilsäure, Kondensation mit Chloressigsäure in alkalischer Lösung zur Phenylthioglykolsäure, Ringschluß zum Thioindoxyl und dessen Oxydation zum Thioindigo,

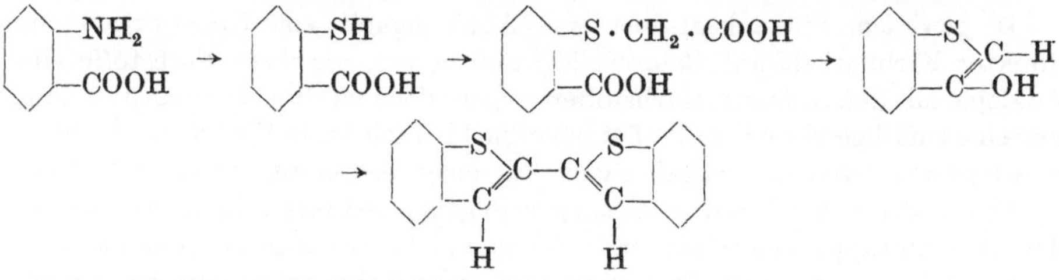

ist bekannt[2]. Eine Übersicht über die Versuche, rote Schwefelfarbstoffe herzustellen, hat *Schwalbe* zusammengestellt[3].

Die Z a h l der eingetretenen Sulfhydrylgruppen ist wohl von Einfluß auf die Löslichkeit eines Schwefelfarbstoffes, ebenso auf die rasche Oxydierbarkeit seiner Leukoverbindung. Auf seine Entstehung übt sie gar keinen Einfluß aus. Es gibt Fälle, wo der Eintritt e i n e r Sulfhydrylgruppe genügt, um eine Substanz in einen Schwefelfarbstoff zu verwandeln. So erhält man z. B. durch Kondensation von Thiophthalsäure mit β-Naphthochinon ein Chinophthalon[4], das Baumwolle aus schwefelalkalischem Bade direkt gelb färbt. Der Farbstoff ist auch als Küpenfarbstoff für Wolle und Seide verwendbar[5]. Anderseits genügen zwei Sulfhydrylgruppen nicht, um z. B. gewisse Phenazinderivate in Schwefelfarbstoffe überzuführen; dies geschieht erst durch weitere Schwefelung dieser Dimercaptane in der Polysulfidschmelze[6].

[1] *Fr. Fichter, J. Fröhlich, Marx Jalon:* Ber. **40**, 4420 bis 4425.
[2] Siehe *Vongerichten:* Küpenfarbstoffe, in vorliegender Sammlung.
[3] Zeitschr. f. angew. Chemie **20**, 435 bis 437 (1907).
[4] Siehe *A. Eibner* und *O. Lange:* Annalen **315**, 303.
[5] D. R. P. 189 943.
[6] D. R. P. 187 868.

Die Stellung der Mercaptangruppen innerhalb des Schwefelfarbstoff-moleküls ergibt sich zunächst aus der Anwendung der schon öfter erwähnten Gesetzmäßigkeit, der zufolge Schwefel stets in Orthostellung zur vorhandenen Amino- oder Oxygruppe eintritt[1], ferner aber auch durch die Austausch-barkeit von Halogen gegen Sulfhydryl[2]. Verschmilzt man halogen-haltige Indophenole, Azine und andere Ausgangsmaterialien mit Schwefel-natrium und Schwefel, so läßt sich in dem wässerigen Filtrate der ausgefällten Schmelzen das Halogen leicht mit den gebräuchlichen Mitteln feststellen[3] und es ist dadurch der Nachweis geliefert, daß an die Stellen, wo sich Halogen befand, nunmehr die Sulfhydrylgruppe eingetreten ist.

Die leichte Austauschbarkeit des Halogens gegen Sulfhydryl ermöglicht die Herstellung zahlreicher Mercaptane mit genau bestimmter Stellung der Sulfhydrylgruppen. So stellte *Blanksma*[4] aus o-Nitrochlorphenol und Schwefel-natrium o-Nitrothiophenol dar (das sich schon an der Luft zu dem gelegentlich der Synthese schwefelhaltiger Azofarbstoffe erwähnten o-Dinitrodiphenyl-disulfid oxydiert), ferner aus 1 : 2 : 4-Chlordinitrobenzol mit Xanthogenat den sofort in Dinitrothiophenol zerfallenden Xanthogensäureester. Besonders glatt verläuft die Reaktion, wenn eine oder mehrere Nitrogruppen die Beweg-lichkeit des Halogenatomes günstig beeinflussen[5]. Entgegen den sonstigen Regeln des Austausches von Chlor in nitrierten Benzolen[6], wonach ein Chlor-atom leichter ausgetauscht wird als das andere[7], erfolgt im Dichlordinitro-benzol Austausch beider Halogene gegen schwefelhaltige Reste; auch in dihalogenisierten Aminooxyphenazinen erfolgt Ersatz der Halogenatome gegen Sulfhydryl, glatt allerdings nur dann, wenn man mit Natriumsulfhydrat unter Druck arbeitet[8]. Der Nicht-Austausch des Halogens gegen schwefel-haltige Reste in den gechlorten Hydrochinonen (siehe synthetische Schwefel-farbstoffe[9]) ist darum auch leicht verständlich, da eben der Mangel an Nitro-gruppen oder die Abwesenheit chinoider Bindungen, die sonst auch lockernd auf Halogenatome wirken, die geringe Labilität der Chloratome verursacht; anderseits würde dieser Austausch mit Schwefelnatrium (für dessen Ver-wendung im genannten Patente kein Beispiel angegeben ist) sicher erfolgen, wenn man nach obigen Angaben Druck anwenden würde.

Im folgenden sind sämtliche halogenhaltige Indophenole, die Schwefelfarbstoffe ergaben, zusammengestellt und gleichzeitig finden sich die publizierten Angaben über den Halogengehalt der aus ihnen hervor-gegangenen Schwefelfarbstoffe. Es ist noch zu erwähnen, daß diese halo-genisierten Indophenole deshalb mit Vorliebe verschmolzen wurden, weil man

---

[1] *Friedländer:* Zeitschr. f. angew. Chemie **19**, 615; vgl. Ber. **29**, 437.
[2] D. R. P. 122 606.
[3] D. R. P. 123 694.
[4] Rec. trav. chim. **20**, 399 bis 410; Chem. Centralbl. **1902**, I, 417.
[5] D. R. P. 122 605 und 122 606.
[6] D. R. P. 122 569.
[7] *Körner:* Jahresber. **1875**, 333; *Nietzky* und *Schedler:* Ber. **30**, 1666.
[8] D. R. P. 174 331.
[9] D. R. P. 167 012 und folgende.

mit Recht vermutete, daß durch den Austausch von Halogen gegen Sulfhydryl die Eigenschaften der entstehenden Schwefelfarbstoffe, besonders ihre
Löslichkeit, günstig beeinflußt würden. Aber auch die Bildungsfähig-
keit der Indophenole selbst wird in manchen Fällen bei Verwendung halogen-
haltiger Komponenten gesteigert. So reagieren p-Phenylendiamin und Phenol
bei normal ausgeführter gemeinsamer Oxydation nur unter geringer Indophenolbildung[1], wenn man nicht besondere Maßnahmen ergreift[2]. Die aus
diesem Aminooxydiphenylamin erhaltenen Schwefelfarbstoffe sind außerdem
von geringem Wert[1]. Dichlor-p-phenylendiamin reagiert jedoch außerordentlich glatt mit Phenol[3]; das resultierende Indophenol ist auch bedeutend beständiger als das halogenfreie und wird z. B. erst bei längerem Stehen mit
30 proz. Essigsäure zersetzt. Dieses Indophenol dürfte[4] nach dem Verschmelzen
chlorfrei sein:

$$\text{(I)}\qquad NH_2\!-\!\underset{\underset{\displaystyle Cl}{|}}{\overset{\overset{\displaystyle Cl}{|}}{\bigcirc}}\!-\!N\!=\!\bigcirc\!=\!O.$$

Die Indophenole[5]

$$\text{(II)}\qquad (CH_3)_2N\!-\!\bigcirc\!-\!N\!=\!\underset{\underset{\displaystyle Cl}{|}}{\overset{\overset{\displaystyle Cl}{|}}{\bigcirc}}\!=\!O$$

und jenes aus dem nicht substituierten p-Phenylendiamin[6]

$$\text{(III)}\qquad NH_2\!-\!\bigcirc\!-\!N\!=\!\underset{\underset{\displaystyle Cl}{|}}{\overset{\overset{\displaystyle Cl}{|}}{\bigcirc}}\!=\!O$$

geben Schwefelfarbstoffe, die, wie analytisch festgestellt wurde, chlorfrei sind.
Die Schmelzen vollziehen sich außerordentlich glatt schon bei Temperaturen
von 94°. — Ebenso gibt das Indophenol aus o-Chlormonomethylanilin einen
chlorfreien Schwefelfarbstoff[7],

$$\text{(IV)}\qquad \underset{\underset{\displaystyle CH_3}{|}}{\overset{\overset{\displaystyle H}{|}}{N}}\!-\!\bigcirc\!-\!N\!=\!\bigcirc\!=\!O$$

---

[1] D. R. P. 139 204 und F. P. 317 219.
[2] F. P. 328 110; Anmeldung F. 17 502.
[3] D. R. P. 152 689.
[4] Zufolge einer freundlichen Privatmitteilung der *Bad. Anilin- und Sodafabrik.*
[5] D. R. P. 161 665.
[6] D. R. P. 178 089.
[7] D. R. P. 172 079.

während in dieser Hinsicht von den aus folgenden Indophenolen erhaltenen Schwefelfarbstoffen nichts ausgesagt ist; auch sie dürften jedoch chlorfrei sein, da die Indophenole ähnlich wie II und III konstituiert sind.

(V) $X \cdot N\!-\!\langle\ \rangle\!-\!N\!=\!\langle\ \rangle\!=\!O$ [1]
(mit Cl)

(VI) $NH_2\!-\!\langle\ \rangle\!-\!N\!=\!\langle\ \rangle\!=\!O$ [2]
(mit CH_3 und Cl)

(VII) $(CH_3)_2N\!-\!\langle\ \rangle\!-\!N\!=\!\langle\ \rangle\!=\!O$ [3]
(mit Cl)

(VIII) $RO_2S\!-\!N\!-\!\langle\ \rangle\!-\!N\!=\!\langle\ \rangle\!=\!O$ [4]
(mit N)

Die Dinitrochlorbenzolkondensationsprodukte folgender Konstitution führen, wie nachgewiesen ist, zu chlorfreien Schwefelfarbstoffen:

(IX) $NO_2\!-\!\langle\ \rangle\!-\!N\!-\!\langle\ \rangle\!-\!OH$ [5]
(mit NO_2, H und Cl)

(X) $NO_2\!-\!\langle\ \rangle\!-\!N\!-\!\langle\ \rangle\!-\!OH$ [6]
(mit NO_2, Cl, H und Cl)

Schließlich ist aber auch ein Indophenol durch Kondensation von p-Chlor-o-nitrodiphenylamin mit Nitrosophenol erhalten worden[7], dessen Reduktions-

$Cl\!-\!\langle\ \rangle\!-\!N\!-\!\langle\ \rangle\!-\!N\!=\!\langle\ \rangle\!=\!O$
(mit NH_2 und H)

produkt in der Polysulfidschmelze zu einem Schwefelfarbstoff führte, der sich als chlorhaltig erwies.

---

[1] A. P. 776 264, *Höchster* Anmeldung F. 16 642.
[2] E. P. 23 418/02, *Cassella*, Zus. F. P. 326 088.
[3] D. R. P. 134 947 und F. P. 303 524.
[4] D. R. P 197 083.
[5] D. R. P. 128 725.
[6] F. P. 336 630.
[7] D. R. P. 205 391.

Man kann demnach sagen: Es lassen sich in halogenhaltige Indophenole oder in ihre Leuko- oder in die bezüglichen Dinitrodiphenylaminverbindungen durch die Polysulfidschmelze so viel in ihrer Stellung bestimmte Sulfhydrylgruppen einführen als Halogenatome vorhanden sind. Halogen in Ortho-Stellung zur paraständigen substituierten oder nicht substituierten Amino- oder zur p-Oxygruppe (chinoid oder reduziert) wird im zweikernigen Indophenol jedenfalls stets eliminiert. Es scheint aber, als würde Halogen, das sich im Kern der phenylierten Seitenkette eines Indokörpers befindet, sich verhalten wie Halogen im nicht nitrierten Benzolkern, also ohne Anwendung stärkerer Mittel (wie z. B. Druck) durch die bloße Polysulfidschmelze nicht eliminierbar sein.

Zum Schluß seien, der vermittelnden Stellung wegen, die sie zwischen Schwefel- und Küpenfarbstoffen einnehmen, die Mercaptane der Anthrachinonreihe kurz erwähnt.

Im β-Chloranthrachinon[1]

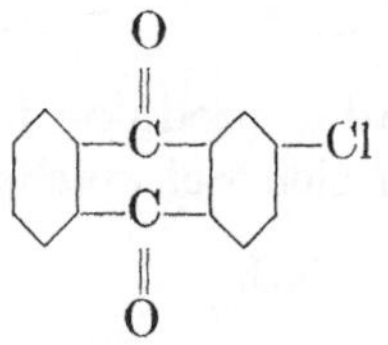

wird das Chlor mittels Schwefelnatrium oder Polysulfid[2] glatt eliminiert. Das so erhaltene Mercaptan geht durch bloßes Lösen in konzentrierter Schwefelsäure unter Farbenwechsel von Rotbraun nach Gelb in das Disulfid

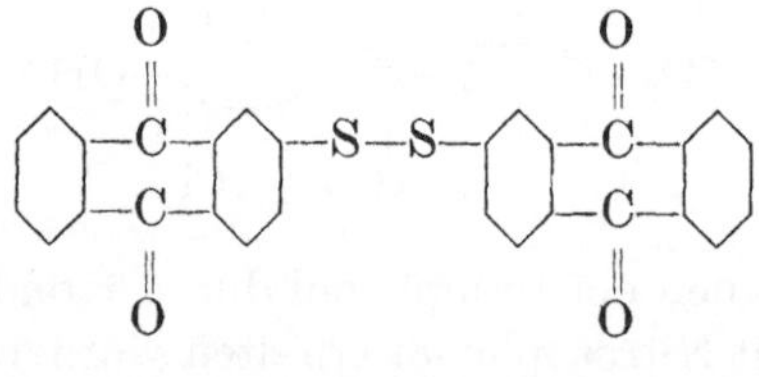

über. Ähnlich verhalten sich die Mercaptane aus 4-p-Tolylamino-1-chlor- und 1-Chlor-4-amino-anthrachinon. Diese schwefelhaltigen Anthrachinonderivate sind zum Teil Wollfarbstoffe[2], zum Teil Küpen- und zugleich Schwefelfarbstoffe[3], während ein durch die Polysulfidschmelze vom 1:4-Di-o-nitroanthrachinon sich ableitender schwarzer Farbstoff sich völlig wie ein Schwefelfarbstoff verhält[4] — ein Beweis für die Richtigkeit der zuerst von *Friedländer* ausgesprochenen Ansicht, daß der Eintritt von Mercaptan- bzw. Disulfidgruppen in das Molekül eines irgendeiner Farbstoffklasse angehörenden Körpers nur auf die Löslichkeitsverhältnisse einen Einfluß aus-

---

[1] D. R. P. 206 536 und Zus. 209 772; siehe auch die Mercaptanäther der Nitroanthracen-Abkömmlinge, D. R. P. 116 951.

[2] D. R. P. 206 536.

[3] D. R. P. 204 722.

[4] D. R. P. 91 508.

übt. **Methylenviolett** und andere Körper der Methylenblaureihe werden durch den Eintritt von Mercaptangruppen in Schwefelfarbstoffe verwandelt, **β-Naphthochinaldin** in einen Schwefelfarbstoff, der auch als Küpenfarbstoff verwendet werden kann, **Chloranthrachinon** in einen reinen Küpenfarbstoff.

Die große Verwandtschaft zwischen Küpen- und Schwefelfarbstoffen äußert sich auch in der Färbbarkeit mancher Schwefelfarbstoffe aus der Hydrosulfit- oder Gärungsküpe[1], wie überhaupt in der Ähnlichkeit zwischen Küpenfärberei und jener aus schwefelnatriumhaltigen Bade (siehe Kapitel Färberei).

b) Thiozonide[2].

H. Erdmann[3] faßt die Schwefelfarbstoffe als Abkömmlinge des **Thiozons** $S_3 \rightarrow S=S=S$, einer „aktiven Form" des Schwefels[4] auf, die (von ähnlicher Wirkungsweise wie die aktive Form des Sauerstoffes, das Ozon) geeignet sein soll, gewisse Eigentümlichkeiten der Schwefelfarbstoffe zu erklären.

Das Thiozon, S_3, ist nach *Erdmann* ein stabiles Zwischenprodukt beim Übergang von S_8 (dem festen Schwefel) in S_2 (den dampfförmigen Schwefel) und stellt (siehe auch *Smith* und *Holmes*[5]) eine honiggelbe bis braune Schwefelmodifikation dar, die sich im 160° heißen Schwefel vorfindet und nachweisbar ist durch die bei dieser Temperatur erfolgende Bildung zweier deutlich durch einen Meniscus geschiedener Flüssigkeitsschichten von verschiedener Farbe und verschiedenem spez. Gewicht, besonders aber durch die verschiedenen Schwefelungsprodukte, die sie bei dieser Temperatur mit organischen Körpern gibt. Gelegentlich einer Untersuchung des Schwefelschwarz der *Akt.-Ges. für Anilinfabrikation* Berlin[6] fand *Erdmann*, daß die verschiedenen Schwefelfarbstoffe, gebildet aus 1. Dinitrooxydiphenylamin, 2. Pikraminsäure, 3. einem Gemenge beider, voneinander unterscheidbar sind durch die verschiedene Färbung, die sie geben, wenn man sie mit der 50 fachen Menge Naphthylamin im Ölbad 10 Minuten auf 200° erhitzt. Er nimmt an, daß diese Verschiedenheit durch die ungleichartig erfolgte Anlagerung der chromophoren Thiozongruppe

$$
\begin{array}{c}
S \\
\diagup \diagdown \\
S \quad S \\
| \quad | \\
=C\!-\!C=
\end{array}
$$

an die Einzelkomponenten bzw. an ein Gemenge dieser, erklärt werden kann. Die Unlöslichkeit der Schwefelfarbstoffe in organischen Lösungsmitteln, ihre leichte Löslichkeit in Alkalisulfiden und ihre Oxydierbarkeit durch den Sauerstoff der Luft (Addition von Sauerstoff an das mittelständige Schwefelatom,

---

[1] D. R. P. 146 797 und 200 391.
[2] Vgl. D. R. P. 214 950.
[3] Annalen **362**, 133 bis 173.
[4] *Harries:* Ber. **37**, 839 und 2708; **38**, 1195; **41**. 673.
[5] Ber. **35**, 2992.
[6] D. R. P. 127 835.

das dadurch 4- oder 6 wertig wird) sollen durch das völlig gleichartige Verhalten der Thiozonide erklärbar sein, ebenso die Bildung von freier Schwefelsäure beim Lagern der mit Schwefelfarbstoffen gefärbten Gewebe, ihre mangelnde Chlorechtheit (Vernichtung und Sprengung der chromophoren Thiozongruppe durch Chlorkalklösung), die Abspaltung von SH_2 aus Schwefelfarbstoffen bei energischer Reduktion[1] usw.

Die Thiozonidtheorie soll aber auch die angebliche Ähnlichkeit der beiden Schwefelfarbstoffe Immedialblau (aus Oxydinitrodiphenylamin) und Katigenmarineblau (aus dem Indophenol p-Aminophenol + m-Toluylendiamin) erklären, obwohl sie in jeder Hinsicht voneinander differieren. Ersteres wurde von *Erdmann* durch Nachoxydation der Färbungen des durch Eintrocknen gewonnenen Immedialschwarz, letzteres jedoch direkt als blauer Farbstoff in der Rückflußkühlerschmelze erhalten. Die „völlig gleichen Eigenschaften", die die beiden Farbstoffe zeigen sollen, was ihre Löslichkeitserscheinungen sowie die gleichen Nuancen betrifft, werden dadurch erklärt, daß eine gleichartige Thiozonidanlagerung an beide erfolgt. Der Versuch, durch Abspaltung der Methylgruppe aus dem Katigenmarineblau in der Zinkstaubdestillation dieses in das Immedialblau CR überzuführen, mißlang insofern, als ebensowohl der Tolylphenylaminfarbstoff als auch der Diphenylaminfarbstoff bei der Zinkstaubdestillation Methan lieferte, wie wohl vorauszusehen war. Aber auch diese Methanbildung aus Immedialblau CR will die Thiozontheorie erklären; doch muß diesbezüglich auf die Originalarbeit verwiesen werden.

c) Polysulfide.

Die Disulfide[2] stellen keinen Endzustand der Vereinigungsmöglichkeit von Schwefelatomen dar, sie können sich auch weiterhin aneinander reihen und in Polysulfidform die Verkettung von Molekülen bewirken. Diese von *Möhlau* aufgestellte Polysulfidtheorie wurde besonders von *G. Schultz* und *Beyschlag* weiter ausgebildet (vgl. auch die Arbeit von *B. Holmberg*[3]).

1. Möhlaus Arbeiten.

Um über die Frage Klarheit zu gewinnen, ob der im Schwefelfarbstoffmolekül befindliche Schwefel nur zur Ring- bzw. Mercaptanbildung verbraucht wird oder ob ihm auch noch andere Funktionen zukommen, erhitzten *Möhlau* und *Seyde*[4] Phenol und Schwefel auf 100 bis 115°, bis die Schwefelwasserstoffentwicklung aufgehört hatte. Die sich abspielende Reaktion verläuft nach folgender Gleichung:

$$2 \langle \rangle\text{—OH} + xS = \langle \rangle\overset{\text{—}S_x\text{—}}{\underset{\text{—OH OH—}}{}}\langle \rangle$$

---

[1] Thiogenfarbstoffe nach dem Stande des Jahres 1904, *Farbwerke Höchst*; S. 20.

[2] Vgl. Chem. Centralbl. **1910**, I, 523.

[3] Ber. **43**, 220 und 226.

[4] Eigenbericht *Möhlaus* auf der Versamml. deutscher Naturf. u. Ärzte, Dresden, September 1907; Chem.-Ztg. **1907**, 937.

x ist eine von dem Schwefelgehalt des Polysulfids abhängige Größe, da dieser Schwefel völlig zur Bildung von geschwefeltem Phenol und Schwefelwasserstoff verbraucht wird. Sie erhielten ein Gemenge zum größten Teil nicht näher bestimmbarer Substanzen von gelblicher bis intensiv gelber Farbe, die in konzentrierter Schwefelsäure, in organischen Lösungsmitteln (außer Pyridinbasen und Phenolen) unlöslich waren und sich nur in Alkalien leicht lösten. Die Körper neigen besonders in Form ihrer Blei- oder Silbersalze oder in feuchtem Zustande gerne zur Zersetzung und lassen sich nur durch Einwirkung von Reduktionsmitteln in der Wärme in bestimmbare Mercaptane überführen. Diese verwandeln sich schon an der Luft in Polysulfide, die schwefelärmer sind, als das Ausgangsmaterial war. Aus diesem Gemenge verschieden schwefelhaltiger Sulfide wurde als stabilster Körper das bekannte Phenol-o-disulfid von *Haitinger*[1] isoliert, und als es sich als schwefelärmer erwies als der Körper, aus dem es entstanden war, schlossen *Möhlau* und *Sayde*, daß alle diese Körper o-Dioxyphenylpolysulfide von verschiedenem Schwefelgehalt darstellen, die bis zu 8 Atomen Schwefel enthalten können[2], daß das höchst geschwefelte Produkt demnach die Formel

$$\text{C}_6\text{H}_4\!\!\begin{array}{l}-\text{S}-\text{S}_6\ (\text{oder } \text{S}_x)-\text{S}-\\-\text{OH} \qquad\qquad \text{OH}-\end{array}\!\!\text{C}_6\text{H}_4$$

haben könnte. Und in der Tat lassen sich mit dieser Art der Auffassung von Schwefelverbindungen, wie wir sie mit großer Wahrscheinlichkeit auch in vielen Schwefelfarbstoffen annehmen können, sehr viele Erscheinungen erklären: so z. B. die Abspaltbarkeit von Schwefel aus obigen organischen Polysulfiden mit Alkalien, die Rückbildung von Phenol durch Reduktion mit Jodwasserstoffsäure und rotem Phosphor bei Wasserbadtemperatur sowie die Abspaltbarkeit von Schwefel als SH_2 aus manchen Schwefelfarbstoffen durch Reduktion in saurer Lösung (siehe *Ris*, S. 55), die Kombinierbarkeit mit Diazokomponenten zu Azofarbstoffen, die Überführbarkeit dieser Polysulfide in Schwefelfarbstoffe beim Zusammenoxydieren mit p-Diaminthiosulfosäuren und die mit dem erhöhten Schwefelgehalt des verwendeten Dioxyphenylpolysulfids nach Grün gehende Nuance der blauen Schwefelfarbstoffe. Ungezwungen erklärbar ist auch die Tatsache, daß sich der Farbstoff aus Dioxyphenylpolysulfid und p-Phenylendiaminthiosulfosäure in Schwefelnatriumlösung sofort farblos löst, während sich der Farbstoff aus letzterer und Dioxyphenyldisulfid in Schwefelnatrium zunächst blau löst (Mercaptanbildung) und dann erst farblos wird (Zerstörung der chinoiden Bindung); in ersterem Falle vermag die reduzierende Wirkung des Schwefelnatriums wegen der Stabilität der längeren Schwefelkette sofort am Chromophor anzugreifen. Ferner erklärt die Annahme

---

[1] Monatshefte f. Chemie **4**, 163.
[2] Zeitschr. f. physikal. Chemie **54**, 274; über S_8 und seinen schließlichen Zerfall beim Erhitzen in S_2 siehe *Smith, Holmes* und *Hall:* Zeitschr. f. physikal. Chemie **52**, 602 und **55**, 113, *Hoffmann* und *Rothe*, ferner auch die Thiozonidtheorie, und *B. Holmberg:* Annalen **359**, 81; siehe ferner *H. Biltz:* Ber. **34**, 2490.

der Polysulfide in den Schwefelfarbstoffen vor allem die vielen Übergänge und Nuancen, die bei ein und demselben Ausgangsmaterial durch Schwefelung bei verschiedenen Temperaturen erzielt werden können, so daß man nicht von „einem Schwefelfarbstoff" sprechen kann, der aus einem Ausgangsmaterial entsteht, da fast immer ein Gemenge von Farbstoffen vorliegt, die nebeneinander dadurch entstanden sind, daß z. B. die primär gebildeten stabilen Thiodiphenylaminkomplexe in verschieden großer Zahl durch Polysulfidketten verschiedener Länge verbunden sind. Bei großem Überschuß an schwefelnden Agentien gegenüber der Menge des Ausgangsmaterials wird naturgemäß die Bildung von Polysulfidketten begünstigt werden, besonders dann, wenn man niedrige Schwefelungstemperaturen wählte. Es wird demnach ein schwarzer Schwefelfarbstoff, der mit möglichst wenig Schwefelnatrium und Schwefel gebildet wurde[1], aus einer Summe eng zusammengedrängter Thiodiphenylaminmoleküle bestehen, so daß beim Lösen in Schwefelnatrium der direkt aufziehende Farbstoff mangels veränderbarer Gruppen durch Nachbehandlung auch keine Veränderung der Nuance erleidet. Die Schwefelfarbstoffe wären demnach aromatische Abkömmlinge des Wasserstoff persulfides $H—S_5—H$. Es ist daher anzunehmen, daß die in der Schwefelschmelze vorhandenen Thiazin-, Thiazol- bzw. Azinkomplexe nicht nur durch Mono- oder Di-, sondern auch durch Polysulfidketten verbunden sind. Aus dem Bestreben der schwefelreichen Ketten, in schwefelärmere überzugehen[2], resultieren dann die unter den gegebenen Bedingungen stabilsten Körper.

Möhlau erbrachte einen glänzenden Beweis für seine Theorie dadurch, daß es ihm gelang, den Schwefelgehalt des Schwefelfarbstoffes aus Aminooxydiphenylamin bis zu jenem des Immedialschwarz anzureichern, ohne den Farbstoff in Hinsicht auf seine färberischen Eigenschaften zu verändern. Er verlängerte demnach durch Einschiebung von Schwefelatomen die vorhandenen Disulfidketten[3]. So erklärt es sich, daß zwei Schwefelfarbstoffe Baumwolle z. B. schwarz zu färben imstande sind und sich dabei in Löslichkeits- und Oxydierbarkeitseigenschaften doch völlig verschieden verhalten können.

2. Untersuchungen von Schultz und Beyschlag.

Wenn die Polysulfidtheorie *Möhlaus* allgemeine Ausblicke auf die Theorie der Schwefelfarbstoffe eröffnet, so sind die Arbeiten von *Schultz* und *Beyschlag*[4] besonders geeignet, den Bau der gelben Schwefelfarbstoffe aufzuklären. Nach einem älteren Patente von *Kalle*[5] werden m-Diamine durch Kochen mit Schwefel in alkoholischer Lösung unter Schwefelwasserstoffent-

---

[1] Siehe z. B. D. R. P. 208 377, 218 517, auch 169 856.
[2] *J. Bloch, F. Höhn, G. Bugge:* Journ. f. prakt. Chemie **82**, 743; Ber. **41**, 1961 bis 1985.
[3] Vgl. den Zerfall von Disulfiden in Mono- und Trisulfide. *Hinsberg:* Ber. **43**, 1874.
[4] Ber. **42**, 743 und 753 und *H. Beyschlag:* Dissert. Borna-Leipzig 1908.
[5] D. R. P. 86 096.

wicklung in gelbe Zwischenprodukte verwandelt, die als Polysulfide der Di-amine anzusehen sind[1].

$$\text{NH}_2\text{—}\overset{\text{CH}_3}{\underset{\text{NH}_2}{\bigbackslash}}\text{—S—(S}_x)\text{—S—}\overset{\text{CH}_3}{\underset{\text{NH}_2}{\bigbackslash}}\text{—NH}_2$$

Die Metastellung der beiden Aminogruppen ist wesentlich, da das einmal in Ortho- und einmal in Parastellung zu je einer Aminogruppe befindliche Kernwasserstoffatom besonders befähigt ist, der sich bildenden Schwefelkette Platz zu machen. Die Zahl der hierbei eintretenden Schwefelatome ist, was den äußeren Verlauf der Reaktion betrifft, völlig belanglos, da die entstehenden schwefelreicheren Produkte sich von den schwefelärmeren kaum unter-scheiden. Sie sind echte *Möhlau*sche Polysulfide, besonders war ihre Löslichkeit und die Erscheinungen ihres Zerfalles betrifft; sie zerfallen um so leichter unter Schwefelabgabe, je schwefelreicher sie sind. Erhitzt zersetzen sie sich zunächst unter Schwefelwasserstoffabspaltung, höher erhitzt unter Abspaltung von Ammoniak. Reduziert gehen sie schließlich, wie auch *Möhlau* beobachtete, in Mercaptane über, so daß man auf diese Weise sämtliche nicht mit Kohlenstoff verbundenen Schwefelatome abspalten kann (siehe *Ris'* Piazthiolhypothese). Auch hier wurde aus dem Polysulfidgemenge als sta-bilster Körper das Analogon des Phenol-o-disulfids von *Haitinger*, das Di-thio-m-toluylendiamin

$$\underset{\text{NH}_2\text{—}}{\text{CH}_3\text{—}}\bigcirc\overset{\text{—S——S—}}{\underset{\text{—NH}_2}{}}\ \underset{\text{NH}_2\text{—}}{}\bigcirc\overset{\text{—CH}_3}{\underset{\text{—NH}_2}{}}$$

isoliert und in seiner Konstitution völlig einwandfrei bestimmt. Das wich-tigste Ergebnis der Arbeit war die Festlegung einzelner Etappen auf dem Weg der Schwefelung des m-Toluylendiamins: Zunächst bildet sich der einfachste Repräsentant, das 1-Methyl-4:6-diamino-3-thiophenol, von dem 2 Mol. mit weiterem Schwefel durch einen der Oxydation ähnlichen Vorgang[2] (es tritt H_2S aus) in das Disulfid, die Muttersubstanz der Polysulfide, übergehen. Dieses reagiert weiter mit S_x unter Bildung des Gemenges geschwefelter Toluylendiamine:

$$\text{Tol. SH} + \text{S} = \text{Tol.—S—S—Tol.}, \quad + \text{S}_x = \text{Tol.—S—S}_x\text{—S—Tol.}$$

Man konnte nun ferner feststellen, daß bei weiterem Kochen der Polysulfide in Lösung immer noch Schwefelwasserstoff entweicht und immer wieder reaktionsfähiger Polysulfidschwefel abgespalten wird. Dieser wirkt auf un-veränderte Base ein unter neuerlicher Bildung von Polysulfiden, während

---

[1] „Thiotoluylendiamin" ist auch der allgemeine Ausdruck für geschwefeltes m-To-luylendiamin, die Muttersubstanz für Immedialgelb (siehe folgende Seite).

[2] *Bror Holmberg:* Chem. Centralbl. **1908**, I, 1611; Annalen **359**, 81; Ber. **43**, 220.

dabei die ursprünglichen Polysulfide natürlich in schwefelärmere Verbindungen übergehen: die Schwefelung von Basen von der Art des m-Toluylendiamins — man kann unter Zugrundelegung der *Möhlau*schen Arbeiten auch verallgemeinernd sagen: **die Schwefelung organischer Substanzen,** wie sie zum Zweck der Bildung von Schwefelfarbstoffen ausgeführt wird — **führt zu keinem Endzustand.**

Steigert man im obigen Falle die Temperatur, so erhält man neben einem basischen Anteil der Polysulfide schon einen nichtbasischen in den gebräuchlichen Lösungsmitteln unlöslichen Körper[1]. Bei weiterer Temperatursteigerung resultieren die gelben und schließlich die braunen Schwefelfarbstoffe der Immedialorange bzw. Catechureihe. **Stabil,** als ruhende Pole, erscheinen uns demnach in den Schwefelfarbstoffen nur die **Kerngebilde,** die Thiazin- und Thiazolringe; als beständigste Form der **Verbindung** dieser Kerne untereinander durch Schwefel die **Disulfidform.** Damit ist der augenblickliche Endzustand des betreffenden unter gewissen Bedingungen gebildeten Schwefelfarbstoffes gegeben. Mit dem Wechsel der Schwefelungsbedingungen verändert sich die Art der Verbindung der auch jetzt stabil bleibenden Kerngebilde, und man erhält darum je nach der Art und Lage dieser verbindenden Schwefelketten Farbstoffe, die sich in Nuance, Löslichkeit und sonstigen Eigenschaften vollständig von den unter den ersten Bedingungen gebildeten Schwefelfarbstoffen unterscheiden. (Vgl. Zusammenfassung S. 85.)

III. Azine.

Man nimmt an[2], daß bei der Schwefelung der Azine mit Polysulfid oder Schwefel zwecks Darstellung von roten oder violetten Schwefelfarbstoffen eine **durchgreifende** Veränderung des Azinmoleküls **nicht** stattfindet, sondern daß diese Körper, die von Natur aus Farbstoffe mit dem Chro, mophor

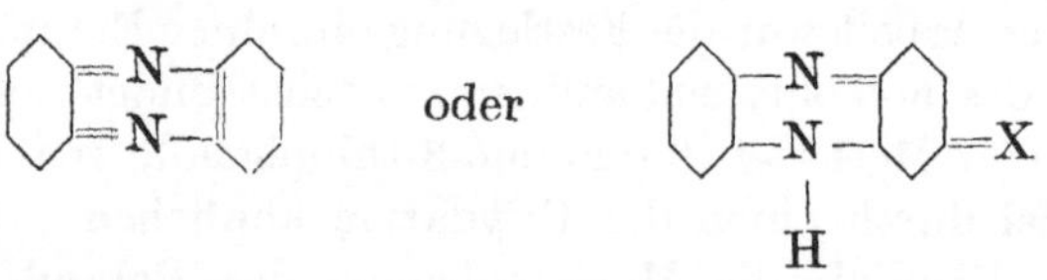

sind, durch den Eintritt von Schwefel in Mercaptane übergeführt werden, die den Azinen die Eigenschaft verleihen, sich in Schwefelalkalien zu lösen, durch Oxydation in Disulfide überzugehen und den Ausgangspunkt für eine verschiedenartige Verbindung von Azinmolekülen mittels Schwefel zu bilden. Aber auch wenn, wie schon S. 42 angedeutet wurde, das Azinmolekül unter dem Einfluß der Schmelze noch Thiodiphenylaminkerne anlagern würde, oder wenn eine Vereinigung von einem Thiazin- und zwei Azinringen zustande käme, bliebe stets der ursprüngliche Chromophor unverändert. Dementsprechend ändert sich auch der Farbengrundton der Ausgangsmaterialien nur

---

[1] D. R. P. 120 504.
[2] *Friedländer:* Zeitschr. f. angew. Chemie **19**, 615.

wenig durch die Schwefelung. Auch der Zusatz von Kupfersalzen zur Schmelze[1] beeinflußt nur die Reinheit des Farbtones, ohne einen Farbenumschlag nach einer anderen Seite des Spektrums herbeizuführen.

Verbindet man mit dem Begriff „Schwefelfarbstoff" zugleich jenen der Schwefelringbildung nebst gleichzeitigem weiteren Schwefeleintritt unter Bildung von Mercaptanen oder Polysulfiden, so ist offenbar ein Farbstoff, bei dessen Bildung diese beiden Bedingungen nicht erfüllt werden, kein eigentlicher Schwefelfarbstoff. Man könnte dann die roten schwefelhaltigen Azinfarbstoffe ebensowenig zu den Schwefelfarbstoffen zählen wie *Friedländers* Thioindigo. Denn in der Tat ist letzterer ein Küpenfarbstoff, der zwar auch aus schwefelalkalischem Bade färbbar ist, sich jedoch in seinen Eigenschaften wesentlich von den Schwefelfarbstoffen entfernt, insbesondere durch seine hervorragende Chlorechtheit. Die aus Azinen entstehenden roten Schwefelfarbstoffe (z. B. Thiogenpurpur), stehen jedoch, was Echtheiten anbetrifft, hinter den Schwefelfarbstoffen vom ausgeprägtesten Typus, wie z. B. jenen der Schwarzreihe, zurück; auch in den Löslichkeits- und sonstigen Eigenschaften unterscheiden sie sich von den schwarzen Schwefelfarbstoffen nicht unwesentlich.

Dennoch bestehen die schwefelhaltigen Azinfarbstoffe keinesfalls bloß aus dem Azinmolekül plus Mercaptangruppen, da z. B. das Dimercaptan[2]

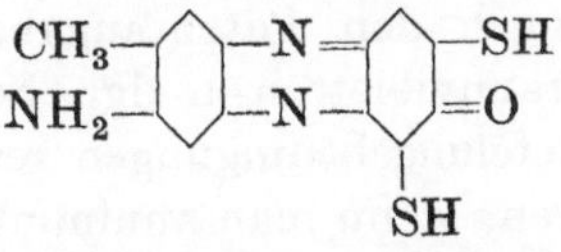

$$\text{CH}_3\!-\!\bigcirc\!-\!\text{N}=\bigcirc\!-\!\text{SH}$$
$$\text{NH}_2\!-\!\bigcirc\!-\!\text{N}-\!\bigcirc\!=\!\text{O}$$
$$\text{SH}$$

keine Verwandtschaft zur ungebeizten Pflanzenfaser besitzt, sondern erst durch weitere Behandlung mit Schwefel und Schwefelnatrium in den Schwefelfarbstoff übergeht. Das Dimercaptan ist in seiner Konstitution genau bestimmt, da es aus dem bezüglichen Dichlorazin durch Behandlung mit Schwefelnatrium oder Natriumsulfhydrat (in letzterem Falle vorteilhaft unter Druck) gebildet wird[3]. Es scheint nach einer Angabe im Patent allerdings, als würden nicht Mercaptan- sondern Polysulfidgruppen eintreten, da „... ein chlorfreies Einwirkungsprodukt von hohem Schwefelgehalt" resultiert. Es ergeben sich nun die folgenden interessanten Beziehungen:

(I)
$$-\text{S}-\bigcirc=\text{N}-\bigcirc$$
$$\text{O}=\bigcirc-\text{S}-\bigcirc-\text{NR}_2$$
$$-\text{S}$$

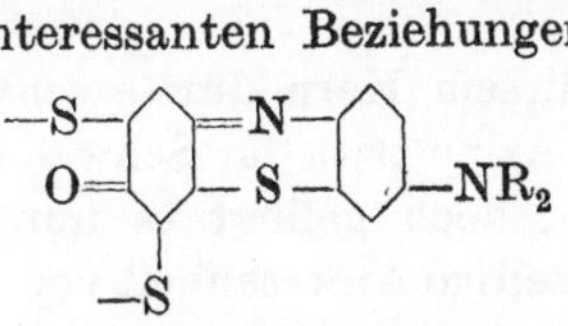

Primäres Einwirkungsprodukt der Polysulfidschmelze auf das Indophenol des Patentes 161 665; besitzt Affinität zur Baumwolle[4].

(II)
$$-\text{S}-\bigcirc=\text{N}-\bigcirc$$
$$\text{O}=\bigcirc-\text{N}-\bigcirc-\text{NH}_2$$
$$\text{S}$$

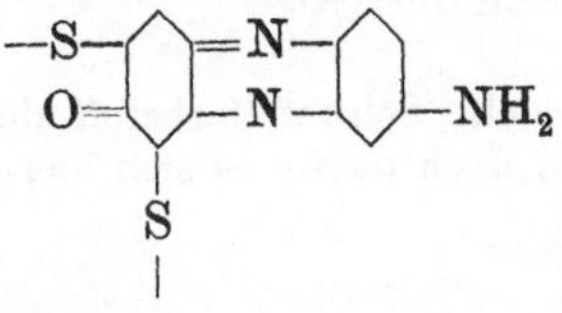

Einwirkungsprodukt von Natriumsulfhydrat unter Druck auf das Azin des Patentes 174 331; besitzt keine Affinität zur Baumwolle.

---

[1] D. R. P. 171 177 und folgende. [2] D. R. P. 187 868.
[3] D. R. P. 174 331, Beispiel 6. [4] Siehe D. R. P. 116 354.

Beim weiteren Verschmelzen resultieren: aus I ein blauer Schwefelfarbstoff, aus II ein roter, und zwar in letzterem Falle ein Farbstoff, wie er in ähnlicher Nuance aus den verschiedensten Azinen und Safraninen als Produkt der direkten Polysulfidschmelze erhalten wird; zugleich wird das früher salzsäurelösliche[1] Dimercaptan salzsäure u n l ö s l i c h, so daß die Aminogruppe allem Anschein nach verändert wird. Es folgt hieraus, daß das ursprünglich einfache Azinmolekül, das als Dimercaptan kein Schwefelfarbstoff ist, sich in der folgenden Polysulfidschmelze unter Veränderung der Aminogruppe in einen Schwefelfarbstoff verwandelt, daß demnach auch die Azine sich in der Schmelze erheblich verändern müssen, um Schwefelfarbstoffe zu geben. Allerdings darf diese Veränderung den Azinchromophor nicht zerstören oder übertönen. Eine Zerstörung des Azinringes in der Polysulfidschmelze dürfte bei den gebräuchlichen Schwefelungstemperaturen nicht in Frage kommen, wohl aber kann man sich denken, daß ein Zurückdrängen des vom Azinchromophor ausgehenden Einflusses auf die Nuance des Schwefelfarbstoffes dann auftreten kann, wenn der Azinring nach Art des *Vidal*schen Tetraphentrithiazins noch Thiodiphenylaminringe anlagert. Eine derartige Bildung von Thiazinringen bei höherer Temperatur kann man sich wohl denken. Erhitzt man Aminooxyphenazin[2] oder seine Sulfosäuren[3] längere Zeit mit Polysulfiden auf Temperaturen von 140 bis 150°, um zum Schluß bei 170° einzutrocknen, so erhält man nach den Patentangaben s c h w a r z e und keine roten oder rotstichigen, braunvioletten u. dgl. Schwefelfarbstoffe, wie sie bei anders gewählten Schwefelungsbedingungen resultieren[4]. Dies läßt sich am ungezwungensten erklären, wenn man annimmt, daß zwei Azinmoleküle durch eine Schwefelstickstoffbrücke vereinigt werden (ähnlich, wie derartige Kombinationen von Azinringen untereinander oder mit anderen Ringgebilden, z. B. in den Fluorindinen Phenylfluorindinen[5] u. a. vorliegen):

$$\text{OH}-\underset{\underset{H}{|}}{\overset{\overset{H}{|}}{\langle\text{ring}\rangle}}\!\!-\!\!\underset{N}{\overset{N}{=}}\!\!-\!\langle\text{ring}\rangle\cdots S\cdots N\!\!-\!\!\langle\text{ring}\rangle\!\!-\!\!\underset{\underset{H}{|}}{\overset{\overset{H}{|}}{\underset{N}{\overset{N}{=}}}}\!\!-\!\langle\text{ring}\rangle-\text{NH}_2$$

Ein Schwefelfarbstoff mit diesem Kern dürfte schwarz färben.

Bei der Schwefelung der Azine tritt der Schwefel leichter in die P h e n o l seite des Azinmoleküls ein, doch gelingt es nur in Ausnahmefällen, mit Schwefel a l l e i n, ohne gleichzeitige Anwesenheit von Alkali, Schwefelfarbstoffe zu erzielen. Die einfachen Azinderivate:

---

[1] Der blaue, niedrig geschwefelte Schwefelfarbstoff des Patentes 161 665 ist zwar auch spurenweise salzsäurelöslich, doch dürfte es sich hier eher um unverändertes Ausgangsmaterial handeln.

[2] F. P. 299 531.

[3] D. R. P. 120 561.

[4] D. R. P. 126 175.

[5] Ber. **29**, 367, 1250 und 1608; **28**, 1545.

also am Stickstoff **nicht** phenylierte Abkömmlinge, sind mit Schwefel allein
nicht schwefelbar. Anders verhalten sich jedoch das Phenosafraninon[1],
ein stickstoffphenyliertes Aminooxyphenazin:

seine im Stickstoffphenyl substituierten Homologen[2], und unter gewissen
Bedingungen auch das **Phenosafranol**:

Durch bloßes Erhitzen mit Schwefel auf 190 bis 200° (das Safranol nur bei
Gegenwart von hochsiedenden aromatischen Körpern wie Benzidin, Anilin,
Phenol[3]) gehen sie ohne nennenswerte Schwefelwasserstoffentwicklung in die
Leukoverbindungen rötlich violetter Schwefelfarbstoffe über. Das homologe
Tolusafraninon[4]

hingegen läßt sich nicht direkt schwefeln; es scheint demnach erwiesen,
daß die Schwefelung des **Phenosafraninons** in folgenden Stellungen ein-
setzt:

wobei der freiwerdende Schwefelwasserstoff zur Auflösung der chinoiden
Bindung dient und die Bildung der Leukoverbindung herbeiführt.

---

[1] D. R. P. 168 516. [2] D. R. P. 179 961.
[3] D. R. P. 178 982. [4] D. R. P. 179 961.

In gewissem Zusammenhang mit der Konstitution der Azine stehen schließlich die **Echtheiten** der aus ihnen resultierenden Schwefelfarbstoffe:

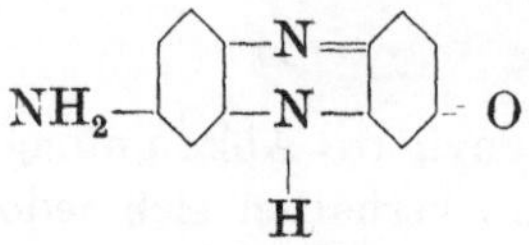

$NH_2-\langle\ \rangle\!-\!\overset{N=}{\underset{N-}{}}\!-\langle\ \rangle\!-O$ 1

Aminooxyphenazin: gibt gut lösliche und relativ echte Schwefelfarbstoffe.

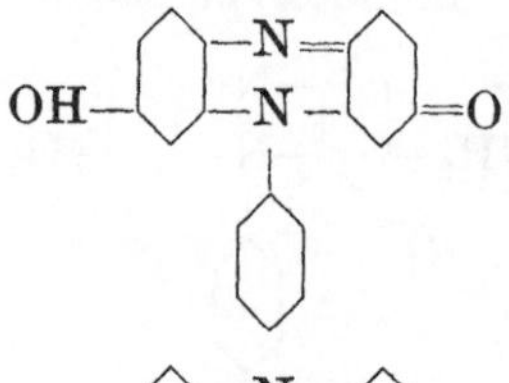

$OH-\langle\ \rangle\!-\!\overset{N=}{\underset{N-}{}}\!-\langle\ \rangle\!=O$ 2

Satranol: führt zu absolut unechten Schwefelfarbstoffen.

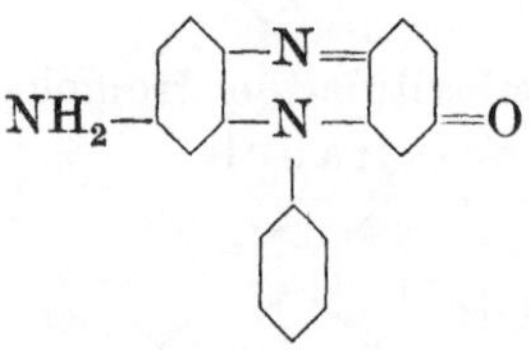

$NH_2-\langle\ \rangle\!-\!\overset{N=}{\underset{N-}{}}\!-\langle\ \rangle\!=O$ 3

Phenosafraninon: sein Schwefelfarbstoff ist schwer löslich.

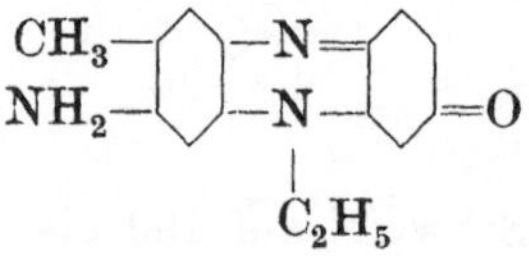

$\begin{matrix}CH_3-\\NH_2-\end{matrix}\langle\ \rangle\!-\!\overset{N=}{\underset{N-}{}}\!-\langle\ \rangle\!=O$ 4

C_2H_5

N-Äthylaminooxytolazin: führt zu einem äußerst schwer löslichen Schwefelfarbstoff.

IV. Die Cachou-de-Laval-artigen Schwefelfarbstoffe.

Wichelhaus[5] hat in neuerer Zeit einige Arbeiten publiziert, die geeignet sind, einige Aufklärung auch über das völlig dunkle Gebiet der *Croissant-Bretonnière* schen Farbstoffe zu bringen. Wie bekannt, entstehen diese Cachou-de-Laval-Farbstoffe durch Erhitzen cellulosehaltiger Abfälle mit schwefel-abgebenden Substanzen auf hohe Temperaturen. *Wichelhaus* untersuchte nun die Einwirkungsprodukte des Schwefels ebenfalls auf stickstofffreie Körper (siehe *Möhlau*), und zwar wählte er zu diesem Zwecke eine Anzahl natürlicher Farbstoffe wie z. B. Brasilin, Maclurin, Hämatoxylin sowie künstliche stickstofffreie Farbstoffe wie Fluorescein, Aurin usw., und erhitzte sie mit Schwefel allein während 6 bis 8 Stunden auf 250 bis 300°, wobei er unter Luftabschluß arbeitete und die abgehenden Gase kontrollierte. Er erhielt sehr echte braune bis schwarze Schwefelfarbstoffe und konnte feststellen, daß der Sauerstoffgehalt dieser Körper in demselben Maße abgenommen hatte, als ihr Schwefelgehalt gestiegen war. Da nun *Croissant* und *Bretonnière* von

---

[1] D. R. P. 126 175.
[2] D. R. P. 126 175.
[3] D. R. P. 168 516.
[4] D. R. P. 181 125.
[5] Ber. **40**, 126 und **43**. 2926.

Materialien ausgegangen waren, die im wesentlichen aus Cellulose bestanden, da ferner Holz (also vorwiegend Cellulose) trocken destilliert, phenolartige Verbindungen liefert, die, oxydiert, Farbstoffe, wie z. B. Coerulignon, geben, und weil schließlich solche Farbstoffe in der Schwefelschmelze ebenfalls braune bis schwarze Schwefelfarbstoffe geben, so schloß *Wichelhaus*, daß man sich die Cachou-de-Laval-Farbstoffe wie folgt entstanden denken kann:

Reine Cellulose gibt beim Destillieren Phenol[1], Phenol gibt oxydiert Phenochinon[2] von der Formel $C_{18}H_{14}O_4$, das drei Benzolreste enthält und beim Erhitzen mit Polysulfid unter Druck bei 220° einen braunen, in Soda und Ammoniak unlöslichen und 12% S, 75% C und 5% H enthaltenden Schwefelfarbstoff gibt. Die Cachous sind demnach entstanden durch Schwefelung der Phenole, die ihrerseits intermediär aus der Cellulose entstanden und zu mehrkernigen Komplexen zusammenoxydiert sind.

Zusammenfassend kann man daher über die Konstitution der Schwefelfarbstoffe folgendes sagen[3]:

Durch die Schwefelschmelze werden in eine organische Substanz Mercaptangruppen eingeführt: in Orthostellung zu vorhandenen Amino- oder Oxygruppen, oder an prädestinierten Stellen, wo sich Halogen oder sonst leicht austauschbare Gruppen befinden. Ist die Möglichkeit geboten, so erfolgt Ringschluß mit dem Mercaptanschwefel als ringbildendem Element, und es entstehen Thiodiphenylamin-, Thiazol- und vielleicht auch andere schwefelhaltige Ringkomplexe, die den stabilen Grund des Schwefelfarbstoffes bilden. Die nicht zur Ringbildung verbrauchten Mercaptangruppen bleiben als solche erhalten, bedingen die Löslichkeit des Schwefelfarbstoffes in Schwefelalkalien und geben durch ihre leichte Oxydierbarkeit Anlaß zur Bildung der unlöslichen Disulfide, wie sie im Schwefelfarbstoff auf der Faser vorliegen; oder 'sie nehmen weiteren Schwefel auf, und es bilden sich Polysulfidketten, die im Verlauf der Schmelze auseinanderfallen, um sich an anderen Stellen wieder zu bilden. Dadurch wird das System einer stabilen Lage entgegengeführt, die durch die Unterbrechung der Schmelze gegeben ist. Der Schwefelfarbstoff des Handels stellt eine bestimmte Phase dar; bis zu der die Schwefelung eines Ausgangsmaterials unter den als günstig erkannten Bedingungen gelangt ist.

---

[1] *Cross* und *Bevan:* Cellulose an outline etc. **1903.** 68.

[2] *Wichelhaus:* Ber. **5,** 248; vgl. *K. H. Mayer:* Ber. **42,** 1149.

[3] Allgemeine Angaben über Konstitution der Schwefelfarbstoffe außer in der in Vorstehendem angegebenen Literatur bei: *Friedländer:* Zeitschr. f. angew. Chemie **1906,** 615; *H. Muraour:* Rev. chim. pure et appl. **1908,** 113 bis 123; Zeitschr. f. angew. Chemie **1908,** 2430; *A. Römer:* Streifzug in das Gebiet der Vidalfarben. Färber-Ztg. **1900,** 369 und 393.

Organische Ausgangsmaterialien.

Dieser in der ersten Auflage des vorliegenden Werkes ausführlich behandelte Abschnitt konnte wegen des inzwischen erfolgten Erscheinens meiner Arbeit über „Zwischenprodukte der Teerfarbenfabrikation" in *Muspratts* Ergänzungswerk und des gleichnamigen Werkes bei Spamer, Leipzig 1921 wesentlich gekürzt werden.

Beibehalten wurde nur die Gruppe:

Abkömmlinge des Diphenylamins.

1. Nitroderivate des Diphenylamins.
    a) Dinitrochlorbenzol-Kondensationsprodukte.
    b) Andere Halogennitrokörper und ihre Kondensationsprodukte.
2. Diphenylaminderivate vom Typus der Leukoindophenole und Leukindamine.
3. Thiosulfosäurederivate der Indokörper.

Literaturhinweise auf die Herstellung der anderen organischen Ausgangsmaterialien finden sich in den Farbstofftabellen ab S. 267.

Abkömmlinge des Diphenylamins.

Allgemeines.

Zur Herstellung von Schwefelfarbstoffen dienen zwei Gruppen von Diphenylaminderivaten: 1. Jene vom Typ des Oxydinitrodiphenylamins. Sie entstehen durch Kondensation von Halogennitrobenzolen mit Aminen der Benzol -und Naphthalinreihe und besitzen die Eigenschaft, durch Reduktion[1] der Nitrogruppen in ungefärbte leicht oxydable Diphenylaminbasen überzugehen. 2. Jene vom Typ der Leukochinonimidfarbstoffe. Die zugehörigen Indophenole und Indamine entstehen durch gemeinsame Oxydation von aromatischen Aminen (Diaminen, Aminophenolen) mit Phenolen bzw. von Aminen (Diaminen) mit Aminen und gehen durch gelinde Reduktion

---

[1] D. R. P. 139 568 und 115 287.

ebenfalls in ungefärbte, leicht oxydable Diphenylaminbasen über. Dementsprechend unterscheiden wir:

Dinitrooxydiphenylamin $OH-\langle\ \rangle-\overset{\overset{\displaystyle H}{|}}{N}-\langle\ \rangle-NO_2$ gibt reduziert:

(mit NO_2 am zweiten Kern)

Diaminooxydiphenylamin $OH-\langle\ \rangle-\overset{\overset{\displaystyle H}{|}}{N}-\langle\ \rangle-NH_2$

(mit NH_2 am zweiten Kern)

Chinon-p-aminophenylimid $O=\langle\ \rangle=N-\langle\ \rangle-NH_2$ gibt reduziert:

Aminooxydiphenylamin $OH-\langle\ \rangle-\overset{\overset{\displaystyle H}{|}}{N}-\langle\ \rangle-NH_2$

Das Diphenylamin selbst wird nach einem älteren Verfahren[1] erhalten
durch Erwärmen einer Lösung von Diazoaminobenzol in Anilin auf 150°,
zunächst bis zum Aufhören der Stickstoffentwicklung, dann höher bis zum
Abdestillieren des unverbrauchten Anilins; die gleichzeitig gebildeten anderen
Basen (o- und p-Aminodiphenyl) werden durch warme Salzsäure entfernt.

Vidal[2] benützte zur Darstellung von Diphenylaminderivaten die Eigenschaft des Phosphams (PN_2H)[3], reduzierend zu wirken, d. h. an hydroxylhaltigen Verbindungen seinen Stickstoff gegen zwei in verschiedenen Kernen
befindliche Sauerstoffatome umzutauschen; es findet demnach Kondensation
unter Bildung eines sekundären oder tertiären Amines statt:

$$4\,C_6H_4\cdot OH + PN_2H = H_3PO_4 + 2\,NH\begin{smallmatrix}C_6H_5\\C_6H_5\end{smallmatrix}$$

Man kann auf diese Weise durch vorsichtiges Eintragen von Phenol in
die auf 200° erhitzte Phosphorstickwasserstoffsäure nach Beendigung der
Reaktion bei 250° Diphenylamin zu 90% der theoretischen Ausbeute erhalten.

Diphenylamin ist ferner darstellbar durch 15stündiges Kochen von Anilin
mit überschüssigem Brombenzol bei Gegenwart von Kupferjodür und etwas
Pottasche[4].

Von direkt erhaltenen Derivaten kommen hier nur die Sulfierungs-
produkte in Betracht. Diphenylamin ist sehr schwer monosulfierbar.
Darstellungs- und Literaturangaben über die drei bekannten Monosulfosäuren
finden sich in einem Patent von *E. Erdmann*[5]. Man erhält das Gemenge einer

---

[1] D. R. P. 62 309.
[2] D. R. P. 106 823.
[3] D. R. P. 64 346.
[4] D. R. P. 187 870; Journ. f. prakt. Chemie **48**, 462; siehe ferner zur Darstellung
von Diphenylamin: D. R. P. 145 189, 145 605, 148 179.
[5] D. R. P. 181 179.

schwefelhaltigen und einer schwefelfreien Substanz durch Erhitzen von Diphenylamin in schwefelsaurer Lösung mit 20proz. rauchender Schwefelsäure auf 80 bis 100° bis eine Probe, mit Lauge übersättigt, keine Öltröpfchen mehr abscheidet[1]. Die beiden Körper sind durch siedendes Toluol in den löslichen, A, und in den unlöslichen, B, trennbar, die sich durch ihr verschiedenes Verhalten, namentlich gegen warme konzentrierte Schwefelsäure, unterscheiden. Beide Substanzen geben, getrennt oder als Rohgemenge bei 50 bis 80° mit Salpetersäure nitriert, Polynitroverbindungen, die verschmolzen werden[2].

1. Nitroderivate des Diphenylamins.

Sie entstehen, wie erwähnt, durch Kondensation von Benzol- oder Naphthalinhalogennitroverbindungen oder deren Sulfosäuren mit aromatischen Basen. Zur glatten Reaktion ist es erforderlich, daß das Halogenatom die nötige Beweglichkeit besitzt. Dies ist dann der Fall, wenn sich im Molekül außer dem Halogenatom mindestens zwei Nitrogruppen[3] oder eine Nitro- und eine Sulfogruppe befinden. Günstig ist es, wenn jene so verteilt sind, daß eine der beiden Nitrogruppen in Ortho- und eine in Parastellung zum Halogenatom sich befindet[4] und wenn der zweite Kern in Orthostellung zur Aminogruppe gar nicht oder höchstens durch Hydroxyl substituiert ist.

Aber auch bei Halogen mononitroverbindungen läßt sich Kondensation erzielen, wenn man kleine Mengen Jod oder Jodkupfer zusetzt[5]. Man erhält z. B. aus 10 Teilen p-Nitrochlorbenzol + 0,1 Teile Jod + 0,3 Teile metallisches Kupfer, durch Erhitzen bis zur Entfärbung, Hinzufügen von 75 Teilen Anilin + 5 Teilen Pottasche und 20stündiges Kochen unterm Rückflußkühler p-Nitrodiphenylamin[6].

a) Dinitrochlorbenzol - Kondensationsprodukte[7].

Die Kondensation erfolgt nach folgendem Schema:

$$\text{OH} - \langle \text{C}_6\text{H}_4 \rangle - \overset{\text{H}}{\underset{|\ \text{H Cl}\ |}{\text{N}}} \cdots \langle \overset{\text{NO}_2}{\text{C}_6\text{H}_3} \rangle - \text{NO}_2 \qquad \text{(p-Aminophenol + Chlordinitrobenzol)}$$

---

[1] D. R. P. 102 821; siehe *Merz* und *Weith:* Ber. **6**, 1512.

[2] Über p-p'-Dinitrodiphenylamin aus Diphenylamin mit salpetriger Säure siehe *Störmer* und *Hofmann:* Ber. **31**, 2535.

[3] *Clemm:* Journ. f. prakt. Chemie, N. F. **1**, 178.

[4] D. R. P. 125 699.

[5] D. R. P. 185 663.

[6] Siehe auch *F. Ullmann* und *R. Dahmen:* Ber. **41**, 3744.

[7] Anilin: Ber. **9**, 977; o-Toluidin: Ber. **15**, 1236; p-Aminoacetanilid: Ber. **20**, 1853; p-p'-Dinitrodiphenylamin, seine Sulfosäuren usw.: Zeitschr. f. angew. Chemie **1899**, 1051; Aminochinolin: Journ. f. prakt. Chemie **77**, 472; Thiobenzoesäurederivate: Ber. **32**, 3532: ferner Anmeldung K. 17 339 u. a.

Offenbar wird die Reaktion um so glatter verlaufen, je leichter die Salzsäure auszutreten vermag. Man setzt daher stets salzsäurebindende Mittel, wie Acetate, Natronlauge[1], Kreide usw. zu. Eine derartige technische Kondensation — wohl eine der wichtigsten Reaktionen für das Gebiet der Schwefelfarbstoffe — vollzieht sich folgendermaßen: 1:2:4-Chlordinitrobenzol und Base werden in molekularen Verhältnissen in wässeriger Suspension unter Zusatz der theoretischen Menge (mit einem geringen Überschuß) Kreide unter Rühren und Dampfeinleiten unterm Rückflußkühler zum Sieden gebracht. (Im kleinen verwendet man alkoholische Lösung und statt Kreide Natriumacetat.) Das Chlordinitrobenzol schmilzt im siedenden Wasser und wird langsam verbraucht; die Kondensation verläuft zwar wesentlich langsamer als in alkoholischer Lösung, liefert jedoch ebenso reine Produkte. Nach dem Verschwinden der Ausgangsmaterialien wird noch warm ausgedrückt, nach Erkalten das kristallinische Produkt abgesaugt, gewaschen, und ohne weitere Reinigung verwendet. Die Kristallisationsfähigkeit aller dieser Chlordinitrobenzol-Kondensationsprodukte ist eine sehr große. Sie wurden zuerst studiert von *Clemm*[2], der die Reaktionsfähigkeit des Chlor- und Bromdinitrobenzols mit Ammoniak bzw. Anilin feststellte, während *Willgerodt*[3] Dinitrodiphenylamin, Dinitrophenylmercaptan

$$NO_2-\langle\ \rangle-SH$$
$$\overset{|}{NO_2}$$

Dinitrotolylphenylamin, Tetranitrophenylbenzidin usw. darstellte. Später zeigte *Leymann*[4] die Einwirkung von Chlordinitrobenzol auf sekundäre und tertiäre Amine, und schließlich wies *Reitzenstein*[5] nach, daß Chlordinitrobenzol nur mit sekundären Aminen unter Bildung von Dinitrodiphenylaminderivaten reagiert, während es mit tertiären Aminen nur Additionsprodukte liefert[6]. Er stellte ferner fest, daß das später zur Darstellung von Schwefelfarbstoffen benutzte Chlordinitrobenzolpyridinprodukt[7] ebenfalls durch Addition entsteht: Es bildet sich zunächst Dinitrophenylpyridinchlorid[8],

$$Cl-N\!=\!\!=\!C_5H_5$$
$$\langle\ \rangle-NO_2$$
$$NO_2$$

---

[1] F. P. 308 564.

[2] Journ. f. prakt. Chemie 1, ab S. 166.

[3] Ber. 9, 977.

[4] Ber. 15, 1235.

[5] Journ. f. prakt. Chemie 68, 251.

[6] Siehe *Rosenburgh:* Rec. trav. chim. 7, 227.

[7] D. R. P. 118 390.

[8] *Vongerichten:* Ber. 32, 2572; *Spiegel:* Ber. 32, 2835; ferner Journ. f. prkt. Chem. 81, 160.

das mit Alkalien in einen roten Körper übergeht (*Kalle*[1]); dieser letztere soll nach *Spiegel*[2] (siehe auch *Gail*[3]) die Konstitution eines Dinitrophenoläthers des Pyridins haben:

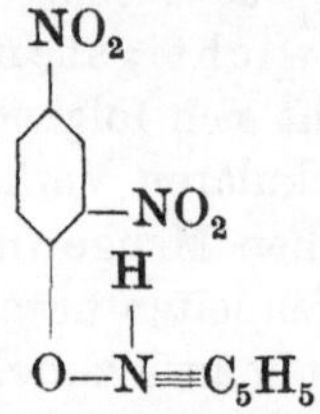

$$\text{NO}_2\text{—}\!\!\!\!\bigcirc\!\!\!\!\text{—NO}_2,\ \overset{\text{H}}{\text{O—N}}\!\!=\!\!\text{C}_5\text{H}_5$$

Ferner arbeiteten *Nietzky* und seine Schüler[4] mit diesen Einwirkungsprodukten von Chlordinitrobenzol auf Basen; sie verfolgten die (mit Eisen und Essigsäure erhaltenen) Reduktionsprodukte und deren Übergang über das Indophenol zum Phenazinderivat:

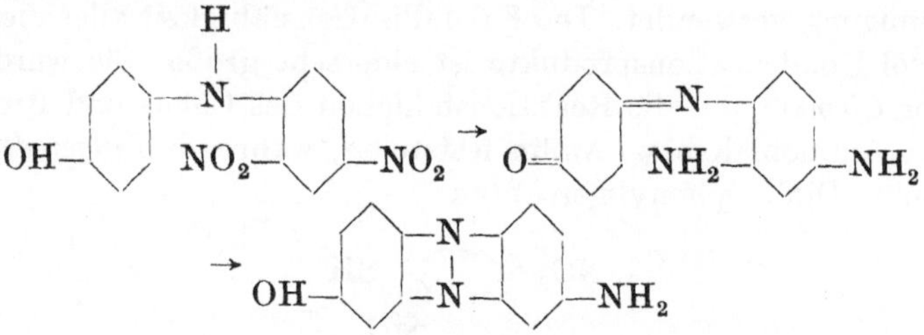

$$\text{OH—}\!\!\bigcirc\!\!\overset{\overset{\text{H}}{|}}{\text{—N—}}\!\!\bigcirc\,\text{NO}_2\text{—}\!\!\bigcirc\!\!\text{—NO}_2 \rightarrow \text{O}=\!\!\bigcirc\!\!\overset{}{=\!\text{N—}}\!\!\bigcirc\,\text{NH}_2\text{—}\!\!\bigcirc\!\!\text{—NH}_2$$

$$\rightarrow \text{OH—}\!\!\bigcirc\!\!\overset{\text{—N—}}{\underset{\text{—N—}}{}}\!\!\bigcirc\!\!\text{—NH}_2$$

Sie reduzierten diese Dinitrodiphenylamine aber auch partiell (mit alkoholischer Schwefelammoniumlösung) und stellten aus diesen Nitroaminodiphenylaminen, die stets derart entstehen, daß zuerst die in Orthostellung zum Diphenylaminstickstoff befindliche Nitrogruppe reduziert wird, Azimide dar (Chlordinitrobenzol + Anilin kondensiert, partiell reduziert):

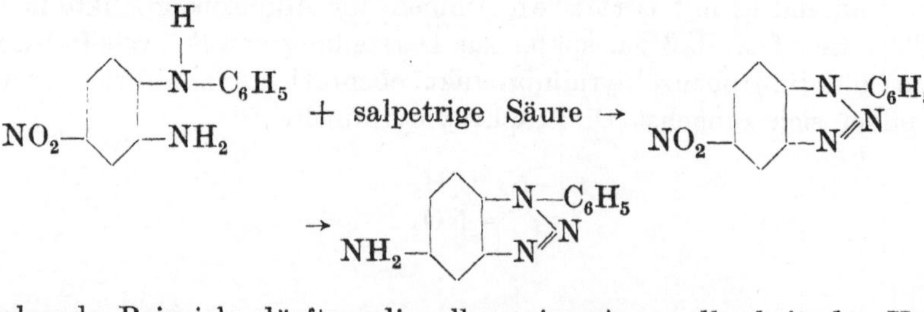

$$\text{NO}_2\text{—}\!\!\bigcirc\!\!\overset{\overset{\text{H}}{|}\text{—N—C}_6\text{H}_5}{\text{—NH}_2} + \text{salpetrige Säure} \rightarrow \text{NO}_2\text{—}\!\!\bigcirc\!\!\overset{\text{—N—C}_6\text{H}_5}{\underset{\text{—N}}{\searrow\!\text{N}}}$$

$$\rightarrow \text{NH}_2\text{—}\!\!\bigcirc\!\!\overset{\text{—N—C}_6\text{H}_5}{\underset{\text{—N}}{\searrow\!\text{N}}}$$

Folgende Beispiele dürften die allgemeine Anwendbarkeit der Kondensationsreaktion dartun:

38 kg m-Aminophenolsulfosäure (aus nitrierter Metanilsäure durch Behandeln mit Ätzalkalien erhalten) werden in 400 l Wasser und 11 kg Soda gelöst und nach Hinzufügen von 40 kg Chlordinitrobenzol unter Rühren lang-

[1] D. R. P. 118 390.
[2] Ber. **34**, 3022.
[3] Inaug.-Dissert. Marburg 1899.
[4] Ber. **28**, 2973; siehe auch *Schöpff:* Ber. **22**, 900.

sam gekocht, während man eine Lösung von 12 kg Soda in 100 l Wasser zufließen läßt. Nach dem Erkalten kristallisiert das Produkt aus[1]. Ebenso erhält man die Kondensationsprodukte von Chlordinitrobenzol mit Aminoindazol (Schmelzp. 248°), mit Aminocarbonsäuren, Diphenylthioharnstoffen, aber auch mit Naphthylaminderivaten[2]. In letzterem Falle muß, wenn man von Naphthylaminsulfosäuren ausgeht, das Endprodukt als Natriumsalz ausgesalzen werden oder man muß durch Fällen mit Salzsäure die freie Sulfosäure abscheiden, wenn das Natriumsalz zu leicht löslich ist. — Chlordinitrobenzol und β-Naphthylamin kondensieren sich schon ohne Lösungsmittel, mit α-Naphthylamin wird zweckmäßig in alkoholischer Lösung gearbeitet, wobei sich in der Kälte zunächst ein Additionsprodukt bildet[3].

Nach einer originellen Methode[4] kann man auch molekulare Gemenge von Chlordinitrobenzol-Kondensationsprodukten verschiedener Art erhalten, indem man z. B. den Azofarbstoff aus 28 Teilen p-Nitranilin + 20 Teilen Phenol mit 200 Teilen Eisen + 50 Teilen 50 proz. Essigsäure reduziert und in die vom Eisen befreite Reduktionsbrühe 10 Teile Natriumacetat und 80 Teile Chlordinitrobenzol einträgt. Nach mehrstündigem Erhitzen auf etwa 90° kann das Gemenge der Kondensationsprodukte von Chlordinitrobenzol mit p-Phenylendiamin einerseits und mit p-Aminophenol anderseits abgeschieden werden. Ebenso gibt der Azofarbstoff p-Nitranilin-Salicylsäure, reduktiv gespalten und mit 2 Mol. Chlordinitrobenzol kondensiert, ein Gemenge der Kondensationsprodukte[5]:

$$NO_3-\underset{NO_2}{\bigcirc}-\overset{H}{N}-\bigcirc-NO_2 \quad \text{und} \quad NO_2-\underset{NO_2}{\bigcirc}-\overset{H}{N}-\underset{COOH}{\bigcirc}-OH$$

Nach den Angaben der Patente sollen die aus diesem Gemenge erhaltenen Schwefelfarbstoffe kein Gemenge mehr sein, sich also von den Farbstoffen unterscheiden, die man durch Verschmelzen der einzelnen Komponenten und folgendes Mischen der Farbstoffe erhält.

Die so erhaltenen Dinitrodiphenylaminkörper sind nun verschiedener Umwandlungen fähig, die zu Körpern führen, die in der Polysulfidschmelze wieder andere Schwefelfarbstoffe ergeben, als die ursprünglichen Substanzen. Abgesehen von Derivaten, wie sie z. B. durch Acetylierung am Diphenylaminstickstoff erhalten werden[6], entsteht z. B. durch Kochen von 40 Teilen Dinitrooxydiphenylamin, gelöst in 80 Teilen Natronlauge von 40° Bé und 240 Teilen Wasser, während 3 bis 4 Stunden unterm Rückflußkühler, bis die Ammoniakentwicklung aufgehört hat, ein Umwandlungsprodukt unbekannter Konstitution, das, durch Salzsäure gefällt, ein schwarzes amorphes Pulver darstellt[7].

---

[1] D. R. P. 143 494.
[2] D. R. P. 132 922.
[3] *Reitzenstein:* Journ. f. prakt. Chemie **68**, 251.
[4] D. R. P. 141 970; siehe 105 632.
[5] D. R. P. 147 862.
[6] *A. Claus:* Ber. **14**, 2366.
[7] D. R. P. 112 484.

Dasselbe Ausgangsmaterial gibt, mit der fünffachen Menge Natriumsulfit in der fünffachen Menge Wasser gelöst und im Autoklaven einige Stunden auf 150 bis 180° erhitzt, vermutlich eine **Sulfosäure**, die, wie der vorige Körper, in der Polysulfidschmelze einen braunen Schwefelfarbstoff liefert[1].

Die Einführung einer Sulfogruppe in das Kondensationsprodukt von Chlordinitrobenzol und p-Phenylendiamin wird, wie folgt, beschrieben: 65 Teile des Kondensationsproduktes werden mit 100 Teilen Wasser und 250 Teilen mit Natronlauge fast neutralisierter Bisulfitlauge von 46% im Autoklaven 2 Stunden auf 150° erhitzt. Beim Ansäuern in der Kälte fällt die Sulfosäure aus[2]. Sie gibt einen **braunen** Schwefelfarbstoff und muß folgendermaßen konstituiert sein:

$$\text{OH}-\underset{\underset{\text{SO}_3\text{H}}{|}}{\underset{|}{\bigcirc}}-\overset{\overset{\text{H}}{|}}{\text{N}}-\underset{}{\overset{\overset{\text{NO}_2}{|}}{\bigcirc}}-\text{NO}_2$$

weil die aus 1-Amino-4-oxy-2-benzolsulfosäure[3], ebenso wie die aus p-Phenylendiaminsulfosäure[4], mit Chlordinitrobenzol entstehenden Kondensationsprodukte, entsprechend ihrer Bildungsweise, sicher die Konstitution

$$\text{NH}_2-\underset{\underset{\text{SO}_3\text{H}}{|}}{\overset{\overset{\text{H}}{|}}{\bigcirc}}-\overset{\overset{\text{H}}{|}}{\text{N}}-\overset{\overset{\text{NO}_2}{|}}{\bigcirc}-\text{NO}_2 \quad \text{und} \quad \text{OH}-\underset{\underset{\text{SO}_3\text{H}}{|}}{\overset{}{\bigcirc}}-\overset{\overset{\text{H}}{|}}{\text{N}}-\overset{\overset{\text{NO}_2}{|}}{\bigcirc}-\text{NO}_2$$

haben und **schwarze** Schwefelfarbstoffe geben.

Dinitrooxydiphenylamin geht mit **Chlorschwefel** (im Gegensatz zu einem andern bekannten Fall[5] der Chlorschwefeleinwirkung) nicht direkt in einen Schwefelfarbstoff über[6], sondern in ein Zwischenprodukt, das, mit Alkalien zur Trockne eingedampft, erst den Schwefelfarbstoff gibt[7].

In die fertig gebildeten Dinitrodiphenylamine lassen sich durch **Weiternitrieren** noch mehr Nitrogruppen einführen[8], so daß man vom Diphenylamin selbst bis zum **Hexanitroderivat** (das ist die Muttersubstanz des früher verwendeten Farbstoffes **Aurantia**) gelangen kann. Man erhält es nach einem *Griesheimer* Patent[9] über das Tetranitroprodukt aus Dinitrodiphenylamin durch Nitrierung mit Salpetersäure von 32° Bé und Weiternitrieren mit rauchender Salpetersäure von 46° Bé bei 100°, oder nach *Austen*[10] durch Kondensation von Chlortrinitrobenzol (Pikrylchlorid) mit m-Nitranilin und Weiternitrieren.

Dinitrodiphenylamine[11] oder ihre Sulfosäuren[12] werden durch Erhitzen mit verdünnter Salpetersäure auf 90 bis 95° oder durch Nitrieren mit Misch-

---

[1] D. R. P. 125 588.   [2] D. R. P. 125 584.

[3] D. R. P. 143 494.   [4] D. R. P. 109 353.

[5] D. R. P. 103 646.   [6] D. R. P. 109 586.

[7] D. R. P. 111 950.   [8] Vgl. *F. Reverdin* und *E. Delétra:* Ber. **37**, 1727.

[9] D. R. P. 86 295.   [10] Ber. **7**, 1249.

[11] D. R. P. 101 862.   [12] D. R. P. 106 039; siehe auch 117 820.

säure in Gemenge von Nitrokörpern übergeführt. Man kann jedoch auch zu
einheitlichen Polynitrodiphenylaminen gelangen, wenn man Ausgangsmaterialien, die reich an Nitrogruppen sind, kondensiert; so erhält man aus
Chlordinitrobenzol und Pikraminsäure[1] Tetranitrooxydiphenylamin (über
Tetranitrodiphenylamin siehe ferner[2]. Die Anhäufung von Nitrogruppen im
Molekül des Diphenylamins führt jedoch nicht mehr zu schwarzen Schwefelfarbstoffen (siehe Substitutionsregelmäßigkeiten).

Partiell reduzierte Dinitrooxydiphenylamine können schließlich durch
Einwirkung organischer Säuren oder Säurechloride in Anhydroverbindungen übergeführt werden[3]. Kocht man z. B. 5 Teile Nitroaminooxydiphenylamin mit 10 Teilen 25proz. Ameisensäure 5 bis 6 Stunden unterm
Rückflußkühler, so erhält man die Methenyl-, bei Verwendung von Essigsäureanhydrid die Äthenyl- und von Benzoylchlorid die Benzenylverbin-
dung; diese sind sämtlich in Lauge schwer löslich und zersetzen sich zum
Teil beim Erwärmen mit stark alkalischen Flüssigkeiten.

b) Andere Halogennitrokörper und ihre Kondensationsprodukte.

Die Kondensationen verlaufen hier genau so wie mit Chlordinitrobenzol;
doch herrscht in ihrer Verwendungsmöglichkeit insofern große Mannigfaltig-
keit, als die Dihalogennitroverbindungen zwei reaktionsfähige Halogenatome
besitzen, die mit 2 Mol. Base in Reaktion zu treten vermögen[4]. Man kann
aber auch das Halogen gegen OH, SH, CNS usw. ersetzen und nachträglich
die Kondensation ausführen, wodurch man zu höher substituierten Diphenylaminderivaten gelangt.

4 : 6-Dinitro-1 : 3-Dichlorbenzol vermag demnach, wie folgt, zu reagieren:

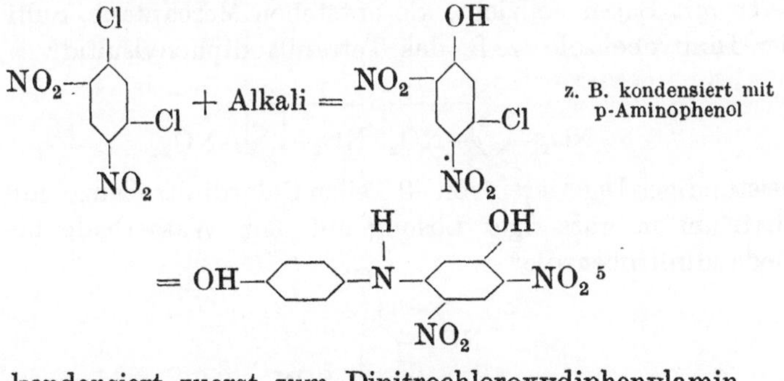

Oder man kondensiert zuerst zum Dinitrochloroxydiphenylamin

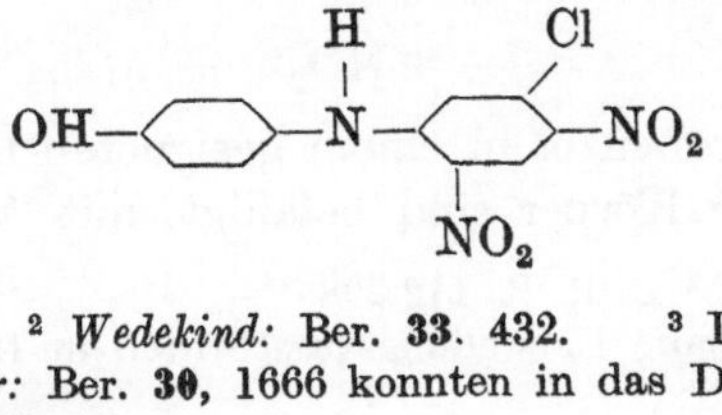

---

[1] D. R. P. 111 789.   [2] *Wedekind:* Ber. **33**. 432.   [3] D. R. P. 175 829.

[4] *Nietzky* und *Schedler:* Ber. **30**, 1666 konnten in das Dichlordinitrobenzolmolekül nur einen Anilinrest einführen.

[5] D. R. P. 135 635.

und erhitzt dieses mit **Ammoniak** im Autoklaven zwecks Darstellung des o-p-Dinitro-m-amino-p′-oxydiphenylamins[1] oder man kondensiert weiter mit **Base** (Aminophenol) unter Acetatzugabe in alkoholischer Lösung, um das Chlor gegen den Basenrest einzutauschen.

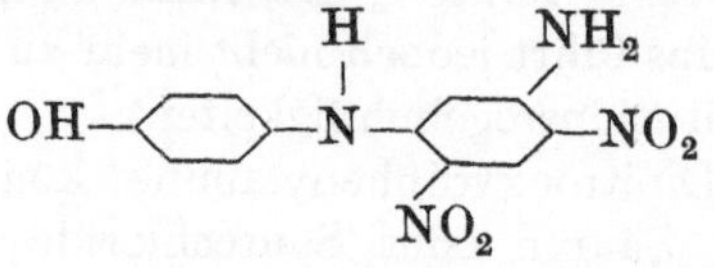

$$OH-\underset{}{\bigcirc}-\overset{H}{\underset{|}{N}}-\underset{\underset{NO_2}{}}{\bigcirc}\overset{NH_2}{\underset{}{}}-NO_2$$

bzw,

$$OH-\bigcirc-\overset{H}{\underset{|}{N}}-\underset{\underset{NO_2}{}}{\bigcirc}\overset{H-N-\bigcirc-OH}{\underset{}{}}-NO_2$$

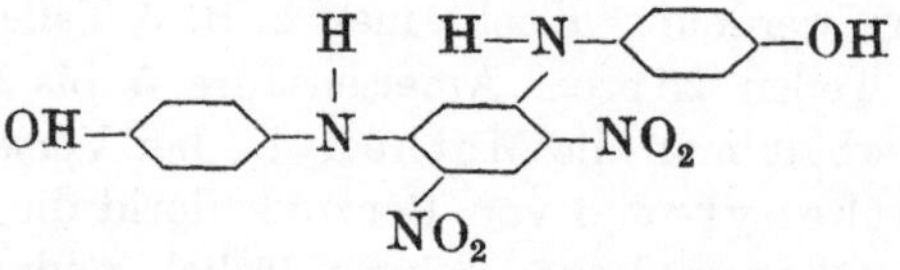

Das letztere Produkt ist natürlich auch direkt aus 2 Mol. p-Aminophenol und 1 Mol. Dichlordinitrobenzol erhältlich[2] und eine weitere Variante ergibt sich schließlich dadurch, daß die beiden Moleküle des Amines verschiedener Natur sein können, so daß man je nach Wahl des zweiten Moleküls (z. B. Aminophenolsulfosäure, Aminosalicylsäure, o-Aminophenol usw.) zu den verschiedensten Körpern kommen kann[3].

Ebenso verhält sich das 1 : 4-Dichlor-2 : 6-Dinitrobenzol[4]. Die Kondensation mit dem ersten Molekül erfolgt in allen Fällen unterm Rückflußkühler, jene mit dem zweiten Basenmolekül wird zweckmäßig im Autoklaven bei niedrigem Druck (2 Stunden bei 120° genügt in den meisten Fällen) vollzogen.

Die **schwefelhaltigen Dinitrobenzole** entstehen nach demselben Reaktionsschema aus den Halogennitrobenzolen, wie sich die Kondensation der letzteren mit Basen vollzieht. So entstehen Mercaptane, Sulfide und Disulfide der Dinitrobenzole, z. B. das Tetranitrodiphenylsulfid[5]

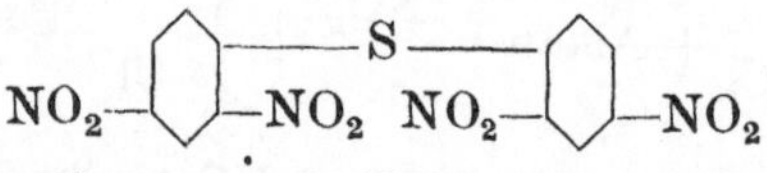

$$NO_2-\underset{NO_2}{\bigcirc}-S-\underset{NO_2}{\bigcirc}-NO_2$$

durch zweistündiges Digerieren von 40 Teilen Chlordinitrobenzol mit 150 Teilen Schwefelnatrium in wässeriger Lösung auf dem Wasserbade bei 90°, oder die Di-rhodandinitrobenzole[6]

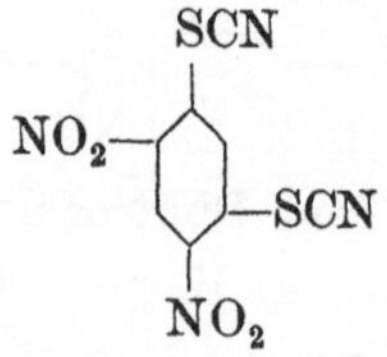

$$NO_2-\underset{NO_2}{\overset{SCN}{\bigcirc}}-SCN$$

wenn man Dichlordinitrobenzol in einem geeigneten Lösungsmittel mit Rhodansalzen kocht. Diese Körper sind befähigt, mit Aminophenol u. dgl. bei

---

[1] D. R. P. 116 172. [2] D. R. P. 112 298.
[3] D. R. P. 114 270, genaue Darstellungsvorschriften in D. R. P. 121 211.
[4] D. R. P. 116 677.
[5] Annalen **197**, 75 und D.R.P. 144 464. — Dinitrophenylrhodanid Americ. Ch. I. **8**, 90.
[6] D. R. P. 122 605 und 122 569; vgl. Ber. **18**, 331 und **29**, 2362.

Gegenwart von Acetaten in alkoholischer Lösung unter Abspaltung von 1 Mol. Rhodanwasserstoffsäure zu reagieren:

$$NO_2 - \underset{NO_2}{\overset{SCN}{\bigcirc}} \cdots |SCN\ H| \cdots \overset{H}{\underset{}{N}} - \bigcirc - OH$$

Das Acetylamino-4-nitro-3 : 6-dichlorbenzol wird in analoger Weise zunächst mit Na_2S_2 in das Disulfid übergeführt, das bei der Reduktion in 2 Mol. des entsprechenden Thiophenols zerfällt[1]:

$$Cl - \underset{NO_2}{\overset{NH \cdot COCH_3}{\bigcirc}} \cdots S \cdots S \cdots \underset{NO_2}{\overset{NH \cdot COCH_3}{\bigcirc}} - Cl \quad [Cl\ Na_2\ Cl] \quad \rightarrow \quad Cl - \underset{NO_2}{\overset{NH \cdot COCH_3}{\bigcirc}} - SH$$

Ganz analog erfolgt die Bildung der Nitrothiophenole aus dem Dinitrodiphenylsulfid durch Behandeln mit Na_2S oder Na_2S_2 oder $NaSH$ (ein höheres Sulfid als Na_2S_2 zu verwenden ist zwecklos, da dann Schwefel abgeschieden wird):

$$4\, \frac{C_6H_4NO_2}{C_6H_4NO_2}\!\!\Big\rangle S + 3\,H_2O + 2\,NaSH = 8\,C_6H_4\!\!\Big\langle\!\!\begin{array}{l} NO_2 \\ SH \end{array} + Na_2S_2O_3\,[2].$$

Auch die fertig gebildeten Dinitrodiphenylamine reagieren in alkoholischer Lösung oder Suspension mit Schwefelungsmitteln:

$$NO_2 - \underset{\underset{C_6H_4 \cdot CH}{N-H}}{\overset{NO_2}{\bigcirc}} - Cl \quad : \quad (I)\ NO_2 - \underset{\underset{C_6H_4 \cdot OH}{N-H}}{\overset{NO_2}{\bigcirc}} - SCN \quad (II)\ NO_2 - \underset{\underset{C_6H_4 \cdot OH}{N-H}}{\overset{NO_2}{\bigcirc}} - SH$$

$$(III)\ NO_2 - \underset{\underset{C_6H_4 \cdot OH}{N-H}}{\overset{NO_2}{\bigcirc}} - S - C\!\!\Big\langle\!\!\begin{array}{l} S \\ O \cdot C_2H_5 \end{array}$$

und gelangen in dieser Form zur Schmelze. Die Thiophenole (II) entstehen aus den Rhodanprodukten (I) durch Behandlung mit KSH in alkoholischer Lösung, der Austausch der Rhodangruppe gegen die Sulfhydrylgruppe, wie auch des Halogenatomes gegen letztere, erfolgt übrigens auch in der Polysulfidschmelze[3].

[1] D. R. P. 210 886.
[2] D. R. P. 228 868; Ber. **41**, 2269; Beilstein II, 815.   [3] D. R. P. 122 606.

Schließlich ergeben sich noch wertvolle Ausgangsmaterialien für Schwefelfarbstoffe durch Kondensation der **Chlornitrobenzolsulfosäuren** mit Aminophenolen und ähnlichen Körpern. Man kondensiert in diesem Falle, der Natur der Sulfosäuren entsprechend, ausschließlich in wässeriger Lösung ebenfalls unter Zusatz salzsäurebindender Mittel. Man erhitzt z. B.[1] 260 Teile p-Nitrochlorbenzol- o-sulfosäure mit 110 Teilen p-Aminophenol und 136 Teilen Natriumacetat oder Kreide[2] in 100 Teilen Wasser 6 bis 8 Stunden unterm Rückflußkühler zum Sieden. Man kann auch unter Druck arbeiten[3]; in diesem Falle genügt es, wenige Stunden auf 120° zu erhitzen. Beim Ansäuern fällt die freie **Nitrooxydiphenylaminsulfosäure** aus, in anderen Fällen fällt man die Sulfosäuren mit KCl als schwerlösliche Kaliumsalze. Meistens werden sie jedoch überhaupt nicht abgeschieden, sondern man reduziert gleich in Lösung weiter mit Eisen und Essigsäure zur **Aminooxysulfosäure.**

$$OH-\langle\ \rangle-\overset{\overset{\displaystyle H}{|}}{N}-\langle\ \rangle-NH_2$$
$$\underset{\underset{\displaystyle SO_2H}{|}}{}$$

Der Übergang zur nächsten Gruppe der Indokörper ergibt sich nun durch die Möglichkeit der **Abspaltung der Sulfogruppe.** Wie man sieht, liegt dann ein Aminooxydiphenylamin, das **einfachste Leukoindophenol,** vor. Diese Abspaltung der Sulfogruppe wird vollzogen durch Erhitzen mit verdünnter Schwefelsäure unter Druck[4] (beim Erhitzen mit Ätzalkalien wird die Sulfogruppe gegen OH ausgetauscht[5]), besser durch Kochen mit 60 proz. Schwefelsäure[6] im offenen Gefäß oder, da der Siedepunkt dieser Säure bei 160° liegt, zur Vermeidung von Zersetzungen durch Erhitzen mit derselben Säure auf nur 100°[7], wodurch die Sulfogruppe ebenfalls glatt abgespalten wird. **Man kann auf diesem Wege zu Diphenylaminderivaten gelangen, die auf dem Wege der Indophenolbildung nicht zugänglich sind.**

2. Diphenylaminderivate vom Typ der Leukoindophenole und Leukoindamine.

Die Muttersubstanz dieser wichtigen Ausgangsmaterialien für die blauen Schwefelfarbstoffe ist das **Chinonmono-** und **Chinondiimid**

$$\begin{array}{ccc} NH & & NH \\ \| & & \| \\ \bigcirc & und & \bigcirc \\ \| & & \| \\ O & & NH \end{array}$$

---

[1] D. R. P. 109 352, ferner 86 250; Anmeldung A. 3854, Kl. 12, A.-G. für *Anilinfabr. Berlin*, 1894, versagt 1895; Anmeldung F. 9181, Kl. 12, *Farbwerke Mühlheim*, 1897, versagt 1898.
[2] D. R. P. 107 061.   [3] D. R. P. 114 265 und 113 516.   [4] D. R. P. 112 180.
[5] D. R. P. 111 891: Darst. von p-Oxy-p'-amino-o'-oxydiphenylamin.
[6] D. R. P. 117 891 und 119 009.   [7] D. R. P. 193 351.

zwei Körper, die in Substanz erst in neuerer Zeit von *Willstädter*[1] darge-
stellt wurden, während ihre Derivate schon lange Zeit bekannt sind.
Von diesen beiden Substanzen leiten sich die Indokörper durch Ersatz eines
Imidwasserstoffatomes gegen Phenyl ab, und ihre Konstitution erscheint
demnach bestimmt: sie sind Chinonimidabkömmlinge, die durch
Reduktion in Diphenylaminderivate übergehen:

$$\text{Indophenol:}\quad NH{=}\langle\ \rangle{=}N\cdots\langle\ \rangle{-}OH, \quad +\,2\,H$$

$$=\ \text{Diphenylaminderivat:}\quad NH_2{-}\langle\ \rangle{-}N{-}\langle\ \rangle{-}ON$$

Die von *H. Köchlin* und *O. N. Witt* entdeckten Indophenole und Indamine[2] bilden eine Farbstoffklasse, deren Vertreter als praktisch verwendete
Farbstoffe nur in vereinzelten Fällen in Betracht kommen[3]; ihre Derivate,
z. B. ihre Thiosulfosäuren, sind für die Schwefelfarbstoffindustrie als Ausgangsmaterialien von größter Bedeutung:

Sie werden erhalten:

1. Durch Kondensation von Nitrosophenolen oder Chlorchinonimiden
mit Phenolen oder Aminen mit freier Parastellung[4]

$$O{-}\langle\ \rangle{-}N\cdots\langle\ \rangle{-}\binom{NH_2}{OH}$$

2. Durch gemeinsame Oxydation von Phenolen mit p-Diaminen oder
p-Aminophenolen oder durch Oxydation von letzteren mit Monaminen, die
freie Parastellung besitzen:

$$O{=}\langle\ \rangle\ N\cdots\langle\ \rangle{-}NH_2 \qquad NH_2{-}\langle\ \rangle{-}N{=}\langle\ \rangle{-}O$$

Diese beiden für unsere Zwecke in Betracht kommenden Darstellungs-
weisen sind zugleich die Verfahren der Technik[5] (siehe unten). Aus diesen

---

[1] Ber. **37**, 1494 und 4605.

[2] D. R. P. 1595 und Zusatz 19 231.

[3] D. R. P. 15 915. Das Indophenol aus Nitrosodimethylanilin und α-Naphthol ist
als Naphthol- oder Küpenblau verwendet; es wird, weil in der Küpe färbbar, von
Durand und *Huguénin* als Zusatz zur Indigoküpe vorgeschlagen, E. P. 15 496/88; ferner
Möhlau: Ber. **16**, 2845.

[4] In 60 bis 90 proz. Schwefelsäure: Anmeldung G. 18 494, Kl. 12 q, 1903; bei Gegenwart von konzentrierter Salzsäure: E. P. 15 935/1904. Anmeldung A. 10 389, versagt
1906 = F. P. 345 099. Vgl. Anmeldung G. 18 017 und Zusatz G. 18 630 und 18 780,
Kondensation bei Gegenwart von Phosphorsäure oder Borsäure; siehe auch D. R. P.
184 601, 184 651 und 189 212. — Die *Liebermann*schen Körper: Ber. **7**, 247, 1089.

[5] Über eine durch Oxydation mittels Luft erfolgende Indophenolbildung siehe
E. P. 25 851/02, *Höchst.*

Bildungsweisen und der Konstitution der Indokörper[1] geht hervor, daß tertiäre Diamine keine Indamine geben können, da in diesem Fall das Brückenstickstoffatom nicht „tertiär werden" kann, was zur Bildung der Indokörper unbedingt erforderlich ist; die verwendeten Mono- oder Diamine können jedoch sekundär oder tertiär sein (letztere unsymmetrisch).

Aus Diphenylaminderivaten entstehen Indokörper nur dann durch Oxydation, wenn die Parastellungen beider Kerne durch Hydroxyl oder Amin substituiert sind, die Diphenylaminabkömmlinge:

$$\langle\text{C}_6\text{H}_4\rangle-\overset{\text{H}}{\text{N}}-\langle\text{C}_6\text{H}_4\rangle-\text{HN}_2 \quad \text{ebenso wie} \quad \underset{\text{NH}_2}{\langle\text{C}_6\text{H}_3\rangle}-\overset{\text{H}}{\text{N}}-\underset{\text{NH}_2}{\langle\text{C}_6\text{H}_3\rangle}-\text{NH}_2$$

liefern keine Indokörper[2].

Die Indophenole sind zuweilen weiterer Kondensation fähig; so kondensiert sich z. B. das Indophenol aus Dimethyl-p-phenylendiamin und Phenol mit geschmolzenem Resorcin[3], vermutlich unter Bildung von Phenoläthern.

Isomere von Indokörpern, die sich nur durch die Art ihrer Doppelbindung unterscheiden, sind bis jetzt nicht aufgefunden worden; dementsprechend geben p-Aminophenol + Anilin und p-Phenylendiamin + Phenol, zusammen oxydiert, ein und dasselbe Indophenol:

entsteht ebenso aus

$$\text{O}=\langle\text{C}_6\text{H}_4\rangle=\text{N}-\langle\text{C}_6\text{H}_4\rangle-\text{NH}_2$$

wie aus

$$\text{OH}-\langle\text{C}_6\text{H}_4\rangle-\text{NH}_2 + \langle\text{C}_6\text{H}_5\rangle-\text{NH}_2$$

$$\text{OH}-\langle\text{C}_6\text{H}_5\rangle + \text{NH}_2-\langle\text{C}_6\text{H}_4\rangle-\text{NH}_2$$

Indokörper aus Nitrokörpern zu bilden ist ebenso unmöglich wie die Anwendung der *Friedel-Craffts*schen Reaktion auf Nitrokohlenwasserstoffe, weil die Nitrokörper bezüglich der Parastellung reaktionsträger sind.

Eine vorzügliche Übersicht über die Literatur der Indokörper findet sich in einem französischen Patent der *Basler chemischen Industriegesellschaft*[4].

Die Indokörper sind häufig prächtig kristallisierende Substanzen, deren basische Abkömmlinge (Indamine) ebensowenig beständig gegen die verschiedensten Reagentien sind wie die hydroxylhaltigen (Indophenole); sie zerfallen leicht unter Bildung von Chinon und p-Diaminen. Dialkylaminooxydiphenylamin (Immedialreinblaubase) zerfällt z. B. leicht unter Abspaltung von Dialkylamin und Bildung von Dioxydiphenylamin, wenn

---

[1] Siehe ferner D. R. P. 69 250, 75 292 usw.; aus Hydrazotoluol entstehen durch Reduktion Diphenylaminkörper.

[2] *Nietzky:* Ber. **28**, 2980.

[3] Anmeldung F. 15 981, Kl. 12 q, *Höchst*; zurückgezogen 1903.

[4] F. P. 332 884; ferner *Gnehm* und Mitarbeiter: Journ. f. prakt. Chemie **69**, 161 und **223**; Ber. **40**, 3412.

die Polysulfidschmelze zur Bildung des Immedialreinblaus überhitzt wird. Gegen Säuren und Alkalien sind die Leukoindophenole relativ beständig; ihre alkalischen Lösungen sind wie jene der Schwefelfarbstoffe an der Luft leicht oxydabel; den Schwefelfarbstoffen gleichen sie auch in der Färbbarkeit der wenigen Glieder dieser Reihe, die als Farbstoffe in Betracht kommen: man bringt sie als Leukoverbindungen auf die Faser und oxydiert sie daselbst zum Farbstoff. Die Indophenolfarbstoffe sind sehr licht- und seifenecht, aber absolut säureunecht, merkwürdigerweise jedoch beständig gegen konzentrierte Mineralsäuren.

Die einfachsten Körper dieser Reihe, das Dioxy- und das Aminooxydiphenylamin,

$$OH-\langle \rangle-\underset{\underset{H}{|}}{N}-\langle \rangle-OH \quad und \quad NH_2-\langle \rangle-\underset{\underset{H}{|}}{N}-\langle \rangle-OH$$

sind besonders in Form ihrer Derivate wichtige Schwefelfarbstoffausgangsmaterialien.

Man erhält Dioxydiphenylamin[1] durch mehrstündiges Erhitzen von Hydrochinon mit Salmiak und Natronlauge oder eines Gemenges von p-Aminophenol und Hydrochinon bei Gegenwart von Chlorcalcium unter Druck auf 160 bis 180°, oder durch Reduktion des Chinon-p-oxyphenylimids, oder nach *Girards* Diphenylaminsynthese durch Erhitzen von p-Aminophenol mit salzsaurem p-Aminophenol auf 150 bis 180°. Es löst sich leicht in Säuren und Alkalien, die alkalische Lösung färbt sich an der Luft unter Indophenolbildung tief grünstichig blau. Beim Schmelzen von salzsaurem p-Aminophenol (1 Mol.) mit mehr als 1 Mol. p-Aminophenol, 10 Stunden bei 160 bis 180°, erhält man neben Dioxydiphenylamin noch einen der Konstitution nach unbekannten Körper, der das Ausgangsmaterial für den schwarzen Schwefelfarbstoff Pyrolschwarz bildet. Man erhält den Körper als Rückstand, wenn man aus der Schmelze das gebildete Dioxydiphenylamin mit Salzsäure[2] extrahiert.

Wichtiger noch ist das Aminooxydiphenylamin, das man durch Zusammenschmelzen von salzsaurem p-Aminophenol und p-Phenylendiamin bei 150 bis 180° erhält[3]; man befreit die Schmelze durch kochendes Wasser von unveränderten Ausgangsmaterialien und von der geringen Menge nebenbei gebildeten Dioxydiphenylamins und erhält die Base so als weiße, an der Luft durch Oxydation leicht grau werdende Substanz.

Die alkylierte Base[4]

$$(CH_3)_2N\langle \rangle-\underset{\underset{H}{|}}{N}-\langle \rangle-OH$$

---

[1] *F. Schneider:* Ber. **32**, 690; siehe auch *Seyewitz:* Bull. de la Soc. chim. **3**, 811; über die Darstellung von Oxydiphenylamin siehe *Calm:* Ber. **16**, 2799.

[2] D. R. P. 117 348.

[3] D. R. P. 116 337.

[4] D. R. P. 134 947.

kann ebenso aus Dimethyl-p-phenylendiamin dargestellt werden, während die Base

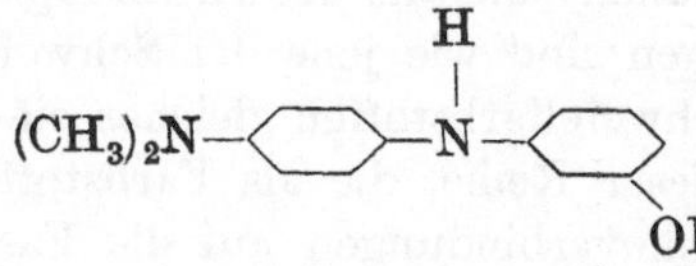

$$(CH_3)_2N—\langle\ \rangle—\overset{H}{\underset{\ }{N}}—\langle\ \rangle—OH$$

aus letzterem durch Zusammenschmelzen mit Resorcin, und zwar im Kohlensäurestrom, erhalten wird, wobei die Kohlensäure oxydative Nebenprozesse verhindert[1]. Aminooxydiphenylamin ist ferner darstellbar aus p-Nitrochlorbenzolsulfosäure durch Kondensation mit p-Aminophenol, Reduktion und Abspaltung der Sulfogruppe[2] (siehe auch das Kondensationsprodukt von Nitrochlorbenzolsulfosäure und Aminosalicylsäure[3]). Die direkte Darstellung des Indophenols, dem dieses Aminooxydiphenylamin als Base entspricht, durch gemeinsame Oxydation der beiden Komponenten war bis vor kurzem nicht durchführbar[4]; erst durch eine Modifikation der gebräuchlichen technischen Verfahren gelang es, auch dieses Indophenol in befriedigender Ausbeute zu erhalten.

Die technische Darstellung der Indokörpor soll an folgenden Beispielen beschrieben werden[5]. Das Schema ist stets dasselbe: die Komponenten werden in alkalischer oder saurer Lösung vereinigt und oxydiert. Je nachdem, ob für die Schwefelschmelze das Indophenol oder die Leukobase verwendet werden soll, wird das gebildete Indophenol als solches verschmolzen oder vorher reduziert. Die Schwefelfarbstoffe aus reinem Indophenol oder aus reiner Base unterscheiden sich zwar nicht voneinander, da das Indophenol in der Schmelze doch zunächst reduziert wird; oft aber ist durch vorherige Reduktion des Indophenols zur Base eine größere Reinheit des Ausgangsmaterials zu erzielen, wodurch auch die Reinheit der Nuance des Schwefelfarbstoffes in sehr beträchtlichem Maße beeinflußt wird; die Reduktion zur Base empfiehlt sich daher in manchen Fällen. Eine scheinbare Ausnahme bildet das Aminooxydiphenylamin selbst, das in der Schmelze zu einem indigoblauen Farbstoff führt[6], während das Indophenol

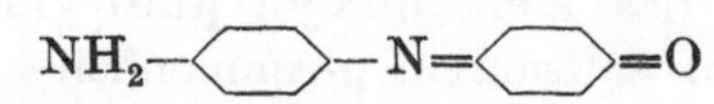

$$NH_2—\langle\ \rangle—N=\langle\ \rangle=O$$

unter denselben Bedingungen einen blauschwarzen Farbstoff ergeben soll; doch dürfte es sich (siehe Schmelze, Kapitel Temperatur) hier um ·eine Folge der doch etwas verschiedenen Arbeitsbedingungen handeln[7].

1. Oxydation mit Hypochlorit in alkalischer Lösung[8].

---

[1] D. R. P. 74 196.

[2] D. R. P. 117 891 und 119 009; ferner 193 351.

[3] D. R. P. 114 269.

[4] D. R. P. 139 204 und F. P. 317 219.

[5] Darstellungsmethoden von Indokörpern betreffend: D. R. P. 19 231, 160 710, 157 288, 158 091; Anmeldung F. 15 981, Kl. 12, 1902 u. a.

[6] D. R. P. 116 337, 179 884.

[7] Vgl. D. R. P. 222 406.

[8] Zum Beisp. D. R. P. 132 212.

14,6 Teile salzsaures p-Aminophenol werden in 26 Teilen Natronlauge von 30% und der nötigen Menge Wasser gelöst und mit einer Lösung von 14,4 Teilen α-Naphthol in 13 Teilen Natronlauge und 1000 Teilen Wasser vermischt. Unter Eiskühlung fügt man eine Lösung von unterchlorigsaurem Natrium, entsprechend 3,2 Gewichtsteilen Sauerstoff, hinzu. Aus der tiefblau gefärbten Flüssigkeit wird mit Essigsäure das Indophenol gefällt, das nach dem Waschen und Trocknen direkt verschmolzen werden kann. Statt mit Säure können Indophenole auch mit Kochsalz aus der Bildungsflüssigkeit gefällt[1] werden.

2. **Saure Oxydation mit Chromat**[2].

11 Teile p-Aminophenol, 10,7 Teile o-Toluidin, 200 Teile Wasser und 31 Teile Schwefelsäure von 66° Bé werden gelöst. Nach genügendem Eiszusatz stürzt man eine Lösung von 20 Teilen Natriumbichromat[3] in 200 Teilen Wasser ein und versetzt noch vollzogener Oxydation der Unbeständigkeit des Indophenols wegen sofort mit 75 Teilen Schwefelnatrium. Beim Anwärmen wird die tiefblaue Flüssigkeit zusehends heller in dem Maße, als das Indophenol als Leukoverbindung in Lösung geht; man filtriert schließlich vom Chromoxydhydrat und fällt im Filtrat die Base mit Salz und Natriumbicarbonat aus. Durch Umlösen aus verdünnter Salzsäure und Fällen der Lösung mit Soda unter Zusatz von etwas Bisulfit, um Oxydation zu verhindern, erhält man das p-Aminotolyl-p-oxyphenylamin, das Ausgangsmaterial für **Immedialindon**[4]:

$$OH-\langle\ \rangle-\overset{\overset{\textstyle H}{|}}{N}-\langle\ \rangle\overset{}{\underset{CH_3}{}}-NH_2$$

3. **Oxydation mit Ferricyankalium in sodaalkalischer Lösung**[5].

Man verwendet z. B. die vom Eisen befreite Reduktionsbrühe, erhalten aus 138 Teilen p-Nitranilin und fügt dieser Lösung von p-Phenylendiamin die Lösung von Acet-o-aminophenol zu, die durch Acetylieren von 109 Teilen o-Aminophenol erhalten wurde. Bei 0° oxydiert man mit einer Lösung von 1318 Teilen Ferricyankalium und 212 Teilen Soda in 4000 Teilen Wasser. Der blaue Niederschlag wird filtriert und mit einer warmen Lösung von 350 Teilen Schwefelnatrium in 3500 Teilen Wasser reduziert. Im Filtrate fällt man das Leukoindophenol mit Kohlensäure:

$$NH_2-\langle\ \rangle-\overset{\overset{\textstyle H}{|}}{N}-\langle\ \rangle\overset{}{\underset{OH}{}}-NH\cdot COCH_3$$

---

[1] D. R. P. 191 863.

[2] Zum Beisp. D. R. P. 139 204.

[3] In der Technik verwendet man stets das leicht lösliche Natriumsalz.

[4] Literatur: F. P. 317 219; Chem.-Ztg. **1903**, 1140; Journ. f. prakt. Chemie **69**, 161 und 223; Chem. Centralbl. **1904**, I, 1268; Zeitschr. f. Farb.-Ind. **3**, 339.

[5] Zum Beisp. D. R. P. 156 478.

Darstellung einer Komponente und Indophenolbildung lassen sich dann vereinigen, wenn die erste Reaktion nahezu quantitativ verläuft. Man kann z. B.[1] 98 Teile Phenol, mit 2000 Teilen Wasser und 118 Teilen konzentrierter Natronlauge gelöst, mit einer Lösung von 1 Mol. Chlorkalk in o-o-Dichlorphenol verwandeln und dann nach teilweiser Abstumpfung der Lauge und Hinzufügen der Lösung von 1 Mol. Dimethyl-p-phenylendiamin gleich weiter zum Indophenol oxydieren (nach 1 oder 3[1]). Die häufig gebrauchte Dimethyl-p-phenylendiaminlösung erhält man im großen aus dem technisch leicht zugänglichen Nitrosodimethylanilin durch Rühren seiner lauwarmen leicht essigsauren Lösung mit Eisenpulver bis zur Entfärbung. Die vom Eisen befreite Lösung wird titriert, sofort mit der berechneten Phenollösung versetzt und das Indophenol (z. B. durch Einleiten von Luft bei Gegenwart von Kupfersalzen) gebildet[2].

Wie die unsubstituierten und die dialkylierten Basen sind auch die monoalkylierten aromatischen Amine[3], ihre Arylsulfoderivate[4],

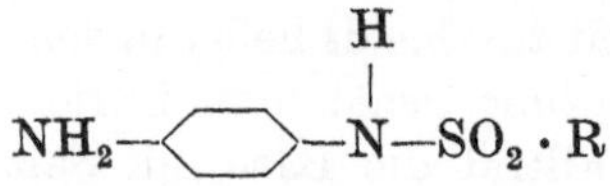

$$\text{NH}_2\text{---}\langle\ \rangle\text{---}\overset{\displaystyle\text{H}}{\overset{\displaystyle|}{\text{N}}}\text{---SO}_2\cdot\text{R}$$

ihre Homologen und Substitutionsprodukte[5], wie z. B. Amino-o-kresol, Salicylsäurederivate usw. verwendbar. Die halogenisierten Indophenole, erhalten aus halogenhaltigen Komponenten, unterscheiden sich von den halogenfreien durch ihre größere Beständigkeit[6]. Sie sind zum Teil auch schwerer löslich, daher leichter zu reinigen; ein solches Indophenol, bzw. dessen Base, ist z. B. p-Oxy-p'-methylamino-m'-chlordipenylamin (aus Chlormonomethylanilin[7]).

Die einfachsten Indophenole, denen die Basen Dioxy- bzw. Aminooxydiphenylamin entsprechen, sind nach diesen Oxydationsmethoden nur dann darstellbar, wenn man bei möglichst niederer Temperatur, keinesfalls aber über 0°, arbeitet, während bei der Darstellung ihrer Homologen nach obigen Methoden ohne Gefahr 5° oder 10° über 0° erreicht werden können[8]. Die Ausführung wird nun derart geleitet, daß man die 0° kalte alkalische Lösung von p-Aminophenol und Phenol in die Lösung des Natriumhypochlorits eingießt, die durch Hinzufügen von Salz und Eis auf —16 bis —20° abgekühlt ist; während der Reaktion beim Eingießen steigt die Temperatur auf — 3° bis höchstens 0° und das Indophenol scheidet sich in reiner Form kristallinisch ab[9]. Das Indophenol p-Phenylendiamin + Phenol[10] oder p-Amino-

[1] D. R. P. 161 665 und Anmeldung F. 16 642, 1902, *Höchst.*

[2] F. P. 328 150 und Anmeldung F. 16 377, 1902, *Höchst,* zurückgezogen 1903.

[3] D. R. P. 133 481.

[4] D. R. P. 192 530 und Zusatz 197 083; Indophenoldarstellung: 160 710.

[5] D. R. P. 140 733.

[6] D. R. P. 152 689.

[7] Vgl. D. R. P. 158 091.

[8] Indophenol aus Acet-p-phenylendiamin + Phenol, D. R. P. 168 229.

[9] D. R. P. 157 288. (F. P. 326 088.)

[10] F. P. 328 110; Anmeldung F. 17 016, *Höchst,* 1902, versagt 1904 (E. 22 824/02).

phenol + Anilin[1] soll auch leicht durch gewöhnliche Ferricyankaliumoxydation darstellbar sein bei einer Temperatur zwischen 0 und + 10°; das ausgefallene Indophenol wird rasch abgesaugt oder besser gleich in der Lauge mit Schwefelnatrium reduziert[2].

Die Darstellung von Indokörpern durch Kondensation von Nitrosophenol mit Basen in konzentriert oder fast konzentriert schwefelsaurer Lösung wird meist dann mit Erfolg ausgeführt, wenn eine der Komponenten in wässerigen sauren oder alkalischen Flüssigkeiten nicht löslich ist, also z. B. bei Verwendung von Diphenylamin oder Carbazol als Komponente[3]. (Bei Verwendung von Diphenylamin verdünnt man die konzentrierte Schwefelsäure der leichten Sulfierbarkeit des Diphenylamins wegen zweckmäßig mit 10% Wasser.) Man löst z. B. 40 Teile Carbazol in 600 Teilen konzentrierter Schwefelsäure und fügt eine Lösung von 30 Teilen Nitrosophenol in 500 Teilen konzentrierter Schwefelsäure hinzu; durch äußere Kühlung wird dafür gesorgt, daß dabei die Temperatur nicht über 15° bis höchstens 25° steigt. Man gießt dann auf Eis und filtriert das abgeschiedene Indophenol, um es als solches oder nach Reduktion mit Schwefelnatrium[4] als Base zur Polysulfidschmelze zu bringen. Dieses Indophenol ist auch nach einer früher für Anthrachinon-[5] wie auch für komplizierte Azofarbstoffe[6] verwendeten modifizierten Oxydationsmethode[7] erhaltbar, indem man die Komponenten in konzentriert schwefelsaurer Lösung z. B. mit Braunstein zusammenoxydiert.

Die Indophenolbildung ist nicht auf Benzolderivate beschränkt; es lassen sich auch Naphthaline nach den geschilderten Verfahren mit Aminophenolen zusammenoxydieren, wodurch man wertvolle Ausgangsmaterialien für grüne und blaue Schwefelfarbstoffe erhält, z. B.:

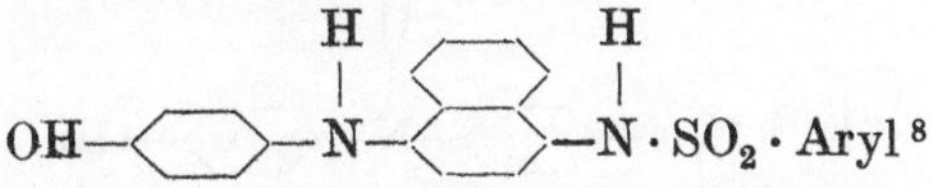

$$\mathrm{OH}-\langle\ \rangle-\overset{\text{H}}{\underset{|}{\text{N}}}-\langle\langle\ \rangle\rangle-\overset{\text{H}}{\underset{|}{\text{N}}}\cdot\mathrm{SO_2}\cdot\mathrm{Aryl}^{[8]}$$

Es kann ferner die Indophenolbildung mit einkernigen Molekülen fortgesetzt werden, wodurch man Tri- und Tetraphenyldi- bzw. -triaminderivate erhält. So kann man z. B. aus Diphenylamin, in (mit 10% Wasser) verdünnter Schwefelsäure gelöst, mit Nitrophenol das Indophenol[9]

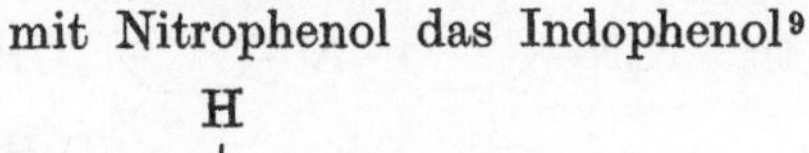

$$\langle\ \rangle-\overset{\text{H}}{\underset{|}{\text{N}}}-\langle\ \rangle-\mathrm{N}=\langle\ \rangle=\mathrm{O}$$

<hr>

[1] Anmeldung F. 17 502, *Höchst*, 1902.

[2] Siehe ferner D. R. P. 179 294, 179 295, 204 596; letzteres: Oxydation bei Gegenwart von Kupfersalzen mit Hypochlorit.

[3] A. P. 727 387 (enthält die genauere Vorschrift) ferner D. R. P. 205 391.

[4] D. R. P. 218 371 und 221 215.

[5] D. R. P. 68 123, 68 124, 111 919.

[6] D. R. P. 87 976, 88 595.

[7] D. R. P. 227 323.

[8] D. R. P. 162 156, 187 823, 181 987 u. a.; über die naphthylierten Arylsulfamide vgl. *O. N. Witt* und *G. Schmidt:* Ber. **27**, 2370; D. R. P. 157 859.

[9] D. R. P. 150 553; F. P. 323 202; Anmeldung C. 10 964 von 1902, versagt 1904.

erhalten, das auch darstellbar ist durch Zusammenoxydieren von p-Amino-diphenylamin mit Phenol in saurer Lösung mit Chromat oder aus Diphenyl-amin und Aminophenol z. B. durch Oxydation in alkoholischer Lösung (F. P. 323 203, Beispiel II). Aus p-p'-Diaminodiphenylamin wurden durch gemeinsame Oxydation mit 1 oder 2 Mol. p-Aminophenol die Indophenole bzw. Leukobasen[1]

$$O{=}\langle\ \rangle{=}N{-}\langle\ \rangle{-}\overset{H}{N}{-}\langle\ \rangle{-}NH_2 \qquad \text{(Base vom Schmelzp. 185°)}$$

$$O{=}\langle\ \rangle{=}N{-}\langle\ \rangle{-}\overset{H}{N}{-}\langle\ \rangle{-}\overset{H}{N}{-}\langle\ \rangle{-}OH \qquad \text{(Base vom Schmelzp. 208°)}$$

erhalten. Die Reduktion dieser Körper wird zweckmäßig in alkoholischer Lösung mit Schwefelnatrium bei etwa 60° vollzogen.

Zuweilen lassen sich in die Indophenole Sulfogruppen einführen, wenn man sie mit neutralem Sulfit behandelt[2]. Läßt man z. B. 22,6 Teile Indophenol aus Dimethyl-p-phenylendiamin und Phenol in 250 Teilen Wasser mit 25,2 Teilen neutralem Sulfit längere Zeit stehen oder digeriert bei 60°, bis die Flüssigkeit farblos geworden ist und kocht dann auf, so fällt mit über-schüssiger Salzsäure die Sulfosäure des Leukoindophenols aus; durch Oxy-dation, z. B. mit Hypochlorit in alkalischer Lösung, wird die Indophenol-sulfosäure erhalten. Bei Verwendung von Bisulfit statt neutralen Sulfits entsteht eine in Wasser sehr leicht lösliche isomere Sulfosäure[3]. Durch ge-meinsame Oxydation von Dialkyl-p-phenylendiamin mit Phenolsulfosäuren[4] werden die in ihrer Konstitution bestimmten Sulfosäuren

$$\text{(I)} \qquad R_2N{-}\langle\ \rangle{-}\overset{H}{N}{-}\langle\ \rangle{-}OH$$
$$SO_3H$$

und

$$\text{(II)} \qquad R_2N{-}\langle\ \rangle{-}\overset{H}{N}{-}\langle\ \rangle{-}OH$$
$$SO_3H$$

erhalten. Sie unterscheiden sich durch die Färbungen ihrer alkalischen und sauren Oxydationsprodukte und geben trübe, bläulichgrüne (I) oder blau-graue (II) Schwefelfarbstoffe. Obige mit Sulfit erhaltenen Sulfosäuren ver-halten sich völlig anders: in der Polysulfidschmelze entsteht ein reinblauer Schwefelfarbstoff (Eklipseblau); die Sulfogruppe dieser Säuren befindet sich demnach im Dialkylkern.

---

[1] D. R. P. 153 130.
[2] D. R. P. 129 325.
[3] D. R. P. 132 221; vgl. F. P. 308 669.
[4] D. R. P. 129 024; vgl. D. R. P. 171 028.

3. Thiosulfosäurederivate der Indokörper[1].

a) Die Clayton - Farbstoffe.

Wie im Kapitel Konstitution dargelegt wurde, ist man in der Lage, schwefelhaltige direkt ziehende Baumwollfarbstoffe in gewissem Sinne synthetisch aus Einzelkomponenten aufzubauen. Die Herstellung dieser letzteren, sowie die Oxydation zum Farbstoff, die dort nur flüchtig gestreift wurden, sollen hier im einzelnen besprochen werden.

Die erste Komponente zur Herstellung dieser Farbstoffe ist bekanntlich stets ein schwefelhaltiges Benzolderivat; ein solches erhält man durch Oxydation von p-substituierten Benzolderivaten, die imstande sind, in chinoide Körper überzugehen, bei Gegenwart von Natriumthiosulfat. Die so erhaltenen Di- und Tetrathiosulfosäuren, die in manchen Fällen zumeist in Form ihrer Kaliumsalze isoliert werden konnten, bilden sich über die Monothiosulfosäuren durch Eintritt weiterer Thiosulfosäurereste:

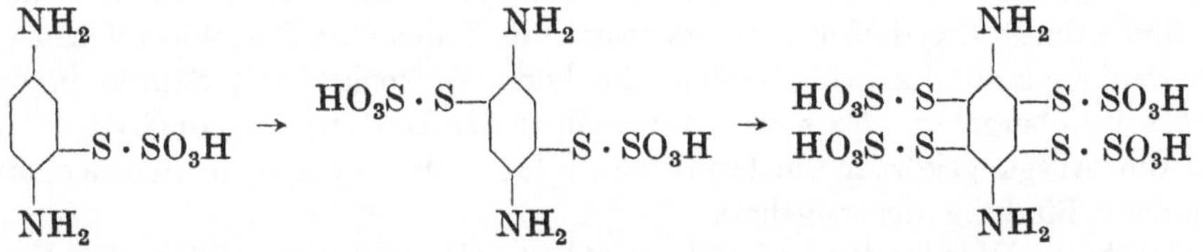

$$NH_2\text{-}C_6H_3(\text{-}S\cdot SO_3H)\text{-}NH_2 \rightarrow HO_3S\cdot S\text{-}C_6H_2(NH_2)(\text{-}S\cdot SO_3H)\text{-}NH_2 \rightarrow (HO_3S\cdot S)_2 C_6H(NH_2)(\text{-}S\cdot SO_3H)_2\text{-}NH_2$$

Am leichtesten isolierbar sind die Di- und Tetrathiosulfosäuren des p-Phenylendiamins; schwieriger wird die Dithiosulfosäure des Toluylendiamins erhalten; die Bildung einer Trithiosulfosäure des letzteren ist nachgewiesen, isoliert wurde sie nicht. Ebenso gelingt die Isolierung der Dialkyl-p-phenylendiamindithiosulfosäuren, wenn auch nicht so leicht wie jene der nichtalkylierten Base. Auf die Existenz der Thiosulfosäuren von p-Aminophenol, Hydrochinon und anderer ihrer Hydroxylgruppen wegen leicht löslicher Körper kann man nur schließen, da sie ganz analoge Reaktionen und Farbstoffe liefern, wie die p-Phenylendiaminthiosulfosäuren; ihre leichte Löslichkeit und ihre Empfindlichkeit gegen Oxydationsmittel verhindert ihre Isolierung.

Die Lösung einer Dithiosulfosäure, wie sie zur Verwendung kommt, wird z. B. auf folgende Weise erhalten: 18,6 Teile p-Aminophenol werden in 33 Teilen Wasser und 16 Teilen 33proz. Salzsäure gelöst und mit 400 Teilen einer Lösung versetzt, die im Liter 440 g Aluminiumsulfat enthält. Bei 0° kommen 400 Teile einer Natriumthiosulfatlösung (445 g im Liter) hinzu; man oxydiert mit 500 Teilen einer Chromatlösung von 91,6 g $K_2Cr_2O_2$ im Liter, der man 144 Teile 50proz. Essigsäure zugesetzt hat. Bei Verwendung von Nitrosophenol statt Aminophenol kann das Oxydationsmittel in Fortfall kommen; man digeriert in diesem Falle Nitrosophenol mit der aluminiumsulfathaltigen Thiosulfatlösung bei sehr gelinder Wärme bis zur Entfärbung. Man erhält die Thiosulfosäuren in Form ihrer verschiedenartig kristallisierenden

---

[1] Siehe Literatur usw. S. 97ff.; Darstellung D. R. P. 120 504.

Kaliumsalze, aus deren Lösung die Thiosulfosäuren durch Essigsäure in Freiheit gesetzt werden. Je nach der Zahl der Sulfogruppen unterscheiden sich die Produkte durch einige Reaktionen scharf voneinander: Die Monothiosulfosäure ist in Wasser schwer, in Sodalösung farblos löslich, die Dithiosulfosäure in Wasser leicht, in Sodalösung mit gelber Farbe löslich usw.

Die zweite Phase vollzieht sich derart, daß man der so erhaltenen Thiosulfosäurelösung eine Lösung von z. B. 37 Teilen p-Phenylendiamin in 33,2 Teilen 33proz. Salzsäure und 1000 Teilen Wasser zusetzt und bei gewöhnlicher Temperatur mit 750 Teilen der obigen Chromatlösung und 216 Teilen 50proz. Essigsäure oxydiert. Die Lösung enthält dann die Thiosulfosäure der Indokörper und wird in der dritten Phase nach Hinzufügen von 900 Teilen konzentrierter Schwefelsäure gekocht, worauf sich der Farbstoff abscheidet. Mit Nitrosophenol vollzieht sich nach Hinzufügen der Schwefelsäure die Farbstoffbildung direkt ohne Entstehen eines chinoiden Zwischenproduktes. Die einzelnen Phasen lassen sich auch vereinigen oder man kann von fertiggebildeten Indokörpern oder Diphenylaminderivaten ausgehen, und aus ihnen durch Oxydation bei Gegenwart von Thiosulfat Polythiosulfosäuren von Diphenylaminderivaten bilden, die beim Verkochen mit Säuren in die Farbstoffe übergehen. Es muß nur immer die Bedingung erfüllt sein, daß die Ausgangskörper imstande sind, für sich oxydiert in Körper mit chinoider Bindung überzugehen.

Durch die Verwendung der Tetrathiosulfosäuren wächst die Vielgestaltigkeit der entstehenden Produkte besonders deshalb, weil nach ihrer Vereinigung mit der zweiten Komponente diese den Charakter eines substituierten z. B. p-Aminophenoles oder p-Phenylendiamines erhält

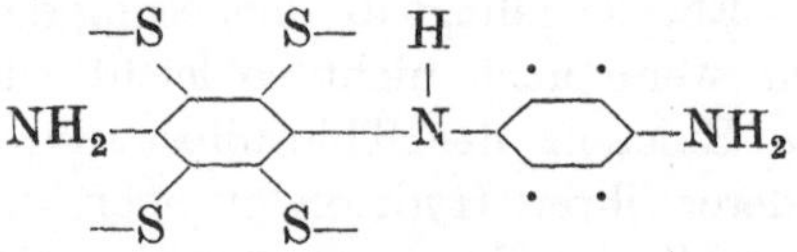

$$\text{NH}_2\text{—}\underset{\underset{-\text{S}\quad\text{S}-}{}}{\overset{\overset{-\text{S}\quad\text{S}-\ \text{H}}{}}{\bigcirc}}\text{—N}\text{—}\bigcirc\text{—NH}_2$$

und so ebenfalls befähigt ist, Thiosulfogruppen aufzunehmen. Als Regel ergibt sich demnach: daß immer so viel Sauerstoffatome zur Verfügung stehen müssen, als Thiosulfosäurereste eintreten sollen, plus 2 (eines zur Bildung des Diphenylamins und das zweite zur Herstellung der chinoiden Bindung). Es müssen also bei Verwendung fertiger Indokörper soviel Sauerstoffatome als Thiosulfosäurereste eintreten sollen, bei Verwendung der fertig gebildeten Diphenylaminkörper soviel Sauerstoffatome, als Thiosulfosäurereste eintreten sollen + 1, verfügbar sein. Dies gilt natürlich, der Nebenreaktionen wegen, nur approximativ. Verwendet man weniger Thiosulfat, als zur Bildung einer Dithiosulfosäure nötig ist, so gelangt man über Monothiosulfosäuren zu vorwiegend braunen Farbstoffen[1].

Die Tetrathiosulfosäure des p-Phenylendiamins entsteht durch Oxydation einer Lösung von 54 Teilen p-Phenylendiamin in 440 Teilen Eisessig

---

[1] D. R. P. 127 440.

bei Gegenwart von 750 Teilen Natriumthiosulfat in einer Verdünnung von 2400 Teilen Wasser und 1200 Teilen Eis mit 283 Teilen Bichromat. Mit Kaliumchlorid kann man aus dieser Lösung das rote kristallisierte Kaliumsalz der Tetrathiosulfosäure ausfällen (es geht leicht in eine gelbe Modifikation über). Aus ihrer Analyse und aus der Tatsache, daß mit salpetriger Säure keine Fällung mehr entsteht (siehe Phenylbisdiazosulfid) und noch 2 Mol. salpetriger Säure zur Tetrazotierung verbraucht werden, folgt die Konstitution. Das isolierte Kaliumsalz der p-Phenylendiamintetrathiosulfosäure gibt ebenso wie die freie Säure und ihre Lösung (wie sie bei der Darstellung resultiert), z. B. mit Anilin zusammenoxydiert, beim folgenden sauren Verkochen den Farbstoff[1], der auch hier in einer Operation aus den Ausgangsmaterialien gebildet werden kann. Ausgehend vom fertigen Diaminooxydiphenylamin (gebildet aus 29,1 Teilen salzsauren p-Aminophenols und 21,6 Teilen m-Toluylendiamin) braucht man z. B. 150 bis 250 Teile Thiosulfat und 183 bis 275 Teile Natriummonochromat zur Bildung des chinoiden Thiosulfosäurezwischenkörpers je nach der Zahl der einzuführenden Thiosulforeste. Das Resultat ist annähernd das gleiche, ob man von den Einzelkomponenten, von den aus ihnen gebildeten Indo- oder ihren Leukokörpern ausgeht, ob man die Thiosulfosäuren abscheidet oder nicht; die kleinen Unterschiede in den Farbstoffen erklären sich durch die Labilität der Thiosulforeste innerhalb des Moleküls. Dasselbe gilt von den Homologen, Nitro-, Amino-, Hydroxyl, Methyl, Methoxyl-, Halogen- usw. Substitutionsprodukten der Einzelkomponenten[2]. In einem Schlußpatent[3] wird schließlich dargelegt, daß auch mehr als 1 Mol. der zweiten Komponente auf 1 Mol. der ersten Komponente kommen kann oder, da z. B. diese 2 Mol., die nunmehr die zweite Komponente bilden, nicht gleichartig zu sein brauchen, daß auch ein fertiger Indokörper mit einem Benzolkörper bei Gegenwart von Thiosulfat in Reaktion gebracht werden kann. Beispiel: 108 Teile p-Phenylendiamin (1 Mol.) und 280 Teile Anilin (3 Mol.) werden mit 4000 Teilen konzentrierter Schwefelsäure und der entsprechenden Menge Wasser auf 10 000 Teile gelöst, bei 25° mit einer Lösung von 1750 Teilen Thiosulfat versetzt, mit 1236 Teilen (durch Natronlauge neutralisierten) Bichromats oxydiert und schließlich gekocht; der abgeschiedene Farbstoff wird filtriert, gewaschen, getrocknet. Oder: 272 Teile Di-p-aminodiphenylaminchlorhydrat (1 Mol.) werden mit 93 Teilen Anilin (1 Mol.) oder mit letzterem und außerdem noch 94 Teilen Phenol (1 Mol.) bei Gegenwart von Thiosulfat zusammenoxydiert, wodurch von vornherein Gebilde entstehen (bis einschließlich der zweiten Phase), die vier Benzolkerne enthalten. Die Art der Bindung ist unbestimmt, da die Verkettung durch das saure Verkochen vor sich geht; die Farbstoffe dürften auch kaum mehr als theoretisches Interesse beanspruchen können.

---

[1] Die Zahlen des Patentes 127 856 sind unrichtig, da das Molekulargewicht des Kaliumsalzes 712 und das des Anilins 93 ist, so daß auf 14,2 Teile des ersteren 1,86 und nicht 18,6 Teile Anilin kommen müssen.

[2] D. R. P. 128 916.

[3] D. R. P. 130 440.

b) Die Farbstoffe der Bad. Anilin- und Sodafabrik.

Hier entstehen, wie wir im Kapitel Konstitution gesehen haben, blaue Schwefelfarbstoffe, deren Bildung sich genauer verfolgen läßt; die Farbstoffe selbst zeigen allerdings noch gewisse Unterschiede von den echten Schwefelfarbstoffen; sie sind jedenfalls niedrigermolekulare Glieder dieser Reihe. Auch hier tritt die praktische Bedeutung (im Vergleich mit den aus Indophenolen in der Polysulfidschmelze gewonnenen Farbstoffen) gegen die theoretische bedeutend zurück[1].

Man bringt ebenfalls 2 Mol. in Reaktion miteinander; jedes dieser Moleküle enthält von vornherein schwefelhaltige Gruppen. Die zweite Komponente ist hier meistens die Thiosulfosäure des Dialkyl-p-phenylendiamins, während die erste Komponente durch geschwefelte Chinone verkörpert wird.

Letztere werden dargestellt[2]: Durch Behandlung von Chinon mit Schwefelungsmitteln, wie Schwefelwasserstoff, Thiosulfat, Schwefelalkalien, Rhodansalze, Xanthogenate usw. Die allgemeine Bildungsweise dieser Körper, besonders der aus Halogenchinonen, wurde bereits S. 24 besprochen. Im speziellen erhält man z. B. die Hydrochinonmonothiosulfosäuren durch Versetzen einer Lösung von 43,2 Teilen Chinon in 150 Teilen Eisessig bei maximal 10° mit einer Lösung von 150 (?) Teilen Thiosulfat (berechnet 99,2 Teile[3]) in 200 Teilen Wasser. Nach kurzem Stehen fällt man mit Kaliumchlorid das reine Kaliumsalz der Hydrochinonmonothiosulfosäure aus. Durch Reduktion mit Zinkstaub und Säure erhält man aus ihr das Mercaptan I (Schmelzp. 120°), aus dessen Natriumsalz mit Jod das Disulfid II (Schmelzp. 183°), mit einem weiteren Molekül Chinon das Dihydrochinonmonosulfid III (Schmelzp. 228°), während durch Oxydation der Hydrochinonmonothiosulfosäure in saurer Lösung mit Bichromat die Chinonmonothiosulfosäure IV resultiert.

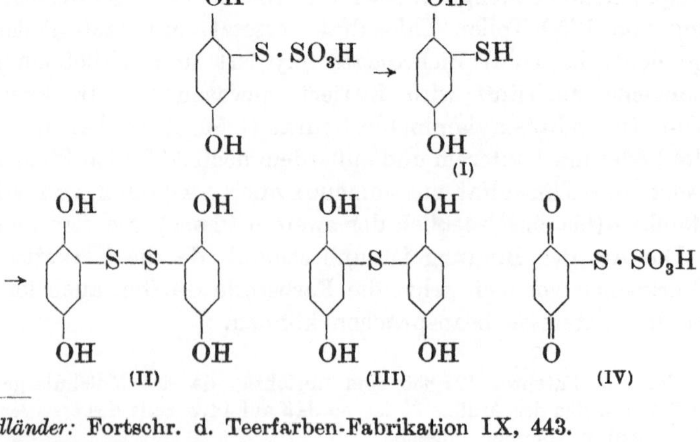

$$
\underset{\text{(I)}}{
\begin{array}{c}
\text{OH} \\
\bigcirc\!-S\cdot SO_3H \\
\text{OH}
\end{array}
\;\rightarrow\;
\begin{array}{c}
\text{OH} \\
\bigcirc\!-SH \\
\text{OH}
\end{array}
}
$$

$$
\rightarrow\;
\underset{\text{(II)}}{
\begin{array}{c}
\text{OH}\quad\text{OH} \\
\bigcirc\!-S\!-\!S\!-\!\bigcirc \\
\text{OH}\quad\text{OH}
\end{array}
}
\qquad
\underset{\text{(III)}}{
\begin{array}{c}
\text{OH}\quad\text{OH} \\
\bigcirc\!-S\!-\!\bigcirc \\
\text{OH}\quad\text{OH}
\end{array}
}
\qquad
\underset{\text{(IV)}}{
\begin{array}{c}
\text{O} \\
\bigcirc\!-S\cdot SO_3H \\
\text{O}
\end{array}
}
$$

---

[1] *Friedländer:* Fortschr. d. Teerfarben-Fabrikation IX, 443.
[2] D. R. P. 175 070.
[3] Druckfehler in der Patentschrift.

Auf ähnlichem Wege wurden die Di- und Tetrathiosulfosäuren erhalten. Eine isomere Dithiosulfosäure kann dargestellt werden z. B. aus 12,9 Teilen Hydrochinonmonothiosulfosäure in essigsaurer Lösung mit 14 Teilen ($= 10\%$ Überschuß über die Theorie) Thiosulfat bei 10°.

Die 2 : 6-Dichlorhydrochinonmono- und Dithiosulfosäure:

$$\text{Cl}—\overset{\displaystyle \text{OH}}{\underset{\displaystyle \text{OH}}{\bigcirc}}\overset{—\text{Cl}}{_{—\text{S}\cdot\text{SO}_3\text{H}}} \qquad \text{HO}_3\text{S}\cdot\text{S}—\overset{\displaystyle \text{OH}}{\underset{\displaystyle \text{OH}}{\bigcirc}}\overset{—\text{Cl}}{_{—\text{S}\cdot\text{SO}_3\text{H}}}$$

werden analog erhalten, z. B. aus 180 Teilen 2 : 6-Dichlorchinon, in der achtfachen Menge Eisessig gelöst, mit 1 bzw. 2 Mol. Thiosulfat (und 15% Überschuß) bei 5 bis 10°. Ein Gemenge beider resultiert beim Eintropfen einer Lösung von 60 Teilen Thiosulfat in 70 Teilen Wasser innerhalb einiger Stunden bei 0 bis 5° in eine Lösung von 36 Teilen 2 : 6-Dichlorchinon in 160 Teilen Wasser, 320 Teilen Eis und 185 Teilen Salzsäure von 19° Bé. Beim Aussalzen mit Kaliumchlorid krystallisiert zuerst die Dithiosulfosäure, im Filtrat bleibt das Monoprodukt.

Andere Schwefelungsmittel geben andere Hydrochinonthioderivate; so erhält man z. B. das Benzylmercaptan aus Chinon und Thiobenzoesäure in ätherischer Lösung. Rhodansalze dürften wohl primär die Rhodanide geben, die sich jedoch sofort unter Wasseranlagerung in die Thiocarbaminate umlagern[1].

Diese Thiohydrochinone brauchen nicht abgeschieden zu werden; man vereinigt ihre Darstellung mit der Farbstoffbildung in folgender Weise: Die Lösungen von Chinon und Schwefelungsmittel werden zur Bildung des geschwefelten Chinons gemengt, dann fügt man die Lösung der monoalkylierten oder asymmetrisch dialkylierten Phenylendiaminthiosulfosäuren (oder, was gleichbedeutend ist, das berechnete Gemenge von alkyliertem Phenylendiamin und Thiosulfat) hinzu und vollendet die Farbstoffbildung durch Behandlung des primär gebildeten Indokörpers mit Alkalien oder Schwefelalkalien. Z. B.: 60 Teile Chloranil und 240 Teile Schwefelnatrium (als Schwefelungsmittel) werden bei gewöhnlicher Temperatur gerührt. Aus der entstandenen gelbbraunen Lösung fällt auf Eiszusatz mit 25 Teilen Salzsäure von 20° Bé das geschwefelte Chinon als hellgelber Niederschlag aus. Man löst diesen amorphen Körper noch feucht in 45,5 Teilen Natronlauge von 40° Bé und 500 Teilen Wasser, fügt eine Lösung von 60 Teilen Dimethyl-p-phenylendiaminthiosulfosäure in 45,5 Teilen Lauge und 500 Teilen Wasser hinzu, und erhält so den Farbstoff als blaues Pulver. Die Abscheidung des geschwefelten Chinons ist, wie gesagt, nicht nötig; ferner kann die Farbstoffbildung auch in alkoholischer Lösung erfolgen. Nach demselben Schema entstehen die Farbstoffe aus

---

[1] *Hantzsch* und *J. Weber:* Ber. **20**, 3127; vgl. Annalen **249**, 7.

den mit Thiosulfat, Schwefelwasserstoff[1] usw. geschwefelten Chinonen. Mit der Zahl der eingetretenen schwefelhaltigen Reste ändert sich die Nuance[2] des Farbstoffes in dem Sinne, daß das Monothiochinon zu rotstichigen, Dithioderivate jedoch zu grünstichig blauen Farbstoffen führen.

Modifiziert man die Arbeitsweise in folgender Art: Vereinigung von 32 Teilen 2 : 6-Dichlorhydrochinon-mono-(bzw. di-)thiosulfosäurelösung mit einer Lösung von 25 Teilen Dimethyl-p-phenylendiaminthiosulfosäure, Versetzen mit 500 Teilen Wasser und 40 Teilen festem Ätznatron in 200 Teilen Wasser bei 0 bis 5° unter Luftabschluß — so entsteht eine grünlichgelbe, allmählich violettblau werdende Lösung, aus der man nach 3 Stunden durch Fällen mit 185 Teilen 30proz. Essigsäure und Behandlung des grünlichblauen Niederschlages in sehr verdünnter (4000 Teile Wasser) heißer Lösung mit 11 Teilen Soda in geringer Menge einen Schwefelfarbstoff als Rückstand isolieren kann, während sich im Filtrat die Leukoverbindung eines Farbstoffes befindet, der noch einen Thiosulfosäurerest besitzt; dieser Farbstoff zieht in saurer Lösung auf Wolle, spaltet jedoch in schwefelalkalischer Flotte den Thiosulforest ab und zieht direkt reinblau auf Baumwolle.

Die Dimethyl-p-phenylendiaminthiosulfosäuren reagieren natürlich auch mit nicht geschwefelten Benzolderivaten unter Bildung von Indaminthiosulfosäuren, die als solche oder nach ihrer Umwandlung in Thiazine in der Polysulfidschmelze zu blauen Schwefelfarbstoffen führen[3]. Z. B.: Eine Lösung von 250 Teilen Dimethyl-p-phenylendiaminthiosulfosäure in 10 000 Teilen Wasser und 40 Teilen Ätznatron wird mit einer Lösung von 108 Teilen m-Phenylendiamin in 5000 Teilen Wasser und 265 Teilen Salzsäure von 19° Bé vermischt und mit 200 Teilen Bichromat, gelöst in 1000 Teilen Wasser, bei Gegenwart von 1000 Teilen 30proz. Essigsäure zur Indaminthiosulfosäure oxydiert. Durch Kochen mit konzentrierter Schwefelnatriumlösung geht letztere in das Thiazin über.

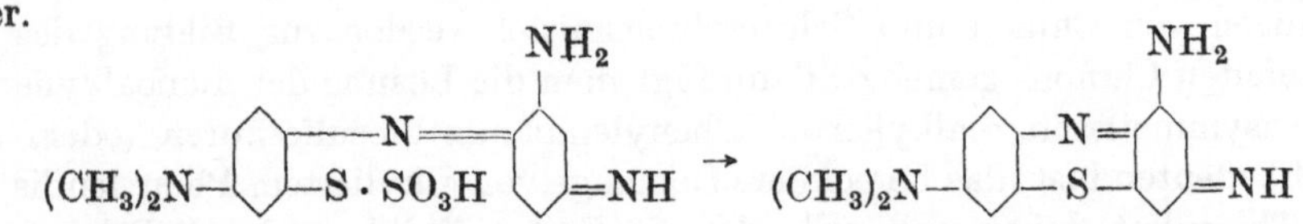

$$(CH_3)_2N{-}C_6H_4{-}S\cdot SO_3H \;;\; N{=}C_6H_3(NH_2){=}NH \;\longrightarrow\; (CH_3)_2N{-}C_6H_3{-}S{-}C_6H_3(NH_2){=}NH,\; N{=}$$

Schließlich reagiert die Dialkyl-p-phenylendiaminthiosulfosäure, da sie noch eine freie Aminogruppe besitzt, auch mit Chlordinitrobenzol in alkoholischer Lösung[4]. Reduziert man dieses Dinitrochlorbenzol-Kondensationsprodukt z. B. mit Zinkstaub und Salmiak und oxydiert nachträglich, so erhält man blaue basische Farbstoffe[5], die in der Polysulfidschmelze in Schwefelfarbstoffe übergehen.

---

[1] D. R. P. 167 012, Beispiel 6.
[2] D. R. P. 178 940.
[3] D. R. P. 135 563.
[4] D. R. P. 110 987.
[5] Annalen **251**, 1.

Einfluß der Konstitution des Ausgangsmaterials auf den Farbton des Schwefelfarbstoffes.

Allgemeines.

Das Material für dieses Kapitel ist gering und zudem zum Teil unzuverlässig; immerhin lassen sich gewisse Abhängigkeitsverhältnisse zwischen Stellung der Substituenten im Ausgangsmaterial und Farbton der resultierenden Schwefelfarbstoffe ableiten. Die in dieser Frage bestehende Unsicherheit erklärt sich durch die Unvollständigkeit der Patentangaben, und durch ihre Unzuverlässigkeit, im besonderen, was die Benennung der Nuancen der erhaltenen Farbstoffe betrifft, ferner aber auch durch den ungleichmäßigen Verlauf der Schwefelschmelze und der dadurch entstehenden zahlreichen Übergangsformen. Ein Vergleichen ist deshalb überhaupt nur möglich, wenn man 1. nur annähernd gleichartig verlaufende Schmelzen in Betracht zieht und 2. alle Farbstoffe ausschaltet, die auf nicht normale Weise entstanden sind, sei es, daß die Temperatur der Schmelze ein Mittel überschritten hat oder daß Ausgangsmaterialien verwendet wurden, die durch Umwandlung aus einheitlichen Körpern entstanden. Wenn z. B. ein bestimmtes Ausgangsmaterial einen schwarzen Schwefelfarbstoff gibt, ein Produkt unbekannter Konstitution jedoch, das aus demselben Ausgangsmaterial erst durch Kochen mit Lauge[1] oder Schwefelnatrium[2] entstanden ist, zu einem braunen Schwefelfarbstoff führt, so lassen sich aus dem Vergleich dieser beiden Farbstoffe gar keine Schlüsse ziehen. Man kann ebensowenig den bei 130° gebildeten Farbstoff aus o-p-Dinitrophenylaminoindazol[3] mit jenem vergleichen der aus Dehydrothiotoluidin bei 300° entsteht[4] nur deswegen, weil sie beide olive färben.

Es werden im folgenden nur zwei Farben und ihre Nuancen berücksichtigt werden: 1. Schwarz (grünlich-, bläulich- und violettschwarz); 2. Braun (gelb-, rot- und schwarzbraun). Für Olive existieren zu wenige Beispiele; oft handelt es sich auch nur um Zersetzungsfarbstoffe. Die roten Töne fallen aus, da sie sich nur von einer kleinen Gruppe von Azinfarbstoffen ableiten, und die blauen Farbstoffe sind im Sinne der *Vidal*schen Anschauungen Übergangsfarbstoffe. Da der Vidalprozeß (Dinitrophenol-, Diphenylamin- usw.

---

[1] D. R. P. 112 484, Oxydinitrodiphenylamin-Umwandlungsprodukt.
[2] D. R. P. 139 807, Dinitranilin-Umwandlungsprodukt.
[3] D. R. P. 118 079.
[4] D. R. P. 97 285.

Schwarz) kaum zu braunen[1], der Thiazolprozeß nie zu schwarzen Schwefelfarbstoffen führt, wird man imstande sein, auf folgendem Wege zu Vergleichsdaten zu gelangen, wenn man nur die einfachen Derivate berücksichtigt[2]: Man vergleicht die Ausgangsmaterialien, die normalerweise schwarze Schwefelfarbstoffe geben sollen, und eliminiert alle jene, die braune Schwefelfarbstoffe geben. Die so erhaltenen beiden Reihen gestatten dann die Beantwortung der Frage, ob die Verschiedenheit der Färbungen vielleicht auf der verschiedenen Stellung der Substituenten beruht. In diesem Sinne kann man dann von gewissen Gesetzmäßigkeiten reden.

1. Benzolderivate, allein und in Gemengen.

Folgende Benzolderivate geben braune Schwefelfarbstoffe:

D. R. P. 107 236: m-Oxyaminoverbindungen, m-Aminophenole und -kresole.
D. R. P. 121 052: Acet-p-aminophenol.
D. R. P. 82 748: Acet-p-phenylendiamin.
D. R. P. 144 104: m-Toluylendiamin[3].
D. R. P. 102 897: Rohkresol.
D. R. P. 126 965: Dinitroacetanilid.
D. R. P. 146 916: Nitrodiacet-p-phenylendiamin.
D. R. P. 145 909: Resorcindiacetsäure.
D. R. P. 107 729: Resorcin.

Ferner: Sämtliche sich vom m-Toluylendiamin, Acettriaminobenzol und -toluol ableitenden Körper, also: Homologe, Nitrobenzyl-, Harnstoff-, Thioharnstoffderivate usw.

Alle anderen Körper, wie p-Nitroso- und p-Aminophenol, p-Dioxybenzole, p-Diamine, p-Chinochlorimid usw., geben schwarze Schwefelfarbstoffe. Ferner sind folgende Spezialfälle zu berücksichtigen: Phenol gibt keinen Farbstoff[4], Kresol ein wertvolles Braun[5]; p-Phenylendiamin gibt einen grünschwarzen[6], m-Phenylendiamin einen braunen[7] Farbstoff; p-Aminophenol, p-Nitranilin und p-Phenylendiamin geben Vidalschwarz, ihre alkylierten Verbindungen gelbe bis braune Schwefelfarbstoffe[8], Dinitranilin[9] und Dinitrophenol[10] liefern Schwarz, 6-Methyldinitrophenol[11], ebenso Dinitracetanilid[12], Aminokresol[13] und Dinitroxylol[14] geben Braun.

---

[1] Siehe die Angabe in D. R. P. 116 339.
[2] Ein Schwefelfarbstoff aus dem Kondensationsprodukt von Chlordinitrobenzol mit Diphenylthioharnstoff ist in dieser Hinsicht nicht vergleichbar, noch dazu, wenn das Ausgangsmaterial vor dem Verschmelzen nitriert wurde (D. R. P. 111 789).
[3] Siehe besonders F. P. 326 113, die Übergänge von Oliv über Braun, Gelbbraun, Orange nach Gelb.
[4] D. R. P. 123 612.
[5] D. R. P. 102 897.
[6] D. R. P. 85 330.
[7] F. P. 239 714.
[8] Siehe auch D. R. P. 135 335, statt Acetyl: Methylen, Benzyliden, Benzyl usw.
[9] D. R. P. 102 530.   [10] Siehe Dinitrophenoltabelle, D. R. P. 127 835 usw.
[11] D. R. P. 129 564, färbt braunschwarz.   [12] D. R. P. 126 965.
[13] D. R. P. 110 881.   [14] D. R. P. 113 945.

Es ergibt sich demnach folgende Gesetzmäßigkeit:

Metasubstitutionsprodukte des Benzols, die im Kern durch Methyl oder gar nicht weiter substituiert sind, ferner o-, m- und p-kernsubstituierte Benzole, deren Substituenten Kohlenstoffgruppen, besonders Acetyl, enthalten, geben in der Schwefelschmelze vorwiegend gelbe und braune, keinesfalls aber schwarze (grün- oder blauschwarze) Schwefelfarbstoffe[1].

Zuweilen scheint es, als wären noch andere Regelmäßigkeiten vorhanden; doch sind die bezüglichen Beispiele zu wenig zahlreich, um allgemeine Schlüsse zu gestatten. So bewirkt z. B. der Eintritt einer Nitrogruppe neben Halogen oder als Ersatz der Sulfogruppe die Bildung eines reinschwarzen Farbstoffes[2].

Es färben die Schwefelfarbstoffe aus den Benzolderivaten:

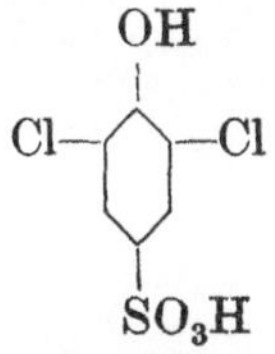

$$OH \quad\quad\quad OH \quad\quad\quad OH$$
$$Cl-\langle\quad\rangle-Cl \quad Cl-\langle\quad\rangle-NO_2 \quad Cl-\langle\quad\rangle-Cl$$
$$SO_3H \quad\quad\quad SO_3H \quad\quad\quad NO_2$$

schwarzbraun 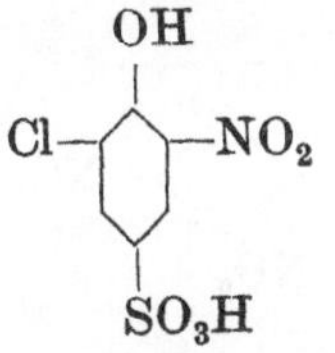   schwarz 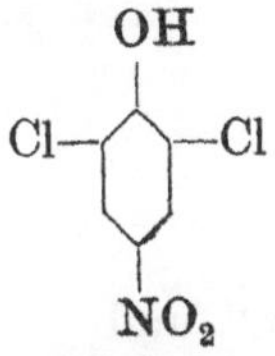   tiefschwarz

m-Phenylendiamin scheint ferner nach Olive zu ziehen, m-Toluylendiamin nach Gelb oder Braun, ebenso die zugehörigen Formylderivate[3].

Gemenge geben oft völlig regelwidrige Nuancen; z. B. erhält man aus der Simultanschmelze von Oxydinitrodiphenylamin und m-Toluylendiamin einen rein schwarzen Schwefelfarbstoff[4], was bei der Neigung des m-Toluylendiamins, braune Schwefelfarbstoffe zu liefern, sehr eigentümlich ist, besonders da der erhaltene Farbstoff nicht im entferntesten die Beimengung des m-Toluydiamins, braune Schwefelfarbstoffe zu liefern, sehr eigentümlich ist, besonders da der erhaltene Farbstoff nicht im entferntesten die Beimengung des m-Toluylendiamins zur Schmelze vermuten läßt; er unterscheidet sich vom Immedialschwarz nur durch seine geringere Empfindlichkeit gegen Wasserstoffsuperoxyd. Ähnlich verhält sich übrigens auch m-Phenylendiamin. Meta- und parasubstituierte Benzole geben überhaupt, gemeinsam verschmolzen, schwarze Farbstoffe; aber auch Acetyl-p-aminophenol, das, für sich verschmolzen, Braun[5] gibt, liefert, im Gemenge mit p-Aminophenol verschmolzen, Schwarz[6], ebenso m-Phenylendiamin allein Braun, mit p-Aminophenol Schwarz[7]. o-Phenylendiamin und 1:2:4-Triaminobenzol geben einzeln Braun, gemeinsam Schwarz[8]. Diformyl-p-phenylendiamin gibt weder mit Polysulfid[9] noch mit Schwefel[10] verwendbare Farbstoffe, wohl aber gemischt mit m-Tolyulendiamin[11]. Resorcin gibt, allein mit Schwefel und Ammo-

---

[1] Siehe *Friedländer:* Zeitschr. f. angew. Chemie **1906**, 616.
[2] D. R. P. 123 694.
[3] D. R. P. 146 064 und 138 839.
[4] D. R. P. 135 738.   [5] D. R. P. 121 052.
[6] D. R. P. 128 361.   [7] D. R. P. 114 802.
[8] D. R. P. 125 135.   [9] D. R. P. 145 762.
[10] D. R. P. 138 839.   [11] D. R. P. 159 097.

niak[1] erhitzt, einen braunen, bei Gegenwart von Dimethylamin[2] aber, ebenso wie bei Gegenwart von Formylverbindungen[3], rötliche Schwefelfarbstoffe.

Es ergibt sich demnach die weitere Folgerung, daß sich aus den Nuancen der Schwefelfarbstoffe aus einheitlichen Körpern kein Schluß auf die Nuancen solcher aus Gemischen dieser Körper ziehen läßt. Die für gewisse Einzelderivate geltende Regel *Barillets*[4] von der den Farbton aufhellenden Wirkung der acetylierten Aminogruppen versagt beim Versuche, sie auf Gemenge anzuwenden, vollständig.

2. Diphenylaminderivate (Oxydinitrodiphenylamin).

In der folgenden Tabelle[5] (S. 116 u. 117) sind die stets wiederkehrenden Reste:

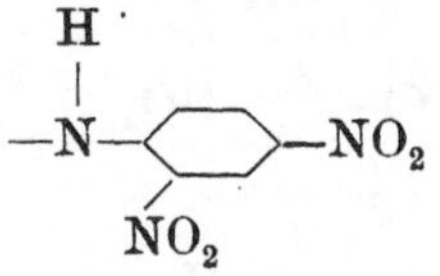

mit „Din“ und

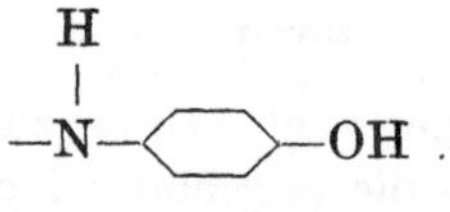

mit „Hydr“ bezeichnet.

Aus der Tabelle, die sämtliche für die Frage in Betracht kommenden Fälle enthält, ergibt sich folgendes:

Die große Neigung des m-Toluylendiamins, gelbe und braune Schwefelfarbstoffe zu geben, scheint sich auch auf seine Sulfonitrophenylabkömmlinge zu übertragen (40 und 41); auch sein Nitroderivat gibt einen braunen Farbstoff. (Siehe auch 22; in diesem Falle ist die Alkylaminogruppe nach den in der Benzolreihe aufgefundenen Gesetzmäßigkeiten die Ursache der Olivfärbung.) Daß tatsächlich nur der Toluylendiaminrest die Ursache der Braunfärbung ist, und nicht der Rest der Chlornitrobenzolsulfosäuren, geht daraus hervor, daß diese letzteren in Kondensation mit p-Aminophenol (31 und 32) zu schwarzen Schwefelfarbstoffen führen. Diese Fälle lassen sich jedoch nicht verallgemeinern; dies geht daraus hervor, daß m-Toluylendiamin im Gemenge mit Oxydinitrodiphenylamin oder kondensiert mit Chlordinitrobenzol zu schwarzen Schwefelfarbstoffen führt, da offenbar der Einfluß des Chlordinitrobenzolrestes überwiegt. Ebenso geben

---

[1] D. R. P. 107 729.

[2] D. R. P. 161 516.

[3] D. R. P. 160 395; siehe auch Anmeldung T. 10 747, 10 788 und 10 789.

[4] Rev. mat. col. **1903**, 6 bis 9.

[5] Nicht aufgenommen wurden die Schwefelfarbstoffe aus Hexanitrodiphenylamin, Schmelzen mit Zusätzen (D. R. P. 194 199), nachträglich nitrierte Produkte, Chlordinitrobenzol-Kondensationsprodukte mit Aminoindazol (D. R. P. 117 820) und Aziminobenzol (D. R. P. 121 156) usw.; letztere haben ihre braune Nuance dem anhydrifizierten Reste zu verdanken: Amino-x-methylbenzimidazol (D. R. P. 142 155) und Azimidonitrobenzol (D. R. P. 121 463) geben auch allein Gelb bzw. Olive.

die Kresole, für sich verschmolzen, braune[1], als Kondensationsprodukte mit Chlordinitrobenzol (15) oder Chlornitrobenzolsulfosäure (36) jedoch schwarze Farbstoffe (siehe auch 16 und 17). Die Angabe des Patentes lautet allerdings: „. . . Die Farbe der frisch bereiteten Farbstofflösung ist braun; auch nicht genügend weit vorgeschrittene Schmelzen lösen sich mit grünbrauner Farbe"; wie die Baumwolle aus diesen Lösungen angefärbt wird, ist aber nicht gesagt.

Wir sehen aber weiterhin: Wenn in dem nicht dinitrierten Kern eines Dinitrodiphenylaminderivates auch nur eine Metastellung zum Imid durch NO_2 oder SO_3H besetzt ist, so entsteht kein schwarzer Schwefelfarbstoff:

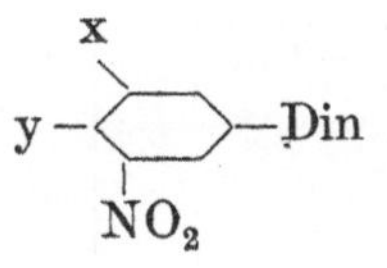

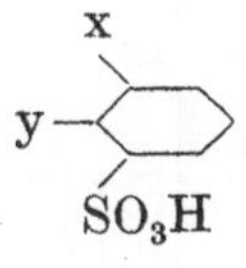

Auf den ersten Blick scheint (4) eine Ausnahme zu bilden:

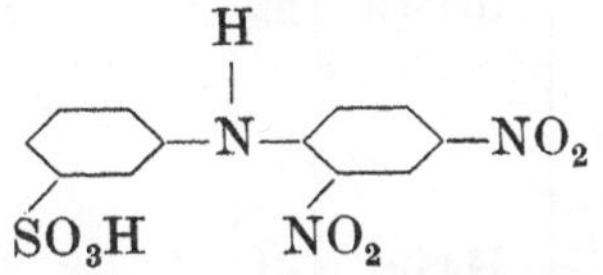

Diese Sulfosäure führt zu einem hervorragenden schwarzen Schwefelfarbstoff (Baumwollschwarz von *Dahl*); auch die p-Sulfosäure gibt einen schwarzen Farbstoff[2]. Eine Unsicherheit bezüglich der Konstitution kann hier nicht vorliegen, da die Kondensation von der m- bzw. p-Sulfosäure des Anilins ausgeht, wohl aber ist die Bildung der Farbstoffe geeignet, Zweifel aufkommen zu lassen, ob hier normale Schwefelungsprodukte vorliegen: Die Schmelzen werden nämlich mit so wenig Schwefel ausgeführt, daß sich eben noch Na_2S_2 mit geringem Schwefelüberschuß zu bilden vermag. Bei 160° ist der Farbstoff trocken (im D. R. P. 105 058 sind genauere Angaben gemacht, die sich vermutlich auch auf 101 862 beziehen), verflüssigt sich jedoch bei 220 bis 240° wieder, es tritt Reaktion ein, und die Schmelze wird nunmehr erst endgültig eingetrocknet. Es scheint sich hier demnach eher um Reduktionsvorgänge bei hoher Temperatur zu handeln (siehe Kapitel Schmelze: Schwefelnatrium allein), als um einen normalen Schwefelungsprozeß. Vermutlich färbt der bei 160° gebildete Farbstoff braun und wird erst durch Reduktion mit Schwefelnatrium allein (da die geringe Schwefelmenge doch sicher verbraucht ist) in einen schwarzen Farbstoff verwandelt.

Man sieht ferner aus der Tabelle, daß auch dann keine schwarzen Schwefelfarbstoffe entstehen, wenn in Dinitroresten auch die andere Orthostellung zum Imid durch NO_2 oder SO_3H besetzt ist (z. B. 37, 38, 39), so daß man zusammenfassend sagen kann:

---

[1] D. R. P. 102·897.
[2] D. R. P. 101 862 und 105 058.

Nummer	Schwarz	Nummer des Patentes	Nummer	Braun	Nummer des Patentes
1	OH—⬡—Din	103861	20	OH—⬡(NO₂ oben, NO₂ unten)—Din	117789
2	⬡—Din (OH unten)	113418	21	⬡—Din (OH unten)	Angabe in: 113418
3	NH₂—⬡—Din	105632	22	Alkyl-N—⬡—Din	117066 (olive)
4	⬡—Din (SO₃H unten)	101862			
5	SO₃H—⬡—Din	105058			
6	NH₂—⬡—Din (SO₃H unten)	109353	23	NH₂—⬡—Din (SO₃H unten)	125584
7	OH—⬡—Din (SO₃H unten)	143494	24	OH—⬡—Din (NO₂ oben, SO₃H unten)	113337
8	SO₃H—⬡—Din (OH unten)	113795			
9	OH—⬡—Din (NH₂ unten)	107971			
10	OH—⬡—Din (COOH unten)	129885			
11	⬡—Din (COOH OH unten)	112182			
12	OH—⬡—Din (Cl unten)	128725			
13	NH₂—⬡—Din (Cl unten)	F. 343282	25	NH₂—⬡—Din (NO₂ unten)	110360
14	⬡—Din (OH oben, Cl unten)	113515			
15	OH—⬡—Din (CH₃ unten)	104283	26	⬡—Din (NO₂ oben, COOH OH unten)	129684

Nummer	Schwarz	Nummer des Patentes	Nummer	Braun	Nummer des Patentes
16	OH—⬡—Din, mit CH₃ (oben), COOH (unten)	133 940	27	CH₃—⬡—Din, mit NH₂ (oben), SO₃H (unten)	E. 193 41/02
17	OH—⬡—Din, mit CH₃ (oben), COOH (unten)	133 940	28	CH₃—⬡—Din, mit SO₃H (oben), NH₂ (unten)	E. 193 41/02
18	OH—⬡—Din, mit NH₂ (oben), COOH (unten)	129 684	29	OH—⬡—Din, mit NO₂ (oben), COOH (unten)	129 684
19	OH—⬡—Din, mit SO₃H (unten)	E. 7022/99	30	OH—⬡—Din, mit CH₃ (oben), SO₃H (unten)	E. 7022/99
31	Hydr—⬡—NO₂, mit SO₃H (unten)	114 265	37	Hydr—⬡—NO₂, mit NO₂ (oben), SO₃H (unten)	116 339
32	Hydr—⬡—SO₃H, mit NO₂ (unten)	107 996	38	Hydr—⬡—SO₃H, mit NO₂ (oben), NO₂ (unten)	116 339
33	Hydr—⬡—NO₂, mit NO₂ (oben), COOH (unten)	108 872	39	Hydr—⬡—Cl, mit NO₂ (oben), NO₂ (unten)	116 677
34	Hydr—⬡—NO₃, mit Cl (oben), NO₂ (unten)	116 172	40	CH₃—⬡—N(H)—⬡—NO₂, mit NH₂ (unten links), SO₃H (unten rechts)	107 061
35	Hydr—⬡—NO₂, mit OH (oben), NO₂ (unten)	135 635	41	CH₃—⬡—N(H)—⬡—SO₃H, mit NH₂ (unten links), NO₂ (unten rechts)	107 521
36	OH—⬡—N(H)—⬡—NH₂, mit CH₃ (unten links), SO₃H (unten rechts)	113 516			

1. Wird im Dinitrodiphenylaminkörper die noch verfügbare Orthostellung im Dinitrorest besetzt, so entsteht **kein schwarzer** Schwefelfarbstoff.

2. Wird im Dinitrorest eine NO_2-Gruppe gegen SO_3H vertauscht, so bleibt die Fähigkeit zur Schwarzbildung erhalten (31 und 32).

3. Der nicht nitrierte Kern muß mindestens **mono**substituiert sein, da o-p-Dinitrodiphenylamin keinen Schwefelfarbstoff gibt.

4. Enthält der nicht nitrierte Kern eine Alkylaminogruppe, so wird die Schwarzbildung aufgehoben.

5. (Gültig mit Ausnahme des *Dahl*schen Baumwollschwarz.) Ist im nicht nitrierten Kern die Metastellung zum Imid durch $NO_2(NH_2)$ oder SO_3H besetzt (20, 21, 23, 24, 25, 28 usw.), so entsteht **kein schwarzer** Schwefelfarbstoff.

Der Ersatz des Hydroxylwasserstoffatomes im Dinitrooxydiphenylamin oder seinen Derivaten durch Phenylreste verschiedener Art stört die Schwarzbildung gar nicht (im Gegensatz zu verschiedenen Angaben[1]), da diese Verbindungen (Phenoläther) unter dem Einfluß der gelindesten Reduktionswirkung gespalten werden[2].

Das Ausgangsmaterial für Immedialschwarz[3]

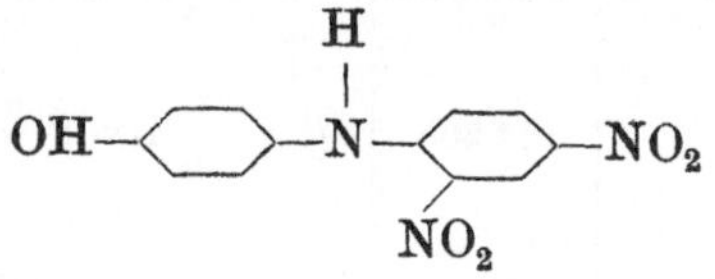

$$OH - \langle\ \rangle - \overset{\overset{\textstyle H}{|}}{N} - \langle\ \rangle - NO_2$$
$$NO_2$$

enthält demnach in konzentrierter Form **alle günstigen** Bedingungen zur Schwarzbildung: 1. Der Hydroxylkern ist nicht weiter besetzt, wodurch eventuelle Braunbildung vermieden wird (20, 23, 25 usw.); 2. Die Hydroxylgruppe ist in **Para**stellung zum Imid am günstigsten gelagert und jedem anderen Substituenten vorzuziehen (NH_2 statt OH gibt ein schwer lösliches Diphenylaminderivat, das unter Laugen-[4] oder Glycerinzusatz[5] verschmolzen werden muß). Fast alle später dargestellten Diphenylamine aus Kresolen, Aminophenolen, Aminosalicylsäure[6] zeigen, daß man den Wert der Hydroxylgruppe in dieser Stellung bald erkannte. Befindet sich Hydroxyl in **Meta**stellung zum Imid, so entsteht ein **brauner** Farbstoff; in Orthostellung bildet sich zwar ein schwarzer Farbstoff, doch spricht es nicht sehr für die Güte des erhaltenen Produktes, daß sein von 1899 datiertes Patent schon 1901 erlosch[7].

---

[1] D. R. P. 111 892.

[2] D. R. P. 144 765.

[3] A. P. 610 541, *Kalischer*, übertragen auf *L. Cassella & Co.*

[4] D. R. P. 134 704.

[5] D. R. P. 144 119.

[6] Nur die Ausgangsmaterialien der Farbstoffe: D. R. P. 105 058 und 113 795, F. P. 343 282 sind in Parastellung zum Imid **nicht** durch OH besetzt, oder es fehlt jeder Substituent.

[7] D. R. P. 113 418.

3. Der Dinitrorest ist nicht weiter besetzt, wodurch ebenfalls eventuelle Braunbildung vermieden wird. Es zeigt sich nicht nur im vorliegenden Fall, sondern
auch in allen anderen Gruppen: daß das einfachste, demnach auch billigste
Ausgangsmaterial für die Schwefelfarbstoffabrikation das geeignetste
ist: p-Aminophenol, m-Toluylendiamin, Dinitrophenol, Oxydinitrodiphenylamin bzw. Amino- und Dialkylaminodiphenylamin, Aminooxyphenazin[1] sind
die einfachsten und zugleich verwendbarsten Repräsentanten an Ausgangsmaterialien für die einzelnen Schwefelfarbstoffgruppen.

3. Die anderen Gruppen.

Über den Einfluß der Substitution auf den Farbton läßt sich hinsichtlich
der anderen Gruppen mangels einer größeren Reihe von Beispielen noch
weniger sagen:

Methyl im Aminokern des Indophenoles scheint nach Rot zu ziehen.
Das Indophenol aus p-Aminophenol und p-Xylenol führt zu einem violetten[2],
Phenylaminophenyl-p-oxytolylamin zu einem röteren Schwefelfarbstoff als
das Diphenylaminderivat[3]; Halogenindophenole geben dagegen grünere
Nuancen als nicht halogenisierte[4]; so führen die im Aminkern chlorierten
Indophenole zu grünblauen, die nicht chlorierten zu reinblauen Farbstoffen[5].
Ferner geben die im Hydroxylkern Sulfogruppen tragenden Indophenole
wertlose, die im Dialkylaminkern jedoch wertvolle reinblaue Farbstoffe[6].
Der Oxynaphthochinonrest als Indophenolkomponente dirigiert die Nuance
nach Braun[7], und zwar geben speziell Sulfo- und Carbonsäureradikale gelbstichige, Toluidin- und Xylidinsulfosäuren bräunliche, Toluylendiamin und
m-Nitrotoluidin lichtbraune Farbstoffe.

$$R = C_6H_4 \cdot OH: \text{schwache Farbstoffe}$$
$$R = C_6H_4 \cdot SO_3H: \text{gelbstichige ,,}$$
$$R = C_6H_3 \diagup_{CH_3}^{NH_2}: \text{tiefbraune ,,}$$

Man beachte wieder den Einfluß des Toluylendiamins!

Die Alkylierung der Seitenketten in den Nitrobenzidinen wirkt wie
bei den nitrierten Diphenylaminen[8]: Die Nuance wird nach Braun verschoben;
Di- und Tetranitrobenzidin, ebenso wie Dinitrodianisidin[9], geben schwarze[10],

---

[1] Es gibt zwar nicht den rötesten, aber den am besten löslichen Farbstoff.
[2] D. R. P. 191 863.
[3] D. R. P. 150 553.
[4] E. P. 2617/03.
[5] D. R. P. 134 947.
[6] D. R. P. 129 024.
[7] D. R. P. 136 618.
[8] D. R. P. 117 066 gegen 134 704 und 144 119.
[9] D. R. P. 125 699.
[10] D. R. P. 125 699 und 129 147.

die zugehörigen Tetraalkylprodukte braune[1] Farbstoffe. Dinitrotolidin gibt übrigens keinen Schwefelfarbstoff, jedenfalls wegen der sterischen Behinderung, die durch die Besetzung beider Orthostellungen zur Aminogruppe ausgeübt wird.

$$NH_2 - \overset{CH_3}{\underset{NO_2}{\bigcirc}} - \overset{CH_3}{\underset{NO_2}{\bigcirc}} - NH_2$$

Für die Naphthalinderivate kommt in Hinblick auf den Farbton der aus ihnen entstehenden Schwefelfarbstoffe vor allem die Peristellung (1 : 8) in Betracht. Die 1 : 8-Derivate geben stets blaue oder schwarze, die β-Naphthole und die Dioxynaphthaline anderer Stellungen vorwiegend braune Farbstoffe[2]. Letztere entstehen allerdings in einem Falle[3] auch aus 1 : 8-Dinitronaphthalin, doch dürfte diese Ausnahme auf der schließlichen Eintrocknung des Farbstoffes mit Schwefelnatrium allein bei 160 bis 180° beruhen, während die Bildung der Echtschwarzfarbstoffe (mit Ausnahme der unter Zinkzusatz gebildeten) bei Kochtemperatur erfolgt. Die Naphthalin- und Nitronaphthalinsulfosäuren geben meist braune bis bronzefarbige Töne[4]; 1 : 8-Derivate neigen aber auch hier mehr zu Blau bis Schwarz, ebenso wie die Naphthalinsulfosäuren, die zwei Sulfogruppen in m-Stellung besitzen[5].

---

[1] D. R. P. 126 165 und 131 874.
[2] D. R. P. 101 541.
[3] D. R. P. 117 819.
[4] D. R. P. 97 541, 198 049, 190 695.
[5] D. R. P. 98 439.

Die Schwefelfarbstoffschmelze.

Unter „Schmelze" verstehen wir im folgenden jede Art der Schwefelung zum Zwecke der Schwefelfarbstoffbildung; mit diesem Ausdruck ist demnach stets der Begriff der Schwefelfarbstoffbildung verbunden, gleichviel ob diese sich nun in einer wirklichen Schmelze, oder z. B. durch Kochen einer Substanz mit Polysulfiden unterm Rückflußkühler oder unter Druck usw. vollzieht. Wir werden zunächst die zur Ausführung der Schmelze nötige Apparatur zu besprechen haben, und nach einem allgemeinen Überblick über die in der Schmelze angewendeten Mengenverhältnisse der einzelnen Komponenten und über die Schmelztemperaturen und -zeiten die Arten der Schmelze betrachten.

I. Die Apparatur.

Man braucht, entsprechend dem Gang der Schmelze und ihrer Aufarbeitung, folgende Apparate:

1. Die Kessel zum Lösen des Polysulfids bzw. des Schwefels; sie dienen zugleich zur Ausführung der Schmelze und zuweilen auch zu ihrer Aufarbeitung.
2. Reservoire zur Aufnahme der Farbstofflösungen.
3. Größere Gefäße zur Aufnahme der eventuell filtrierten Farbstofflösungen und zu ihrer Ausfällung: Druckfässer oder Montejus.
4. Filterpressen zum Abfiltrieren des gefällten Farbstoffes.
5. Trockenräume zur mechanischen und chemischen Trocknung.
6. Mühlen.

1. Kessel.

a) Mit Dampfmantel (Fig. 1).

Der sog. Doppelkessel besteht aus zwei ineinanderstehenden Kesseln aus Gußeisen bzw. aus einem mit Heizmantel versehenen Kessel. Der Zwischenraum zwischen beiden Kesseln bzw. zwischen Mantel und Kessel dient als Heizraum für den Innenkessel. Der mit einer Spannung von 3 bis 5 Atm. in den Heizraum eintretende Dampf vermag den Inhalt des inneren Kessels auf eine Temperatur von etwa 130° zu bringen. Schmelzen, die zu ihrer Fertigstellung einer höheren Temperatur bedürfen, können demnach im Kessel selbst nicht zu Ende geführt werden; dagegen können alle unterm Rückflußkühler sich bildenden Schwefelfarbstoffe im Doppelkessel vollendet, alle

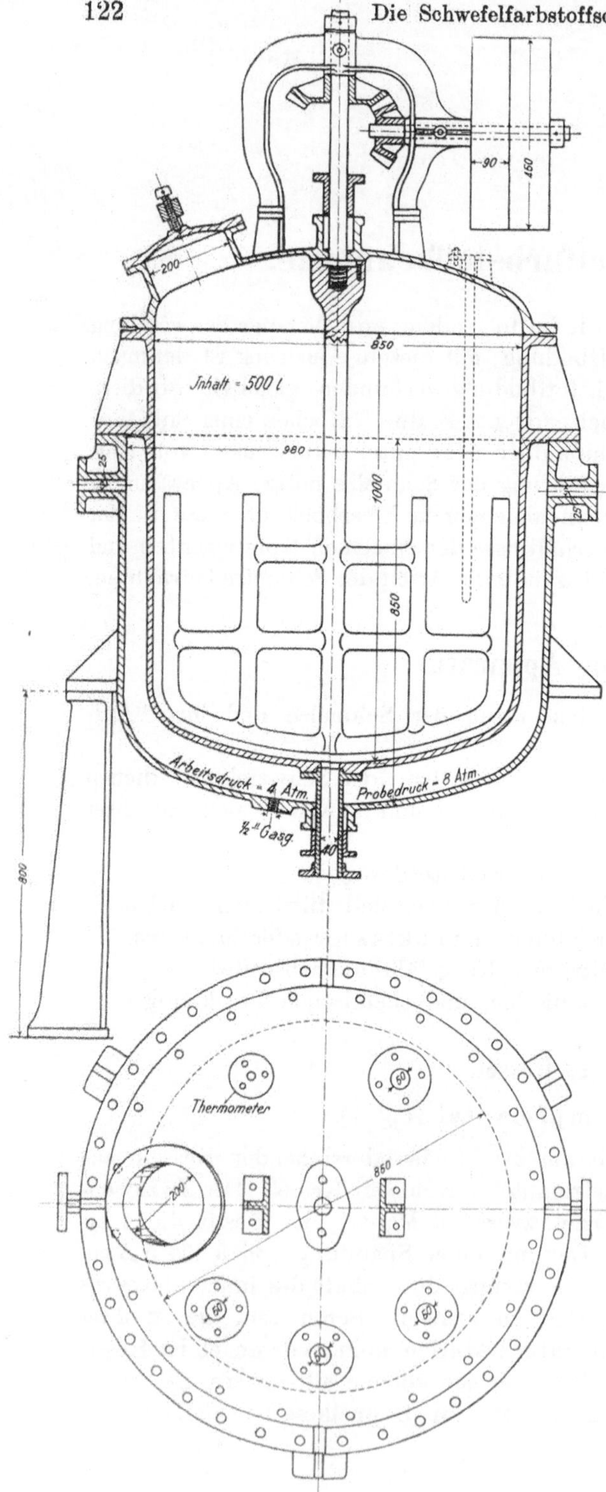

Fig. 1.

übrigen begonnen werden. Der Kessel ist mit folgenden Einrichtungen versehen: mit einem Rührwerk, das ebenfalls in seinen sämtlichen Teilen aus Eisen hergestellt ist, seinen Antrieb über die seitliche Riemenscheibe erhält und zur gleichmäßigen Verteilung und Mischung der Materialien dient. Weiterhin sind in der Haube des Kessels bzw. in seinen Wandungen angebracht: ein mittels Mutterschrauben durch einen abdichtbaren Deckel verschließbares Mannloch zum Einbringen der Substanzen; ferner ein in das Innere der Schmelze ragendes, unten verschlossenes Rohr zur Aufnahme des Thermometers, ein Ansatzrohr für den eventuell benötigten Rückflußkühler, je ein Stutzen für Saug- und Druckluft nebst dem zugehörigen bis auf den Boden reichenden Ausdrücke- bzw. Saugerohr, im Mantel ein Dampfein- und -austrittstutzen zur Heizung, Wasserein- und -austrittrohre zur Kühlung des Kesselinhaltes; ferner zwei Manometer, das eine für den Heizraum, um den Druck des eintretenden Heizdampfes zu bestimmen, dadurch die Temperatur regulieren und mit Hilfe des Dampfeinlaß- und -absperrventiles regeln zu können, ein zweites für den Kessel, um den Druck der Ausblaseluft zu kontrollieren. Zu den wesentlichen Einrichtungen des Schmelzkessels gehört ferner stets ein vorzüglich wirkender Abzug zur Entfernung des während der Schmelze massenhaft entstehenden Schwefelwasserstoffes. Nach Beendigung der Schmelze vor dem Ausdrücken des Kesselinhaltes wird der Abzug selbstverständlich verschlossen. Die Doppelkessel stehen, mit Wärmeisolation versehen oder zum Teil eingemauert, in passender Lage, um den Verlauf der Schmelze beobachten zu können, und werden für normale Schmelzen mit einem Fassungsraum bis zu 2000 l angefertigt.

b) **Kessel ohne Dampfmantel für direkte Feuerung (Fig. 2).**

Sie werden für Polysulfidschmelzen nicht mehr angewendet, zum Teil noch für direkte Schwefelschmelzen (z. B. für die Schwefelung des Toluidins). Ihre Armatur besteht lediglich in einem Rührwerk, das besonders kräftig gehalten ist, um auch zähe Schmelzen in Bewegung zu erhalten und vor dem Anbrennen zu bewahren, ferner aus Abzug und Thermometerrohr. Ein Mannloch fehlt, da der Deckel samt Rührwerk zumeist mit Hilfe eines Kranes zum Einbringen der Materialien und zum Ausschöpfen der Schmelze abgehoben wird; ebenso fehlen natürlich alle Einrichtungen für Dampf, Wasser und Luft. Die Kessel für direkte Feuerung sind stets eingemauert; ihr Boden wird von den Flammen oder den Feuergasen umspült.

c) **Ölkessel.**

Ein Mittelding zwischen a und b sind die Doppelkessel, deren Zwischenraum mit Vaseline oder sonst einem für die zu erzielende Temperatur geeigneten hochsiedenden Material gefüllt ist. Je nach diesem Material besitzt auch hier der

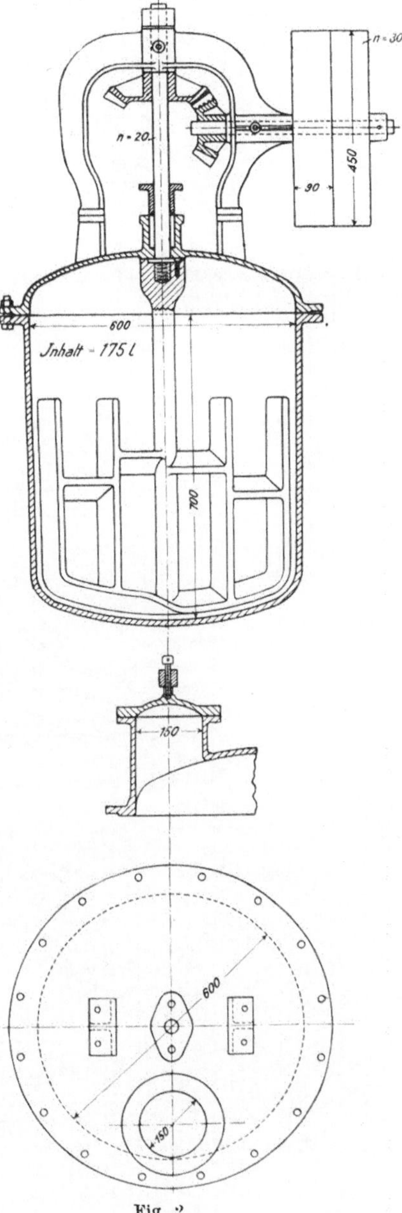

Fig. 2.

Zwischenraum zwischen den Kesseln (bzw. zwischen Kessel und äußerem Mantel) einen Abzug, um übelriechende Gase des heißen Öles zu entfernen oder einen Rückflußkühler, wenn z. B. Anilin (Siedep. 182°) zum Füllen

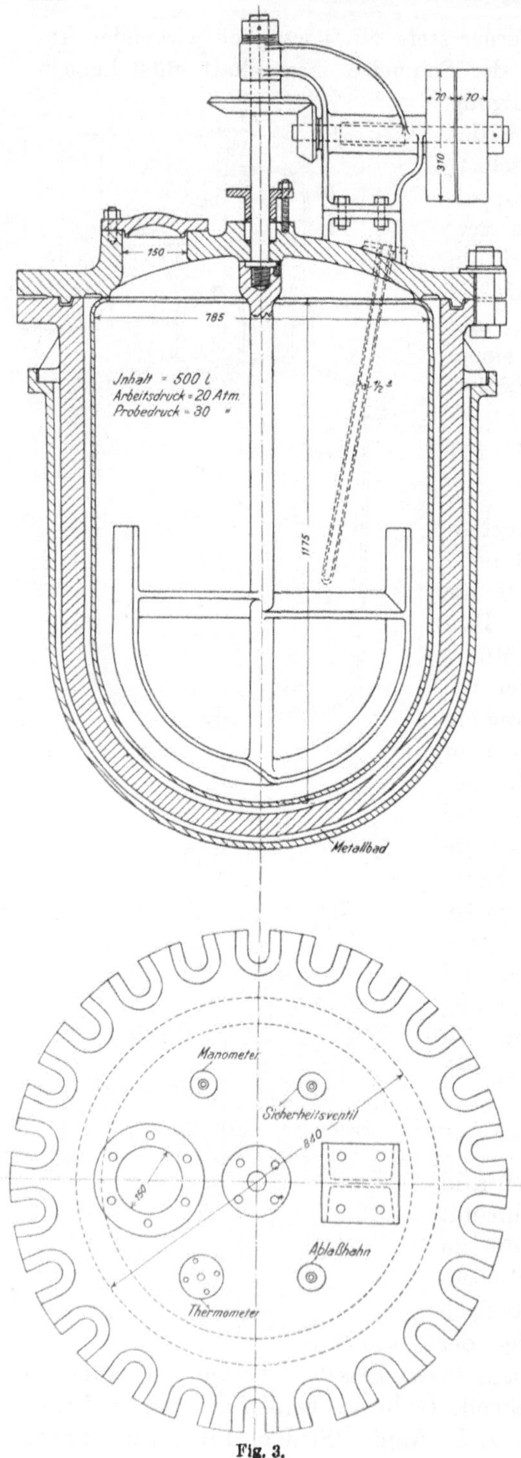

Fig. 3.

des Doppelkesselzwischenraumes verwendet wird. Diese Kessel, d. h. ihre Mäntel, werden durch direktes Feuer erhitzt; sie verdrängen in immer höherem Maße die einwandigen Kessel mit direkter Feuerung, da sich bei ihnen die Temperatur des Kesselinhaltes bedeutend besser regeln läßt und ein Anbrennen vermieden wird. In diesen Kesseln werden Schwefelschmelzen und jene Polysulfidschmelzen ausgeführt, die zur Fertigstellung eine höhere Temperatur brauchen als man sie im Dampfdoppelkessel erzielen kann. Nach dem Zwecke ihrer Verwendung richtet sich auch ihre übrige Armatur.

d) Autoklaven.

Vorstehend beschriebene Kessel sind für Innendruck nur insoweit eingerichtet, als ihre Wandungen dem Dampf- bzw. Preßluftdruck Widerstand entgegensetzen müssen. Dampf kommt mit etwa 5 Atm., Druckluft mit 2 Atm. zur Verwendung. Für Schmelzen jedoch, die unter Druck ausgeführt werden müssen (siehe Alkohol- und Druckschmelzen, S. 154) werden Autoklaven verwendet (Fig. 3). Autoklaven sind dickwandige Kessel mit ebensolchem aufschraubbarem Deckel. Der Deckel ist auch hier samt Rührwerk abhebbar (oder statt dessen mit Mannloch und Ausdrückevorrichtungen versehen); er wird nach Einbringung des Materiales mittels eines auf den gerieften Kesselrand aufgelegten Bleiringes gegen den Autoklaven durch Verschraubung abgedichtet. Besonders sorgfältige Überwachung erfordern hier natürlich die Manometer, Sicherheitsventile und Abblasevorrichtungen. Manometer und Thermometer werden zweckmäßig doppelt angebracht, um eine Kontrolle über ihr sicheres Funktionieren zu ermöglichen. Die Autoklaven werden entweder direkt gefeuert, oder sie stehen in einem Dampf- oder Ölmantel. Nach Beendigung der Reaktion werden die gebildeten Gase (SH_2, NH_3 u. dgl.) abgeblasen, und dann der Inhalt ausgedrückt bzw. nach Abnahme des Deckels ausgeschöpft.

2. Reservoire.

Die Polysulfidschmelze wird nach ihrer Beendigung (wenn man sie nicht zur Weiterbehandlung ausschöpft oder, was wohl nur noch selten geschieht, direkt im Kessel zur Trockne bringt) mit Wasser verdünnt und entweder, falls sie bis zu filtrierbarem Zustande verdünnt werden konnte, gleich filtriert, oder in ein passendes Zwischengefäß von Bütten- oder Kastenform gedrückt, wo sie genügend verdünnt oder durch teilweises Aussalzen von Verunreinigungen befreit wird. Diese Reservoire stehen meist ein oder zwei Stockwerke höher auf Podesten; sie sind für schwefelnatriumhaltige Flüssigkeiten aus Eisen angefertigt, mit Rührwerk versehen, um die Verunreinigungen in Suspension zu halten, und besitzen an der tiefsten Stelle ihres etwas schrägstehenden Bodens eine Ablaßvorrichtung mit Hahn-, Stöpsel- oder Quetschhahnverschluß. Von hier aus strömt die Farbstofflösung in freiem Falle durch eine kleine, im Niveau des Schmelzkesselraumes stehende Filterpresse in das im Boden versenkte Druckfaß.

3. Filterpressen und Sauger.

Sie sind die in der Technik am häufigsten verwendeten Apparate zur Trennung fester Körper von Flüssigkeiten. Die Filterpressen sind allgemein verwendbar, während die Sauger oder Nutschen nur für krystallinische Substanzen in Betracht kommen. Man unterscheidet Kammerpressen (Fig. 4) und Rahmenpressen (Fig. 5).

Kammerpressen bestehen aus Platten, deren rings um die Filterfläche laufender glatter Dichtungsrand erhaben ist, so daß je zwei zusammenstoßende Platten zwischen sich eine Kammer bilden. Bei den Rahmenpressen liegen Filtrierfläche und Dichtungsrand der einzelnen Platten in einer Ebene; die zur Aufnahme des Filtergutes dienenden Kammern werden bei dieser Konstruktion durch Rahmen gebildet, die zwischen je zwei Platten eingeschoben werden. Die Platten sind mit Filtertüchern überzogen, und zwar werden diese über die Rahmen der Rahmenpressen übergehängt (Fig. 6), oder bei Kammerpressen mittels Tuchverschraubungen am Eingangskanal befestigt und abgedichtet (Fig. 7). Die durch freien Fall oder aus dem Montejus durch Preßluft oder mit Hilfe einer Pumpe in die Filterpresse beförderte zu filtrierende Flüssigkeit ergießt sich von einem durchlaufenden

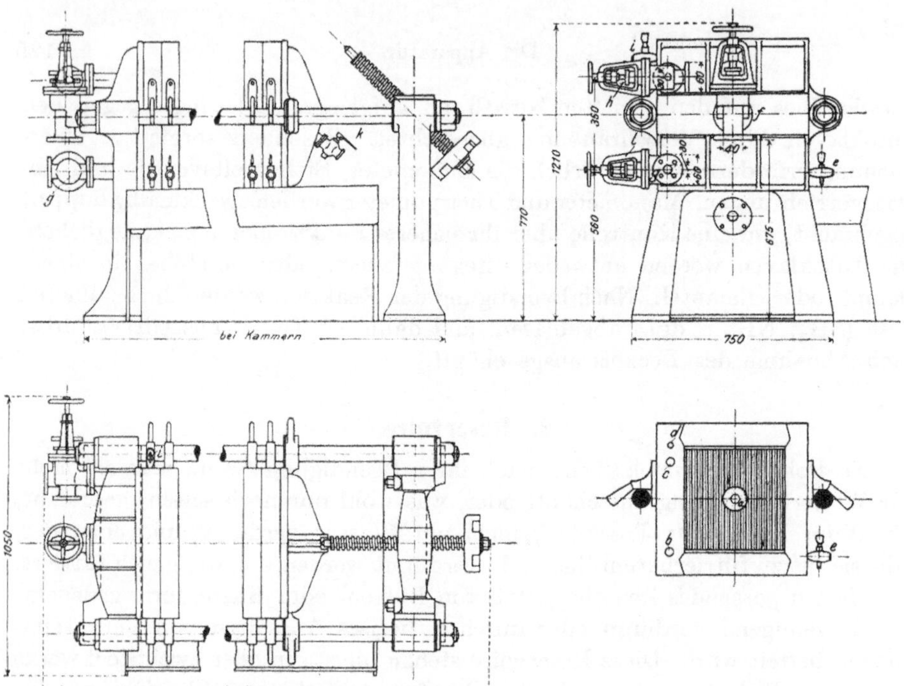

Fig. 4. *a* Schlammeingang, *b* Auslaugewassereintritt, *c* Auslaugewasseraustritt, *d* Luftkanal, *e* Filtratablaufhahn, *f* Schlammventil, *g* Auslaugewassereintrittsventil, *h* Auslaugewasseraustrittsventil, *i* Lufthahn, *k* Ablaßhahn, *l* Ablaßhahn des Auslaugewassers.

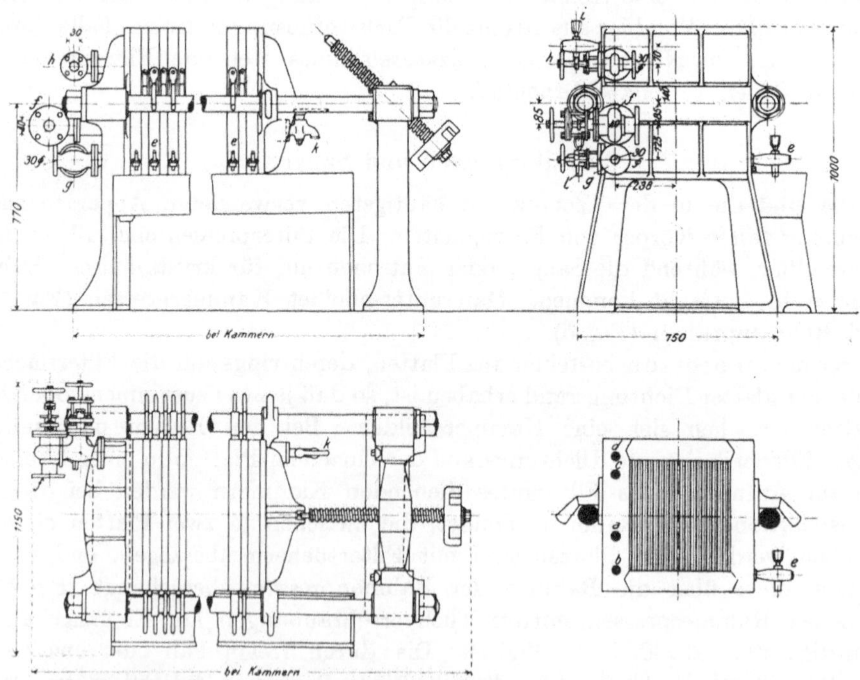

Fig. 5. *a* Masseeintrittskanal, *b* Auslaugewassereintrittskanal, *c* Auslaugewasseraustrittskanal, *d* Luftkanal, *e* Filtratablaufhähne, *f* Masseeintrittsventil, *g* Auslaugewassereintrittsventil, *h* Auslaugewasseraustrittsventil, *i* Lufthahn, *k* Ablaßhahn für den Masseeintrittskanal, *l* Ablaßhahn für den Auslaugewassereintrittskanal.

Eingangskanal aus in die Kammern; der Druck, unter dem sie einströmt, bewirkt, daß die klare Flüssigkeit die Filtertücher durchdringt und durch die in den Platten angebrachten Rinnen und Kanäle seitlich nach außen ab-

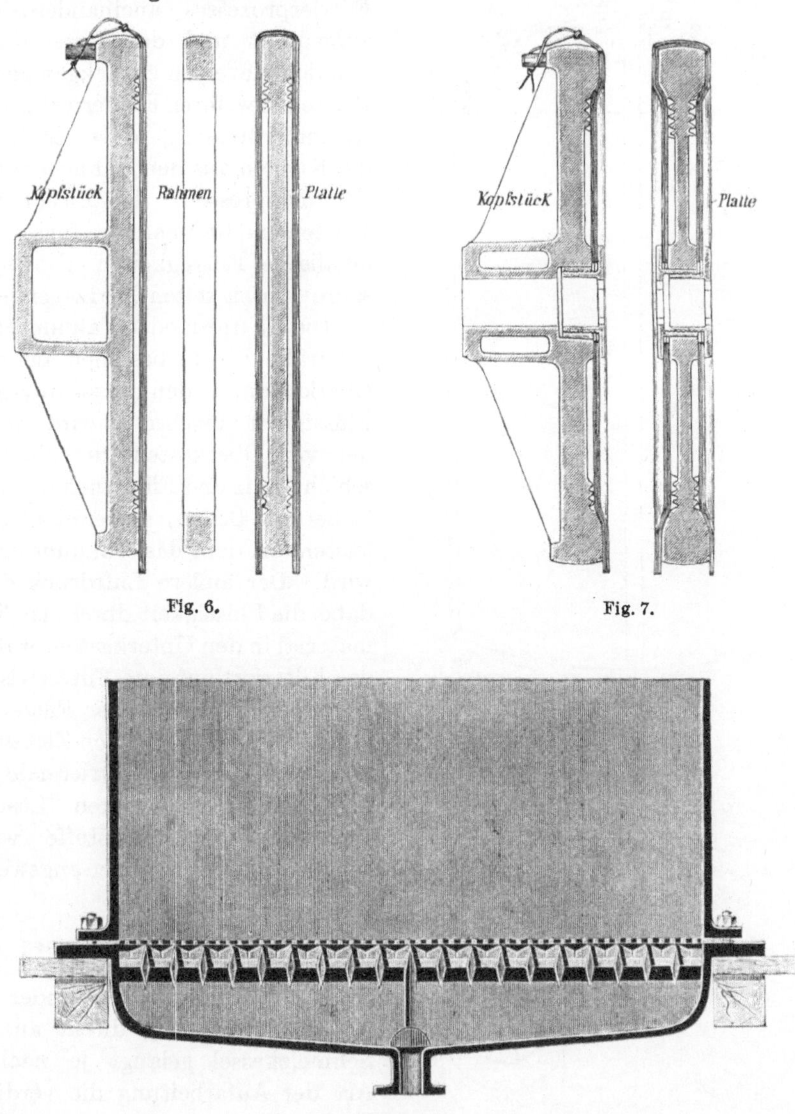

Fig. 6.

Fig. 7.

Fig. 8.

läuft, während die festen Stoffe zwischen den Tüchern in den Kammern zurückgehalten werden. Die meisten Pressen sind mit Vorrichtungen versehen, die das Auswaschen des Filtergutes in der Presse selbst gestatten, sowie mit Trockenblasevorrichtungen, mit deren Hilfe das filtrierte Material durch Einführen von Druckluft (oder Dampf, wenn es sich um ein Auslaugen des Filtergutes handelt) von der anhaftenden Flüssigkeit befreit wird. Nach dem Trockenblasen wird, wie aus den Figuren ersichtlich ist, die Schraubenspindel, die die Platten während des Filtrierprozesses aneinanderdrückte, aufgedreht und das feste Material von den einzelnen zurückgeschobenen Platten bzw. ihren Fächern abgekratzt (Kammerpressen), oder es werden die Kuchen aus den Rahmen entfernt (Rahmenpressen). Als Material für Platten und Rahmen wird für schwefelalkalische Flüssigkeiten Eisen, für saure Flüssigkeiten Holz verwendet.

Die Sauger oder Vakuumfiltrierapparate (Fig. 8) bestehen aus einem Oberkasten, in den die zu filtrierende Flüssigkeit eingebracht wird, und aus dem vom Oberkasten durch die Filterschicht (Filz und Filtertuch auf durchlöchertem Boden) getrennten Unterkasten, in dem das Vakuum erzeugt wird. Der äußere Luftdruck drängt dabei die Flüssigkeit durch das Filtermaterial in den Unterkasten, während das Filtergut auf dem Filterzwischenboden liegen bleibt. Das Filtrat wird aus dem Unterkasten von Zeit zu Zeit abgelassen. Für gut filtrierende (z. B. mit Säuren aus ihren Lösungen gefällte) Schwefelfarbstoffe werden solche Nutschen zuweilen angewendet.

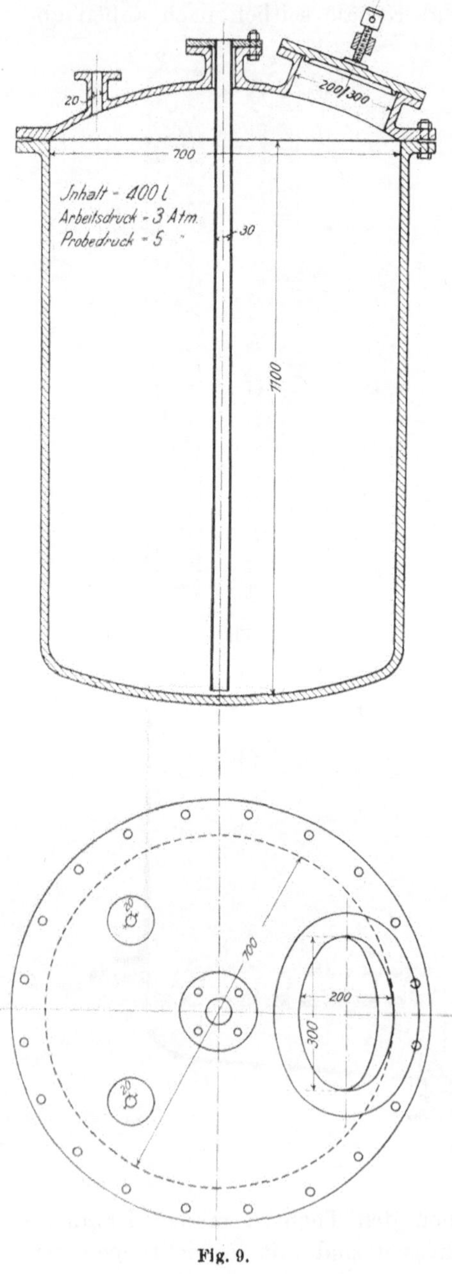

Fig. 9.

4. Montejus oder Druckfässer.

Aus der Filterpresse oder vom Zwischengefäß oder direkt aus dem Schmelzkessel gelangt je nach der Art der Aufarbeitung die verdünnte Farbstofflösung in ein mit Rührwerk versehenes großes eisernes oder hölzernes Gefäß von Büttenform, in dem die Ausfällung des Farbstoffes (mit Säure, Luft, Salz usw.) erfolgt.

Die Bütte ist (abgesehen vom Dampfmantel) ähnlich ausgestattet wie ein Doppelkessel, also mit Druck- und Saugluftleitung, Ausdrückerohr, Abzug,

Manometer usw. versehen; statt eines Heizmantels besitzt sie ein Einführungsrohr für Dampf, um so mit direktem Dampf ein Erwärmen oder Kochen der Flüssigkeit zu ermöglichen. Sie muß so konstruiert sein, daß sie dem Drucke der Preßluft oder, wenn die Flüssigkeit mit Dampf ausgedrückt werden soll, dem Dampfdruck standhält (Fig. 9). Auch hier ist ein sehr gut funktionierender Abzug sehr wesentlich, da besonders beim Ausfällen der Schwefelfarbstofflösung mit Säure kolossale Mengen Schwefelwasserstoff frei werden. Während des Ausfällens und beim folgenden Ausdrücken der Flüssigkeit in die Filterpresse wird gerührt, um ein Absetzen des Niederschlages und dadurch ein Verstopfen der Rohrleitungen zu verhindern.

5. Vorrichtungen zur Trocknung.

Man muß unterscheiden zwischen a) der mechanischen Trocknung einer Farbstoffpaste zu dem Zwecke, sie vom Wasser zu befreien und den Farbstoff in eine mahlfähige Form zu bringen, und b) Eintrocknung einer im Doppelkessel oder Ölkessel begonnenen Schmelze zu dem Zwecke, die Reaktion (Farbstoffbildung) zu beendigen. In ersterem Falle wird die Paste auf Bleche gestrichen und diese in Kammern eingebracht, die durch Abdampf, direkten Dampf oder heiße Luft auf die gewünschte Temperatur gebracht werden; der Wärmegrad richtet sich nach der Empfindlichkeit der Substanz gegen Hitze. Der leitende Gedanke bei dieser Trockenart ist der, daß durch Einführung gleicher Luftmengen von gleicher Temperatur Differenzen in der Trockenzeit der einzelnen tief- und hochstehenden Bleche vermieden werden (Fig. 10). Zu Beginn der Trocknung zirkuliert die Luft bei geschlossenen Schiebern i und c aus f tretend, erwärmt sich über geheizten Rippenrohren, steigt durch die Blechrohre g hoch, streicht über die Bleche, fällt in den Abzugkanal h, gelangt durch Schieber k wieder in f usw. Nach genügender Erwärmung des Trockengutes wird mittels des Ventilators weiter Luft zugeführt und zu Ende getrocknet. Einzelne Schwefelfarbstoffe neigen jedoch besonders während des Trockenprozesses zur Entzündung (siehe S. 13); es muß demnach von Fall zu Fall festgestellt werden, ob man im abgeschlossenen, nur mit Abzug versehenen Schrank oder unter Luftzufuhr trocknen kann. Die Luftzufuhr kann auch durch Druck- oder Saugwirkung erfolgen; erstere Methode ist vorzuziehen, da die eingedrückte Luft das Trockengut gleichmäßiger bestreicht. Trocknet man mittels Heizröhren, die in die Trockenkammer eingebaut sind, also durch strahlende Wärme, so ist es vorteilhaft, die Bleche öfter umzustellen, da naturgemäß der Inhalt der in der Nähe des Heizkörpers befindlichen Bleche schneller trocknet. Die Trockenapparate, bei denen das zu trocknende Material auf Transportbändern oder in Trommeln der heißen Luft entgegengeführt wird, kommen für Schwefelfarbstoffe weniger in Betracht; wohl aber trocknet man besonders empfindliche Schwefelfarbstoffe der Blaureihe im Vakuumtrockenschrank. Dieser besteht aus einem großen hermetisch verschließbaren eisernen Kasten, an den die Saugleitung einer Vakuumpumpe angeschlossen ist und in den die Bleche etagen-

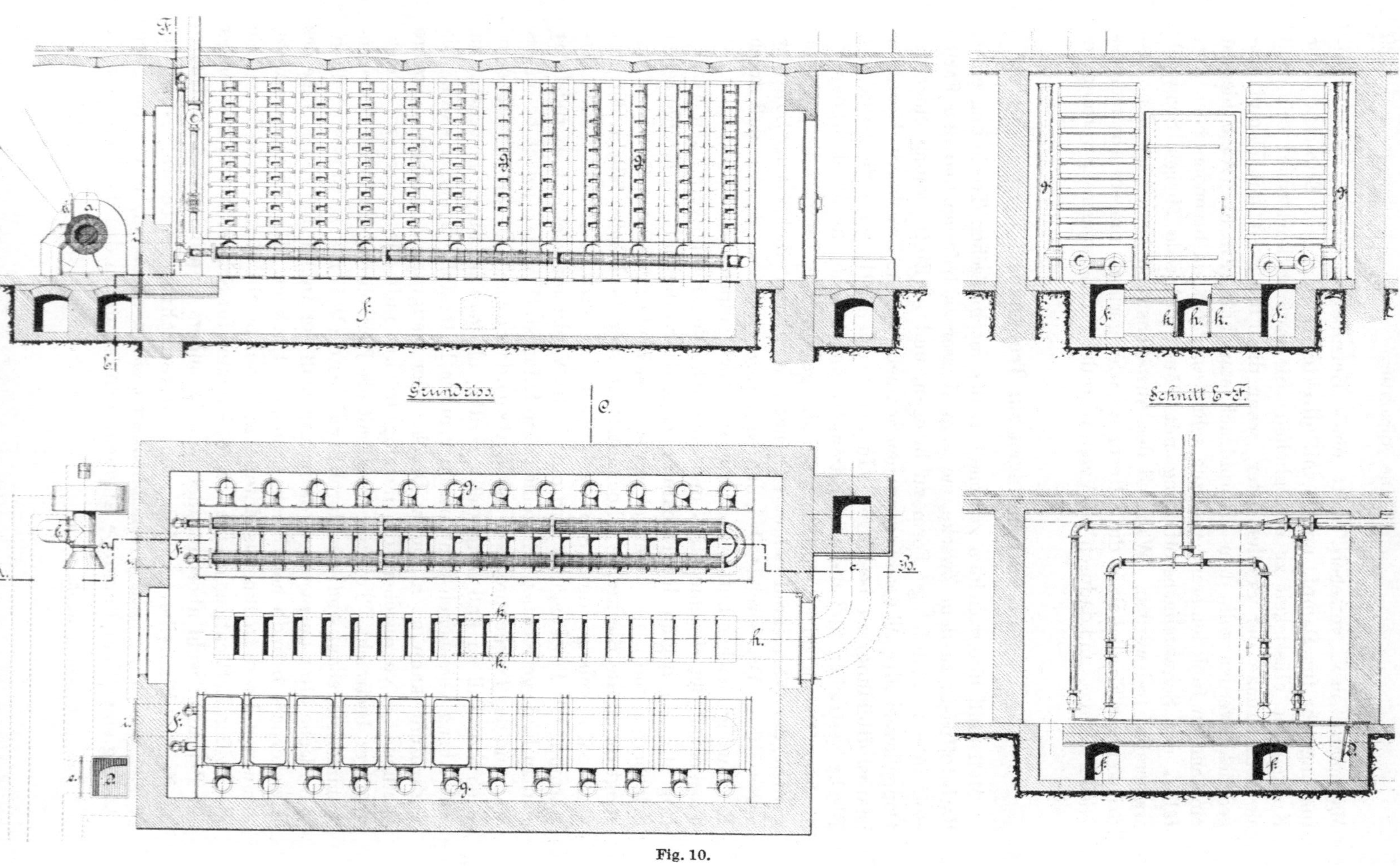

Grundriss
Schnitt E-F
Fig. 10.

förmig eingestellt werden. Die einzelnen Etagen bestehen aus dünnen Heiz-
körpern, die von Dampf oder warmem Wasser durchströmt werden. Bei
starker Evakuierung erfolgt schon bei 20° eine lebhafte Verdunstung des
Wassers; bei solcher Temperatur bleiben die Nuancen auch der empfind-
lichsten Schwefelfarbstoffe klar, die im gewöhnlichen Trockenschrank bei 80
bis 100° getrocknet, unter Umständen völlig zerstört würden.

b) Die chemische Trocknung. Manche Schwefelfarbstoffe bilden sich
nicht bei der im Dampfdoppelkessel erreichbaren Temperatur und müssen
daher im Ölkessel dargestellt werden; statt letztere zu verwenden, schöpft man
auch die im Doppelkessel begonnene Schmelze bei einer gewissen Konsistenz
aus und bringt sie auf Blechen in Trockenschränke, die mit gespanntem
oder überhitztem Dampf auf Innentemperaturen bis zu 150° geheizt werden
können. Hier trocknen die Schmelzen, zuweilen unter neuerlicher
Schwefelwasserstoffentwicklung völlig ein und sind dann gemahlen
direkt verwendbar, oder sie werden, um eine bessere, nicht hygroskopische
Form zu erzielen, gelöst, filtriert und im Druckfaß ausgefällt. Oft entscheidet
auch der Preis des Produktes über die Art, wie es in handelsfähige Form
gebracht wird, da die Zahl der Operationen natürlirh die Kosten des Farbstoffes erhöht.

Für noch höhere Temperaturen, bis zu 300°, wendet man Backöfen an,
gemauerte Räume, in die die Bleche auf Wagen eingeführt werden. Die
Heizung erfolgt durch sog. Perkinröhren, das sind eiserne, nach Füllung
mit Wasser geschlossene Röhren, die mit einem Ende bzw. mit ihrer Biegung
auf einer Seite in die direkte Feuerung ragen und ihrer ganzen Länge nach
in den Ofen eingelagert sind. Die strahlende Wärme, die die Röhren aussenden,
erzeugt Temperaturen bis zu 300°, die sich innerhalb 10 bis 20° recht gleichmäßig halten lassen. Das möglichst innig mit dem Schwefel oder sonstigem
Schwefelungsmittel gemengte zu verschmelzende Material (oder die aus-
geschöpfte Polysulfidschmelze) kommt, um das Überschäumen zu verhindern,
in hochwandigen, kastenartigen Eisenblechen in den Ofen; die schmelzende
Masse wird zuweilen bei geöffnetem Ofen durchgedrückt.

6. Mühlen.

Der getrocknete Farbstoff gelangt in die Mühle, um daselbst gemahlen
und durch Mischen[1] mit anorganischen Salzen auf die entsprechende Farbstärke eingestellt zu werden[2]. Beim Mahlen von Schwefelfarbstoffen handelt es sich um das Zerkleinern klumpiger trockener Massen, die vordem
feine Niederschläge darstellten; es kommen demnach nur Mahlmühlen,
keine Kollergänge u. dgl. in Betracht. Bezüglich der weiteren Beschreibung
kann um so mehr auf die Spezialliteratur verwiesen werden, als es sich hier
um Apparate allgemeiner Anwendbarkeit handelt, die nicht für Schwefel-

---

[1] Prof. *H. Fischer:* Mischen, Rühren, Kneten usw., 2. Aufl. Leipzig 1923, in
vorliegender Sammlung.

[2] Siehe Das Mischen von Farbstoffen, F. P. 381 278.

farbstoffe einer Spezialisierung ihrer Konstruktion unterliegen. Im übrigen ist in vorliegender Sammlung[1] ein Spezialwerk „Zerkleinerungsvorrichtungen und Mahlanlagen" von Zivilingenieur *Karl Naske* erschienen, das alle einschlägigen Fragen behandelt.

II. Allgemeines über die Polysulfidschmelze.

a) Polysulfide[2].

Die hier in Betracht kommenden Polysulfide sind einzig und allein jene des Natriums. Sie sind nach *Küster*[3] als Gemenge von Na_2S_2 und wechselnden Mengen von Na_2S aufzufassen und entstehen praktisch durch Auflösen von Schwefel in Schwefelnatriumlösung. Nach *Sabatier* löst eine Lösung von 1 Teil Schwefelnatrium in 18 Teilen Wasser 3,6 Teile Schwefel auf[4], was dem Polysulfid $Na_2S_{4,6}$ entspricht. Man kann jedoch durch Auflösen von Schwefel in Schwefelnatrium bei verschiedenen Temperaturen folgende Polysulfide erzeugen:

32 Teile Schwefel in 240 Teilen Schwefelnatrium:	$Na_2S_2 + 5\,H_2O$.
64 „ „ „ 240 „ „	$Na_2S_3 + 3\,H_2O$.
96 „ „ „ 240 „ „	$Na_2S_4 + 2$, 6 oder 8 H_2O.
128 „ „ „ 240 „ „	$Na_2S_5 + 6$ oder 8 H_2O.

Schwefelleber ist nach *H. Klein*[5] ein Gemenge von Tri-, Tetra-, Penta- und Hexasulfid.

Der Krystallwassergehalt kommt natürlich nur für die in reiner krystallisierter Form dargestellten Polisulfide in Betracht, in der Technik werden die Lösungen selbst verwendet oder die durch Eintrocknen obiger Lösungen erhaltenen Salze.

Enthält eine Verbindung mehr Schwefel als der Formel Na_2S_4 entspricht, so ist der überschüssige Schwefel mechanisch beigemengt[6]. Beim Auflösen von Schwefel in alkoholischer Schwefelnatriumlösung erhält man ebenfalls die wasserhaltigen Polysulfide bis zu $Na_2S_5 + 8\,H_2O$.

Nach *Küster* und *Heberlein*[7], die Schwefelwasserstoff in Natronlauge im Wasserstoffstrom einleiteten, um die Sulfide zu studieren, ist die gelöste Schwefelmenge abhängig von der Konzentration: mit steigerder Verdünnung steigt erst die Löslichkeit und nimmt dann ab bis zu dem Punkte, wo die Lösung $Na_2S_{5,24}$ enthält. Die Löslichkeit ist jedoch wenig abhängig von der Temperatur; steigt diese, so nimmt die Löslichkeit etwas ab.

---

[1] Chemische Technologie in Einzeldarstellungen, herausg. von Prof. *Ferd. Fischer*, Göttingen; Verlag Otto Spamer, Leipzig. 3. Auflage 1921.

[2] *Küster:* Zeitschr. f. anorgan. Chemie **44**, 431 und **46**, 113.

[3] Hamburger Naturforscher-Versammlung 1901.

[4] Annal. de Chim. et de Phys. **1881**, 67.

[5] Chem.-Ztg. **1898**, 293.

[6] *Jones:* Journ. Chem. Soc. **37**, 461.

[7] Chem. Centralbl. **1905**, I, 498.

Das beständigste Polysulfid (und auch das in der Schwefelfarbstofffabrikation am häufigsten verwendete) ist das Tetrasulfid. Auch das Pentasulfid wird ziemlich häufig zur Schmelze gebraucht; es vermag noch Schwefel aufzulösen, doch krystallisiert dieser beim Erkalten wieder aus[1]. Pentasulfid entsteht auch nach der Gleichung: $4 Na_2S_2O_3 = 3 Na_2SO_4 + Na_2S_5$ beim Erhitzen von Thiosulfat; umgekehrt vermag es Sauerstoff aus der Luft zu absorbieren unter Bildung von Thiosulfat und Abscheidung von Schwefel. Es löst sich in festem Zustande in Wasser unter Kälteerzeugung[2].

Die Polysulfide werden für technische Zwecke, wie schon erwähnt, in wasserhaltigem Zustand als Lösungen oder wasserfrei (durch Eindampfen dieser Lösungen bis zum plötzlichen Erstarren) dargestellt; in letzterem Falle sind sie sehr leicht wasserlösliche, hellgelbe bis braune Körper, die schwach nach Schwefelwasserstoff riechen, weil sie durch Kohlensäure zersetzt werden, die hygroskopisch sind und die ätzenden Eigenschaften des Ätznatrons besitzen. Beim Kochen mit Wasser entweicht ebenfalls Schwefelwasserstoff unter Bildung von Natriumhydroxyd und etwas Thiosulfat[3]. Durch längeres Stehen an der Luft entfärben sie sich, ebenso wie ihre Lösungen, unter Bildung von Thiosulfat und Schwefel. Diese bald beginnende Zersetzung läßt sich leicht durch die Trübung beim Verdünnen mit Wasser feststellen. Bei Anwesenheit von freiem Alkali bleibt der Schwefel aber in Lösung und das Thiosulfat geht in Sulfat über.

a) $Na_2S_5 + 3 O = Na_2S_2O_3 + 3 S$.

b) $Na_2S_5 + 8 NaOH + 16 O = 5 Na_2SO_4 + 4 H_2O$.

Beim Erwärmen und Kochen der wässerigen Polysulfidlösungen erfolgt Umwandlung in Thiosulfat und Schwefelwasserstoff, also keine Schwefelabscheidung. Eine Polysulfidlösung gibt beim Versetzen mit Natriumsulfit Thiosulfat und Monosulfid: $Na_2S_5 + 4 Na_2SO_3 = Na_2S + 4 Na_2S_2O_3$[4].

Gießt man Polysulfidlösungen in sehr viel Salz- oder Schwefelsäure, so findet Zersetzung in Kochsalz und Wasserstoffpersulfid statt, und zwar entsteht nach *Rebs*[5] stets H_2S_5. Ist jedoch das Polysulfid im Überschuß vorhanden, gießt man also die Säure in die Polysulfidlösung, so entsteht ausschließlich Schwefelwasserstoff, da sich das gebildete Persulfid mit dem Polysulfid sofort unter Schwefelabscheidung umsetzt. $CaS_5 + 2 HCl = CaCl_2 + H_2S + S_4$.

Für die Schmelzen unter Kupferzusatz ist noch wichtig, zu erwähnen, daß Kupferoxyd Polysulfide in Thiosulfate zu verwandeln vermag, und daß nach *A. Rössing*[6] Schwefelkupfer, CuS, in Natriumpolysulfidlösung sehr beträchtlich löslich ist.

---

[1] *Berzelius:* Poggendorfs Annalen **131**, 404.

[2] Poggendorfs Annalen **55**, 533.

[3] *Clermont* und *Frommel:* Chem. Centralbl. **1878**, 353, 657, 690.

[4] *Spring* und *Démarteau:* Bull. de la Soc. chim. **1889**, 312.

[5] Annalen **246**, 356.

[6] Zeitschr. f. analyt. Chemie **1902**, 1.

b) Mengenverhältnisse und Art des Polysulfids, Ersatz des Schwefelnatriums.

Die erste Bedingung für das Gelingen der Schmelze ist die Löslichkeit bzw. Angreifbarkeit der Substanz unter den gewählten Bedingungen. Ausgangsmaterialien, die mit einem dem Pentasulfid entsprechenden Gemenge von Schwefelnatrium und Schwefel nicht gelöst werden und sich klumpig zusammenballen, ohne überhaupt angegriffen zu werden, lassen sich eventuell bei einem größeren Überschuß an Schwefelnatrium glatt verschmelzen. Man sollte annehmen, daß es das richtigste wäre, die Mengenverhältnisse an Schwefelnatrium und Schwefel in irgendeinem molekularen Verhältnis zur Substanz zu wählen. In der Praxis zeigt sich jedoch, daß stets ein gewisser Überschuß des Lösungs- bzw. Schwefelungsmittels vorhanden sein muß. Da nun das Verhältnis von Schwefelnatrium zu Schwefel, also die Wahl des Polisulfyds, stets der maßgebende Faktor für das Gelingen der Schmelze ist, so muß, falls zur Lösung einer Substanz eine größere Menge Schwefelnatrium nötig ist, auch die Schwefelmenge vergrößert werden. Zum Beispiel: Angenommen, eine Substanz würde pro Molekül zur Schwefelung 2 Atome Schwefel benötigen; bei einem Molekulargewicht der Substanz von z. B. 300 wären demnach 64 Teile Schwefel nötig. Wenn sich nun die Substanz nur dann löst, wenn man auf diese 300 Teile z. B. 480 Teile Schwefelnatrium nimmt, so hätte man einen Schmelzansatz von 480 Teilen Na_2S + 64 Teile S = 2 Na_2S_2. Von wenigen Ausnahmefällen abgesehen, genügt jedoch ein derartig niedrig geschwefeltes Polysulfid bei weitem nicht, um zu einem brauchbaren Schwefelfarbstoff zu führen; die Schwefelmenge muß demnach erhöht werden. Diese Abhängigkeit des Resultates von der Zusammensetzung des Polysulfides äußert sich auch in dem umgekehrten Falle, wenn zur Schwefelung mehr Schwefel nötig ist. In diesem Falle ist die zu verwendende Schwefelnatriummmenge von den Bedingungen abhängig, unter denen sich Schwefel in Schwefelnatrium löst. Man muß demnach für 4 Atome Schwefel, um eine glatte Polysulfidlösung zu erzielen, mindestens 1 Mol. Schwefelnatrium (krystallisiert) nehmen.

Besonders klar wird die Bedeutung, die die Wahl des richtigen Polysulfides auf Nuance und Form des entstehenden Farbstoffes zuweilen ausübt, durch folgenden Fall: m-Dinitrotoluol gibt, mit Na_2S_2 bis Na_2S_3 10 bis 15 Stunden auf 200 bis 220°erhitzt, einen wasserlöslichen, rotbraun färbenden Schwefelfarbstoff, bei 10stündigem Erhitzen auf 230° mit Na_2S_4 + S jedoch einen Farbstoff, der in Wasser unlöslich ist und aus schwefelnatriumhaltigem Bade orangebraun färbt[1]. Wesentlich ist auch bei der Immedialreinblaubildung ein Verhältnis von $Na_2S : S = 1 : 4$, von diesem Gemisch werden für 1 Teil Base 2 bis 3 Teile vorgeschrieben[2].

Wenn demnach eine Substanz geschwefelt werden soll, so wird man zunächst empirisch feststellen, welche Polysulfidzusammensetzung und

---

[1] Anmeldung **K.** 23 049.
[2] D. R. P. 134 947.

ferner welche Polysulfid mengen die geeignetsten sind. Man verschmilzt demnach die Substanz z. B. in fünf Ansätzen mit:

$Na_2S_2 = 240$ Teile Na_2S + 32 Teile S, d. i. auf 100 Teile $Na_2S = 13,3$ Teile S;
$Na_2S_3 = 240$ „ Na_2S + 64 „ S, „ „ „ 100 „ $Na_2S = 26,6$ „ S;
$Na_2S_4 = 240$ „ Na_2S + 96 „ S, „ „ „ 100 „ $Na_2S = 39,9$ „ S;
$Na_2S_5 = 240$ „ Na_2S + 128 „ S, „ „ „ 100 „ $Na_2S = 53,2$ „ S;
$Na_2S_6 = 240$ „ Na_2S + 160 „ S, „ „ „ 100 „ $Na_2S = 66,5$ „ S.

Man hält bei den Schmelzen möglichst gleiche Bedingungen ein. Hat man aus dem Vergleiche der Färbungen erkannt, daß z. B. das Verhältnis Na_2S_4 das beste ist, so werden zunächst in einigen Versuchen die Schwefelmengen um das Verhältnis Na_2S_4 als Mittel nach oben und unten etwas verändert, so daß man vier weitere Ansätze erhält: $Na_2S_{3,3}$; $Na_2S_{3,4}$; $Na_2S_{4,3}$; $Na_2S_{4,6}$. Schließlich wird in 4 Schlußversuchen festgestellt, ob pro Molekül Substanz 1, 2, 3 oder 4 $Na_2S_{4,x}$ das beste Schmelzresultat ergeben. (Ein Beispiel für außerordentlich geringe Polysulfidmengen ist die *Vidal*sche Diaminophenolschmelze; er verwendet für 1 Teil Substanz nur 1,63 Teile Na_2S + 0,17 Teile S; die Eigenschaften dieses Farbstoffes differieren aber auch erheblich von jenen der anderen Dinitro- bzw. Diaminophenolfarbstoffe.)

Damit ist jedoch nicht gesagt, daß nur das auf solche Art gefundene Verhältnis zu verwendbaren Schwefelfarbstoffen führt; es ist im Gegenteil häufig der Fall, daß ein anderes Polysulfid oder andere Polysulfidmengen zu gedeckteren oder helleren Nuancen führen, die für manche Zwecke ebenso verwendbar sind. So geben z. B. 30 Teile des Kondensationsproduktes von Chlordinitrobenzol mit 1-Amino-3-chlor-6-phenol, mit 90 Teilen Na_2S + 31 Teilen S gekocht, einen violettschwarzen Farbstoff, der mit einer geringeren Menge desselben Polysulfides bräunlichröter wird[1]; ebenso geben 24 Teile Benzolazo-o-nitrophenol mit 8,5 Teilen S und 42 Teilen Na_2S ein blaues, mit 20 Teilen S in 42 Teilen Na_2S ein grünes Schwarz[2]. Deshalb findet sich in den meisten Patenten die Angabe: „Die Mengenverhältnisse können in weiten Grenzen schwanken" und selten prägnante Vorschriften, z. B.: „... es müssen wenigstens 4 Atome Schwefel"[3] oder „es dürfen höchstens 2 Mol. Na_2S_4"[4] verwendet werden; oder „1,35 bis 1,5 Mol. Na_2S_4 pro Molekül Dinitrophenol"[5] oder „74,4 Na_2S + 90 S auf $^1/_2$ Mol. Dinitrophenolnatrium"[6] usw.; in letzterem Falle handelt es sich allerdings nicht um die Herstellung einer besonderen N u a n c e, sondern um die Erzielung einer besonderen, unlöslichen F o r m des Schwefelfarbstoffes.

Weitaus am häufigsten wird die Schwefelfarbstoffbildung mit einem Polysulfid vollzogen, dessen Mengenverhältnisse zwischen $Na_2S_{3,4}$ und $Na_2S_{4,5}$ schwanken. Die so häufig vorkommende Mischung: 1 Teil Substanz auf 5 Teile Na_2S und 2 Teile S ist das abgerundete Verhältnis Na_2S_4, Tetrasulfid

[1] D. R. P. 121 462.
[2] D. R. P. 186 860.
[3] Anmeldung St. 6281.
[4] Anmeldung K. 24 400.
[5] D. R. P. 208 377.
[6] D. R. P. 218 517.

(die richtigen Zahlen wären $4{,}8\,Na_2S + 1{,}9\,S$), das das beständigste Poly-sulfid darstellt. Es wirkt auch weniger heftig reduzierend wie das ein-fache Sulfid[1]. Die Herabminderung des Schwefels im Polysulfid unter Na_2S_3 führt selten zu verwendbaren Schwefelfarbstoffen. In nicht viel mehr als vier Fällen[2] wurde Na_2S_2 zur Polysulfidschmelze gewählt; es scheint auch, als würden zwei von diesen Schmelzen anormal verlaufen (siehe S. 116, die beiden Dinitrodiphenylaminsulfosäuren) und auch bei der dritten (D. R. P. 152 689) dürfte das Disulfid nur dazu dienen, die beiden Halogenatome des Dichlorindophenols gegen Sulfhydryl umzutauschen[3]. In einem vierten Falle[4] erhält man aus Halogenanthrachinonen mit nicht ganz Na_2S_2 keinen Schwefel- sondern einen Küpenfarbstoff. Ein Beispiel für eine Na_2S_3-Schmelze[5] ist jene aus dem nitrierten Kondensationsprodukt von Chlordinitrobenzol und Aminiondazol.

Nach oben ist in der Verwendung schwefelreicher Polysulfide durch die begrenzte Löslichkeit des Schwefels in Schwefelnatrium eine Grenze gezogen; trotzdem werden Schmelzen auch mit Na_2S_6 oder Na_2S_7 angesetzt, da es den Anschein hat, als würde dieser dem Polysulfid mechanisch beigemengte Schwefel von Vorteil für die Farbstoffbildung sein[6], wenn auch die Löslich-keit der erhaltenen Schwefelfarbstoffe mit der Höhe des Schwefelgehaltes beträchtlich sinkt[7].

Es sind sogar Fälle bekannt, wo die Verwendung großer Schwefelmengen (entsprechend einem Polysulfid bis zu Na_2S_8) zu Schwefelfarbstoffen führt, die in Na_2S praktisch unlöslich sind und nur aus der Küpe gefärbt werden können. Solche Farbstoffe entstehen z. B. bei der entsprechenden Schwefe-lung der Indophenole aus Carbazol und seinen Derivaten[8] mit Nitro-sophenol (Hydronblaumarken von Cassella) oder durch hohe Schwefelung der p-Dialkylamino-p-oxy-diphenylamine[9] und ihrer Thiosulfosäuren oder des Methylenvioletts[10].

Diese in neuester Zeit besonders bei Herstellung von Küpenfarbstoffen öfter angewendete Schmelzmodifikation dürfte noch größere Bedeutung erlangen, insbesondere da die erhaltenen Küpenfarbstoffe sich im Gegensatz zu den aus denselben Ausgangsmaterialien durch niedrigere Schwefelung erhaltenen Schwefelfarbstoffen durch hervorragende Echtheitseigenschaften auszeichnen[11].

---

[1] D. R. P. 123 569 und F. P. 236 405.

[2] D. R. P. 101 862, 105 058 und 152 689.

[3] D. R. P. 152 689.

[4] D. R. P. 204 772.

[5] D. R. P. 117 820.

[6] D. R. P. 167 769.

[7] Anmeldung **K.** 23 049.

[8] D. R. P. 235 836 und F. P. 427 900.

[9] Anmeldung **B.** 60 985 veröffentlicht am 31. Juli 1911 und Zusatz B. 62 302 ein-gereicht am 11. März 1911.

[10] Anmeldung **B.** 60 984 veröffentlicht am 3. Aug. 1911.

[11] Neuere Untersuchungen über den Aufbau hochgeschwefelter Schwefelfarbstoffe veröffentlicht *W. Zänker* in Zeitschr. f. angew. Chemie **1919**, 49.

Es ist zuweilen gleichgültig für die Nuance des Farbstoffes, ob man die Substanz z u e r s t mit Schwefel verschmilzt und nachträglich mit Schwefel- natrium oder Lauge behandelt oder beide Operationen vereinigt. Ferner genügt es in einigen wenigen Fällen (glatte Mischung oder Lösung vorausgesetzt), nur so viel Alkali oder Schwefelalkali zu verwenden, als zur Bildung der Leuko- verbindung nötig ist, also das Natriumsalz einer Verbindung (z. B. des p-Amino- p-oxy-m-m'-dichlordiphenylamins) zu verschmelzen[1]. Wie man sieht, ist d e r S c h w e f e l d a s W e s e n t l i c h e: das Alkali kann auf ein Mindestmaß herunter- gesetzt werden, sinkt aber der Schwefelgehalt des Polysulfids bis Na_2S_2 oder schließlich auf Na_2S, so resultieren Farbstoffe, die sich in ihren Eigen- schaften wesentlich von den normalen Schwefelfarbstoffen unterscheiden. Es wurde auch versucht, mit Schwefel allein oder bei Gegenwart eines Äquiv. Schwefelnatrium in wässriger Suspension (bzw. Lösung) zu arbeiten. Derart durch Schwefelung von Leukoindophenolen gewonnene Farbstoffe (Anm. C. 21 582 vom 22. VII. 1912) [13] sollen sich durch besondere Reinheit des Tones ihrer Färbungen auszeichnen.

Statt des k r y s t a l l i s i e r t e n Schwefelnatriums ($Na_2S + 9\,H_2O$) findet auch w a s s e r f r e i e s (Na_2S) Anwendung, bei alkoholischen Schmelzen, oder wenn das Wasser aus der Reaktion zwar nicht völlig ausgeschlossen, aber doch wesentlich herabgemindert werden soll[2]; denn eine Schmelze, die z. B. mit 240 kg krystallisierten Schwefelnatrium ohne Wasserzusatz angesetzt wird, enthält schon 162 l Wasser! Bei Verwendung von wasserfreiem (sog. kon- zentriertem) Schwefelnatrium und Schwefel entsprechen gleiche Gewichts- teile von beiden ungefähr dem Polysulfid Na_2S_4.

Ä t z n a t r o n dient ebenfalls, allein[3] oder gemengt mit Schwefelnatrium[4], zuweilen als Ersatz für letzteres in der Polysulfidschmelze, oft, um die Löslich- keit zu erhöhen[5]. Dagegen ist die alte *Vidal*sche Methode des Verschmelzens mit S c h w e f e l und A m m o n i a k[6] vollständig verlassen. Andere Alkalien (KOH) gelangen nicht zur Verwendung, S o d a nur in vereinzelten Fällen[7] beim Verschmelzen ungesättigter Fettsäuren, auch bei manchen Farbstoffen der Gelbreihe, z. B. bei Immedialgelbolive; in manchen Fällen wieder wirkt Sodazusatz zur Schmelze direkt ungünstig[8].

c) Temperatur.

Die Temperaturen, bei denen sich Schwefelfarbstoffe bilden, schwanken in weiten Grenzen. Während manche Farbstoffe aus Indophenolen schon bei 94° entstehen[9] (die Base des Di-p-oxyphenyl-p-p'-diaminodiphenylamins[10] entwickelt mit Polysulfid schon bei 80° Schwefelwasserstoff und Amino-

---

[1] D. R. P. 178 088 und F. P. 332 560.
[2] D. R. P. 129 495.
[3] F. P. 313 773, D. R. P. 113 332.
[4] D. R. P. 134 704.
[5] D. R. P. 134 704, 141 970, 147 862, 108 496, 115 003.
[6] D. R. P. 91 719, 84 632, 107 729, 111 385; siehe auch *Willgerodt:* Ber. **20**, 2470.
[7] D. R. P. 114 529, 118 701.
[8] D. R. P. 177 709.   [9] D. R. P. 161 665.   [10] D. R. P. 153 130.

tolyloxyphenylamin[1] bildet einen Schwefelfarbstoff schon in alkoholischer Lösung unterm Rückflußkühler), gibt es Schwefelfarbstoffe, die sich erst bei 300[2], 320[3], 330[4], 350[5] bis 450[6] und 500° (Öltemperatur[7]), ja sogar bei beginnender Rotglut[8] bilden. Die gebräuchlichsten Temperaturen für offene Polysulfidschmelzen liegen zwischen 150 und 200°, jene für Schwefelschmelzen bei 200 bis 250°.

Die genaue Bestimmung der Temperatur, bei der sich ein Schwefelfarbstoff am besten bildet, ist für den Ausfall der Schmelze von größter Bedeutung, besonders natürlich dann, wenn eine Substanz je nach der Schmelztemperatur Farbstoffe von verschiedenen Nuancen gibt. Erhitzt man z. B. m-Toluylendiamin mit Schwefel auf 190°, so muß man die Schmelze, um den gelben Farbstoff zu erhalten, nach 2 Stunden abbrechen[9], bei höherem Erhitzen auf 250° entsteht der Orangefarbstoff[10]; bei der Darstellung des letzteren kommt die Überschreitung der Temperatur oder der Schmelzdauer weniger in Betracht, da der eingetrocknete Thiokörper kaum mehr veränderlich ist. Im Gegensatz dazu scheint der gelbe Schwefelfarbstoff aus Nitrodiacetylp-phenylendiamin gegen Temperaturüberschreitungen unempfindlich zu sein, da das Patent[11] ausdrücklich die Angabe macht, man könne die Temperatur variieren, ohne daß sich die Nuance verändert. Dem Wunsche, möglichst ein Endprodukt zu erzielen, ist das in den Patenten häufig angegebene Verfahren entsprungen, den trockenen Schwefelfarbstoff im Trockenschrank oder Backofen noch einige Stunden zu erhitzen; so wird z. B. der Farbstoff aus Mononitrobenzylsulfosäure bei 150 bis 200° gebildet, gepulvert und zur Erzielung des gelbbraunen Farbstoffes auf 220 bis 240° weitererhitzt[12]; ähnlich werden die Farbstoffe aus Dinitroanilin[13], aus peri-Naphthalinderivaten[14] usw. weiterbehandelt.

Im allgemeinen gilt die Regel, daß eher die Mengenverhältnisse in weiteren Grenzen schwanken können, als die Temperaturen[15]. Besonders die blauen Schwefelfarbstoffe, wie z. B. Immedialreinblau, werden durch relativ geringe Temperaturerhöhungen leicht durch nebenher gebildeten schwarzen Farbstoff verunreinigt[16]. Die Schwierigkeit, die Temperatur zu bestimmen,

---

[1] D. R. P. 199 963.

[2] D. R. P. 190 695.

[3] D R. P. 97 285.

[4] D. R. P. 118 701.

[5] D. R. P. 129 495, 198 049.

[6] Ö. P. 2336.

[7] D. R. P. 161 516.

[8] *Kopp:* Ber. 7, 1746.

[9] D. R. P. 139 430.

[10] D. R. P. 152 595.

[11] D. R. P. 146 916.

[12] D. R. P. 135 636.

[13] D. R. P. 102 530.

[14] D. R. P. 113 195, 113 332 usw.

[15] D. R. P. 101 541.

[16] D. R. P. 136 188.

bei der sich ein gewünschter Farbstoff am besten bildet, wächst bei der Übertragung der im kleinen ausgearbeiteten Versuche in den Betrieb. Während
man sicher sein kann, mit den im Laboratorium festgestellten Mengenver-
hältnissen auch in der Fabrikation dieselben Resultate zu erzielen, sind die
im kleinen Versuch erhaltenen Temperaturen nur in beschränktem Maße
auf große Verhältnisse übertragbar, da die hierfür in Betracht kommenden
Arbeitsbedingungen in beiden Fällen völlig andere sind: Die Wasserverdunstung ist im großen eisernen Gefäß mit mechanischem Rührwerk eine
andere als im kleinen Glas- oder Eisengefäß, und darum ist auch die Stabilität
der Temperatur im Innern der Schmelze beim kleinen Versuch niemals in
dem Maße zu erzielen, wie im Doppelkessel. Ebenso dauert das Anheizen
im Betriebe länger und vor allem die Aufarbeitung: die Versuchsschmelze
ist in wenigen Minuten gelöst oder ausgeschöpft, während diese Verrichtungen
im großen Maßstabe immerhin einige Zeit dauern, innerhalb der die Schmelze
„arbeiten" und sich verändern kann. Die im kleinen Versuch erhaltenen
Temperaturen erfahren demnach im großen meist recht erhebliche Veränderungen und müssen, wenn es sich außerdem noch um Zwischenfarbstoffe
handelt, ebenso wie die Schmelzdauer neu bestimmt werden. Ein besonders
instruktiver Fall, wie die Nuance durch geringe Temperaturveränderungen
wechselt, bietet die Polysulfidschmelze des p-Aminodinitrodiphenylamins (aus
Chlordinitrobenzol und p-Phenylendiamin[1]). Es entsteht bei 130 bis 150°
nach 2stündigem Erhitzen ein blauer Schwefelfarbstoff. Erhitzt man jedoch
nach Beendigung der ersten Reaktion dauernd weiter auf 160 bis 165° (also
nur 10° höher), so erhält man einen dunkel- bis schwarzblauen Farbstoff;
erhitzt man aber auch nur eine Stunde auf 170 bis 180°, so erhält man nach
Aufarbeitung der Schmelze, je nach Dauer des Erhitzens, einen blau- bis
grünschwarzen Farbstoff; bleibt die Temperatur längere Zeit stabil bei
180° oder erhitzt man nur um ein weniges höher, so kann unter spontaner
Erhitzung auf 240° ein olive färbender Schwefelfarbstoff entstehen. Ähnliche Verhältnisse liegen bei dem Farbstoff aus Dinitrophenylchloroxytolylamin

$$\text{OH}-\overset{\displaystyle\text{Cl}}{\underset{\displaystyle\text{CH}_3}{\bigcirc}}-\overset{\displaystyle\text{H}}{\text{N}}-\underset{\displaystyle\text{NO}_2}{\bigcirc}-\text{NO}_2$$

vor: unter 125°, am besten bei 105 bis 110°. bildet sich ein blauer[2], über
125° ein schwarzer Schwefelfarbstoff.

   Im allgemeinen gilt: daß mit Steigerung der Temperatur die Farbtöne dunkler werden; gelbe Töne werden brauner[3], blaue verändern sich,
wie schon bei Besprechung der *Vidal*schen Untersuchungen (S. 42) geschildert
wurde, in Schwarz, rote werden trüber; doch beobachtet man häufig in dem
Maße, als sich der Farbstoff durch die Schwefelung bei höherer Temperatur

[1] D. R. P. 144 119; siehe auch 105 632 und 134 704.
[2] F. P. 344 274; siehe auch D. R. P. 109 352 und F. P. 336 630.
[3] D. R. P. 152 595, 139 429, 166 864.

einem Endprodukt nähert, eine Zunahme der Echtheit[1]. Indophenole sollen zur Erzielung klarer blauer Farbstoffe in alkalischer Lösung nicht über 140° verschmolzen werden. Doch sind die trüberen Blau aus anderen Diphenylaminderivaten weniger empfindlich; so erhält man z. B. aus Diaminooxydiphenylamin[2] bei 160 bis 200° einen blauen Farbstoff (wobei allerdings noch andere Ursachen mitspielen); mit Schwefel allein erzielt man aus Indophenolen auch bei 170 bis 200° noch blaue Farbstoffe, beispielsweise aus dem Oxydationsprodukt von o-Toluidin und p-Aminophenol[3]. Ganz analog geben Phenazinperivate bei niederen Temperaturen (z. B. unterm Rückflußkühler[4]) rote bis violette Schwefelfarbstoffe, während aus Aminophenazin und seinen Sulfosäuren[5] nach den Patentangaben durch Eintrocknen schwarze Farbstoffe entstehen.

Zuweilen zeigt die Schmelze bei Erreichung gewisser Temperaturen besondere Erscheinungen: Verfärbung, Entwicklung von Schwefelwasserstoff[6] oder von Ammoniak[7] (siehe *Vidal*, S. 42), z. B. wenn man 1 : 8-Aminonaphthol bei 200° verschmilzt und das gemahlene Produkt dann noch auf 240° erhitzt; oder es tritt beim Weitererhitzen abermalige Verflüssigung der Schmelze ein[8]. Besonders bemerkenswert ist jedoch der Schmelzvorgang beim Erhitzen von Aminooxydiphenylamin mit Polysulfid[9]: ab 160° entweicht 3 Stunden hindurch ununterbrochen Schwefelwasserstoff, bei 180° beginnt jedoch plötzliche Ammoniakentwicklung. (Siehe auch die *Riss*schen Versuche: p-Aminophenol + Oxyazo- oder Aminoazobenzol in der Schwefelschmelze[10].

d) Die Schmelzdauer.

Schmelzdauer und Schmelztemperatur sind insofern voneinander abhängig, als in vielen Fällen dieselben Farbstoffe erzielt werden, wenn man (innerhalb normaler Grenzen) eine Schmelze kurze Zeit auf höhere Temperatur oder längere Zeit auf niedrigere Temperatur erhitzt. Aus Aminodinitrodiphenylamin z. B. entsteht, wie wir oben gesehen haben[11], bei etwa 150° nach 2stündigem Erhitzen ein blauer, bei dauerndem Weitererhitzem auf 160 bis 165° ein schwarzblauer, bei 1stündigem Erhitzen auf 170 bis 180° jedoch sofort der blau- bis grünschwarze Farbstoff. In einem Zusatzpatent[12] findet sich nun die Angabe, daß man dasselbe Resultat erhält, wenn man mit der Temperatur bis auf 135° heruntergeht; doch muß man dann zur

---

[1] D. R. P. 171 177.

[2] A. P. 657 768.

[3] E. P. 12 879/03, dazu E. P. 58/02; siehe aber D. R. P. 199 963.

[4] Z. B. D. R. P. 181 125.

[5] Anmeldung **A.** 6872 und D. R. P. 120 561.

[6] D. R. P. 128 855, 109 352.

[7] D. R. P. 113 334.

[8] D. R. P. 105 058.

[9] D. R. P. 116 337.

[10] D. R. P. 122 850.

[11] D. R. P. 144 119.

[12] D. R. P. 147 635.

Erzielung des blauen Farbstoffes 8 bis 10 Stunden, des schwarzen 15 bis 20 Stunden erhitzen. Am Rückflußkühler, also bei 115 bis 120° erhält man den blauen Farbstoff nach 20, den schwarzen nach 36 bis 48 Stunden. In der Blau-, Schwarz- und Rotreihe gilt ziemlich allgemein die Regel, daß die Farbtöne um so reiner und kräftiger (zuweilen auch echter[1]) werden, bei je niedrigerer Temperatur und demnach bei je länger während em Schmelzprozeß der betreffende Farbstoff entsteht; ebenso wurde beobachtet, daß die in langer Schmelze entstehenden Schwefelfarbstoffe in Pulverform eine charakteristische Eigenfarbe besitzen, was bei den Produkten der kurz und höher geheizten Schmelzen nicht der Fall ist. Natürlich ist immer vorausgesetzt, daß sich der Farbstoff bei niederer Temperatur überhaupt bildet. Wenn man die Schwefelfarbstoffpatente in chronologischer Reihenfolge anordnet, kann man genau verfolgen, daß in dem Maße, als man genauere Kenntnis von dem Wesen des Schmelzvorganges erhielt, die Dauer der Schmelze verlängert wurde. Farbstoffe, die früher im Kessel in wenigen Stunden fertiggestellt wurden, wurden später in 24-, 36- und 48 stündiger Dauer, zuweilen[2] sogar durch 4 bis 5 tägiges Kochen unterm Rückflußkühler gebildet. So dauert z. B. die Dinitrophenolschwarzbildung unter Druck bei 150° $4\frac{1}{2}$ Stunden, bei 130° 9 Stunden[3] und beim Kochen unterm Rückflußkühler 25 Stunden[4]. — Man beobachtet ferner häufig, daß bei längerem Erhitzen und fixierter Temperatur die Nuancen eine Veränderung erleiden, und zwar meistens nach Rot. Gelbe Farbstoffe werden bei längerer Dauer der Schmelze orange bis braun[5], der violettschwarze Schwefelfarbstoff aus Dinitrooxy-m-chlordiphenylamin, der durch 24 stündiges Erhitzen am Rückflußkühler entsteht[6], wird, je länger die Kochung dauert, immer violetter; ähnlich verhalten sich die Produkte aus Chlordinitrobenzol mit Salicylsäurederivaten[7] u. a.[8]; doch liegen diese letzteren Fälle nicht so klar, da es sich um Schmelzen handelt, die eingetrocknet werden, so daß auch die Temperatur eine Rolle spielen kann.

Zuweilen finden sich in den Patenten präzise Angaben über die Schmelzdauer, z. B.[9]: „ . . . in 30 Minuten ist die Schmelztemperatur auf 130° zu bringen"; doch ist das mäßige Überschreiten der Zeit selten von so ungünstigen Folgen für den Farbton begleitet, wie das Überschreiten der Temperatur. Auch das Patentamt begnügt sich mit allgemein gehaltenen Angaben, wie z. B.: „Die Schmelze wird 1 bis 2 Stunden auf 180° und 3 bis 4 Stunden auf 240° erhitzt"[10]; der Farbstoff bildet sich jedenfalls unter diesen Bedingungen. Sache der genaueren Betriebsausarbeitung ist es, wie die Schmelztemperatur,

---

[1] Siehe die bezügliche Angabe im D. R. P. 147 635.
[2] F. P. 387 188.
[3] D. R. P. 208 377.
[4] D. R. P. 127 835.
[5] D. R. P. 139 430 und 152 595.
[6] D. R. P. 121 462.
[7] D. R. P. 129 684.
[8] D. R. P. 109 353.
[9] D. R. P. 208 377.
[10] D. R. P. 113 516.

so auch die Schmelzdauer, die jeweils zum besten Resultat führt, zu bestimmen.

Eigentümlich ist die schnelle Bildung von Schwefelfarbstoffen auf der
Faser[1]: Mit denselben Ingredienzien, wie sie zum Schmelzansatz Verwendung
finden, z. B. mit Nitrooxydiphenylamin, Pentasulfid und Lauge, wird die Faser
geklotzt, dann 1 Stunde gedämpft, worauf das Gewebe mit dem entsprechenden Schwefelfarbstoff gefärbt erscheint; offenbar bewirkt die Konzentration
der Substanzen, die große Oberfläche und die durch den Dämpfprozeß hervor-
gerufene schnelle Entfernung des Schwefelwasserstoffs die abgekürzte Farbstoffbildung.

Vor Beschreibung des Ganges einer Polysulfidschmelze muß noch auf
das Verhalten der Nitroverbindungen in der Schmelze hingewiesen
werden. Schwefelnatrium reduziert, wie bekannt, Nitroverbindungen zu
Aminen. Man kann z. B. Dinitrooxydiphenylamin mit Schwefelnatrium glatt
zu Nitroamino- und zu Diaminooxydiphenylamin reduzieren. Man erhält
letzteres z. B., wenn man in eine Lösung von 100 Teilen Schwefelnatrium,
25 Teilen Schwefel und 20 Teilen Wasser bei 80° 20 Teile reines Dinitrooxydiphenylamin einträgt; nach $^{1}/_{2}$ bis 1stündigem Erhitzen auf etwa 120°
scheiden sich weiße Krystalle aus, die mit Salzwasser gewaschen, völlig reines
Diaminodiphenylamin darstellen[2]. Bei der Reduktion einer Nitrogruppe wird
ein großer Teil des Schwefelnatriums durch Oxydation in indifferente Salze,
Na_2SO_3, Na_2SO_4, $Na_2S_2O_3$ usw. verwandelt und derart der Reaktion ent-
zogen. Daraus ergibt sich, daß mit der Zahl der Nitrogruppen die
Schwefelnatriummenge erhöht werden muß, und wir sehen auch,
daß z. B. die Schmelze des Trinitrotoluols[3] mit 80 Teilen Na_2S + 30 Teilen
Schwefel auf 10 Teile Substanz ausgeführt wird (das Mittel ist 30 bis 50 Teile
Schwefelnatrium auf 10 Teile mono- oder dinitrierter Substanz); ebenso ist
der Schmelzansatz auch für Tetranitrotetraalkylbenzidin[4]: 80 Teile Na_2S
+ 20 Teile S auf 10 Teile Substanz. Man müßte nun annehmen, daß die
Polynitroverbindung in der Schmelze zunächst vollständig reduziert wird,
so daß man dasselbe Resultat ausgehend von der schon vorher dargestellten
Polyaminoverbindung erhielte. Dies ist jedoch keineswegs immer der Fall.
Wird in obigem Beispiel der Darstellung des Diaminooxydiphenylamins nicht
Polysulfid, sondern Schwefelnatrium zur Reduktion genommen, oder arbeitet
man in verdünnteren Lösungen, so wird nur eine, und zwar die in Orthostellung zum Diphenylaminstickstoff befindliche Nitrogruppe des Dinitro-
körpers reduziert und man erhält Nitroaminodiphenylamin; dies vermag unter
dem Einfluß der Polysulfidschmelze natürlich ganz andere Kondensationen
einzugehen, als die Diaminoverbindung. Dadurch wird folgender Fall verständlich: Aminooxydiphenylaminsulfosäure gibt bei 160 bis 200° einen blauen

---

[1] D. R. P. 158 328.
[2] *H. Erdmann:* Annalen **362**, 152.
[3] D. R. P. 121 122.
[4] D. R. P. 131 874.

Farbstoff[1], Nitrooxydiphenylaminsulfosäure liefert schon bei 130 bis 140° einen schwarzen Farbstoff[2]. Die Ursache ist weder die verschiedene Temperatur, da sonst umgekehrt bei 140° Blau und bei 160° Schwarz entstehen müßte, auch nicht die Zusammensetzung des Polysulfidgemenges, denn wenn auch die Mengen verschieden sind, kommt in beiden Fällen doch Na_2S_4 zur Anwendung; die Ursache ist vielmehr darin zu suchen, daß die Aminoverbindung in der Schmelze sofort mit Hilfe der Aminogruppe Kondensationen eingeht, während die Nitroverbindung zunächst geschwefelt, später erst reduziert wird, und nunmehr vielleicht, aber dann in ganz anderem Sinne, wie die Aminoverbindung, kondensiert wird. Der aus letzterer resultierende blaue Farbstoff geht bei höherem Erhitzen ebenfall in einen schwarzen über, man besitzt jedoch außer den färberischen Eigenschaften kein Mittel, um die beiden schwarzen Farbstoffe auf ihre Identität zu prüfen. Völlig analog dürfte die Dinitrophenolschmelze sich so vollziehen, daß zuerst o-Amino-p-nitrophenol entsteht, das zunächst geschwefelt wird und mittels der einen Aminogruppe Kondensationen eingeht. Würden beide Nitrogruppen gleichzeitig reduziert, so wäre[3] zunächst ein blauer Farbstoff zu erwarten, und es müßten vor allem die Schwefelfarbstoffe aus Diamino- und Dinitrophenol, aus o-Amino-p-nitro- und p-Amino-o-nitrophenol identisch sein. Dies ist nun nicht einmal färberisch[4] der Fall, wie aus den Tabellen 116, 117 ersichtlich ist. Auch beim Verschmelzen von p-Nitranilin[5] dürfte sich die Farbstoffbildung zu den dunkelgrünen Farbstoffen früher vollziehen als die Reduktion zum p-Phenylendiamin, da letzteres unter den im Patent angegebenen Schmelzbedingungen kaum einen Schwefelfarbstoff gibt (es sublimiert zum größten Teil weg). Außerdem gibt die geringe Menge des immerhin so gebildeten p-Phenylendiaminfarbstoffes nachoxydiert blauschwarze bis schwarze Töne, während der Nitranilinfarbstoff grün wird[6].

Aus Vorstehendem erklärt es sich, daß es häufig nicht gleichgültig ist, ob man die Nitroverbindung, wie es zuweilen geschieht, zuerst mit Schwefelnatrium reduziert und dann den Schwefel einträgt, oder ob man sie gleich in der Polysulfidschmelze verschmilzt. So gibt z. B. Dinitranilin in der letzteren einen schwarzen Farbstoff[7], wird es jedoch vorher mit Schwefelnatrium allein oder unter Zusatz geringer Schwefelmengen bei 160 bis 170° (oder auch bei niedrigeren Temperaturen[8] reduziert und dann unter Hinzufügen von Schwefel verschmolzen, so resultiert ein brauner Farbstoff[9]. Ob es sich bei dieser Vorbehandlung mit Schwefelnatrium um reine Reduktionsvorgänge handelt, ist zweifelhaft, da Dinitrooxydiphenylamin, mit Lauge vorbehandelt,

[1] D. R. P. 109 352.
[2] D. R. P. 114 265.
[3] D. R. P. 117 921.
[4] F. P. 347 278.
[5] D. R. P. 128 081.
[6] Siehe auch *Böttcher* und *Petersen*: Annalen **166**, 150 und *Römer*: Ber. **16**, 263.
[7] D. R. P. 102 530.
[8] D. R. P. 139 807.
[9] D. R. P. 138 858.

ebenfalls zu einem braunen Schwefelfarbstoff führt[1], ebenso wie man durch Behandlung von Nitroso-o-kresol mit einer zur Reduktion unzureichenden Schwefelnatriummenge zunächst zu einem braunen Farbstoff gelangt, der nach Hinzufügen von Schwefel bei weiterem Erhitzen in einen schwarzen übergeht[2].

e) Der Verlauf einer Polysulfidschmelze im offenen Gefäß (Immedialschwarz[3]).

Im Doppelkessel (Fassungsraum 1000 l) werden zunächst 375 kg Schwefelnatrium und 150 kg Schwefel unter Hinzufügen von 100 l Wasser gelöst, indem Dampf aufgestellt und nach Schmelzen des Schwefelnatriums der Rührer in Bewegung gesetzt wird. Die Mengen von Na_2S und S entsprechen dem Polysulfid Na_2S_4. Dieses bildet sich ohne Schwierigkeit, d. h. der Schwefel löst sich glatt auf und man kann sicher sein, bei 110 bis 115° Innentemperatur keinen ungelösten Schwefel mehr vorzufinden. Es ist jedoch immerhin besser, sich durch Ausschöpfen einer Probe zu überzeugen, ob nicht noch ungelöster Schwefel vorhanden ist, da dieser besonders bei Schmelzen, die nur niedrige Temperaturen erfordern, während der Schmelze selbst häufig nicht mehr angegriffen wird und sich dem Farbstoff schließlich klumpig oder in fein verteiltem Zustande beimischt. Ist völlige Lösung eingetreten, so kann mit dem langsamen Eintragen der Substanz begonnen werden. Die Reduktion des Dinitrooxydiphenylamins, das in feuchtem, leicht angreifbarem Zustande zur Verwendung gelangt, beginnt schon bei 115 bis 120° und muß genau beobachtet werden, da bei zu raschem Eintragen die durch die kalte Paste abgekühlte Schmelze zunächst gar nicht reagiert, um dann plötzlich, wenn das aufgespeicherte unangegriffene Material sich auf Reaktionstemperatur erwärmt hat, unter heftigem Schäumen in Reaktion zu treten. Wenn die Substanz eingetragen ist, schäumt die Schmelze zunächst noch kleinblasig, bis sämtliches Wasser verdammt ist. Durch das fortgesetzte Rühren wird sie homogen und wirft große Blasen, die durch den entweichenden Schwefelwasserstoff gebildet werden. Schließlich kommt die Schmelze in ruhigen Fluß, wird bei 130° zähe, und kann in diesem Zustande auf Bleche ausgeschöpft werden; die Beendigung der Farbstoffbildung erfolgt dann im Trockenschrank bei 140 bis 150°, bis die Kuchen trocken und pulverisierbar sind. Je nach dem gewünschten Produkt wird der Farbstoff nun entweder direkt gemahlen oder durch Umlösen und Ausfällen gereinigt (siehe Reinigung). Mit mehr oder weniger Modifikationen werden alle Polysulfidschmelzen so ausgeführt; die Bildungstemperatur des betreffenden Farbstoffes entscheidet die Art der Aufarbeitung durch Herauslösen der Schmelze aus dem Kessel oder Ausschöpfen und Eintrocknen im Trockenschrank oder Backofen.

---

[1] D. R. P. 112 484.
[2] D. R. P. 197 165; siehe auch Anmeldung C. 10 095.
[3] D. R. P. 103 861.

Allgemein gilt, daß die Schmelze so lange gerührt werden muß, als man noch Ausgangsmaterial nachweisen kann; dann erst kann aufgearbeitet bzw. zum Eintrocknungsprozeß geschritten werden. Die Feststellung, ob das Ausgangsmaterial völlig verschwunden ist, muß stets erfolgen, da es in unangegriffenem Zustande während des Eintrocknungsprozesses zu unerwünschten, die Nuance des Farbstoffes trübenden Nebenreaktionen führen oder überhaupt den Farbstoff völlig verändern kann. Die Methoden dieser Feststellung sind naturgemäß bei jedem Ausgangsmaterial andere; sie erstrecken sich auf Reaktionen des Ausgangsmateriales selbst und auf jene der primär aus ihm entstehenden Umwandlungs- oder Reduktionsprodukte. Diese Methoden müssen schnell und einfach, auch im Fabrikationsraum, auszuführen sein — vorteilhaft sucht man Farbenreaktionen —, da sich, wie im Kapitel Temperatur geschildert wurde, oft in kleinen Zeitabschnitten wesentliche Veränderungen innerhalb der Schmelze vollziehen können. So zeigen z. B. Dinitrokörper in alkalischem Wasser eine charakteristische Rotbraunfärbung, die häufig neben der Farbe des Schwefelfarbstoffes deutlich erkennbar ist; Diaminodiphenylamine lassen sich in alkalischer Lösung durch ihre leichte Oxydierbarkeit zu blauen Indokörpern nachweisen. Oft kann man mit besonders gutem Erfolg das Ausgangsmaterial aus einer Schmelzprobe mit heißem Alkohol extrahieren, in dem der gebildete Farbstoff fast immer unlöslich ist; gießt man die alkoholische Lösung auf Filtrierpapier, so läßt sich leicht am gefärbten Auslauf oder besonders durch Tüpfelreaktionen erkennen, ob noch Ausgangsmaterial vorhanden ist. Manchmal kann es allerdings vorkommen, daß im Auslauf ein farbloser Rand überhaupt nicht zu erhalten ist, wenn sich nämlich auch die Zersetzungsprodukte in Alkohol lösen[1]. Letztere ziehen häufig mit dem Farbstoff auf die Baumwolle auf und trüben so den Farbton. Das ist wohl die Hauptursache, warum man für klare Nuancen die direkte Schmelze kaum mehr anwendet und es vorzieht, den Farbstoff in der Rückflußkühlerschmelze in längerer Zeit zu bilden. Eine weitere Reaktion, besonders auf Leukoindophenole, läßt sich leicht dadurch ausführen, daß man eine Probe der Schmelze mit Salzsäure auskocht, wobei der Schwefelfarbstoff ungelöst bleibt, die Base aber in Lösung geht und sich im Auslauf auf Filtrierpapier durch Oxydationsmittel leicht an ihrem Übergang in das gefärbte Indophenol erkennen läßt. Ausgangsmaterialien mit Aminogruppen lassen sich ebenfalls durch Extrahieren mit Salzsäure der Schmelzprobe entziehen; durch Diazotieren und Kuppeln mit einer Azofarbstoffkomponente läßt sich der Gehalt der Schmelze an Ausgangsmaterial leicht feststellen. In Ausnahmefällen[2], wenn nämlich auch der Schwefelfarbstoff noch diazotierbare Aminogruppen enthält, kann diese Methode zu Täuschungen Anlaß geben; doch kommt dieser Fall selten vor. Manche einfachen Azine lösen sich in Lauge gelb, in Säure rot; durch Auskochen mit Säure und Betupfen des Auslaufes auf Filtrierpapier mit Lauge lassen

---

[1] Siehe Angaben im D. R. P. 113 418.
[2] D. R. P. 127 676.

sich an der Gelbfärbung noch sehr geringe Mengen unveränderten Azines erkennen. Zuweilen, insbesondere bei Schmelzen mit Schwefel allein, ist die Feststellung, ob das Ausgangsmaterial verschwunden ist, schwieriger. In solchen Fällen muß man sich eben damit helfen, daß man sich bei der Schmelze mit peinlichster Genauigkeit an alle die Bedingungen hält, die bei den Versuchsschmelzen als die richtigen empirisch gefunden wurden. Der Patentnehmer veröffentlicht natürlich solche auf mühsamem, langwierigem Wege gefundenen Daten nicht, sondern macht allgemeinere Angaben, wie z. B.: „... bis zum Aufhören der Schwefelwasserstoffentwicklung" oder „bis eine weitere Farbstoffzunahme nicht mehr zu bemerken ist", oder er gibt eine Vorschrift an, nach der sich der Farbstoff eben noch bildet, die aber technisch nicht verwertbar ist.

Das schließliche Eintrocknen der Farbstoffe bei höherer Temperatur im Trockenschrank oder Backofen zur Erzielung eines möglichst einheitlichen Endproduktes war besonders in den Anfängen der Schwefelfarbstoffindustrie oft von lästigen Nebenerscheinungen begleitet. Die Farbstoffe entzündeten sich häufig während dieses chemischen Eintrocknungsprozesses und wurden zuweilen völlig zerstört. Oft jedoch bemerkte man beim Öffnen des Schrankes nur flache, über den Blechen schwebende blaue Flammen, die gleich wieder erloschen, ohne den Farbstoff zu verderben. Ob es sich hier um Entzündung von feinverteiltem Schwefel oder von Schwefelwasserstoff, oder ob es sich um Oxydationsvorgänge (siehe S. 180) handelte[1], ist nicht aufgeklärt (auch fertige, in Fässern gelagerte Schwefelfarbstoffe neigen manchmal zur Selbstentzündung; jedenfalls ist dieser Übelstand in neuerer Zeit durch die verbesserten Verfahren fast völlig behoben worden.

III. Die Schwefelschmelze.

Die ursprüngliche Art der Herstellung von Schwefelfarbstoffen war die alkalische Cachou-de-Laval-Schmelze, und auch heute entsteht die weitaus größere Zahl aller Schwefelfarbstoffe durch Erhitzen der Substanz mit Schwefel bei Gegenwart von Alkalien (Polysulfiden). Die Schmelze mit Schwefel allein wurde schon von *Vidal*[2] ausgeführt; das Verfahren fand aber erst dann allgemeine Anwendung, als es sich zeigte, daß die Schwefelschmelze nicht nur die alkalische Schmelze häufig ersetzen kann, sondern daß sie unter Umständen, besonders beim Verschmelzen gewisser Basen, zu vollständig anderen Resultaten führt. Die Schwefelschmelze ist auf die Herstellung der gelben, sich vom Thiazol ableitenden Farbstoffe fast ausschließlich beschränkt geblieben[3]; Thiazinabkömmlinge, also blaue und schwarze Schwefelfarbstoffe, werden durch die direkte Schwefelschmelze nur ganz ausnahmsweise erhalten, wenn man von den Tetraphentrithiazinen *Vidals*[4] absieht. Als Beispiele für die

---

[1] Siehe *Berthelot:* Compt. rend. **1885**, 1326 und *Hodgkinson:* Chem. News **1890**, 95.
[2] D. R. P. 82 748, 85 330.
[3] Siehe D. R. P. 168 516, Phenosafranion.
[4] D. R. P. 99 039, 103 301, 111 385; s. auch *Bernthsens* oft zitierte Methylenblau-Arbeiten.

Herstellung blauer bis schwarzer Schwefelfarbstoffe mit Schwefel allein nennen wir jene aus Tetraaminodiphenyl-p-phenylendiamin[1], Dioxydiphenylamin[2], Diaminophenol[3], aus dem Indophenol-p-Phenylendiamin mit α-Naphthol[4] und wenige andere[5].

Die Schwefelschmelze wird dann angewendet, wenn die Alkaliempfindlichkeit der Substanz — und bei höherer Temperatur sind alle Basen, besonders jene vom Typ des Toluylendiamins gegen Alkali empfindlich — das Verschmelzen mit Polysulfid nicht gestattet und letztere Schmelzart daher zu weniger wertvollen Farbstoffen führt, oder wenn die Substanz in Alkalien unlöslich ist und sich in der Polysulfidschmelze klumpig zusammenballt, ohne in gewünschtem Sinne angegriffen zu werden; auch hier sind es vorzugsweise Aminokörper, die sich so verhalten.

In fast allen Fällen führt die Schwefelschmelze zunächst zu unlöslichen Thiokörpern, die entweder noch während der Schmelze oder nachträglich durch Behandeln mit Alkalien oder Schwefelalkalien in lösliche Farbstoffe übergeführt werden müssen. Dies empfiehlt sich auch dann, wenn das Produkt der direkten Schwefelschmelze schon als Farbstoff verwendbar ist[6], da sich auch solche Farbstoffe selten ohne Rückstand lösen.

Die Ausführung der Schwefelschmelze im großen erfolgt entweder in hochheizbaren Ölkesseln (früher wurden Kessel mit direkter Feuerung angewendet) oder wegen des lästigen Ausschöpfens der heißen, immer noch Schwefelwasserstoff entwickelnden Schmelze, im Backofen. Die erste Entwicklung von Schwefelwasserstoff verläuft oft schon bei niederer Temperatur außerordentlich stürmisch[7], besonders wenn die Schmelzpunkte von Substanz und Schwefel nahe beieinander liegen, so daß beim Arbeiten im Ölkessel nur ein sehr gutes Rührwerk, beim Schmelzen im Backofen die Anwendung hochwandiger Bleche und öfteres Durchkrücken der anfangs leicht beweglichen dünnflüssigen Schmelze das Überschäumen verhütet. Im weiteren Verlauf wird die Schmelze zäher und färbt sich dunkler; man heizt nun weiter, bis die gewünschte Farbstoffnuance nach den durch die Ausarbeitung gegebenen Daten erreicht ist. Meistens entstehen, wie schon erwähnt, bei niedrigerer Temperatur und kürzerer Schmelzdauer gelbstichige, bei höherer Temperatur und längerer Schmelzdauer bis zum völligen Eintrocknen der Schmelze rotstichige Farbstoffe. Auch größere Schwefelmengen führen in der Thiazolreihe zuweilen zu röteren, geringere zu grünstichigen Farbstoffen[8]. — Der gemahlene Thiokörper wird dann, um ihn in lösliche Form überzuführen[9], mit konzentrierten Laugen von Ätz- oder Schwefelalkalien erhitzt. Die alkalische

---

[1] D. R. P. 167 769.
[2] D. R. P. 149 637.
[3] D. R. P. 117 921.
[4] D. R. P. 131 999.
[5] F. P. 332 560, *Sandoz*.
[6] D. R. P. 146 916 und die folgenden (siehe Patentübersicht).
[7] D. R. P. 144 762.
[8] D. R. P. 145 762.
[9] D. R. P. 141 576 und Anmeldung **K.** 24 649.

Lösung wird verdünnt, filtriert und meistens mit verdünnter Salzsäure ausgefällt. Häufig ist der entstandene Schwefelfarbstoff in den konzentrierten Alkalilösungen unlöslich, so daß man meinen könnte, der Thiokörper wäre überhaupt nicht angegriffen; das Verdünnen einer Probe mit Wasser zeigt aber den fortschreitenden Verlauf der „Aufschließung" des unlöslichen Thiokörpers. Länger als nötig soll mit den starken alkalischen Laugen nicht erhitzt werden, da sonst leicht Trübungen der Nuance eintreten können.

In erster Linie werden basische Körper, Amine des Benzols, Toluols und Naphthalins mit Schwefel allein verschmolzen, doch können auch Körper mit Nitrogruppen auf diese Art in Schwefelfarbstoffe übergeführt werden. Chlordinitrobenzol und Schwefel wirken beim Erhitzen explosionsartig aufeinander ein. Es gelingt aber, die Reaktion auch mit Dinitrokörpern gefahrlos zu Ende zu führen, wenn man sie mit Basen, z. B. im Kern substituierten oder nichtsubstituierten Diaminen und Schwefel verschmilzt[1]. Ebenso lassen sich chemisch weniger wirksame Körper, wie z. B. acetylierte Dinitrobenzidine[2], vor allem aber die reaktionsträgen Mononitroverbindungen: Nitrodiacet-p-phenylendiamin[3], Nitroäthenyl-o-phenylendiamin bzw. Azimidonitrobenzol, Anhydrobasen von Nitrooxydiphenylamin[4], Gemenge von Resorcin mit Nitrobenzolen und Nitronaphthalinen[5] oder Gemenge von Toluidinen mit p-Nitranilin[6] durch Verschmelzen mit Schwefel allein in Farbstoffe überführen. Nitrokörper, die auch nur eine Nitrogruppe besitzen, deren Reaktionsfähigkeit nicht durch die gleichzeitige Anwesenheit von basischen Gruppen abgeschwächt ist (z. B. Nitronaphthalin im Gegensatz zu Nitrotoluidin) werden jedoch der Einwirkung von Schwefel bei höheren Temperaturen besser im größeren Versuchsmaßstabe nicht ausgesetzt[7].

Die wichtigsten, durch Verschmelzen mit Schwefel allein erhaltenen gelben und braunen Schwefelfarbstoffe sind im Kapitel „Benzidinzusatz" (S. 167) zusammengestellt, im übrigen sei auf die Patentauszüge verwiesen, in denen sich die Angabe, ob der Schwefelfarbstoff mit Polysulfiden oder mit Schwefel allein gebildet ist, bei jedem einzelnen Patent vorfindet.

Zuweilen wurden die Alkaliverbindungen der Substanzen mit Schwefel allein verschmolzen, z. B. Dioxynaphthalinmono- und disulfosaures Natrium[8] oder das Indophenol p-p′-Diaminodiphenylamin und Phenolnatrium[9]. In diesen Fällen handelt es sich ohne Zweifel um Schmelzen bei Gegen-

---

[1] D. R. P. 201 835, 201 836, 208 805.
[2] D. R. P. 82 748.
[3] D. R. P. 146 916 und Zusätze; auch 121 463 und 157 862.
[4] D. R. P. 175 829.
[5] D. R. P. 170 132.
[6] D. R. P. 209 039.
[7] D. R. P. 48 802.
[8] D. R. P. 113 332.
[9] D. R. P. 178 088.

wart von Alkali; bei der geringen Kenntnis, die wir vom Mechanismus
der Schmelze besitzen, ist es jedoch schwer zu entscheiden, ob die Wirkung
einer Polysulfid- oder einer Schwefelschmelze erzielt wird. Der Angriff des
Schwefels auf eine OH-Gruppe dürfte jedenfalls in anderem Sinne erfolgen,
als der auf eine ONa-Gruppe. Dies scheint auch daraus hervorzugehen, daß
aus p-Amino-m-methyl-p′-oxydiphenylamin mit Schwefel allein ein in kaltem
Bade färbender, in kalten, wässerigen Alkalien blau löslicher Farbstoff entsteht[1], während die Alkalisalze von p-Amino-p′-oxydiphenylaminen oder
deren Homologen mit Schwefel allein erhitzt[2] zu Farbstoffen führen, die aus
kaltem Bade kaum aufziehen, die sich demnach in ihren Eigenschaften den
normalen Schwefelfarbstoffen nähern. Die französische Vorschrift verlangt
Temperaturen von 190 bis 200°, jene des deutschen Patentes 140 bis 142°
zur Farbstoffbildung. Da nun niedrige Schwefelungen im allgemeinen zu
Farbstoffen führen, die auch in der Kälte aufziehen, so scheint es, da hier das
Gegenteil der Fall ist, als würde die Anwesenheit der geringen Alkalimengen
eine intensivere, zu heiß aufziehenden Farbstoffen führende Schwefelung verursachen. Allerdings bringt die französische Vorschrift nur ein Beispiel der
Farbstoffschmelze mit Zusatz von Chromsalzen, doch geht aus dem Wort-
laute „. . . . le procédé de production d'un colorant soufré etc. . . . . . consistant
à chauffer la p-oxy-p′-amino-m′-methyldiphénylamine avec du soufre, avec
ou sans addition d'oxyde de chrome hydraté etc. . . . . .“ hervor, daß Schmelzen
ohne Chromzusatz dieselben Resultate ergeben. Der Schwefel wirkt eben
nicht nur schwefeleinführend, sondern auch kondensierend wie aus der
Dehydrothiotoluidin- und Primulinbildung und aus seinem Verhalten gegenüber Gemengen in der Schmelze hervorgeht[3]. Es ist demnach verständlich,
daß Ausgangsmaterialien mit unbesetzten OH-Gruppen anders kondensiert
werden, als solche mit ONa-Gruppen.

IV. Die Rückflußkühlerschmelze.

Die Herstellung von Schwefelfarbstoffen unterm Rückflußkühler ent-
sprang dem Bedürfnis, die Produkte stets in gleichmäßiger Form und Nuance
zu erhalten, da die offene Kesselschmelze, wie wir gesehen haben, in den in
der Fabrikation aufeinanderfolgenden Partien stets kleine Differenzen im
Farbton der erhaltenen Farbstoffe ergibt. Die Vorzüge der Rückflußkühlerschmelze gegenüber der offenen Kesselschmelze sind der Hauptsache nach
folgende: 1. Jede Überhitzung der Schmelze ist dadurch, daß die Reaktion
in einem bis zum Schluß der Farbstoffbildung leicht beweglichen flüssigen
Medium erfolgt, ausgeschlossen; dadurch wird Trübung der Nuance verhindert.
2. Die Temperatur bleibt, wenn sie einmal fixiert ist, bis zum Schluß der
Schmelze konstant, da die Konzentration der Schmelze durch das zurück-

---

[1] F. P. 332 560.
[2] D. R. P. 178 089.
[3] D. R. P. 122 826, 125 135, 128 361 usw.

fließende Lösungsmittel stets dieselbe bleibt. 3. Die gleichzeitige Bildung
schwarzer neben den blauen Schwefelfarbstoffen und die umständliche Trennung beider (siehe Reinigung) wird völlig vermieden, da man genau die
Temperatur und Konzentration einhalten kann, bei der sich jene noch nicht
bilden. 4. Die fertigen Schwefelfarbstoffe befinden sich in dem Lösungsmittel
stets als Leukoverbindungen, die sich leicht lösen lassen, und aus deren
filtrierter Lösung die Farbstoffe in völlig reinem Zustande ausgefällt werden
können. Demnach ist 5. die Aufarbeitung der Schmelze wesentlich vereinfacht, da sie nach ihrer Fertigstellung nur mehr verdünnt und aus dem
Kessel durch eine kleine Filterpresse direkt in das Druckfaß gedrückt wird,
um daselbst ausgefällt zu werden. Die Rückflußkühlerschmelzen sind nicht
nur auf kochende wässerige Schmelzen beschränkt, sondern sie sind auch
bei relativ starker Konzentration der Schmelze anwendbar, da die letzten
Wasserreste lange Zeit zurückgehalten werden. Man kann so auch bei höheren
Temperaturen, z. B. bei 125 bis 135°, Schwefelfarbstoffe bilden: diese Temperaturen genügen bei länger währender Schmelze auch für Schwefelfarbstoffe, die sonst in kürzerer Schmelzdauer bei 160 bis 170° dargestellt werden müssen.

Die Resultate sind schon nach Form und äußerem Ansehen wesentlich
günstiger. Schwefelfarbstoffe, die auf diese Weise entstanden sind, stellen
in trockenem Zustande eigengefärbte dunkelblaue oder violette Pulver vor
und machen den Eindruck einheitlicher Produkte.

Man verwendet für die Rückflußkühlerschmelze dieselben Apparate
wie zur Ausführung der offenen Polysulfidschmelze im Doppelkessel; es ist
nur nötig einen Rückflußkühler anzubringen, der nach Erzielung der gewünschten Temperatur der Schmelze bei geschlossenem nicht verschraubtem
Mannlochdeckel in Tätigkeit gesetzt wird; der Abzug am Kessel muß selbstverständlich durch den Rückflußkühler gehen, d. h. an dessen oberem Ende
angeschlossen sein. Ein Notbehelf als Ersatz des Rückflußkühlers ist es,
in den Kessel einen dünnen Strahl Wasser, dessen Stärke nach der Wasserverdunstung durch den Abzug geregelt wird, zufließen zu lassen[1]. Die Schmelze
kann man, wenn die Reduktion vorüber und die Zufuhr des Heizdampfes
geregelt ist, sich selbst überlassen; es genügt, wenn während der 24- bis 36stündigen Dauer zuweilen die Temperatur nachgesehen wird; eine Regulierung
ist meistens nur beim Schichtwechsel nötig, wenn der Dampfverbrauch in
dem Röhrensystem, an das der Kessel angeschlossen ist, sich ändert, so
daß mehr oder weniger Heizdampf zuströmt.

Das Anwendungsgebiet der Rückflußkühlerschmelze ist allerdings
einigermaßen beschränkt durch die relativ geringe erreichbare Temperatur.
Es ist wohl sicher, daß man, von den fast pyrogen entstehenden Farbstoffen
abgesehen, fast alle Schwefelfarbstoffe unterm Rückflußkühler bilden könnte;
doch ergibt sich schließlich eine Grenze in der Dauer der Schmelze, die bei
rationeller Arbeit nicht überschritten werden darf. Allgemein eignen sich

---

[1] D. R. P. 134 947.

vor allem die Indophenole und ihre Leukoverbindungen für diese Schmelzart, ebenso die Azine[1], und von beiden Körperklassen besonders die komplizierteren Polyoxy-, Aminooxy- und Polyaminoderivate mit mehreren, besonders halogenhaltigen[2] Seitenketten, während die einfacheren Körper oft höhere Temperaturen erfordern. Auch mehrere schwarze Schwefelfarbstoffe werden am Rückflußkühler gebildet, z. B. jene aus folgenden Ausgangsmaterialien:

D. R. P. 116 791: Pikraminsäure,
D. R. P. 144 765: Chinonoximdinitrophenylather,
D. R. P. 148 280: Toluchinonoximäther,
D. R. P. 158 927: Dinitrosalicylsäure,
D. R. P. 205 882: Nitroso-o-kresol,
D. R. P. 121 462: Dinitro-o'-oxy-m'-chlordiphenylamin,
D. R. P. 128 725: Dinitro-p'-oxy-m'-chlordiphenylamin,
D. R. P. 218 517:
Anmeldung **Sch.** 26 652 } Dinitrophenol u. a.
D. R. P. 127 835
D. R. P. 127 312

Die erste wichtige Rückflußkühlerschmelze, die zu einem schwarzen Schwefelfarbstoff führte, wurde von der *A.-G. für Anilinfabrikation Berlin*[3] mit Dinitrophenol ausgeführt. Das so dargestellte Dinitrophenolschwarz unterschied sich so vorteilhaft von den anderen schwarzen Schwefelfarbstoffen, insbesondere von dem *Vidal*schen aus Dinitrophenol[4], daß sich die Methode bald allgemein einführte.

Wie groß die nur durch das Schmelzverfahren bedingten Unterschiede der erhaltenen Farbstoffe sind, geht daraus hervor, daß die zahlreichen Indokörper, die zum ersten Male von der *Gesellschaft für chem. Industrie Basel* bei Temperaturen von 140 bis schließlich 160° verschmolzen wurden[5], sämtlich zu blaugrünen, blauschwarzen, schwarzgrünen bis tiefschwarzen Farbstoffen führten, während dieselben Ausgangsmaterialien, später in der Rückflußkühlerschmelze verarbeitet, die wertvollen blauen Schwefelfarbstoffe ergaben, deren Klarheit und Leuchtkraft nach keiner andern Methode (von der alkoholischen Schmelze abgesehen) erzielt werden kann.

V. Die alkoholische Schmelze.

Die Leichtigkeit, mit der manche Körper Schwefel aufnehmen und in Schwefelfarbstoffe übergehen, ermöglicht es in manchen Fällen, die Schmelze in alkoholischer Lösung, demnach schon bei einer Temperatur von etwa 80°

---

[1] D. R. P. 177 493, 179 960, 179 961 usw.

[2] D. R. P. 161 665; der Farbstoff bildet sich schon ab 94°, die beste Temperatur ist 105°.

[3] D. R. P. 127 835; siehe auch 117 921, die Bildung eines Leukothionolins aus Diaminophenol mit Polysulfid unterm Rückflußkühler.

[4] D. R. P. 98 437. Vgl. auch die beiden D. R. P. 113 515 und 121 462.

[5] D. R. P. 132 212 von 1898. Siehe auch D. R. P. 131 999.

auszuführen. So ist der Schwefelfarbstoff aus 9 Teilen p-Aminotolylphenyl-amin[1], 18 Teilen Na_2S und 9,6 Teilen S durch 36 stündiges Kochen der Lösung in 40 Teilen Alkohol erhaltbar. Schwefel löst sich in Alkohol bei Gegenwart von Schwefelnatrium glatt bis zum Tetrasulfid Na_2S_4 auf; man verwendet, wenn es nicht auf absoluten Wasserausschluß ankommt, krystallisierte Schwefelnatrium und kocht mit der entsprechenden Menge Schwefel und Spiritus; soll kein Wasser vorhanden sein, so stellt man zunächst durch Eintrocknen von Schwefelnatrium und Schwefel im Verhältnis 1 : 3 oder 4 das feste Polysulfid dar und löst dieses in 96 proz. Alkohol[2]. Schließlich kann man auch von konzentriertem (krystallwasserfreiem) Schwefelnatrum ausgehen.

Die alkoholische Schmelzmethode ist geradezu unentbehrlich, wenn es sich um Ausgangsmaterialien handelt, die in anderen Lösungsmitteln auch während des Schmelzprozesses nicht in Lösung gehen, sondern sich zusammenballen. So geben z. B. verschiedene Indophenole, die Naphthylamin als Komponente[3] enthalten, nur in alkoholischer Lösung blaue Farbstoffe; in wässeriger Lösung bzw. in der Schmelze müßten diese Ausgangsmaterialien viel höher erhitzt werden, so daß keine blauen Farbstoffe mehr entstünden.

Die Apparatur ist dieselbe wie bei der Rückflußkühlerschmelze. Nach Beendigung der Schmelze (Verschwinden des Ausgangsmateriales) arbeitet man in der Weise auf, daß man den Spiritus abdestilliert (bei sehr empfindlichen Schwefelfarbstoffen zweckmäßig im Vakuum) und das hinterbliebene Gemenge von Farbstoff und anorganischen Salzen in bekannter Weise trennt, z. B. durch Lösen in Wasser, Filtrieren und Ausblasen des Filtrates mit Luft. Man kann auch den Rückstand mit calcinierter Soda oder Glaubersalz verführen[4]; die anfangs schmierige Masse wird fest und kann direkt Verwendung finden. Zuweilen ist es nötig, die alkoholische Farbstofflösung vor dem Abdestillieren zu filtrieren; in diesem Falle bedient man sich eigens konstruierter Filterpressen, die vollständig (oder deren Ablaufkanäle) abgedeckt sind.

Die Vorzüge der alkoholischen Schmelze sind folgende: 1. Die Farbstoffbildung vollzieht sich bei niedriger Temperatur und führt daher, allerdings natürlich nur in den verhältnismäßig wenigen Fällen, wo sie bei solchen Temperaturen überhaupt stattfindet, zu außerordentlich reinen Produkten. Denn: 2. die niedere Temperatur verhindert nahezu vollständig die unerwünschten Nebenschwefelungen zersetzter oder dem Ausgangsmaterial beigemengter Körper. 3. Die Reinheit und konzentrierte Form, in der man die Farbstoffe erhält, geht so weit, daß diese oft krystallisiert sind, und daß ihre 5 proz. Färbungen zuweilen schon überfärbt erscheinen. 4. Die erzielten Farbtöne sind häufig völlig andere als jene der Schwefelfarbstoffe, die man aus demselben Ausgangsmaterial nach anderen Methoden erhält; so gibt z. B. das Indophenol aus Nitrosokresol und o-Tolylglycin[5] in der

---

[1] D. R. P. 199 963.
[2] D. R. P. 150 553, verwendet festes Na_2S_5.
[3] D. R. P. 181 987.
[4] D. R. P. 140 963.
[5] F. P. 350 077.

wässerigen Rückflußkühlerschmelze einen blauen, in der Glycerinschmelze einen tiefblauen und in der alkoholischen Schmelze einen grünblauen Schwefelfarbstoff.

Die Nachteile dieser Schwefelungsmethode sind jedoch ebenfalls so zahlreich, daß sie, abgesehen von der an und für sich seltenen Anwendbarkeit, kaum mehr in dieser Form zur Herstellung von Schwefelfarbstoffen dient. Die Patentschriften enthalten daher die Angabe, daß das betreffende Ausgangsmaterial auch in alkoholischer Lösung unterm Rückflußkühler schwefelbar sei, häufig nur, um Umgehungen zu verhüten. Das Arbeiten mit Alkohol erfordert im Großbetriebe eigene Fabriksräume, kostspielige Anlagen zur Sicherung gegen Feuersgefahr und zur Wiedergewinnung des Alkohols in der entsprechenden Konzentration; nicht unwesentlich ist auch die lange Dauer der Schmelzen. So erfordert z. B. die Bildung des schönen violetten Farbstoffes aus dem Indophenol p-Aminophenol + p-Xylenol[1] in wässeriger Lösung am Rückflußkühler 12 bis 16 Stunden, in alkoholischer Lösung jedoch 2 bis 3 Tage, die des Farbstoffes aus dem Indophenol p-Aminodiphenylamin + Phenolen[2] in gewöhnlicher Polysulfidschmelze 2 bis 3 Stunden, in alkoholischer Lösung 24 Stunden[3]. Schließlich äußern die bei so niedrigen Temperaturen erhaltenen Schwefelfarbstoffe häufig ihre Natur als Zwischenprodukte in recht mangelhaften Echtheiten.

Um die Temperatur zu erhöhen und dadurch die Intensität der Schwefelung zu steigern, versuchte man statt des Äthylalkohols den Amylalkohol (Siedep. 137°) zu verwenden[4]. Es wurden tatsächlich günstige Resultate erzielt, ähnlich wie mit Äthylalkohol unter Druck. Aus 10 Teilen Dimethylaminooxydiphenylamin, 70 Teilen Amylalkohol, 10 Teilen konzentriertem Schwefelnatrium und 10 Teilen Schwefel erhielt man durch 4- bis 5stündiges Kochen am Rückflußkühler den Farbstoff als schwarzes, samtglänzendes Pulver von denselben Eigenschaften wie das mittels Äthylalkoholes unter Druck gebildete Produkt. Das Verfahren konnte sich nicht einbürgern, da, abgesehen von den beträchtlichen Mehrkosten[5] des Amylalkohols, seine komplizierte Wiedergewinnung und der lästige, anhaftende Geruch die Verwendung dieses Lösungsmittels im Großbetriebe ausschließt. — Auch Anilin, Naphthalin und andere möglichst indifferente organische Lösungsmittel wurden zur Verwendung für die Schmelze versucht; doch bieten diese Verfahren keine Vorteile; denn diese Lösungsmittel sind ebenfalls brennbar, schließen Nebenreaktionen nicht aus und man erzielt mit ihrer Hilfe so hohe Temperaturen, daß es zur Erreichung desselben Zieles genügend einfachere Wege gibt.

Aus diesen Gründen werden alkoholische Schmelzen bei weitem häufiger im geschlossenen Gefäß unter Druck ausgeführt.

---

[1] D. R. P. 191 863.

[2] D. R. P. 150 553.

[3] Siehe auch F. P. 308 557; über eine zu einem Küpenfarbstoff führende Alkoholschmelze aus Halogen-Anthrachinonen siehe D. R. P. 204 772.

[4] F. P. 298 075.

[5] Im Vergleich zu unversteuertem Äthylalkohol.

VI. Die Schmelze unter Druck.

1. Die alkoholische Schmelze.

Die alkoholische Druckschmelze besitzt gegerüber der im offenen Gefäß viele Vorteile: Die Schwefelung ist vor allem eine intensivere, obwohl die Farbstoffbildung bei relativ niedriger Temperatur erfolgt. Sie vereinigt demnach die Vorzüge der offenen Polysulfidschmelze mit jenen der alkoholischen Schmelze: Beschleunigung der Farbstoffbildung mit großer Reinheit der Produkte. Allerdings gibt die alkoholische Druckschmelze wie keine andere Methode Anlaß zu Nebenreaktionen; vor allem tritt oft unter dem Einfluß des Alkohols bei Gegenwart von Alkali Äthylierung ein (siehe S. 177), so daß häufig Farbstoffe entstehen, die sich durch Echtheits- und sonstige Eigenschaften von den aus gleichem Ausgangsmaterial gebildeten völlig unterscheiden. Es lassen sich jedoch durch Wahl geeigneter Bedingungen diese Nebenreaktionen zum größten Teil vermeiden: z. B. durch Anwendung von niedrigen Temperaturen und dadurch bedirgtem geringen Druck. Anwendbar ist diese im Autoklaven auszuführende Schmelze auf sämtliche Ausgangsmaterialien, die durch Reduktion in Leukoverbindungen überzugehen vermögen, also auf Indophenole, ihre Diphenylaminbasen und die durch Reduktion in letztere übergehenden Leukoverbindungen. Die bei dieser Schmelzart aus genannten Körpern in der alkalisch-alkoholischen Lösung entstandenen Schwefelfarbstoff-Leukoverbindungen zeigen eine eigentümliche Erscheinung: Bei ihrer Aufarbeitung, meist schon während des Waschens mit Spiritus oxydieren sie sich unter spontaner nicht unerheblicher Temperatursteigerung (bis auf 35 bis 45°) zu den Farbstoffen. Diese Autooxydation, die durch Waschen mit oxydierenden Substanzen (Wasserstoffsuperoxyd, Alkalipersulfat oder -superoxyd) oder durch Nachbehandlung mit ozonisierter Luft, lufthaltigem Wasserdampf oder mit stark lufthaltigem Wasser unterstützt werden kann[1], ist von wesentlichem Vorteil für die Nuance. Die auftretende Erwärmung der Pulver ist bei solcher künstlicher Nachbehandlung naturgemäß noch größer, und die Oxydation verläuft unter Entwicklung von Acetaldehyddämpfen.

Zum ersten Male angewendet wurde diese Schmelzart seitens der *Gesellschaft für chem. Industrie Basel*[2] auf Oxydinitrodiphenylamin (Ausgangsmaterial für Immedialschwarz[3], auf sein partiell reduziertes Nitroaminoprodukt, auf das Indophenol aus p-Aminophenol und m-Toluylendiamin[4] usw. (Vorschriften siehe Patentauszüge). Die Farbstoffbildung beginnt schon bei 110°, von der sonst so heftig einsetzenden Reaktion (Reduktion der Dinitroverbindung) ist am Manometer nichts zu bemerken; der Druck steigt stetig, um bei 135 bis 140° die Höhe von 8 bis 10 Atm. zu erreichen und nunmehr konstant zu bleiben. Nach Öffnen des erkalteten

---

[1] D. R. P. 137 784.
[2] D. R. P. 132 424, übertragen auf *Cassella*.
[3] D. R. P. 103 861.
[4] D. R. P. 132 212.

Druckgefäßes wird der Farbstoff abgesaugt und nach obengeschilderter Oxydation als dunkelblaues, metallisch glänzendes, krystallinisches Pulver von außerordentlicher Färbekraft erhalten. Auch sonst differieren die Eigenschaften der auf diesem Wege erhaltenen Farbstoffe von jenen der in der offenen Polysulfidschmelze entstandenen, sehr wesentlich. (Siehe die den Originalpatenten beigegebenen Tabellen.)

2. Die wässerige Druckschmelze.

Die häufiger als die alkoholische angewendete wässerige Druckschmelze hat außer dem schon genannten Vorteil der intensiveren Schwefelung bei niederer Temperatur auch noch andere Vorzüge vor der offenen Polysulfidschmelze: Vor allem wird das Polysulfid bei richtiger Dosierung bis zum völligen Verbrauch ausgenützt, da es nicht durch Oxydation und Nebenreaktionen zerstört wird; ferner kann man häufig viele weitere Aufarbeitungsoperationen, wie Lösen des Farbstoffes, Fällen mit Säure oder Luft, sparen, weil der Farbstoff in hoch konzentrierter leicht filtrierbarer Form, frei von mechanisch beigemengtem Schwefel und Polysulfid erhalten wird. So kann man z. B. aus einem Gemenge von 80 Teilen Dinitrophenolnatrium, 140 Teilen Na_2S, 56 Teilen S und 30 Teilen Wasser durch 9stündiges Erhitzen im Autoklaven auf 130° bei 1,5 bis 2 Atm. Druck den Farbstoff als schwarzes, direkt filtrierbares und nach dem Waschen und Trocknen ohne weiteres verwendbares Pulver von großer Reinheit erhalten[1]. Der besseren Einwirkung und Ausnutzung der schwefelnden Agentien ist es auch zuzuschreiben, daß beim Verschmelzen von Dioxynaphthalin unter Druck die Ausbeuten besser werden[2]. Durch genaue Dosierung der Materialien wird aber weiterhin die Schwefelwasserstoffentwicklung stark beschränkt. Die zahlreichen Vorteile, die die Druckschmelze bietet, würden es eigentlich rechtfertigen, wenn sie öfter Anendung fände. Die Ursache dieser seltenen Anwendung liegt darin, daß man in der Technik nicht gerne mit Autoklaven arbeitet, wenn es nicht unbedingt nötig ist. Denn das Beschicken der Druckgefäße, das Verschrauben und Anheizen, die längere Zeit in Anspruch nehmende Abkühlung der meist eingemauerten oder in Öl stehenden Autoklaven, ihr relativ geringer Fassungsraum, das Lösen der Verschraubungen und zahlreiche sonstige Verrichtungen nehmen viel Zeit und Bedienung in Anspruch, so daß im Druckgefäß hergestellte Schwefelfarbstoffe (die ja nicht nur alle guten Eigenschaften besitzen, sondern auch billig sein sollen) sich nur dann günstig kalkulieren lassen, wenn es sich um hervorragende, konkurrenzlose Produkte handelt. Lediglich um physikalische Eigenschaften eines Farbstoffes zu verbessern, den man seinen färberischen Eigenschaften nach auch auf andere Weise erhalten kann, wird man nie die zeitraubende und in gewisser Hinsicht nicht ungefährliche Druckschmelze anwenden.

---

[1] D. R. P. 208 377; vgl. 218 517.
[2] D. R. P. 91 719; siehe auch Anmeldung A. 12 163 und 12 502.

Dies gilt auch für jene Schwefelfarbstoffe, die bei höherer Temperatur und dementsprechend höherem Druck dargestellt werden, um mit denselben Ausgangsmaterialien andere Produkte zu erhalten, als in der offenen Polysulfidschmelze entstehen [1]. Oxydinitrodiphenylamin gibt so bei 150 bis 200° einen in konzentrierter Schwefelsäure nur schwer löslichen, rötlich blauschwarzen Farbstoff, p-Aminophenol gibt rötlich graublaue bis violettschwarze Farbstoffe; ebenso liefern p-Aminosalicylsäure, Dioxyaminodiphenylamin, p-Aminokresol [2] usw. andere Nuancen. Auch hier ist der erzielte technische Vorteil zu gering, um den vergrößerten Arbeitsaufwand zu rechtfertigen, um so mehr, als durch diese Herstellungsart bei diesen Farbstoffen die Echtheiten herabgemindert werden [3]. Daher dürften die Patente, die neben der gewöhnlichen Schmelze auch die Druckschmelze erwähnen, diese Erweiterung oft nur zum Schutze gegen Umgehungen aufgenommen haben [4].

VII. Besondere Schmelzen.

Die Polysulfidschmelze, wie wir sie in vorstehendem in ihren verschiedenen Modifikationen kennen gelernt haben, ist neben der Schwefelschmelze die allgemeine Darstellungsweise für Schwefelfarbstoffe. Alle nunmehr zu besprechenden Spezialmethoden kommen wohl für Einzelfälle in Betracht, sind aber schon der geringen Zahl der Beispiele wegen nicht als eigentliche Darstellungsmethoden zu behandeln, um so weniger, als man in manchen dieser Fälle gar nicht weiß, ob es sich dabei um Schwefelfarbstoffe im Sinne der Definition handelt.

1. Thiosulfatschmelze.

Natriumthiosulfat vermag in mehrfacher Weise schwefelabgebend zu wirken: 1. In saurer Lösung: $Na_2S \cdot SO_3 + H_2SO_4 = Na_2SO_4 + H_2S + SO_3$ bzw. $= Na_2SO_4 + SO_2 + S + H_2O$; 2. durch seinen bei höherer Temperatur unter Schwefelabscheidung erfolgenden Zerfall in $Na_2S_5 + Na_2SO_4$; 3. dadurch, daß es in wasserhaltigem Zustande bei raschem Erhitzen unter Schwefelwasserstoffentwicklung in Schwefel, Sulfit und Sulfat zersetzt wird.

Für die Anwendung der unter 2. genannten Reaktion besitzen wir nur ein Beispiel in einem Patent [5], nach dessen Angaben man durch Erhitzen von sehr vielen auch sonst zur Herstellung von Schwefelfarbstoffen benutzten Ausgangsmaterialien mit Thiosulfat und Lauge auf Temperaturen von 250° zu Farbstoffen gelangen soll, die Baumwolle in verschiedenen, wenig ausgeprägten Nuancen färben; ihr Wert scheint gering zu sein; so soll nach Beispiel 2 des Patentes der betreffende Farbstoff zur Erzielung von schwarzen Tönen 40% stark (!) gefärbt werden.

---

[1] Anmeldung A. 12 163.
[2] Anmeldung A. 12 502.
[3] Dasselbe gilt für D. R. P. 91 719.
[4] Zum Beisp. D. R. P. 150 915, 146 916, 147 729, 147 403.
[5] D. R. P. 144 104.

Wichtiger ist, wie im Kapitel Konstitution dargelegt wurde, die Bildung schwarzer oder brauner Farbstoffe nach Reaktion 1 durch Kochen des Ausgangsmateriales mit Thiosulfat in saurer Lösung. Hierher gehören das Claytonschwarz[1] aus Nitrosophenol (S. 49) und ein schwarzer Schwefelfarbstoff, der über ein Baumwolle in kaltem Bade blau färbendes Zwischenprodukt aus Diaminophenol entsteht[2]. Dieses Zwischenprodukt wird zur Erzielung des schwarzen Farbstoffes für sich allein oder mit hochsiedenden Basen oder Phenolen auf höhere Temperaturen erhitzt. Man kocht z. B. ein Gemenge von 30 Teilen Thiosulfat (krystallisiert), 10 Teilen salzsaurem Diaminophenol und 150 Teilen Wasser 6 Stunden unterm Rückflußkühler, filtriert das sich schon während des Kochens ausscheidende Zwischenprodukt und wäscht es bis zum farblosen Ablauf. Dieser Körper wird als trockenes Pulver mit dem gleichen Gewicht Anilin oder Kresol, die nur als Lösungsmittel dienen sollen[3] etwa 3 Stunden auf 200° erhitzt; nach dem Abblasen des Lösungsmittels mit Dampf erhält man direkt den Farbstoff. Ebenso werden die braunen bzw. schwarzen Baumwollfarbstoffe aus Chinonchlorimid[4], Chlorchinonchlorimid und Chinondichlorimid[5] (in letztem Falle direkt, ohne Nachbehandeln mit hochsiedenden Basen) dargestellt; doch lassen sich auch Wollfarbstoffe erzielen, wenn man das Naphthazarinzwischenprodukt[6] oder die α-Naphthylamin-4 : 6 : 8-trisulfosäure[7] ebenfalls nach Reaktion 1 mit Thiosulfat behandelt. Der letztere Farbstoff besitzt insofern Beziehungen zu den direkt ziehenden Baumwollfarbstoffen, als er auch im Baumwolldruck verwendbar ist. Schließlich wird das Thionalschwarz[8] von *Sandoz*-Basel durch Erhitzen von Dinitrophenolnatrium mit Thiosulfat unter Druck erhalten (6 Stunden auf 160 bis 165° = 10 Atm.), wobei offenbar die unter Punkt 3 genannte Wirkungsweise des Thiosulfats eintritt; der Farbstoff unterscheidet sich in seinen Eigenschaften wesentlich von den anderen durch Polysulfidschmelze erhaltenen Farbstoffen aus demselben Ausgangsmaterial.

2. Chlorschwefel.

Er wurde schon von *Bernthsen* zur Herstellung des Thiodiphenylamins verwendet und wirkt, wie wir gesehen haben, schwefelabgebend und häufig gleichzeitig chlorierend. Erstere Wirkungsweise besteht nach *Carius* zunächst in der Bildung von Mercaptanen, die dann mit gleichzeitig gebildetem $SOCl_2$ weiter reagieren; er führt demnach zu Zwischenkörpern, die durch

---

[1] D. R. P. 106 030.
[2] D. R. P. 116 354.
[3] Siehe aber D. R. P. 53 614 und 123 612.
[4] D. R. P. 124 872.
[5] D. R. P. 127 834.
[6] D. R. P. 147 954.
[7] D. R. P. 194 094.
[8] D. R. P. 136 016.

Erhitzen auf höhere Temperaturen für sich allein[1] oder mit Chlorschwefel, in der Polysulfidschmelze[2] oder durch Eintrocknen mit Schwefelnatrium[3] oder Lauge[4] in die eigentlichen schwefelhaltigen Farbstoffe übergehen.

Zum erstenmal fand die Methode, Chlorschwefel zur Darstellung schwefelhaltiger Farbstoffe zu verwenden, seitens der Firma *Cassella* Anwendung auf die p-Aminophenole[5]. Da die Einwirkung des Chlorschwefels keine kondensierende ist wie jene der Polysulfidschmelze, die geeignete Benzolkörper zunächst in Abkömmlinge des Diphenylamins verwandelt, so sind die erhaltenen Farbstoffe von jenen des Immedialschwarztyps völlig verschieden: sie entstehen zunächst schon unter Salzsäureentwicklung, besitzen stark basische Eigenschaften, der konzentrierter verlaufenden Reaktion wegen auch größere Intensität und sind als Farbstoffe zuweilen noch sulfierbar. Man erhält z. B. aus 50 Teilen p-Aminophenol und 150 Teilen Chlorschwefel durch zunächst 5stündiges Erhitzen auf 70°, später auf 190 bis 200° unter lebhafter Salzsäureentwicklung ein Rohprodukt, das durch Waschen mit Wasser von salzsaurem p-Aminophenol befreit und durch Eindampfen mit Natronlauge in lösliche Form übergeführt wird. Man kann auch ein Lösungsmittel während der Farbstoffbildung anwenden, wenn sich dieses gegen die Substanz sowie gegen den Chlorschwefel völlig indifferent verhält, wie z. B. Tetrachlorkohlenstoff. Auch aus Methylenviolett[6] wird unter Anwendung von rauchender Schwefelsäure mit Chlorschwefel schon bei Temperaturen von 30 bis 35° zunächst ein Umwandlungsprodukt erzielt, dessen fertige Bildung man durch Ausschütteln einer verdünnten neutralisierten Probe mit Chloroform an der blauvioletten Färbung des letzteren, sowie an dem völligen Verschwinden der braunroten Fluorescenz des Methylenvioletts feststellt. Dieses Produkt färbt zunächst aus kalter Lösung und geht durch die normale Polysulfidschmelze in einen blauen Schwefelfarbstoff über. Über den Schwefelgehalt wie auch über den Chlorgehalt dieser Produkte ist nichts bekannt. Man müßte eigentlich annehmen, daß sie zugleich gechlort werden, da man z. B. durch Behandlung von 50 Teilen Fluorescein mit 50 Teilen Schwefel und 250 Teilen Chlorschwefel bei 150 bis 160° ohne Lösungsmittel einen Farbstoff erhält, von dem die Patentmitteilung direkt aussagt[7], daß er außer Schwefel auch Halogen aufgenommen hat. Nach 4stündigem Erhitzen werden Schwefel und Chlorschwefel mit Schwefelkohlenstoff, ebenso das unveränderte Fluorescein mit Alkohol extrahiert; der im schwefelnatriumhaltigen Bade- rot violett färbende Farbstoff wird direkt verwendet. Durch Oxydation auf der Faser geht die Färbung in Rot über. Mit wirklichen Schwefelfarbstoffen hat man es in diesem Falle kaum zu tun, da die Farbstoffe auch auf Beize ziehen.

[1] D. R. P. 103 646.
[2] D. R. P. 141 538.
[3] D. R. P. 112 299.
[4] D. R. P. 111 950.
[5] D. R. P. 103 646.
[6] D. R. P. 141 358.
[7] D. R. P. 220 628.

Zuweilen werden diese Chlorschwefelprodukte, wie schon im Falle der Chlorschwefeleinwirkung auf Methylenviolett gezeigt wurde, nur dargestellt, um die erhaltenen Zwischenkörper nachträglich durch die Polysulfidschmelze in Schwefelfarbstoffe zu verwandeln[1]. Oder man vereinigt die nicht färbenden Einwirkungsprodukte von Chlorschwefel auf Anilin und seine Salze, Phenol, Kresol usw. in Reaktion mit Nitrobenzol, p-Nitranilin, Diphenylaminderivaten, Indophenolen u. dgl.[2]. So werden z. B. 100 Teile Phenol durch etwa 1stündiges Erhitzen mit der doppelten Menge Chlorschwefel in das Zwischenprodukt verwandelt, das man nun nach beendeter Salzsäureentwicklung mit 50 Teilen p-Phenylendiamin usw. auf 200° erhitzt; man erhält so einen unlöslichen Farbkörper, der durch Eintrocknen mit Schwefelnatrium bei 150 bis 200° in den löslichen Farbstoff übergeht. Über den Mechanismus der Bildung dieser zumeist schwarzen, direkt ziehenden Baumwollfarbstoffe ist nichts bekannt; man wird wohl annehmen müssen, daß mit der Schwefelung zugleich halogenisiert wird, und daß diese Halogenverbindungen mit dem in der zweiten Phase zugesetzten Amin Kondensationen eingehen; auch die schließliche intensive Behandlung mit Schwefelalkali (5 Stunden auf 150 bis 180°[3]) dürfte kondensierende und Sulfhydrylgruppen einführende Wirkung haben.

3. Trithiokohlensäure.

Sie wird in Form ihrer Salze aus Schwefelkohlenstoff und Alkalisulfiden erhalten: $Na_2S + CS_2 = Na_2CS_3$. Aus der gelben Lösung fällt mit verdünnter Salzsäure die freie Trithiokohlensäure als rotbraunes schweres Öl aus, das in überschüssigen Mineralsäuren löslich ist und mit Alkalicarbonaten trithiokohlensaure Salze gibt. Beim Glühen unter Luftabschluß geben die Thiocarbonate Kohle und Me_2S_3; ihre konzentrierten wässerigen Lösungen sind haltbar; die verdünnten Lösungen hingegen absorbieren Sauerstoff unter Abspaltung von Schwefel und Bildung von Alkalicarbonaten. Beim Kochen in wässeriger Lösung wird Schwefelwasserstoff abgespalten[4]. Die Trithiocarbonate gehen durch Aufnahme von Schwefel in Salze der Orthothiokohlensäure über. Diese Orthothiocarbonate entstehen auch unter Wärmeentwicklung aus Polysulfiden und Schwefelkohlenstoff: $Na_2S_2 + CS_2 = Na_2CS_4$. Als schwefelndes Mittel wird die Trithiokohlensäure derart angewendet, daß man entwässertes Schwefelnatrium in alkoholischer Lösung mit Schwefelkohlenstoff unterm Rückflußkühler kocht und diese Lösung von trithiokohlensaurem Natrium auf die zu schwefelnde Substanz einwirken läßt[5].

[1] D. R. P. 109 586 und folgende.
[2] D. R. P. 113 893, 120 467, 131 468, 131 567.
[3] D. R. P. 131 468, Beispiel 1.
[4] *Husemann:* Annalen **123**, 67; siehe ferner Ber. **8**, 1351; Beilstein I, 887.
[5] D. R. P. 138 255, 141 461.

Die so erhaltenen Körper unterscheiden sich zum Teil erheblich von jenen, die in der normalen Polysulfidschmelze entstehen. Methylenviolett[1] gibt z. B. in alkoholischer Lösung mit einer Orthothiocarbonatlösung (bereitet durch Schütteln von 90 Teilen Na_2S_4, 45 Teilen Schwefelkohlenstoff und 240 Teilen Spiritus) unterm Rückflußkühler mehrere Stunden bis zum Verschwinden des Ausgangsmateriales gekocht, einen schwefelhaltigen Farbstoff, der Baumwolle grün färbt, während die aus Methylenviolett mit Polysulfid in wässeriger oder alkoholischer Lösung unterm Rückflußkühler hergestellten Schwefelfarbstoffe blau färben. Wird normales Trithiocarbonat verwendet, so muß man behufs dessen Verwandlung in Orthothiocarbonat noch Schwefel zufügen, um ebenfalls zu grünen Farbstoffen zu gelangen. Auch das Ausgangsmaterial für Immedialschwarz (Oxydinitrodiphenylamin) wurde mittels thiokohlensaurer Salze zunächst in ein Umwandlungsprodukt übergeführt[2], das in der Polysulfidschmelze ebenfalls einen grünen Schwefelfarbstoff ergab.

Weitere Fälle liegen nicht vor. Es scheint der technische Erfolg bei Berücksichtigung des Preises für Schwefelkohlenstoff und der Notwendigkeit doppelter Operationen nicht groß genug zu sein. Dazu kommt noch, daß das Arbeiten mit Schwefelkohlenstoff wegen dessen ungemeiner Feuergefährlichkeit im Großbetrieb möglichst vermieden wird.

4. Schwefelsesquioxyd.

Dies ist eine Auflösung von Schwefelblumen in rauchender Schwefelsäure. Die zuerst blaue, bei weiterer Zugabe von Schwefel grüne, endlich braune Lösung ist nicht sehr beständig; beim Stehen gibt sie bald SO_2 und S ab. Schwefelsesquioxyd wirkt reduzierend auf Nitrogruppen, zugleich oxydierend und bei weniger vorsichtigem Arbeiten auch sulfierend; häufig veranlaßt es den Umtausch der Amino- gegen die Hydroxylgruppe[3]. Es ist im übrigen nicht sehr wahrscheinlich, daß die Schwefelsesquioxydeinwirkung zu wahren Schwefelfarbstoffen führt; die Eigenschaften der wenigen, bisher auf diesem Wege erhaltenen Farbstoffe scheinen diese Zweifel zu stützen.

So erhält man z. B. direkt ziehende schwefelhaltige Baumwollfarbstoffe[4], mittels des Sesquioxydes durch die bewirkte Umwandlung von 4,4′-Diaminodiphenylmethan in ein Thiopyroninderivat[5]. Man trägt in eine Lösung von 0,4 Teilen Schwefelblumen in 25 proz. Oleum 1,5 Teile des Diphenylmethanderivates ein, rührt 4 bis 5 Stunden bei 40°, gießt auf Eis, kocht bis zum Verschwinden der schwefligen Säure und filtriert den Farbstoff, der, in Schwefelnatrium gelöst oder vorher mit Schwefelnatrium oder Poly-

---

[1] D. R. P. 138 255; siehe auch 141 461 und Anmeldung **B.** 28 701.
[2] Anmeldung **F.** 17 125.
[3] Journ. f. prakt. Chemie **65**, 500, daselbst weitere Literatur; ferner auch Chem. Centralbl. **1909**, I, 604.
[4] D. R. P. 205 216. Siehe auch D. R. P. 234 638 Nr. 461.
[5] Journ. f. prakt. Chemie **65**, 501.

sulfid behandelt, grün auf Baumwolle zieht. Durch Oxydation auf der Faser geht die Färbung in Rot über. Die sulfierende Wirkung des Oleums bedingt übrigens oft sehlechte Ausbeuten[1] und Farbstoffe mit veränderten Eigenschaften; zu echten Schwefelfarbstoffen gelangt man auf diesem Wege nicht.

5. Schwefelnatrium allein.

Es sei zunächst daran erinnert, daß Schwefelnatrium sich schon an der Luft unter Umwandlung in Polysulfid gelb färbt, bei weiterer Sauerstoffaufnahme wird Thiosulfat gebildet, das ebenfalls schwefelnd wirkt. Besonders schnell erfolgt diese Umwandlung durch Kochen wässeriger Schwefelnatriumlösung bei Luftzutritt, wobei Schwefelwasserstoffentwicklung stattfindet. Andrerseits ist bekannt, daß Schwefelnatrium bei niedrigen oder mittleren, noch unter seiner Zersetzungstemperatur liegenden Wärme-graden ein starkes Reduktionsmittel ist. (Na_2S reduziert NO_2-Gruppen und geht dabei in Thiosulfat über, während Polysulfide NO_2-Gruppen unter Thiosulfatbildung und Schwefelabscheidung reduzieren.) Wir unterscheiden demnach Farbstoffe, die durch Einwirkung von Schwefelnatrium auf organische Körper entstehen, a) wesentlich durch bloße Reduktion, b) durch Reduktion und gleichzeitigen Schwefeleintritt. Die folgenden Darlegungen sind einzig und allein Folgerungen aus den Patentangaben; diese letzteren sind so unzureichend, daß wir in keinem Falle wissen, ob die als Schwefelfarbstoffe bezeichneten direkt ziehenden Baumwollfarbstoffe überhaupt Schwefel enthalten.

a) Reduktionsprodukte.

Hierher dürften alle Farbstoffe gehören, die aus den 1 : 8- (auch 1 : 5-) Naphthalinderivaten, besonders aus 1 : 8-Dinitronaphthalin, durch Kochen mit Schwefelnatrium in wässeriger Lösung oder durch Verschmelzen bei mittleren Temperaturen entstehen. So bilden sich z. B. beim Erhitzen von 1 : 8- oder eines Gemenges von 1 : 8- und 1 : 5-Dinitronaphthalin[2] mit sehr verdünnter Schwefelnatriumlösung (3 bis 5 Mol.) zwei Farbstoffe: B, ein in Soda-lösung unlöslicher; C, ein in Sodalösung löslicher, die man durch Auskochen mit Sodalösung trennt; durch Änderung der Bedingungen kann man sie auch einzeln erhalten (Echtschwarz). Bei höheren Temperaturen, 160 bis 170°, demnach in einer Art Schwefelnatriumschmelze, entstehen braune Farbstoffe[3], die in der Patentschrift als Baumwoll- (nicht als Schwefel-) Farbstoffe bezeichnet werden (b). Ferner gibt Dinitronaphthalin, mit Na_2S allein, $Na_2S + S$, NaSH oder ähnlich wirkenden Agentien erhitzt, bis „alles zu einer dunkelblauen Flüssigkeit gelöst ist", blaue Stoffe[4], und schließlich ent-

---

[1] *Kehrmann* und *Löwy*: Chem.-Ztg. **1911**, 177.
[2] D. R. P. 84 989.
[3] D. R. P. 117 819; vgl. F. P. 300 983.
[4] Anmeldung F. 8283.

stehen aus den Dinitronaphthalinen je nach den Bedingungen schwarze[1] oder blaue[2] Farbstoffe, wenn man sie mit einer Lösung von 65 Teilen Schwefel und 500 Teilen Schwefelnatrium in 500 Teilen Wasser 2 Stunden bei 50° behandelt. Der Schwefel kommt in diesem Falle wohl kaum in Betracht, sowohl wegen der geringen Menge (Na_2S_2), als vor allem der niedrigen Einwirkungstemperatur wegen. Berücksichtigt man nun folgendes: Die schwarzen wirklichen Schwefelfarbstoffe entstehen durch Polysulfideinwirkung bei mindestens 24stündigem Kochen oder durch mehrstündiges Erhitzen auf Temperaturen von 140° und darüber; sie färben ungebeizte Baumwolle aus schwefelnatriumhaltigem Bade am besten nahe der Kochtemperatur. Die Farbstoffe der Echtschwarzreihe entstehen bei Einwirkung sehr verdünnter schwefelalkalischer Lösungen — ohne Schwefel — auf Dinitronaphthalin nach 2stündigem Kochen; sie färben Baumwolle am gleichmäßigsten, wenn·man diese mehrere Stunden in der kalten Flotte liegen läßt, ferner zeigen die Färbungen der Echtschwarzfarbstoffe niemals grünlichen, sondern eher bräunlichen Schein (besonders bei künstlichem Licht) und besitzen in Bildungsweise und Eigenschaften große Ähnlichkeit mit den Wollfarbstoffen, die aus Dinitronaphthalin durch Reduktion mit Traubenzucker in alkalischer Lösung[3], mit Milchzucker, Zinkstaub, Schwefelnatrium[4], Schwefelwasserstoff in saurer Lösung[5] entstehen. Das Echtschwarz gleicht ferner dem „anscheinend schwefelfreien" blauen Wollfarbstoff, der aus α-Naphthylamin-4:6:8-trisulfosäure mit Na_2S, NaOH + S oder hydroschwefligsauren Salzen entsteht[6]. Besonders aber besteht ein eigenartiger Zusammenhang zwischen den Dinitronaphthalinfarbstoffen und manchen schwefelfreien Anthrachinon-Küpenfarbstoffen, die, wie z. B. jener aus Dinitroanthrachinonylamin[7], auf ähnliche Weise durch Erhitzen mit Na_2S bei Wasserbadtemperatur entstehen. Man vergleiche auch die Bildung von Disulfhydroanthrachryson aus Säurealizaringrün[8], den Küpenfarbstoff aus β-Methylanthrachinon[9], die Farbstoffe aus Halogenanthrachinonen[10] mit Na_2S, oder das ebenfalls aus kaltem Bade färbende Anthrachinonschwarz[11]. Wenn auch einige Ähnlichkeit, zwischen den Farbstoffen der Echtschwarzreihe und z. B. den *Vidal*-Farbstoffen[12] nicht zu leugnen ist, besonders was die (bis auf die ebenfalls mangelhafte Chlorechtheit) sehr guten Echtheitseigenschaften

---

[1] D. R. P. 117 188 ⎫
[2] D. R. P. 117 189 ⎭ ebenso Anmeldung **D. 8170**.

[3] D. R. P. 88 236.

[4] D. R. P. 92 471.

[5] D. R. P. 114 264.

[6] D. R. P. 194 094.

[7] D. R. P. 186 465.

[8] D. R. P. 77 720 und Anmeldung **G. 73 684**.

[9] D. R. P. 175 629.

[10] D. R. P. 206 536.

[11] D. R. P. 91 508 und 95 484; nach *Jaeck:* Rev. gén. mat. color. **1899**, 417 ist Anthrachinonschwarz ein der Solid- oder Alizarinschwarzreihe nahestehender Farbstoff; vgl. dagegen *Georgievics'* Lehrbuch, Auflage 1902.

[12] D. R. P. 84 632, 85 320, 88 392; siehe ferner 138 858, besonders 101 862, 105 058.

und das Nichtausziehen der Bäder betrifft, so scheinen die Echtschwarzfarbstoffe doch einer Anzahl direkt ziehender, sicher schwefelfreier Baumwollfarbstoffe unbekannter Konstitutionen[1] näher zu stehen als den eigentlichen Schwefelfarbstoffen.

Häufig wird Schwefelnatrium zunächst zur Einwirkung auf Nitrokörper
gebracht, um sie zu reduzieren; dann wird Schwefel hinzugefügt und die
Schwefelung nunmehr vollzogen; das überschüssige Schwefelnatrium dient
dann nur, um das entstehende Schwefelungsprodukt löslich zu machen. Siehe
z. B. den Schwefelfarbstoff aus Pyroxylin[2]. Je nach der Höhe der Temperatur,
bei der man das Schwefelalkali einwirken läßt, erhält man entweder einfache
Reduktionsprodukte oder Umwandlungs- und Zersetzungsprodukte[3], die sich
meist unter Ammoniakabspaltung bilden, Körper, die zuweilen selbst schon
Baumwollfarbstoffe sind, und die bei der folgenden Schwefelung in Schwefelfarbstoffe übergehen, die andere Nuancen besitzen, als jene aus den ursprünglichen Ausgangsmaterialien durch die Polysulfidschmelze erhaltenen. Wie
schon früher erwähnt wurde, entsteht so aus Nitroso-o-kresol mit einer zur
Reduktion nicht genügenden Menge Schwefelnatriums bei 125° ein brauner
Baumwollfarbstoff[4]. Ob dieser Zwischenkörper schwefelhaltig ist, ist fraglich.
Auch zur Umwandlung von Chlorschwefel- und anderen Zwischenprodukten
in lösliche Farbstoffe wird Schwefelnatrium zuweilen bei recht hohen Temperaturen angewendet; doch dürfte es eher molekulare Veränderungen hervorrufen als Schwefelungen.

b) Schwefelungen mittels Schwefelnatriums allein.

Anders ist es jedoch, wenn man z. B. Naphthylamin- oder Naphthol-
sulfosäuren mit Schwefelnatrium allein auf Temperaturen von 300° und höher
erhitzt[5]. Bei dieser Temperatur tritt die oben angedeutete Bildung von
Pentasulfid ein; es ist in der betreffenden Patentschrift nicht gesagt, ob
die Farbstoffbildung im offenen oder geschlossenen Gefäß stattfindet. Man
muß daher ersteres annehmen, wobei der Luftzutritt zur Schmelze und damit
die Bildung des Polysulfids nicht behindert ist. Man erhält z. B. aus 15 Teilen
2:4:8-Naphthylamindisulfosäure und 90 Teilen krystallisiertem oder 50 Teile
konzentriertem Schwefelnatrium (in letzterem Falle unter Zusatz von etwas
Wasser) bei 300 bis 320° einen schwarzbraun färbenden Schwefelfarbstoff.
Derselben Reaktion verdanken die braunen Schwefelfarbstoffe aus verschiedenen Azofarbstoffen[6] ihre Entstehung. Man mahlt Azofarbstoffe des Anilins,

---

[1] Zum Beisp. D. R. P. 138 147, 164 123, 106 036, 125 668, 104 421.

[2] D. R. P. 103 302.

[3] D. R. P. 139 807, Dinitranilin + Na$_2$S erhitzt bis die bis NH$_3$-Entwicklung vorüber ist; D. R. P. 112 484, Oxydinitrodiphenylamin + NaOH, bis zum Aufhören der
NH$_3$-Entwicklung; siehe auch D. R. P. 138 858.

[4] D. R. P. 197 165; siehe auch 169 856.

[5] D. R. P. 190 695 und 198 049.

[6] D. R. P. 129 495.

der Sulfanilsäure u. dgl., mit Naphthalinderivaten gebildet, mit wasserfreiem Schwefelnatrium zusammen und erhitzt das so gewonnene Pulver auf 350°. Luftzutritt ist nach der betreffenden Patentvorschrift offenbar zur Vermeidung von Entzündungen zu vermeiden; doch dürfte immerhin genügend Sauerstoff zur Zersetzung des Schwefelnatriums vorhanden sein; anders als durch eine solche Bildung von Pentasulfid könnte man sich die Entstehung des Farbstoffes nicht gut vorstellen. Jedenfalls ist das eine sicher, daß bei dieser Temperatur Schwefel in das Molekül eintritt, ebenso wie in einem weiteren veröffentlichten Fall[1], nach dem p-Toluolsulfosäure, mit Schwefelnatrium auf hohe Temperatur erhitzt, einen grünlich-schwarzen Schwefelfarbstoff gibt.

Über die verfolgbare chemische Wirkung des Schwefelnatriums allein beim Erhitzen mit organischen Substanzen, besonders wenn diese Halogen enthalten (Bildung von Mercaptanen), wurde in früheren Kapiteln berichtet[2].

Schließlich hat *Schwalbe*[3] einige Schmelzen mit Kaliumsulfhydrat ausgeführt, zu denen in der Patentliteratur keine Analoga existieren[4]. Er erhielt bei 3stündigem Erhitzen von benzolsulfosaurem Natrium mit Kaliumsulfhydrat unter Druck (275°, 35 Atm.) einen braunen, bei niedrigerer Temperatur (200°, 10 Atm.) aus benzoldisulfosaurem Natrium einen olivgrünen, aus Primulin bei 200° einen braunschwarzen und aus Thioflavin S einen sehr chlorechten bronzefarbenen Farbstoff.

VIII. Zusätze zur Schmelze.

Wir unterscheiden:

1. **Indifferente Zusätze**, die nur die Aufgabe haben, die erforderliche hohe Schmelztemperatur zu ermöglichen, die **Schmelzmaterialien** in passender Lösung oder Konsistenz zu erhalten oder zu frühes Eintrocknen zu verhindern. Sie beteiligen sich an der **Reaktion nicht** (oder **sollen** sich wenigstens nicht beteiligen) und können nach beendeter Farbstoffbildung zuweilen zurückgewonnen werden.

2. **Wirksame Zusätze**, deren Mitwirkung bei der Schmelzreaktion von Vorteil auf die Nuance oder sonst von wünschenswertem chemischen Einfluß ist. Sie nehmen teil an der Reaktion, werden entweder mit geschwefelt, oder kondensiert, oder beeinflussen die Löslichkeit des **Farbstoffes** in günstigem Sinne.

Es kann vorkommen, daß aus einem indifferenten Zusatzmittel unter veränderten Schmelzbedingungen ein wirksames wird. Alkohol z. B. ist ein indifferentes Zusatzmittel zur Rückflußkühlerschmelze unter normalem Druck,

---

[1] Anmeldung C. 10 095.
[2] D. R. P. 181 327, 187 868, Anmeldung F. 18 414 usw.
[3] Ber. **39**, 3104.
[4] Anmeldung **F.** 8283 erwähnt NaSH als Schwefelungsmittel.

er kann jedoch beim Arbeiten unter höherem Druck äthylierend wirken; die Farbstoffe sind dann andere, als die in ersterem Falle entstehenden. Oder: Kresol dient als indifferenter Zusatz bei der Umwandlung des Hyposulfit-zwischenproduktes der Dinitrophenolschmelze[1], in der Polysulfidschmelze gibt es aber bei 170° einen braunen Schwefelfarbstoff[2].

1. Indifferente Zusätze.

a) Glycerin.

Glycerin wirkt verlangsamend auf die Verdunstung des Wassers und hält die Schmelze in einer Konsistenz, die das Rühren gestattet. Der Glycerin-zusatz wurde zuerst bei der Bildung der Farbstoffe aus Aminodinitro-diphenylamin[3] angewendet und erwies sich auch in der Folge als wichtiger Behelf, um Schmelzen, die höher geheizt werden müssen (so daß der Kühler nicht mehr angewendet werden kann) flüssig zu erhalten. Nur diesem Zusatz ist es zuzuschreiben, daß es gelang, die Zwischenstufen des obigen Farbstoffes zu fassen; denn bei bloßem Erhitzen der Ausgangsmaterialien mit dem Poly-sulfid können die bei Temperaturunterschieden von 10 bis 20° entstehenden Produkte, wie sie dort zu dem blauen, bzw. schwarzen Farbstoff führen, bei 160 bis 165° bzw. 170 bis 180° nicht mehr festgehalten werden.

Die Mengen Glycerins, die man zusetzt, sind relativ gering: auf 90 Teile Substanz 30 Teile Glycerin[3], auf 60 Teile Substanz 25 Teile Glycerin[4] usw.; später wurde der Glycerinzusatz wesentlich geringer, so daß die Schmelze nicht zu sehr verteuert wird. Größere Mengen (1000% des Substanzgewichtes) ge-statten, die Schmelze (ähnlich wie die Rückflußkühlerschmelze) bei niedrigerer Temperatur und längerer Dauer fertigzustellen[4]. Der Glycerinzusatz erlaubt aber auch, jedenfalls weil er lokale Überhitzung ausschließt, bei Schmelzen, die sonst nur bei niedriger Temperatur gebildet werden dürfen, höhere Hitz-grade anzuwenden; so soll sich z. B. die Immedialheinblaubildung[5] auch bei Temperaturen über 140° bewerkstelligen lassen[6], wenn man Glycerin zusetzt. In den Fällen, wo nach Angabe des Patentes Glycerinzusatz die Ausbeute erhöhen soll[7], handelt es sich natürlich nur um die durch das Glycerin herbei-geführte bessere Mischung und daher bessere Ausnutzung der Substanzen.

Das Glycerin kann übrigens bei hoher Temperatur auch als wesent-licher Schmelzzusatz fungieren[8]; es wirkt dann ähnlich wie Kohlehydrate und kann auch durch Zucker, Stärke u. dgl. ersetzt werden[9]; es gibt z. B. mit Dinitrobenzolkörpern bei 235 bis 240° wertvolle braune Farbstoffe.

---

[1] D. R. P. 116 354.
[2] D. R. P. 102 897.
[3] D. R. P. 144 119.
[4] D. R. P. 147 635.
[5] D. R. P. 134 947.
[6] D. R. P. 141 752.
[7] D. R. P. 122 826.
[8] D. R. P. 199 979.
[9] D. R. P. 202 639.

b) Phenole, Naphthole u. a.

Völlig analog wie Glycerin verhalten sich die Monooxyderivate des Benzols und Naphthalins als Schmelzzusätze; sie selbst sind bei mittleren Temperaturen nicht schwefelbar. Sie üben, unterstützt durch ihre leichte Schmelzbarkeit, eine lösende, verteilende Wirkung auf aromatische Verbindungen aus[1] und verhindern die allzurasche Verdunstung des Wassers. Die Immedialreinblaubase wurde ebenfalls mit β-Naphthol als Zusatzmittel verschmolzen und so ein ähnlicher Effekt erzielt wie mit Glycerin als Zusatz, d. h. die Bildung des klaren blauen Farbstoffes wurde dadurch auch bei höheren Temperaturen als 140° ermöglicht[2]; es ist allerdings nach einigen Angaben des Patentes fraglich, ob gleichwertige Produkte erzielt wurden. Die Naphthylamine, sowie Naphthalin selbst, kommen als indifferente Zusatzmittel ebenfalls zur Anwendung; besonders letzteres wird seiner völligen Widerstandsfähigkeit gegen schwefelnde Agentien wegen zuweilen als Zusatz zur Schmelze verwendet. Die zur Umwandlung des Hyposulfitzwischenproduktes eines Dinitrophenolschwarz[3] benötigten Körper von Art der Kresole, des Anilins usw., ferner die Basen Toluidin, Dimethylanilin, Benzidin, Thioanilin, Formanilid, Acetanilid, die die Schwefelung des Phenosafranols[4] unterstützen, werden unter den bezüglichen Schmelzbedingungen ebenfalls als indifferente Schmelzzusätze anempfohlen; in ersterem Falle sind sie während der Schmelze abdestillierbar, in letzterem Falle wird über die Trennung der Basen vom Schmelzgut in den betreffenden Patentschriften nichts gesagt; es ist anzunehmen, daß man sie mit Dampf abbläst, da die Temperatur von 170°, bei der die Schwefelung des Safranols in 3 Stunden stattfindet, nicht genügt, um die Basen als wirksame Zusätze mit in Reaktion zu bringen (siehe Benzidin als Zusatz).

Das Phenol ist zuweilen befähigt, als physikalisch wirksamer Schmelzzusatz mit in das Farbstoffmolekül einzutreten. Erhitzt man z. B. p-Aminoacetanilid, Phenol und Schwefel mehrere Stunden unter Rückfluß auf 250°[5], so zeigt es sich, daß das Phenol für den Nachweis verschwunden ist und daß das Gewicht der Schmelze die der Phenolmenge entsprechende Zunahme aufweist. Dementsprechend sind die Eigenschaften dieses Schwefelfarbstoffes verschieden von denen des ohne Phenolzusatz erhaltenen: ersterer ist vollständig löslich in Schwefelnatrium und färbt daher auch kräftiger als der zu den Thiocatechinen *Vidals*[6] gehörende ohne Phenolzusatz gebildete Aminoacetanilidfarbstoff. Offenbar tritt diese die Löslichkeit des Farbstoffes befördernde Wirkung des Phenols auch ein, wenn man es nachträglich abdestillieren kann,

---

[1] A. P. 966 820/09; über die lösende Wirkung des Kresols auf Farbstoffe siehe Pharmazeut. Centralbl. **1833**, 282.

[2] D. R. P. 150 546; siehe ferner Anmeldung **B.** 32 278.

[3] D. R. P. 116 354.

[4] D. R. P. 178 982; siehe auch 135 562, Glucose als indifferentes (?) Zusatzmittel.

[5] D. R. P. 123 612.

[6] D. R. P. 82 748.

also wenn es nicht in das Farbstoffmolekül eingetreten ist. Erhitzt man
z. B. 60 Teile Methylenviolett mit 240 Teilen Na_2S, 60 Teilen Schwefel und
80 Teilen Phenol, bis unter Abdestillieren von Wasser und Phenol die Innentemperatur von 142° erreicht ist, und hält dann noch 2 bis $2^1/_2$ Stunden bei
dieser Temperatur, so ist im Gegensatz zu dem ohne Phenol erhaltenen Farbstoff der so gebildete Farbstoff in verdünnten warmen Alkalien leicht löslich
und läßt sich aus seiner schwefelalkalischen Lösung nicht mehr mit Luft,
wohl aber mit Kohlensäure oder Salz fällen. Die niedrige Schmelztemperatur
und die geringe Dauer sprechen gegen eine Aufnahme von Phenol in den
Farbstoff, doch lassen sich keine weiteren Angaben machen, da sich in der
betreffenden Patentschrift keine zahlenmäßigen Angaben über die Menge
des abdestillierten oder aus der Schmelze extrahierbaren Phenols vorfinden.

2. Wirksame Zusätze.

Wir unterscheiden:

    a) nichtmetallische,
    b) metallische Zusätze.

a) Zusätze nichtmetallischer Art.

Der einzige wichtige Zusatz organischer Natur, der die Bedingungen erfüllt, .
1. durch seine Gegenwart die Eigenschaften des Farbstoffes wesentlich zu verbessern, und 2. aus der Schmelze völlig zu verschwinden und im resultierenden
Farbstoff als ursprünglicher Zusatz nicht mehr nachweisbar zu sein, ist das
Benzidin (siehe aber auch das Beispiel des Phenols oben). Benzidin wird
ausschließlich mit Schwefel (ohne Alkali) und jenen Basen verschmolzen, die
in der Schwefelschmelze gelbe bis braune Farbstoffe geben. Es ist kein ein-
ziger Fall bekannt, in dem Benzidin einen zur Thiazinreihe gehörenden
Schwefelfarbstoff in der Schmelze irgendwie beeinflußt hätte. Dies ist physi-
kalisch erklärlich, da es nur in geschmolzenem Schwefel, nicht aber in
alkalischen Flüssigkeiten löslich ist, chemisch erklärlich aber durch die
Tatsache, daß Benzidin, für sich allein mit Schwefel verschmolzen, ein in
Ätz- und Schwefelalkalien völlig unlösliches Schwefelungsprodukt ohne
Farbstoffnatur gibt: das Thiobenzidin. Verschmilzt man jedoch z. B.
gleiche Gewichtsteile oder molekulare Gemenge einer organischen Base und
Benzidin mit Schwefel, so entstehen Farbstoffe, die nicht nur rückstandfrei
in Schwefelalkalien löslich sind, sondern die auch in ihren Eigenschaften,
besonders was die zumeist grünstichig hellere und kräftigere Nuance betrifft,
wesentlich besser sind als die ohne Benzidinzusatz erhaltenen. Es entstehen
jedenfalls Kondensationsprodukte:

(I)
$$NH_2-\langle\ \rangle-\langle\ \rangle\overset{\displaystyle N=C}{\underset{\displaystyle \diagdown\!-S\diagup}{|}}-\langle\ \rangle-NH_2$$

oder

(II)
$$NH_2-\langle\ \rangle\overset{\displaystyle C=N}{\underset{\displaystyle \diagdown S\!-\diagup}{|}}-\langle\ \rangle-\langle\ \rangle\overset{\displaystyle N=C}{\underset{\displaystyle \diagdown\!-S\diagup}{|}}-\langle\ \rangle-NH_2$$

wie man sie aus Benzidin und p-Toluidin[1] und ähnlichen Basen schon früher durch Erhitzen z. B. von 18,4 Teilen Benzidin, 10,7 Teilen p-Toluidin und 12,8 Teilen Schwefel, mit 30 Teilen Naphthalin als Verdünnungsmittel dargestellt hatte (I). II entsteht mit der doppelten Basenmenge. Die Auffassung des Benzidins als „Schwefelüberträger"[2] erscheint demnach nicht richtig, da es sich hier um Kondensationsprodukte handelt, die unter Miteintritt des Schwefels aus beiden Basen entstehen. Ein Beweis, daß solche vorliegen, ist auch darin zu erblicken, daß z. B. m-Toluylendiamin, für sich allein mit Schwefel erhitzt, schließlich in einen braunen Schwefelfarbstoff übergeht, daß man jedoch bei Zusatz von Benzidin nur gelbe Farbstoffe erhält, die bei höherem, längerem Erhitzen trübe, aber nicht braun werden. Ferner geben die beiden Nitrotoluidine, die durch Reduktion in ein und dasselbe Toluylendiamin übergehen, mit Benzidin und Schwefel verschmolzen, völlig andere Farbstoffe, als das Toluylendiamin selbst, ein Beweis, daß diese Körper sich mit Benzidin in anderem Sinne kondensieren als jenes[3]. Die zuweilen mögliche Ersetzbarkeit des Benzidins durch α-Naphthylamin scheint ebenfalls auf Kondensation des letzteren mit der zu verschmelzenden Base zu beruhen[4].

Eigentümlicherweise zeigen die Homologen des Benzidins: Tolidin, Dianisidin usw., diese Wirkung nur in beschränktem Maße; dagegen lassen sich Thiobenzidin (also das direkte Schwefelungsprodukt des Benzidins), ebenso Acidylbenzidine[5], z. B. Diformyl- oder Diacetylbenzidin, verwenden; sie geben, für sich mit Schwefel verschmolzen, ebensowenig Schwefelfarbstoffe, wie das Benzidin selbst: das Thiocatechinpatent[6] spricht zwar allgemein von acetylierten aromatischen Diaminen, im besonderen aber von dinitriertem Diacetylbenzidin, da das nicht nitrierte Produkt eben keinen Farbstoff zu liefern vermag.

Die Wirkung des Benzidins erfährt eine besondere Beleuchtung durch die Tatsache, daß das *Ladenburg*sche Nitrodiacet-o-phenylendiamin[7] (I) ebenso wie das *Tiemann*sche Nitrodiacet-m-toluylendiamin[8] (II)

$$
\text{(I)} \quad NO_2-\underset{\displaystyle\overset{\displaystyle NH\cdot COCH_3}{|}}{\bigcirc}-NH\cdot COCH_3 \qquad\qquad \text{(II)} \quad NH\cdot COCH_3-\underset{\displaystyle\underset{\displaystyle NH\cdot COCH_3}{|}}{\overset{\displaystyle\overset{\displaystyle NO_2}{|}}{\bigcirc}}-CH_3
$$

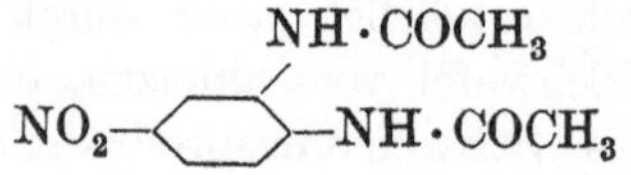

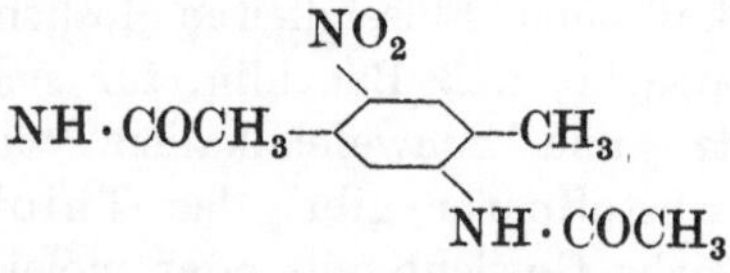

jedes für sich mit Schwefel verschmolzen, keine verwendbaren Schwefelfarbstoffe ergeben. Mit der gleichen Menge Benzidin resultieren jedoch in Schwefel-

---

[1] D. R. P. 78 162; vgl. auch die ähnlichen Kondensationsprodukte aus geschwefeltem p-Toluidin und Resorcin, D. R. P. 79 093.

[2] D. R. P. 208 805.

[3] D. R. P. 163 001.

[4] D. R. P. 158 662, 154 108.

[5] D. R. P. 145 763.

[6] D. R. P. 82 748.

[7] Ber. **17**, 150.

[8] Ber. **3**, 9.

natrium lösliche gelbe Schwefelfarbstoffe. Analog gibt Nitro-α-methylbenz-imidazol, mit Schwefel und Benzidin verschmolzen[1], einen gelben Schwefel-farbstoff, der jenen aus der Aminoverbindung ohne Benzidinzusatz mit Schwefel allein erhaltenen[2] an Grünstich und daher an Wert[3] bedeutend übertrifft. Auch Dehydrothiotoluidin gibt, für sich mit Schwefel verschmolzen, nur einen Zersetzungsfarbstoff[4], bei Gegenwart von Benzidin jedoch ein prächtiges grünes Gelb[5].

Diese „Aufhellung der Nuance" (*Barillet*[6]) wird zuweilen auch in der Polysulfidschmelze durch Zusatz organischer Säuren (Phthal-, Oxal-, Weinsäure) erzielt[7]. Man kann aber eigentlich hier nicht mehr von Zusätzen sprechen, da ebensowohl Gemenge von Base mit organischer Säure, als auch die Kondensationsprodukte beider mit demselben Effekt verschmolzen werden können. Eine genaue Unterscheidung von Zusatz und Gemenge-bestandteil läßt sich naturgemäß überhaupt nicht treffen, da ein Gemenge von z. B. Toluylendiamin und Diformyltoluylendiamin ebensogut als Zu-satz acetylierter Base zur Toluylendiaminschmelze aufgefaßt werden kann.

Eine eigentümliche, leider vereinzelte Beobachtung[8] wurde beim Ver-schmelzen von Nitrodiacet-p-phenylendiamin mit hochsiedenden Basen, Benzidin, Naphthylamin u. dgl. gemacht: Bei Gegenwart dieser Basen ent-weicht Schwefelwasserstoff, ohne sie fast ausschließlich Schwefeldioxyd. Durch die Schwefelwasserstoffentwicklung wird bewiesen, daß es sich beim Verschmelzen von aromatischen Körpern mit Benzidin und Schwefel um Kondensationen handelt; ebenso erscheint es verständlich, weshalb manche Substanzen beim Verschmelzen ohne Benzidin unter Zersetzung und SO_2-Ent-wicklung keine gefärbten Produkte geben; denn beim Verschmelzen mit Benzidin ist letzteres insofern der wesentliche Schmelzbestandteil, als nur sein Kondensationsprodukt mit dem zu schwefelnden Körper einen Farb-stoff liefert.

In der folgenden Übersicht sind die wichtigsten gelben unter Benzidin-zusatz erhaltenen Schwefelfarbstoffe zusammengestellt:

D. R. P. 166 865, 166 981, 171 118: Acet-p-m-o-toluidin.
D. R. P. 147 403, 154 108, 152 717*: Nitro- bzw. Amino*-diacet-o-phenylendiamin.
D. R. P. 142 155: Amino-α-methylbenzimidazol.
D. R. P. 163 143: m-Toluylendiamin.

---

[1] D. R. P. 157 862.
[2] D. R. P. 142 155.
[3] Es sei bemerkt, daß die gelben Schwefelfarbstoffe mit grünem Stich bedeutend seltener und wertvoller sind als die rötlichen oder bräunlichgelben Farbstoffe. Es scheint sich hier um zwei Reihen zu handeln: 1. jene des Toluylendiamins: gibt in der Schwefel-schmelze Gelb-Orange-Braun (die einzelnen Etappen sind schwer faßbar); 2. jene der acidylierten Di- besser Triaminobenzole, die auch beim Überhitzen mit Schwefel ihren gelben grünstichigen Ton beibehalten und ohne wesentliche Bräunung nur trüber werden.
[4] D. R. P. 97 285.
[5] D. R. P. 180 162.
[6] Rev. gén. mat. color. **7**, 6 bis 9.
[7] D. R. P. 126 964 und 128 659.
[8] D. R. P. 154 108.

D. R. P. 163 001: Nitrotoluidine.
D. R. P. 158 662: Ditoluol-p-sulfon-m-toluylendiamin.
D. R. P. 145 763: Diformyl-m-toluylendiamin.
D. R. P. 153 518: m-Toluylendithioharnstoff, ebenso 166 864 und 171 871.
D. R. P. 160 041: m-Aminotolyldithioharnstoff.
D. R. P. 175 829: Anhydroverbindungen des Dinitrooxydiphenylamins.
D. R. P. 168 516: Phenosafraninon (Benzidin als Verdünnungsmittel).
D. R. P. 178 982: Phenosafranol.
D. R. P. 208 805: Toluylendiamin mit aromatischen Nitroaminoverbindungen.
D. R. P. 220 065: p-Phenylendiamin mit Acetyl-p-phenylendiamin.
D. R. P.. 160 109: Monoacetyltoluylendiamin-Azofarbstoff.
D. R. P. 180 162: Dehydrothiotoluidin.

b) Metallische Zusätze.

Die Wirkungsweise der metallischen Zusätze zur Schmelze ist von großer
Bedeutung für die Schwefelfarbstoffdarstellung geworden. Den metallischen
Zusätzen verdankt man eine größere Zahl besonders rotstichiger Schwefel-
farbstoffe der Phenazinreihe, deren Nuancen in der zusatzfreien Polysulfid-
schmelze bei weitem nicht die Fülle und Röte erreichen, wie mit Kupferzusatz.
Über die Art, wie das Metall in dem geschwefelten Farbstoff gebunden wird,
ist nichts bekannt; es steht nur fest, daß die Löslichkeit der Farbstoffe in
keiner Weise beeinträchtigt wird, trotzdem sich das Metall in der Asche des
Farbstoffes nachweisen läßt. Man muß annehmen, daß primär gebildetes
Metallsulfid mit dem Schwefelfarbstoff salzartige Verbindungen eingeht.

Kupfer.

Es wird meistens als Sulfat, oft auch als Bronze, also in metallischem
Zustande, selten als Oxyd verwendet. Der Kupferzusatz verändert: a) schwärz-
liche, bläuliche oder sonstige dunkle Farbtöne nach Grün, b) braunrote und
violettrote Töne nach Rot, rote nach Gelbrot, blauviolette nach Violettrot.
In einem Falle soll der Kupferzusatz die Eigenschaften des Farbstoffes ohne
Nuancenverschiebung in günstigem Sinne beeinflussen.

a) Grüne Farbstoffe.

Das erstemal findet sich die Angabe, daß Kupferzusatz die schwärzliche
Farbe des p-Aminophenolschwefelfarbstoffes nach Grün verändert, in einem
Patent von *Lepetit, Dollfuß* und *Gansser, Mailand*[1]. Der Farbstoff — das
Verde italiano — entsteht durch Erhitzen eines Gemenges von 19 Teilen
Ätznatron, 17 Teilen Wasser, 17,5 Teilen Schwefel und 12,5 Teilen p-Nitro-
phenol unter Zusatz einer Lösung von 4,5 Teilen Kupfersulfat in 30 Teilen
Wasser zunächst bis zum Aufhören der Ammoniakentwicklung, und dann
bis zum Eintrocknen auf 210°. Die Färbungen des Farbstoffes sind nach
Angabe der Patentschrift grasgrün und erscheinen auch bei künstlichem Licht
nicht wesentlich verändert. Die sonstigen vorzüglichen Eigenschaften, Licht-,

---

[1] D. R. P. 101 577.

Seife- und Laugenechtheit, die damals (1896) noch unbekannte Ätzbarkeit mit starken Oxydationsmitteln machten den Farbstoff zu einer aufsehenerregenden Erfindung, besonders, da man bis dahin nur die unbestimmten dunklen Nuancen der Vidalfarbstoffe besaß. Die Angaben der Patentschrift sind übrigens dahin zu berichtigen, daß das Grün durchaus nicht grasgrün ist, sondern im Gegenteil nur eine recht stumpfe Nuance zeigt; ferner sind die Färbungen weder luft- noch lagerecht, sie vergrauen schon nach einigen Wochen vollständig[1]. Kupferbronze soll übrigens als Zusatz zur Nitrophenolschmelze zu lebhafteren grüneren Tönen führen[2]. Später wurden auch andere Schwefelfarbstoffe der Thiazinreihe unter Zusatz von Kupferbronze[3] dargestellt, z. B. jene aus Oxydinitrodiphenylamin, p-Aminophenol u. a.[4]. Aus den Angaben dieser Patentschrift kann man auch den Einfluß der Kupfermenge auf den Farbton entnehmen: 12,5% des Ausgangsmateriales an Kupferbronze führen zu bläulichgrünen, 37,5% zu olivegrünen und 112,5% zu olivegelbbraunen Tönen in einer Tetrasulfidschmelze bei 170°. Das Ausgangsmaterial für Immedialschwarz, bei Gegenwart von 10% Kupferbronze verschmolzen, gibt bei 160° einen bläulichgrünen, in dunkleren Tönen grün- bis grünschwarzen, mit 40% Kupferbronze jedoch einen rotbraunen Schwefelfarbstoff[5].

Auch die I n d o p h e n o l e liefern in der kupferhaltigen Polysulfidschmelze grünere Nuancen: Dialkylaminooxydiphenylamin (Immedialreinblaubase) gibt mit 20% Kupfersulfat Blaugrün statt Blau[6], ebenso seine Sulfosäure (mit Sulfit erhalten[7]) mit 25% Kupfersulfat ein gelbstichiges Grün[8]. Hierher gehören auch die mit 12 bis 20% Kupfersulfat oder mit 5% Kupferbronze erhaltenen grünen Schwefelfarbstoffe aus den Indophenolen: Phenyl- oder Tolyl-1-naphthylamin-6:7- oder 8-sulfosäure[9] bzw. aus α-Naphthyl-p-toluolsulfamid[10] plus p-Aminophenol. Eine ausgedehntere Anwendung hat der Kupferzusatz in diesen Farbstoffreihen nicht gefunden, da mit der Veränderung der Nuance von schwarz oder blau nach grün zugleich die Echtheiten oft in ungünstigem Sinne beeinflußt werden.

b) Rote Farbstoffe.

Die wichtigste Anwendung findet der Kupferzusatz bei der Polysulfidschmelze der A z i n e. Ausgehend von den wenig günstigen Resultaten, die durch Nachbehandlung der trübroten Färbungen der Azinschwefelfarbstoffe

---

[1] Siehe auch D. R. P. 123 569, grüner Farbstoff aus Nitrophenol ohne Kupfer.

[2] Anmeldung G. 14 885.

[3] Die Kupferbronze wird fabriksmäßig durch Ausfällen aus Kupfersalzlösungen mittels eingetauchter Eisenstäbe erhalten, die zur Vermeidung von Verunreinigungen mit Fitrierpapier umwickelt werden. Der niedergeschlagene Kupferschlamm wird zur Erlangung des gewünschten Farbtones mit Fett oder Paraffin erhitzt.

[4] D. R. P. 148 024.

[5] D. R. P. 194 199.

[6] D. R. P. 129 540.

[7] D. R. P. 129 024.

[8] D. R. P. 135 410.

[9] D. R. P. 162 156.

[10] D. R. P. 187 823.

mit Kupfersalzen erzielt wurden, versuchten die *Farbwerke vorm. Meister, Lucius & Brüning*, Höchst[1] mit Erfolg den Kupferzusatz zur Schmelze selbst, und erhielten so in wesentlich leichter erfolgender Bildung[2] viel klarere und bedeutend lichtechtere Farbstoffe als ohne Kupferzusatz. Die Nuancenverschiebungen entstehen, man könnte sagen durch eine blau-eliminierende Wirkung; es werden in der Tat auch die violetten Schwefelfarbstoffe der Azinreihe durch Kupferzusatz zur Schmelze bedeutend röter. Zugesetzt wird das Kupfer als **Metall** oder als **Salz** in Mengen von 50 bis 75% des Ausgangsmateriales; mit gleichem Erfolg wurden übrigens auch Kupferspäne oder in die Schmelze eingehängte Kupferplatten oder sehr zweckmäßig eine Kupfersulfidpaste verwendet, die durch Fällen einer wässerigen Lösung von Kupfersulfat mit Schwefelnatrium erhalten wird.

Die Wirkungsweise des Kupferzusatzes wird aber besonders rätselhaft durch die Tatsache, daß es in manchen Fällen völlig gleichgültig ist, ob man das Kupfer vor oder nach beendeter Polysulfideinwirkung zusetzt[3].

Die nach rötlich oder Braun ziehende Wirkung des Kupferzusatzes äußert sich übrigens auch in der Thiazinreihe: Der Farbstoff aus dem Kondensationsprodukt von Chlordinitrobenzol mit o-Aminophenol färbt schwarz[4], mit Kupferzusatz dargestellt braun[5]; allerdings besteht in dieser Schmelze das Schwefelnatrium-Schwefelverhältnis 103 : 12, so daß vielleicht auch die alkalische Verkochung die Entstehung der braunen Farbstoffe verursachen könnte[6].

Schließlich ist in einem Falle beobachtet worden, daß der Kupferzusatz die Nuance wenig veränderte, wohl aber die Eigenschaften des Farbstoffes verbesserte. Die Immedialschwarzschmelze, unter Zusatz von Kupfersulfat ausgeführt, gibt nur statt des Blauschwarz ein grünstichiges Schwarz; die Oxydationsfähigkeit des Farbstoffes auf der Faser mit Wasserstoffsuperoxyd ist aber aufgehoben[7].

Zink.

Zusatz von Zinksulfat fand bisher fast ausschließlich Anwendung bei der Bildung von Schwefelfarbstoffen, die aus peri-Naphthalinderivaten dargestellt werden. Ebensowenig wie beim Kupfer weiß man hier, wie das Zink in das Farbstoffmolekül eintritt; vermutlich kondensiert das Metall die bei niedriger Temperatur gebildeten farbschwachen Produkte zu den größeren Molekülen der Farbstoffe selbst. Damit stünde die bei Zinkzusatz häufig beobachtete Zunahme der Färbekraft im Einklang, sowie die Tatsache, daß auch viele andere Metalle, z. B. die wertlosen Abfallprodukte der Thorfabrikation, die Cer-Lanthan-Didymsalze, aber auch Tonerdeverbindungen, oft dieselbe Wirkung tun. Ohne die Wirkung abzuschwächen, kann das Zink

---

[1] D. R. P. 171 177.
[2] D. R. P. 177 709.
[3] D. R. P. 179 021 und 177 493.
[4] D. R. P. 113 418.
[5] D. R. P. 194 198.
[6] Vgl. D. R. P. 112 484.
[7] Anmeldung **B.** 29 055.

auch der Schmelze erst **nach** der ersten Einwirkung des Polysulfids zugesetzt werden. 1:8-[1] ebenso wie 1:5-Dinitronaphthalin und ihre Umwandlungsprodukte mit Sulfiten[2] geben, bei Gegenwart von 80% Chlorzink mit Polysulfid verschmolzen, kräftige bräunlichschwarze bzw. blaustichigschwarze, volle violettrote oder violettbraune Schwefelfarbstoffe; auch das Naphthazarinzwischenprodukt[3] (150 Teile $ZnCl_2$ auf 1000 Teile Substanz) führt so zu einem kräftigen blauvioletten Farbstoff, der auf der Faser durch Nachbehandlung mit Kupfersalzen tiefschwarz wird und während des Färbens gegen die Einwirkung des Luftsauerstoffes unempfindlich ist, während ohne Chlorzink[4] ein graublauer Farbstoff entsteht, der durch Kupfern auf der Faser blauschwarz wird. Mit Hilfe verdünnter Säuren läßt sich den ausgefällten Farbstoffen das Zink zum größten Teil entziehen[5].

Die peri-Aminonaphtholsulfosäuren[6], 1:8-Dioxy- und Amino-1:8-dioxynaphthylaminsulfosäuren[7] geben, mit Polysulfid verschmolzen, Rohprodukte, aus denen nach einem umständlichen Verfahren der in ihnen enthaltene wertvolle blaue Farbstoff extrahiert werden muß; Zinkzusatz zur Schmelze verhindert aber nicht nur die Bildung der braunfärbenden Nebenprodukte, sondern bewirkt zugleich, daß der gewünschte blaue Farbstoff in völlig reiner Form erhalten wird[8].

Chrom.

Es ist nur ein Fall veröffentlicht[9], in dem das Indophenol aus p-Aminophenol und o-Toluidin[10] mit Schwefel und Chromoxyd bei 190 bis 200° verschmolzen wird; der Chromzusatz soll zur Erzeugung lebhafter Nuance und eines roten Stiches dienen.

Mangan[11].

Auch hier ist nur ein Fall aus der Patentliteratur bekannt, nach dem das bis dahin nicht mit befriedigendem Resultate verschmolzene Leukoindophenol aus p-Phenylendiamin und Phenol durch Zusatz von 5—10% Mangansulfat oder der entsprechenden Mangandioxydmenge in einen wertvollen indigoblauen Farbstoff verwandelt wird[12].

Eisen

soll, der Immedialschwarzschmelze zugesetzt, die Lager- und Luftechtheit erhöhen; merkwürdig ist allerdings, daß der so erhaltene echtere, also widerstandsfähigere Farbstoff auf der Faser durch Nachbehandlung mit Wasserstoffsuperoxyd zerstört wird[13].

---

[1] D. R. P. 125 667.   [2] D. R. P. 79 577.
[3] D. R. P. 114 267.   [4] D. R. P. 114 266.
[5] D. R. P. 127 090.   [6] E. P. 17 738/95.
[7] Erhalten nach D. R. P. 113 335, verschmolzen bei Chlorzinkgegenwart in D. R. P. 122 047.
[8] D. R. P. 116 655.   [9] E. P. 12 879/03.
[10] Siehe D. R. P. 199 963.   [11] Vgl. Chem.-Ztg. **1907**, 949, *F. Croner.*
[12] D. R. P. 222 406.   [13] Anmeldung C. 10 475.

IX. Aufarbeitung und Reinigung der Schmelze und die Veränderung fertiger Schwefelfarbstoffe.

Allgemeines.

Solange man nicht imstande ist, alle Schwefelfarbstoffe durch Schwefelung des reinen Ausgangsmateriales mit der theoretisch nötigen Schwefelmenge, oder, ausgehend von geschwefelten Komponenten, durch Kondensation oder auf irgendeinem anders gearteten synthetischen Wege darzustellen, also vielleicht in der Art, wie man Azo- oder Triphenylmethanfarbstoffe erzeugt, — so lange wird es stets nötig sein, die Schwefelfarbstoffe nach vollendeter Bildung zu reinigen. Die Aufarbeitung der Schwefelfarbstoffe ist demnach auch zugleich ihre Reinigung. Die synthetische Darstellung von Schwefelfarbstoffen ist allerdings nach den Clayton-Verfahren (S. 49), besonders aber nach den Verfahren der *Bad. Anilin- und Sodafabrik* (S. 105, 108) gelungen, d. h. man kennt den Bau des Zentralgebildes; die Art seiner weiteren Verkettung, und vor allem die Molekulargröße der einzelnen Schwefelfarbstoffe ist aber unbekannt; doch ist es immerhin bezeichnend, daß die so erhaltenen Farbstoffe in den meisten Fällen hinreichend rein sind, so daß ihre Aufarbeitung sehr einfach nur im Filtrieren und Trocknen des Produktes besteht. Die Zahl dieser Farbstoffe, besonders jener, die wirklich Handelsprodukte sind, ist sehr gering; die weitaus größte Zahl der Schwefelfarbstoffe erhält man in der Rohschmelze in Form grober poröser Stücke, die sehr viel anorganische Salze, beigemengten Schwefel, vor allem aber geschwefelte Nebenprodukte enthalten, die zum Teil beim Färben mit auf die Faser gehen und die Nuance trüben. Es handelt sich bei den **Aufarbeitungs- und Reinigungsverfahren** demnach hauptsächlich darum, den Farbstoff von diesen **Nebenbestandteilen** zu befreien. Die Reinigungsverfahren sind daher Lösungs- und Fällungsreaktionen, von denen man festgestellt hat, daß sie Farbstoff und Nebenprodukt in verschiedener Weise beeinflussen. Früher waren übrigens die Reinigungsverfahren komplizierter, da man heute in der Rückflußkühlerschmelze und in der genaueren Dosierung der schwefelnden Materialien, sowie in der Wahl geeigneter Zusätze eine Reihe vorbeugender Maßregeln besitzt, die besonders die Bildung mitfärbender Nebenprodukte verhindert. Schließlich gelang es auch, durch nachträgliche Oxydation, Alkylierung oder Halogenisierung die **Nuance**, und durch andere Maßnahmen die **Form** der Schwefelfarbstoffe in gewünschter Richtung zu verändern. Es wird demnach bei der Aufarbeitung der Schwefelfarbstoffe zu berücksichtigen sein:

1. Reinigung der Schmelze oder des Farbstoffes.

2. Verbesserung der Nuance des fertigen Farbstoffes durch Nachbehandlung mit verschiedenen Agentien.

3. Veränderung der physikalischen Beschaffenheit des Farbstoffes.

1. Reinigung der Schmelze oder des Farbstoffes.

Zeigen die Proben die Beendigung der Schmelze (sei es im Kessel, Trockenschrank oder Backofen), so kann, wie wir wissen, der Farbstoff entweder direkt verwendet werden, oder er wird zwecks Reinigung gelöst, am besten in Wasser, bei Kochtemperatur, allenfalls unter Zusatz von Schwefelnatrium, in einem Rührkessel mit Dampfmantel. Die Lösung wird filtriert; in der Filterpresse werden die aus dem Schwefelnatrium herrührenden Verunreinigungen, ferner unangegriffenes Ausgangsmaterial und Schwefel, bzw. wenn es sich um eine Schwefelschmelze handelte, nicht gelöste Thiokörper zurückgehalten. Dieser Filtrierprozeß kann unter Umständen eine recht unangenehme Arbeit werden, wenn die Leukoverbindnng, als die der Schwefelfarbstoff sich meistens in Lösung befindet, sehr leicht oxydierbar ist, oder wenn die Schmelze einen bedeutenden Polysulfidüberschuß enthält. In beiden Fällen scheiden sich in Berührung mit Luft feine Farbstoff- bzw. Schwefelpartikelchen ab, die die Poren der Filtertücher verstopfen und ein weiteres Filtrieren unmöglich machen. Bei rechtzeitiger Erkennung dieser Eigenschaft der Farbstofflösung läßt sich durch Zusatz von Schwefelnatrium oder Natriumsulfit der fein verteilte Farbstoff reduzieren bzw. der Schwefel lösen; zuweilen hilft auch mechanisches Durchrühren der Farbstofflösung mit Sägemehl u. dgl., um den Schwefel zusammenzuballen und niederzuschlagen. Aufkochen oder stärkeres Verdünnen haben öfter noch denselben Erfolg. Nach den Angaben einer Patentschrift[1] kann man auch durch vorsichtigen Zusatz von Salzsäure einen Teil des Schwefels herausfällen (vorausgesetzt natürlich, daß der Farbstoff nicht ebenfalls ausfällt) und dann filtrieren. Schwefelschmelzen, deren alkalische Lösungen naturgemäß einen großen Überschuß von Schwefel in Polysulfidform enthalten, da die Thiokörper mit der doppelten bis dreifachen Menge Schwefelnatrium gelöst werden, kann man in dieser verdünnten alkalischen Lösung, man könnte sagen umgekehrt, vom Farbstoff befreien[2], indem man diesen fraktionierend mit Kohlensäure, Luft, Salzsäure oder Soda fällt; der Schwefel bleibt dabei in den meisten Fällen noch in Lösung.

Eine filtrierte Farbstofflösung enthält den Farbstoff, die anorganischen Salze und die meist leicht löslichen geschwefelten und ungeschwefelten Nebenprodukte. Das Ausfällen des Schwefelfarbstoffes mit Salz, Erdalkalisalzen[3], Kohlensäure, Essigsäure oder Mineralsäuren, Bicarbonat, Salmiak usw. richtet sich vollständig nach den Eigenschaften des betreffenden Farbstoffes, besonders nach der Leichtigkeit, mit der er in die unlösliche Form der Farbsäure übergeht. Allgemeine Angaben lassen sich nicht machen, da zwar die Zahl der Fällungsmittel eine begrenzte ist, nicht aber die Art ihrer Anwendung, weil dabei auch noch andere Momente (z. B. die Temperatur, bei der der Farbstoff gefällt wird) in Betracht kommen.

Besonders das Ausfällen mit Luft kann vielfach variiert werden; es ist z. B. durchaus nicht gleichgültig, ob man in die 0°, 20°, 50°, 80° warme oder in die kochende Lösung Luft einleitet; in letzterem Falle kann durch die intensive Oxydationswirkung eine empfindliche Nuance völlig zerstört werden.

---

[1] D. R. P. 138 104.
[2] D. R. P. 156 177.
[3] D. R. P. 131 717.

Der nach einem Höchster Verfahren[1] aus Aminooxydiphenylamin gebildete blaue Farbstoff wird z. B. so aufgearbeitet, daß man den Kesselinhalt verdünnt, die Leukoverbindung des Farbstoffes mit verdünnter Schwefelsäure ausfällt, die Paste mit Wasser und Lauge zu einem Brei anrührt und in diesen so lange Luft einleitet, bis der gesamte Farbstoff als wasserunlöslicher blauer Niederschlag abgeschieden ist[2]. Man fällt mit Luft, wenn man salzfreie Produkte haben will; die Fällung mit Salz oder Säure führt zu salzhaltigen Farbstoffen, ist aber billiger. Sonst finden sich in den Patentschriften aus leicht begreiflichen Gründen über die Aufarbeitungsmethode kaum irgendwelche mehr als allgemein gehaltene Angaben. Die geringen, oft nebensächlich erscheinenden Modifikationen der Aufarbeitung bedingen oft, besonders bei den empfindlichen Nuancen, z. B. der Indone und anderer blauer Farbstoffe, einzig und allein die Erzielung der gewünschten Nuance.

Häufig sind die Schwefelfarbstoffe selbst in Salzwasser unlöslich, während sich die Nebenprodukte lösen; man rührt dann z. B. den Rückstand einer Alkoholschmelze, nach Abdestillieren des Alkohols bei 80°[3], mit Salzwasser an, kocht auf und filtriert; im Filtrate sind, wodurch man sich durch eine Ausfärbung überzeugen kann, mißfarbig trüb färbende Produkte, während der Rückstand, allenfalls nach nochmaligem Lösen in Schwefelalkali und Ausfällen des Farbstoffes, diesen in reiner Form enthält. Man kann aber auch den schmierigen Rückstand der Spiritusschmelze manchmal, wenn eine weitere Reinigung nicht nötig ist, mit so viel calciniertem Glaubersalz und Soda versetzen, daß die Masse fest und mahlfähig wird, und den Farbstoff direkt so verwenden[1].

Von den wenigen in der Patentliteratur beschriebenen Spezialmethoden zur Reinigung von Schwefelfarbstoffen sind besonders jene zur Reinigung des Immedialreinblau hervorhebenswert. Das erste Verfahren[4] beruht auf der Beobachtung, daß Leukoimmedialreinblau Salze gibt, die in salzfreiem Wasser löslich sind, während die Nebenprodukte auch als Leukoverbindungen keine Salze zu bilden vermögen[5]. Man löst die Reinblauschmelze in Wasser und fällt die Leukoverbindung des Farbstoffes mit Salzsäure aus; dann bestimmt man genau die Salzsäuremenge, die nötig ist, um die Leukobase bei 60° als salzsaures Salz eben noch vollständig in Lösung zu bringen; bei Zugabe der so gefundenen nötigen Menge Salzsäure bleiben nur die Nebenprodukte ungelöst; man filtriert und fällt im Filtrat das Chlorhydrat der Reinblau-Leukoverbindung mit Salzwasser. — Das zweite Verfahren[6] beruht auf der Fähigkeit des Immedialreinblau, mit Bisulfit wasserlösliche krystallisierte Verbindungen zu geben. Man fügt der Lösung der Rohschmelze so lange Bisulfitlösung hinzu, bis sich der Auslauf einer Probe

---

[1] D. R. P. 179 884.
[2] Eine andere Luftfällung bei Gegenwart von NaOH: D. R. P. 140 792, oder Kochsalz: D. R. P. 139 099.
[3] D. R. P. 140 963. (*Cassella*) = E. P. 9968/02 der *Basler Chem. Ind.-Ges.*
[4] D. R. P. 136 188.
[5] Vgl. auch F. P. 303 524.
[6] D. R. P. 135 952.

auf Filtrierpapier mit Oxydationsmitteln nicht mehr blau färbt, bis also der ganze Farbstoff ausgefällt ist. Im Niederschlag befindet sich nunmehr die gesamte organische Substanz der Rohschmelze. Man löst ihn in Bisulfitlauge, erwärmt schließlich auf 90° und filtriert von den Nebenprodukten ab, die keine Bisulfitverbindungen geben[1]. Die nach diesem Verfahren gewonnenen Nebenfarbstoffe sind ihrerseits auch verwendbar; sie besitzen die Eigenschaft, in der Flotte nur schwer zu Leukoverbindungen reduzierbar zu sein, so daß sich die Nuance der Färbungen schon im Bade gut beurteilen läßt. Aus der Bisulfitlösung des Reinblau krystallisiert die Verbindung zum Teil aus, wird vollends ausgesalzen, filtriert und durch kurzes Digerieren mit Lauge zerlegt. Als Bisulfitverbindung geht das Reinblau auch auf Wolle.

Der oft störende Gehalt der Schwefelfarbstoffe an freiem Schwefel[2] soll nach einer Patentschrift[3] behoben werden, wenn man die Lösung der Rohschmelze zunächst mit Erdalkalisalzen, z. B. Bariumchlorid, Calciumchlorid usw. fällt; Schwefel und Verunreinigungen sollen in Lösung bleiben; ersterer allerdings nur dann, wenn während der Fällung der Luftzutritt abgeschlossen wird. Abgesehen davon, daß letzteres im großen kaum vollständig möglich sein dürfte, wird das Verfahren wohl kaum angewendet, weil das unlösliche Erdalkalisalz nachträglich durch eine große Anzahl von Operationen in den verwendbaren Farbstoff übergeführt werden muß. Das Auskochen der Schmelze mit Alkohol, um sie zu reinigen, scheint sich nicht eingeführt zu haben.

2. Veränderung der Nuance des Schwefelfarbstoffes in Substanz.

Im Kapitel Konstitution wurde bereits auf die Äthylierbarkeit der Schwefelfarbstoffe auf Grund ihrer Mercaptannatur hingewiesen. Man erhält diese Alkylderivate, indem man die mit etwas Schwefelnatrium versetzten Lösungen der Schwefelfarbstoff-Leukoverbindungen in der Kälte mit Alkylierungsmitteln schüttelt[4]. So liefern z. B. die Schwefelfarbstoffe aus: m-Kresol[5], benzyliert, einen braunen Farbstoff; Dinitrophenol[6], benzyliert, einen blauschwarzen Farbstoff; Verde italiano[7] gibt, auf der Faser

---

[1] Vgl. F. P. 308 669, Thiosulfonate.

[2] Der Schwefel ist in den Schwefelfarbstoffen zu 50—75% fest, reaktionsunfähig, zu 20—25% labil, reaktionsfähig, leicht in H_2SO_4 überführbar und in wechselnden Mengen mechanisch beigemengt vorhanden. Vgl. *W. Zänker:* Färber-Ztg. **1916**, 273 und 289. Zur Bestimmung des Schwefelsäure bildenden Schwefels in Handelsfarbstoffen fällt man eine auf 3000 ccm kalt verdünnte Lösung von 1 g Farbstoff und 2 g chemisch reinem Schwefelnatrium in 250 ccm kochendem Wasser mit Eisessig aus, dekantiert 3mal unter 3maligem Wiederauffüllen auf 3 l mit schwach essigsaurem Wasser und entfernt so den mechanisch beigemengten Schwefel und die Neutralsalze. Man saugt dann den Niederschlag durch ein gehärtetes Filter, trocknet es mit dem anhaftenden Farbstoff, fügt 50 ccm 0,1 n-Natronlauge hinzu, trocknet ein, erhitzt auf 110—120° und titriert den Alkaliüberschuß zur Bestimmung der gebildeten Schwefelsäuremenge zurück (*W. Zänker* und *K. Schnabel:* Färber-Ztg. **1918**, 26).

[3] D. R. P. 131 757.   [4] D. R. P. 131 758.   [5] D. R. P. 102 897.

[6] D. R. P. 98 437.   [7] D. R. P. 101 577.

benzyliert, ein blaustichiges Grün; ebenso behandelt geben: m-Kresol[1], Rotbraun; Dinitrophenol[2], Blauschwarz; p-Aminoacetanilid[3], Braunorange. Diese Farbstoffe besitzen, wie aus einem Vergleich mit den nicht alkylierten hervorgeht, nicht nur wesentlich andere, zum Teil lebhaftere und vollere, sondern, wie die Patentschrift angibt, auch echtere Nuancen.

Über die Alkylierung mit anderen Mitteln, z. B. mit Phenylbenzyldimethylammoniumchlorid[4] usw., wurde schon berichtet. Man wendet letzteres in einer Menge von 4% des Farbstoffgewichtes bei Gegenwart von 5% Natronlauge von 40° Bé an und wählt deshalb die Ammoniumverbindung, weil diese erst in der heißen Flotte in tertiäre Base + Benzylchlorid zerfällt, so daß der stechende Geruch des Benzylchlorids, seine Wasserunlöslichkeit, Flüchtigkeit usw., Eigenschaften, die der Einführung des Benzylchlorids zur Alkylierung auf der Faser in die Praxis Schwierigkeiten bereiten, den Patentangaben zufolge sich nicht unangenehm bemerkbar machen.

Anders ist es natürlich, wenn man die Rohschmelze mit Äthylalkohol unter normalem Druck kocht. Der Alkohol wirkt dann nicht alkylierend (siehe Alkoholschmelze), sondern nur als Extraktionsmittel[5]. Man kann auf diese Weise die Rohschmelze, z. B. des Dinitrooxydiphenylamins, seiner Sulfo- und Carbonsäuren, von einer Anzahl jener zugleich entstehenden geschwefelten Nebenprodukte befreien, so daß die erhaltenen Rückstände nicht mehr schwarz, sondern blau färben. Auch die Löslichkeitseigenschaften und die Farbe der so aus dem Gemenge herausgeholten reinen Farbstoffe sind völlig andere. Dieses Extraktionsverfahren kann als Vorläufer der Alkoholschmelze[6] betrachtet werden. (Siehe vorige Seite.)

Nicht nur durch Alkylierung, sondern auch durch Oxydation in Substanz und auf der Faser lassen sich klarere (in vorliegendem Falle blauere) Nuancen erzielen, z. B. durch Behandlung der Schwefelfarbstoffe in wässerig-alkalischer Lösung bei Gegenwart oder Abwesenheit von unterchlorigsauren Salzen mit Oxydationsmitteln[7] (siehe auch F. P. 308 669).

Schließlich werden nach einem neueren Verfahren der Firma *Cassella*[8] fertige Schwefelfarbstoffe, vor allem jene, die sich vom Aminooxydiphenylamin durch Kern- oder Aminogruppensubstitution ableiten, durch Halogenisierung in wesentlich anders färbende klare, wasch-, licht- und chlorechte Produkte übergeführt. Die Halogenisierung darf natürlich nicht so weit gehen, daß sie zu Spaltungsprodukten führt[9]. Man löst z. B. Immedialreinblau in der 10fachen Menge Ameisensäure und behandelt so lange mit Chlor, bis die Gewichtszunahme die Hälfte beträgt; oder man bromiert in Tetrachlorkohlenstofflösung mit Jod als Überträger usw. Zuweilen muß man allerdings, um die Reaktion zu mildern, mit Eis kühlen. Die Farbstoffe resultieren nach Abdestillieren des Lösungsmittels und Waschen mit Sodalösung in sehr guter Form.

---

[1] D. R. P. 102 897.   [2] D. R. P. 98 437.   [3] D. R. P. 82 748.
[4] D. R. P. 134 176; siehe Ber. **10**, 2079.   [5] D. R. P. 109 456.
[6] D. R. P. 132 424; siehe auch 140 963.   [7] Anmeldung **G.** 15 020.
[8] D. R. P. 211 837.   [9] *Gnehm* und *Kaufler:* Ber. **37**, 2617.

3. Veränderung
der physikalischen Beschaffenheit von Schwefelfarbstoffen.

Die Schwefelfarbstoffe, wie man sie aus ihren Lösungen durch Ausblasen mit Luft oder durch Ansäuern erhält, sind wasserunlöslich und in dieser Form für manche Zwecke, z. B. für den Druck, nicht verwendbar. Trocknet man sie jedoch ein (statt zu fällen), so wirkt ihr Gehalt an freiem Schwefelalkali oft ebenfalls störend. Die Überführung der Farbstoffe in lösliche Form bzw. ihre Reinigung geschieht nun, wie schon *Vidal* bei den Cachou-de-Laval-Farbstoffen[1] zeigte, am besten durch Behandlung mit Sulfiten. Das Verfahren[2], das eine Überführung der Schwefelfarbstoffe in die Thiosulfosäuren[3] ihrer Leukoverbindungen[4] bezweckt, besteht darin, daß man die Nieder schläge der neutral gewaschenen freien Farbsäuren (erhalten durch Fällen der Farbstofflösungen mit freien Säuren) mit neutralen Sulfiten oder mit Bisulfit behandelt. Man läßt z. B. 100 kg eines 12 bis 15 proz. Farbstoff-breies mit 50 kg krystallisiertem Na_2SO_3 3 Tage stehen und trocknet die filtrierte Lösung bei 50 bis 55° ein. Die Farbstoffe sind in dieser Form ihrer Leuko-verbindungen sehr leicht in Wasser, sogar in verdünnten Säuren löslich, sind frei von Schwefel, Sulfiden und Polysulfiden, und lassen sich durch Kochen mit verdünnten Säuren in ihrer ursprünglichen Form wiederherstellen. Außerdem werden ihre Nuancen durch den gleichzeitig stattfindenden Reinigungsprozeß bedeutend klarer und tiefer[5]. Dreizehn Jahre später erfuhr das Verfahren eine Erweiterung[6] insofern, als die durch Kochen der unlöslichen Schwefelfarbstoffe mit Sulfit erhaltenen filtrierten flaschengrünen Lösungen mit irgendeinem Oxydationsmittel, z. B. Wasserstoffsuperoxyd, unterchlorigsaurem Natrium, Persulfat, Luft usw. versetzt wurden, um so zu Farbstoffen zu gelangen, die für manche Spezialzwecke, z. B. für die Papier- und Chromlederfärberei, besonders geeignet waren. Die oxydierten Sulfitlösungen (das Oxydationsmittel ruft keine Fällung, sondern nur eine Vertiefung der Färbung hervor) werden durch Metallsalze gefällt, und die so erhaltenen Verbindungen kommen als stark konzentrierte Lösung oder eingedampft als Pulver in den Handel.

Die Überführung der Schwefelfarbstoffe in lösliche Form kann auch durch Eindampfen ihrer Farbsäuren (Disulfide) mit Schwefelnatrium erfolgen, oder in dem Spezialfalle[7] des unlöslichen Echtschwarzfarbstoffes B[8] durch bloßes Digerieren mit NaOH von 40° Bé bei etwa 93° und Eindampfen der Lösung erreicht werden (Echtschwarz BS).

Ein neueres Verfahren[9] erreicht die leichte Alkali-, zum Teil sogar Soda-löslichkeit der Schwefelfarbstofe durch Eintrocknen der freien Farbsäuren

---

[1] F. P. 98 915.   [2] D. R. P. 88 392, 91 720.
[3] E. P. 15 413 und 16 414 von 1900.   [4] D. R. P. 146 797.
[5] Vgl. F. P. 308 669, Thiosulfonate.   [6] D. R. P. 209 850.
[7] D. R. P. 88 847.   [8] D. R. P. 84 989.
[9] D. R. P. 198 691; siehe auch D. R. P. 85 328 und F. P. 301 419 = Anmeldung A. 7086, Verwendung von Glucose und Lauge als Lösungsmittel für Schwefelfarbstoffe in Färberei und Druckerei.

mit Glucose im Vakuum bei annähernd 140°. Lauge wird bei diesem Verfahren nicht angewendet, weil hier eine energische Reduktion (Glucose plus Lauge) zu durchgreifenden Veränderungen führen würde. Der Färber wird durch die Lieferung dieser löslichen Produkte entlastet, da er sie bis dahin selbst aus den unlöslichen Schwefelfarbstoffen des Handels durch Kochen mit Glucose und Lauge darstellen mußte und naturgemäß selten gleichartige Produkte erhielt. Die ursprüngliche Echtschwarzfärbevorschrift wird den Vorteil löslich gemachter Farbstoffe dartun: Der Farbstoff[1] mußte seiner Unlöslichkeit wegen mit der 50fachen Sodamenge und mit der 3fachen Traubenzuckermenge in kochender Flotte 1 Stunde gefärbt werden.

Zum Schluß dieses Abschnittes sei auf einige Verfahren hingewiesen, die dazu dienen: 1. die unerwünschte Selbsterwärmung mancher Schwefelfarbstoffe während des Lagerns zu vermeiden; 2. besondere Handelsmarken zu erzeugen. Zur Selbsterwärmung neigen z. B. die Schwefelfarbstoffe aus Aminodinitrodiphenylamin[2]; in nicht ganz dicht schließenden Fässern, in denen solche Farbstoffe in fein gemahlenem Zustande einige Monate lagerten, wurden Temperaturerhöhungen bis zu 80° beobachtet. Abgesehen von der hierdurch bedingten Feuersgefahr sind natürlich die Farbstoffe, wenn nicht völlig zerstört, so doch in ihrer Nuance wesentlich geschädigt. Man vermeidet diese Erscheinung dadurch, daß man von vornherein die Oxydation künstlich herbeiführt und den Farbstoff so in stabile Form bringt[3]. Der Farbstoff wird mit 10% Wasser versetzt, auf 50° vorgewärmt, gemahlen und mehrere Tage gerührt oder auf Halden gewendet. Man erzielt dadurch eine beschleunigte kontrollierbare Erwärmung bis auf nicht ganz 100°; nach etwa 3 Tagen ist die Umwandlung vollendet, und der Farbstoff zeigt neben etwas veränderten physikalischen Eigenschaften keine Veränderung der Nuance; es erfolgt keine Abscheidung von Schwefel, und der eingetretenen Abnahme der Färbekraft entspricht eine der Sauerstoffaufnahme äquivalente Gewichtszunahme.

Für manche Färbereizwecke ist es erwünscht, die Schwefelfarbstoffe in sehr konzentrierter flüssiger Form zu erhalten. In dieser Form lassen sie sich leichter verarbeiten, brauchen weniger Schwefelnatrium zum Lösen und sind oft auch kalt färbbar. Man erhält sie in diesem Zustande[4] durch Zufügen von so viel Schwefelnatrium zum Farbstoff, daß weder Lösung noch Festwerden der Masse eintritt. Es dürfte sich bei dieser Operation zunächst um die Bildung eines leicht löslichen Salzes handeln, das durch einen geringen Schwefelnatriumüberschuß, der aussalzend wirkt, in ein schwer lösliches basisches Salz übergeht. Zur Feststellung des Optimums der Dünnflüssigkeit bedient man sich eines Viscosimeters.

Ähnlich kann man Schwefelfarbstoffe durch Behandlung mit einer konzentrierten Lösung von Na_2S_2 in flüssige oder pastöse Form überführen[5].

---

[1] D. R. P. 84 989.   [2] D. R. P. 144 119.

[3] D. R. P. 140 610; siehe auch 137 784.

[4] Anmeldung F. 19 945, Kl. 8 m, 1905.

[5] Anmeldung A. 14 985, Kl. 8 m, 1908.

Das Färben der Schwefelfarbstoffe.

Allgemeines.

Die Schwefelfarbstoffe, die gewöhnlich zu den substantiven (also ohne Beizmittel auf Baumwolle ziehenden) Farbstoffen gezählt werden, sind dies eigentlich im strengen Sinne des Wortes nicht, da 1. viele auch Wolle färben, 2. die meisten nicht „in Substanz" (als „Farbstoff") auf die Faser gehen, sondern als Leukoverbindungen. Damit nähern sie sich den Küpenfarbstoffen. Mit diesen haben sie außerdem gemeinsam die vorzüglichen Echtheitseigenschaften sowie die Eigenschaft, in kolloidaler Form auf die Pflanzenfaser zu gehen[1], mit den substantiven Farbstoffen verbindet sie anderseits wieder ihre Fähigkeit, durch Nachbehandlung ihrer Färbungen auf der Faser mit Metallsalzen in ihren Echtheitseigenschaften verbessert zu werden. Sie nehmen demnach zwischen Küpen- und substantiven Farbstoffen eine Zwischenstellung ein.

Ein Farbstoff entsteht aus einem tinktoriell indifferenten Körper A durch Eintritt einer oder mehrerer chromophorer Gruppen B; das so resultierende Chromogen geht durch Erwerb salzbildender (auxochromer) Gruppen C in den Farbstoff über.

A kann jeder organische Körper sein; als B kommen für uns vor allem die schwefelhaltigen Atomgruppierungen, wie $=C{-}S$, $=N{-}S$, $-S{-}S-$ u. a. in Betracht[2]. Von Wichtigkeit sind jedoch auch die chromophoren Gruppen der Chinonimid- (Indophenol-, Azin- usw.) Farbstoffe, die mit jenen vereint im Schwefelfarbstoffmolekül vorkommen können. C sind die auch in sämtlichen anderen Farbstoffklassen als salzbildende Gruppen auftretenden Reste OH, NH_2, aber auch die Hydrazin- und Hydroxylamingruppe[3].

Der Eintritt von Schwefel in das Molekül bewirkt häufig die Eigenfärbung vorher ungefärbter Körper; $C{=}S$, der kräftigere Chromophor als $C{=}O$, verursacht z. B. die rote Färbung des Thioflurenons, während Fluorenon selbst gelb ist; Benzophenon und Acetophenon sind ungefärbt, Thiobenzophenon[4] und Thioacetophenon[5] dagegen blau. Das farblose

[1] *Biltz:* Ber. **38**, 2963.

[2] *R. Meyer:* Naturwissenschaftl. Rundschau **1900**, 466.

[3] *Nölting:* Chem.-Ztg. **1910**, 931 und 1016. Siehe auch *H. Kauffmann:* Die Auxochrome, Chem. techn. Vorträge 1907, 12. Bd. Heft 1—3.

[4] Ber. **29**, 2944.

[5] Ber. **28**, 895.

Phenylacenaphthylmethan geht durch Erhitzen mit Schwefel in einen gelben Kohlenwasserstoff $C_{57}H_{36}$ und eine rote schwefelhaltige Verbindung $C_{38}H_{24}S$ über[1]. Benzanilidimidchlorid ist farblos, mit Kaliumthiobenzoat entsteht die rote Verbindung[2]

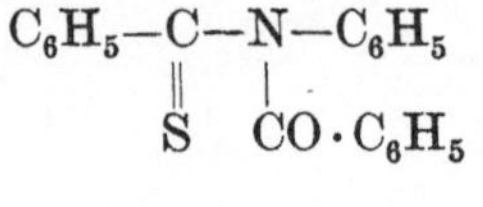

$$C_6H_5-\underset{\underset{S}{\|}}{C}-\underset{\underset{CO\cdot C_6H_5}{|}}{N}-C_6H_5$$

Thianthren:

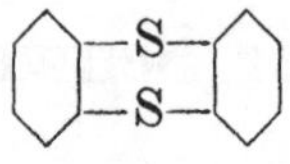

löst sich tiefblau in Schwefelsäure. Siehe auch die Einwirkung von Schwefel und Phosphor auf Di- und Triphenylmethan[3] usw. — $S = S$ (mehr noch Se_2) besitzt ebenfalls stark chromophoren Charakter; auch hier ist die gelbe Färbung des o-Diaminodiphenylsulfids[4] dem Eintritt dieser Atomgruppierung zuzuschreiben, und es wird daher verständlich, warum die *Möhlau*schen Polysulfide (siehe S. 76) immer gelber werden, je mehr Schwefel in der Polysulfidkette enthalten ist. Über $N = S$ siehe S. 58, Acrithiol[5].

Die Art der Befestigung der Farbstoffe auf der Faser ist für sich Gegenstand einer umfangreichen Literatur. Der erste Versuch, eine „Färbetheorie" aufzustellen, dürfte von *P. A. Bolley*[6] stammen; die interessante Arbeit ist im Chem. Centralbl. 1859 auszugsweise wiedergegeben. Auf die neueren Arbeiten von *Witt*[7], *Knecht*[8], *C. O. Weber*, *G. v. Georgievics*[9], *Krafft*[10], *Zacharias*[11], *van Bemmelen*, *Müller*[12], *Jakobs*, *Lichtenstein*[13], *W. P. Dreaper* und *A. Wilson*[14], *Higgins*[15] braucht nur verwiesen zu werden, da wir in den beiden Werken von *Pelet Jolivet*[16], besonders aber von *Schwalbe*[11], zwei ausgezeichnete Zusammenstellungen der modernen Forschungsergebnisse besitzen. Ob die Bindung des Farbstoffes durch die Faser chemisch oder

---

[1] Bull. Soc. chim. **1904**, 925; siehe auch Zeitschr. f. angew. Chemie **1907**, 436 oben.

[2] *G. S. Jamieson:* Chem. Centralbl. **1904**, I, 1002; vgl. ferner *Hinsberg:* Ber. **42**, 631 und *P. Gucci:* Ber. **17**, 2656.

[3] *R. Meyer:* Ber. **33**, 2570 und 2577.

[4] Ber. **27**, 1807.

[5] Vgl. ferner *H. Rupe* und *G. L. M. Schultz:* Über die chromophore Wirkung des Thiazolringes. Zeitschr. f. Farb.-Ind. **3**, 397.

[6] Chem. Centralbl. **1859**, 897; siehe auch *Kuhlmann:* Compt. rend. **42**, 673 und 711; **43**, 900 und 950.

[7] Färber-Ztg. **1**, 11 (1890 und 1891).

[8] Ber. **21**, 1556 und **22**, 1120.

[9] Wiener Monatshefte **15**, 705 und **16**, 345; ferner sein Lehrbuch.

[10] Ber. **29**, 1334 und **32**, 1608.

[11] Neuere Färbetheorien, Stuttgart; ferner auch *Zacharias:* Die Theorie der Färbevorgänge, Berlin 1908, worin sich sehr genaue vollständige Literaturangaben finden.

[12] Zeitschr. f. Farb.-Ind. **3**, 251.

[13] 4. Versamml. d. Chem.-Kolorist., Dresden 1909.

[14] Chem. Centralbl. **1909**, II, 1677.

[15] Chem. News **99**, 169; Chem. Centralbl. **1909**, II, 1913.

[16] Theorie des Färbeprozesses, Dresden 1910.

physikalisch erfolgt, ist noch nicht entschieden; es dürfte der auch von *Gnehm, Weber, Rötheli* u. a. vertretene vermittelnde Standpunkt der richtige sein, nach dem die Färbevorgänge bei den einzelnen Fasergattungen gesondert betrachtet werden müssen, da alles dafür spricht, daß chemische und physikalische Prozesse nebeneinander laufen. Die neuesten Anschauungen sprechen sich speziell bei Baumwollfärbungen für die Kolloidtheorie[1] aus: Nach dieser ist der Färbevorgang eine Adsorptionserscheinung, d. i. nach *Pelet Jolivet* allgemein ausgesprochen, die Eigenschaft eines festen in eine Lösung getauchten Körpers, einen Teil der gelösten Stoffe zurückzuhalten. Solche Erscheinungen wurden zuerst bei den Kolloiden beobachtet.

Kolloide (ebensowohl wie die Faser, nach *Leo Vignon* auch z. B. Stärke[2]) nehmen in gesetzmäßig erfolgender Weise aus verdünnten Lösungen relativ mehr gelösten Stoff auf als aus konzentrierten und halten die zuerst aufgenommenen Anteile sehr fest. Diese Vorgänge bilden nach *van Bemmelen* den Übergang von der mechanischen Bindung zur chemischen Vereinigung; für die Pflanzenfaser sollen chemische Vorgänge übrigens nur eine untergeordnete Rolle spielen.

W. Biltz und Behre unternahmen Versuche[3], um die Kolloidnatur einer Anzahl Immedialfarbstoffe festzustellen.

Sie fanden: Die Lösungen der Farbstoffe (Immedialdirektblau B, Immedialbordeaux G, Immedialschwarz NN, Immedialgelb G) ergaben dialysiert nach 14 Tagen (bis auf Gelb) klare, haltbare, alkalifreie Kolloidlösungen, die sich gegen Elektrolyte ebenso empfindlich erwiesen, wie andere kolloidale Lösungen. Ihre ultramikroskopische Untersuchung ergab kaum Einzelteilchen. Die Adsorptionsverbindungen der Immedialfarbstoffe mit Baumwolle sind wie jene anderer Kolloide von der Konzentration der Lösung (Flotte) abhängig. Hydrogele, wie z. B. Al_2O_3, ZrO_2, Fe_2O_3, SnO_2, die als Ersatz der Faser dienen können, schlagen die Farbstoffe kalt und warm vollständig nieder usw. Die Untersuchungen ergaben jedenfalls völlige Übereinstimmung zwischen den Lösungen der Schwefelfarbstoffe und jenen anderer Kolloide; sie gleichen sich auch insofern, als die Schwefelfarbstoffe durch andere Kolloide (z. B. beim Casein usw.) gefällt werden (gegenseitige Fällbarkeit kolloider Körper)[4].

Nach *Friedländer*[5] ist nun die Fixierung der Schwefelfarbstoffe auf der Faser ein doppelter Vorgang: 1. Es erfolgt chemisch (durch Oxydation) auf der Faser zunächst der Übergang der löslichen Mercaptane in unlösliche Disulfide. 2. Die Substantivität der Schwefelfarbstoffe, also ihre Fähigkeit, auf ungebeizte Baumwolle zu ziehen, ist jedoch einzig und allein physikalisch bedingt durch die Kolloidnatur der Schwefelfarbstoffe in Lösung und hat mit der

---

[1] Siehe das Werk „Kolloidchemie" von *R. Zsigmondy*, Göttingen, erschienen in vorliegender Sammlung.

[2] Rev. gén. des mat. color. **1909**, 317.

[3] Ber. **38**, 2973; Chem. Centralbl. **1905**, II, 525.

[4] D. R. P. 225 314.

[5] Zeitschr. f. angew. Chemie **1906**, 615.

Natur der Schwefelfarbstoffe selbst nichts zu tun, da z. B. Benzidinfarbstoffe ebenso wie manche andere Azofarbstoffe[1] ebenfalls auf ungebeizte Pflanzenfaser ziehen.

Ein Schwefelfarbstoff ist färberisch betrachtet demnach ein Körper mit einer oder mehreren chromophoren Gruppen beliebiger Herkunft, der die Eigenschaft besitzt, ungebeizte Baumwolle zu färben, und dessen wesentliches Kennzeichen gegeben ist durch das Vorhandensein einer oder mehrerer Disulfidgruppen, die die Unlöslichkeit des Schwefelfarbstoffes (seine Waschechtheit) bedingen. Die Disulfide gehen durch reduktive Spaltung in Mercaptane über; letztere sind die Ursache der Schwefelalkalilöslichkeit der Schwefelfarbstoffe, zugleich bedingt die glatte Oxydierbarkeit der Mercaptane die leichte Regeneration der Disulfidform und dadurch die Befestigung des Farbstoffes auf der Faser[2].

Wertbestimmung der Schwefelfarbstoffe und ihre Einstellung.

Die Wertbestimmung der Schwefelfarbstoffe hat den Zweck, fremde und eigene neue Produkte mit bekannten fremden oder eigenen Farbstoffen zu vergleichen und festzustellen, wie sich die zu vergleichenden Farbstoffe in Intensität, Nuancen und allen sonstigen Eigenschaften zueinander verhalten. Als Vergleichsmomente kommen vor allem in Betracht:

1. Die Stärke (Ergiebigkeit);
2. die Nuance;
3. die Löslichkeit;
4. die Echtheiten.

1. Die Stärke der Schwefelfarbstoffe.

Die Intensität eines Schwefelfarbstoffes ist direkt abhängig von seiner Ergiebigkeit; je größer diese ist, um so geringer ist die Farbstoffmenge, die man zur Erzielung einer Färbung von bestimmter Stärke für dieselbe Färbegutmenge benötigt. Um ein intensives Braun zu erhalten, brauchte man z. B. von einem Farbstoff[3] 40% des Baumwollgewichtes, dasselbe Ausgangsmaterial führt bei richtiger Verarbeitung zu Produkten[4], die in 6- bis 8 proz. Färbung schon sehr stark sind. Die älteren blauen bis violetten Farbstoffe nach *Vidal*schem Verfahren[5] mußten 20% stark gefärbt werden, ein violetter Schwefelfarbstoff aus dem Indophenol p-Xylenol + p-Aminophenol[6] ist in 1- bis 2 proz. Färbung schon außerordentlich kräftig. Zur Bestimmung der Ergiebigkeit von Schwefelfarbstoffen wurde vorgeschlagen[7], sie als Leuko-

---

[1] Zum Beisp. F. P. 337 329.
[2] *Friedländer:* Zeitschr. f. Farb.-Ind. **3**, 333.
[3] D. R. P. 144 104.
[4] D. R. P. 152 595 (Immedialcatechu).
[5] D. R. P. 131 567.
[6] D. R. P. 191 863.
[7] Rev. gén. des mat. color. **12**, 105; Zeitschr. f. angew. Chemie **1909**, 223.

verbindungen aus der Küpe zu färben, die im Bade verbliebenen Anteile der Leukoverbindungen mit Salzsäure zu fällen, auf einem Filter zu sammeln und zu wiegen. Die Differenz aus angewandter und zurückgewonnener Farbstoffmenge wäre dann ein Maß für die Ergiebigkeit des Schwefelfarbstoffes. Von dieser Spezialbestimmungsmethode abgesehen, gestattet jedoch die Natur der Schwefelfarbstoffe als Gemenge hochmolekularer selten einheitlicher Körper keine andere Intensitätsbestimmung als das Probefärben, da die colorimetrischen Bestimmungsmethoden[1] (von einigen blauen Farbstoffen abgesehen) hier nicht anwendbar sind.

Das Probefärben ist ein Vergleichen der neuen Farbstoffprobe mit einem bekannten Farbstoff durch Ausfärben auf der Faser unter genau denselben Bedingungen, also mit denselben Zusätzen, bei derselben Temperatur, in derselben Zeit, auf dieselbe Fasermenge. Da von der neuen Probe zunächst nur die annähernde Stärke bekannt ist, so wird man, wenn es sich z. B. um einen neuen braunen Schwefelfarbstoff handelt, einen bekannten braunen Farbstoff im Verhältnis seiner Stärke färben und im selben Heizbad den neuen Farbstoff in 4 bis 8 und noch mehr verschiedenen Stärken (Prozenten des Färbegutes) je nach Schwierigkeit der Beurteilung des Farbtones. Man bedient sich zu diesem Zwecke eines gußeisernen, mit Dampfschlange heizbaren Chlorcalcium-Salzwasser- oder Wasserbades, in dem die Farbtöpfe, 8 bis 10 an der Zahl, stehen, so daß die Färbetemperatur in allen Versuchen dieselbe ist. Man setzt die Farbbäder z. B. wie folgt an: Zunächst in 2 Töpfen das bekannte Braun B mit 5 g und 10 g Farbstoff, daneben in 6 bis 8 anderen Töpfen das zu untersuchende Braun X mit 4, 6, 8, 10, 12, 14 g, und färbt unter Zusatz der nötigen Ingredienzien je 10 g gewöhnliches, nicht mercerisiertes Baumwollgarn, da letzteres für den vorliegenden Zweck der Beurteilung von Färbungen das Bad zu schnell auszieht. Wenn nun die fertigen Stränge z. B. zeigen, daß „Braun X 10%" in der Farbstärke gleichkommt „Braun B 5%", so ist damit festgestellt, daß das bekannte Produkt doppelt so stark oder 100% stärker ist als das neue, oder, daß man dem bekannten Produkt dasselbe Gewicht (100%) Salz, Glaubersalz u. dgl. beimengen müßte, um die Farbintensität von Braun X zu erreichen, oder wie man sich ausdrückt: „es auf dieses Braun einzustellen". Sache der Versuchsfärberei ist es, die zu einem Vergleich geeigneten bekannten (eigenen) Farbstoffe zu wählen, die braunen Farbstoffe, die der fremden Nuance am nächsten kommen, noch besonders zu vergleichen, ebenso die eventuelle Verschiedenheit der nachbehandelten Färbungen, Löslichkeit, Echtheiten usw. zu bestimmen.

Obige Andeutung, Salz zu einem starken Farbstoff zuzusetzen, um ihn auf gleiche Stärke mit einem schwächeren zu bringen, enthält das Prinzip der sog. Einstellung. Die aus dem Betriebe an die Mühle gelangenden Schwefelfarbstoffe sind niemals genau gleichstark. Auch bei längere Zeit laufenden Betrieben ergeben sich durch die Art der Bildung dieser Farbstoffe stets kleine Intensitätsunterschiede, die natürlich bedeutenderen Umfang annehmen,

---

[1] Journ. Soc. Dyers a. Col. 1887, 186.

wenn es sich um eingetrocknete Schwefelfarbstoffe handelt, dagegen recht gering sind bei solchen, die unterm Rückflußkühler entstanden sind. Der Färber braucht jedoch stets gleichstarke Produkte, da er nach den von den Fabriken herausgegebenen Vorschriften färbt, die sich stets auf eine bestimmte Gewichtsmenge der betreffenden Farbstoffe beziehen. Um nun die Farbstoffe auch nach längeren Fabrikationspausen stets gleichstark liefern zu können, ist es zunächst nötig, ein unveränderliches Vergleichsobjekt zu bestimmen, einen Maßstab, der die nunmehr in der Folge fabrizierten Produkte auf Ton, Stärke und sonstige Eigenschaften zu prüfen gestattet. Dieser Vergleichsfarbstoff — Typ oder Muster (eine Durchschnittsprobe aus einer Anzahl regelmäßig verlaufener Fabrikationspartien) — ist nunmehr allein maßgebend, so daß Änderungen des Verfahrens nicht mehr vorgenommen werden sollen; es muß im Gegenteil auf peinlichste Einhaltung der Vorschriften zur Herstellung des Farbstoffes gesehen werden, um in jeder Partie typkonforme Farbstoffe zu erhalten. Ein „vorläufig festgestellter Typ" bezieht sich zunächst nur auf eigene Betriebs- und Färbereiarbeiten; er wird nach völlig beendeter Ausarbeitung durch den endgültigen Typ ersetzt, d. i. das Produkt, das in den Handel kommt; waren vorher Änderungen allenfalls noch möglich, so ist dies jetzt völlig ausgeschlossen, und man kann eventuelle Verbesserungen des Farbstoffes nur dadurch verwerten, daß man eine neue Marke schafft, die neben der früheren fabriziert wird. Die Handelsprodukte sind niemals die reinen Farbstoffe wie sie aus der Fabrikation kommen, sondern sie enthalten stets je nach der gewünschten Stärke (Ausgiebigkeit) größere oder geringere Beimengungen anorganischer Salze. Je nach der Verwendungsart der Farbstoffe schwankt die Höhe dieser Zusätze innerhalb weiter Grenzen: Den gewöhnlichen Schwefelfarbstoffen für Färbereizwecke werden 100, 150 und mehr Prozent verschiedener, ihre Löslichkeit in günstigem Sinne beeinflussender Salze zugesetzt, während Schwefelfarbstoffe „für Druck" möglichst konzentriert in den Handel kommen müssen. Ein geringer Salzzusatz ist jedoch auch bei diesen Marken nötig, um etwas schwächer ausgefallene Fabrikationspartien noch verwerten zu können.

Man verwendet zum Einstellen außer Kochsalz auch calciniertes Glaubersalz oder Soda usw., Zusätze, die zugleich obligate Flottenzusätze sind. Die Wahl dieser Verdünnungsmittel muß von Fall zu Fall getroffen werden; sie richtet sich vor allem nach den Löslichkeitseigenschaften des Farbstoffes; ein leicht aussalzbarer Schwefelfarbstoff darf z. B. nicht mit Kochsalz eingestellt werden usw. (Siehe *Galewsky*: Zeitschr. f. d. ges. Text.-Ind., März 1911.)

2. Der Farbton.

Bedeutend schwieriger als die Stärke läßt sich die Nuance eines Schwefelfarbstoffes korrigieren. Auch der Farbton schwankt zuweilen innerhalb der einzelnen Fabrikationspartien aus Ursachen, die in der Bildungsweise der Schwefelfarbstoffe gelegen sind, recht erheblich. Je heller und reiner der Ton eines Schwefelfarbstoffes ist, um so leichter wird er durch Spuren fremder

Farbstoffe getrübt oder verändert. Hier versagt jede schematische Methode; man ist einzig und allein darauf angewiesen, unter Zuhilfenahme einiger optischer Gesetzmäßigkeiten die Erfahrung entscheiden zu lassen, welche Menge eines Farbstoffes derselben Gruppe imstande ist, die veränderte Nuance auf jene des alten Typs zu bringen. Nur langjährige auf Grund empirischer Versuche gewonnene Erfahrung vermag hier das Richtige zu treffen: Durch die schnelle Beurteilung des Farbtones und die richtige Bestimmung der Menge des zuzusetzenden Korrekturfarbstoffes (ein Zuviel des Zusatzes verdirbt natürlich die ganze Partie) wird nicht nur viel Zeit gespart, sondern es werden auch Reklamationen vermieden und die Stetigkeit des laufenden Betriebes erfährt keine Störung. Die Wahl des zuzusetzenden Farbstoffes ist von großer Bedeutung, denn selbstverständlich kann man nur Farbstoffe miteinander vereinigen, die dieselben Färbeeigenschaften (Egalisierungsvermögen usw.) besitzen; es kann also zur Korrektur der Nuance eines Schwefelfarbstoffes nicht etwa ein saurer Farbstoff verwendet werden. Weniger selbstverständlich erscheint die merkwürdige Tatsache, daß unechte Farbstoffe in Kombination mit anderen zuweilen auf der Faser völlig echt werden oder umgekehrt; vielleicht könnte man diese Änderung der Eigenschaften mit Kondensationsvorgängen während der Färbe- oder Nachbehandlungsprozesse erklären.

Im übrigen kommen für das Einstellen von Schwefelfarbstoffen auf Nuance — dasselbe gilt von Modefarben, das sind Färbungen, die mit Farbstoffgemengen erhalten werden — einige optische Gesetzmäßigkeiten in Betracht, die von Fall zu Fall Anwendung finden können, so z. B. die Tatsache, daß ein Zusatz von Rot die Nuance oft unverändert läßt und sie nur aufhellt, daß ein blaues Schwarz mit Gelb in Tiefschwarz, ein grünes Blau mit Rot in ein reineres Blau übergeht, usw.; man wird daher zweckmäßig Farbstoffe kombinieren, die komplementär sind und in Lebhaftigkeit, Überschein usw. übereinstimmen. Das Vergleichen von Färbungen erfordert Begabung und Übung, sowie Exaktheit; daß man natürlich nasse Ausfärbungen nicht mit trockenen vergleichen kann und bei künstlicher Beleuchtung sich einer Lichtquelle bedienen muß, deren Zusammensetzung dem Sonnenlicht möglichst nahekommt[1], ist selbstverständlich.

3. Löslichkeit.

Die Löslichkeit der Schwefelfarbstoffe in Schwefelnatriumlösungen größerer oder geringerer Konzentration ist sehr gut. Schwierigkeiten ergaben sich mit einer Minderzahl von Schwefelfarbstoffen erst, seit man sie in mechanischen Apparaten färbt; in diesen ist natürlich ein Farbstoff, der sich erst im Verlaufe des Färbeprozesses langsam löst und auf die Baumwolle geht[2], unverwendbar. Je mehr Schwefelnatrium ein Farbstoff zum Lösen braucht, desto schlechter zieht er auf; in demselben Maße erfordert die Flotte Zusätze anorganischer Salze, um das Aufziehen zu befördern.

---

[1] Über das Dufton - Gardener - Licht siehe Zeitschr. f. angew. Chemie **1903**, 598.
[2] D. R. P. 125 667.

Dem Ausdruck „Löslichkeit" ist stillschweigend stets hinzugefügt: unter den gewöhnlichen oder im vorliegenden Falle verlangten Bedingungen. Denn unter Zuhilfenahme exorbitant großer Wasser- und Schwefelalkalimengen gelingt es schließlich, jeden Schwefelfarbstoff in Lösung zu bringen. So kann ein Schwefelfarbstoff, der in völlig alkalifreiem Zustande vorliegt, schlecht löslich sein, wenn man ihn nach einer Vorschrift lösen will, die für einen Schwefelalkali enthaltenden, also z. B. durch Eintrocknen gewonnenen Schwefelfarbstoff, gegeben ist. Damit ist aber nicht gesagt, daß die Löslichkeit proportional der Zunahme des Schwefelalkaligehaltes steigt; es kommt im Gegenteil häufig vor, daß ein Überschuß von Schwefelalkali auf den Schwefelfarbstoff aussalzend wirkt. Folgende Tabelle zeigt den großen Unterschied in den Lösungsbedingungen verschiedener Katigenfarbstoffe. Es lösen sich in 1 l kochenden Wassers:

Katigen-Schwarz SW,	direkt:	40 g;	mit 200 g Na_2S:	200 g
„ -Schwarz TG,	„	25 g;	„ 200 g	„ 200 g
„ -Schwarz 2 B,	„	12 g;	„ 200 g	., 200 g
„ -Blauschwarz 4 B,	„	5 g;	„ 100 g	„ 100 g
„ -Blauschwarz B,	„	12 g;	„ 200 g	„ 200 g
„ -Schwarzbraun N,	„	400 g;	„ 300 g	„ 300 g
„ -Braun V extra,	„	400 g:	„ 200 g	„ 200 g
„ -Chrombraun 5 G,	„	550 g;	„ 250 g	„ 250 g
„ -Olive, G	„	20 g;	,. 30 g	„ 30 g
„ -Indigo R extra,	„	0 g;	„ 50 g	„ 50 g

Manche Katigenmarken, z. B. Braun BW extra konz., Schwarz BFC extra, TW extra, WR extra, 2 R extra, Tiefschwarz B, sind so leicht netzbar, daß sie beim Färben nicht in Schwefelnatriumlösung gelöst zu werden brauchen; es genügt, die Farbstoffpulver in die Flotte einzustreuen. Viele Gelbmarken, die in der Thiazolschmelze entstehen (S. 59), z. B. Katigengelb G und GG extra, lösen sich übrigens im gleichen Gewicht Natronlauge besser und geben klarere und tiefere Färbungen als in Schwefelnatriumlösung.

Die Bestimmung der Löslichkeit erfolgt durch die Nachbildung des Färbebadansatzes in verkleinertem Maßstabe. Wenn z. B. eine Färbevorschrift lautet: 10 kg Farbstoff, 30 kg Schwefelnatrium, 10 kg Soda, 50 kg Glaubersalz auf 500 l Wasser, so werden zur Bestimmung der Löslichkeit zunächst genau in der Art, wie es beim Flottenansatz geschieht, 10 g Farbstoff mit 30 g Schwefelnatrium und etwas Wasser konzentriert gelöst, mit dem Rest von 500 ccm Wasser versetzt, aufgekocht und filtriert. Die Farbstofflösung muß glatt, ohne einen Rückstand zu hinterlassen, durch das Filter gehen. Die Zusatzsalze werden vor oder nach dem Filtrieren zugesetzt; sie dürfen die Löslichkeit keinesfalls irgendwie beeinflussen oder gar aussalzend wirken. Durch Eintrocknen gewonnene Schwefelfarbstoffe lösen sich zuweilen gut, filtrieren aber schlecht, da der ausgeschiedene feine Schwefel die Filterporen verstopft; durch geeignete Maßnahmen, besonders aber durch Vergrößerung oder Verringerung der zugesetzten Schwefelnatriummmenge läßt sich besseres Filtrieren erzielen. Stark alkalische Lösungen filtrieren überhaupt schlecht, da sie die Cellulose der Filtersubstanz zum Quellen bringen; diese Nebenerscheinungen haben aber mit der Löslichkeit des Schwefelfarbstoffes nichts zu tun.

Zur **Erhöhung** der Löslichkeit (was besonders für die Apparatenfärberei in Betracht kommt) wird für manche Schwefelfarbstoffe ein Zusatz von **Glucose, Traubenzucker** oder **Sirup** vorgeschlagen (siehe D. R. P. 198691).

4. Echtheiten[1].

Die hauptsächlichste Ursache der außerordentlichen Entwicklung der Schwefelfarbstoffindustrie ist neben der direkten Färbbarkeit dieser Farbstoffe ihre **Echtheit.** Sie zählen, was Widerstandsfähigkeit gegen mannigfaltige Einflüsse (außer Chlor) betrifft, zu den **wertvollsten** Produkten der Farbstoffchemie. Nach *G. Nothnagel* und *R. Vive*[2] werden die Schwefelfarbstoffe, wie Indigo, an Echtheitseigenschaften nur vom Indanthren übertroffen.

Unter Echtheit eines Farbstoffes versteht man den Grad seiner Widerstandsfähigkeit gegen Zerstörung auf der Faser. Die zerstörenden Einflüsse sind sehr mannigfaltiger Art; man spricht daher von der Echtheit **gegen** Wasser, Seife, Soda, Lauge, Chlor, Licht und Säuren. Die Walk-, Dekatur- und Schweißechtheit spielen bei den Schwefelfarbstoffen eine etwas geringere Rolle. Wesentlich ist bei ihnen aber noch die Widerstandsfähigkeit gegen die Einflüsse, die das **Lagern** der gefärbten Ware, sowie **Luft** und **Witterung** ausüben.

Während in manchen Farbstoffklassen bei einzelnen Farbstoffen gewisse Echtheiten völlig vernachlässigt werden können (Tapetendruckfarben z. B. sollen sehr lichtecht, brauchen aber nicht waschecht zu sein), wird von den Schwefelfarbstoffen wegen der Vielseitigkeit ihrer Verwendung, was Echtheiten betrifft, Außerordentliches verlangt. Eine Echtheitsvorschrift für **Militärtuche**[3] verlangt z. B. für einen blauen Farbstoff: kochendes Wasser, Alkohol, Soda, **konzentrierte Oxalsäure** und 10 proz. Alaunlösung dürfen überhaupt nicht einwirken. Konzentrierte (!) Salpetersäure darf gelbgrüne Flecken verursachen; diese müssen aber durch Behandlung mit Zinnsalz wieder verschwinden. Chlorkalklösung darf die blaue Farbe in Grau bis Graugrün verändern, sie muß jedoch in der Natriumhydrosulfitwäsche wiederkehren, usw.

Allgemeine Normen für die Feststellung und Bezeichnung der Echtheiten besitzt man noch nicht; jede Echtheitsbestimmung und Angabe hat daher nur **relativen** Wert. Einzelne Fabriken haben allerdings für ihre Schwefelfarbstoffe **Echtheitstabellen** angefertigt, die so angelegt sind, daß man von einer Einheit ausgehend die Echtheiten mit Zahlenwerten angibt. Auch solche Angaben sind noch in vielerlei Hinsicht unvollkommen, solange

---

[1] Vgl. *P. Krais:* Zeitschr. f. angew. Chemie **1910**, 387; ferner *H. Lange:* Färberei-Ztg. **14**, 269; *G. v. Georgievics:* Zeitschr. f. Farb.-Ind. **1902**, 656; *H. Lange:* Zeitschr. f. angew. Chemie **1903**, 546.

[2] Chem. Centralbl. **1908**, I, 1993.

[3] Bericht aus der Militärsanit.-med. Abteil. des kgl. preuß. Kriegsministeriums **1908**, 20 bis 34.

eben nicht auf dem Wege der Vereinbarung[1] Vergleichsfarbstoffe und einheitliche Prüfungsmethoden aufgestellt sind. Für die Praxis jedoch, die die Prinzipien der jetzigen Prüfungsmethoden und den Vergleichsmodus selbst aufgestellt hat, müssen sie als genügend bezeichnet werden; die Echtheitsangaben, wie sie heute von den Fabriken für ihre Produkte gemacht werden, haben bisher keine Veranlassung zu wesentlicher Beanstandung gegeben[2].

5. Benennung der Schwefelfarbstoffe.

Wie schon Seite 11 erwähnt ist, weist das erste Wort des Namens eines Schwefelfarbstoffes stets auf die Firma hin, von der er in den Handel gebracht wird. Das zweite Wort gibt die Farbe an, z. B. Immedialblau, Katigenolive usw. Schließlich werden der Bezeichnung des Farbstoffes auch Buchstaben beigesetzt, die meistens den mitklingenden Oberton der Farbe andeuten: G oder R bedeutet Grün- bzw. Rotstich, B oder G Blau- oder Gelbstich. Eine Verwechslung der beiden G ist ausgeschlossen, da Braun G nur ein gelbstichiges Braun, Blau G nur ein grünstichiges Blau sein kann. 2 B, 4 B, 6 G usw. bedeutet die schätzungsweise Abweichung vom Grundton nach den Nebennuancen; ein Braun 6 G bedeutet demnach ein stark gelbes Braun.

HW bedeutet oft Halbwolle, L oft Leinen usw. Die zahlreichen Synonyma, wie auch ihre häufige Überlastung mit Buchstaben, die oft nur die Bezeichnung für Mischungen und gereinigte Produkte bedeuten, erschweren zwar zuweilen die Verständigung oder geben durch die oft ähnlich klingenden Buchstaben zu Verwechslungen Anlaß, sie erfüllen aber den beabsichtigten Zweck insofern vollständig, als die chemische Abstammung der Farbstoffe völlig verschleiert wird. Ein an sich recht zweckmäßiger Vor-

---

[1] Chem.-Ztg. **1903**, Rep. 13; *Fr. Eppendahl:* Färberei-Ztg. **22**, 118, 1911.

[2] Vgl. *P. Galewsky:* Zeitschr. f. d. ges. Text.-Ind. **14**, 478; weitere Literatur über Waschechtheit: *H. Lange:* Zeitschr. f. angew. Chemie **1903**, 546; D. R. P. 204 442; Zeitschr. f. Farb.-Ind. **1904**, 339. — Über Lichtechtheit: vgl. den Vortrag von *K. Gebhardt:* Hauptversamml. d. Ver. deutsch. Chemiker, München, Mai 1910; Chem.-Ztg. **1910**, 531; ferner *P. Krais:* Chem.-Ztg. **1910**, 550; **1911**, 645 und Zeitschr. f. angew. Chemie **1911**, 294, 1129 u. 1302; *C. D. Montgomery:* Chem.-Ztg. **1906**, Rep. 394; *K. Gebhardt:* Färber-Ztg. **1911**, 6 u. 26; Prometheus **1910**, 203 u. 220; Versamml. dtschr. Naturf. u. Ärzte in Salzburg, September 1909; Zeitschr. f. angew. Chemie **22**, 433; *A. Bolis:* Rev. gén. des mat. color. **1908**, 289; *A. Scheurer* und *A. Brylinski:* Bull. de Mulhouse **1898**, 119, 273 und **1899**, 93. Vgl. *Galewsky:* Zeitschr. f. d. ges. Text.-Ind. **14**, 478; 24. Hauptversamml. d. Ver. dtschr. Chemiker, Stettin, Juni 1911; Chem.-Ztg. **1911**, 645; D. R. P. 171 177; Färber-Ztg. **17**, 155, 172, 189; eine gründliche ziffernmäßige Beurteilung findet sich in der „Österr. Wollen- u. Leinen-Ind." **1904**, 304; siehe ferner *A. Kertesz:* Färber-Ztg. **1910**, 287. Aus den Tabellen, die *E. Seel* und *A. Sander* einer ausführlichen Arbeit über Licht- und Wetterechtheitsprüfungen in Zeitschr. f. angew. Chem. **1916** beigaben, geht hervor, daß unter den an und für sich wenig geeigneten Schwefelfarbstoffen die Pyrolfeldgraumarken die größte Beständigkeit aufwiesen. Es ist ferner bekannt, daß alkalische Appreturen die Lichtechtheit der Färbungen ungünstig, Dextrin, Phosphate und Thiosulfat sie dagegen günstig beeinflussen (*E. Schmidt* und *B. Gabler:* Färber-Ztg. **1914**, 153).

schlag von *L. Lefèvre*[1], gleiche Farbstoffe verschiedener Abstammung mit gleichen Handelsnamen zu bezeichnen, dürfte aus dem zuletzt genannten Grunde wohl kaum Beachtung finden. Ebenso erscheint es unter den heute bestehenden Verhältnissen ausgeschlossen, daß das Bestreben Aussicht auf Erfolg hätte, die Farbstoffe durch Schaffung einer Anzahl von Nuancen, deren Echtheiten und sonstige Eigenschaften auf internationalem Wege festgelegt würden, zu „standardisieren"[2] — so erwünscht es auch an sich wäre, hier Normen von allgemeiner Geltung zu schaffen.

Maschinelle Einrichtungen.

Man unterscheidet zwischen
A. Wannen- oder Kufenfärberei,
B. Färberei in mechanischen Apparaten.

Für beide Arten der Färberei hat die Einführung der Schwefelfarbstoffe neue oder modifizierte Apparate geschaffen, die im folgenden besprochen werden sollen. Die Kufenfärberei unterscheidet sich von jener in mechanischen Apparaten dadurch, daß bei ihr die Flotte sich in Ruhe befindet und das Material darin bewegt oder hindurchgezogen wird. Das Färben in mechanischen Apparaten aber erfolgt unter Bewegung der Flotte gegen das ruhende Material. Erste Bedingung für alle in der Schwefelfarbstoffärberei verwendeten Apparate ist der völlige Ausschluß von Kupfer oder kupferhaltigen Verbindungen, wie Messing, Bronze u. dgl. bei Apparatbestandteilen, die mit der Flotte in Berührung kommen, da sich in diesem Falle sofort Schwefelkupfer bilden würde; Eisen wird zwar nach *Lunge* (Dinglers Polyt. Journ. 261, 131) von Schwefelalkali enthaltenden Flüssigkeiten ebenfalls angegriffen, es erfolgt jedoch nur Schwärzung der Oberfläche.

A. Wannenfärberei.

1. Lose Baumwolle.

Sie wird in der Wanne relativ selten gefärbt wegen der durch die nötige mechanische Bewegung der Ware unvermeidlichen Zusammenballung und Verfilzung, ferner wegen des großen Farbstoffverbrauches, dessen Lösung sich aus der damit vollgesaugten Ware nur durch Zentrifugieren gut entfernen läßt. Man färbt sie in Holzkufen mit doppeltem Boden; der obere ist durchlöchert und unter ihm läuft die Heizschlange. Die Dampfleitung muß hier wie in allen Kufen (auch beim seitlichen Eintritt) durch Verkleidung gegen den eigentlichen Flottenraum getrennt sein, um eine Berührung des zu färbenden Materiales mit dem heißen Dampfrohr zu vermeiden.

---

[1] Chem.-Ztg. **1908**, Rep. 447; dazu auch S. 372, *E. Blondel* und S. 514, *P. Krais.*
[2] Zeitschr. f. Farb.-Ind. **1908**, 254; vgl. ferner *Herrmann:* Färber-Ztg. **1911**, 85 und 118.

2. Garn.

Baumwollgarn wird gefärbt a) als Strang, b) als Kette, c) aufgespult als Cop oder Kreuzspule. a und b werden auf der Wanne, b zuweilen, c ausschließlich in mechanischen Apparaten gefärbt.

a) Die Wannenfärberei gesträhnter Garne bedient sich großer Kufen von 2 bis 4 m Länge, 80 bis 100 cm Breite und einer Höhe, die der Stranglänge (dem Weifenumfang) entspricht. Leinen und Jute brauchen tiefere Kufen. Auch hier liegt auf dem Boden die Dampfheizschlange, mit durchlöchertem zweiten Boden bedeckt. Die Kufe ist ferner an der Stirnseite mit einem Quetschwalzenpaar ausgerüstet, dessen Walzen durch Hebel oder Gewichtsdruck aufeinander gepreßt werden können; sein Zweck ist, aus den gefärbten Garnen den Flottenüberschuß abzupressen. Die Stränge hängen auf Stöcken, die entweder gerade oder nach einem Vorschlag der Firma *Cassella* U-förmig gebogen sind, letzteres, um zu verhindern, daß die Garne teilweise aus der Flotte herausragen. Die gebogenen Stücke — verwendet werden meist mit Baumwollstoff umwickelte Gasröhren — finden aus später zu erörternden Gründen nur noch bei sehr leicht oxydablen Schwefelfarbstoffen Anwendung, z. B. für **Katigenindigo R** oder einige **Katigenschwarz** oder **-blau-** marken; sofortiges Abquetschen nach dem Färben ersetzt diese Methode in vielen Fällen. Die Garne werden an den Stöcken in die Flotte eingehängt und durch öfteres Umziehen (alle 5 bis 8 Minuten einmal) in der Flotte bewegt; es sind auch Maschinen konstruiert, die die Garne ruckweise durch die Flotte bewegen oder bei denen die Garnträger langsam gedreht werden, um so das Material durch die Flotte zu ziehen. Die Handarbeit ist aber noch nicht verdrängt, da die Maschinen zuweilen Verfilzung der Ware herbeiführen. Aus demselben Grunde darf bei der Garnfärberei auch nicht im Wall gekocht werden. Schwefelfarbstoffe werden ohne dies nur bei einer der Kochhitze nahen Temperatur gefärbt. Für verarbeitete Garnwaren, Trikot oder Strümpfe, die besonders häufig mit Schwefelfarbstoffen gefärbt werden, ist über der Wanne außer dem Quetschwalzenpaar noch eine dritte Walze angebracht, die mit der unteren Quetschwalze ein Band ohne Ende trägt; auf dieses wird die gefärbte Ware flach ausgebreitet und so durch die Quetschwalzen gezogen.

b) **Ketten** werden ihrer unhandlichen Form wegen auf eigens konstruierten Maschinen gefärbt. Die **Kettenfärbemaschine** (Fig. 11), von der nur der rückwärtige Teil abgebildet ist, besteht aus einem eisernen Kasten, in dem sich die Flotte befindet. Die Kette passiert die Flotte über Leitwalzen (wie bei *f*), wird abgequetscht (Quetschwalzenpaar wie bei *q*) und gelangt durch mehrere hölzerne Spültröge gehend schließlich zur Nachbehandlung in das in Abteilung *f* befindliche Bad, um durch ein besonders konstruiertes Quetschwalzenpaar die Maschine zu verlassen. Die farbstoffreichen Spülwässer werden für den nächsten Flottenansatz aufbewahrt. Zwischen Flotten- und Spülkasten befinden sich zuweilen einige **Luftgänge**, das sind Walzenanordnungen, die die Kette auf längerem Wege passieren muß, um die eventuell nötige Oxydation des Schwefelfarbstoffes an der Luft zu ermöglichen. Die Länge der Maschine, ebenso die gewünschte Tiefe

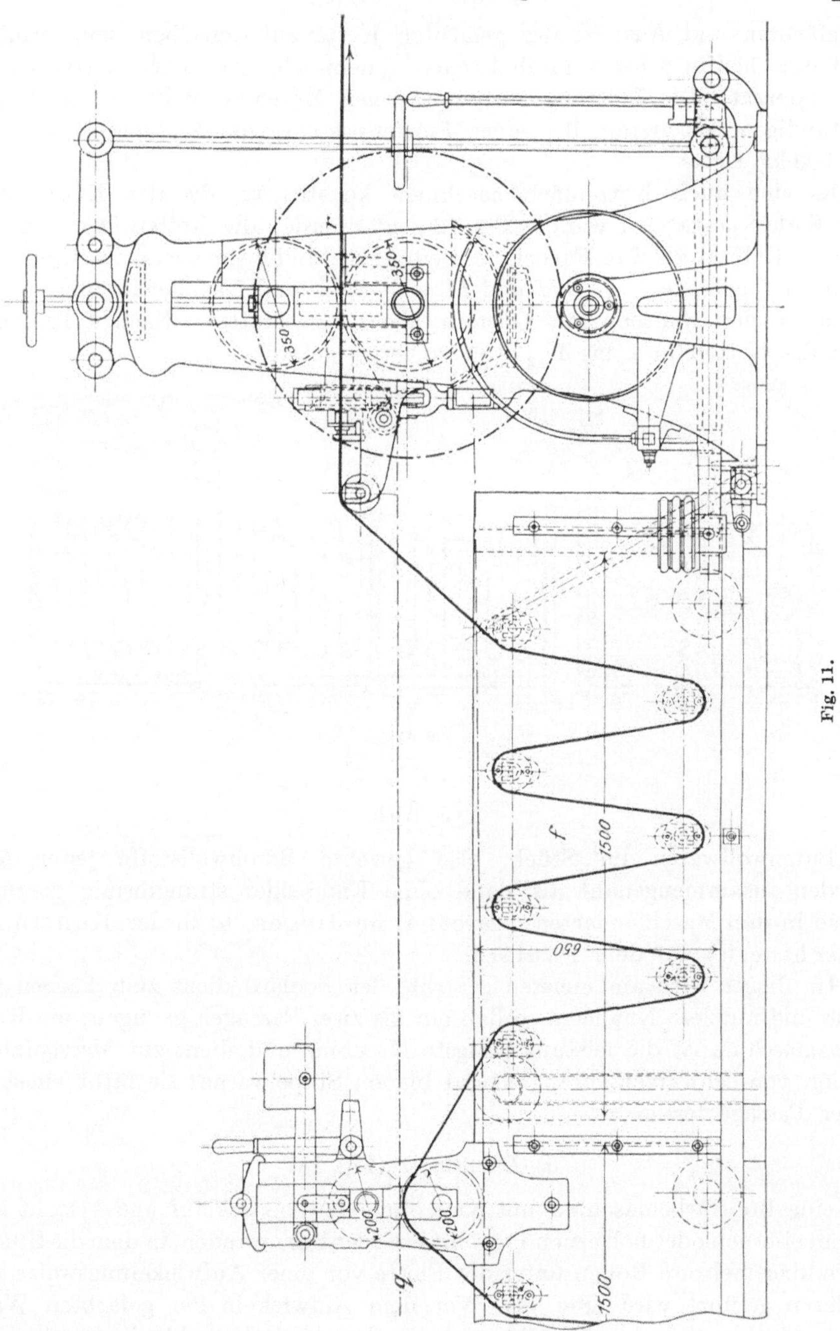

des Farbtones entscheidet, ob die Kette ein oder mehrere Male den ganzen Apparat passieren muß. Manche Maschinen sind auch so gebaut, daß die Kette nach dem Färben in der Luft zurückgeführt wird, so daß Eintritt der ungefärbten und Austritt der gefärbten Kette auf derselben Seite erfolgt. Es laufen häufig 6 bis 8 durch Rechen voneinander getrennte Ketten durch den Apparat. Die Leistung einer derartigen Maschine stellt sich z. B. pro 10stündigen Arbeitstag bei einer Flottenpassage von 2 Minuten auf 600 bis 900 kg Kette.

Es sind auch Kettenfärbemaschinen konstruiert, die das Einlagern der Kette gestatten; wie die Fig. 12 zeigt, werden die Ketten in eine große in zwei Hälften geteilte Färbekufe *I* eingelegt, und zwar zuerst in *A*, von wo sie nach *B* gelangen. *II, III* und *IV* sind Spül- und Nachbehandlungskufen. Auch sie sind sämtlich mit Quetschwalzen ausgestattet. Nach 4 Passagen sind die Ketten in 1 bis $1\frac{1}{2}$ Stunden fertig gefärbt.

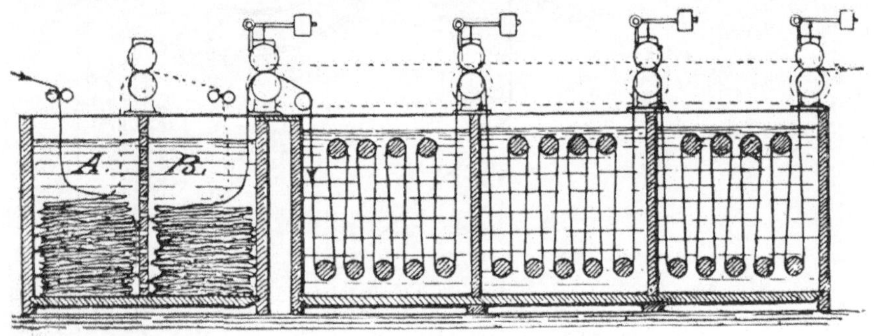

Fig. 12.

3. Stück.

Baumwollwaren im Stück, also gewebte Baumwollstoffe jeder Art, werden zusammengenäht als Band ohne Ende oder strangförmig vorzugsweise in drei Maschinenarten gefärbt: a) im Jigger, b) in der Kontinuemaschine, c) auf dem Foulard.

Im Jigger wird am meisten gefärbt; der Foulard dient zum Färben für helle und mittlere Nuancen, so daß ein bis zwei Passagen genügen; die Kontinuemaschine ist die leistungsfähigste Maschine und dient zur Massenfabrikation von schwarzen, braunen und blauen Stapelwaren; sie färbt meist in einer Passage fertig.

a) *Der Jigger* (Fig. 13)

ist eine Breitfärbemaschine mit oder ohne Geweberücklauf und besteht aus einem eisernen oder hölzernen Trog mit eisernen Stirnwänden, in dem die Stückware über mehrere Rollen unter der Flotte von einer Aufwickelungswalze zur anderen geführt wird (Fig. 14). Vor dem Aufwickeln der gefärbten Ware wird gut abgequetscht. Die Passagen werden wiederholt, bis die gewünschte Stärke erreicht ist; schließlich führt man die Ware in den Waschjigger oder in eine Breitwaschmaschine. Letztere, oft mit dem Jigger kombiniert, besteht aus mehreren Trögen, die eventuell durch Luftgänge (z. B. für Immedial-

indonfärbungen) getrennt sind, und in denen die Ware gespült bzw. nachbehandelt und gespült wird. Der glatte Luftgang in Fig. 13 bei *a* kann auch
bei Verwendung eines Waschjiggers verlängert werden, wenn man den Weg,
den die Ware in der Luft machen muß, durch eingeschaltete Rollen (siehe
Fig. 16) vergrößert.

Für das Färben mit Schwefelfarbstoffen ist wesentlich, daß das gefärbte
Material möglichst sofort nach Verlassen der Flotte von deren Überschuß

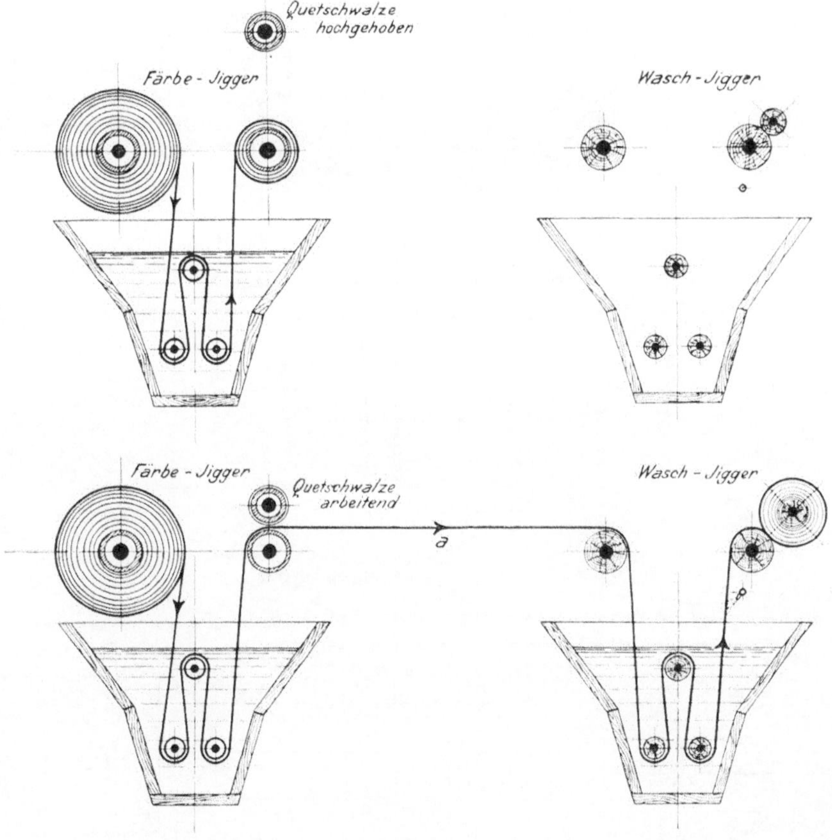

Fig. 13.

befreit wird, da dieser sich an der Luft in verschiedenem Maße oxydiert und
so zu Fleckenbildung Anlaß gibt. Man verwendet daher die erwähnten
Quetschwalzen, von denen die obere meistens mit Gummi überzogen, die
untere jedoch blank ist, und die durch Hebel- oder Schraubendruck aufeinander gepreßt werden. Oft genügt jedoch der kurze Weg vom Flottenspiegel
bis zu den Walzen, um unegale Stellen hervorzurufen. Man verwendet bei
derartig leicht oxydablen Schwefelfarbstoffen mit Vorteil die patentierte[1]

---

[1] D. R. P. 122 456.

Modifikation, der zufolge das Quetschwalzenpaar so angeordnet wird, daß es
sich zur Hälfte des Walzenkreisumfanges in der Flotte eingetaucht be-

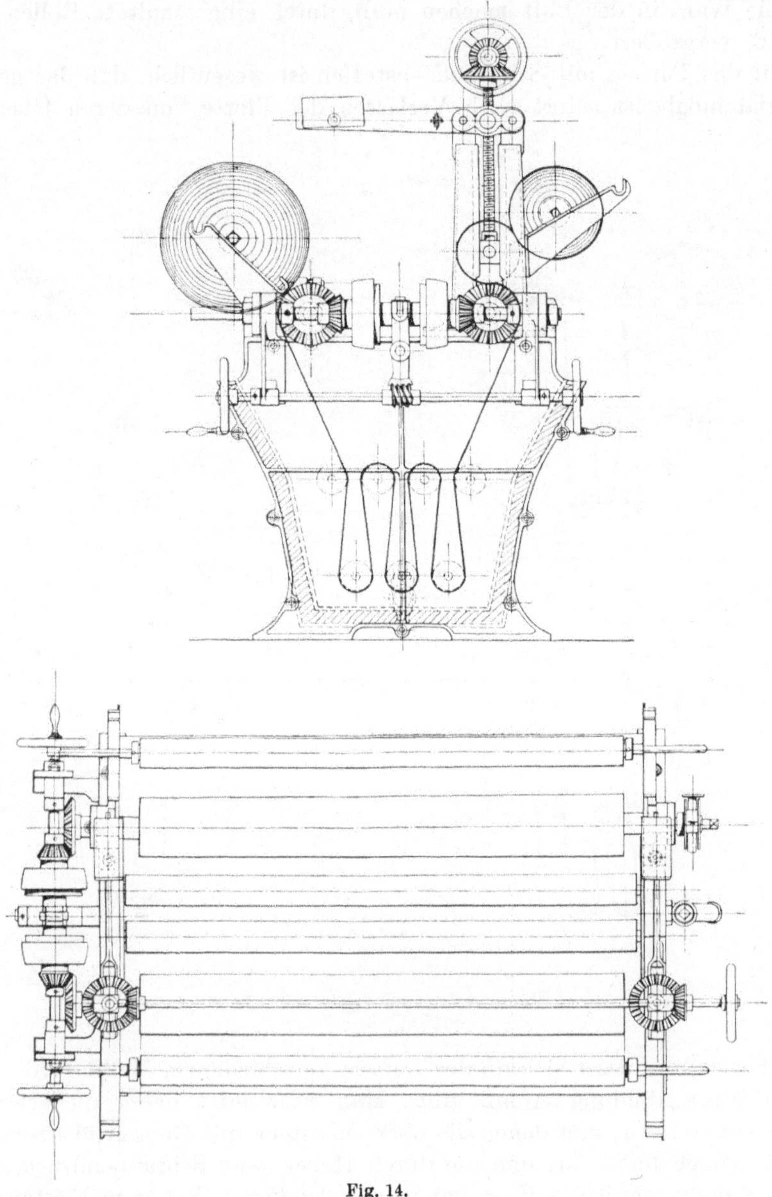

Fig. 14.

findet. Das Material kommt auf diese Weise beim Färben überhaupt nicht
in völlig nassem Zustande mit der Luft in Berührung und kann daher auch
nicht unegale Stellen bekommen. Hier, wie beim Unterflottenjigger,

bei dem die gefärbte Ware überhaupt erst nach der nötigen Zahl von Hin-
und Rückpassagen aus der Flotte aufgezogen wird (Fig. 15), ist Sorge zu
tragen, daß das Flottenniveau ständig dasselbe bleibt. Dies geschieht durch
ein Reservoir mit einem durch Schwimmer regulierten automatischen Zufluß.
Weitere Jiggerkonstruktionen sind von *Armitage*[1] und *Vogelsang*[2] angegeben.
Das Färben auf dem Jigger ist wirtschaftlich sehr vorteilhaft, hat aber den
Nachteil, daß wegen des kurzen Weges, den das Material in der Flotte zurück-

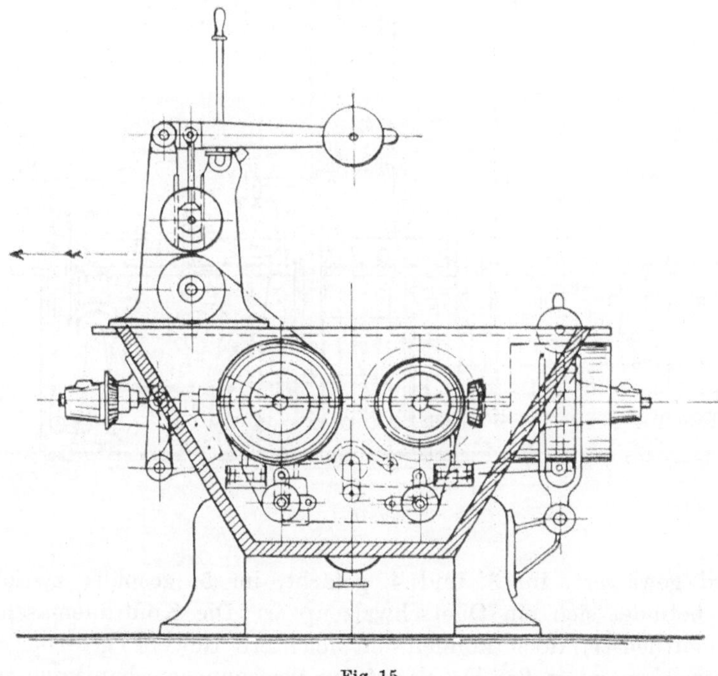

Fig. 15.

legt, die Passagen durch Umsteuern des Walzenganges öfter wiederholt
werden müssen.

b) *Die Kontinuemaschine* (Fig. 16).

Sie ist nichts anderes als ein großer Jigger, in dem das Stück gezwungen
wird, ähnlich wie in der Kettenfärbemaschine einen längeren Weg innerhalb der Flotte zurückzulegen. Dementsprechend sind 2 Färbetröge zu je
5000 l mit je 6 + 5 Leitwalzen nebeneinander gestellt; zwischen beiden befindet sich ein Quetschwalzenpaar, das das Stück vor Eintritt in den 2. Kasten
abpreßt. Beide Kasten haben die Mittelwand gemeinsam; diese ist an
einigen Stellen durchlöchert, um die Flottenzirkulation zu ermöglichen.
An die Färbetröge schließen sich auch hier wieder die Wasch- bzw. Nach-

---

[1] E. P. 6523/00.
[2] D. R. P. 115 334.

behandlungskufen an. Eine solche Maschine vermag in 10 Arbeitsstunden 12 km gefärbte Stückware zu produzieren. Vor Eintritt läuft das Stück über Breithalter, die die Faltenbildung verhindern. Natürlich sind auch andere Kombinationen möglich; so schlagen z. B. die *Farbenfabriken vorm. F. Bayer* in Elberfeld für gewisse Färbungen die Verwendung von 5 Kasten vor: der 1. dient zum Imprägnieren des Gewebes mit Natronlauge von 15° Bé,

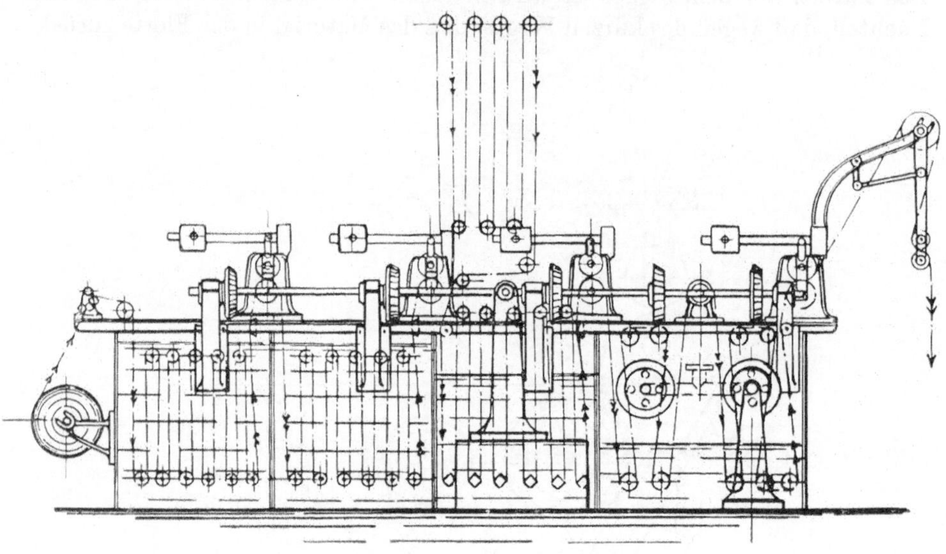

Fig. 16.

im 2. wird gewässert, im 3. und 4. gefärbt, im 5. gespült; zwischen je 2 Kasten befindet sich ein Quetschwalzenpaar. Die Kontinuemaschine ist die wirtschaftlichste, doch können nur leichtere Gewebe gefärbt werden, da schwerere einen zu großen Druck auf den Bewegungsmechanismus ausüben und den Reibungswiderstand zu groß machen würden.

c) *Der Foulard* (Fig. 17) ist eigentlich eine Klotz- und Imprägnierungsmaschine, die jedoch ebenfalls zum Färben mit Schwefelfarbstoffen Verwendung finden kann. Die Maschine besteht aus einem mindestens 100 bis 200 l Flotte fassenden Holz- oder Eisenkasten, in dem kleine eiserne Leitwalzen laufen, die das Stück zwingen, 4 bis 5

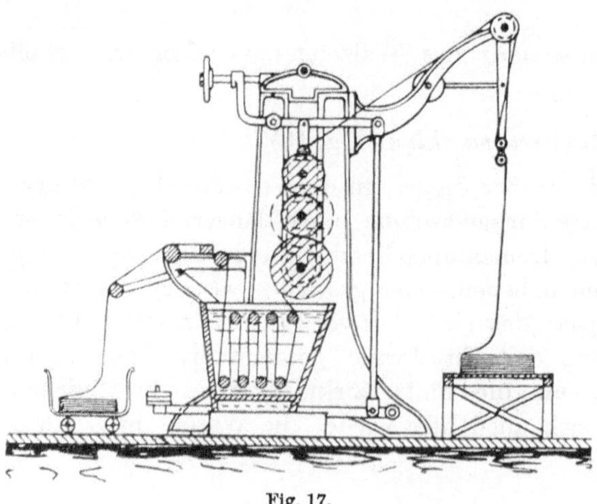

Fig. 17.

Gänge unter der Flotte auszuführen. Das Stück läuft über eine Ausbreitschiene ein, passiert und wird zwischen Rollen abgepreßt. Die Schnelligkeit der Passage im Foulard erlaubt nur schwaches Durchfärben; dieser ist demnach nur für helle und mittlere Nuancen verwendbar.

Schließlich wäre noch auf einen Spezialapparat für Kardenbandfärberei hinzuweisen, der nach *B. Cappios* Prinzip[1] von *Diego Mattei* konstruiert wurde. Seine Beschreibung befindet sich in der unten bezeichneten Literatur[2].

Nach dem Färben wird die Ware gespült und eventuell nachbehandelt. Das 1. Spülen erfolgt, wie beschrieben wurde, zunächst in den Spültrögen der Färbereimaschinen; die völlige Befreiung vom letzten Rest der Flotte geschieht in kleinerem Maßstabe durch mechanisches Bewegen der Ware zweckmäßig in fließendem Wasser, im großen in eigens gebauten Maschinen, die zum Waschen und Seifen der Baumwolle sowohl vor als nach dem Färben dienen. Eine sehr genaue Beschreibung und Übersicht über diese Maschinen findet sich in dem Werke von *Ganswindt:* Einführung in die moderne Färberei (Leipzig). Schließlich wird das Wasser durch Abpressen oder Schleudern entfernt und die Ware getrocknet. Man trocknet Ware, die gegen Oxydation nicht mehr stark empfindlich ist (siehe Dämpfer) stets nach dem Prinzip: wenig Wärme und viel Luft; dieses Prinzip ist nicht nur ökonomisch das richtigste (siehe S. 129), sondern läßt auch eine eventuell nachträglich noch eintretende Oxydation gleichmäßig verlaufen. Lose gefärbte Baumwolle trocknet man z. B. auf Horden bei höchstens 55 bis 60°; diese Horden stehen entweder still oder werden der warmen Luft entgegengeführt. Über die Trocknung von Stückwaren, Cops usw. finden sich Angaben in der einschlägigen Literatur, z. B. *Ullmann:* Die Apparatefärberei, Berlin 1905.

Der Dämpfer (vgl. S. 178).

Die Färbungen mancher, und zwar in erster Linie der blauen Schwefelfarbstoffe vom Typus des Immedialblau C erfordern eine Nachbehandlung mit lufthaltigem Dampf, eine Oxydation, zu deren Herbeiführung man sich besonderer Apparate bedient. Die Dämpfer sind je nach Art und Menge des nachzubehandelnden Materiales verschieden große Kammern oder mit dicht aufsitzendem Deckel von dachförmiger Gestalt verschließbare Kufen, in denen die gefärbte Ware der Einwirkung lufthaltigen Dampfes ausgesetzt wird. Strang- und Stückware werden auf Latten oder Rahmen so in den Dämpfer gehängt, daß ihr unteres Ende noch mindestens 10 cm vom Boden absteht, lose Baumwolle und Ketten werden hoch geschichtet. Der Raum wird zweckmäßig vorgewärmt, um zu verhüten, daß sich Kondenswasser auf der Ware niederschlägt; sie wird außerdem durch unter-

---

[1] Lehnes Färber-Ztg. **1901**, 168.
[2] D. R. P. 72 939, 87 388, 92 261, 94 239.

gelegte und darüber zusammengeschlagene rohe Baumwollstoffe vor dem
Entstehen von Naßflecken geschützt. Der möglichst heiße trockene Dampf
strömt unter einem durchlöcherten Doppelboden von unten ein[1], das Dampf-
zuleitungsrohr besitzt seitlich einen Injektor, eine Düse, durch die Luft mit-
gerissen wird. Der Dämpfprozeß erfordert in diesen Apparaten je nach dem
Farbstoff die Zeit von $^1/_2$ bis 2 Stunden. Für die großen Mengen der von der

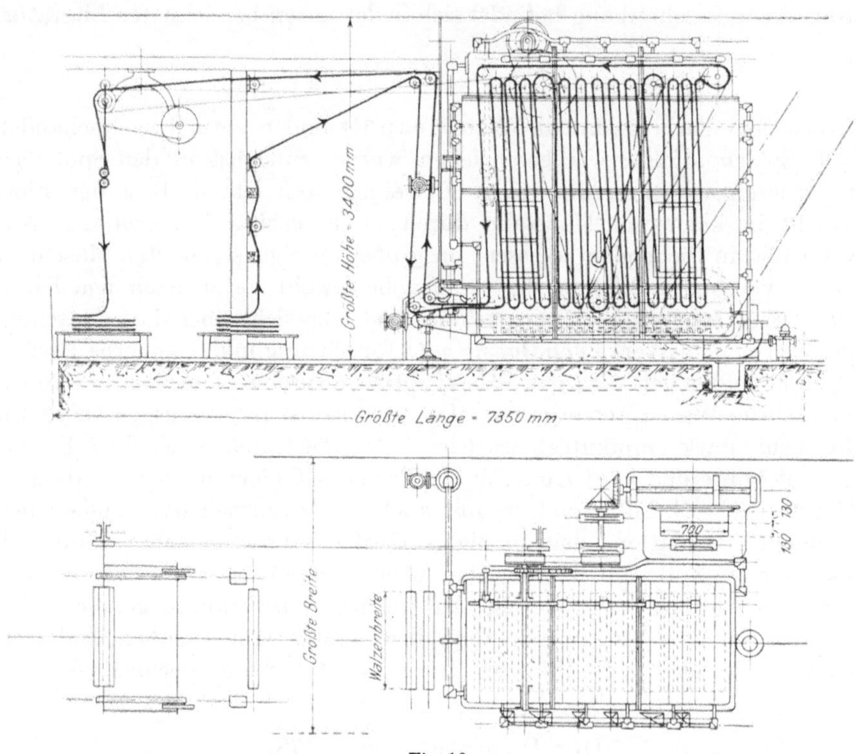

Fig. 18.

Kontinuemaschine gelieferten gefärbten Ware werden Dämpfapparate gebaut, in denen auch ein kontinuierliches Dämpfen ermöglicht ist. Die Ware
wird, wie aus der Fig. 18 ersichtlich, auf Leitrollen in langem Wege durch den
dampferfüllten Raum mit einer Geschwindigkeit von 60 bis 100 m pro Minute
geführt und verläßt den Apparat in fertigem Zustande. (Apparat von *Mather
& Platt*; andere Systeme von *Preibisch, Rump* u. a. siehe *Lauber*: Handbuch
des Zeugdruckes.) Der Apparat ist zum Vorwärmen eingerichtet, so daß
Kondensation des Dampfes, Niederschlag von Kondenswasser auf der Ware,
. Tropfenbildung usw. ausgeschlossen sind. Außerdem ist der Boden des Dämpfkastens auch mit Filz belegt.

----

[1] D. R. P. 189 805; vgl. 184 324.

B. Färberei in mechanischen Apparaten[1].

Allgemeines.

Das Prinzip des Färbens in mechanischen Apparaten ist, wie erwähnt: **ruhende Ware, bewegte Flotte**. Die Ware wird demnach in geeigneter Form und in besonders konstruierten Behältnissen von der mit Hilfe von Pumpen, Dampfdruck, Saug- oder Preßluft, oder Zentrifugalkraft in Bewegung gesetzten Flotte durchströmt oder überflutet. Diese Art der Färberei erfordert offenbar 1. eine völlig klare reine Flotte, da das zu färbende Material hier als **Filter** wirkt und alle, wenn auch nur in geringstem Maße, in der Färbeflüssigkeit vorhandenen festen Verunreinigungen auf seiner Oberfläche oder in seinem Innern quantitativ sammelt, 2. ein möglichst **kalkfreies** Wasser, da die Fällung des Kalkes durch das Alkali der Flotte auch innerhalb des Materials erfolgen kann. Man verwendet deshalb entweder gereinigtes Kondenswasser oder sorgt für Entkalkung und besonders auch Enteisenung des zur Verfügung stehenden Wassers. Ebenso müssen die Flottenzusätze, besonders das Schwefelnatrium, auf ihre Reinheit geprüft werden; zweckmäßig verwendet man nur durch ein feines Eisenhaarsieb filtrierte Lösungen.

Die **Vorzüge** des Färbens in mechanischen Apparaten sind folgende: Die Möglichkeit der Anwendung kurzer Flotten und daher rationeller Arbeit bei geringstem Verbrauch an Heizmaterial, Farbstoff und Wasser, Beschränkung der Handarbeit auf ein Minimum, Schonung des Materials und Beibehaltung der Form, in der es eingelegt wurde, ferner große Zeitersparnis, da die Spinnmaschinen das Garn in aufgewickeltem Zustande als Cops liefern, die für die Wannenfärberei zunächst in Strangform abgewickelt, gefärbt und nachträglich wieder aufgewickelt werden müssen; weiterhin große Leistungsfähigkeit und, was für die Schwefelfarbstoffärberei vor allem in Betracht kommt: der Färbeprozeß vollzieht sich in einem abgeschlossenen luftfreien Raum, so daß unerwünschte Oxydationswirkungen ausgeschlossen sind.

Es gibt zwei Systeme, die das Färben in mechanischen Apparaten ermöglichen:

1. Das Packsystem.

Das Material wird unter mehr oder weniger starker Pressung in den mit einem weichen Stoff ausgekleideten Färberaum gebracht. Dieser Stoff wird für die Schwefelfarbstoffärberei möglichst dicht gewählt, da er als Filter wirkt und auch die Oxydation des in ihm eingeschlossenen Gutes verhindert. Man kann nach diesem Verfahren allerdings große Partien mit äußerst geringer Flottenmenge färben, doch besteht bei vielen Apparaten die Notwendigkeit, das Material nach dem Färben auspacken zu müssen, um es durch Ausschleudern von der Flotte zu befreien und eventuell nachzubehandeln. Ferner ist der Kraftbedarf ein relativ großer.

---

[1] Literatur: *Ullmann:* Die Apparatenfärberei, Berlin 1905 (Springer).

2. Das Aufstecksystem.

Dieses ist dem Wesen nach ein differenziertes Packsystem. Die Flotte wird dem als Cop, Kreuzspule oder Bandspule vorliegenden Material durch eine zentrale durchlöcherte Spindel zugeführt. Die Flotte strömt also radial von innen nach außen. Dieses Verfahren braucht weniger Kraft als das Packsystem, da das Material in dünner, der Spulendicke entsprechender Schicht liegt. Die einzelnen Wickel werden dabei gleichmäßiger durchgefärbt und man kann sofort nach dem Färben die Flotte absaugen, die Spulen durch nachströmendes Wasser waschen und schließlich mit Saug- oder Druckluft oder Dampf die Farbstoffe auf der Faser oxydieren. Allerdings ist für das Aufstecksystem die Vorarbeit diffiziler, da nur bei tadelloser Funktion des Apparates mit seinen Nebenbestandteilen und bei völlig gleichmäßiger Zirkulation der Flotte egale Färbungen erzielt werden. Ferner ist das aufgesteckte Material sehr empfindlich, weil die Spitzen der Cops leicht abbrechen. Schließlich sind die durchlöcherten Metall- (oder Draht-) Spindeln oft die Ursache von Fehlfärbungen, da sie sich zuweilen verstopfen und die Flotte dann nur ungleichmäßig passieren lassen. Es gibt sehr viele Konstruktionen für Spindeln aus den verschiedensten Materialien. Für die Schwefelfarbstoff-färberei kommen nur Nickel, Eisen und vernickeltes Eisen in Frage. Die *Farbenfabriken vorm. Bayer* in Elberfeld empfehlen Nickelin als Material; eventuell kommen auch Gummispindeln in Betracht[1].

Die **wichtigsten Anordnungen** der beiden Systeme sind kurz folgende:

1. Packsystem.

In der schematischen Fig. 19 ist *a* der Raum zwischen zwei Siebböden, in den das Material, in Tücher eingeschlagen, verpackt wird. Die Verpackung muß äußerst sorgfältig geschehen, damit keine Zwischenräume oder Stellen leichterer Durchdringbarkeit bleiben, da die Flotte sich stets dort den Weg sucht, wo sie den geringsten Widerstand findet. Die beim Verpacken von Cops und Kreuzspulen verbleibenden Zwischenräume werden mit Flocken, Häcksel, am zweckmäßigsten aber mit Sandsäckchen (nach *Keukelaere*) oder mit Korkstückchen (nach *L. Huillier*) ausgefüllt; oder man bringt die durch eingeschobene Holzstifte vor dem Zerdrücken geschützten Cops in den ausgekleideten Materialbehälter und schüttet gut gewaschenen Sand darüber[2], der nun mit Wasser in jede Fuge geschwemmt wird. Man kann nun färben, indem man die Flotte entweder den Weg *c—a—b* und *b—a—c* hin und her gehen läßt, oder indem man sie zwingt, von *c* durch *a* nach *b* und wieder *c—a—b* zu gehen, so

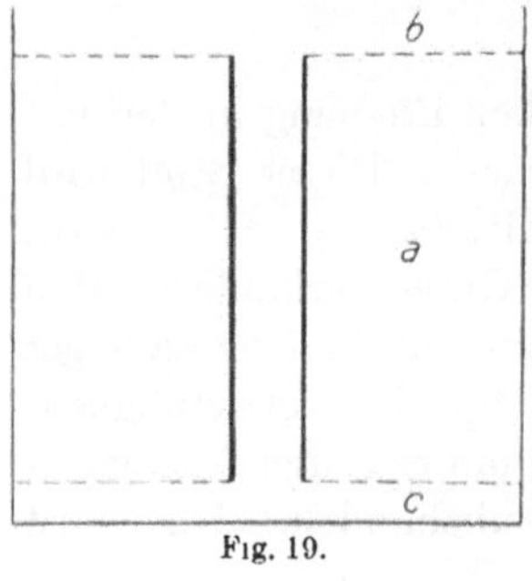

Fig. 19.

---

[1] Spindelkonstruktionen: D. R. P. 97 293, 75 542, 70 284, 106 597, 119 138.
[2] D. R. P. 134 397.

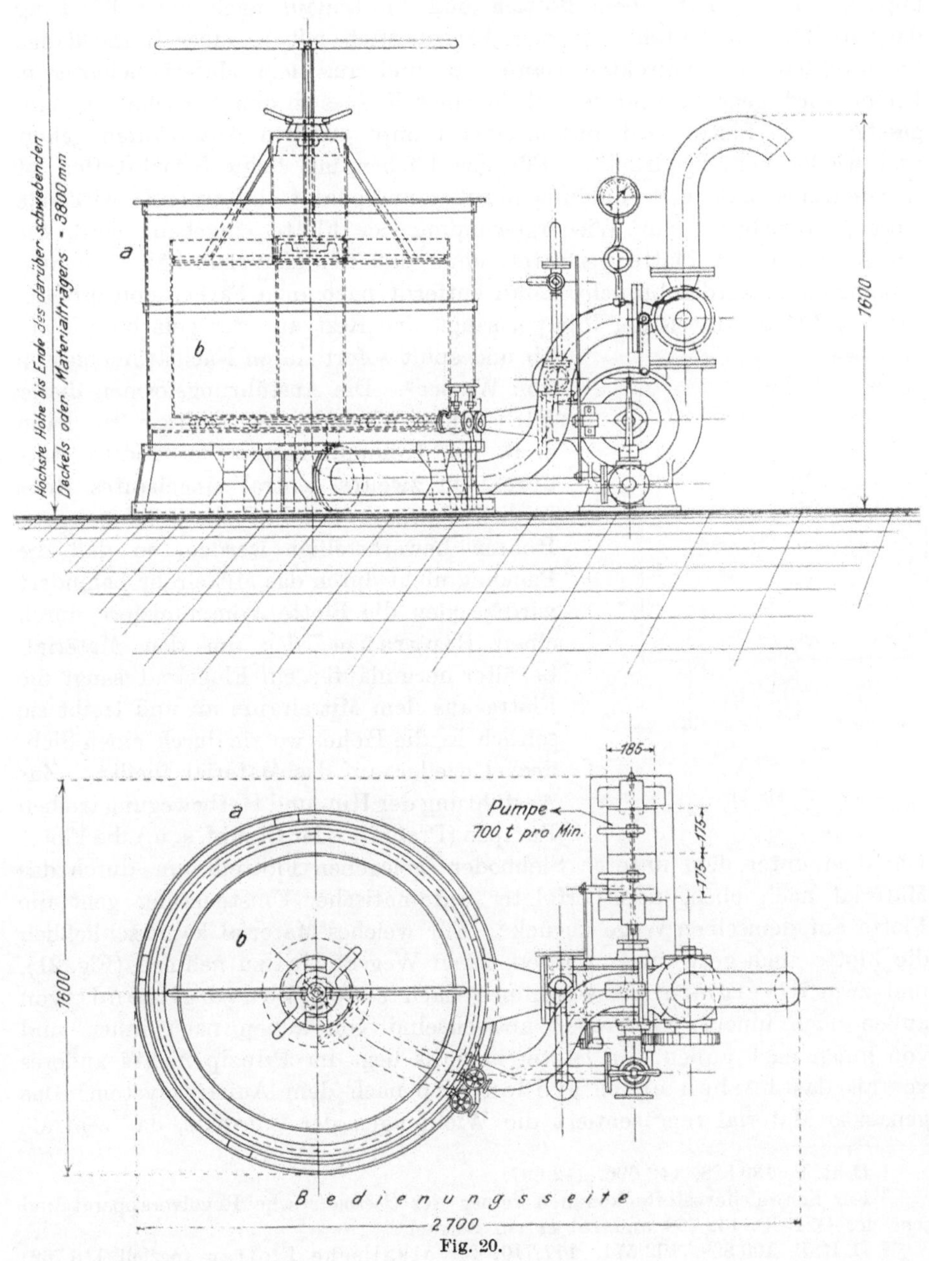

Fig. 20.

daß sie eine kreisende Bewegung ausführt. Von den verschiedenen
Anordnungen[1], die alle auf demselben Prinzip beruhen, ist in Fig. 20
der von der Firma *C. G. Haubold A.-G.* in Chemnitz gebaute Färbe-

---

[1] D. R. P. 65 976, 131 705, 104 397, 102 986, 108 109, 144 768 usw.

apparat „K. f." mit einem Bottich und Flottenlauf nach einer Richtung dargestellt[1]. Er besteht aus dem Färbebottich mit je einer Heizschlange für direkten und indirekten Dampf, *a*, und aus dem Materialbehälter *b*. Dieser wird gepackt und mit Hilfe eines Kranes in den Färbebottich eingesetzt. Die· Flotte wird mittels einer Pumpe aus den Ansatzkufen geholt und wieder zurückgedrückt. Für das Färben mit Schwefelfarbstoffen ist es wesentlich, daß in Verbindung mit diesem Apparat eine intensiv wirkende Absaugevorrichtung zur Wiedergewinnung der Flotte eingebaut wird, die das Absaugen der Flotte gestattet, ohne daß der Materialbehälter herausgenommen zu werden braucht. Man entfernt nach dem Färben den größten Teil der Flotte mittels der Pumpe, saugt den Rest aus der gefärbten Ware

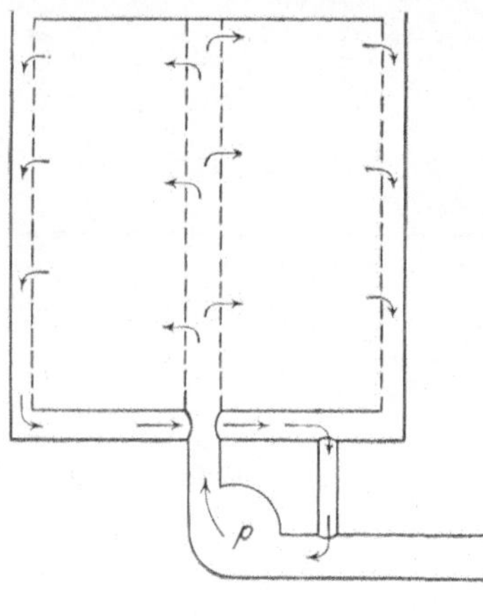

Fig. 21.

ab und spült sofort durch Nachströmenlassen von Wasser[2]. Die Ausführungsformen dieser Färbeapparate sind vielgestaltig; so kann z. B. die Kommunikation der Flotte statt durch ein zweites zentral eingebautes Rohr seitlich oberhalb des Färbebottichs gelegene Röhren bewerkstelligt werden, so daß die Packung nicht durch das Mittelrohr behindert wird[3]; oder die Flotte kommuniziert durch einen Ringraum, der um den Materialbehälter herumläuft; ein Flügelrad saugt die Flotte aus dem Mittelraum an und treibt sie seitlich in die Höhe, wo sie durch einen Siebdeckel wieder auf das Material fließt[4]. Zur Ausführung der Hin- und Herbewegung treiben Pumpen (Preßluft oder Dampf, s. u.) die Flotte von dem unter dem unteren Siebboden gelegenen Flottenraum durch das Material nach oben, nach erfolgter automatischer Umsteuerung geht die Flotte auf demselben Wege zurück[5]. Für weiches Material kann schließlich die Flotte auch gezwungen werden, ihren Weg radial zu nehmen (Fig. 21), und zwar divergierend[6] von innen nach außen, konvergierend[7] von außen nach innen, pulsierend[8] abwechselnd von außen nach innen und von innen nach außen. In letzterem Falle liegt im Prinzip nichts anderes vor als das Färben eines großen Cop nach dem Aufstecksystem: Das gepackte Material repräsentiert die Wicklungen der Copspule, das zentrale

---

[1] D. R. P. 130 828, 142 696, 142 697.

[2] Für Schwefelfarbstoffe kommen ferner der *Obermaier*sche Revolverapparat und jene der D. R. P. 142 768 und 151 411 in Betracht.

[3] D. R. P. 100 899, 192 574, 177 710; für alkalische Flotten speziell 116 762; ferner 105 783, 118 848 u. a.

[4] D. R. P. 74 427, 106 594, 90 698.

[5] D. R. P. 114 930, 137 079.

[6] D. R. P. 23 177, 33 562, 124 630, 143 613.

[7] D. R. P. 82 325, 135 126, 127 150.

[8] D. R. P. 106 598, 108 225, 134 325.

Rohr die perforierte Spindel; die Flotte durchströmt in beiden Fällen radial pulsierend das Material. Eine Abhandlung von *L. J. Matos* über das Färben der S. F. nach dem Packsystem in mittels S a u g l u f t bewegter Flotte findet sich nebst Färbevorschriften für Schwarz im Text. Manufact. 38, 25.

2. Aufstecksystem.

Es gilt im Prinzip dasselbe wie beim Packsystem, nur wird hier das Material geteilt und in einzelnen Cops oder Spulen von der radial pulsierenden Flotte durchströmt. Materialraum und Flottenraum sind ebenfalls durch eine Siebplatte getrennt, auf deren Öffnungen die durchlöcherten Hohlspindeln stecken. Die Bewegung der Flotte erfolgt mit Hilfe von P u m p e n, die die beiden Strömungen, von innen nach außen und umgekehrt, herbeiführen. D a m p f o d e r L u f t d r u c k wird bei der Schwefelfarbstoffärberei in mechanischen Apparaten kaum angewendet; ersterer nicht, weil er zugleich Wärme zuführt, was bei Verwendung gewisser blauer Schwefelfarbstoffe, die bei konstanter mittlerer Temperatur gefärbt werden müssen, nicht zulässig ist; die Anwendung von Luftdruck führt zu vorzeitigen Oxydationen; die oxydierende Wirkung der evtl. doch zur Verwendung gelangenden Preßluft kann durch erhöhten Zusatz von Schwefelnatrium zur Flotte paralysiert werden. In Verbindung mit den Apparaten, von denen eine Ausführung in Fig. 22 dargestellt ist, steht ferner eine Evakuierungsanlage zur Entfernung der Flotte nach dem Färben, zum Wässern und zum Oxydieren. Auch hier bestehen keine prinzipiellen Unterschiede in den einzelnen Ausführungsformen: Lose Wickel werden zwecks besserer Raumausnützung n e b e n einander, außerdem aber mittels geeigneter Spindelkonstruktionen auch a u f einander gestellt[1]; die Spulen erhalten zuweilen Gehäuse mit kleineren Perforationen als jene der Spindeln; dadurch wird unter einem gewissen Überdruck gefärbt. Durch Einschaltung eines Windkessels zwischen Pumpe und Färberaum kann durch abwechselndes Aufstellen von Vakuum und Kompression die Flotte in kurzen zeitlichen Zwischenräumen durch das Material hin und her geführt werden[2]. Verschiedene Anordnungen[3] sehen ferner die Anbringung zweier die Cops tragenden Tafeln in voneinander getrennten Räumen vor; die Flotte tritt in den ersten Raum, durchströmt die Spulen von innen nach außen und geht von hier in den zweiten Raum, um dessen Spulen in umgekehrter Richtung zu durchdringen[4]. Die Cops können ferner auf einer in der Flotte r o t i e r e n d e n T r o m m e l aufgesteckt sein[5]. Für Schwefelfarbstoffe kommen außer dem in Fig. 22 abgebildeten Apparat der Firma *Haubold*, C h e m n i t z, auch jene von *Thieß*[6] und andere[7]

---

[1] D. R. P. 73 503.
[2] D. R. P. 82 885.
[3] D. R. P. 60 100, 66 947, 118 848, 80 233.
[4] Ferner D. R. P. 103 612, 122 398, 116 780, 133 918, 141 393.
[5] D. R. P. 114 971.
[6] D. R. P. 92 659, 118 848.
[7] D. R. P. 137 754 und 153 574.

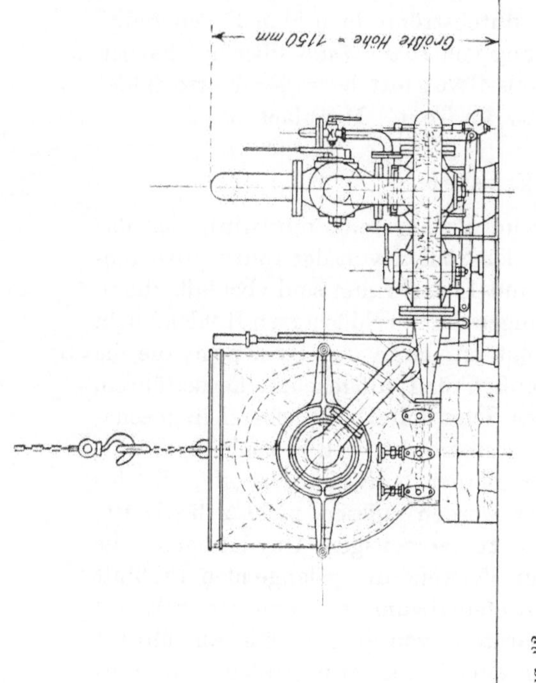

ganz aus Eisen gebaute Färbemaschinen in Betracht. Sie gestatten, ebenso wie die von der *Zittauer Maschinenfabrik* gebauten Dämpfapparate für Cops, das Dämpfen in sofortigem Anschluß an den Färbeprozeß. Die Apparate sind dann mit den zur Vermeidung der Fleckenbildung nötigen Vorwärm- und Kondensiervorrichtungen versehen. Gespült wird das gefärbte Material schließlich (nach vorheriger Reinigung der Pumpe und der Rohrleitungen) durch einmaliges Passieren mit eventuell schwefelnatriumhaltigem lauwarmen Spülwasser. Der Schwefelnatriumzusatz verhindert zwar die Oxydation während des Spülprozesses, zieht aber zugleich etwas Farbstoff ab, so daß hellere Färbungen entstehen.

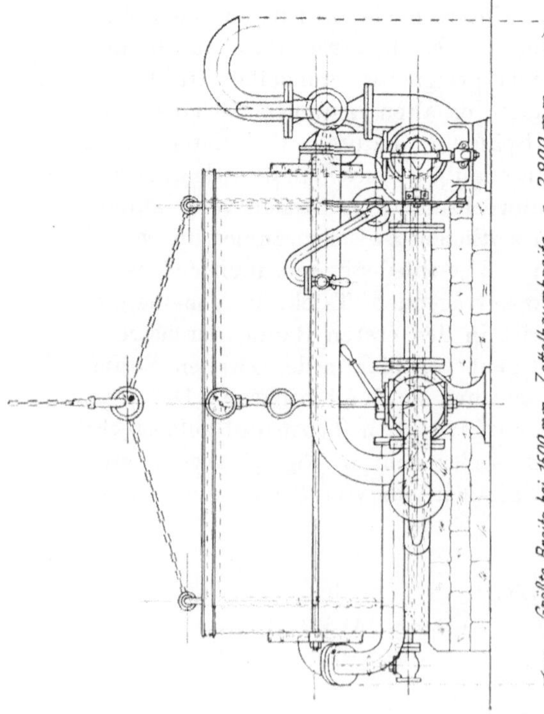

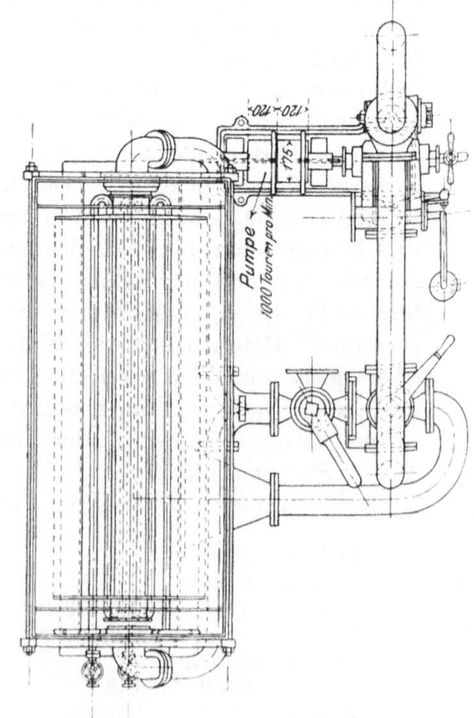

C. Schaumfärbeapparate.

Das von *C. Wanke* in Zwickau erfundene Verfahren besteht im Prinzip darin, daß das zu färbende Material (meist nicht zu fest gewickelte Kreuzspulen) in einem Lattenkäfig mit kurzen Füßen befindlich in einen Metallkasten geschoben wird, auf dessen Boden sich eine Heizschlange befindet (Fig. 23); die sehr kurze, möglichst salzfreie Flotte, etwa 400 l auf 100 kg Ware, darf den Boden des Lattenkäfigs nicht berühren; sie wird mit Türkischrotöl und Schmierseife versetzt, so daß beim Anheizen ein hochgehender dichter Schaum entsteht, in dem sich die Spulen färben. Die dünne Fetthaut, die die

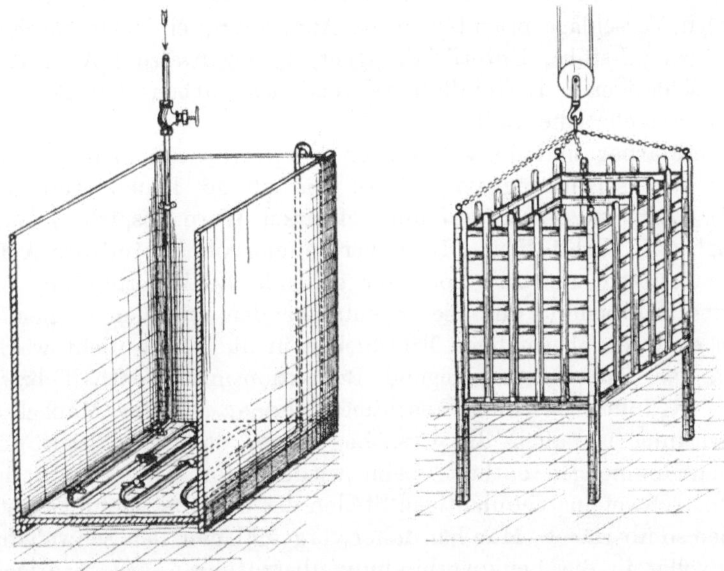

Fig. 23.

Schaumblasen umgibt, löst die dünne Luft- und Wasserschicht, die auf dem Material liegt, ab und bahnt so einen Weg für das Eindringen der Farbstofflösung. Nach etwa 2 Stunden wird der Käfig mit Inhalt herausgenommen und gespült. Das völlige Durchfärben ist bei der Schwefelfarbstoffärberei ziemlich schwierig durchzuführen.

Das Färben mit Schwefelfarbstoffen.

Die Schwefelfarbstoffe verhalten sich färberisch 1. wie die substantiven Farbstoffe, gehen daher mit sehr wenigen Ausnahmen (wie z. B. Echtschwarz) aus schwefelnatriumhaltigem Bade direkt auf die Faser; 2. wie die Küpenfarbstoffe, da sie als Leukoverbindungen auf die Faser gehen; sie sind daher zum Teil auch aus der Küpe färbbar und werden nach dem Färben durch Luft oder andere Oxydationsmittel auf der Faser in den Farbstoff umgewandelt.

Vermeidung des schädigenden Lufteinflusses.

Anfänglich bot das Färben mit Schwefelfarbstoffen große Schwierigkeiten, da sich trotz der einfachen Färbemethoden mit diesen neuen Farbstoffen keine egalen Färbungen erzielen ließen. Besonders beim Stückfärben trat dieser Nachteil außerordentlich hervor; in dem Maße, als der verwendete Farbstoff leicht zur Leukoverbindung reduzierbar war und sich an der Luft leicht oxydierte, wuchs auch die Unegalität der Färbung. Man erkannte jedoch bald, daß die Hauptursache dieser ungleichmäßig erfolgenden Oxydation die nicht schnell genug entfernten Flottenreste waren, und schon die ersten von der Firma *Cassella*, von *Vidal* und der Firma *Hölken* stammenden Vorschläge brachten durch Anwendung einfacher mechanischer Vorkehrungen (U-stäbe, Unterflottenjigger, Quetschwalzen) Abhilfe. Heute spielt der schädigende Lufteinfluß während des Färbens mit Schwefelfarbstoffen kaum mehr eine Rolle.

Völlig erklärbar sind die zahlreichen Vorgänge noch nicht, die sich als Folge der Wechselwirkung von Flotte (enthaltend Leukoverbindung und Farbstoff), Luft und Faser, auf der gefärbten Ware abspielen; man kann annehmen[1], daß Farbstoff und Leukoverbindung verschiedene Affinität zur Faser besitzen; die auf die Faser gehende Leukoverbindung oxydiert sich an der Luft sofort, und die so entstehenden unegalen Stellen können sich beim späteren abermaligen Eintauchen in die Flotte nicht wieder verlieren, da das Bad nicht genügend Reduktionsmittel enthält bzw. nicht genügende Reduktionswirkung auszuüben vermag. Dieser Mangel an Reduktionswirkung ist auch die Ursache davon, daß das Stück ungleiche Schwefelnatriummengen enthält; beim wiederholten Eingehen in das Bad nehmen die schwefelnatriumhaltigen Stellen des Gewebes mehr Farbstoff auf und werden so überfärbt. Man hat daher vorgeschlagen, den Schwefelfarbstoff zunächst völlig in die Leukoverbindung überzuführen, bei niedriger Temperatur aufzufärben und nunmehr gleichmäßig an der Luft oder mit anderen Oxydationsmitteln zu oxydieren, d. h. die Schwefelfarbstoffe in der Küpe zu färben[1]. Wenn sich alle Schwefelfarbstoffe genau so wie Indigo verhielten, wäre natürlich die Küpenfärberei die gegebene Methode. Die Oxydierbarkeit der Schwefelfarbstoff-Leukoverbindungen bewegt sich jedoch innerhalb weiter Grenzen, und ebenso wie es manche Leukoverbindungen gibt, die längere Zeit unverändert auf der Faser haltbar sind, ohne sich zu oxydieren, sind auch Schwefelfarbstoffe bekannt, die direkt aus dem Bade als Farbstoff aufziehen und überhaupt keiner Entwicklung mit irgendwelchen Oxydationsmitteln bedürfen; es wurde bereits auf einen Schwefelfarbstoff hingewiesen, der überhaupt keine Leukoverbindung mehr gibt, in Lösung unbegrenzt haltbar ist (während die Farbstoffe, die Leukoverbindungen geben, an der Luft ausfallen) und sich wegen dieser Indifferenz gegen Oxydationseinflüsse auch ohne besondere Vorsichtsmaßregeln direkt fleckenlos auffärben läßt[2].

---

[1] D. R. P. 146 797.
[2] D. R. P. 169 856.

Eine eigenartige Idee liegt einem Verfahren[1] zugrunde, das den schädlichen Lufteinfluß dadurch ausschalten will, daß es das zu färbende Material während des Färbeprozesses mit einer „ganz dünnen Schwefelwasserstoff- und Kohlensäuregasschicht" umhüllt, um den Luftzutritt an die Ware zu verhindern. Erreicht wird diese intensive Schwefelwasserstoffentwicklung innerhalb der Färbereiräume durch Ansatz einer Flotte, die in je 200 l 1380 g krystallisiertes Schwefelnatrium und 5 kg Natriumbicarbonat enthält. Diese geben nach der Formel $2\,NaHCO_3 + Na_2S = H_2S + 2\,Na_2CO_3$ Schwefelwasserstoff und nach der Formel $2\,NaHCO_3 = CO_2 + H_2O + Na_2CO_3$ Kohlensäure. Es wird „an freier Luft" gefärbt und nach 8—10 Durchzügen, ohne zu spülen, in einem Bade, das auf 700 l 10 kg Essigsäure enthält, nachbehandelt und gespült. In dem Maße, als die Säure dünner wird, entwickelt sich der Farbstoff.

Andere Verfahren zur Verhinderung der unerwünschten Luftoxydation beruhen auf der Wirksamkeit verschiedener Flottenzusätze bzw. auf Ersatz des Schwefelnatriums durch andere den Farbstoff lösende Mittel. So wird z. B. vorgeschlagen[2], statt des Schwefelnatriums trithiokohlensaure Salze zu verwenden, die den Farbstoff besser lösen und die so fest an der Faser haften, daß während des Spülens immer noch etwas Lösungsmittel vorhanden ist, das die Oxydation verhindert. Es wird ferner empfohlen, der Flotte: Alkalisulfhydrate[3], Natriumdi- oder -polysulfid[4] zuzusetzen, ein letztes Spülbad von Tonerdesalzen[5] zu verwenden oder dem Bade Ammonsalze beizufügen[6]. Letztere verlangsamen die Oxydation, es darf aber wegen der Flüchtigkeit der Ammonsalze nur bei mittlerer Temperatur gefärbt werden; ein großer Überschuß ist zu vermeiden, da sonst nicht mehr im Schwefelnatrium-, sondern im Schwefelammoniumbade[7] gefärbt wird, wodurch die Färbungen schwächer werden. Ein Zusatz zu diesem Patent[8] sieht die Verwendung ähnlicher, die Wirkung des Schwefelnatriums paralysierender Zusätze vor, z. B. Bicarbonat[9], Bisulfitlauge, Alaun, Aluminiumacetat, sogar freie Mineral- oder organische Säuren[10]; diese Zusätze werden der Flotte in solcher Menge zugefügt, daß sie deutlich nach Schwefelwasserstoff riecht; es darf aber nicht durch Überschuß der Zusätze eine Fällung des Farbstoffes herbeigeführt werden. Schließlich sollen Arylmercaptane, z. B. Thiophenole oder Thionaphthole, als billigstes das Thiokresol des Handels, dadurch, daß sie selbst schneller in Disulfide übergehen als der Farbstoff, diesen vor Oxydation schützen[11]. Oder es werden der Flotte vegetabilische Öle zugesetzt, die rein mechanisch die Faser umhüllen und gegen die Luft abschließen[12].

---

[1] D. R. P. 220 169.
[2] D. R. P. 117 732.
[3] D. R. P. 129 281.
[4] F. P. 329 432.
[5] Anmeldung F. 15 530, Kl. 8 m.
[6] D. R. P. 197 892 (Katigenverstärker).
[7] D. R. P. 130 848.
[8] D. R. P. 213 455.   [9] Vgl. D. R. P. 220 169.
[10] Vgl. A. P. 882 543.   [11] Anmeldung K. 33 660.   [12] F. P. 334 797.

Das Lösen der Schwefelfarbstoffe und der Flottenansatz.

Von größter Bedeutung für die Schwefelfarbstoffärberei ist die Qualität des Wassers[1]. Hartes Wasser begünstigt die Bildung bronzierender Anflüge; die seine Härte bedingenden Bestandteile werden durch die Flottenzusätze innerhalb des zu färbenden Materiales ausgefällt, wodurch Anlaß zur Fleckenbildung gegeben wird. Auch Kupfersulfat, Chromate und Alaun (Nachbehandlungsmetallsalze) erzeugen Niederschläge. Wenn kein Kondenswasser zur Verfügung steht, muß das vorhandene Wasser demnach durch Aufkochen mit Soda oder Seife enthärtet werden.

Man löst stets zuerst den Schwefelfarbstoff für sich in Holz- oder Eisengefäßen unter Zusatz der nötigen Schwefelnatriummenge. Manche Schwefelfarbstoffe werden nach Spezialvorschriften gelöst, z. B. Immedialreinblau.

Die einzelnen Flottenzusätze haben folgende Wirksamkeit:

Schwefelnatrium löst den Farbstoff und reduziert ihn; trübe, einige Zeit gestandene Bäder werden durch Schwefelnatriumzusatz wieder klar. Zuviel Schwefelnatrium gibt wegen dieser lösenden abziehenden Wirkung hellere Färbungen. Schwefelnatriumhaltige Bäder dürfen ihrer leichten Oxydierbarkeit wegen nicht anhaltend gekocht werden. Zuweilen setzt man als Zusatz Natronlauge bei.

Soda macht das Wasser weicher und verstärkt die Wirkung des Schwefelnatriums. Man nimmt je nach Art des Wassers und der sonstigen Bedingungen 2 bis 8%.

Kochsalz und Glaubersalz wirken aussalzend; sie fördern demnach das Aufziehen auf die Faser; für dunklere Färbungen wird daher mehr, für hellere weniger davon zugesetzt. Die Konzentration des Bades für Schwarzfärbungen ist zweckmäßig 6 bis 7° Bé, für Blaufärbungen 3° Bé; über 9° Bé bronzieren die Färbungen leicht. Es entsprechen in der Wirksamkeit: 10 Teile NaCl = 12 Teile Na_2SO_4 calciniert = 24 Teilen Na_2SO_4 krystallisiert. Glaubersalz ist wegen seiner größeren Reinheit und seiner weniger intensiv aussalzenden Wirkung dem gewöhnlich magnesiumhaltigen Kochsalz vorzuziehen.

Die „Verstärker" (Immedial-, Katigen-, Thiogen- usw. Verstärker) bestehen nach *F. Erban* und *A. Mebus* (Chem.-Ztg., Rep. 1907, 220) aus einheitlichen Salzen, z. B. Chlorammonium, Ammoniumcarbonat, Natriumbicarbonat usw. und haben den Zweck, die Egalität und Intensität der Färbungen zu steigern. Das Arbeiten mit diesen Flottenzusätzen wird durch den unangenehmen Geruch der Bäder erschwert. Siehe D. R. P. 197 892, vgl. 212 455. Es wird daher vorgeschlagen, Bisulfit zu verwenden, wodurch Thiosulfat (ohne Schwefelwasserstoff- und Schwefelabscheidung) gebildet wird.

Dextrin, Glukose, ebenso wie Türkischrotöl, bewirken zuweilen leichteres Durchfärben, besseres Egalisieren und Erhöhung der Intensität der Färbungen.

---

[1] Vgl. A. P. 894 234.

Temperatur, Flottenverhältnisse usw.

Die meisten Schwefelfarbstoffe lassen sich heiß oder kalt färben; in ersterem Falle wird das Färbebad einmal aufgekocht, dann der Dampf abgestellt und nun nahe der Kochtemperatur gefärbt. Die Echtheiten der bei 20°, 50° oder 90° gefärbten Schwefelfarbstoffe sind dieselben; doch muß beim Kaltfärben das erste Bad verstärkt werden, da es noch weniger ausgezogen wird als beim Heißfärben. Das Flottenverhältnis (d. h. das Verhältnis von Warengewicht zur Flüssigkeitsmenge) für Garn und Flocken ist vorteilhaft 1:20, für Stück auf dem Jigger 1:5. Allgemein gilt: je kürzer die Flotte (je weniger Wasser auf die sonst gleichen Substanzmengen), desto besser die Ausnützung; je länger die Flotte, desto egaler werden die Färbungen. Der erste Flottenansatz ist das Ansatzbad; da es nicht völlig erschöpft wird[1], muß es unter Zusatz neuer Farbstoff- und Salzmengen weiterbenutzt werden; man färbt dann auf „stehenden Bädern" weiter. Diese brauchen zumeist 20 bis 40% Farbstoff und dementsprechend auch Schwefelnatrium[2] weniger als das Ansatzbad; die hinzuzufügenden Salzmengen richten sich nach der Wassermenge, die zum Korrigieren des Flottenniveaus nötig ist. Die stehenden Bäder der Schwefelfarbstoffe (z. B. der Katigenfarben) lassen sich bis zu einem Jahre aufbewahren. Zur besseren Ausnutzung der Schwefelfarbstoffflotten wird vorgeschlagen, verschiedene Farben hintereinander von den hellsten Nuancen beginnend ohne Erneuerung des Bades zu färben. Man kann so, wenn man reine Materialien anwendet, große Partien von gleicher Farbe färben und durch Vorproben die Menge der jeweils nötigen Zusätze feststellen, mit ein und derselben Farbflotte bis zu einem Jahre auskommen. (Wollen- und Leinenindustrie 1920, 199 und 237.) Eine Methode zur raschen und genügend genauen Bestimmung des Na_2S-Gehaltes stehender Schwefelfarbstoffflotten ($BaCl_2$ zur Fällung des Na_2CO_3, NaCl zum Aussalzen des Farbstoffes, Filtrieren, Titrieren mit Zinksulfat) beschreibt *R. N. Len* in Journ. Dyers a. Col. 1914, 277.

Färbemethoden.

A. Baumwolle.

I. In der Wanne.

Das Prinzip der Schwefelfarbstoff-Färberei allgemein, im speziellen der Wannenfärberei, ist folgendes[3]: Man färbt den in Schwefelnatriumlösung gelösten Farbstoff in möglichst kurzer Flotte (unter der Flotte) unter Hinzufügen von rund 60% calciniertem Glaubersalz,

---

[1] Vgl. F. P. 349 914, *J. Schmitt,* Vorschläge zur Wiedergewinnung von Schwefelfarbstoffen aus den alten Bädern durch Ausfällen mit Schwefelsäure.

[2] Über die Schwefelnatriumbestimmung in den Farbbädern der Schwefelfarbstoffe mit Hilfe von Jod oder Zinksulfat unter Verwendung von Nitroprussitnatrium schreibt *W. Herbig* in Zeitschr. f. angew. Chemie **1921,** 89.

[3] *M. Bottler:* Färbemethoden der Neuzeit, Halle 1910.

30% Kochsalz und 10% Soda 1 Stunde bei 90°. An Schwefelnatrium verwendet man zum Lösen und Färben je nach Art des Farbstoffes das halbe bis 4fache Gewicht des Farbstoffes. Die Spezialvorschriften der einzelnen Firmen sind Modifikationen dieser Grundvorschrift, sie bilden überdies den Inhalt der von den Farbenfabriken an ihre Kunden herausgegebenen Musterbücher, so daß auf ihre Wiedergabe verzichtet werden kann[1]. Im folgenden sollen daher nur allgemeine Angaben gebracht werden.

Beim Färben der losen Baumwolle mit Schwefelfarbstoffen kommt es weniger auf Gleichmäßigkeit der Färbungen als auf große Produktion an. Sie wird daher vor dem Färben nicht mit Soda abgekocht, sondern bloß gut genetzt, um so mehr, als die alkalische Abkochung die Knötchenbildung befördert. Lose, mit Schwefelfarbstoffen gefärbte Baumwolle wird nachträglich meistens mit loser Wolle zusammen gekrempelt und erfährt daher, um sie geschmeidiger zu machen, eine Nachbehandlung in einem Schmelzbade, d. i. in einer Abkochung von 3 Teilen Olein, 1 Teil Seife und 0,5 Teilen Ammoniak.

Man färbt in Holz- oder Eisengefäßen, die Farbstoffe müssen gut gelöst sein, starkes Kochen und Krücken ist der Klumpenbildung wegen zu vermeiden. Die Flotte wird durch eine Heizschlange unterhalb des Siebbodens mit direktem Dampf geheizt. Das Flottenverhältnis ist zweckmäßig 1:15 bis 1:18. Man geht mit der genetzten Baumwolle ein, kocht 10 bis 20 Minuten und läßt nach Abstellen des Dampfes $^1/_2$ bis $^3/_4$ Stunde ziehen. Bei stärkerer Beschickung des Bades mit Farbstoff läßt sich die Färbedauer abkürzen. Es wird vorteilhaft unter der Flotte gefärbt. Nach dem Färben wird auf ein über dem Färbebottich liegendes Lattengitter geworfen, so daß der Flottenüberschuß abläuft; dann wird in eisernen gummierten oder verzinnten Zentrifugen der Rest der Flotte entfernt. Je nach dem verwendeten Farbstoff wird entweder gleich gespült (Direktblau, Indogen, Schwarz, Braun, Gelb) oder zunächst $^1/_2$ bis 1 Stunde gelagert (I.-Reinblau) oder gedämpft (Blau C, CR) und dann gespült. Die ersten Spülbäder werden der Flotte als Ersatz des verlorenen Flüssigkeitsquantums wieder beigegeben. Nachbehandelt wird lose Baumwolle selten, da sie dadurch zum Verspinnen zu hart wird; eventuell wird später stark zu fettende Ware (Vigognespinnerei) unter Zusatz von Soda mit Metallsalzen nachbehandelt.

Garn, das in bedeutend größerem Maßstabe als lose Baumwolle, und zwar meistens in Strangform mit Schwefelfarbstoffen gefärbt wird, kocht man vor dem Färben zweckmäßig mit 4 bis 6% Soda ab; Seife ist teurer, außerdem können die auf der Faser verbleibenden Reste auch zu unegalen Stellen führen. Die Flotte darf nur schwach wallen, da sich sonst die Stränge leicht verfilzen; aus demselben Grunde ist das Aufschlagen der Garne nach beendetem Färben zu vermeiden. Die Flotte nimmt man etwas länger als für lose Ware; man geht mit dem abgekochten Garn ein, zieht 4mal hintereinander, dann alle 5 bis 10 Minuten einmal um, schließlich vor dem Aus-

---

[1] Das Schwarzfärben der Baumwolle (lose, Kardenband, Garn) auch mit Schwefelfarbstoffen beschreibt *H. Kramer* in Monatsschr. f. Text.-Ind. **1916,** 186.

gehen noch 2 bis 3 mal und quetscht dann nach einstündigem Färben bei 90° ab. Für 50 kg Garn in 1000 l Flotte werden in Prozenten vom Warengewicht gebraucht z. B. für:

	Farbstoff	Na$_2$S	Na$_2$CO$_3$	NaCl	Rotöl
Schwarz-Ansatz . . .	18—24	16—20	10	70	—
Weiterfärben	20—24	16—20	4	12	—
Direktblau-Ansatz .	6—14	8—16	2	6—14	2
Weiterfärben	5—10	5—10	0,5	3—6	0,5

Mercerisiertes Garn, das größere Affinität zu den Schwefelfarbstoffen zeigt als nicht mercerisierte Baumwolle, wird 1. ohne Salzzusatz gefärbt (dies gilt besonders für die Blaumarken), 2. geht man mit mercerisiertem Garn vorteilhaft bei niederer Temperatur ein, um besseres Egalisieren zu erzielen; aus demselben Grund empfiehlt sich Zusatz von Türkischrotöl oder Monopolseife; 3. wird die Farbstoffmenge verringert, oder die Schwefelnatriummenge um $^1/_4$ vergrößert. Nach dem Färben erst zu mercerisieren, ist selten vorteilhaft, da beim vorherigen Mercerisieren 25% Farbstoff gespart werden und der Glanz des Garnes durch das Färben in keiner Weise beeinträchtigt wird. Soll dennoch nach dem Färben mercerisiert werden, so empfiehlt es sich, wegen der Neigung sämtlicher Schwefelfarbstoffe, bei längerer Berührung mit Lauge auszulaufen, sofort nach dem Mercerisieren zu strecken und zu spülen. Das nachträgliche Mercerisieren halten von I.-Farben am besten aus: Gelb D, Orange C, alle Indone, Dunkelgrün B, Olive B und 3 G, Catechu O und G, alle Schwarz- und alle Braunmarken. — Färben und Mercerisieren in einer Operation zu vereinigen, wurde schon 1896 versucht[1]. Die wenigen damals bekannten Schwefelfarbstoffe, z. B. Verde italiano, Vidal- und Echtschwarz, Katigenschwarzbraun, wurden vorher gelöst, in eine Flotte mit dem 10 fachen Gewicht Wasser und dem doppelten Gewicht Natronlauge eingetragen und die gespannte oder ungespannte Baumwolle 6 bis 10 Stunden kalt eingelegt. Durch dieses Verfahren wurden zugleich die Nuancen geändert: Verde italiano wird schwarzgrün, Katigenschwarzbraun wird zu einem tiefen Schwarz. — In Färber-Ztg. 1912, 438 bringt A. *Winter* Einzelheiten über das Färben zarter Töne mit Sch. f., das Färben mercerisierter Garne und die Nachbehandlungsverfahren von Baumwollfärbungen.

Ketten werden nicht in Strangform, sondern als glattes, nicht gedrehtes Band gefärbt. Das Färben der Ketten bedeutet Zeit- und Materialersparnis sowie Schonung der Ware, da das Abhaspeln der Cops zum Strang und das Wiederaufhaspeln nach dem Färben wegfällt. Allerdings können Ketten nur auf eigens konstruierten Maschinen gefärbt werden. Sie werden zuerst gut ausgekocht (entschlichtet) und eventuell durch ein warmes 4 bis 6 proz. Natronlaugebad genommen; das Färbebad befindet sich während der Kettenpassage in schwachem Kochen.

---

[1] D. R. P. 99 337; siehe auch die zurückgezogene Anmeldung F. 20 262.

In kleinen Maschinen passiert man 2—4 mal in folgendem Ansatz: Erste Passage pro Liter Flotte: 3 g Soda, 20 bis 25 g Na_2S, 3 g Dextrin, 2 g Rotöl, 30 bis 35 g I.-Schwarz, 30 g Glaubersalz. Für jede folgende Passage werden vom Kettengewicht hinzugefügt: 0,5% calcin. Soda, 8 bis 9% Na_2S, 0,5% Dextrin, 0,5% Rotöl, 10 bis 12% I.-Schwarz, 3% Glaubersalz. Der Salzgehalt des Bades muß mit dem Aräometer öfters kontrolliert werden; nach der letzten Passage wird endgültig abgequetscht und gespült.

Die Stückfärberei mit Schwefelfarbstoffen[1] verläuft glatt und ohne störende Nebenerscheinungen, wenn die Stücke vorher gut mit Soda ausgekocht und gespült wurden. Dieser Bäuchprozeß mit dem vorangegangenen Sengen entfernt die Verunreinigungen und entschlichtet das Gewebe. Für helle Nuancen muß vorher gebleicht werden, billige Massenwaren werden nur gesengt und nicht gebäucht. Das Kochen mit alkalischen Flüssigkeiten erfolgt im Jigger in Strangform; nur schwere Stoffe, Velvet u. dgl., werden breit gewaschen. Das Färben setzt folgende Bedingungen für eine gut verlaufende Stückfärberei voraus: 1. Das Stück muß faltenlos laufen; 2. die Flotte muß während des Färbens gelinde kochen; 3. vor dem Spülen muß gut abgequetscht werden; 4. das erste Spülbad muß warm sein und enthält zweckmäßig etwas Schwefelnatrium; 5. nachzubehandelnde Ware muß nach dem Spülen, vor Zugabe der Metallsalze durch ein heißes Bad von 0,5 bis 0,75% Chromat und Essigsäure laufen.

Die Schwefelfarbstoffe sind für Stückware besonders geeignet, vor allem die schwarzen als Ersatz für Oxydationsschwarz (Anilinschwarz) für Konfektions- und Futterstoffe, gewisse Blaumarken als Ersatz für Indigo, braune Schwefelfarbstoffe an Stelle von Catechu, da jene dem natürlichen Catechu an Wasch- und Tragechtheit überlegen sind[2].

Unter Kaltfärben versteht man die Ausführung des Färbeprozesses bei etwa 30°. Nach *Ganswindt* ist die Eigenschaft der Baumwolle, in kaltem oder besser lauwarmem Bade angefärbt zu werden, unabhängig von der Natur und Zahl der Zusätze; es ist ausschließlich eine Funktion der Löslichkeit des betreffenden Farbstoffes. Die beste Löslichkeitstemperatur ist auch die beste Färbetemperatur. Die meisten Schwefelfarbstoffe färben aber jedenfalls bei mittleren und höheren Temperaturen am besten, obwohl sie auch kalt gut löslich sind; auffallend ist ferner, daß ein Zusatz von Phosphaten und

---

[1] In Text. Manufact. **1912**, 131 beschreibt *L. J. Matos* das Färben von Baumwollstückware mit Schwefelfarbstoffen auf dem Jigger, in der Pflatsch- und Kontinuemaschine. Das Färben von Stückware in Mittel- und Dunkelblautönen mit verschiedenen Schwefelblaumarken auf dem gewöhnlichen und Unterwasserjigger beschreibt *R. Etzer* in Zeitschr. f. Text.-Ind. **1912**, 9. Das Färben feldgrauer Stoffe für Sandsäcke und Unterköperware im Jigger mit Schwefelfarbstoffen beschreibt *H. Pomeranz* in Zeitschr. f. Text.-Ind. **1917**, 162. Die Kontinuefärberei von täglich 30 km bunter oder 20 km schwarzer Ware mit Schwefelfarbstoffen beschreibt *E. Hofmann* in Färber-Ztg. **1917**, 197. Das Färben und Imprägnieren schwerer Baumwollstückware (Segeltuch, Zellstoff, Schuhwerkgewebe, Rucksackstoff, Wagenplane) auch mit Schwefelfarbstoffen beschreibt *A. Busch* in Zeitschr. f. Text. Ind. **1917**, 630.

[2] Chem.-Ztg. **1908**, 179 und 269.

Boraten zur Flotte das Aufziehen bei niederer Temperatur wesentlich begünstigt[1]. Wenn auch die Echtheiten der bei verschiedenen Temperaturen erhaltenen Färbungen dieselben sind — eine so intensive Durchfärbung wie nahe der Kochtemperatur findet beim Kaltfärben doch nicht statt, dagegen ist die Färbung häufig egaler wie beim Heißfärben. Besonders geeignet ist mercerisierte Ware zum Kaltfärben.

Man geht in die kalte Flotte, der vorher der kochend gelöste Schwefelfarbstoff filtriert beigegeben wurde, ein, spült nach 1stündiger Färbedauer mit lauwarmer Schwefelnatriumlösung, sodann mit gewöhnlichem Wasser. Man färbt z. B. im kalten Ansatzbad (Flottenverhältnis 1:4): 16% eines schwarzen Schwefelfarbstoffes, 16% Na_2S, 8% calcin. Soda, 10 bis 15% Na_2SO_4.

II. Das Färben in mechanischen Apparaten.

Die Schwierigkeiten, die zunächst zu überwinden waren, ehe das Färben der Schwefelfarbstoffe in mechanischen Apparaten ermöglicht werden konnte, bestanden 1. in der Konstruktion der Apparate selbst, da die Verwendung von Kupfer- oder Messingbestandteilen für das Arbeiten mit schwefelalkalischen Lösungen vermieden werden mußte, 2. in der Notwendigkeit, sofort nach dem Färben den Flottenüberschuß entfernen zu müssen, um Unegalitäten zu vermeiden, 3. in der Notwendigkeit, in einer Operation mit dem Färben oxydieren zu müssen, um das Abwaschen der unbefestigten Leukoverbindung von der Faser beim folgenden Spülen zu vermeiden.

Zum Teil sind diese Schwierigkeiten behoben; immerhin sind völlig egale Färbungen auf Apparaten heute noch kaum zu erreichen; Garne geben so gefärbt nur mit langsam oxydablen Schwefelfarbstoffen egale Färbungen, sonst sind die äußeren Wicklungen der Cops vielfach dunkler wie die inneren; dieser Fehler ist jedoch ohne größere Bedeutung, da die Cops hier doch immerhin noch bedeutend egaler gefärbt ausfallen, als in der Küpenfärberei; außerdem läßt sich die dunkle Oberfläche der Wickel zuweilen durch heißes Seifen aufhellen. Garn in losen Wickeln gefärbt, fällt meist auch innen unegal aus, da der harte Wickel die oxydierten Farbstoffteilchen an seiner Oberfläche zurückhält. Das Färben mit Schwefelfarbstoffen in mechanischen Apparaten nach dem Packsystem bietet keinerlei Schwierigkeiten, es ist gar nicht nötig, sich hierbei komplizierter Apparate zu bedienen, wie ein solcher z. B. in dem theoretisch interessanten Färbeapparat von *Cohen*[2] vorliegt: Der Flottenraum ist hier eine Zentrifuge, die zugleich Einrichtungen zum Dämpfen und Spülen der gefärbten Ware besitzt, so daß nach dem Färben der Flottenüberschuß sofort entfernt und die Leukoverbindung auf der Faser oxydiert werden kann. Allerdings muß bei den nicht derartig eingerichteten Packsystemapparaten nach dem Ablassen der Flotte und nach dem alkalischen Spülen ausgepackt, entwässert und zum Dämpfen wieder eingepackt werden, wenn man es nicht vorzieht, die Flotte

---

[1] D. R. P. 207 373.
[2] D. R. P. 142 768.

mit Dampf abzudrücken und anschließend zu dämpfen. Dieses Verfahren wird besonders häufig angewendet, wenn die Ware nicht zu hart gewickelt ist; lose Baumwolle dämpft man stets außerhalb des Apparates.

Die Apparate nach dem Aufstecksystem werden jedenfalls häufiger angewendet. Die Flotte wird nach dem Färben aus dem Apparat gesaugt und die in gleichmäßigem Strom eintretende Luft oxydiert sofort. Man kann allenfalls auch mit luftfreiem Dampf zunächst die Flotte abdrücken und nach dieser Operation erst Luft durchsaugen. Dieses Drücken bzw. Saugen muß jedoch stoßfrei erfolgen; man arbeitet daher mit größeren Flottenmengen, wodurch auch gleichzeitig erreicht wird, daß die Ware stets gut von der Flotte bedeckt ist. Die Aufsteckapparate gestatten auch in fast allen Systemen, das Dämpfen anschließend an den Färbeprozeß vorzunehmen. Durch eine geeignete Vorrichtung reißt der zum Ausdrücken der Flotte benützte Dampf eine gewisse Menge Luft mit, die zum Oxydieren dient. Vorher wird der Apparat samt der Ware durch besondere Einrichtungen vorgewärmt, um die Kondensation von Wasserdampf innerhalb des Apparates und damit die Erzeugung von Flecken auf der Ware zu verhindern. Man dämpft dann in beiden Richtungen von innen nach außen und umgekehrt. Eine andere Nachbehandlung, z. B. die mit Metallsalzen, wird in den Apparaten nicht vollzogen. Bezüglich der Verwendung kalkfreien Wassers, filtrierter Farbstoff- bzw. Schwefelnatriumlösungen gilt das S. 210 Gesagte. Farbstoff- und Schwefelnatriumlösung werden am besten in größerer Menge im Vorrat angesetzt. Während calcinierte Soda meist völlig rein ist, empfiehlt es sich, für die Apparatenfärberei das Glaubersalz krystallisiert zu verwenden; Kochsalz wird, um die Löslichkeit nicht herabzusetzen, als Zusatz nach Möglichkeit vermieden. Das Aräometer soll bei einer Flotte für helle Nuancen 3 bis 5° Bé, für dunkle 6 bis 8° Bé anzeigen. Man färbt die vorher einige Minuten mit Soda gekochte und mit Türkischrotöl oder Monopolseife genetzte Ware bei niederen Temperaturen im allgemeinen $^3/_4$ bis 1 Stunde, bei kürzeren Flotten entsprechend kürzere Zeit.

Lose Baumwolle (Flocken) färbt man ausschließlich nach dem Packsystem, nahe der Kochtemperatur. Nach Entfernung der Flotte werden I.-Indon-, Indogen- und Direktblaufärbungen sofort gespült (für Katigenfarben wird ein Zusatz von 1,5 bis 3% Natronlauge zum Spülbad empfohlen); man kann jedoch auch einige Zeit mit Luft oxydieren, wodurch die Färbungen röter und tiefer werden; die I.-Blau- und Neublaumarken werden hingegen im Apparat selbst oder außerhalb des Apparates gedämpft oder warm gelagert.

Kardenband und Vorgespinst wird in Form loser Wickel nach dem Packsystem wie lose Baumwolle gefärbt, doch muß auf die Empfindlichkeit des weichen Materials Rücksicht genommen werden; man färbt daher nie bei höherer Temperatur als 70 bis 80°. Nach dem Aufstecksystem wird es in Spulenform (Flyer-Slowing-Spulen) unter Verwendung von Eisen- oder Zinkblechspindeln 30 bis 40 Minuten in etwa 80° warmer Flotte ohne weitere Dampfzufuhr gefärbt. Schließlich gelangt das Kardenband auch in kontinuierlicher Passage in sehr konzentrierten Bädern in der Wanne zum Färben.

Garn in Form von Kreuzspulen oder Cops, auch in Form von Strängen, kann nach dem Packsystem gefärbt werden; in diesem Falle muß für sorgfältigste Ausfüllung der verbleibenden Zwischenräume gesorgt werden. In die Papierhülsen der Cops werden Stifte aus Holz, Nickelin, Hartgummi u. dgl. geschoben, die vor dem Trocknen der gefärbten Ware wieder herausgezogen werden. Beim Färben nach dem Aufstecksystem müssen die Papierhülsen der Cops und Spulen perforiert sein und dürfen weder Alaun noch Tonerde enthalten, weil diese Substanzen das Garn beim Färben leicht fleckig machen. Die Spindelspitzen der Pin- und Warpcops sind häufig mit Baumwollresten u. dgl. verstopft, so daß die Cops an den oberen Stellen nicht durchgefärbt werden, ein Fehler, der sich erst beim Verweben zeigt; die Spindeln müssen daher zuweilen durch Ausbrennen gereinigt werden. Auch insofern bereiten die Cops zuweilen Schwierigkeiten, als einzelne leicht beschädigt werden und dann die ganze Partie durch den dadurch verursachten unregelmäßigen Flottenzustrom leidet. Sollte sich nach dem Färben, besonders mit blauen Schwefelfarbstoffen, die Flotte nicht schnell genug entfernen lassen, so gibt man sofort nach dem Ablauf der Flotte möglichst viel Wasser und spült gründlich unter Zusatz von 10 g Salz und 0,5 bis 1 g Schwefelnatrium pro Liter. Cops erfordern für bestimmte Nuancen 10 bis 15% Farbstoff mehr als nichtgespültes Garn.

Ketten färbt man nach dem Packsystem in derselben Art wie Cops oder Spulen, nach dem Aufstecksystem in Form aufgebäumter Ketten. Wegen der Art der späteren Aufarbeitung spielen hier feinere Nuancenunterschiede keine große Rolle. Man färbt 1 Stunde schwach kochend oder läßt anfänglich aufkochen und färbt dann ohne weitere Wärmezufuhr. Nach dem Färben wird die Flotte rasch abgedrückt oder abgesaugt und die Ware sofort heiß gespült.

III. Schaumfärberei.

Es werden nur solche Materialien im Schaum gefärbt, bei denen es auf besondere Egalisierung nicht ankommt. Wichtig ist, daß der verwendete Dampf heiß und trocken ist; der Schaumfärbeapparat muß sich demnach nahe am Dampfkessel befinden. Für 80 bis 100 kg Kreuzspulen soll die zur Verwendung kommende Wassermenge nicht größer sein als 300 bis 400 l. Man setzt die Farbstofflösung zu, kocht gut auf und führt den Lattenkasten ein. Durch Einleiten von Dampf wird nun der Schaum erzeugt und derart reguliert, daß die Schaummasse die Spulen möglichst vollständig einhüllt.

IV. Das Färben mit Schwefelfarbstoffen in der Küpe.

Es existieren nur zwei Patente, die Vorschriften zur Herstellung von Schwefelfarbstofffärbungen in der Küpe enthalten; bedeutend häufiger verwendet man gewisse Schwefelfarbstoffe in Kombination mit Indigo.

Das eine[1] der beiden Patente verwendet die Hydrosulfitküpe, das zweite[2] die Gärungsküpe. Die Zinkstaub-, Kalk- und Eisenvitriol-Kalk-

---

[1] D. R. P. 146 797.   [2] D. R. P. 200 391.

küpe kommen hier von vornherein deshalb nicht in Betracht, weil die Schwefelfarbstoffe mit den Metallen unlösliche Lacke bilden.

Die Hydrosulfitküpe wird für Schwefelfarbstoffe genau so angesetzt wie für Indigo und muß auch wie diese stets alkalisch gehalten werden. Man rührt z. B. 4 kg I.-Blau C und 60 kg alkalische Hydrosulfitlösung von 13° Bé bei 50°, bis die Lösung braungelb ist, dann gießt man sie in die Färbekufe zu etwa 2000 l Wasser, geht mit der Baumwolle ein und fixiert vorteilhaft den ersten Zug, der schon relativ stark vergrünt, durch Oxydationsmittel auf der Faser. Die folgenden Züge dienen dann dazu, die fixierte Grundfärbung zu verstärken. In derselben Küpe kann auch Indigo zu gleicher Zeit mitgefärbt werden. Das Verfahren ist ziemlich teuer[1].

Beim Färben in der Gärungsküpe wird die Reduktion der Farbstoffe zu Leukoverbindungen durch die Entwicklung von Wasserstoff, der aus gärenden Kohlehydraten entbunden wird, bewirkt. Die nötigen Ingredienzien werden von Fall zu Fall bestimmt; feststehende Vorschriften gibt es nicht, und der Färber ist gezwungen, die Güte des Ansatzes nach gewissen Anzeichen der Küpe beurteilen zu müssen. Eine haltbare Masse, die direkt in den Handel geht und ohne weitere Vorbereitungen verwendet werden kann, erhält man z. B. durch Verkneten von 50 Teilen feiner Weizenkleie, 50 Teilen Kartoffelmehl, 50 Teilen calcinierter Soda, 50 Teilen Zuckersirup, mit 20 Teilen eines schwarzen Schwefelfarbstoffes, die Fabriken geben aber auch Vorschriften an den Färber, mit deren Hilfe er die Küpe aus den bezeichneten Schwefelfarbstoffen des Handels selbst herstellen kann. Die Küpe muß auch hier stets schwach sodaalkalisch gehalten werden. Man geht mit der Baumwolle ein, wenn der Farbenübergang der schließlich schäumenden Masse von Grau über Bläulichgrün nach klar Dunkelgrün sich vollzogen hat. Dies ist 3 bis 4 Tage nach Ansatz der Fall. Für die tierische Faser ist das Verfahren wenig verwendbar; ebensowenig vermag man alle Schwefelfarbstoffe in dieser Gärungsküpe zu färben.

V. Nachbehandlung.

Die Nachbehandlung der mit Schwefelfarbstoffen gefärbten Baumwolle wird zur Erzielung verschiedener Verbesserungen der Färbungen ausgeführt. Die Methoden dieser Ausführung sind so vielseitig und erfordern eine ähnliche koloristische Bearbeitung wie der Färbeprozeß selbst, daß man sie als dessen gleichwichtige Fortsetzung auffassen kann. Wir unterscheiden:

1. Oxydative Nachbehandlung zur Fixierung und Entwicklung des Farbstoffes oder zur Erzielung der Nuance und Erhöhung der Echtheit
  α) mit nicht metallischen Agentien,
  β) mit Metallsalzen.
2. Nachbehandlung zur Verhinderung der Faserschwächung.
3. Nachbehandlung zur Verbesserung sonstiger Eigenschaften des gefärbten Materials.
4. Nachbehandlung mit Diazoverbindungen.

---

[1] Bemerkung in D. R. P. 200 391.

Im Grunde genommen ist jede Einwirkung, die von außen auf die mit Schwefelfarbstoffen gefärbte Faser erfolgt, eine Nachbehandlung, und die mehr oder minder großen Echtheiten der Farbstoffe sind ein Maß für die Widerstandsfähigkeit, die der auf der Faser befindliche Farbstoff diesen Einflüssen der natürlichen oder künstlichen Nachbehandlung entgegensetzt. Trockene oder feuchte Luft wirken z. B. in der Kälte auf Schwefelfarbstoffärbungen kaum ein; die Lager- und Wetterechtheit der Schwefelfarbstoffe ist hinreichend bekannt; in der Wärme hat trockene, sowie feuchte Luft dagegen einen sehr bedeutenden Einfluß. Richtig gehandhabt wird diese während des Färbens den Prozeß so ungünstig beeinflussende Wirkung des Luftsauerstoffes zu einer wertvollen Nachbehandlungsmethode. Zu den Nachbehandlungen gehört auch das Abziehen der Schwefelfarbstoffe, das ist das Entfernen eines Teiles des aufgezogenen Farbstoffes durch ein Schwefelnatriumbad (2 bis 8 g pro Liter), sowie die schwache Chlorierung, Behandlung mit Hydrosulfit usw. zu demselben Zweck. (Siehe auch die Alkylierung und Oxydation auf der Faser S. 178.)

1. Oxydative Nachbehandlungsmethoden (zur Entwicklung der Färbungen).

α) *Mit nichtmetallischen Mitteln.*

Die beiden wertvollsten Methoden, von denen besonders die eine heute in großem Maßstabe ausgeführt wird, wurden schon vor 12 Jahren von der Firma *L. Cassella*, Frankfurt a. M., zum erstenmal auf mit Schwefelfarbstoffen gefärbte Baumwolle angewendet; es sind dies die Methoden des Dämpfens und die der Nachbehandlung mit Wasserstoffsuperoxyd. Das Dämpfen war ein in der Appretur zur Erzielung besonderer Weichheit des Garns schon lange geübtes Verfahren; ebenso diente es in der Wolldekatur zur Beseitigung des vom Pressen herrührenden Speckglanzes. In vorliegendem Falle ist jedoch das Wesentliche die völlige Veränderung der Nuance eines Farbstoffes oder vielmehr seine Hervorrufung auf der Faser unter dem gleichzeitigen Einfluß von Dampf und Luft bei einer Temperatur von 100° und mehr[1]. Der Dämpfprozeß besteht darin, daß die gefärbte Faser nach dem Färben, aber vor dem Spülen, also bei schwacher Alkalität, dem Einfluß des lufthaltigen Dampfes ausgesetzt wird. Man bedient sich hierzu besonderer Dämpfapparate; die mechanischen Apparate sind, wenn sie zum Färben gewisser Schwefelfarbstoffe dienen sollen, von vornherein mit diesen Einrichtungen versehen, die anschließend an den Färbeprozeß das im Apparate erfolgende Dämpfen gestatten. Nach Entfernung der Flotte läßt man den Dampf zweckmäßig zunächst in den Spindelhohlraum der Cops eintreten, so daß er das gefärbte Material von innen nach außen durchströmt. Einige Schwierigkeiten bereitet dieser einfache Dämpfprozeß insofern, als eine

---

[1] D. R. P. 118 087.

z u l a n g e Einwirkung des Dampfes die Färbungen zwar lebhafter, aber auch unechter macht. Auch das M u s t e r n der gedämpften Färbungen ist mangels eines Vergleichsobjektes nur auf die Weise durchführbar, daß man eine Probe des gefärbten Materiales durch Behandlung z. B. mit Alaun vom Alkali befreit, so daß sie sich an der Luft nicht mehr zu verändern vermag, und diese ohne zu spülen aufbewahrte Probe als Vergleichsobjekt für die gedämpfte Ware benutzt.

In der Kettenfärbemaschine gefärbte K e t t e n dämpft man wie Garn durch Einlegen in den Dämpfer und Einlassen des lufthaltigen Dampfes nach genügender Vorwärmung des Raumes. Ein Apparat für 100 kg Strang genügt wegen der besseren Raumausnützung für die doppelte Menge Garn in Kettenform. Aufgebäumte, im Apparat gefärbte Ketten dämpft man, wenn sie nicht zu groß und schwer durchdringbar sind, auf dem Baum durch Einführen des Dampfes in den Hohlraum des Baumes; ist hingegen die Kette zu groß, so legt man sie in einen Kasten und läßt den Dampf von innen durch den Baum, sowie von außen durch Dampfeinleiten in den Kasten selbst die Kette durchdringen.

S t ü c k w a r e wird im gewöhnlichen Dämpfkasten oder in einem entsprechend der Breite des Stückes gebauten Apparat gedämpft.

I.-Schwarz wird durch den Dämpfprozeß in ein rötliches Dunkelblau verwandelt; ebenso verändern sich auch andere der Thiazinreihe angehörende Schwefelfarbstoffe unter dem Einfluß des lufthaltigen Dampfes in mehr oder minder hohem Grade. W e s e n t l i c h ist das Dämpfen für die I.- B l a u marken C und CR, für K a t i g e n m a r i n e b l a u R extra, K a t i g e n i n d i g o 4 RO und 23 990. Für einige Thionmarken, besonders T h i o n b l a u und T h i o n m a r i n e b l a u wird vorgeschlagen, die Ware vor dem Dämpfen mit einer Lösung von 5 bis 25 g Ferricyankalium und 1 bis 5 g Borax pro Liter Flüssigkeit zu imprägnieren, auszuschleudern und nunmehr erst in den Dämpfer zu geben.

Der Dämpfprozeß kann zuweilen durch w a r m e s L a g e r n o d e r Ver h ä n g e n der Ware ersetzt werden. Dies wird namentlich bei loser Baumwolle, Kardenband, Vorgespinst, Kreuzspulen und aufgebäumten Ketten für die bekannten Entwicklungsblaumarken angewendet. Man zentrifugiert oder quetscht die Ware aus und bringt sie noch möglichst warm und mit einigen mit Flotte getränkten Tüchern zugedeckt in einen warmen Behälter, der mit Ölpapier oder Wachspapier ausgekleidet ist. Die so vor dem Austrocknen geschützte Ware wird einige Stunden oder über Nacht in dem Kasten belassen; am besten steht der Kasten in einem Trockenraum bei 60 bis 70°. Dann wird lauwarm gespült, eventuell geseift. Man erhält bei diesem gemäßigten Oxydationsprozeß wesentlich rötere Nuancen.

Zur E r h ö h u n g der W a s c h - und R e i b e c h t h e i t werden die gefärbten Gewebe mit Schwefelnatriumlösung getränkt und liegengelassen[1]; bezüglich Ausführung dieses Verfahrens, sowie eines anderen, das eine Erhöhung der

---

[1] D. R. P. 204 442 und 214 038.

Lebhaftigkeit der Nuance durch Nachbehandlung mit Sulfiten erzielt[1], sei auf die Patente verwiesen.

Die Licht- und Lagerechtheit mancher (besonders grüner) Thiogenfarbstoffe (B und GG) wird durch ein Thiosulfat enthaltendes Spülbad erhöht; man kann dieses Salz auch den Appreturmassen beigeben[2].

Nach einem besonderen Verfahren[3] verhängt man die gefärbte Ware erst nach Vorbehandlung mit neutralen Sulfiten, Bisulfiten, Schwefeldioxyd usw. *Ed. J. Mueller* entwickelt die Färbungen oxydierbarer Schwefelfarbstoffe, besonders jene der Immedialblaumarken C u. CR, in einem alkalischen evtl. Glycerin enthaltenden Natriumsulfitbade. Das Blau erscheint sehr rasch und gleichmäßig. (Rev. mal. col. 1914, 3.) Um Schwefelfarbstoffärbungen sofort die Lebhaftigkeit und Tönung zu geben, die sie sonst erst nach längerer Lagerung durch Oxydation erhalten, behandelt man das gefärbte und gewaschene Färbegut während 10—20 Minuten in einem kalten Bade, das 1—1,5% 38grädige Natronlauge und 2—3% Bisulfit ebenfalls von 38° Bé enthält, und trocknet ohne zu spülen. (*E. Justin-Mueller*, Ref. i. Chem. Ztg. Rep. 1921, 104.) Die Sulfite steigern jedenfalls die Einwirkung des Luftsauerstoffes ganz erheblich. Ob sich hierbei auch chemische Prozesse, vielleicht durch Vereinigung von Farbstoff und Sulfit abspielen, ist unaufgeklärt[4]. Dagegen steht fest, daß das Verhängen das Wesentliche obigen Verfahrens ist, da nur mit Sulfiten behandelte und nicht verhängte Färbungen höchstens schwach bläulich werden[5].

Hierher gehört auch das praktisch wohl nicht ausgeübte Verfahren[6], nach dem mit Schwefelfarbstoffen gefärbte Baumwolle der Einwirkung von ozonbildenden Substanzen, z. B. ätherischen Ölen, ausgesetzt wird.

Die zweite der genannten oxydativen Nachbehandlungsmethoden ist jene mit Wasserstoffsuperoxyd in schwach alkalischer Lösung[7]. Man beschickt das Bad mit 5 bis 30% Wasserstoffsuperoxyd (3 proz. Lösung) und 0,3 bis 5% Ammoniak, behandelt zuerst 20 Minuten kalt und erhitzt dann auf mittlere Temperatur oder zum Kochen. Vom Natriumsuperoxyd nimmt man natürlich entsprechend weniger (0,4 bis 2%) und arbeitet nur in der Kälte. Dieses Verfahren ist zwar teurer als die Oxydation mit Dampf und Luft, führt aber auch in vielen Fällen zu wesentlich lebhafteren, zuweilen auch echteren Nuancen. Man erhält z. B. durch eine derartige Behandlung von mit I.-Blau C gefärbter Ware tiefblaue Indigotöne, die in der Wäsche echter sind als Indigo. I.-Blau CB-Färbungen, mit Wasserstoffsuperoxyd entwickelt, und neben Indigo 6 Wochen im Juni und Juli belichtet, dabei in jeder Woche starker Hauswäsche mit Soda und Seife unterworfen,

---

[1] F. P. 325 462.

[2] F. P. 295 190.

[3] D. R. P. 140 541 und Zusatz 141 371.

[4] Zeitschr. f. angew. Chemie **1902**, 53.

[5] D. R. P. 131 961.

[6] A. P. 769 059.

[7] D. R. P. 110 367. — Oxydation der Farbstoffe in Substanz mit H_2O_2 siehe F. P. 350 096 S. 464.

erwiesen die bedeutend größere Widerstandsfähigkeit des Schwefelfarbstoffes. Die Nachbehandlung der mit Wasserstoffsuperoxyd oxydierten Färbungen mit Essigsäure erfolgt während 10 bis 15 Minuten bei 60 bis 100° und führt zu sehr rotstichigen blauen Färbungen. Man kann die Oxydation auch so leiten, daß man die Ware mit den konzentrierten Lösungen obiger Mischungen imprägniert, ausschleudert und mit oder ohne Luftzufuhr dämpft. Diese Methode spart Superoxyd.

Auch in mechanischen Apparaten kann man nach Entfernung der Flotte zur Erzielung einer gleichmäßigen und raschen Oxydation der I.-Indon-, Indogen- und Direktblaufärbungen dem letzten Spülbad pro Liter 2 bis 3 ccm Wasserstoffsuperoxyd und 0,2 bis 0,3 ccm Ammoniak beifügen, einige Minuten kalt einwirken lassen und schließlich auf 40 bis 50° anwärmen.

Eine ausgedehntere Benutzung erfährt dieses Verfahren trotz seiner vielfachen Vorzüge in der Praxis doch nicht, da es verhältnismäßig teuer ist; ein Nachteil ist ferner, daß sich die Superoxydpräparate beim Aufbewahren schlecht halten. (Vgl. *Lange*, Chem. Techn. Vorschriften, Leipzig 1923, Bd. IV, 108.) Der Dämpfprozeß ist übrigens, wenn nicht besonders lebhafte Nuancen verlangt werden, sehr wohl geeignet, das Wasserstoffsuperoxydverfahren zu ersetzen.

Auch die in einem Falle empfohlene oxydative Nachbehandlung mit unterchlorigsauren Salzen[1] dürfte ebenfalls, teils der größeren Kosten wegen, teils wegen der ungünstigen Nachwirkungen der unterchlorigsauren Salze auf Faser und Farbstoff, keine ausgedehntere Verwendung finden.

β) Nachbehandlung mit Metallsalzen.

Schwefelfarbstoffe bilden mit Metallsalzen unlösliche Verbindungen — Lacke —, die, wenn sie auf der Faser gebildet werden, zum Teil andere Eigenschaften besitzen als die Farbstoffe selbst. Die so erhaltenen Schwefelfarbstofflacke sind widerstandsfähiger gegen die Ablösung von der Faser, sowie wasch- und auch lichtechter als die ursprünglichen Farbstoffe. — Man kann die Einwirkung der Metallsalze auch als nachträgliche Beizung bezeichnen. Man muß unterscheiden zwischen 1. Lackbildung ohne gleichzeitige Oxydation, 2. Lackbildung, bei der das Metallsalz selbst unter Zusatz saurer Lösungsmittel oder bei der die Luft oxydierend mitwirkt.

1. Lackbildung ohne gleichzeitige Oxydation[2].

Durch Behandlung der graublau färbenden Schwefelfarbstoffe der D. R. P. 144 266 und 114 267 (Melanogenmarken), die als Verwandte des Naphthazarins an und für sich Beizenfarbstoffcharakter besitzen, mit Metallsalzen bei Ausschluß der Luft erhält man sehr farbkräftige Lacke[3], von denen

---

[1] Anmeldung G. 18 738.

[2] Die ursprünglichste Lackdarstellung bestand in dem Niederschlagen von Anilinfarben mittels Stärkepulver; diese Pigmente wurden als solche verwendet; *Reimann:* Chem. Centralbl. **1871**, 61.

[3] D. R. P. 124 507.

die mit Zink-, Cadmium- und Aluminiumsalzen blau, die mit Chrom-, Nickel- und Kobaltsalzen blauschwarz gefärbt sind. Die Cadmium-, Nickel- und Kobaltlacke zeichnen sich durch hervorragende Echtheit aus. Die Lackbildung erfolgt einfach durch Nachbehandlung der gefärbten Baumwolle mit z. B. 1,25 kg Cadmiumsulfat auf 50 kg Ware[1].

Die Erhöhung der Walk- und Reibechtheit wird durch Nachbehandlung der Färbungen mit Chromoxydsalzen, z. B. mit Chromalaun, erzielt. Diese Salze wirken natürlich nicht oxydierend, also entwickelnd, auf den Farbstoff ein, wohl aber erfolgt durch Lackbildung eine Verschiebung der Nuance, z. B. von Schwarz nach Grün, so daß solche Färbungen als Ersatz des grünlichgetönten Anilinschwarz gehen können[2]. Ähnliche Effekte bezweckt die Verwendung von Tonerde- und Chromoxydnatrium[3] mit gleichzeitiger oder folgender Verwendung von Ölen oder Fetten und die Nachbehandlung mit Chrombisulfit[4].

Die Lacke wurden auch in Pigmentform erhalten nach ähnlichen Methoden, wie man Lacke z. B. mit Azofarbstoffen herstellt. Zu diesem Zweck werden die alkalischen Lösungen der gereinigten Schwefelfarbstoffe mit geeigneten Substraten, z. B. Tonerdehydrat, Blanc fixe usw, versetzt[5] und unter Hinzufügen von Metallsalz gekocht, bis die höchste Farbintensität des Lackes erreicht ist. Vgl. auch *Lange*, Chem. Techn. Vorschriften, Leipzig 1923, Bd. III, 148.

Den umgekehrten Weg einzuschlagen, die Baumwolle zunächst mit Metallsalzen, Chrom-, Eisen-, Mangansalzen, aber auch mit Tannin zu behandeln und dann erst mit Schwefelfarbstoffen zu färben — also gebeizte Baumwolle zu verwenden[6], schlug schon *Vidal* vor[7]; doch konnte dieses Verfahren deshalb keine große Anwendung finden, weil die Schwefelfarbstoffe eben durch ihre Eigenschaft, auf die ungebeizte Faser zu gehen, wertvoll sind, so daß ihr hauptsächlichster Vorzug durch diese Methode verloren ginge. Dasselbe gilt für ein Verfahren, nach dem die Stoffe mit Eisensalzen vorbehandelt werden[8]. Vielleicht liegt auch der Methode[9], durch Zusatz von Phosphaten oder Boraten zur Flotte das Aufziehen von Schwefelfarbstoffen zu unterstützen, Lackbildung (Beizprozeß) zugrunde. Ein ähnliches Verfahren schlug *Kuhlmann* schon im Jahre 1857 vor[10], nämlich die Aufnahmefähigkeit der Faser für Farbstoffe durch Zusatz von Phosphorsäure zur Flotte zu steigern.

---

[1] Vgl. auch die Nachbehandlung mit Tonerdesalzen (S. 470, Nr. 575).

[2] D. R. P. 127 465.

[3] Anmeldung A. 8979, Anmeldung G. 15 242; vgl. F. P. 334 797 und Zusatz vom 28. VIII. 1903.

[4] D. R. P. 131 961.   [5] D. R. P. 150 765; vgl. F. P. 360 825.

[6] Vgl. die schon von *Reimann* vorgeschlagene Vorbehandlung der Wolle mit Schwefelmilch. Ber. **10**, 1958.

[7] D. R. P. 120 685; vgl. *Lepetit:* Färber-Ztg. **1889**, 128 (Zusatz von Tannin zum Färbebad S. 129).

[8] F. P. 305 168 und Zusatz (Anmeldung D. 11 107).

[9] D. R. P. 207 373.   [10] Compt. rend. **43**, 950.

2. Nachbehandlung mit Metallsalzen, die oxydierend wirken.

Allgemeines. Die ersten Vidalfarbstoffe waren als solche überhaupt nicht verwendbar; sie mußten erst mit Metallsalzen fixiert werden. Dazu wurden die oxydierend wirkenden Salze des Chroms verwendet; man ging z. B. mit der gefärbten Baumwolle in ein 40 bis 50° heißes Bad, das mit 5% Chromat und 5% Schwefelsäure oder 5% Kupfersulfat und 5% Schwefeläure besetzt war, ein, hantierte $^1/_2$ Stunde und erhielt so Färbungen von hervorragender Echtheit. Die grüneren Kupfer- und die blaueren Chromatnuancen hielten einer 10 proz. Soda-, sogar einer bis 5 proz. Seifenkochung stand, aber sehr bald zeigte sich, daß die Faser diese Art der Nachbehandlung nicht aushielt, sondern besonders beim folgenden Dämpfen derart geschwächt wurde, daß an eine technische Verwendung dieser Nachbehandlungsmethode nicht zu denken war. Nach einer bald darauf von der Firma *L. Cassella* herausgegebenen Vorschrift ließen sich die Mengen der Metallsalze erheblich herabsetzen, auch die Verwendung von Essigsäure statt Schwefelsäure erwies sich bedeutend günstiger. Man behandelt nach dem so modifizierten, heute üblichen Verfahren z. B. mit 2% Chromat + 2% Kupfersulfat + 2% Essigsäure $^1/_2$ Stunde bei 90 bis 95°. Auch die Verwendung anderer Kupfersalze, z. B. des Chlorides, Acetates, oder eine Auflösung von Kupferoxyd in Ammoniak[1] oder der Ersatz eines Teiles des Chromates durch Kupfersalz führt zum Ziele. Zum Beispiel: 3% Kupferchlorid, oder 2 bis 3% Kupferchlorid und 1 bis 2% Kaliumbichromat werden in Wasser gelöst und die Baumwolle in dem angesäuerten Bad $^1/_2$ bis 1 Stunde bei 90° behandelt und dann gedämpft. Eine so nachbehandelte Färbung widersteht ebenfalls einer 10 proz. kochenden Sodalösung, aber eine Schwächung der Faser tritt nicht ein. *Fr. Eppendahl* kommt auf Grund eigener ausgedehnter Versuche zu dem Schluß, daß die S. F. sich hinsichtlich der faserschädigenden Wirkung verschieden verhalten. Nachbehandlung mit Kupfersalzen ist zu vermeiden, nicht nachchromierte Färbungen müssen alkalisch oder mit Natriumacetat nachbehandelt werden. Später wurden auch Nickelsalze, allein oder im Gemenge mit anderen in eisernen Gefäßen anwendbaren Metallsalzen (Zn, Co, Fe, Cr, Al) bei Gegenwart von Essigsäure verwendet[2]. 100 kg Baumwolle werden z. B. in einem Bade nachbehandelt, das 2 bis 3 kg Nickelsulfat und 5 l Essigsäure oder 1,5 kg Nickelsulfat und 1 bis 1,5 kg Kaliumbichromat und 5 l Essigsäure enthält.

Die Nachbehandlung mit Kupfer- und Chromsalzen war schon früher in der substantiven Baumwollfärberei üblich, man wußte z. B., daß ein dem Färben folgendes Chromatbad die Waschechtheit erhöht. Über die sonst unbekannte Wirkungsweise der Salze existieren verschiedene Vermutungen: Nach *Justin Müller*[3] soll es sich beim Chromieren um einen rein mechanischen Vorgang handeln, um einen Waschprozeß, bei dem der Farbstoff in dem chromathaltigen Wasser weniger leicht löslich ist, während

---

[1] D. R. P. 112 799.

[2] D. R. P. 213 582.

[3] L'industrie textile **1899**.

das Kupfersulfat dadurch, daß es wie auch andere Kupfersalze wasser-
dichtend wirkt, die Lichtechtheit erhöht (*Ganswindt*). Da das Licht,
wie erwiesen, nur bei Gegenwart von Feuchtigkeit zerstörend auf den
Farbstoff wirkt, erscheint die gegen das Eindringen von Feuchtigkeit geschützte Farbstoffpartikel auch gegen die Wirkung des Lichtes geschützt.
Nach *Rumpf*[1] bewirkt das Kupfern Salzbildung und zugleich Oxydation, da
die nachfolgende Reduktion des auf der Faser befindlichen Farbstoffes,
z. B. mit Zinnsalz, auch die Licht u nechtheit wiederherstellt. Nach *M. Fort*[2]
beruht die Wirkung von Chromat und Säure auf der Oxydation der Leukoverbindungen p-chinoider Farbstoffe, die sich neben o-chinoiden in den
Schwefelfarbstoffen finden; wahrscheinlich bildet sich eine komplexe Verbindung mehrerer Farbstoffmoleküle unter Miteintritt des Chroms. Schließlich soll sich nach *Justin Müller* auf der Faser einfach ein Kupfersalz der
Farbsäure bilden dadurch, daß 2 Atome Natrium bzw. Wasserstoff durch
Kupfer ersetzt werden.

Die kombinierte Einwirkung der Salze beider Metalle bewirkt jedenfalls in vielen Fällen eine Erhöhung der Licht- und Waschechtheit. Die
beiden Salze wirken in wässeriger Lösung gar nicht aufeinander ein; ob sich
auf der Faser Kupferchromat bildet, ist nicht bekannt[3]. Es dürfte diese
kombinierte Nachbehandlungsmethode, die übrigens durchaus nicht immer den
beabsichtigten Erfolg hat, teilweise auf Lackbildung und teilweise auf Oxydation zurückzuführen sein[4].

Zur Ausführung der Nachbehandlung mit Metallsalzen wird
das Bad im Jigger bzw. in den Nachbehandlungströgen der Kontinuemaschine angesetzt, eiserne Apparate darf man jedoch nicht anwenden, da
ja Kupfersalzlösungen durch Eisen ausgefällt werden. Aus diesem Grunde
wird auch in Färbemaschinen selten nachbehandelt. Vorteilhaft arbeitet man,
wenn sich das Kupfern nicht vermeiden läßt, zuerst mit Kupfer-, dann mit
Chromsalzen; bei gleichzeitiger Verwendung von Kupfer- und Chromsalzen muß
genügender Überschuß an Essigsäure im Bad sein, wie überhaupt (besonders bei
kalkhaltigem Wasser) dafür zu sorgen ist, daß das Bad stets schwach sauer ist.

Zur Feststellung der Kupfersalznachbehandlung einer Färbung verascht
man ein Gewebestückchen in einer Platinspirale und bringt die glühende
Asche mit dem Dampf kochender Salzsäure in Berührung. Die Flamme
färbt sich blau, folgend grün. [*M. Fort*, Journ. Dyers a. Col. 27 (1911) Heft 1.]

2. Nachbehandlung zur Verhütung der Faserschwächung[5].

Wenn man gefärbte und in essigsaurer Lösung mit Metallsalzen nachbehandelte Baumwolle nach einiger Zeit auf ihre Festigkeit prüft, so zeigt

---

[1] Färber-Ztg. **1897**, 293.
[2] Journ. Dyers a. Col. **1911**, 27.
[3] Vgl. *E. Feilmann:* Journ. Soc. Dyers a. Col. **25**, 298, ungelöste Färbereiprobleme.
[4] Färber-Ztg. **1897**, 247.
[5] Siehe die Arbeiten von *Fr. Eppendahl*, Färber-Ztg. **1911**, Nr. 16 (Schluß einer
Artikelserie). Siehe auch Färber-Ztg. 1911, Bd. **22**, 166.

sich, daß die Faser brüchig geworden ist und bis zu 50% ihrer ursprünglichen
Güte eingebüßt hat[1], die Ursache dieser Qualitätsabminderung der Ware ist
die Bildung einer geringen Menge Schwefelsäure, die die Baumwolle in
Oxycellulose verwandelt[2] und durch diese Veränderung der Faserstruktur
die Festigkeit der Faser verringert.   Die Schwefelsäure · bildet sich aus
kolloidalem Schwefel, der dem Fasermaterial noch vom Färbeprozeß her
anhaftet.   Einwandfreie Versuche von *W. Zänker* und *E. Färber* (Färber-
Ztg. 1914, 308 und 343) ergaben das stetige Auftreten saurer Reaktion auf
mit kolloidalem Schwefel imprägnierten, ausgewaschenen, neutral oder schwach
alkalisch reagierenden Garnen, wenn man sie trocknet und an der Luft liegen
läßt, besonders beim Trocknen bei höherer Temperatur (140—160°), Verhängen
und abermaligem Trocknen[3].   Da nun seit der bald verlassenen Methode
der Nachbehandlung in schwefelsaurer Lösung keine Schwefelsäure mehr
Verwendung fand, schloß man, daß der im Farbstoff chemisch gebundene
oder der ihm mechanisch beigemengte Schwefel durch langsame Oxydation in Schwefelsäure übergeht[4], die dann die Faser zerstört.
Und in der Tat fanden *W. M. Gardener* und *H. H. Hodgson*[5] in manchen
Schwefelfarbstoffen des Handels bis zu 12,63% und in den mit ihnen gefärbten Geweben bis zu 1,5% freien Schwefel, nach dessen Extraktion
mit Schwefelkohlenstoff die Bildung von Schwefelsäure bedeutend herabgemindert wurde. Andrerseits konstatierte *L. E. Vließ*[6] an einer mit schwarzem
Schwefelfarbstoff hergestellten Färbung sowohl vor als auch nach der Oxydation an der Luft die Bildung von 2% Schwefelsäure; diese mußte demnach,
da ihre Menge vor und nach der Oxydation gleich groß gefunden wurde, aus
chemisch gebundenem Schwefel stammen. Chemisch gebundener, sowie
mechanisch beigemengter Schwefel sind jedenfalls beide geeignet, zur Bildung
von Schwefelsäure zu führen, da auch *J. R. Appleyard* und *J. B. Deakin*[7]
feststellten, daß der Schwefel, den man durch Tränken der Baumwolle mit
einer Lösung von Schwefel in Schwefelkohlenstoff der Faser künstlich ein-
verleibt, quantitativ in Schwefelsäure übergeht[8].

Die Verfahren, die die Faser vor dem zerstörenden Einfluß der sich so
bildenden Schwefelsäure schützen sollen, sind naturgemäß im Prinzip Neu-
tralisations- oder Oxydationsverfahren. Man verwendet z. B. Acetate
der Alkalinen oder Erdalkalien[9], mit denen die Ware in einem letzten Spül-

---

[1] Vgl. die Festigkeitstabellen von *Römer:* Färber-Ztg. **1900**, 372 und 394.

[2] *Chapuis:* Journ. Soc. Dyers a. Col. **1900**, 84 und *H. Erdmann:* Chem. Ind. **24**, 52.

[3] Das Verfahren kann zur Beurteilung der Haltbarkeit und Lagerfestigkeit von
Schwefelfarbstoffärbungen dienen (Färber-Ztg. **1913**, 479). Vgl. auch die Arbeit derselben Autoren ebd. **1914**, 361, und jene *Zänkers* ebd. **1916**, 273 und 289: Formen des
in den Schw. F. enthaltenen S.

[4] Siehe *Erdmanns* Thiozonid-Theorie, Annalen **362**, 133 bis 173.

[5] Journ. Soc. Chem. Ind. **1910**, 672; Chem.-Ztg. **1910**, Rep. 328.

[6] Journ. Soc. Chem. Ind. **1910**, 49.

[7] Journ. Soc. Chem. Ind. **18**, 128.

[8] Siehe auch *L. Monin:* Rev. mat. col. **1911**, 65.

[9] E. P. 2927/01 = Anmeldung C. 9561, Kl. 8 k von 1901.

.bad (5 bis 10 g Acetat pro Liter) imprägniert wird; man spült nachträglich
nicht mehr, sondern trocknet gleich. Ebenso verfährt man bei Anwendung
von Soda statt Acetaten[1]. Allenfalls schon vorhandene Schwefelsäure wird
durch dieses Verfahren gebunden, und das in der Faser abgelagerte Acetat
verhindert die Bildung freier Säure. Man kann statt essigsauer nachzubehandeln, auch in alkalischer Lösung wirkende Oxydationsmittel anwenden, z. B. Hypochlorite, Ferricyankalium, Natriumsuperoxyd, Permanganat usw.[2]. Man erzielt durch Nachbehandlung in einem Bade, das z. B. 5%
Natronlauge und 0,25% Permanganat enthält, eine Festigkeit der Ware, die
bis zu 98,2% der ursprünglichen vor der Färbung beträgt. Ferner wurde
vorgeschlagen, die Ware zunächst durch Tannin- und nachträglich durch
Kalkwasser zu ziehen, um unlösliches Calciumtannat auf der Faser niederzuschlagen. Die sich bildende Säure wird jedenfalls durch das Calciumtannat sofort gebunden, doch ist das Verfahren wohl etwas zu kompliziert
und zu teuer[3]. E. Jentsch empfiehlt in Färber-Ztg. 1911, 384 zur Verhütung
der Faserschwächung und zur gleichzeitigen Schönung der Schwefelschwarzfärbungen deren Nachbehandlung mit Türkischrotöl und Ammoniak oder.
mit Monopolöl (-Seife).

Besondere Sorgfalt erfordern diese Verfahren in der Ausführung dann,
wenn in Halbwollwaren die Wolle sauer gefärbt wird.

3. Nachbehandlungsmethoden zur Erzielung besonderer Eigen-schaften des gefärbten Materials.

Um der mit Schwefelfarbstoffen gefärbten Ware gewisse, ihr sonst nicht
innewohnende Eigenschaften zu verleihen, wie sie die mit anderen Farbstoffen
gefärbten Gewebe besitzen, werden die Färbungen mit·verschiedenen appre-
turähnlichen Substanzen nachbehandelt.

1. Weicher Griff wird z. B. erzielt durch Avivage der gefärbten Ware
in einem zuvor mit Soda enthärtetem Bade, das pro Liter 2 bis 3 g Acetat,
2 bis 3 g Seife und 0,5 g Öl enthält. Nach 20 Minuten währender Behandlung bei 70 bis 80° trocknet man, ohne zu spülen.

2. Harter Griff wird bei schwarzgefärbten Garnen erreicht durch
5 bis 10 Minuten dauerndes Umziehen von 100 kg Garn in einem Bade, das
durch Aufkochen von 2 kg Kartoffelmehl zum Kleister, unter Zusatz von
1 kg in Wasser gelöstem Leim, 1 kg Schweineschmalz, 4 l 30 proz. Essigsäure und 10 kg essigsaurem Natrium hergestellt wird.

3. Zur Erzielung des dem Einbad-Anilinschwarz eigentümlichen
Griffes werden die gefärbten und gespülten Garne durch ein heißes Bad
genommen, das 2 bis 3 g Seife pro Liter enthält. Nach dem Abtropfen spült
man in einem Bad von 3 bis 5 g Acetat pro Liter, schleudert und trocknet.

4. Zur Erhöhung der Schönheit der Nuance wird aviviert. Ein
während 15 Minuten lauwarm anzuwendendes Avivierungsbad enthält z. B.:

---

[1] E. P. 6429/01 = Anmeldung F. 13 877, Kl. 8k von 1901.
[2] D. R. P. 134 399.
[3] E. P. 3087/09, G. E. Holden: Journ. Soc. Dyers a. Col. 26, 76.

2% Türkischrotöl und 0,5% Ammoniak. Eine kombinierte Avivage besteht in der Behandlung von 50 kg Ware in einem 40 bis 50° warmen wässerigen Bade von 2 kg Marseiller Seife, 1,2 kg Baumöl, 0,5 kg Ammoniak, 0,3 kg Acetat. Man zieht das Garn in der durch Aufkochen erhaltenen Emulsion 4 bis 5 mal (Gewebe nur 1 mal) um, und trocknet ohne weitere Behandlung. Es wurde auch eine zweibadige Avivage, zuerst in einem warmen 5⁰/₀₀ Seifenbad, dann in einem kalten 6 bis 8 proz. Essigsäurebad vorgeschlagen.

5. Catechugriff. Natürlicher Catechu macht wegen seines Gehaltes an Catechugerbsäure, da kochend gefärbt wird, die Faser rauh und hart und damit zugleich schwer verspinnbar. Diese Sprödigkeit ist charakteristisch für Gewebe, die mit natürlichem Catechu gefärbt sind. Man erhält diesen catechuartigen Griff, wenn man mit braunen Schwefelfarbstoffen gefärbte Ware 5 Minuten in einem heißen 3 bis 5% Alaun enthaltenden Bade behandelt; bei einer eventuellen Chromatnachbehandlung kann der Alaun dem Chromatbade beigefügt werden; man darf dann jedoch nicht mehr spülen.

6. Krachender seidenartiger Griff wird auf Baumwollgarn durch ein erstes 8 proz. Seifenbad und folgende Nachbehandlung mit Weinsäure und essigsaurem Natrium erzielt. Es ist jedoch zu beachten, daß Weinsäure bei scharfem Bügeln oder Dämpfen ebenfalls schwächend auf die Faser wirkt. Feine gefärbte Garne erhalten knirschenden Seidegriff in einer Nachbehandlungsflotte, die 2% pulverisierten Leim, 2% flüssiges Paraffin und 1% Stärke enthält. (Siehe Textil World Record Mai 1911.)

7. Beschweren der mit Schwefelfarbstoffen gefärbten Ware. Das Färben mit Schwefelfarbstoffen bewirkt allein eine Zunahme des Baumwollgewichtes um 3 bis 5%. Die Beschwerungsmethoden kommen dann in Betracht, wenn mit Schwefelfarbstoffen als Ersatz für Blauholz gefärbt wird, da letzteres auf der Faser ziemlich schwere Farblacke bildet, ferner bei Catechuersatzfärbungen. Ein Beschwerungsbad enthält z. B.: 40 bis 60 kg Magnesiumsulfat, 8 kg Dextrin, 2 kg vorher mit 0,5 kg Soda verseiftes Rüböl, 800 l Wasser. 50 kg Baumwolle werden einige Minuten in dem lauwarmen Bade behandelt und ohne zu spülen geschleudert. Statt des Rüböls gelangt auch Glycerin zur Anwendung. Sumachextrakt und ähnliche Substanzen wirken ebenfalls beschwerend. (Siehe Leipziger Färber-Ztg. 1911, 393.) Vgl. auch den Appreturabschnitt in *Lange*, Chem. Techn. Vorschr. Leipzig 1923, Bd. II, 306 ff.

4. Nachbehandlung mit Diazoverbindungen.

Gewisse braune, mit Schwefelfarbstoffen erhaltene Färbungen (I.-Braun, Katigen-, Kryogenbraunmarken[1]) werden durch Behandeln mit Nitrodiazobenzol oder -toluol auf der Faser in wesentlich gelbere, intensivere und walkechtere Nuancen übergeführt[2]. Die Diazoverbindungen kommen in Form fertiger Präparate als Nitrazol C, Nitrosamin, Azophor usw. in

---

[1] Zum Beisp. D. R. P. 135 636.
[2] D. R. P. 129 477.

den Handel. Ausführung: 100 kg des gefärbten und gespülten Baumwoll-
materiales werden $1/_2$ Stunde in einem Bade behandelt, das 2 kg Nitrazol C,
0,5 kg Soda, 0,2 kg Acetat enthält, dann wird gespült. Für stärkere Färbungen
verwendet man 3 bis 4 kg Nitrazol, 0,75 bis 1 kg Soda und 0,2 bis 0,25 kg
Acetat.

Oder man löst, um zu tieferen und volleren Nuancen zu gelangen 100 g
p-Nitranilin in 100 ccm Salzsäure von 32° Bé und 1000 ccm Wasser, fügt
5000 ccm Eiswasser hinzu und erhält so das p-Nitranilin in feinverteilter
diazotierbarer Form; nun wird auf einmal eine Lösung von 43 g Natrium-
nitrit in 2000 ccm kaltem Wasser hinzugefügt und von dieser Diazolösung
pro Liter Kuppelungsbad so viel verwendet, als 0,25 bis 0,5 g diazotiertem
p-Nitranilin entspricht. Die Kuppelung vollzieht sich bei Gegenwart von
0,25 bis 0,5 g Acetat pro Liter innerhalb 20 bis 30 Minuten in kaltem Bade.
Dann wird gespült und geseift.

VI. Schwefelfarbstoffe in Kombination mit Schwefelfarbstoffen und anderen Farbstoffen.

Schwefelfarbstoffe werden 1. als Grundierungsfarben für Indigo und
Anilinschwarz benutzt (zuweilen dienen sie auch als Aufsetzfarben für mit
Indigo oder Anilinschwarz vorgefärbte Gewebe), 2. können sie mit basischen
Farbstoffen übersetzt werden („Schönen“), und werden schließlich 3. in
mannigfaltigster Weise mit anderen Schwefelfarbstoffen zusammengefärbt. Anschließend wäre über die Wahl von Schwefelfarbstoffen zur Herstellung gewisser Nuancen zu berichten.

1. Die Schwefelfarbstoffe dienen als Grundierungsfarben für Indigo und
Anilinschwarz und stellen in diesem Falle sozusagen eine Art Beize für diese
Farbstoffe dar. Man färbt Garn oder lose Baumwolle zunächst, wie in den
Vorschriften angegeben, z. B. mit I.-Schwarz, verwendet jedoch nur die Hälfte
der sonst verwendeten Farbstoffmenge und Flottenzusätze, spült, schleudert
und übersetzt nun in einem Bad, das für 100 kg Baumwolle enthält: 4 kg
Anilinsalz, 6 bis 7 kg Salzsäure von 19° Bé, 3 kg Schwefelsäure von 66° Bé auf
1400 bis 1500 l Wasser. Nach Zugabe einer Lösung von 3 kg Kupfersulfat
und 4 kg Chromat zieht man 1 Stunde kalt um und erwärmt dann unter
Zusatz von soviel Wasser, daß das 15- bis 18fache Warengewicht an Gesamt-
wasser resultiert, im Verlauf einer halben Stunde auf 50 bis 60°, geht mit
der Ware aus, wäscht und seift. Einen etwas zu grünen Ton entfernt man
durch ein stärkeres Seifenbad; ist das Schwarz zu rot, so wird mit 1 bis 2%
Essigsäure abgesäuert. Durch das Grundieren mit I.-Schwarz wird zugleich
eine Beschwerung der Baumwolle erzielt.

Zum Grundieren von Indigo, der dadurch an Reibechtheit gewinnt,
kommt für dunklere Töne I.-Schwarz in 3- bis 5proz. Färbung in Betracht,
während hellere Blaunuancen mit I.-Blau C, violette Töne mit I.-Blau CR
unterfärbt werden, auch die gemeinsame Küpe von Indigo und Schwefelfarbstoff wird viel verwendet. Schwefelfarbstoffe, die sonst gedämpft werden,
brauchen diesen Prozeß vor dem Übersetzen mit Indigo (besonders bei An-

wendung der Hydrosulfitküpe) nicht durchzumachen; wird dennoch gedämpft, so ändert sich die Nuance des Indigoschlußtones bei helleren Tönen in lebhaftere Schatten, besonders bei Anwendung der Zinkstaubkalkküpe. I.-Blaufärbungen auf Stückware oder Ketten werden zweckmäßig 12 bis 24 Stunden zur Oxydation warm gelagert und dann erst in der Küpe überfärbt, oder das Blau wird durch die kombinierte Wirkung von Küpe und Luftoxydation entwickelt.

Zuweilen werden Garne auch vorher in der Indigoküpe angebläut und dann mit Schwefelfarbstoffen überfärbt. In diesem Fall färbt man z. B. mit I.-Blaumarken und dämpft, als ob nicht mit Indigo unterfärbt worden wäre. Zum Schluß kann noch eine Übersetzung mit basischen Farbstoffen stattfinden. Indigo als Untergrund macht jedoch die aufgesetzten Farbstoffe keineswegs echter, besonders nicht im Licht, so daß der Indigogrund bald zum Vorschein kommt[1]. Die charakteristischen Indigotöne lassen sich übrigens auch ohne Indigo, nur mit Schwefelfarbstoffen erhalten, wenn man passende Blausorten in richtigem Verhältnis kombiniert Faser bringt. Ein Übersetzen mit 0,1 bis 0,2% Naphthindon BB (basischer Farbstoff, *Cassella*) verleiht den Färbungen den charakteristischen metallischen Indigoschein. Die so erhaltenen Färbungen sind reibechter als Indigo; Färbungen mit letzterem geben bei wiederholter Wäsche viel Farbe ab, behalten jedoch die Nuance, während Schwefelfarbstoffärbungen oft röter werden. Für manche Verwendungszwecke können die blauen Schwefelfarbstoffe den Indigo ersetzen, verdrängen können sie ihn wegen ihrer mangelhaften Chlorechtheit nicht.

2. Das Schönen der Schwefelfarbstoffärbungen.

Die mit Schwefelfarbstoffen gefärbten Materialien besitzen die Fähigkeit, noch weitere Farbstoffe aufzunehmen. Das Übersetzen mit basischen Farbstoffen geschieht, um die an und für sich wenig leuchtenden Nuancen der Schwefelfarbstoffe lebhafter und klarer zu machen[2]. Man arbeitet in einem nicht zu kurzen frischen Bad, das mit dem basischen Farbstoff, 2 bis 5% Essigsäure und 1 bis 3% Alaun besetzt ist, und zieht das Stück im Foulard oder auf dem Jigger in der Kälte einige Male um, wärmt, wenn das Bad ausgezogen ist, etwas an, zieht noch 10 bis 15 Minuten um, spült und trocknet. Nur beim Übersetzen mit Naphthindon (*Cassella*) wird bis zum Kochen erhitzt, wobei statt Essigsäure 3% Tonerdesulfat genommen wird. Wenn die basischen Farbstoffe zu rasch aufziehen, gibt man ihre Lösung dem Färbebad nur allmählich zu. Da die basischen Farbstoffe wesentlich unechter sind als die Schwefelfarbstoffe, wird das mit letzteren gefärbte Gewebe zweckmäßig vorher mit Tannin und Brechweinstein gebeizt. Die basischen Farbstoffe werden in möglichst kalkfreiem Wasser gelöst, allenfalls vorher mit

---

[1] *C. Schmidt:* Zeitschr. f. Farb.-Ind. **1910**, 345; vgl. Zeitschr. f. Farb.-Ind. **1907**, 286. Siehe aber auch *F. Felsen:* Der Indigo und seine Konkurrenten, Berlin 1909.
[2] Chem.-Ztg. **1908**, 722.

Essigsäure angeteigt, mehrere Stunden stehen gelassen und dann mit heißem Wasser übergossen.

Der Nachteil des Übersetzens mit basischen Farbstoffen beruht vor allem auf ihrem zu rasch erfolgenden Aufziehen, wodurch sich leicht Unegalitäten ergeben. Man verwendet deshalb lange Flotten und arbeitet rasch. Ein sinnreiches Verfahren will diesen trotzdem selten ganz behebbaren Mißstand durch Verwendung von Chromfarben statt der basischen Farbstoffe umgehen, und zwar unter Benutzung der geringen Chromatmenge, die von der Nachbehandlung der Schwefelfarbstoffe auf der Faser verbleibt[1]. Man fügt einfach dem sauren Chromatnachbehandlungsbade 0,2 bis 0,5% Chromfarbstoff (z. B. Eriochromrot, *Geigy*) bei, zieht $^1/_4$ Stunde bei gewöhnlicher Temperatur um, wärmt auf 50° an, spült und trocknet.

Zum Schönen der stets etwas bronzigen Schwefelschwarzfärbungen und zur Vermeidung der darum nötigen Nachbehandlung durch Überfärben mit direkten Farbstoffen oder durch Appretur, geht man mit den gefärbten Garnen oder Geweben durch eine 16 grädige kalte Aluminiumacetatlösung (15 ccm im l) und behandelt die nunmehr aus dem Jigger kommende Ware mit 10% Türkischrotöl nach. Man erzielt schöne blaue Töne, allerdings erhält das Gewebe fettigen Griff. (*G. Saget*, Veröff. d. ind. Ges. Mülhausen 1913, 803.)

Allgemein gilt für das Schönen von Schwefelfarbstoffärbungen, daß ihre Echtheiten durch das Übersetzen in dem Maße weniger von den aufgesetzten Farbstoffen beeinflußt werden, je geringer die Menge der letzteren ist; Übersetzungen mit 0,1% basischen Farbstoffes beeinträchtigen die Echtheiten kaum, die basischen Farbstoffe werden im Gegenteil auf Schwefelfarbstoffgrund lichtechter als auf der Tannin-Brechweinsteinbeize.

Nach *Ullmann*, Apparatefärberei[2], gelingt das Schönen mit basischen Farbstoffen in mechanischen Apparaten nur nach dem Aufstecksystem im heißen Seifenbad, nach dem Packsystem jedoch niemals.

3. Kombinierte Färbungen[3].

Fast sämtliche Schwefelfarbstoffe können untereinander kombiniert und zusammengefärbt werden, wodurch in hellen Tönen die sog. Modenuancen entstehen. Je nach Wahl der Farbstoffe sind die Echtheiten und sonstigen Eigenschaften der so erhaltenen Färbungen verschieden; doch sind sie, wie schon erwähnt wurde, nicht eine Summe der Eigenschaften der einzelnen Komponenten, sondern es zeigt sich häufig die auffallende Tatsache, daß weniger echte Farbstoffe, im Gemenge gefärbt, echter werden. Je heller die verlangten Töne werden sollen, um so mehr werden die in den Vorschriften angegebenen Farbstoff- und Schwefelnatriummengen reduziert, und um so besser wird auch das Bad ausgezogen.

---

[1] D. R. P. 175 077.
[2] Siehe S. 201.
[3] Über gleichzeitiges Färben von Cachou de Laval und Benzoazurin siehe das ältere Verfahren von *J. Leblanc:* F. P. 214 137 von 1891.

Die von der österreichischen Heeresverwaltung während des Krieges vorgeschriebenen 8 proz. Cachou Laval-Farben für Zeltstoffe und andere Ausrüstungsgegenstände lassen sich sehr befriedigend mit einer Mischung von 0,7—0,85% Immedialkhaki G, 1—0,9% Immedialschwarzbraun D und (zur Abstumpfung des Tones) 0,12% Immedialschwarz HNG konz. imitieren. Die Färbungen werden in einem Bade von 1% CuSO₄, 2% Chromnatron und 4% Essigsäure fixiert und genügen dann allen Ansprüchen. Auch die deutsche Heeresverwaltung, von der für die genannten Zwecke Naturcatechu vorgeschrieben war, ging während des Krieges zu Schwefelfarbstoffen über und genehmigte den Ersatz des Catechufarbstoffes durch Immedialcatechu R bzw. die korrespondierenden Marken anderer Firmen. (*F. Erban*, Zeitschr. f. Text. Ind. 17, 759; vgl. ebd. 810.)

B. Seide und Halbseide.

Je nach dem gewünschten Resultat kann man 1. **Seide allein mit Schwefelfarbstoffen färben**, 2. in **hellseidenen Geweben beide Faserarten gleich oder verschieden stark färben**, 3. bei **Halbseide die Baumwolle allein färben** und die Seide ungefärbt lassen.

1. Färben der Seide.

Es wäre von vornherein anzunehmen, daß die Seide als animalische Faser für die Schwefelfarbstoffärberei überhaupt nicht in Betracht käme, da das Schwefelnatrium die Faser zerstört. Alkalität und Temperatur der Flotten sind jedenfalls so hoch, daß die Seidenfaser bei normal gehandhabten Vorschriften unfehlbar zerstört würde, da ja auch relativ verdünnte, sogar nur sodaalkalische Lösungen schon Aufquellung und teilweise Zerstörung der Seide herbeiführen. Andrerseits wirkt konzentrierte Lauge bei 0° überhaupt **nicht ein**, und damit wäre der Weg zur Seidenfärberei mit Schwefelfarbstoffen gewiesen: **Färben bei möglichst niedrigen Temperaturen.** Eine solche Vorschrift lautete z. B.: Der Farbstoff wird in der möglichst geringen Schwefelnatriummenge gelöst und in einer Flotte, die die 30- bis 40fache Wassermenge des Warengewichtes enthält, 1 Stunde bei 40 bis 50° gefärbt. Sehr wesentlich war bei diesem Verfahren, die aufgetretene Seidenquellung nachträglich durch ein 8 bis 10% Essigsäure oder Weinsäure enthaltendes Bad zu beseitigen. Abgesehen von der Unannehmlichkeit der großen Flottenmengen war dieses Verfahren nur auf die wenigen Schwefelfarbstoffe anwendbar, die in dieser Verdünnung mit so geringen Schwefelnatriummengen überhaupt aufzogen. Erst später wurde dieses Verfahren in praktischer Weise modifiziert, seit man in geeigneten **Flottenzusätzen** Mittel gefunden hat, den schädigenden Einfluß des Schwefelnatriums auszuschalten. Diese Zusätze **schützen die animalische Faser** in erster Linie; außerdem jedoch wirken sie bei niederer Färbetemperatur und kurzer Färbezeit auch in der Art, daß die animalische Faser **nicht mit angefärbt** wird, so daß (bei Halbseide) verschiedenfarbige Effekte entstehen.

Man löst z. B. den Farbstoff mit der gleichen oder doppelten Schwefelnatriummenge (jedenfalls stets mit der möglichst geringen Menge) und färbt
unter Zusatz der gleichen oder doppelten Menge des Farbstoffgewichtes an
milch- oder ameisensaurem Natrium[1]; allenfalls werden kleine Zusätze
von Türkischrotöl oder Monopolseife gemacht und pro Liter Flotte noch 0,25
bis 0,5g Leim hinzugefügt. Man geht mit der Halbseide oder Seide ein und färbt
bei 50 bis 60°, die Schwarzmarken bei 80 bis 90°, 1 Stunde unter der Flotte.

Das Schwarzfärben der Tussahseide, die sich hinsichtlich ihrer Lauge-
beständigkeit der Baumwolle, in ihrer Widerstandsfähigkeit gegen Salzsäure
der Wolle nähert, mit Schwefelschwarz beschreibt *R. N. Sen* in Journ. Soc.
Chem. Ind. 1916, 1106; vgl. *A. Winter*, Färber-Ztg. 1918, 17.

Eine ähnliche, den Einfluß des Schwefelnatriums abschwächende Wirkung
übt auch Glykose (= Glukose = Traubenzucker[2]) aus, oder man verwendet
Schwefelammonium (in der Praxis Salmiak + Schwefelnatrium) statt
des Schwefelnatriums, ein Verfahren, das zugleich gestattet, das Entbasten
der Seide in einer Operation mit dem Färben vorzunehmen[3]. Denselben
Zweck erfüllt der Zusatz von Bisulfit[4] in einer Menge, die eben hinreicht,
um die Wirkung des Schwefelnatriums aufzuheben, jedoch nicht groß genug
ist, um das Anfärben zu verhindern. Auch Diastaphorzusatz gestattet
das Färben von Seide in schwefelnatriumhaltigen Bade[5] bei höherer Färbetemperatur; bei niedriger wird die animalische Faser nicht mit angefärbt[6].

2. Halbseide (Baumwolle und Seide) gleich oder verschieden stark gefärbt.

Die gleiche oder verschieden starke Färbung von Baumwolle und Seide
in Halbseide gelingt durch Anwendung verschiedener Modifikationen,
besonders durch Erhöhung der Färbetemperatur, Änderung der Mengenverhältnisse der Zusätze, Erhöhung oder Herabminderung der Schwefelnatriummenge, sowie auch durch Mitverweben von mercerisiertem
Garn, wodurch beim Färben verschieden starke Töne auf Seide bzw. Baumwolle entstehen. Für Unifärbungen (gleichmäßiges Anfärben von Seide
und Baumwolle) kommen gewisse Schwefelfarbstoffe in Betracht, die bei
Zusatz von Glukose Baumwolle ebenso wie Seide gleich stark färben. Dabei
ist vor allem zu bemerken, daß bei höheren Temperaturen die Seide, bei
niederen die Baumwolle tiefer gedeckt wird, so daß obige allgemein gehaltene Angabe, daß schwarze Schwefelfarbstoffe bei 80 bis 90°, bunte bei
etwa 50° gefärbt werden, von Fall zu Fall einer Korrektur bedarf.

---

[1] D. R. P. 173 685; über Verwendung von Milchsäure, Weinsäure u. dgl. in der
Färberei siehe schon Polytechn. Centralbl. **1855**, 112 bis 113.
[2] D. R. P. 161 190.
[3] D. R. P. 130 848.
[4] D. R. P. 199 167 für Wolle, auf Seide ausgedehnt im Zusatz 221 887.
[5] D. R. P. 210 883; siehe auch E. P. 15 413/00.
[6] Anmeldung G. 24 943.

3. Halbseide, Baumwolle allein gefärbt.

Soll die Seide in Halbseide ungefärbt bleiben (Zweifarbeneffekte), so ist es nötig, die weiße oder bereits gefärbte Seide vor dem Mitgefärbtwerden zu schützen. Es handelt sich also hier nicht nur darum, die Seide vor dem zerstörenden Einfluß des Schwefelnatriums zu bewahren, sondern zugleich darum, sie mechanisch vor dem Eindringen des Farbstoffes zu schützen. Dies wird durch verschiedene Zusätze erreicht. Setzt man beispielsweise der Flotte Leim zu[1] ($1^1/_2$faches Gewicht der Farbstoffmenge) und färbt in möglichst kurzer Passage bei 40 bis 50°, so bleibt die Seide rein weiß. Ähnlich verhalten sich Dextrin[2], Phosphate oder Silicate[3], Blut, Diastaphor[4] und Protamol[5]; *Kalle & Co.* verwendet zu demselben Zweck Zoogomma, *Bayer* Casein[6] usw.

Ausführung: Man färbt zuerst die Baumwolle mit Schwefelfarbstoffen unter Zusatz eines dieser die Seide schützenden Mittel, spült und färbt nun die Seide mit sauren Farbstoffen, oder man färbt zuerst die Seide in schwefelsaurer Flotte mit sauren Farbstoffen, die gegen Schwefelnatrium beständig sind und geht nunmehr in das mit die Seide reservierenden Mitteln besetzte Schwefelfarbstoffbad.

Bei dieser Art der Halbseidefärberei kommt stets mercerisierte Baumwolle zur Verwendung; es sei daran erinnert, daß deren Aufnahmefähigkeit für Schwefelfarbstoffe um $^1/_4$ größer ist als die der nicht mercerisierten, so daß um 25% weniger Farbstoff und Zusätze benötigt werden.

Schlägt man den umgekehrten Weg ein, Vorfärben der Seide im Strang, verweben, Mercerisieren im Stück und Färben mit Schwefelfarbstoffen, so müssen Seidenfarbstoffe gewählt werden, die das Mercerisieren vertragen und dem Überfärben mit Schwefelfarbstoffen widerstehen.

C. Wolle und Halbwolle.

Bei wollhaltigen Materialien tritt die schädigende Wirkung des Schwefelnatriums noch mehr zutage als bei der Seide. Wolle, die nach *Levinstein*[7] überhaupt keine Affinität für Schwefelfarbstoffe besitzt und diese erst auf-

---

[1] D. R. P. 138 621; die Verwendung von Wasserglas, Leim und Albumin zur Befestigung der Farben im Zeugdruck und in der Färberei wurde schon von *F. Kuhlmann*: Compt. rend. **1857**, 539, 48 (vgl. auch Compt. rend. **1857**, 950) vorgeschlagen. Er erklärt die Wirkung dieser heute Kolloide, damals „neutrale tierische Materien" genannten Körper durch die Bildung künstlichen Leders. Siehe auch *Bolley:* Schweizer. Gewerbebl., Mai 1854.

[2] D. R. P. 145 877, auf Wolle angewendet in D. R. P. 203 427.

[3] D. R. P. 189 818; ferner *M. Reimann:* Chem. Centralbl. **1871**, 61 und F. P. 373 871.

[4] E. P. 13 948/07.

[5] D. R. P. 212 951.

[6] Siehe *Chr. Broquette:* Journ. de Pharm. et de Chim. **17**, 271 bis 276, Verwendung von Casein in der Färberei; auch *Br.* löst das Casein in Ammoniak, imprägniert die Faser mit dieser Lösung, verjagt das Ammoniak durch Erwärmen und schlägt so das Casein auf der Faser nieder; vgl. auch A. P. 960 675.

[7] Journ. Soc. Dyers a. Col. **23**, 296; vgl. E. P. 3492/03.

nimmt, wenn sie durch die Alkalien angegriffen zu werden beginnt, wird durch heiße, verdünnte Alkalien, wie sie Seide nur zum Quellen bringen, schon zerstört unter Bildung von verschiedenen Körpern (Lanuginsäure, *Knecht*). Bei längerem Kochen spaltet sich Ammoniak und Schwefelwasserstoff ab (die Wolle enthält bis zu 3% Schwefel) und die Wolle geht in Lösung[1]. Sogar längeres Kochen mit Wasser schädigt die Festigkeit der Wolle[2]. Es ist nun bemerkenswert, daß nach einer Beobachtung von *A. Kertesz* ein Zusatz von Glycerin diese Alkaliempfindlichkeit der Wolle zum Teil aufhebt, und daß auch andere Mittel einen ähnlichen Schutz auszuüben vermögen. So kann Wolle, ebenso wie Seide, durch Zusatz von Glukose oder Tannin zur Flotte vor der zerstörenden Wirkung des Schwefelnatriums geschützt werden, wie aus folgendem Versuch sehr anschaulich hervorgeht: Baumwolle und Wolle wurden in zwei Versuchen ohne und mit Zusatz von Glukose $^3/_4$ Stunde bei 60° mit 20% I.-Schwarz, 10 g Schwefelnatrium, 5 g Soda und 20 g Kochsalz gefärbt. Nach dieser Zeit war die Wolle im Bad ohne Zusatz von Glukose völlig zerstört, bei Gegenwart von 5, besser 10 bis 20 g Glukose blieb sie unverändert[3]. Beim Färben der Wolle mit Sch. F. nach dem Traubenzuckerverfahren ersetzt man das Glaubersalz durch Ammonsulfat, vermeidet den Zusatz von Soda und setzt zum Schluß etwas Ameisensäure zu. (Journ. Soc. Chem. Ind. 35, 1107.) Man erhält gutes Schwefelschwarz auf Wolle, wenn man zur Lösung des Farbstoffes Na_2S oder Hydrosulfit und Soda oder Ammoniak verwendet und dem Farbbade Ammonsulfat und Türkischrotöl zusetzt. Letzteres fügt man auch Sulfitbädern zu, um besseres Eindringen der Flotte in die Faser und tiefere Färbungen zu erzielen. Auch bei dieser Färbeweise, die die Verbesserung des Verfahrens von *Lodge* und *Ewans* darstellt, wird dem Bade zum Schluß etwas Ameisensäure beigegeben. (Journ. Soc. Chem. Ind. 1916, 41.)

Ebenso wie Glukose wirken auch andere Mittel, die zum Teil im Kapitel Seide genannt wurden, z. B. Blut, Diastaphor, Bisulfit[4] usw.; die betreffenden Patente beziehen sich häufig auf den Schutz animalischer Fasern im allgemeinen. Es handelt sich um Agentien, die entweder das Schwefelnatrium umwandeln, wie Bisulfit oder Salmiak, oder um solche, die jenes unverändert lassen, aber sich ihrer Kolloidnatur wegen schützend, umhüllend, auf die tierische Faser legen. So beobachtete schon *A. Kann*[5] in Passaic (N.-Y.), daß die Wolle durch Vorbehandlung mit Formaldehyd sehr viel von ihrer Alkaliempfindlichkeit verliert. Er erwärmte Wolle mehrere Stunden mit einer 4proz. Formaldehydlösung, trocknete dann, wusch in ammoniakhaltigem Wasser und färbte bei 90° mit Cachou de Laval.

---

[1] Über Alkaliwirkung auf Wolle vgl. Chem.-Ztg. **1910**, Rep. 144.

[2] *Knecht, Rawson* und *Löwenthal:* Handbuch der Färberei **1895**, I, 100. (Engl. Ausgabe 1910.)

[3] D. R. P. 161 190.

[4] Diastaphor (*Diamalt-Werke München-Allach*) dient zur Entschlichtung der Gewebe; Chem.-Ztg. **1907**, 1160. — Bisulfit-Zusatz: D. R. P. 224 017.

[5] D. R. P. 144 485 und Zusatz 146 845; vgl. Anmeldung C. 14 972 und C. 15 012 = E. P. 25 971/06; dazu A. P. 904 752, *Böhler & L. Cassella Co.*

Die Wolle wird nach diesem Verfahren trotz des hohen Schwefelnatriumgehaltes der Flotte nicht angegriffen, und verkürzt sich nicht; sie färbt sich mit Schwefelfarbstoffen bedeutend schneller und intensiver, wenn man sie vor oder nach der Formaldehydbehandlung oxydiert oder chlort. Die Färbbarkeit scheint übrigens in hohem Maße von der Färbetemperatur und Alkalität der Flotte abzuhängen, da nach *H. Levinstein*[1] mit Formaldehyd vorbehandelte Wolle in nicht zu heißem und nicht stark alkalischem Bade rein weiß bleibt (vgl. E. P. 25 971/06). Dagegen soll sich mit Schwefelnatrium vorbehandelte Wolle im Schwefelnatriumbade später tiefer anfärben lassen wie Baumwolle. Vgl. *Lange*, Chem.-techn. Vorschr. Leipzig 1923, Bd. II, 288.

Die Wolle selbst wird k a u m a l l e i n mit Schwefelfarbstoffen gefärbt, vor allem, weil es genügend einfach färbbare walkechte Wollfarbstoffe gibt. Es sind mehrere Schwefelfarbstoffe bekannt, die auch auf Wolle ziehen[2]; besonders sei an den blauen Schwefelfarbstoff erinnert, der aus einer Indophenolthiosulfosäure (Dimethyl-p-phenylendiamin und Dichlorhydrochinonmonothiosulfosäure) entsteht, und der seine Eigenschaft, Wolle zu färben, dem im Molekül verbliebenen Thiosulfosäurerest verdankt[3]. Die Schwefelfarbstoffe, die Leukoverbindungen geben, lassen sich übrigens alle auch aus der Hydrosulfitküpe auf Wolle färben[4]. Schließlich ist noch ein eigenartiges P i g m e n t v e r f a h r e n bekannt[5], demzufolge man z. B. die Leukoverbindung von I.-Catechu, erhalten durch Reduktion dieses Farbstoffes in alkalischer Lösung mit Traubenzucker, in starker Verdünnung mit Schwefelsäure ausfällt, bis die Lösung schwach sauer ist, und nun das eingebrachte Wollmaterial gründlich in der Suspension durchwalkt; dabei wird der Farbstoff von der Wolle als Leukopigment aufgenommen und die Wolle färbt sich braun in dem Maße, als sich die Leukoverbindung an der Luft oxydiert und in den Farbstoff übergeht. Ein ähnlich wirkendes Verfahren beruht auf dem vorherigen Imprägnieren animalischer Fasern mit o x y d i e r e n d w i r k e n d e n S a l z e n[6], z. B. Permanganat, Blei- und Mangansuperoxyd usw., die als Leukoverbindungen auf die Faser gebrachten Schwefelfarbstoffe werden dann durch diese Oxydationsmittel ebenfalls als Pigmente niedergeschlagen.

Halbwolle.

Die Halbwolle des Handels ist in den seltensten Fällen ein Textilmaterial, das je zur Hälfte aus Wolle und Baumwolle besteht; eine Halbwolle, die nur 15 bis 20% Wolle enthält, ist im Handel etwas ganz gewöhnliches; sehr

---

[1] Journ. Soc. Dyers a. Col. **1907**, 296; siehe auch E. P. 19 840/07.

[2] D. R. P. 109 856, 197 165.

[3] D. R. P. 179 225.

[4] D. R. P. 187 787.

[5] Die blauen Sch. F. färbt man, da die neuen Marken im allgemeinen leicht verküpbar sind, wie Küpenfarbstoffe auf tierische Fasern mit Hydrosulfit und Schlämmkreide nach einem von *L. Kollmann* zum Patent angemeldeten Verfahren. Vgl. Textilber. **1921**, 379 und Zeitschr. f. Text. Ind. **1921**, 478. Vgl. auch Anmeldung **C. 8999**.

[6] F. P. 379 960.

häufig besteht sie nur aus Baumwolle und sog. Kunstwolle. Für Zwecke des Färbens muß natürlich zunächst der Wollgehalt des Gewebes genau festgestellt werden.

Für die Schwefelfarbstoffärberei gilt hier dasselbe, wie bei der Halbseide: man kann Wolle und Baumwolle gleich stark färben oder die Wolle allein färben oder letztere ungefärbt lassen. Für die beiden ersten Fälle gelten die obigen Verfahren, nach denen man durch Wahl der Bedingungen, insbesondere durch Zusatz der geeigneten Menge des die tierische Faser schützenden Mittels, die eingewebte Wolle gleich oder verschieden stark mit der Baumwolle färben kann.

Um auf der vorher gebleichten Halbwolle Zweifarbeneffekte hervorzubringen (sie werden hier seltener verlangt als bei Halbseide), schlägt man den bei letzterer bezeichneten Weg ein: man färbt die Baumwolle mit Schwefelfarbstoffen, die das Überfärben mit Wollfarbstoffen aushalten und färbt dann die Wolle mit sauren Wollfarbstoffen nach; oder man färbt die Wolle vor oder nach dem Verweben mit Farbstoffen, die die alkalische heiße Flotte der Schwefelfarbstoffe vertragen, und fügt letzterer Milchsäure, Dextrin, Leim, Phosphat, Silicat oder sonst ein die Wolle schützendes Mittel bei. Um die Wolle in halbwollenen Geweben nicht mit anzufärben, geht man nach anderen Verfahren entweder von einer vorbehandelten Wolle aus[1]; so ist z. B. Wolle, die 1 bis $1^1/_2$ Stunden mit 24% Thiosulfat (% natürlich auf das Gewicht der Wolle bezogen) und 16% Salzsäure von 22° Bé vorbehandelt ist, für Schwefelfarbstoffe nicht mehr aufnahmefähig; oder man setzt dem Bade flüchtige Stoffe (Kohlenwasserstoffe, Öle oder Schwefelkohlenstoff) zu und schützt dadurch die Wolle vor dem Gefärbtwerden[2]. Diese Körper schlagen sich bei langsamem Eingehen auf der Wolle nieder und hüllen sie ein; ähnliche Wirkung dürfte der Zusatz von Wasserglas zur Flotte haben[3]. Ferner ist ein Verfahren bekannt, das die Eigenschaft der chromierten Wolle benützt, keine Aufnahmefähigkeit für Schwefelfarbstoffe mehr zu besitzen, insbesondere wenn man bei Gegenwart von Milchsäure färbt[4]. Man kann aber auch die Wolle im fertigen Gewebe chromieren und färben; für bunte Effekte wird sie meist bunt gefärbt, mit Baumwollgarn verwebt und letzteres im Gewebe mit Schwefelfarbstoffen gefärbt.

Schließlich ist noch zu bemerken, daß Halbwollgewebe wegen des Schwefelgehaltes der Wolle dann nicht mit den gewöhnlichen Metallsalzen nachbehandelt werden dürfen, wenn die Wolle rein weiß bleiben soll. Der Schwefel der Wolle gibt mit dem Kupfer des Kupfersulfates Schwefelkupfer, das die Wolle bräunlich färbt. Zur Nachbehandlung derartiger Halbwolle wird daher Zinksulfat (allein oder mit Chromat) statt des Kupfersulfates verwendet, da das Zinksulfid ungefärbt ist[5]. Um das Aufziehen der Schwefel-

---

[1] D. R. P. 222 678.
[2] D. R. P. 224 004.
[3] F. P. 373 481.
[4] D. R. P. 193 798.
[5] D. R. P. 107 222.

farbstoffe auf halbwollene oder halbseidene Waren zu begünstigen, wurde auch vorgeschlagen[1], statt des Glaubersalzes Essig-, Wein- oder Milchsäure zu verwenden.

Shoddy (Kunstwolle).

Kunstwolle ist kein Kunstprodukt wie Kunstseide, sondern ein auf mechanischem oder chemischem Wege aus Lumpen wiedergewonnenes Wollematerial. (Vgl. *Lange*, Chem.-techn. Vorschr. Leipzig 1923, Bd. II, 291.) Für Shoddy (das längstfaserige dieser Materialien) werden die Abfälle der Kammgarnfabriken, Lumpen von Wirkwaren und Teppichen zerrissen und ohne Carbonisieren (d. i. Behandlung mit Säuren, Aluminiumchlorid u. dgl. in der Wärme zur Zerstörung beigemengter Baumwolle) gekrempelt und versponnen. Die verschiedene Herkunft macht dieses für billige Konfektionswaren wichtige Material außerordentlich schwer färbbar. Das Vordecken der in Shoddystückware verwebten Baumwolle mit Schwefelfarbstoffen erfolgt nach den für Halbwolle geltenden Prinzipien.

D. Leder[2].

Das von Verunreinigungen und vom Überschuß der Gerbmaterialien befreite Leder wird auf zweierlei Weise mit Schwefelfarbstoffen gefärbt: 1. nach dem Bürstverfahren, wobei der Farbstoff mechanisch in das Leder eingerieben wird, 2. nach dem Tauchverfahren, das darin besteht, daß man zwei Leder mit der linken Seite aufeinander näht und sie im Walkfaß in die Färbelösung eintaucht.

Chromleder (durch Beizen mit Chromat entstanden) besitzt nur noch Affinität zu den sauren, nicht mehr zu den basischen Farbstoffen, mit denen Leder meist gefärbt wird. Die Affinität zu basischen Farbstoffen gewinnt das Chromleder aber wieder, wenn es mit Schwefelfarbstoffen gefärbt wird, ebenso auch durch Vorfärben mit Tanninfarbstoffen und Nachgerben mit Gerbstoff; Tannin wirkt aber ungünstig auf die Elastizität des Leders ein. Die Schwefelnatriummmenge, die zum Vorfärben mit Schwefelfarbstoffen nötig ist, ist so gering, daß sie keinen Schaden verursacht. Die mit Schwefelfarbstoffen vorgefärbten Leder[3] behalten ferner im Gegensatz zu den mit anderen Farbstoffen vorgefärbten Ledersorten die Eigenschaft, sich nach dem Färben schmieren zu lassen, da die Schwefelfarbstoffe genügend wasch- und alkaliecht sind, um durch die alkalische Schmiere nicht auszubluten. Die mit Schwefelfarbstoffen gefärbten Leder können nachträglich durch Überbürsten mit einer p-Phenylenblaulösung übersetzt werden.

Die für die Lederfärberei in Betracht kommenden Patente schützen vor allem Verfahren, die den immerhin besonders, bei Anwendung größerer Mengen, ungünstigen Einfluß des Schwefelnatriums auf die tierische Haut

---

[1] D. R. P. 232 696.

[2] *J. Jettmar*: Das Färben des lohgaren Leders, bei L. B. F. Voigt, 1900. — Vgl. auch *Lange*, Chem.-techn. Vorschr. Leipzig 1923, Bd. II, 418ff.

[3] D. R. P. 157 467.

beheben sollen. Es gelangen auch hier, wie beim Färben von Wolle und Seide mit Schwefelfarbstoffen, Glucose und Tannin[1], andere Gerbstoffmaterialien, wie Catechu, Sumach, Guebraccho usw., zur Anwendung[2], ebenso statt der Glucose andere Aldehyde der Fettreihe, z. B, Formaldehyd[3], sowie auch Hyraldit[4]. Man behandelt mit den Aldehyden das Leder vor, während die anderen Mittel der Flotte zugesetzt werden. Über Vereinigung des Vorbehandlungsfärbe- und Schmierprozesses siehe die Patentauszüge[5].

E. Leinen und Halbleinen.

Leinenstoffe jeder Art sind mit Schwefelfarbstoffen schwer durchfärbbar, zum Teil wegen ihrer Härte, zum Teil wegen der im Rohleinen stets noch enthaltenen Nebenstoffe, die das Färben erschweren[6]. Man erleichtert das Aufziehen und Durchfärben durch vorheriges zweimaliges Auskochen der Ware mit 10% Kalkmilch, Soda oder sonstigen Alkalien im Jigger bei 35°; dann wird nach 24stündigem Liegen trocken geseift. Für helle und lebhafte Nuancen muß vorher vorsichtig mit Chlorsoda (nicht Chlorkalk) mehrmals gebleicht werden; nur so erhält man eine rein weiße ungeschwächte Faser. Eine so vorbereitete Leinenfaser färbt sich dann ähnlich an wie Baumwolle und es gelten alle bei der letzteren beschriebenen Verfahren ebenso auch für Leinen, wenn auch die Färbeprozesse selbst durch längere Färbedauer, Färben im Unterflottenjigger (oder zum mindesten unter Sorgetragung, daß die Ware stets von Flotte bedeckt ist) usw. einige Modifikationen erfahren.

Leinen erfordert im allgemeinen weniger Farbstoff als die Baumwolle. Für bunt gewebte Leinenwaren färbt man die Garne und verwebt sie nachträglich für Plüsch u. dgl., verwendet man gefärbte Leinenketten; besonders Buchbinderleinen wird wegen der verlangten hohen Reibechtheit fast ausschließlich mit Schwefelfarbstoffen gefärbt.

Halbleinen besteht aus Leinen und sonstiger Pflanzenfaser; es bildet den Grundstoff der Weißwaren. Für die Schwefelfarbstoffärberei besonders wichtig sind die aus Leinen und tierischer Faser bestehenden Plüsche, Samte usw., die ebenso gefärbt werden wie Halbseide bzw. Halbwolle; doch färbt man die Leinenkette, das Untergewebe dieser Stoffe, stets vorher, verwebt dann mit tierischer Faser und färbt diese nachträglich im fertigen Gewebe. Die zur Verwendung gelangenden Schwefelfarbstoffe müssen demnach dem sauren Überfärben standhalten. Zum Färben von Leinen und Halbleinen für Schürzen- und Kleiderstoffe werden als Grundierung fast ausschließlich (siehe Indigotöne) blaue Schwefelfarbstoffe verwendet, da sie allein die nötige Wasch-, Reib- und Lagerechtheit besitzen, besonders

---

[1] D. R. P. 159 691.
[2] D. R. P. 161 774.
[3] D. R. P. 161 775.
[4] D. R. P. 163 621.
[5] D. R. P. 158 136 und 162 278.
[6] Farber-Ztg. **1909**, 238.

die letztere ist sehr wesentlich, da es sich bei diesen Waren zumeist um Stapelartikel handelt. Die Arbeiterkonfektionsartikel wurden früher nur mit Indigo gefärbt; seiner geringen Reibechtheit wegen kommen jetzt vor allem blaue Schwefelfarbstoffe zur Anwendung.

F. Jute, Cocos, Ramie, Hanf, Holz, Papier, Stroh, Kunstseide.
(Vgl. die betreffenden Abschnitte in *Lange*, Chem.-techn. Vorschr. Leipzig 1923, II. Band.)

Durch ihren Gehalt an Bastose statt der das Grundmaterial der anderen Pflanzenfasern bildenden Cellulose ist die Jute ein mit Schwefelfarbstoffen schwieriger färbbares Material; man färbt sie nur dann damit, wenn große Ansprüche an Echtheit gestellt werden; die Ausführung ist ähnlich, wie bei Leinen geschildert wurde.

Für helle Nuancen bleicht man sie zunächst mit Chlorsodalösung[1]; sonst färbt man sie in rohem Zustande nach vorhergegangenem Netzen mit Wasser, meist ohne Salzzusatz und bei niederer Temperatur.

Ähnliches gilt von der Cocosfaser.

Ramie verhält sich gegen Schwefelfarbstoffe wie die Leinenfaser, nur mit dem Unterschiede, daß sie in genügend reinem Zustande zum Färben kommt, so daß sie, um gutes Aufziehen und Durchfärben zu ermöglichen, nur im schwachen Sodabad vorgekocht zu werden braucht.

An gefärbten Hanf werden keine großen Echtheitsansprüche gestellt (Bindfaden); zuweilen wird Echtheit gegen Weiß verlangt; er wird mit Schwefelfarbstoffen gefärbt, wie Leinen oder Baumwolle.

Holz wird durch mehrmaliges Aufstreichen oder 20 Minuten dauerndes Eintauchen in eine kochende Flotte von z. B. 20 g Schwefelfarbstoff und 2 g Schwefelnatrium pro Liter gefärbt. Man spült dann ohne Essigsäurezusatz. Das Aufbürstverfahren, besonders wenn es öfters wiederholt wird, führt zu gleichmäßigeren Färbungen als das Tauchverfahren.

Das Färben von Papiergarn und -gewebe mit Schwefelfarbstoffen aus kochendem Na_2S-Bade mit Zusatz von Soda, Pottasche, Glaubersalz oder Indusriesalz ist in Papier-Ztg. 1918, 418 beschrieben. Vgl. Monatsschr. f. Text. Ind. 1918, 154, und Chem. techn. Wochenschr. 1917, 262.

D. R. P. 298 829. Zum Färben von Papierstoff benützt man eine alkalische Hydrosulfit-Leukoverbindung, die man unter Zusatz einer kolloidalen Suspension von Schwefelfarbstoff herstellt. Die Farbmasse zieht in der Kälte auf und wird auf der Faser durch Oxydation befestigt, wodurch die Masse zugleich geleimt wird.

Holzbastgeflecht oder Stroh werden ebenso, kalt oder bei 40 bis 50°, gefärbt. Man kann auch mit Metallsalzen nachbehandeln.

Strohgeflecht färbt sich mit anderen Farbstoffen häufig unregelmäßig, da die rauhe Innenseite tief, die glatte Oberfläche jedoch schwach angefärbt

---

[1] Das von *A. Busch* ausgearbeitete Jutebleichverfahren findet sich ausführlich beschrieben in *Bottler:* Färbemethoden der Neuzeit, S. 279.

wird, obwohl es andererseits schwerer ist, sie rein weiß zu erhalten[1]. Zu letzterem Zweck färbt man z. B, mit 20 g I.-Schwarz, 10 bis 15 g Schwefelnatrium, 5 g Soda und 20 g calciniertem Glaubersalz, 15 bis 30 Minuten, spült, säuert ab, oder besser, behandelt mit Wasserstoffsuperoxyd nach, um den durch das Alkali der Flotte erzeugten gelben Ton zu zerstören, der auf den weißen Stellen haftet.

Kunstseide.

Kunstseide verhält sich wie Baumwolle, besitzt aber zu basischen Farbstoffen weit größere Affinität als diese. Bei Färbungen von Kunstseide mit Schwefelfarbstoffen sind die erzielten Echtheiten noch größer als bei Baumwolle Die Bäder dürfen keinesfalls heißer als 60 bis 65° sein, da die Fäden sonst, besonders in der Wanne, leicht zerreißen. Nach *K. Biltz* (Textilforsch. 1921, 157) werden Festigkeit und Elastizität der Kunstseide beim Färben mit Schwefelschwarz im allgemeinen günstig beeinflußt. 0,1 proz. Alkali- und Schwefelalkalilösung bewirkt bei einstündiger Einwirkung bei 85° Erhöhung der Elastizität und Reißfestigkeit, besonders günstig wirkt Soda, von geringem Einfluß ist heißes Wasser allein. Viscoseseide nimmt beim Färben im Gewicht um etwa 3%, Kupferseide etwas weniger ab. Allgemein färbt man helle Nuancen $^1/_2$ Stunde bei 30 bis 40°, mittlere $^1/_2$ bis $^3/_4$ Stunde bei 50° und dunkle 1 Stunde bei 60°. Die Flotte soll kurz sein und das 20- bis 25fache Warengewicht nicht überschreiten. Man geht mit der vorher genetzten Ware ein, färbt, schleudert, spült und trocknet bei höchstens 50 bis 60°. Durch Zusatz von Monopolseife (4%) (allein oder für helle Nuancen auch mit 3 bis 5% Natriumphosphat, für mittlere und dunkle durch Zusatz von Glaubersalz, oder Glaubersalz und Soda) erreicht man den der Kunstseide eigenen weichen Griff und gute Egalisierung[2]. Die besonders bei dunklen Nuancen nicht ausziehenden Bäder werden nach den üblichen Zusätzen weiter benützt; im übrigen gilt alles bei der Baumwolle Gesagte auch hier. Die Herstellung waschechter Färbungen auf Kunstseide mit Schwefelfarbstoffen ist in Textilber. 1921, 194 beschrieben.

Der Übelstand, daß die Kunstseide beim Färben in Apparaten leicht kompakte undurchlässige Klumpen bildet, läßt sich durch besondere Apparatkonstruktionen vermeiden. Die Ware befindet sich dabei zwischen federnden Siebböden in kreisender Flotte und wird beim Durchpressen der letzteren durch das Auseinanderweichen der Siebböden gelockert[3].

---

[1] F. P. 339 039; vgl. *H. P. Pearson:* Journ. Soc. Dyers a. Col. **1908**, 137.

[2] Siehe Österr. Wollen- u. Leinen-Ind. **28**, 218; Chem.-Ztg. **1908**, Rep. 216, über das unegale Anfärben der Kunstseide.

[3] D. R. P. 225 313.

Der Gewebedruck mit Schwefelfarbstoffen[1].

Allgemeines. Einteilung.

Das Bedrücken von Geweben in Form von Mustern ist ein schon seit langer Zeit gehandhabtes örtliches Färbeverfahren. Diese Art des Färbens kann auf verschiedene Weise geschehen:

1. Man verändert das Gewebe an manchen Stellen durch Behandlung mit verschiedenen Substanzen, die die Aufnahme der Farbe an diesen Stellen verhindern. Man färbt dann das Gewebe im ganzen wie gewöhnlich; bei der Entfernung jener Substanzen erscheinen dann die darunter befindlichen Stellen ungefärbt (Battick, Reservageverfahren).

2. Man verändert das Gewebe an manchen Stellen, indem man diese mit einer Beize imprägniert, so daß beim folgenden Färben nur an diesen Stellen Bildung unlöslicher gefärbter Lacke erfolgt.

3. Man zerstört die Farbe eines gefärbten Gewebes an manchen Stellen, wodurch sich weiße Muster auf gefärbtem Grunde ergeben (Ätzverfahren); bunte Muster erhält man durch nachträgliches Beizen und Färben dieser weißen Stellen.

Diese drei Verfahren sind Färbeverfahren, die sich von den bekannten nur dadurch unterscheiden, daß man in der Wahl der Farbstoffe in Rücksicht auf ihre Ätzbarkeit, Reservierbarkeit usw. beschränkt ist; im übrigen färbt man in den bekannten Apparaten.

Der eigentliche Druckprozeß besteht jedoch darin, daß mittels einer Druckform eine Farblösung auf ein Gewebe übertragen wird. Die Zeichnung der Druckform kann erhaben oder vertieft sein. Man druckt demzufolge durch Eindrücken des Gewebes in die seichten mit Farbe erfüllten Vertiefungen der Druckformen, bzw. man preßt die mit Farblösung bestrichenen erhabenen Stellen der Druckformen auf das Gewebe. Die verwendeten Farblösungen müssen, um ein Ausfließen zu verhindern, mit geeigneten Verdickungsmitteln in pastöse Form gebracht werden.

Ein bedrucktes Gewebe läßt sich in bezug auf den Grund allein oder auf die Muster allein nicht mehr verändern, im Gegensatz zu Unifärbungen, die bekanntlich durch wiederholte Passagen verstärkt oder

---

[1] Über Druckverfahren aller Zeiten siehe *Schwalbe:* Zeitschr. f. angew. Chemie **1906**, 81; ferner *E. Lauber* (*A. Sansone*): Pr. Handb. d. Zeugdrucks, II. Suppl.-Band, und *Axmacher:* Pr. Führer d. d. Zeugdruck, Hannover 1908.

durch geeignete Nachbehandlungsmethoden verändert werden können.

Der Gewebedruck (vgl. auch *Lange:* Chem.-techn. Vorschr. Bd. II, 337, Leipzig 1923) geschah früher von Hand, heute bedient man sich fast ausschließlich besonderer Maschinen (Perrotine, Walzendruckmaschinen) über deren Einrichtung die Spezialliteratur Aufschluß gibt.

A. Die maschinellen Hilfsmittel.

1. Der Handdruck.

Die älteste Methode des Bedruckens von Geweben bediente sich der sog. Handformen, das sind Holztafeln oder Blöcke, in die die Zeichnung in der Weise eingeschnitten ist, daß die Muster in erhöhter Form die herausgeschnittenen Vertiefungen überragen. Die hervorragenden Teile der Form werden mit der Druckfarbe bestrichen und durch Aufdrücken auf das Gewebe die Druckfarbe übertragen. Der Handdruck eignet sich für vielfarbige und breite Ware; er wird für den Druck mit Schwefelfarbstoffen wohl nur in beschränktem Maße für Garne und Trikotwaren verwendet.

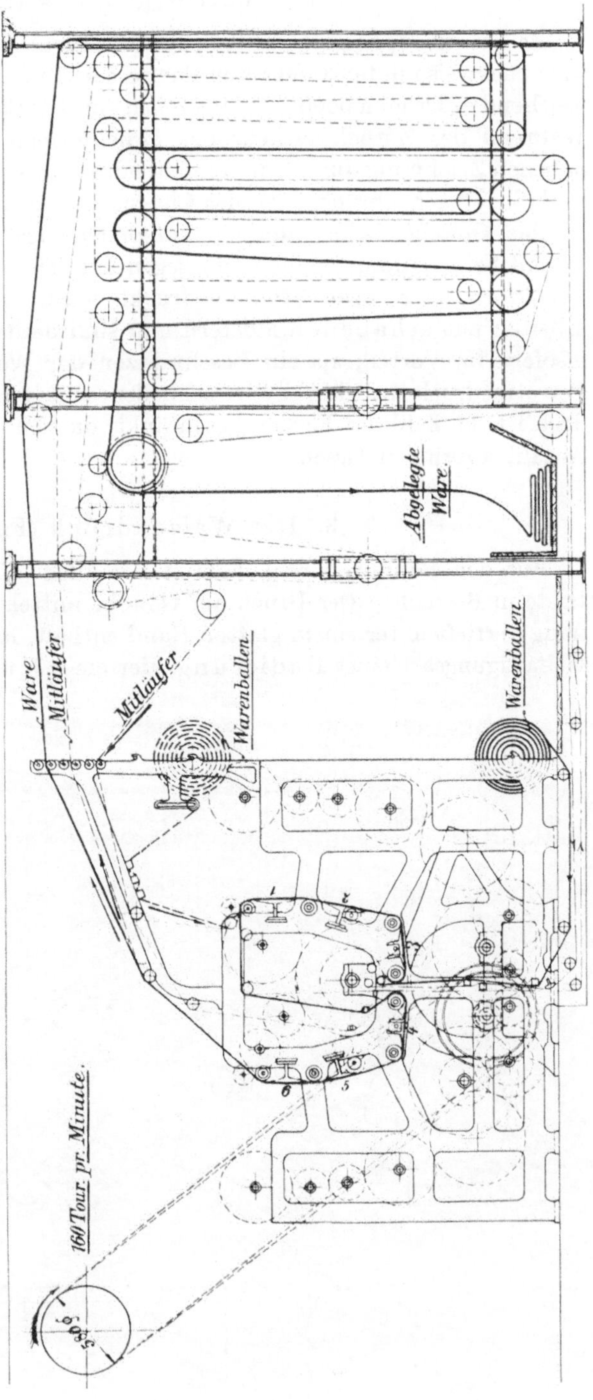

2. Der Perrotinedruck (Fig. 24).

Er ist maschinell betriebener Handdruck, d. h. das Gewebe wird ruckweise unter 3 oder 6 in demselben Takt aufdruckenden und zurückweichenden Druckmodeln durchgezogen (in der Figur mit *1* bis *6* bezeichnet). Während des Zurückweichens der Druckformen werden diese an ihrer erhabenen Zeichnung durch ein vorgleitendes Chassis mit Druckfarbe bestrichen, so daß sie nach Zurückgehen des Chassis wieder druckfähig sind. Inzwischen ist das Gewebe wieder um ein entsprechendes Stück vorgezogen worden, so daß bei der nunmehr abwärts gegen den Tisch erfolgenden Bewegung der Druckform eine neue Stelle bedruckt wird. Hand- und Perrotinedruck arbeiten mit erhabenen Mustern und sind deshalb gegen den Walzendruck insofern im Vorteil, als ein Beschmutzen der Ware ausgeschlossen ist. Der Perrotinedruck arbeitet zwar schneller und exakter als der Handdruck, doch ist die Zahl der Farben beschränkt, da sich die Drucker nur in gewisser Anzahl anbringen lassen.

3. Der Walzendruck (Fig. 25).

Für den Baumwolldruck kommt vor allem diese Druckart als die wichtigste in Betracht. Der Druck auf Gewebe mittels einer Walze, die die Zeichnung vertieft unter einem glatten Rand enthält, hat Ähnlichkeit mit der Vervielfältigungsart einer Radierung oder eines Kupferstiches. Die radierte

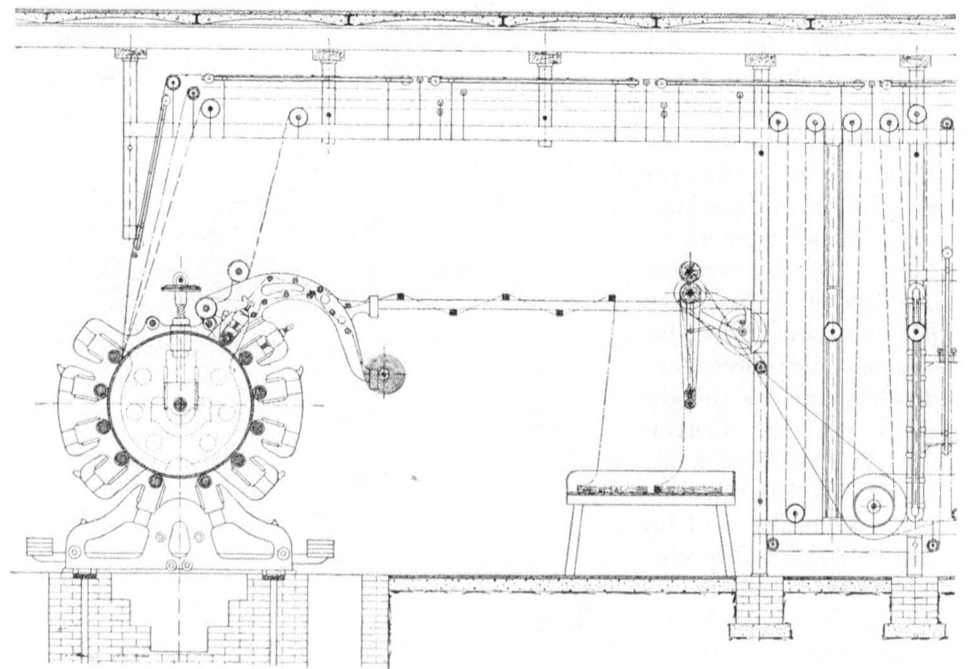

Fig. 25.

Platte, die die Zeichnung tiefgeätzt enthält, wird mit der Druckfarbe eingerieben und sorgfältig wieder abgewischt, so daß die Farbe nur in den Vertiefungen zurückbleibt, die Lichter (die erhabenen Stellen) demnach völlig
frei von Farbe sind. Auf diese Platte wird das angefeuchtete Papier gelegt;
bei dem nun folgenden starken Druck wird das Papier in die Vertiefungen
der Platte eingedrückt und so an diesen Stellen mit der Druckfarbe versehen. Es ist offenbar, daß jede Spur von Farbe, die auf den Lichtern etwa
zurückblieb, sich auf den weißen Stellen des Papiers abdruckt, daß also zur
Erzielung tadelloser Drucke die völlige Reinigung der erhabenen Stellen
der Platte von Farbe erste Bedingung ist. Genau ebenso vollzieht sich der
Gewebedruck: Gravierte Bronzewalzen, in derselben Zahl als Farben
gedruckt werden sollen (die Maschine in Fig. 25 ist für 10 Farben eingerichtet,
besitzt demnach auch 10 Druckwalzen), sind an der Peripherie eines großen,
nur in vertikaler Richtung verschiebbaren Zylinders angebracht und lassen
sich durch geeignete Vorrichtungen gegen diesen „Presseurzylinder"
als Widerlager anpressen. Zwischen Druckwalzen und Presseur (letzterer
ist zur Erzeugung einer gewissen Elastizität mit Woll- oder Leinenstoff straff
bespannt) läuft zunächst auf dem Presseur das Drucktuch (— — — —),
darüber zu dessen Schonung der Mitläufer (—··—··—), ein Streifen ohne
Ende aus Baumwollzeug, und auf diesem die Ware (— — — —). Jede Druck-
walze wird entweder durch Gelenkhebel oder mittels federnder Stahlscheiben
gegen den Presseur gedrückt und trägt einen Farbentrog nebst einer Farben-
übertragungswalze; der Farbüberschuß wird mittels einer Rackel, das ist
ein stählernes messerartiges Instrument von der Länge der Druckwalzen,
abgestrichen. Eine auf der anderen Seite befindliche Gegenrackel sorgt
nach dem Druck für Zurückhaltung von Gewebefasern, so daß solche nicht
in die Farbe gelangen können. Die bedruckte Ware verläßt die Druck-
maschine und geht (nach der Pfeilrichtung in der Figur) in den Trockenstuhl,
wo sie auf dem langen Wege, den sie zurückzulegen hat, getrocknet wird.

Die Walzen werden wohl am häufigsten nach dem Ätzverfahren gra-
viert: Man überzieht sie mit einem säuredichten Lack, ritzt die Zeichnung
bis auf das Metall ein und ätzt mit verdünnter Salpetersäure die bloßliegenden
Teile der Bronze heraus[1]. Dann wird der Lack abgelöst, und man verbessert
mit der kalten Nadel allenfalls noch vorhandene Ungleichheiten[2]. Über die
Regelung des gleichmäßigen Ganges der einzelnen Apparatbestandteile durch
die Rapportträger (zur Erzielung des genauen Aufeinanderpassens der bedruckten Teile) muß auf die einschlägige Literatur verwiesen werden[3]. Un-
regelmäßigkeiten während des Druckes rühren zumeist von den Rackeln
her, da ein kleiner Fremdkörper genügt, um die Abstreifer einen Augenblick

---

[1] Neuerdings wird von Dr. *Merten*, Mühlhausen ein verbessertes, von *Rolff* er-
fundenes Verfahren zur photographischen Übertragung der Zeichnung auf die Druckwalzen verwendet.

[2] Andere Verfahren siehe *G. v. Georgieviecs:* Gespinstfasern usw., Leipzig u. Wien 1908.

[3] *W. Elbers:* Bedienung der Arbeitsmasch. zur Herst. bedruckter Baumwolle, Braun-
schweig 1909

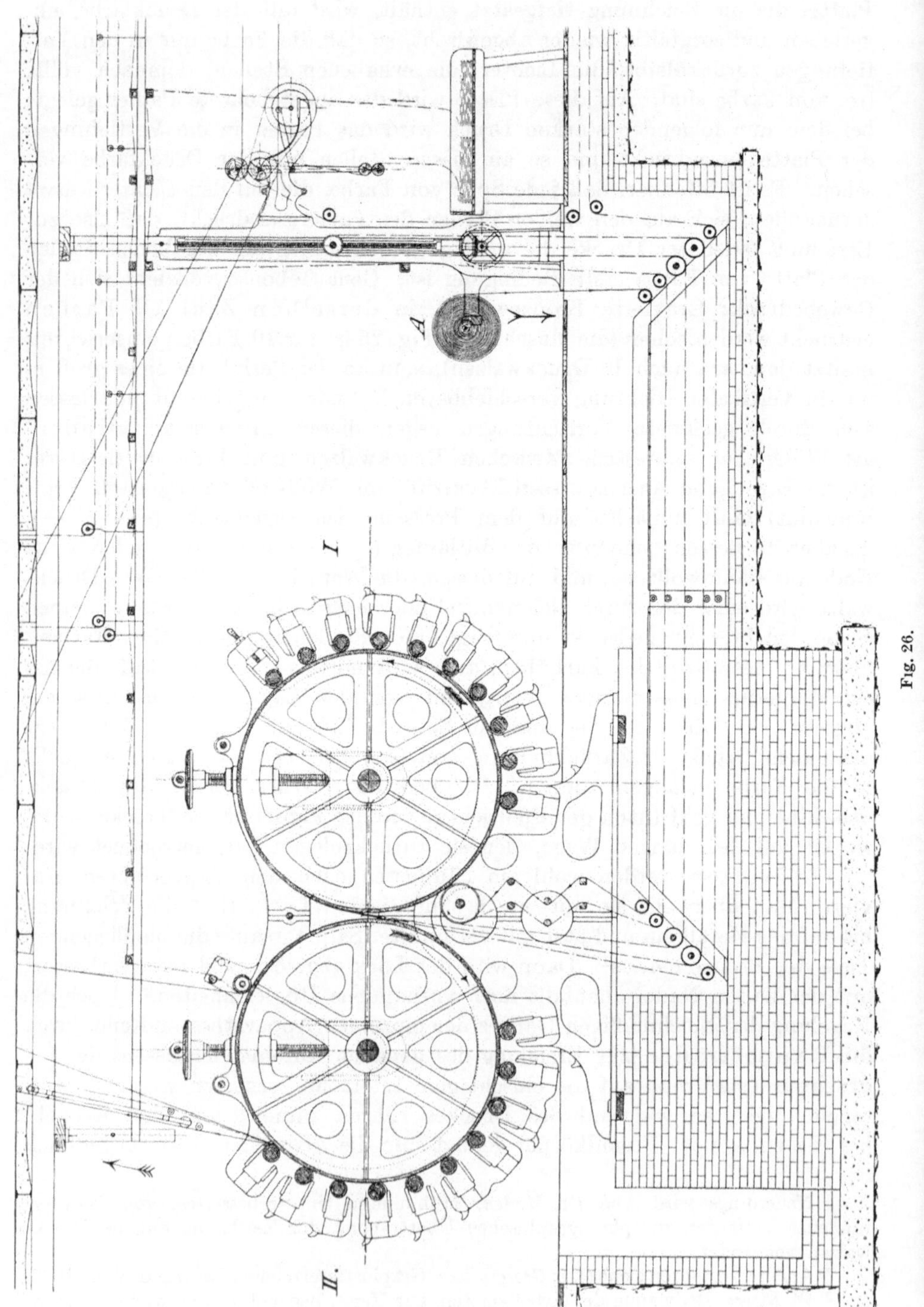

Fig. 26.

zu heben, so daß ein Querstreifen unabgestreifter Farbe entsteht, der sich natürlich mit abdruckt; bleibt der Fremdkörper liegen, so entstehen Längsstreifen. Es empfiehlt sich daher, die Druckfarbe vor dem Gebrauch durch Schleudern in einer geeigneten Zentrifuge von Fremdkörpern zu befreien[1]; man verwendet auch zwischen Presseur und Druckwalzen eingeschaltete Weichwalzen, die die Farbe zunächst aufnehmen[2], und andere Vorrichtungen.

Von anderen Druckmaschinen kommt noch die **Duplexdruckmaschine** (Fig. 26) in Betracht, mit deren Hilfe es möglich ist, Gewebe auf **beiden Seiten** mit den gleichen sich beiderseitig deckenden Farben zu bedrucken. Sie besteht, wie aus der Figur ersichtlich, aus **zwei** Druckmaschinen *I* und *II* z. B. für je 10 Farben. Das vom Warenhalter *A* sich abwickelnde Gewebe wird in *I* auf der einen Seite bedruckt und gelangt (in Pfeilrichtung) in *II*, wo es auf der anderen Seite bedruckt wird; von hier geht es in die Trockenmansarde.

Eine einfarbige Walzendruckmaschine druckt nach *v. Georgieviecs* täglich 180 Stück à 60 m, eine 12 farbige Maschine jedoch nur 40 Stück, also weniger als den vierten Teil, da das genaue Rapportieren der einzelnen Druckwalzen vor allem bei Inbetriebsetzung viel Zeit absorbiert.

Die Garndruckmaschinen

für Garn im Strang und im Faden bestehen im Prinzip aus einem Walzenpaar, den **Dessinwalzen**, die entweder horizontal oder vertikal gerieft sind. Die Erhöhungen nehmen die Farbe auf und geben sie an die Fäden des Garnes, das die Walzen zwischen sich durchziehen, ab. Es gibt Maschinen für feineren (Perl) und für gröberen Druck, auch für mehrfarbige Dessins. Ähnliche Prinzipien liegen auch den z. B. von der Firma *Gebr. Donath* in **Chemnitz** gebauten Kettendruckmaschinen zugrunde. Diese Maschinen geben schmale Querstreifen, für mehrfarbige Muster druckt man mit Handdruck. Einem Verzerren der Kette während des Druckes wird durch loses Einweben von Schußfäden im Abstand von etwa 0,5 m vorgebeugt; diese Fäden werden während des Verwebens wieder entfernt.

Strumpfdruckmaschinen tragen, wie die für Garn, ein Walzenpaar, auf deren Umfang die Zeichnung reliefartig als Streifen oder Figuren ausgeführt ist. Die Strümpfe werden auf flache Kartons aufgezogen und zwischen den Walzen durchgeführt durch Abdecken der Fersen und Fußspitzen lassen sich andere Effekte erzielen.

Der Dämpfer (vgl. S. 199).

Das Dämpfen der bedruckten Gewebe erfolgt im **Mather Platt** und ähnlichen Dampfkammern entweder sofort nach dem Trocknen oder nach Liegen über Nacht; man dämpft mit trockenem möglichst luftfreiem Dampf (S. 200).

---

[1] D. R. P. 214 995.
[2] D. R. P. 196 421.

Zum Schluß wird die bedruckte Ware gewaschen, zuweilen oxydativ nachbehandelt und geseift. Das Waschen geschieht, um die Verdickung der Farbe zu entfernen, je nach deren Löslichkeit in Breitwaschmaschinen oder strangförmig in einer Rundkufe mit Haspelvorrichtung. Das Seifen wird vor allem zur Reinigung der unbedruckten weißen Stellen der Ware vorgenommen. Man seift meistens im Strang.

B. Die Druckfarbe und ihre Herstellung.

Die Druckfarbe besteht aus einer pastösen Suspension, in der sich der Schwefelfarbstoff in fein verteiltem Zustand vorfindet; daneben enthält sie verschiedene Zusätze, die dazu dienen, den Schwefelfarbstoff zu entwickeln und schließlich sind ihr Verdickungsmittel beigefügt, die ihre Konsistenz bedingen und das zunächst nur mechanisch erfolgende Anhaften der Schwefelfarbstoffleukoverbindung an der Faser bewerkstelligen. Die Druckfarbe unterscheidet sich demnach wesentlich von der Flotte, die nur den Schwefelfarbstoff, sein Lösungsmittel und anorganische Salze in dünner wässeriger Lösung enthält.

Alle Zusatzmittel zur Druckfarbe müssen die Bedingungen erfüllen, daß sie sich gegenseitig nur in gewünschtem Sinne beeinflussen und daß sie beim schließlichen Spülen leicht und ohne Hinterlassung eines Rückstandes abwaschbar sind. Wir unterscheiden demnach 1. mechanisch wirksame, 2. chemisch wirksame Zusätze.

1. Mechanisch wirksame Zusätze (Verdickungsmittel)[1].

Die Verwendung von Kleister zum Aufdrucken von Farbe auf Gewebe wurde schon 1857 von *Kuhlmann* vorgeschlagen. Er druckte die Farben mit verdünntem Kleister auf und zog die Gewebe nach dem Trocknen durch Kalk oder Barytwasser; die unlöslichen Stärke-, Kalk- bzw. Barytverbindungen hielten den Farbstoff an der Faser fest. Am geeignetsten ist für Druckfarbenverdickungen der Stärkekleister, den man aus Weizenmehl gewinnt, nicht nur wegen seines großen Verdickungsvermögens, sondern auch wegen der Leichtigkeit, mit der er die Faser durchdringt. Je haltbarer der Kleister ist (es tritt leicht Milchsäuregärung ein) und je weniger Rückstand die Stärke enthält (Sand, Kleie usw.), desto verwendbarer ist sie. Die Reisstärke wird aus dem Grunde, weil sie stets sandfrei ist, der Weizenstärke zuweilen vorgezogen. Maisstärke besitzt zwar ein größeres Verdickungsvermögen als Weizenstärke, ist jedoch weniger haltbar. Mehl und Kartoffelstärke sind für Druckzwecke ungeeignet. Durch Verwendung von Stärke, die vorher in der Menge von 40 Teilen mit 60 Teilen Wasser und 10 Teilen Natronlauge von 40° Bé bis zu klarer Lösung gekocht wurde, erzielt man bedeutend intensivere schönere und billigere Drucke[2].

---

[1] Vgl. *Ed. Justin-Müller:* Chem.-Ztg. **1910**, 598. Ferner *Lange* Bd. II, 306 u. 496.
[2] E. P. 8142/08; vgl. A. P. 992 270.

Dextrin, Britischgummi (dieses besonders häufig für Schwefelfarbstoffe in Verwendung), Leiogomme, Gommelin, Lychow sind Umwandlungsprodukte der Stärke; sie entstehen aus ihr durch bloßes Erhitzen oder durch Erhitzen mit verdünnten Säuren; sie besitzen zwar kein so
großes Verdickungsvermögen wie die Weizenstärke, machen die Druckfarbe
aber geschmeidiger. Besonders die dunkelgebrannten Stärken (teilweise Umwandlungsprodukte in lösliches Dextrin) sind ihrer Alkalibeständigkeit wegen
für den Druck mit Schwefelfarbstoffen sehr geeignet; sie dürfen jedoch
nicht über 4% Wasser enthalten und müssen rückstandfrei sein.

Auch die Pflanzengummen, besonders arabisches Gummi, Tragant,
Senegalgummi (letzteres vor allem für helle Schwefelfarbstoffnuancen)
und ihre Ersatzprodukte Krystall-, Platten-, Industrie-, Trockengummi
finden als Verdickungsmittel in der Schwefelfarbstoffdruckerei häufig Verwendung; Leim und Gelatine werden dagegen mehr in der Färberei gebraucht.

Eine neutrale Verdickung (speziell für Schwefelfarbstoffe in Verwendung) erhält man durch Kochen von 100 bis 120 Teilen Weizenstärke
mit 300 Teilen Britischgummi und 580 Teilen Wasser. Eine alkalische
Verdickung für Stückware erhält man durch Anteigen von 50 Teilen Weizenstärke mit 260 Teilen Wasser und Verkochen mit 95 Teilen Britischgummi,
35 Teilen Kochsalz und 560 Teilen Natronlauge von 40° Bé.

Für gewöhnliche, nicht eigens für den Druck hergerichtete Schwefelfarbstoffe wird eine Reduktionspaste verwendet, sie besteht z. B. aus:
400 Teilen Glycerin von 28° Bé, 250 Teilen Kochsalzlösung von 24° Bé,
50 Teilen Natronlauge von 40° Bé und 300 Teilen Hydrosulfit konz. als Pulver; die haltbare Paste muß vor dem Gebrauch gerührt werden.

Häufig setzt man der Druckpaste zur Erhöhung der Hygroskopizität[1]
Glycerin zu; ein nicht klebendes Zusatzmittel neutraler Natur ist ferner
Kaolin (ferner Chinaclay), das als fester weißer Pigmentkörper der Druck-
farbe zugesetzt wird, um während des Dämpf- und Entwicklungsprozesses
das Bluten der Schwefelfarbstoffe zu verhindern. Zuweilen werden auch
Fette und Öle zugesetzt, die die Faser aufnahmefähiger machen.

2. Die chemisch wirksamen Zusätze.

Der Vorgang, der sich während des Druckens mit Schwefelfarbstoffen
abspielt, ist ein anderer als beim Färben mit der normalen Farbflotte: in
dieser werden die Schwefelfarbstoffe unter dem Einfluß des Schwefelnatriums
reduziert, gehen als Leukoverbindungen auf die Faser und werden durch
Luft- oder andere Oxydation als Farbstoffe fixiert. Die Schwefelfarbstoffe des
Handels sind nun sämtlich Farbsäuren; würde man sie in diesem Zustande
unter Anwendung von Verdickungsmitteln auf die Faser bringen, so würden
sie bei der folgenden Wäsche samt dem Verdickungsmittel glatt wieder abgewaschen werden. Man muß demnach der Druckfarbe Reduktionsmittel

---

[1] Über Ölzusatz siehe *K. Wander*: Zeitschr. f. Farb.-Ind. **6**, 367.

zusetzen und nach dem Drucken durch Wärmezufuhr die Reduktion und dadurch die Imprägnierung der Faser mit der Schwefelfarbstoffleukoverbindung herbeiführen. Die fertigen Drucke werden demgemäß gedämpft, und zwar mit möglichst luftfreiem Dampf, da sonst natürlich die Reduktionswirkung der zugesetzten Agentien zum Teil paralysiert würde. Nunmehr kann gewaschen und oyxdativ gedämpft bzw. mit anderen Oxydationsmitteln entwickelt werden; man kann in manchen Fällen nach der Reduktionsdämpfe auch den Luftinjektor öffnen und oxydativ dämpfen.

Als Reduktionsmittel für den Zusatz zur Druckfarbe käme natürlich in erster Linie Schwefelnatrium in Betracht; doch kann man dieses wichtigste Agens der Schwefelfarbstofffärberei hier nicht verwenden, da die Bronze-(Kupfer-) Druckwalzen durch den zerstörenden Einfluß des Schwefelnatriums in kurzer Zeit unbrauchbar würden. Zahlreiche patentierte Verfahren für Schwefelfarbstoffdruckerei bezwecken aus diesem Grunde, entweder das Schwefelnatrium durch geeignete Zusätze unschädlich zu machen oder es ganz zu ersetzen. Mit mehr oder minder großem Erfolg ist es denn auch tatsächlich gelungen, unter Beibehaltung der Bronzedruckwalzen die Schwefelfarbstoffe im Baumwolldruck ebenso leicht verwenden zu können wie andere Farbstoffe. Ehe die unten zu besprechenden Verfahren noch bekannt waren, wurde allerdings versucht, die Bronzewalzen durch solche aus Nickel zu ersetzen[1]; doch scheint es nicht, als ob es gelungen wäre, die ersteren dadurch zu verdrängen.

Trotz der scheinbaren Unentbehrlichkeit des Schwefelnatriums als wirksamstes die Schwefelfarbstoffe lösendes und reduzierendes Agens gelang es, wie erwähnt, andere Reduktionsmittel aufzufinden, die es in seinen lösenden und das Aufziehen befördernden Eigenschaften ersetzen, ohne die Bronzewalzen zu schädigen. Man muß übrigens diese hier in Betracht kommenden Verfahren von jenen unterscheiden, bei denen dieselben Mittel nur ausnahmsweise dann zur Verwendung gelangen, wenn der Farbstoff in Schwefelnatrium unlöslich oder in dieser Lösung nicht färbbar ist. Die beiden Echtschwarzfarbstoffe B und C[2] werden unter Zusatz von Glucose gedruckt[3], da sie in Schwefelnatriumlösung die Faser nicht anfärben würden; in manchen Fällen ist überhaupt kein Zusatz nötig, weil sich die betreffenden Farbstoffe schon in Soda lösen, aus dieser Lösung ohne Schwefelnatriumzusatz färben und so auch gedruckt werden können[4].

Die Schwefelnatriumersatzmittel können ihre Wirksamkeit nur dann voll entfalten, wenn die Schwefelfarbstoffe möglichst frei von anorganischen Stoffen, z. B. Polysulfiden, Thiosulfat usw., zur Verwendung kommen. „Schwefelfarbstoffe für Druck" werden demnach in eigens gereinigtem Zustande in den Handel gebracht (siehe Reinigung, S. 174). Man teigt sie entweder als Farbsäuren in höchst konzentrierter Form an oder löst sie um und

---

[1] E. P. 21 272/01; vgl. *R. Fischer:* Chem. Centralbl. **1902**, I, 1283.
[2] D. R. P. 84 948.
[3] D. R. P. 84 989 und 85 328.
[4] Die niedrig verschmolzenen Azofarbstoffe des E. P. 6078/03.

bringt sie als polysulfidfreie Leukoverbindungen zum Versand. Als reduzierendes Schwefelnatriumersatzmittel wird z. B. der Traubenzucker (Glucose) verwendet; er wird durch Verzuckerung von Stärke erhalten und wirkt in ätzalkalischer Lösung als starkes Reduktionsmittel. Die Glucose wird demnach mit alkalischer Verdickung angewendet[1] oder man setzt sie mit Sulfiten und Soda der neutralen Verdickung zu[2]. Eine ähnliche Wirkung wie Glucose und Sulfit (oder statt dessen Zinkstaub und Lauge[3]) übt während des luftfreien Dämpfprozesses auch Dextrin und Lauge aus; man braucht demnach nur polysulfidfreien Schwefelfarbstoff mit Dextrin als Verdickungsmittel in stark alkalischer sulfithaltiger Lösung aufzudrucken[4]. Intensive Drucke lassen sich auch erhalten, wenn man die Ware mit Dextrin oder Glucose vorbehandelt.

Um das Schwefelnatrium als Lösungsmittel zu vermeiden, wurde ferner mit Erfolg versucht, sozusagen seine Bestandteile auf die Faser zu drucken, die erst während des Dämpfprozesses Schwefelnatrium bilden: Man setzt der den reinen Schwefelfarbstoff enthaltenden Druckpaste Ätznatron und feinverteilten Schwefel zu (letzteren nur, wenn der Farbstoff nicht von vornherein genügende Mengen freien Schwefels enthält). Ätznatron und Schwefel wirken zwar schon in der Kälte[5] unter Schwefelnatrium- bzw. Polysulfidbildung aufeinander ein, doch verläuft die Bildung bei niederer Temperatur langsam und nur spurenweise, so daß eine kalte ätz- oder sodaalkalische, Schwefel enthaltende Druckpaste Kupferwalzen nicht angreift; während des Dämpfens bildet sich Schwefelnatrium, das den Farbstoff auf der Faser fixiert[6]. Eine solche Paste wird z. B. aus 10,0 Auronalschwarz B für den Druck gereinigt, 2,5 präzipitiertem Schwefel, 15,0 Kaliumcarbonat, 50 Tragantschleim 1 : 20, 10,0 Gummilösung 1 : 1 und 12,5 Wasser hergestellt; dann wird aufgedruckt und nach dem Trocknen $^1/_2$ Stunde bei maximal $^1/_4$ Atm. gedämpft.

Zur Behebung des schädlichen Schwefelnatriumeinflusses kommen auch die Sulfite und Bisulfite der Alkalien oder schweflige Säure selbst zur Anwendung[7]. Dem Verfahren liegt dasselbe Prinzip zugrunde, das schon *Vidal* und die *Soc. St. Denis* benutzten, um die Cachous und die ersten Vidalfarbstoffe in druckfähige Form zu bringen[8] (siehe Reinigung, S. 174). Oder man setzt der Druckpaste Xanthogenate oder Thiocarbonate mit oder ohne Sulfiten zu[9] oder direkt die Xanthogensäureester der Stärke selbst[10], die speziell für den Druck vorher durch Oxydation mit Wasserstoff-

---

[1] E. P. 11 042/00.

[2] F. P. 301 419.

[3] E. P. 19 670/00.

[4] E. P. 17 193/01.

[5] Zeitschr. f. Farb.-Ind. **1903**, 36.

[6] D. R. P. 184 200; vgl. F. P. 317 507, sowie die ähnlichen Patente D. R. P. 148 964 und Zusatz und F. P. 319 504.

[7] Anmeldung F. 15 948; vgl. E. P. 10 527/07 = Anmeldung F. 22 803, ferner A. 7506.

[8] D. R. P. 88 392, 91 720, 94 501; vgl. E. P. 10 527/1907 und Anmeldung C. 9326.

[9] E. P. 16 897/02 = Anmeldung F. 15 897.

[10] D. R. P. 217 237; vgl. F. P. 370 505. — *L. Gessner:* Diss. Darmstadt 1910.

superoxyd von den die Walzen schwärzenden Verunreinigungen befreit werden. Diese Ester, (es braucht nur ein Teil der Stärke verestert zu sein) besitzen die Eigenschaft, Schwefelfarbstoffe zu lösen und sie, ohne die Walzen anzugreifen, auf der Faser chemisch zu fixieren, chemisch deshalb, weil die Ester nachher völlig abwaschbar sind, ohne daß die Intensität der aufgedruckten Schwefelfarbstoffe sich verringert (Gegensatz zur mechanischen Fixierung von Farbstoffen mittels Viscose).

Schließlich sind auch die beständigen Verbindungen des Schwefelnatriums mit Formaldehyd[1] oder Mischungen von Hydrosulfit mit Glycerin[2] geeignet, beim Baumwolldruck mit Schwefelfarbstoffen das Schwefelnatrium zu ersetzen, da sie während des Dämpfens in Schwefelnatrium und Formaldehyd gespalten werden[3]. Die große Menge des zur Anwendung gelangenden Formaldehyds soll zwar nicht störend wirken, doch dürfte das Verfahren immerhin etwas teuer sein; es scheint demnach, als würde einer anderen Methode, die ebenfalls Formaldehyd oder eine seiner Verbindungen verwendet, größere Bedeutung zukommen[4]. Man braucht nach diesem Verfahren nur die Hälfte des Farbstoffgewichtes an Formaldehyd (I.-Indon sogar nur $^1/_5$), weil dabei ein weiteres eigenartiges Verfahren angewendet wird, demzufolge es gelingt, die Schwefelfarbstoffe mit wesentlich geringeren Schwefelnatriummengen in Lösung zu bringen, als dies sonst möglich ist[5]. Es wurde nähmlich gefunden, daß durch Erwärmen eines Schwefelfarbstoffes mit einer konzentrierten Schwefelnatriumlösung bei richtiger Wahl der Mengenverhältnisse eine Lösung entsteht, die kein freies Schwefelnatrium mehr enthält (Heparreaktion) und daher an sich schon die Druckwalzen nicht angreift. Besonders intensive Drucke werden mit dieser Lösung jedoch erzielt, wenn man (natürlich unter Zusatz geeigneter Verdickungsmittel) der möglichst wasserarmen, allenfalls alkohol- oder glycerinhaltigen[6] Druckfarbe Formaldehyd als solchen oder in Form seiner Verbindung mit Hydrosulfiten zusetzt[4]. Eine solche Paste hat dann z. B. folgende Zusammensetzung: 10 Teile I.-Indon, 15 Teile krystallisiertes Schwefelnatrium, 3 Teile Natriumsulfit, 2 Teile Hydrosulfit NF konz. und 68 Teile Verdickung. Das Wesentlichste an dem Verfahren ist jedenfalls die Vorbehandlung des Farbstoffes mit Schwefelnatrium, da festgestellt wurde, daß die geringen Formaldehydmengen nicht zur Erzielung des beabsichtigten Effektes genügen.

Der direkte Baumwolldruck.

Die Schwefelfarbstoffe für Druck werden von den Farbenfabriken als solche geliefert und kommen unter den Bezeichnungen „extra" oder „doppelt stark für Druck" in den Handel. Sie sind, wie erwähnt, frei von Schwefel

---

[1] D. R. P. 164 506.
[2] D. R. P. 141 450.
[3] D. R. P. 168 598.
[4] D. R. P. 217 587.
[5] D. R. P. 193 349.
[6] D. R. P. 216 900.

und Polysulfiden und enthalten zum Teil schon die nötigen Zusätze, so daß
sie der Drucker ohne weitere Vorbereitung verwenden kann. Aber auch die
nicht besonders bezeichneten Schwefelfarbstoffe sind für den Druck mit
Kupferwalzen brauchbar, wenn sie entsprechend gereinigt und mit Reduktionspaste aufgedruckt werden.

Die Ware wird, wenn sie gerauht oder besonders dick ist, vor dem Drucken
mit Glucose- oder Dextrinlösung präpariert, um die Fixierung beim Dämpfen
zu begünstigen. Es gilt als Regel, daß man die hellen Farben zuerst
druckt und mit den dunkleren, deren eventuelles Auslaufen besonders deut-
liche Spuren hinterläßt, nachsetzt. Die Zusammensetzung einer Paste mit
Schwefelfarbstoffen „für Druck" ist beispielsweise folgende: 20 bis 60 Teile
Farbstoff werden mit 40 bis 60 Teilen Glycerin angeteigt, mit 40 bis 100 Teilen
Traubenzucker und 20 bis 40 Teilen Hyraldit C extra, 1 : 1 in Wasser gelöst,
versetzt; dazu kommen 60 bis 100 Teile Natronlauge von 40° Bé und 10 bis
30 Teile calcinierte Soda, worauf man das Ganze mit 360 bis 310 Teilen
Wasser 10 Minuten auf 60° erwärmt; nach Lösung wird mit 500 bis 450
Teilen neutraler Verdickung verrührt. Wenn kein Hyraldit verwendet wird,
muß die Glucosemenge auf 50 bis 120 Teile erhöht werden.

Die Ware wird in der Trockenmansarde nicht zu heiß getrocknet und
gelangt möglichst noch am selben Tag zum Dämpfen. Man dämpft bei einer
Passage von 4 bis 5 Minuten (bei schwach alkalischen Druckfarben oder dicken
Stoffen entsprechend länger) im Mather Platt möglichst luftfrei. Die bedruckte
und gedämpfte Ware wird dann breit in einem schwach salzsauren Bade (5 ccm
pro Liter) gewaschen und schließlich kalt gespült, geseift und getrocknet. Das
Weiß kann allenfalls durch schwaches Chloren verbessert werden.

Ausführung von Mercerisations- oder Créponeffekten.

Man druckt die verdickte Farbe auf und passiert dann nach gelindem
Dämpfen ein Bad von kalter Natronlauge von 35° Bé. Dadurch erzielt man
die Wirkung, daß die unbedruckten Stellen durch Mercerisation zum Ein-
schrumpfen gebracht werden, während die farbigen Muster glatt bleiben, da
die Farbe der Lauge das Eindringen nicht gestattet. Es gibt auch andere
Verfahren, deren Beschreibung hier zu weit führen würde (vgl. *Lange:*
Chemisch-techn. Vorschriften Bd. II, 336, Leipzig 1923); jedenfalls ist zu
beachten, daß die Druckfarbe selbst nicht zu stark alkalisch gehalten werden
darf, da sonst auch die Druckstellen mercerisiert werden.

Der umgekehrte Weg, das Ton-in-Ton-Drucken ist ein Reservageverf-
fahren, wird jedoch des Zusammenhangs wegen hier mit angeführt. Man
druckt Natronlauge auf ungefärbten Stoff. Die Baumwolle wird an diesen
dadurch mercerisierten Stellen für Farbstoffe wesentlich empfänglicher, so
daß beim folgenden Färben mit Schwefelfarbstoffen dunkle Muster auf
hellem, jedoch gleichgefärbtem Grunde erscheinen. Die Laugendruckpaste,
z. B.: 150 bis 200 Teile gebrannte Stärke, 250 bis 200 Teile Wasser, 600 Teile
Natronlauge von 40° Bé, wird aufgedruckt, und man färbt dann bei 35° ohne
vorherige Wäsche; bei dieser Temperatur kommen die Effekte am besten heraus.

Ätzdruck[1].

1. Weißätze.

Man kann auf gefärbtem Grund dadurch weiße Muster erzeugen, daß man Substanzen aufdruckt, die geeignet sind, die Farbe an diesen Stellen zu zerstören. Für das Ätzen der äußerst widerstandsfähigen Schwefelfarb stoffe[2] kannte man ursprünglich keine Substanz, die nicht auch gleichzeitig die Faser zerstört hätte. Man unterscheidet in anderen Farbstoffklassen reduzierende und oxydierende Ätzen; erstere kommen für Schwefelfarbstoffe nicht in Frage, da diese sich auf der Faser wohl reduzieren, aber in diesem Zustande nicht abziehen lassen.

Ein leicht ätzbarer Schwefelfarbstoff, der sich in dieser Hinsicht verhält wie Indigo, demnach mit Chromat und Chlorat alkalisch geätzt werden kann, ist z. B. das Melanogenblau; es wird deshalb auch zum Grundieren von Indigo benützt.

Unter den vielen[3] zum Ätzen von Schwefelfarbstoffen vorgeschlagenen Mitteln bieten die chlorsauren Salze mit oder ohne Zusatz anderer Oxydationsmittel — also z. B. chlorsaure Tonerde oder Magnesia[4] oder die Eisen- und Chromverbindungen, die grünliche bzw. gelbliche Ätzmuster erzeugen — die meisten Vorteile. Die Schwefelfarbstoffe lassen sich mit diesen Chloratsalzen in nicht zu dunklen Färbungen tatsächlich oxydativ von der Faser entfernen; aber wirklich weiße Ätzeffekte werden wegen der gleichzeitigen Entstehung färbender Oxydationsprodukte nicht immer erreicht. Außerdem wirken die Chlor- und Chloroxydgase, die sich beim Dämpfen der Ware bilden, nachteilig auf den Farbton der nicht geätzten Stellen und auf die an und für sich chlorempfindliche Faser[5]; man läuft stets Gefahr, daß die Faser durch Bildung von Oxycellulose sehr geschwächt wird. Immerhin lassen sich fast alle Schwefelfarbstoffe, wenigstens in hellen Färbungen, weiß ätzen[6], z. B. alle I.-Catechumarken, Braun BR und RR, Khaki D und G.

2. Buntätze.

Man kann entweder der Ätzpaste Farbstoffe beimischen, die von ihr nicht zerstört werden (z. B. Direktgelb R, Chloramingelb, Chloraminorange usw. der *Farbenfabriken vorm. Bayer,* Elberfeld) oder man druckt mit der Ätzpaste Beizen auf und färbt nachher. Beide Methoden kommen für Schwefelfarbstoffe wegen der zerstörenden Wirkung der Chlorätze nicht in Betracht. Ein Buntätzverfahren für mit Schwefelfarbstoffen gefärbte Halbwolle ist im

---

[1] *F. Erban:* Chem.-Ztg. **1910**, 596.

[2] Eine Anwendung dieser Beständigkeit der Schwefelfarbstoffe gegen Ätzmittel siehe D. R. P. 208 998.

[3] Über die *Battegai-Heilmann-Cassella*sche Ätzmethode mit Hydrosulfit-Glycerin siehe Chem.-Ztg. **1907**, Rep. 56.

[4] E. P. 16 170/01; vgl. *W. Elbers:* Zeitschr. f. Farb.-Ind. **3**, 99.

[5] Zeitschr. f. Farb.-Ind. **7**, Heft 8.

[6] Lehnes Färber-Ztg. **1904**, 85.

D. R. P. 208 998 [1] angegeben; ferner kann man nach *A. Scheurer* dadurch Buntätzen allerdings nicht u n t e r, sondern mit Hilfe von Schwefelfarbstoffen erzeugen, das man Wolframatreserven unter Dampfchrom-, -Eisen- und -Albuminfarben mit I.-Farben überfärbt [2].

E. Justin-Müller bereitet nach einem von 1905 datierten, 1920 geöffnetem versiegelten Schreiben, das bei der Gew. Ges. Mülhausen hinterlegt worden war, Schwefelfarbstoff-Druckfarbpasten besonders als Buntätzen auf Azofarbengrund in folgender Weise: Man mischt einen Teig von 500 g Schwefelfarbstoff und 200 ccm Natronlauge (38°) mit 2500 ccm kochendem Wasser, in das man allmählich 1 kg mitteldunkles Dextrin einrührt, erwärmt 20—30 Minuten im Wasserbade unter Zusatz von 200 g Farinzucker zur Beschleunigung des Reduktionsvorganges, läßt die Masse erkalten, fügt für direkten Druck auf Weiß eine Lösung von 100—150 g Hyraldit C extra in etwas Wasser oder Verdickung hinzu und stellt das Ganze mit neutraler Stärke-Tragantverdickung auf 10 kg ein. Der Hyralditzusatz geschieht zu dem Zweck, um den evtl. auf der Faser oxydierten Farbstoff zu Beginn des Dämpfprozesses zu reduzieren. Man dämpft im direkten wie auch im Ätzdruck 3—4 Minuten bei 102°, kann jedoch auch beim direkten Druck eine Stunde dämpfen, so daß gleichzeitig andere Dampffarben mit verwandt werden können. Das Neuartige des Verfahrens besteht in der Verwendung schwach alkalisch gestellter löslicher Schwefelfarbstoffe und in der Mitverarbeitung von gebrannter Stärke.

Reservagedruck [3].

„Ä t z e n" und „R e s e r v i e r e n" sind Bezeichnungen für das Verfahren, die im Prinzip dasselbe Ziel erreichen. Man druckt in dem einen Fall Substanzen auf, die vorhandene Farben entfernen, im anderen Falle solche, die das Eindringen von Farbe verhindern: man „r e s e r v i e r t" diese Stellen für das folgende Färben. Bunt ä t z e n kann man nach gewöhnlichem Verfahren mit Schwefelfarbstoffen nicht, wohl aber bunt r e s e r v i e r e n, da die hier angewendeten Metallsalze beigemengte Farbstoffe nicht zerstören, wie das bei der Ätzpaste der Fall ist.

Man kann Weiß- und Buntreserven unter Schwefelfarbstoffen erzielen, wenn man M e t a l l s a l z e a u f d r u c k t, die beim späteren Färben mit Schwefelfarbstoffen mit diesen unlösliche L a c k e bilden [4]. An diesen Stellen wird das

---

[1] Vgl. *A. Schumann:* Zeitschr. f. Farb.-Ind. **1910**, 114, Zusammenstellung einiger Weiß- und Buntätzen unter Schwefelfarbstoffen.

[2] Chem.-Ztg. **1909**, 857. Vgl. Leipz. Färber-Ztg. **1911**, 344.

[3] Über frühere Ausübung des Reservagedruckes vgl. *Gatty:* Chem.-pharmazeut. Centralbl. **1855**, 93; über Weiß- und Buntreserven unter Schwefelfarbstoffen *Chr. Schwartz:* Zeitschr. f. Farb.-Ind. **1908**, 843. Eine Abhandlung über Buntreserven mit Schwefelfarben unter Küpen oder Schwefelfarbstoffen findet sich in der Rev. gen. d. mat. col. **1920**, 113. *L. Diserens* bringt daselbst eine Anzahl Vorschriften zur Herstellung der Reserven unter Zusatz von Eisenvitriol oder Zinksalzen beim Arbeiten auf mit Soda präpariertem Gewebe.

[4] D. R. P. 130 628 und 153 146.

Gewebe durch die Lackschicht vor dem Eindringen von Farbstoff und Schwefelnatrium geschützt und demnach an diesen Stellen nicht mitgefärbt. Zugleich können aber auch Metallsalz und Schwefelnatrium in der Flotte nicht unter Metallsulfidbildung reagieren, da alles Metall zur Lackbildung verbraucht ist. Daher ist es auch verständlich, daß beim Aufdrucken von Metallsulfiden wohl helle Stellen, aber keine weißen Reserven entstehen können, da die Schwefelfarbstofflösung kein Metall zur Bildung eines schützenden Lackniederschlages auf der Faser vorfindet. Ebenso wie die Salze des Zinks, Kupfers, Mangans, Bleis, Nickels (vor allem Zinksulfat) lassen sich auch Aluminium- und Chromsalze[1] verwenden, die mit Schwefelnatrium überhaupt keine Sulfide, sondern Oxydhydrate geben; ebenso auch Antimonverbindungen[2]. Die Lacke haften fest an der Faser, werden nach dem Färben und Dämpfen abgewaschen und lassen die darunter befindlichen Stellen rein weiß. Die beiden ersteren Verfahren[3] dürften die am besten verwendbaren sein; sie führten sich nach *Baumann* und *Thesmar*[4] deswegen so langsam ein, weil zur Zeit ihres Bekanntwerdens (1901) die Reinheit der im Handel befindlichen Schwefelfarbstoffe noch recht mangelhaft war. Man druckt z. B. als Weißreservepaste auf: 300 bis 250 Teile Trockengummi, gelöst in 300 bis 250 Teilen Wasser, mit 300 bis 500 Teilen Chlorzink, gelöst in 150 bis 200 Teilen Wasser; allenfalls werden noch 100 bis 150 Teile Zinkweiß oder Kaolin hinzugefügt. Man trocknet und färbt auf dem Foulard, zweckmäßig unter Zusatz von Glucose und Ätzalkalien, da das Färben mit Schwefelnatrium den Nachteil hat, bei einem eventuellen Schwefelnatriumüberschuß schlechte Reserven zu liefern, bei einem Unterschuß jedoch wegen Bildung von Zinksulfid zum Ausfällen des Farbstoffes zu führen. (Es wird aber trotzdem unter Anwendung gewisser Vorsichtsmaßregeln oft mit Schwefelnatrium gefärbt.)

Färbevorschrift: 10 bis 60 g Farbstoff, 30 bis 90 g Schwefelnatrium, 20 bis 40° calcinierte Soda, 2 g Türkischrotöl; für helle Töne wird kalt, für dunkel bei 50 bis 60° gefärbt; absäuern in verdünnter Salzsäure (5 ccm pro Liter), waschen und seifen. Oder: 10 bis 60 g Farbstoff, 20 bis 60 g Natronlauge (2 g Türkischrotöl), 20 bis 40 g calcinierte Soda, 20 bis 100 g Glucose; kurz im Mather Platt dämpfen; waschen, säuern, spülen, seifen. I.-Indon-, Indogen- und Grün-Marken werden im großen stets unter Zusatz von 50% des Farbstoffgewichtes an Glucose gefärbt.

Das Prinzip der Buntreserven ist folgendes: Man mischt der Zinkreservepaste eine zur Azofarbstoffbildung geeignete Diazolösung bei (z. B. für Rot: p-Nitranilin diazotiert, für Orange: m-Nitranilin diazotiert usw.) und druckt auf ein mit β-Naphthol präpariertes Gewebe, passiert dann zur Bildung des Azofarbstoffes einige Luftgänge und färbt den Schwefelfarbstoff, wie oben angegeben, mit Glucose und Lauge. Näheres in der Spezialliteratur und in den Musterbüchern der Farbenfabriken.

---

[1] F. P. 317 415 = Anmeldung F. 15 599.
[2] F. P. 387 516 = Anmeldung B. 48 747.
[3] D. R. P. 130 628 und 153 146.
[4] Zeitschr. f. Farb.-Ind. 1908, 123.

Ebenso wie sich Schwefelfarbstoffärbungen reservieren lassen, kann man auch unter Schwefelfarbstoffdrucken Weiß- und Buntreserven anbringen. Doch empfiehlt es sich in diesem Falle, die Druckfarbe nur schwach alkalisch zu halten, da sonst keine reinen Reserven entstehen. Man druckt also zuerst die Zinkreserven weiß oder bunt (z. B. unter Zusatz von basischen Farbstoffen) und überdruckt mit Schwefelfarbstoffdruckpaste. Ist diese letztere stark alkalisch, so werden die Schwefelfarbstoffe durch die Zinkreserve nicht genügend reserviert.

Zur Erzeugung von Buntreserven mit basischen Farben unter Schwefelfarbstoffen bedient man sich als Reserve am besten des Chlorzinks, dessen Fällung als Zinktannat man durch Zusatz hydroxylhaltiger Benzolderivate wie Phenol, Resorcin, Gallussäure oder gewisser Oxysäuren wie Glykolsäure verhindern kann. Man bedruckt z. B. mercerisiertes gebleichtes Gewebe mit einer Paste, die 30 g basischen Farbstoff, 50 g Glicerin, 150 g Resorcinlösung 1:1, 300 g Gummilösung, 300 g Zinkchlorid, 50 g Kaolin, 120 g Tannin-Essigsäure 1:1, und 20 g Glykolsäure enthält, dämpft 2 mal im Mather-Platt, geht in die Schwefelfarbstoffflotte, wäscht und säuert ab. Die Reserve ist leicht auswaschbar ohne daß die Farbe fleckt, und man erhält Drucke von guter Licht- und Waschechtheit. (*L. Diserens*, Rev. math. col. 1918, 63.)

Zu Halbreserven kommt man bei Anwendung schwächerer Zinkpasten, die beispielsweise nur 30 bis 50 g Zinkchlorid im Kilogramm enthalten; man erhält dann wegen der Halbdurchlässigkeit der Reservepaste beim folgenden Färben mit Schwefelfarbstoffen helle Muster derselben Farbe auf dunklerem Grunde, also ähnliche Effekte wie bei der Anwendung einer schwachen Chloratätze, bzw. es resultiert die umgekehrte Wirkung wie beim Mercerisationseffekt, bei dessen Erzeugung man dunkle Muster auf hellem, weil durch Nichtmercerisieren weniger aufnahmefähigem Grunde erhält.

Andere Reservageverfahren für Schwefelfarbstoffe beruhen auf ihrer Reservierbarkeit durch Milchsäure[1] (eine Eigenschaft, die auch der Indigo besitzt). Man bedruckt mit Glucose und β-Naphthol präparierte oder je nach dem späteren Verwendungszweck auch nicht präparierte Gewebe mit Milchsäure, färbt oder pflatscht mit Schwefelfarbstoffen (oder Indigo) und trocknet. Die erhaltene Weißreserve wird mit basischen Farbstoffen, Beizen- oder Azofarbstoffen (je nach dem Untergrund) in Buntreserve verwandelt.

Neuere Verfahren benützen die schwefelfarbstoff- (auch Indigo und Thioindigo) reservierende Wirkung aromatischer Nitroverbindungen, die der Druckpaste beigesetzt werden[2]. Wichtig ist ferner ein Verfahren, das die Fällbarkeit der Schwefelfarbstoffe durch tierische Kolloide benützt[3]; man druckt ein solches, z. B. Leim, auf die Faser auf und färbt mit Schwefelfarbstoffen. An den bedruckten Stellen bilden sich unlösliche Schwefelfarbstoffleimverbindungen, die (besonders wenn man der Druckpaste β-Naphtholnatrium zusetzt) leicht abwaschbar sind, so daß die bedruckten Stellen weiß bleiben. Nicht zu verwechseln ist dieses Reservageverfahren mit

---

[1] Anmeldung F. 16 782.   [2] D. R. P. 210 862.
[3] D. R. P. 223 682; vgl. *Lichtenstein:* Chem.-Ztg. **1909**, 1152 = A. P. 960 975.

einem ähnlichen Verfahren[1], das ebenfalls von der Fällbarkeit der Schwefelfarbstoffe durch tierische Kolloide ausgeht. Man imprägniert z. B. das Gewebe mit 1 Teil Leim oder 1 Teil Gelatine, in 6, besser 15 Teilen Wasser gelöst, und druckt mit einer Farbe, die pro Liter 30 bis 100 g Farbstoff, 80 g Lauge, 80 g Sirup, 40 g Soda, 5 g Türkischrotöl und 40 g Formaldehyd neben einer genügenden Menge Dextrin enthält. Man dämpft 5 Minuten und wäscht aus. Dieses Verfahren benützt also die Eigenschaft der auf der Faser mittels Formaldehyd fixierten tierischen Kolloide, den Schwefelfarbstoff auszufällen, der sich dann seinerseits beim folgenden Dämpfen mittels dieser unlöslichen Verbindung auf der Faser befestigt. Das Verfahren ist demnach kein Reservage- sondern ein Färbe- bzw. Druckverfahren; es wurde hier nur gebracht, um den Unterschied der beiden Verwendungsarten tierischer Kolloide zu demonstrieren.

Über Drucken von Schwefelfarbstoffen neben Eisfarben und die Schnellfärberei von Schwefelfarbstoffen siehe die betreffenden Patentvorschriften[1].

Das Battick-Verfahren[2].

Ein längst bekanntes Reserveverfahren wird seit einiger Zeit mit modernen Mitteln wieder ausgeführt. Das „Batticken" wurde und wird heute noch von den Eingeborenen auf Java geübt; es besteht darin, daß man Wachs- oder Harzreserven auf beiden Seiten des Gewebes anbringt (feine Dessins brauchen wenig, größere Flächen mehr Harz) und dieses dann färbt. Da es sich meistens um baumwollene (aber auch seidene) Gewebe handelt, verwendet man in der modernen Battickfärberei vor allem Schwefelfarbstoffe; die weiß gebliebenen Stellen werden mit substantiven Azofarbstoffen gefärbt. Durch Behandeln mit heißem Wasser, Abkratzen oder in Europa durch Behandeln mit Wachs lösenden Agentien, werden die Reserven entfernt und das Verfahren kann durch Aufbringen neuer Reserven wiederholt werden. Man erhält so Tücher von einer eigentümlichen farbenprächtigen Schönheit, deren charakteristisches Kennzeichen in einer feinen Äderung der hellen Stellen besteht; das Wachs erhält nämlich während des Färbens zahlreiche feine Sprünge, durch die die Flotte eindringt. Im fabrikatorischen Battickbetriebe druckt man die Wachsreserven warm auf, färbt kalt und passiert dann wiederholte Male heiße Wasserbäder; das abgeschmolzene Wachs wird von der Oberfläche des Bades abgeschöpft.

Verschiedene sonstige Druckartikel und Garndruck.

1. Konversionseffekte.

Eine besondere Kombination von Ätz- und Druckverfahren führt zu den sog. Konversionseffekten. Man druckt mit Schwefelfarbstoffen, überfärbt mit gut ätzbaren substantiven Azofarbstoffen (Salzfarben) und ätzt

---

[1] D. R. P. 225 314; vgl. 200 298.
[2] Vgl. *Rosenbaum:* Färber-Ztg. **1909**, 41; ferner *Lange:* Chem.-techn. Vorschr. Bd. II, 337, Leipzig 1923.

mit Hyraldit, Rongalit usw.). Eine derartige Ätze wird z. B. erhalten durch Lösen von 150 bis 250 Teilen Hyraldit C extra in 350 bis 250 Teilen Wasser und Einrühren der Lösung in 500 Teile neutraler Tragantverdickung. Man dämpft in Dampf von 100 bis 102° 2 bis 3 Minuten, allenfalls unter gleichzeitiger Erhöhung der Temperatur im Inneren des Dämpfkastens durch seitlich angebrachte Heizkörper und erhält dann nach dem Spülen und schwachen Seifen weiße Ätzflächen neben bunten Effekten an den mit Schwefelfarbstoffen vorgedruckten Stellen in der Nuance des betreffenden Schwefelfarbstoffes, da die Hyralditätze den letzteren unverändert läßt und nur die Überfärbung mit Azofarbstoffen sozusagen abhebt[1].

2. Garndruck.

Man druckt gebleichtes Garn entweder im Strang oder in Kettenform oder in einzelnen Fäden mit Garndruckmaschinen unter Verwendung von Britischgummi- und Stärkeverdickung. Es kommen dieselben Druckmethoden und dieselben Farbstoffe in Betracht wie beim Druck auf Stückware, demnach 1. Schwefelfarbstoffe für Druck unter Zusatz von Glycerin, Glucose in alkalischer Lösung und von Hyraldit, 2. gewöhnliche Schwefelfarbstoffe mit Reduktionsverdickung, 3. gewöhnliche Schwefelfarbstoffe ohne Zusätze; in letzterem Falle müssen Hartgummi-, Holz- oder Nickelwalzen verwendet werden und auch die Farbenauftragwalzen müssen mit Gummimantel versehen sein. Nach dem Drucken dämpft man mit luftfreiem Dampf von 102°, am besten in eisernen Kesseln mit Vorwärmer, um die Kondensation des Dampfes zu verhindern. Um die Luft zu entfernen, läßt man zunächst während einiger Minuten einen starken Dampfstrom bei geöffnetem Abzugsventil durchströmen und dämpft dann $^1/_2$ Stunde bei fast geschlossenem Ventil bei geringem Druck. Dann wird abgesäuert (5 ccm Salzsäure pro Liter), allenfalls bei Schwarzdrucken mit Chromat nach behandelt, gespült, heiß geseift, gespült und getrocknet.

Eine Kombination von Färben und Drucken wird bei Garnen häufig derart vorgenommen, daß man sie mit Schwefelfarbstoffen vorfärbt und dann mit dunkleren Farben überdruckt oder umgekehrt, man druckt mit Schwefelfarbstoffen und überfärbt mit Azofarbstoffen; in letzterem Falle spart man einen Trockenprozeß.

Ketten und Garn in Fäden werden ebenso gedruckt; man dämpft die Ketten entweder breit zwischen Mitläufern aufgerollt in der Rundkufe oder als Strang zusammengefaßt über einen mit Filz umwickelten Stock in Drahtkörben, die in den Dämpfer eingehängt werden. Gewaschen wird von Hand in reinem Wasser oder über der Haspel oder auch in der Breitwaschmaschine zwischen Lauftüchern; die Verdickung wird durch Quetschwalzen mechanisch gelockert.

---

[1] Vgl. D. R. P. 217 837.

Leinen-, Jute- und Seidendruck.

Leinen und Jute werden ebenso mit Schwefelfarbstoffen gedruckt und geätzt wie Baumwolle; auch dieselben Reservageverfahren gelten hier wie dort.

Die gesengte, entbastete und in schwachem lauwarmen Sodabad gewaschene Seide wird mit Schwefelfarbstoffen meistens unter gleichzeitiger Erzeugung von Reserveeffekten bedruckt. Man erhält mittels des Verfahrens der Zinkreservage hervorragend wasch- und lichtecht Färbungen mit weißen Effekten.

Bei Halbseide färbt man die Baumwolle mit Schwefelfarbstoffen und die Seide mit ätzbaren anderen Farbstoffen; das Ätzen ruft auf der Seide weiße oder bunte Effekte hervor; die Schwefelfarbstoffe bleiben von der Ätze unangegriffen. Auf diese Weise lassen sich z. B. auf Schirmstoffen Webeffekte imitieren: der zunächst schwarze Grund wird beispielsweise mit einem Schwefelschwarz erzeugt; zum Schwarzfärben der Seide verwendet man wegen der guten Ätzbarkeit und Waschechtheit z. B. Naphthylaminblauschwarz N, das ebenfalls mit Diamingrün G oder Naphthylaminschwarz 4 B (*Cassella*) nuanciert wird. Das mit dem Schwefelfarbstoff vorgefärbte Gewebe wird bei 60° eingebracht, man erhitzt $^1/_2$ Stunde nahe zum Kochen, hantiert $^1/_2$ Stunde und erschöpft das Bad beinahe vollständig, spült essigsauer, seift kalt, aviviert mit Acetat und trocknet. Man ätzt weiß mit einer Paste bestehend aus 250 Teilen Hyraldit CW extra und 750 Teilen Gummiwasser (oder Tragant oder Stärke). Dann wird leicht getrocknet, einige Minuten im Mather Platt bei 100 bis 102° gedämpft, abgesäuert, gespült und mit Essigsäure aviviert.

Anhang: Erzeugung von Schwefelfarbstoffen auf der Faser[1].

Die Farbstoffe der Echtschwarzreihe[2] werden ihrer schlechten Löslichkeit wegen auch auf der Faser erzeugt. Man setzt beispielsweise an: 350 Teile 20 proz. 1 : 8 - Dinitronaphthalinpaste, 240 Teile Schwefelnatrium und 410 Teile Verdickung, imprägniert oder klotzt damit das Gewebe (der Ansatz ist auch als Druckpaste verwendbar) und entwickelt den Farbstoff auf dem bei 50° getrockneten Stoff durch halbstündiges Dämpfen ohne Druck.

Ein eigenartiges Verfahren[3] zur Erzeugung von Schwefelfarbstoffen auf der Faser geht von organischen Verbindungen aus, wie sie auch sonst zur Herstellung von Schwefelfarbstoffen dienen. Man verwendet also Aminophenole, Nitroamino-, Dinitrooxydiphenylamin, Dinitrophenol, auch Indo-

---

[1] Zur Erzeugung von Farbstoffen auf der Faser wurden früher (*H. Sacc:* Schweizer. polytechn. Zeitschr. **1857**, II, 175) Schwefelmetalle aus Metallsalzen mit Thiosulfat auf der Faser niedergeschlagen und solche zum Teil mit giftigen Metallen beladene Gewebe ohne weiteres verwendet.

[2] D. R. P. 84 989 und 85 328.

[3] D. R. P. 158 328.

phenole, z. B. jenes aus Aminodimethylanilin und Phenol und bringt sie mit Polysulfiden und Alkalien auf die Faser. Man bedruckt oder imprägniert z. B. das Gewebe mit einer kochenden Suspension bzw. Lösung von 60 g p-Aminophenolchlorhydrat in 400 g Wasser und 34 g Natronlauge von 40° Bé und 165 g festem Natriumpentasulfid, alles auf 1 l gebracht. Durch einstündiges Dämpfen bei 1 Atm. Druck erreicht man bei der feinen Verteilung auf der großen Oberfläche des Materials dasselbe, was sonst im Schmelzkessel langsam vor sich geht: der Schwefelfarbstoff entsteht aus seinen Ausgangsmaterialien, wird im Entstehungszustande auf der Faser niedergeschlagen und kann durch Nachbehandlung mit Chromat u. dgl. fixiert werden[1].

Auch Thiazinfarbstoffe können, dem innigen Zusammenhang entsprechend, der zwischen ihnen und den schwarzen und blauen Schwefelfarbstoffen besteht, auf der Faser erzeugt werden, indem man die Oxyindophenolthiosulfosäuren mit Chromoxydsalzen bei Gegenwart alkalisch wirkender Salze aufklotzt oder aufdruckt[2].

Bezüglich des Fertigmachens der gefärbten Gewebe muß auf die einschlägige Literatur verwiesen werden. Zu nennen wären in erster Linie die Werke von *Grothe*: Appretur der Gewebe, Springer, Berlin; *J. Dépierre:* Appretur der Baumwollgewebe, Wien; *F. Poleyn:* Die Appreturmittel, Wien und Leipzig 1909. Eine sehr klare kurze Übersicht findet sich in dem Werke von *G. v. Georgievics:* Gespinstfasern, Wäscherei, Bleicherei, Färberei. Druckerei, Appretur; Leipzig und Wien 1908. Vgl. auch *Lange:* Chem.-techn. Vorschr. Bd. II, 306 ff., Leipzig 1923.

---

[1] Vgl. Monit. ind. 1879, 420, *Balanche:* Niederschlagen von Anilinfarbstoffen auf Baumwolle, die mit Metallsalzen und Schwefelnatrium gebeizt ist.

[2] D. R. P. 108 945, 103 574, 103 575; vgl. 109 273.

Vorbemerkung zu den Patentauszügen.

In der folgenden Zusammenstellung sind sämtliche deutsche Schwefelfarbstoffpatente und Patentanmeldungen mit den wichtigsten zugehörigen
französischen, englischen und amerikanischen Patenten aufgenommen. Da
es sich ausschließlich um Orientierungstabellen handeln soll, wurde eine
möglichst knappe Form des Inhaltes gewählt. Mit Hinweglassung aller ent-
behrlichen Details, z. B. der stetig wiederkehrenden Angaben über die
Fällbarkeit von Schwefelfarbstofflösungen mittels verdünnter Säuren, der
gleichartigen Aufarbeitungsmethoden sowie der Auflegungs- und Erteilungs-
daten der Patente, die von Interessenten doch im Original eingesehen werden
müssen, wurde die Einteilung nur vom Standpunkt der leichten Auffindbarkeit zum Teil nach neuen Grundsätzen[1] folgendermaßen getroffen:

Von den Ausgangsmaterialien zur Herstellung von Schwefelfarbstoffen ausgehend ergibt sich zunächst eine natürliche Einteilung in fünf
Klassen: Benzol-, Naphthalin-, Diphenylamin I-, Diphenylamin II- und Az in derivate. Diesen Klassen wurden aus Zweckmäßigkeits-
gründen noch die beiden Abteilungen Gemenge und Andere Ausgangsmaterialien beigefügt. Diese sieben Klassen oder Gruppen zerfallen, wie
aus folgender Übersicht zu ersehen ist, in eine Zahl von kleinen, leicht
übersehbaren Unterabteilungen:

---

[1] Vgl. *Nietzky:* Lehrbuch der Farbenchemie; *Pollack:* Chem. Centralbl. **1900**, II, 1041.

Diese Einteilung ist nach Möglichkeit konsequent durchgeführt; die Summenpatente, die oft chemisch sehr voneinander entfernte Körper aufzählen, rangieren nach dem einfachsten dieser Körper; D. R. P. 90 369 gehört z. B. in Gruppe I, da es von Nitrosophenol und Naphthalinderivaten ausgeht; im übrigen findet sich in diesem wie im ähnlichen anderen Fällen ein bezüglicher Hinweis in der anderen Gruppe. Ausnahmsweise finden sich zwei oder mehrere Patente in einer Klasse vereinigt, wenn sie voneinander abhängig sind, aber in eine andere Klasse gehören, z. B. D. R. P. 197 165 und 205 882.

Benzidin wird als Zusatz und nicht als Gemengebestandteil, also ähnlich wie $CuSO_4$, aufgeführt; die Azofarbstoffe wurden, wenn auch ihre Zugehörigkeit zu einer anderen Klasse oft klar erkennbar ist, doch in Gruppe VII vereinigt. Daselbst befinden sich auch die Produkte unbekannter Konstitution, wie sie z. B. durch Kochen von Oxydinitrodiphenylamin mit Lauge oder durch Kondensation von Aminophenol + Nitrosophenol entstehen.

Die Patente über Reinigung der Schwefelfarbstoffe, sowie über deren Verwendung in Färberei und Druck sind folgendermaßen angeordnet:

Patentauszüge.

A. Auszüge der Patente über Herstellung der Schwefelfarbstoffe.

I. Gruppe: Benzolderivate.

1. Ein und zwei Substituenten.

1. **DRP. 293 101, Bayer, Elberfeld.**
   Äthylenierte und äthylierte aromatische Amine (Benzol, Diphenyl, Naphthalin).
   Schwefelschmelze unter Benzidinzusatz. Alkalisch aufschließen.
   17,5 Äthylamin, 26,7 Benzidin, 80 Schwefel 8—10 Std. auf 240—250° erhitzen.
   Färbt reingelb, nach dem Absäuern besonders klar.
   Abhäng. Pat.: Zusatz zu DRP. 295 104.

2. **E. P. 4035/1915, M. Wyler und E. A. Littlewood.**
   Formanilid oder Formyltoluidine.
   Schwefelschmelze mit Benzidinzusatz. Alkalisch aufschließen.
   76 Formanilid + 20 Benzidin (oder Hom.) + 40 p-Aminoacetanilid
   + 300 S 12—18 Std. auf 200—220° erhitzen.
   Färbt gelbe und orange Töne.

3. **DRP. 90 369, St. Denis und Vidal. 1894.**
   Nitrosophenol, 2-Nitroso-1-naphthol; 4-Amino-1-naphthol, 1-Amino-2-naphthol, 1,4- und 1,2-Naphthylendiamin und die bezüglichen Azoderivate.
   100 Substanz + 400 Na_2S bei 130° reduzieren, bei 150—175° + 75 S eintrocknen.
   Färbt unbestimmte grünliche Töne. Oxydation: Eisenchlorid oder Chromat fixieren schwarz oder bläulichschwarz.
   Abhäng. Pat.: Zusatz zu DRP. 85 330. — E. P. 9443/1894; F. P. 236 405; A. P. 532 484, 532 503.

4. **DRP. 106 030, Clayton Co., Manchester. 1898.**
   Nitrosophenol.
   24,6 Substanz in 141,6 NH_2 (spez. Gewicht 0,98) lösen + 76,4 Thiosulfatlösung von 78%, langsam + 600 ccm H_2SO_4 (1 : 4), Kochen bis SO₂ verschwunden, kalt verdünnen, filtrieren.
   Färbt 10% tiefschwarz (Claytonschwarz D). Oxydation: vertieft, aber verändert nicht.

5. **E. P. 22 460/1898, Clayton Co., Manchester. 1898.**
   Nitrosoanilin (alkyliert oder nicht alkyliert), ebenso: p-Aminophenol, p-Phenylendiamin, ferner Chinone und Chinonimide.
   In stark saurer Lösung p-Aminophenol und p-Phenylendiamin nur bei Gegenwart eines Oxydationsmittels, H_2S, einleiten.
   Färbt blau bis schwarz.

6. DRP. 128 569, Geigy, Basel. 1901.

p - Nitrophenol.
100 Na₂S + 40 S + 17 Substanz als Na-Salz. Bei 200—240° eintrocknen.
Na₂S₄ ist wesentlich, da Na₂S zu stark reduzierend wirkt.
Färbt grün. Oxydation: H_2O_2 blauer.

7. DRP. 128 088, Badische, Ludwigshafen. 1901.

p - Nitranilin.
80 Na₂S + 25 S + 20 Substanz. 4 Std. 200°, 2 Std. 230°. Eintrocknen.
Färbt dunkelgrün. Oxydation: Keine Veränderung zum Unterschiede
von DRP. 85 330.
Abhäng. Pat.: E. P. 14 669/1901; F. P. 312 573.

8. DRP. 101 577, Lepetit, Dollfuß, Ganßer, Mailand. 1896.

p - Nitro- oder Aminophenol und ihre Äther.
19 NaOH + 17,5 S + 12,5 Substanz + 17 H_2O + 4,5 $CuSO_4$ in 30 H_2O
erhitzen, bis dickflüssig. NH_3-Entwicklung. 210° eintrocknen.
Färbt grasgrün (Verde italiano), licht-, seifen- und laugenecht. Oxydation: Blauschwarz. Ätzbar mit heißen starken Oxydationsmitteln.
Abhäng. Pat.: F. P. 255 473.

9. DRP. 84 632, Vidal, Paris. 1893.

o- und p - Dioxybenzole, Toluchinon.
Aliphatische Amine.
6 NaOH + 5 S + 4 NH_4Cl + 10 Substanz. 6 Std. bei 160—210° ein-
trocknen.
Oxydationsmittel: Fixieren blauschwarz.
Abhäng. Pat.: E. P. 19 880/1893; F. P. 206 405; R. P. 3241/1900.

10. DRP. 111 385, Vidal, Paris.

p - Aminophenol.
S allein.
Siehe Gruppe VI, Nr. 437.
Abhäng. Pat.: A. P. 594 106, 594 107.

11. DRP. 85 330, St. Denis und Vidal. 1893.

p - Diamine, p - Aminophenole, p - Phenylendiamin, Azophenin, Indamine, Azoxy- und Oxyazobenzol (F. P. 306 989),
Azofarbstoffe (Bismarckbraun, Chrysoidin) und Azoverbindungen, die bei der Reduktion in diese Körper
übergehen.
10 NaOH (50° Bé) + 5 S + 10 Substanz. 10 Std. 180—210° eintrocknen.
Färbt schwärzlich (Vidalschwarz I). Durch Reduktion mit Zink + Lauge
entsteht die Leukoverbindung, die keine Affinität zur Faser besitzt.
An der Luft entsteht wieder der Farbstoff. Oxydation: Fixiert schwarz.
Abhäng. Pat.: E. P. 23 578/1893; F. P. 236 405; A. P. 532 484, 532 503;
Ö. P. 11 631; R. P. 110/1897.

12. DRP. 107 236, Vidal und deutsche Vidal-Ges., Koblenz. 1896.

m - Nitro- oder Aminooxybenzole (4 - Amino - 1 - methyl - 2 -
phenol, 2 - Amino - 1 - methyl - 4 - phenol).
6,4 S + 22 Substanz 8 Std. bei 260° eintrocknen; die Nitroverbindungen
werden zuerst bei 200° mit Na₂S reduziert.
Färbt dunkelbraun.
Abhäng. Pat.: E. P. 18 489/1896; F. P. 258 978; R. P. 1533/1899.

13. DRP. 148 024, Basler Chem. Industrie-Ges. 1900.

p - Aminophenol, seine Derivate und Substanzprodukte,
z. B. Mono- und Dichlor-p-amino- (p-nitro) phenol. Ferner
p - Oxy-o′-p′-dinitrodiphenylamin.
50 Na₂S + 20 S + 100 H_2O + 8 Substanz + 1 Kupferbronze in 3 Std.
bei 170° eintrocknen. Je mehr Kupfer, desto mehr olive.
Die Farbstoffe färben mit 10% Cu bläulich olive, mit 30% Cu olive,
mit 100% Cu olivegelbbraun (Pyrogengrünmarken). Cu in der
Asche nachweisbar.

14. DRP. 121 052, A. Koetzle, Frankfurt a. M. und Baden 1900.
Acet-p-aminophenol.
60 Na_2S + 25 S + 10 Substanz + 5 H_2O bei 250—280° eintrocknen.
Färbt braun. Oxydation: fixiert grüne Bronzetöne.

15. DRP. 103 646, Cassella, Frankfurt a. M. 1897.
Aminophenole, Homologe und Derivate (p-Amino-o-kresol,
p-Oxydiphenylamin).
50 Substanz + 150 Chlorschwefel in 5 Std. bei 70°, dann bei 190—200°
wo die Farbstoffbildung beginnt, eintrocknen. Auch in Lösungsmittel,
z. B. Tetrachlorkohlenstoff.
p-Aminophenolfarbstoff färbt blauschwarz, m- und o-Aminophenol-
farbstoff braunschwarz, p-Amino-o-kresolfarbstoff schwarz, Oxy-
diphenylaminfarbstoff braunviolett.
Abhäng. Pat.: E. P. 24 938/1897; F. P. 271 388.

16. E. P. 17 740/1898, J. Turner und H. Dean Huddersfield. 1898.
p-Aminophenol.
5 S + 10 Substanz 3 Std. 150°. Je nach S-Mengen und Temperatur
verschiedene Nuancen. Mit Na_2S auf 140—200° erhitzt werden die
Thiokörper H_2O-löslich. Auch im Gemenge mit p-Sulfosäuren von
Benzol- und Naphthalinderivaten verschmolzen (schwarze Farbstoffe).
Färbt blaue Nuancen.

17. E. P. 7042/1904, H. C. Cosway, Unit. Alk. Co. Liv. 1904.
p-Aminophenolchlorhydrat.
9 Std. bei 140—160° mit S schmelzen, dann + NaOH bei 210° eintrocknen.
Färbt grün.

18. E. P. 23 740/1905, Vidal, Paris. 1905.
p-Aminooxyverbindungen des Benzols und Naphthalins,
Diaminophenol, Aminonaphthol.
100 Substanz + 60 S, 240°; gemahlen + 75 NaOH (40° Bé) auf 100°
erhitzt gibt den Farbstoff. Die Thiokörper sind Zwischenprodukte,
färben schlecht und unecht, geben erst + NaOH (evtl. + etwas Na_2S)
den echten Farbstoff.
Färbt blauschwarz; sehr waschecht.
Abhäng. Pat.: F. P. 361 939.

19. DRP. 128 855, Sandoz, Basel. 1901.
p-Aminophenolalphylsulfonderivate (z. B. ihre Ester oder
Homologen).
250 Na_2S + 120 S + 100 Substanz. Bei 160° beginnt H_2S-Entwick-
lung; 3 Std. bei 200—220° eintrocknen.
Färbt grün. Oxydation (verhängt) fixiert blauviolett.

20. DRP. 82 748, Société Anon. St. Denis und Vidal. 1894.
Acetylierte aromatische Diamine (Acet-p-phenylendiamin,
Acet-p-nitranilin, Diacet-di-o-nitrobenzidin, Nitro-
acetyl-o-toluidin $CH_3 : NH_2 : NO_2 = 1 : 2 : 4$, Nitroacet-p-
toluidin $CH_3 : NH_2 : NO_2 = 1 : 4 : 2$, Acet C naphthylamin.
200 S + 100 Substanz in 3 Std. bei 200—250° eintrocknen.
Färbt gelb bis braungelb (Thiocatechin S), Oxydation ist zur Fixierung
nötig.
Abhäng. Pat.: E. P. 3414/1895; F. P. 239 714; A. P. 561 276; Ö. P.
45/4680.

21. DRP. 107 729, Vidal und deutsche Vidal-Ges., Koblenz. 1896.
Resorcin.
30 mit NH_3 gesättigtes Resorcin + 6,4 S in geschlossenem Gefäß 8 Std. 260°.
Färbt braun. Oxydation: fixiert graugrün.
Abhäng. Pat.: E. P. 18 489/1896; F. P. 258 987; A. P. 594 105; R. P.
1533/1899.

22. DRP. 145 909, Chem. Werke vorm. Byk, Berlin. 1902.
Resorcindiacetsäure.
10 Na_2S + 3 S + 2 Substanz eintrocknen, pulvern und bei beschränktem Luftzutritt auf 210—220° weiter erhitzen.
Färbt braun.

23. DRP. 102 897, Bayer, Elberfeld. 1895.
Rohkresol oder o-m-p- Kresol.
200 Na_2S + 50 S + 50 Rohkresol 4 Std. 170°, dann 4 Std. 250°. Eintrocknen oder mit Säure fällen.
Färbt braun.
Abhäng. P.: Zusatz zu DRP. 101 541. — E. P. 22 417/1895; A. P. 603 755.

24. DRP. 144 104, Chem. Fabrik, Grünau. 1901.
Phenole, Nitro- und Aminophenole, Nitro-, Amino- und Oxydiphenylamine, Diamine und ihre Derivate, Sulfosäuren usw.
50 Thiosulfat + 50 H_2O + 14,5 salzsaures p-Aminophenol + 25 Lauge von 40° Bé eintrocknen, dann 6 Std. 250°.
Färbt mit p-Aminophenol blauschwarz, mit p-Aminosulfosäure schwarz, mit Nitrophenol grau, mit Toluylendiamin braun. Farbschwache Produkte. Gekupfert: rotstichig.

25. DRP. 302 792, Bayer, Elberfeld.
Die primulinartigen Zwischenprodukte aus kernmethylierten primären Diphenyldiaminen, o-, m- oder p-Toluidin und Schwefel oder solche Bildungsgemenge.
Schwefelschmelze mit Benzidinzusatz. Alkalisch aufschließen.
15,5 p-Toluidin, 15,5 o-Toluidin, 18,5 S 15—20 Std. auf 180—210° erhitzen, das unlösliche Mahlprodukt zur Überführung in den Farbstoff abermals mit 80 S, jedoch unter Zusatz von 27 Benzidin 15 Std. bei 230—250° verschmelzen.
Färbt klar gelbe Töne.
Abhäng. Pat.: Zusatz zu DRP. 292 148.

26. DRP. 166 865, Akt.-Ges. Berlin. 1904.
Acet-p-toluidin.
90 S + 15 Substanz + 18,4 Benzidin 5 Std. 220—240°. Mahlen, in 240 Na_2S + 90 H_2O lösen, filtrieren. Filtrat mit Salz oder Luft fällen. Mengenverhältnisse variabel.
Färbt gelb. Oxydation: verwandelt Goldgelb in rein Gelb.
Abhäng. Pat.: E. Pi 10 101/1905; F. P. 354 307.

27. DRP. 166 981, Akt.-Ges. Berlin. 1905.
Acet-o-toluidin.
Wie Hauptpatent.
Färbt gelb.
Abhang: Pat.: Zusatz zu DRP. 166 865. — E. P. 10 101/1905; F. P. 354 307.

28. DRP. 171 118, Akt.-Ges. Berlin. 1905.
Acet-m-toluidin.
Wie Hauptpatent.
Färbt gelb.
Abhäng. Pat.: Zusatz zu DRP. 166 865.

29. DRP. 146 064, Oehler, Offenbach. 1902.
Diformyl-m-phenylendiamin.
225 Na_2S + 100 S + 15 H_2O bei 110° + 50 Substanz + 7 $ZnCl_2$ 230°, dann 275°, bis fertig. Direkt verwendbar, Bedingungen in weiten Grenzen variabel.
Färbt olivengrün.
Abhäng. Pat.: E. P. 4340/1903; A. P. 729 874.

30. DRP. 295 104, Bayer, Elberfeld.
Sulfo- und Carbonsäuren von Benzol-, Diphenyl- und Naph-
thylinaminen.
Schwefelschmelze mit Benzidinzusatz.
24 N-Äthylanthranilsäure + 27 Benzidin + 100 S 4 Std. auf
170—180°, dann 4 Std. auf 230—250° erhitzen. Gemahlene Schmelze
mit 70 Na_2S konzentriert aufschließen.
Färbt gelbbraun, abgesäuert reingelb. Koch-, chlor- und überfärbeecht.
Abhäng. Pat.: Zusatz zu DRP. 293 101.

31. Anmeldung F. P. 9705, Bayer Elberfeld. 1895.
Nitro- oder Aminosulfosäuren des Benzols, Phenols und
Naphthalins.
Polysulfidschmelze.
Färbt grün.
Abhäng. Pat.: E. P. 17 738/1895; F. P. 253 213.

32. DRP. 97 541, Bayer, Elberfeld. 1895.
Nitro- und Aminobenzolsulfosäuren, Naphthalinderivate
und Sulfosäuren.
Färbt olive bis braun.
Siehe Gruppe II, Nr. 153.
Abhäng. Pat.: E. P. 17 738/1895; F. P. 253 213; A. P. 611 610.

33. DRP. 135 636, Badische, Ludwigshafen. 1901.
Mononitrobenzylsulfosäure.
3 Na_2S + 1 S + 2 H_2O bei 60—80° + 1 Substanz 150—200°, dann
gepulvert noch einige Zeit auf 220—240°. Direkt färbbar oder umlösen, mit Säuren fällen.
Färbt gelbbraun. Der Farbstoff ist chlorecht, auf der Faser diazotierbar,
Diazoverbindungen mit Aminen und Phenolen kuppeln.
Abhäng. Pat.: Zusatz zu DRP. 113 725. — E. P. 25 809/1901; F. P.
317 063; A. P. 718 342.

34. Anmeldung F. P. 12 163, Meister, Lucius u. Brüning, Höchst. 1899.
1. p-Aminophenolsulfo-, 2. -carbonsäuren; Dinitrochlorbenzolkondensationsprodukte mit 3. p-Aminophenol,
-kresol, -salicylsäure. 4. Dioxyaminodiphenylamin.
In wässeriger Polysulfidschmelze 150—200° (Autoklav).
Färbt violett bis schwarz: 1. rötlich graublau bzw. violett-schwarz;
2. blauviolett bis blauschwarz; 3. rötlich blauschwarz (kein Imm.-
Schwarz); 4. violett.

35. Anmeldung T. 9752, V. Traumann und G. Kränzlein, Würzburg. 1904.
Dialkyl-p-aminobenzoesäure.
Polysulfidschmelze. Langsam auf 270°. Kalt pulverisierbar. Mit Luft,
Salmiak (nicht Salz) aus den Lösungen fällbar.
Färbt braun. Gekupfert: licht- und seifenechteres Gelbbraun.

36. Anmeldung C. 10 095, Chem. vorm. Zimmermann, Brugg. 1901.
p-Toluolsulfosäure.
Na_2S allein, 130—180°; + S auf 250—300° solange brennbare Gase
entweichen.
Färbt grünlichschwarz. Oxydation: gibt Braun. Kupfern: vorteilhaft.
Abhäng. Pat.: E. P. 16 876/1901; F. P. 313 586; A. P. 698 220; Ö. P.
8514.

37. DRP. 135 335, Basler Chem. Industriegesellschaft. 1900.
Aromatische Methylen-, Nitro-, Amino-, Oxybenzylamino-
verbindungen, Amino- und Oxybenzylidenverbindungen.
Benzyl- bzw. Benzyl- bzw. Benzylidengruppe direkt am
Stickstoff gebunden, z. B. p-Oxybenzyliden-p-nitranilin,
p-Nitrobenzyliden-p- und m-Aminophenol usw.
20 Na_2S + 8 S + 10 Substanz (mit oder ohne Metallsalzen), schließlich
bei 180—200° eintrocknen.

Färbt gelb, braun, olive bis grün, selten blau bis grünschwarz (Pyrogen-
gelbmarken M, O, OR, 3 R, Pyrogenolive N).
Abhäng. Pat.: E. P. 1007/1900; F. P. 295 712 und Zusatz.

38. E. P. 18 762/1897, A. Ashworth, Bury. 1897.
Nitro-, Amino-, Oxycarbonsäuren des Benzols, allein oder
gemengt mit Phenolen, Naphtholen, ihren Derivaten usw.,
z. B. mit Mono- und Dinitrosalicylsäure.
Polysulfidschmelze.
Färbt schwarz und braun. Die Mono- und Dinitrosalicylsäurefarbstoffe
werden nachoxydiert intensiver.

39. DRP. 124 872, Akt.-Ges. Berlin. 1899.
Chinonchlorimid.
15,5 Thiosulfat in konz. Lösung + 10 Substanz kalt + 240 ccm 33 proz.
H_2SO_4 langsam zum Kochen. Schwarzen Niederschlag nach 1—2 Std.
absaugen, durch Lösen in Soda und Fällen mit Salz reinigen.
Färbt schwarz, H_2O_2 bläut die bräunlich-schwarzen Färbungen nicht.
Abhäng. Pat.: E. P. 10 775/1899; F. P. 289 128; R. P. 4266/1900.

40. DRP. 144 765, Badische, Ludwigshafen. 1901.
Chinonoximdinitrophenyläther.
Färbt schwarz.
Siehe Gruppe III, Nr. 268.
Abhäng. Pat.: E. P. 17 273/1901; F. P. 313 902.

2. Drei Substituenten.

a) Triaminobenzoltyp.

41. DRP. 102 530, Meister, Lucius u. Brüning, Höchst. 1897.
1, 2, 4- oder 1, 2, 6- Dinitranilin oder das beim Nitrieren des
Anilins resultierende Gemenge.
18 Na_2S + 7 S + 6 Substanz 4 Std. 180—190°. Gemahlen im Ofen
noch 4 Std. 230—240°.
Färbt schwarz. Kalt und heiß mit Na_2S im Soda- bzw. Salzbad färbbar (also wie Vidal- bzw. Echtschwarz).
Abhäng. Pat.: E. P. 20 126/1897; F. P. 270 135; A. P. 626 897.

42. DRP. 105 390, Meister, Lucius u. Brüning, Höchst. 1898.
p - Nitro-o-phenylendiamin.
3 Na_2S + 1 S + 1 Substanz einige Stunden 180°, schließlich auf höhere
Temperatur.
Färbt schwarz. Die Nuancen sind aber reiner und kräftiger.
Abhäng. Pat.: Zusatz zu DRP. 102 530. — E. P. 20 126/1897; F. P.
270 135; A. P. 626 897.

43. DRP. 138 858, Badische, Ludwigshafen. 1902.
1, 2, 4 - Dinitranilin oder das Nitrierungsgemenge des Anilins.
250 Na_2S + 20 H_2O + 20 Substanz. Bei 160—170° wird die Schmelze
fest, es beginnt unter Erwärmung neue Gasentwicklung. Gemahlen,
einige Stunden bei 290—300° im Ofen, bis die Farbstoffbildung beendet ist. Wenn S zugesetzt wird, muß die S-Menge gegen die Na_2S-
Menge bedeutend zurücktreten.
Färbt braun. Chromat: unverändert. Gekupfert: dunklere Töne.
Nitrosamin: gelbere Töne. Mit weniger Na_2S, ebenso unter Zusatz
von 2—4% S verschmolzen entstehen gedeckte braune Töne.

44. DRP. 139 807, R. Lauch und Weiler ter Meer, Ürdingen a. Rh. 1902.
1, 2, 4 - oder 1, 2, 6 - Dinitranilin oder ein Gemenge beider.
75 Na_2S + 50 H_2O + 18 Substanz nach Beendigung der heftigen Reduktion und NH_2-Entwicklung + 25 S 24 Std. kochen und eindampfen
oder auf 120—130°, schließlich bei höherer Temperatur eintrocknen.
Färbt dunkelbraun. Oxydation: verändert die braunen Nuancen kaum.

45. DRP. 126 965, Badische, Ludwigshafen. 1901.
Dinitracetanilid ($NHCOCH_3 : NO_2 : NO_2 = 1 : 2 : 4$).
250 Na_2S + 100 S bei 130° + 65 Substanz auf 220°, bis zäh, dann im
Luftbad einige Stunden 200°. Mit 500 Na_2S verschmolzen resultiert
ein reines Braun.
Färbt braun. $CuSO_4$: reines Braun. Chromat: gelbstichiger. Echt-
heiten werden nicht verändert.
Abhäng. Pat.: E. P. 6545/1901; A. P. 687 072.

46. DRP. 161 515, Meister, Lucius u. Brüning, Höchst. 1903.
Monoacettriaminobenzol.
2 S + 1 Base 3 Std. 250° eintrocknen. Aus den Lösungen mit Luft
fällbar.
Färbt gelb.
Abhäng. Pat.: E. P. 23 763/1903.

47. DRP. 146 916, Akt.-Ges. Berlin. 1902.
Nitrodiacet-p-phenylendiamin ($NO_2 : NHCOCH_2 : NHCOCH_2$
$= 2 : 1 : 4$).
30 S + 10 Substanz 230—240° bis SO_2-Entwicklung beendet ist. Schmelz-
bedingungen und Mengen variabel.
Färbt gelb. Oxydation: vertieft die gelben Nuancen und steigert die
Echtheiten.
Abhäng. Pat.: E. P. 3480/1903; F. P. 329 481; A. P. 738 027.

48. DRP. 147 729, Akt.-Ges. Berlin. 1903.
Nitrodiacet-p-Phenylendiamin ($NO_2 : NHCOCH_3 : NHCOCH_3$
$= 1 : 2 : 4$).
Schwefelschmelze. Wie Hauptpatent.
Färbt gelber wie Hauptpatent.
Abhäng. Pat.: Zusatz zu DRP. 146 916. — E. P. 3480/1903; F. P.
329 481; A. P. 738 027.

49. DRP. 154 108, Akt.-Ges. Berlin. 1903.
Die beiden 1, 2, 4- und 2, 1, 4-Nitrodiacet-p-phenylendi-
amine.
6 S + 1 Benzidin + 1 Substanz 230—240° bis SO_2- und H_2S-Entwick-
lung vorüber. Mengen variabel.
Färbt klarer als die Farbstoffe der Patente 146 916 und 147 729.
Abhäng. Pat.: Zusatz zu DRP. 146 916. — E. P. 15 515/1903; F. P.
329 481; A. P. 738 027.

50. DRP. 147 403, Akt.-Ges. Berlin. 1903.
Nitrodiacet-o-phenylen- und m-toluylendiamin.
2 S + 1 Benzidin (oder + α-Naphthylamin) + 1 Substanz 200 bis
230°, bis SO_2- und H_2S-Entwicklung aufgehört haben.
Färbt gelb. Direkt als Thiokörper zum Färben verwendbar.
Abhäng. Pat.: E. P. 15 515/1903; F. P. 329 481; A. P. 738 037.

51. DRP. 150 915, Akt.-Ges. Berlin. 1903.
2, 1, 4- und 1, 2, 4-Nitrodiacet-p-phenylendiamin.
150 Na_2S + 60 S + 200 H_2O + 40 Substanz 4—5 Std. Autoklav 170 bis
180°. Filtrieren, Rest des Farbstoffes aus der Lauge aussalzbar.
Mengen, Temperatur und Zeit variabel.
Färbt gelb. Oxydation: vertieft die Nuance, erhöht Echtheit. Farbstoff
aus dem m-Phenylendiaminprodukt färbt trüber.
Abhäng. Pat.: E. P. 3480/1903; F. P. 329 481; A. P. 738 027.

52. DRP. 152 717, Akt.-Ges. Berlin. 1903.
Nitrodiacet-p-phenylendiamin alkalisch reduziert.
25 S + 10 Benzidin + 10 Substanz 200—210°, bis H_2S-Entwicklung
gehört hat.
Färbt gelb. Auch als Thiokörper zum Färben verwendbar.

53. DRP. 157 862, Weiler ter Meer, Ürdingen a. Rh. 1904.
Nitroäthenyl-o-phenylendiamin.
4 S + 1 Benzidin + 1 Substanz 200—240°, bis zum Aufhören der H$_2$S-
Entwicklung. Direkt verwendbar, besser in Na$_2$S lösen, Filtrat mit
HCl fällen.
Färbt grüner und kräftiger gelb als DRP. 142 155. Auch als Thiokörper
zum Färben verwendbar.
Abhäng. Pat. E..P. 5449/1905; A. P. 796 514.

54. DRP. 142 155, Badische, Ludwigshafen. 1902.
Amino-α-methylbenzimidazol.
2 S + 1 Substanz 200—230°, 2—3 Std. Gemahlen, mit gleichem Gewicht Na$_2$S + 2 Tl. H$_2$O eintrocknen, pulvern und 1—2 Std. im Ofen
bei 200—230° backen.
Färbt gelb (Kryogengelb R). Als Thiokörper zum Färben verwendbar.
Oxydation verändert kaum. Auf der Faser diazotierbar.

55. DRP. 121 463, Akt.-Ges., Berlin. 1900.
Azimidonitrobenzol.
40 Na$_2$S + 10 S + 10 Substanz bei schließlich 180° eintrocknen. Aus
der Lösung mit Salz fällbar.
Färbt sehr echte Olivtöne.
Abhäng. Pat.: F. P. 305 967.

b) Typ Toluylendiamin.

56. E. P. 23 312/1895, Société Anon., St. Renis. 1895.
o-Nitro-p-tuluidin und m-Toluylen- oder Xylylendiamin.
Polysulfid- oder Schwefelschmelze 200—250°.
Färbt gelbbraun. Je nach der Bildungsweise (Polysulfid- oder Schwefelschmelze) in H$_2$O löslich oder unlöslich.

57. A. P. 561 277, Société Anon., St. Renis. 1896.
m-Diamine des Benzols und Homologen.
Schwefelschmelze 200—250°.
Färbt braunrot.

58. DRP. 152 595, Cassella, Frankfurt a. M. 1902.
m-Toluylendiamin.
125 S + 50 Substanz; wenn die H$_2$S-Entwicklung aufgehört hat, wird
im Ofen auf 250° erhitzt, bis spröde. Gemahlen, mit 150 Na$_2$S bei
110—120° eintrocknen, evtl. ausfällen. Nach F. P. 321 183 Zus.
+ Benzidin.
Färbt orangebraun (Immedialorange C). H$_2$O$_2$: lebhafte Töne. Chromat:
verändert kaum. Absolut wasch-, walk- und säureecht.
Abhäng. Pat.: E. P. 11 898/1902; F. P. 321 183; A. P. 714 542.

59. DRP. 139 430, Cassella, Frankfurt a. M. 1902.
m-Toluylendiamin.
100 S + 50 Substanz 2 Std. auf 190°. Thiokörper + Na$_2$S unter 150°
löslich machen, mit Säure fällen. S-Menge variabel, da der Überschuß unangegriffen bleibt.
Färbt gelb (Immedialgelb D).
Abhäng. Pat.: E. P. 11 771/1902; F. P. 321 122; A. P. 712 747.

60. DRP. 141 576, Cassella, Frankfurt a. M. 1902.
m-Toluylendiamin.
Schmelze wie im Hauptpatent, die Überführung des Thiokörpers in
lösliche Form erfolgt mit Ätzalkalien; beim Fällen mit Säure erfolgt
dann weder S-Abscheidung noch H$_2$S-Entwicklung.
Färbt gelb.
Abhäng. Pat.: Zusatz zu DRP. 139 430. — E. P. 11 771/1902; F. P.
321 122; A. P. 712 747.
F. P. 321 122, Zusatz: Verwendung von Benzidin und Tolidin.

61. Anmeldung K. 24 649, Kalle, Biebrich. 1903.
m - Toluylendiamin.
Schwefelschmelze. Das Thiotoluylendiamin wird mit Na_2S gelöst, mit CO_2 gefällt.
Färbt gelb (Thiongelb G, 2 G, GN).

62. DRP. 163 143, Meister, Lucius u. Brüning, Höchst. 1903.
m - Toluylendiamin.
180 S + 25 Substanz + 37 Benzidin 6—7 Std. 190—220°. Zur Lösung wird der Thiokörper mit der doppelten Na_2S-Menge im Vakuum eingetrocknet.
Färbt gelb.
Abhäng. Pat.: 21 945/1903; F. P. 339 103.

63. DRP. 163 001, Weiler ter Meer, Ürdingen a. Rh. 1904.
1. p - Nitro-o-toluidin, 2. o - Nitro-p-toluidin (sie geben beide reduziert dasselbe Toluylendiamin).
28 S + 7 Benzidin + 7 Substanz 220—280°; Na_2S lösen, Säure fällen.
Färbt gelb; 2. grünstichiger.

64. DRP. 131 725, Badische, Ludwigshafen. 1901.
Dinitrobenzylsulfosäure.
3 Na_2S + 1 S + 2 H_2O + 1 Substanz als Na-Salz bei 150—200° eindicken, 240—250° eintrocknen.
Färbt gelbbraun. Oxydation: keine Veränderung. Auf der Faser diazotierbar.
Abhäng. Pat.: E. P. 25 809/1901; F. P. 317 063; A. P. 718 342.

65. DRP. 143 455, Meister, Lucius u. Brüning, Höchst. 1902.
p - Nitrotoluolsulfamid.
28 Na_2S + 14 S + 8 Substanz 1 Std. 110—150°, 4 Std. 150—210° eintrocknen. Gemahlen noch einige Stunden 210—220° im Luftbad unter Rühren weiter erhitzen. Alle Dinitrotoluolderivate geben ähnliche Farbstoffe.
Färbt gelb bis braungelb. Gekupfert: licht- und säureechter, aber stumpfer.

66. DRP. 158 662, Oehler, Offenbach. 1904.
Dituluol-p-sulfo-m-toluylendiamin.
5 S + 1 Benzidin + 1 Substanz 6 Std. 240—260°. Thiokörper mit 5 NaOH + 7 H_2O bei 120° lösen. Mengen variabel; statt 5 S auch 2 S. Ohne Benzidin resultiert ein schwerer löslicher Farbstoff.
Färbt reines, sehr echtes Gelb.

67. Anmeldung K. 23 049, Kalle, Biebrich. 1902.
m - Dinitrotoluole (1, 2, 4 und 1, 2, 6) oder Gemenge beider.
Mit 1. Na_2S_2 bis Na_2S_4· 2. Na_2S_4 + S ·
10—15 Std. 200—230°. Vorsichtig eintrocknen.
Färbt 1. rotbraun, sehr lichtecht; 2. klarer, mehr orange.
Abhäng. Pat.: E. P. 10 187/1902; F. P. 321 329.

68. E. P. 569/1902, Vidal, Paris. 1902.
1. 1, 2, 4 - Dinitrotoluol; 2. 1, 3 - Dinitrobenzol; 3. 1, 5 - Dinitronaphthalin.
Natronlauge-Schwefelschmelze.
Der Farbstoff wird mit Na_2S gemischt bei 210—250° wieder eingetrocknet.
Färbt 1. gelbbraun, Oxydation: röter; 2. grau; 3. rötlich.
Abhäng. Pat.: F. P. 300 983; Ö. P. 7071.

69. DRP. 138 839, Geigy, Basel. 1902.
Mono- und Diformyl-nitrotoluidin oder -m - Toluylendiamin.
120 Na_2S + 40 S + 40 Substanz 240° eintrocknen.
Färbt gelborange (Eklipsegelb G, 3 G). Der Farbstoff aus dem Monoderivat färbt etwas brauner.
Abhäng. Pat.: E. P. 23 967/1902; F. P. 306 655 Zusatz; A. P. 722 630.

70. DRP. 145 762, Geigy, Basel. 1902.

Mono- und Diformyltoluylendiamin.

120 S + 60 Substanz 200—240°. Mehr S gibt ein röteres, weniger ein grüneres Produkt.

Färbt gelb (Eklipsegelb G).

Abhäng. Pat.: E. P. 23 967/1902; F. P. 306 655; A. P. 722 630.

71. DRP. 145 763, Geigy, Basel. 1902.

Mono- und Diformyl-m-toluylendiamin.

120 S + 30 Benzidin + 30 Substanz 5—6 Std. 210—220°. Die Hälfte Benzidin führt zu röteren Farbstoffen.

Färbt gelb.

Abhäng. Pat.: Zusatz zu DRP. 145 762. — E. P. 23 967/1902; F. P. 306 655; A. P. 722 630.

72. DRP. 156 177, Meister, Lucius u. Brüning, Höchst. 1903.

2, 2'-Diamino-4, 4'-oxaltoluid.

60 S + 20 Substanz, ab 85° beginnt die H_2S-Entwicklung, bei 170—200° eintrocknen. Aus einer Na_2S-Lösung mit CO_2, Luft, Säure usw. fällbar.

Färbt gelb.

73. DRP. 157 103, Meister, Lucius u. Brüning, Höchst. 1903.

Tetratolyläthylen (aus 1 Mol. 2, 2'-Diaminooxaltoluid + 2 Mol. m-Toluylendiamin.

60 S + 20 Substanz 6—8 Std. 170°, schließlich 200°.

Färbt alkaliechter als der Farbstoff des Hauptpatentes.

Abhäng. Pat.: Zusatz zu DRP. 156 177.

74. E. P. 16 135/1899, Holliday and Sons, J. Turner, H. Dean. 1899.

Zahlreiche o-Nitro- oder Aminobenzolderivate und Homologen, Toluylendiamine und Azofarbstoffe mit derartigen Komponenten.

Polysulfidschmelze. 250—300°.

Färbt braun.

75. E. P. 11 066/1905, Clayton Co., A. Meyenberg. 1905.

1. 1, 2, 5-Toluylendiamin und Derivate mit Ameisensäure erhalten, 2. Diformyltoluylendiamin.

Schwefelschmelze. Thiokörper mit Ätz- oder S-Alkalien in lösliche Form überführen. Auch die Nitro-p-toluylsäuren geben mit Polysulfiden verschmolzen braune Schwefelfarbstoffe (DRP. 340 121).

1. Färbt gelblichbraun, Luftoxydation: olivegrün, Na_2O_2 hellt auf.

2. Färbt gelb, Na_2O_2 hellt auf, Oxydation mit Metallsalzen gibt dunklere Töne.

c) Typ Dinitrophenol (als Gemengebestandteil Nr. 475—477.

76. DRP. 98 437, Vidal, engl., deutsche Vidal-Ges. und Badische. 1896.

Dinitro- und Diaminophenole und -naphthole, Gemenge von 1, 2, 4- und 1, 2, 6-Dinitrophenol als Summenprodukt der Phenoldinitrierung, Martiusgelb.

Die Nitroverbindungen werden zuerst mit Na_2S reduziert. 3 Na_2S + 1,84 Dinitrophenol bei 140° und höher reduzieren, dann + 0,35 S. Oder Schwefelschmelze ohne Na_2S.

Färbt direkt blau. Luftoxydation: schwarz. Mit Säuren auf der Faser: rot.

Abhäng. Pat.: E. P. 16 449/1896; F. P. 231 188 und Zusatz; A. P. 618 152; Ö. P. 17 384; R. P. 1426/1898.

77. E. P. 19 831/1896, Cassella, Frankfurt (Manufact. Lyonnaise). 1896.

Dinitrophenol.
125 Na_2S + 50 S + 25 Substanz 1 Std. auf 100°; 2—3 Std. auf 160°, eintrocknen.
Färbt schwarz (Immedialschwarz NN). Bei anderem Polysulfidverhältnis als Na_2S_5 resultiert ein brauner Farbstoff.
Abhäng. Pat.: F. P. 259 509.

78. F. P. 267 343, Manufact. Lyonnaise (Cassella). 1897.

Dinitrophenol.
125 Na_2S + 50 S + 25 Substanz 110—140°. Wenn keine F.-Zunahme mehr zu beobachten ist, + Sulfit, um das Disulfid der Schmelze in Thiosulfat zu verwandeln, bei 160° eintrocknen. Die Verbesserung gegen F. P. 259 509 besteht in der Reinheit des Farbstoffes, da alles Disulfid nach der Gleichung $Na_2S_2 + Na_2SO_3 = Na_2S_2O_2 + Na_2S$ in Thiosulfat übergeführt wird.
Färbt schwarz.
Abhäng. Pat.: Zusatz zu F. P. 259 509.

79. DRP. 127 835, Akt.-Ges. Berlin. 1899.

Dinitrophenol.
125 Na_2S + 45 S + 150 H_2O + 30 Substanz 25 Std. am Rückflußkühler kochen. Verdünnen, Säure oder Luft fällen. Direkt verwendbar oder umlösen. 4 Atome S auf 1 Mol. Dinitrophenol Bedingung.
Färbt schwarz (Schwefelschwarz T extra). Oxydation unnötig. Küpt stundenlang unverändert blau.
Abhäng. Pat.: E. P. 1151/1900; F. P. 299 721; A. P. 655 659; Ö. P. 7974/1902.

80. DRP. 116 354, Vidalgesellschaft, Koblenz. 1899.

Dinitrophenol und 1, 2, 3, 5- oder 1, 3, 4, 6 - Diaminokresol, 1, 3, 4, 6 - Diaminoresorcin.
30 Thiosulfat + 150 H_2O + 10 salzsaures Diaminophenol 6 Std. am Rückflußkühler kochen. Gibt zunächst ein Zwischenprodukt*, das mit Anilin, Phenol usw. auf 200° erhitzt nach ca. 3 Std. in den Farbstoff übergeht. Mit Na_2S eintrocknen.
Färbt schwarz.
* Alkali: blau löslich; färbt Baumwolle blau. Zwischenkörper aus Diaminoresorcin: Alkali blauviolett, Säuren fuchsinrot löslich.
Abhäng. Pat.: F. P. 288 475—77; R. P. 4267/1900; Ö. P. 1326/1900.

81. DRP. 127 312, Akt.-Ges. Berlin. 1900.

Der Schwefelfarbstoff des Vidal - Patentes 98 437.
25 Na_2S + 10 S + 10 Substanz 24 Std. am Rückflußkühler oder bei 140° eintrocknen. Mit Salzsäure oder Luft aus seiner Lösung fällbar.
Färbt grünlich blauschwarz.

82. Anmeldung St. 6281, W. Stolaroff, Moskau. 1900.

Dinitrophenol.
Polysulfidschmelze. Auf 1 Mol. Dinitrophenol müssen wenigstens 4 Atome S verwendet werden. Bei 115—120° eintragen, in offenen oder geschlossenen Gefäßen bis zum Aufhören der NH_3-Entwicklung erhitzen, dann bei 150—200° eintrocknen.
Färbt schwarz.
Abhäng. Pat.: E. P. 2195/1900; F. P. 296 810.

83. DRP. 117 921, Akt.-Ges. Berlin. 1900.

Diaminophenol.
60 Na_2S + 32 S + 124 Substanz gibt am Rückflußkühler ein Leukothionolin.
Kein Farbstoff.
Abhäng. Pat.: E. P. 10 843/1900; F. P. 301 240.

84. DRP. 136 016, Sandoz, Basel. 1901.
Dinitrophenol.
Thiosulfat.
400 Thiosulfat + 92 Substanz + 800 H_2O + 61 NaOH 33% Autoklav
6 Std. 160—165°. Filtrieren. Die Nitroamino- und die Diamino-
verbindungen geben etwas rotstichigere Produkte.
Färbt schwarz (Thionalschwarz).
Abhäng. Pat.: E. P. 26 465/1901.

85. Anmeldung K. 24 400, Kalle, Biebrich. 1903.
Dinitrophenol.
34,8 Na_2S_4 + 20,6 Na-Salz als Paste. Verschmolzen wird mit höchstens
Na_2S_4 bei 135° 7 Std. oder 2—3 Std. bei 140—160° eintrocknen oder
ausfällen.
Färbt schwarz (Thionschwarz).
Abhäng. Pat.: E. P. 26 379/1903; F. P. 337 278.

86. E. P. 23 740, Vidal.
Diaminophenol.
Siehe Gruppe I, Nr. 17.

87. E. P. 13 035/1903, Basler Chem. Industrie-Ges. 1903.
Dinitrophenol.
40 Na_2S + 10 S + 10 Substanz 4—5 Std. 115—120°, bei 140° eintrocknen oder 3—5 Std. bei $2^1/_2$ Atm. unter Druck (110—115°) erhitzen. Vor Beendigung der Farbstoffbildung darf die Schmelze
nicht trocken werden.
Färbt schwarz (Thiophenolschwarz T extra). Die Nuancen werden grün-
licher bei früherer Beendigung der Schmelze bei Zusatz von Kupfersalzen oder von 5% Dinitrochlorbenzol.
Abhäng. Pat. F. P. 333 096.

88. E. P. 17 805/1903, A. Meyenberg und Clayton Co. 1903.
Dinitrophenol.
Schwefelwasserstoff.
In die unter Rückfluß kochende Lösung von Natriumdinitrophenolat
wird H_2S eingeleitet, bis die Farbe stabil bleibt. Auch aus anderen
Ausgangsmaterialien lassen sich so schwarze Farbstoffe erhalten
(Dinitrokresol, Diphenylaminderivate usw.).
Färbt schwarz.

89. Anmeldung Sch. 26 652, W. Schenk, München. 1906.
Dinitrophenol.
Wird mit 1,3—1,8 Teilen Polysulfid am Rückflußkühler über 105°
gekocht.
Färbt schwarz.

90. E. P. 26 345/1904, R. Holliday, J. Turner, H. Dean. 1904.
2, 4 - Dinitro - 1 - chlorbenzol.
90 Na_2S + 27,5 NaOH (45° Bé) + 15 S + 60 H_2O + 30 Substanz 15 bis
30 Std. am Rückflußkühler kochen, den Farbstoff (offenbar aus
primär gebildetem Dinitrophenol entstanden) mit Säure ausfällen.
Färbt schwarz.

91. DRP. 208 377, Weiler ter Meer, Ürdingen a. Rh. 1905.
Dinitrophenol.
140 Na_2S + 56 S + 30 H_2O + 80 Substanz als Na-Salz innerhalb 30 Min.
im Autoklaven auf 130°, 9 Std. bei $1^1/_2$—2 Atm. weiter erhitzen.
Ammoniak abblasen. Der Farbstoff resultiert unter diesen Bedingungen in konzentrierter Form. Filtrieren. Bei höherer Temperatur
kürzere Schmelzzeit.
Färbt schwarz. Der Farbstoff besitzt größere Farbkraft als anders dargestellte Farbstoffe aus demselben Ausgangsmaterial.
Abhäng. Pat.: E. P. 27 213/1906; F. P. 372 104.

92. DRP. 218 517, Société Anon. St. Denis und Vidal. 1906.

Dinitrophenol.

82 Na_2S wasserfrei + 100 S + 100 Substanz als Na-Salz + so viel Wasser, daß der Siedepunkt von 106—108° erreicht wird 10—15 Std. Rückfluß. Verdünnen, Farbstoff filtrieren.

Färbt echt blauschwarz.

Abhäng. Pat.: E. P. 25 080/1907; F. P. 381 608; A. P. 904 224.

93. E. P. 11 590/1909, Claus & Co., Lim., Manchester. 1909.

Dinitrophenol.

Verschmelzen mit $NaSH$ + S statt mit Na_2S + S, wodurch ein Farbstoff mit besseren Eigenschaften entstehen soll.

Färbt grünstichig schwarz, nicht rötlich oder bräunlich.

94. E. P. 18 756/1900, Levinstein Lim., Manchester. 1900.

Azofarbstoff aus 13,8 Tl. p- (auch o- und m-) Nitranilin diazotiert gekuppelt mit o-Nitrophenol allein oder in Gemischen.

140 Na_2S + 60 S 3 Std. 170—180° oder Rückfluß. In der Schmelze entsteht zunächst Dinitrophenol.

Färbt schwarz.

Abhäng. Pat.: F. P. 306 358.

95. DRP. 186 860, Kalle, Biebrich. 1902.

Azofarbstoff aus Anilin und o-Nitrophenol (Benzolazo-o-nitrophenol.

42 Na_2S + 8,5 S + 100 H_2O bei 70° + 24,5 Substanz 5 Std. 120°. Mit Säure fällen. Mit mehr Schwefel entsteht ein grüneres Schwarz. Primär bildet sich in der Schmelze Dinitrophenol.

Färbt schwarz.

Abhäng. Pat.: E. P. 26 379/1903; F. P. 337 278.

96. DRP. 158 927, Soc. du Rhône. 1906.

Dinitrosalicylsäure.

32 Na_2S + 23 Substanz + 10 Soda + 100 H_2O + 15 S 10 Std. 120°. Rückflußkühler. Bei 150° eintrocknen. Mengen variabel.

Färbt schwarz.

97. DRP. 197 165, G. E. Junius, Hagen i. W. |1905.

p-Nitroso-o-kresol (das m-Kresolderivat gibt einen weniger guten Farbstoff).

18 Na_2S + 14 Substanz gibt zunächst einen bräunlichen Baumwollfarbstoff als Zwischenprodukt, dieses + 5 S weiter verschmelzen. Die Bildung von Zwischenprodukt und Farbstoff soll unter 125° erfolgen. Mit Säure ausfällen oder direkt verwendbar.

Färbt schwarz. H_2O: leicht löslich. Färbt auch auf Wolle blau bis blauschwarz. Besonders chlorechte Farbstoffe erhält man bei Ausführung der Schwefelung in 2 Stufen: zuerst stellt man mit wenig Na_2S + S einen violetten Schwefelfarbstoff dar und verschmilzt diesen weiter.

Abhäng. Pat.: E. P. 21 926/1906; F. P. 371 119; A. P. 901 970.

98. DRP. 205 882, G. E. Junius, Hagen i. W. 1905.

Nitroso-o-kresol (Na-Salz).

18 Na_2S + 5 S + 50 H_2O + 14 Substanz 24 Std. Rückfluß. Das braune Zwischenprodukt entsteht auch hier, seine Lösung färbt sich bei weiterem Kochen violett und gibt schließlich den grünblauen Farbstoff.

Färbt blauviolette Schwarztöne; eine grüne Nuance erhaltbar aus dem Ansatz: 32 Na_2S + 12 S + 14 Substanz.

Abhäng. Pat.: Zusatz zu DRP. 197 165. — F. P. 371 119.

99. Anmeldung F. 12 502, Meister, Lucius u. Brüning, Höchst. 1899.

p-Aminokresol (NH_2 : CH_3 : OH = 1 : 3 : 4).

In wässeriger Lösung mit Polysulfid unter Druck $4^1/_2$ Std. 175—180°.
Färbt grünblauschwarz.
Abhäng. Pat.: Zusatzanmeldung zu F. 12 163.

100. F. P. 361 940, Vidal, Paris. 1905.
p - Amino - o - kresol.
Polysulfid, 36 Std. Rückflußkühler.
Färbt schwarz.
Abhäng. Pat.: E. P. 23 733/1905.

101. DRP. 127 834, Akt.-Ges. Berlin. 1899.
1. Chlorchinonchlorimid oder 2. Chinondichlorimid.
Kalt gesättigte Thiosulfatlösung + Substanz aus 6-o-Chlor-p-Amino-
phenol + 200 H_2SO_4 von 33% wie im Hauptpatent Nr. 37 zum Farbstoff verkocht.
Färben direkt tiefschwarz.
Abhäng. Pat.: Zusatz zu DRP. 124 872. — E. P. 12 076/1899; F. P.
289 128 Zusatz; R. P. 4266/1900.

102. DRP. 159 725, Akt.-Ges. Berlin. 1904.
1, 2, 4 - Diaminophenylrhodanid.
150 S bei 140° + 50 Substanz 8—10 Std. 200—240°.
Färbt gelb.
Abhäng. Pat.: E. P. 26 477/1904; F. P. 348 900.

103. Anmeldung DRP. 9682, Dahl, Barmen. 1899.
p - Aminophenolsulfosäure.
Polysulfidschmelze. Bei 250° eintrocknen.
Färbt grün.

104. DRP. 95 918, Bayer, Elberfeld. 1895.
Oxy- und Dioxysulfosäuren des Benzols und Naphthalins.
Siehe Gruppe II, Nr. 152.

105. DRP. 97 541, Bayer, Elberfeld. 1895.
Aminosulfosäuren des Benzols und Naphthalins.
Siehe Gruppe II, Nr. 153.

3. Vier und mehr Substituenten.

106. DRP. 135 637, Cassella, Frankfurt a. M. 1902.
Nitrosotoluylendiamin, 1. allein oder mit Zusätzen, und
zwar: 2. Phthal-, 3. Oxal-, 4. Weinsäure.
1. 250 Na_2S + 100 S + 100 Substanz bei 180° eindicken, einige Stunden
im Ofen 200—250°. 2. 360 Na_2S + 100 S + 90 Substanz + 52 Weinstein 170°, im Ofen einige Stunden 220°.
Färbt braun. Oxydation: verändert kaum.
Abhäng. Pat.: E. P. 2149/1902; F. P. 317 936.

107. DRP. 129 564, Akt.-Ges. Berlin. 1900.
Dinitrokresol ($CH_3 : NO_2 : NO_2 : OH = 1 : 3 : 5 : 6$).
Polysulfidschmelze. Statt 33 Dinitrophenol: hier 35,1 Dinitrokresol,
sonst wie Hauptpatent Nr. 76.
Färbt schwarz. Red.: (Zinkstaub) Leukoverbindungen.
Abhäng. Pat.: Zusatz zu DRP. 127 835. — E. P. 7076/1900; F. P.
299 721 Zusatz.

108. F. P. 262 602, Cassella, Frankfurt a. M. 1896.
Dinitrokresol.
4—6 Na_2S + 1—3 S + 1 Substanz 2 Std. 160°.
Färbt braun.
Abhäng. Pat.: E. P. 29 828/1896; A. P. 596 559 A. Weinberg.

109. DRP. 121 122, Akt.-Ges. Berlin. 1900.
2, 4, 6 - Trinitrotoluol.
8 Na_2S + 3 S + 1 Substanz + 10 H_2O eindampfen, dann längere Zeit
180—220°.
Färbt braun.
Abhäng. Pat.: E. P. 18 826/1900; F. P. 304 784.

110. A. P. 746 926, E. Cullmann-Schöllkopf, Buffalo. 1903.
1, 2, 6, 4- und 1, 2, 4, 5 - m - Toluylendiaminsulfosäuren.
Polysulfidschmelze. Bei 250° eintrocknen.
Färbt orange bis gelb. Auf der Faser diazotierbar.

111. DRP. 157 540, Kalle, Biebrich. 1901.
Triaminotoluol oder Anilinazo - m - toluylendiamin.
80 Na_2S + 30 S + 30 Substanz bei 110—120° eintragen. Bei 160° er-
folgt Anilinabspaltung. Ofen 1—2 Std. 170°, 3—4 Std. 200—220°.
Färbt braun (Thionbraun). Sehr lichtecht.
Abhäng. Pat.: F. P. 315 648; A. P. 723 448.

112. DRP. 116 791, Akt.-Ges. Berlin. 1900.
Pikramin- oder Pikrinsäure.
60 Na_2S + 25 S + 14 Substanz + 50 H_2O 24 Std. unter Rückfluß
kochen. Säure oder Luft fällen, mit Na_2S eintrocknen.
Färbt violettschwarz.
Abhäng. Pat. E. P. 7332/1900; F. P. 299 755.

113. DRP. 129 283, v. Heyden, Radebeul. 1900.
p - Nitro - m - Kresolderivate
$$(OH : CH_3 : NO_2 : NO_2 : NO_2 = 1 : 3 : 6 : 2 : 4),$$
$$(OH : CH_3 : NO_2 : SO_3H \qquad = \qquad 1 : 3 : 6 : 4),$$
$$(OH : CH_3 : NO_2 : NH_2 : NO_2 = 1 : 3 : 6 : 2 : 4),$$
$$(OH : CH_3 : NO_2 : NO_2 : SO_3H = 1 : 3 : 6 : 2 : 4).$$
100 Na_2S + 20 Trinitrokresol + 50 H_2O reduzieren, dann + 20 S 200°
eintrocknen.
Färben in braun-grünlich bis olivbraunen Nuancen. Oxydation: verändert kaum.

114. DRP. 110 881, Akt.-Ges. Berlin. 1899.
Aminokresolsulfosäure (CH_3 : NH_2 : SO_3H : OH = 1 : 2 : 4 : 5.
70 Na_2S + 30 S + 25 Substanz 140—150° eindicken, 180—200° ein-
trocknen.
Färbt braun.
Abhäng. Pat. E. P. 7348/1899; F. P. 287 722.

115. DRP. 113 945, Akt.-Ges. Berlin. 1899.
Dinitroxylolsulfosäure (CH_3 : NO_2 : CH_3 : SO_3H : NO_2 = 1 : 2 : 3
: 4 : 6).
75 Na_2S + 30 S + 5 H_2O + 25 Substanz 220° eintrocknen.
Färbt brauner als Farbstoff A. P. 606 193 aus 2, 4, 1, 6-Dinitrotoluol-
sulfosäure (Farbenfabriken Elberfeld).

116. E. P. 5572/1905, Sandoz, Basel. 1905.
Diformyl - 4, 6 - diamino - 1, 3 - xylol (siehe Diformyltoluylen-
diamin).
Schwefelschmelze mit Benzidinzusatz bei 180—220°.
Färbt gelb. Der rohe Thiokörper läßt sich teilweise aus kochendem
Anilin krystallisieren.

117. DRP. 114 529, Badische, Ludwigshafen. 1899.
1. Dinitrophenol - p - Sulfosäure, 2. Tetranitrooxysulfo-
benzid.
500 Na_2S + 150 S bei 100—130° + 100 Substanz evtl. + 32 Soda. Eintrocknen.
Färbt violettschwarz. Oxydation: braun. H_2O_2: verändert kaum.
2. Färbt rotstichiger.

118. Anmeldung T. 6645, Holliday and J. Turner, Huddersfield. 1899.

Sulfosäuren des o- und p-Aminophenols, der o- und p-Aminosalicylsäure und der m-Aminobenzoesäure, allein und im Gemenge mit Phenolen, Naphtholen und ihren Derivaten.
160—260°.
Das E. P. 2468 beschreibt zugleich die Herstellung der Sulfosäuren durch Erhitzen der Nitroverbindungen mit Bisulfit (Reduktion und Einführung der SO_2H-Gruppe).
Braune und schwarze Töne.
Abhäng. Pat.: E. P. 2468/1899, 3539/1899; F. P. 293 905.

119. A. P. 711 038, E. Cullmann-Schöllkopf, Buffalo. 1902.

Dinitrosalicylsäure.
Polysulfidschmelze.
Färbt tiefschwarz.

120. DRP. 123 694, Meister, Lucius u. Brüning, Höchst. 1900.

1. Chlornitrophenolsulfosäure, 2. Dichlornitrophenol oder ein Gemenge beider.
30 Na_2S + 10 S + 5 bzw. 10 Substanz bei 160—190° eintrocknen, bis eine Probe schwarz färbt.
Farbt schwarz. Gekupfert: die grünschwarze Färbung wird tiefschwarz.
Abhäng. Pat.: E. P. 5880/1901; F. P. 309 322; A. P. 701 051.

121. Anmeldung F. 26 042, Bayer, Elberfeld. 1909.

2,4-Dinitro-6-Chlor-1-Phenol.
628 Na_2S + 138 S + 218 Substanz 16 Std. am Rückflußkühler bei 110—115° kochen.
Färbt schwarz. Färbt tiefes blumiges Schwarz.
Abhäng. Pat.: E. P. 15 625/1909; F. P. 404 719; A. P. 935 009.

4. Harn- und Thioharnstoffe.

122. DRP. 138 104, Kalle, Biebrich. 1901.

1. Oxyphenylthioharnstoff, 2. Oxythiocarbanilid.
80 Na_2S + 48 S bei 140° + 16,8 Substanz 180° eintrocknen. Gelöst. + Säure versetzen, bis schwach sauer, vom S filtrieren, Filtrat + Salz.
Färbt grün (Thiogrün B). Chromat: blauer.
Abhäng. Pat.: E. P. 9619/1902, 16 931/1902; F. P. 320 701, 323 489.

123. DRP. 127 466, A. Koetzle, Frankfurt a. M. 1901.

p-Aminoacetanilidthioharnstoffderivate.
6 Na_2S + 2 S + 1 Substanz 280° (im Öl) eintrocknen.
Färbt braun. Oxydation: etwas gelber.

124. DRP. 166 680, Cassella, Frankfurt a. M. 1904.

1-Acetamino-2,4-Diaminobenzolharnstoff.
30 S + 10 Substanz bei schließlich 240° eintrocknen.
Färbt grünstichig gelb.
Abhäng. Pat.: E. P. 26 361/1904; F. P. 350 352.

125. DRP. 139 429, Kalle, Biebrich. 1901.

1. m-Phenylen-, 2. m-Toluylendiamindithioharnstoff, 3. Dithioharnstoff der 1,3-Naphthylendiamin-6-Sulfosäure.
80 Na_2S + 30 S + 24 Substanz bei 150—160° eintragen, bei 220—230° eintrocknen. Bei 2. führt Erhöhung der Schmelztemperatur zu einem röteren Farbstoff. (Siehe Berichtigung im DRP. 152 027.)
Färben 1. olivgrün, 2. rot-orangebraun, 3. tiefbraun. Oxydation: Nuancen unverändert, aber echter.
Abhäng. Pat. E. P. 16 932/1902; F. P. 323 490.

126. DRP. 146 914, Kalle, Biebrich. 1901.
Die Harnstoffe statt der Dithioharnstoffe; sonst wie im Hauptpatent.
80 Na_2S + 30 S bei 150° + 14 Substanz allmählich bei 250° eintrocknen.
Färben rotbraune, grüngraue, olivgrüne Töne.
Abhäng. Pat.,: Zusatz zu DRP. 139 429. — E. P. 16 932/1902; F. P. 329 481.

127. DRP. 144 762, Badische, Ludwigshafen. 1902.
m - Toluylendithioharnstoff.
110 S + 50 Substanz 12—15 Std. 190—220°. Der gemahlene Thiokörper wird mit 250 Na_2S bei 170° eingetrocknet. Mit Polysulfid statt mit S verschmolzen resultiert bei 200° ein gelbbrauner Farbstoff.
Färbt gelb. Bei der Oxydation werden die Töne etwas röter.

128. DRP. 153 518, Badische, Ludwigshafen.‾ 1903.
m - Toluylendithioharnstoff.
120 S + 30 Benzidin + 30 Substanz 130°, dann bei 200—215° eintrocknen.
Färbt gelb.
Abhäng. Pat.: Zusatz zu DRP. 144 762.

129. DRP. 160 041, Badische, Ludwigshafen. 1904.
m - Aminotolylthioharnstoff.
120 S bei 140—160° + 30 Substanz + 30 Benzidin mehrere Stunden 180—200°. Mit Polysulfid verschmolzen resultiert ein rötlichgelber Farbstoff.
Färbt gelb. Wie Hauptpatent.
Abhäng. Pat.: Zusatz zu DRP. 144 762.

130. DRP. 152 027, Meister, Lucius u. Brüning, Höchst. 1903.
Aminotolylthioharnstoff.
150 S bei 170—180° + 50 Substanz 8 Std. 240—250°. Direkt verwendbar oder mit Na_2S eintrocknen.
Färbt orangegelb.
Abhäng. Pat.: E. P. 21 800/1903; F. P. 339 096.

131. DRP. 166 864, Meister, Lucius u. Brüning, Höchst. 1900.
Ein Thioharnstoff des m - Toluylendiamins (molekulare Mengen Base und CS_2).
180 S + 30 Substanz + 30 Benzidin allmählich bei 190—220° eintrocknen. Im Vakuum mit der $2^1/_4$ fachen Na_2S-Menge eingetrocknet wird der Thiokörper löslich. Variationen von Temperatur und Zeit verschieben nach Rot.
Färbt gelb.
Abhäng. Pat. E. P. 21 945/1903; F. P. 339 103; A. P. 773 346.

132. DRP. 171 871, Akt.-Ges. Berlin. 1904.
Ein Thioharnstoff des m - Toluylendiamins (2 Mol. CS_2 + 1 Mol. Base).
60 S + 20 Substanz (evtl. + Benzidin) bei 140° 5 Std. 210—220°.
Färbt gelb. Thiokörper in kochendem Na_2S löslich: goldgelb. Die Lösung gibt + NaOH eine orange Fällung. Der Benzidinfarbstoff ist grüner.

133. DRP. 153 916, Meister, Lucius u. Brüning, Höchst. 1903.
Toluylendiharnstoff.
60 S + 20 Substanz bei 170—180° eintragen 1 Std. 220—230°, 5 Std. 200—210°.
Färbt orange.
Abhäng. Pat.: A. P. 760 110.

134. F. P. 326 113, Weiler ter Meer, Ürdingen a. Rh. 1902.

Verschiedene Einwirkungsprodukte von CS_2 auf m - Phenylen- und Toluylendiamin und ihre Formyl-, Acteyl-, Phthalyl-, Oxalyl- usw. Derivate.

1. 75 Na_2S + 25 S + 15 HCl-lösliches Urat. 2. 2 S + 1 Substanz. Temperaturen über 200°, Polysulfidschmelze bis 300°.

Färben: je nach dem Ausgangsmaterial braune, olive, gelbbraune bis gelbe Töne.

II. Gruppe: Naphthalinderivate.

1. Nitronaphthaline.

135. DRP. 48 802, C. Bennert, Hebburn of Tyne. 1888.

α - Nitronaphthalin.

200 Nitronaphthalin bei 200—210° + 45 S in kleinen Portionen. Es entweicht CO_2. Das Gemenge blauer und grüner Farbstoffe wird mit Aceton extrahiert. Der Rückstand enthält den grünen Farbstoff (Naphthylthiazin), der mit CS_2 herausgelöst wird.

Grünes Farbstoffpulver. Kein Schwefelfarbstoff.

Abhäng. Pat.: E. P. 14 646/1887; F. P. 193 647.

136. DRP. 84 989, Badische, Ludwigshafen. 1893.

1, 8 - Dinitronaphthalin oder ein Gemenge von 1, 8 - und 1, 5 - Produkten.

1. In Verdünnung 1 : 120 werden 1 Mol. Dinitrokörper + 3—5 Mol. Na_2S gekocht, angesäuert, 2 Std. weiter gekocht; gibt ein Gemenge der Farbstoffe **B** und **C.**

2. In konzentrierter Lösung 1 : 3 wird 1 Mol. Dinitrokörper mit 2—4 Mol. Na_2S kalt gelöst, angesäuert = Gemenge von **B** und **C,** aber hauptsächlich **C.** B ist soda-unlöslich, C ist soda-löslich. C wird aus der Sodaaufkochung des Gemenges durch Fällung mit Säure erhalten. Mengen und Bedingungen variabel.

Über Echtschwarz siehe ferner: S. 161 (Schmelze).

Färbt schwarz (Echtschwarz B). Kupferglänzende Pulver. **B:** NaOH: fast unlöslich. Na_2S: heiß wenig blauschwarz. Kalkwasser unlöslich. H_2SO_4: auch warm unlöslich + Soda + Traubenzucker: schwärzlich grüne Lösung. C Soda: heiß violett. NaOH: heiß violett. Kalkwasser: heiß violettrot (grüne Fluorescenz). H_2SO_4: schmutziggrün, warm blau, dann rot. Soda + Traubenzucker: violett, dann bläulich.

Beide Farbstoffe auch auf der Faser erzeugbar.

Abhäng. Pat.: E. P. 10 996/1893; F. P. 237 610; A. P. 545 336, 545 337.

137. DRP. 88 847, Badische, Ludwigshafen. 1894.

Farbstoff B oder B + C (Nr. 131) oder B + C + Farbstoff aus 1, 5 - Dinitronaphthalin.

200 Paste Farbstoff B 30% + 98 NaOH 30° Bé 1 Std. 93°. Die Lösung wird direkt verwendet oder eingedampft. B wird dadurch löslich.

Färbt kalt tiefschwarz (Echtschwarz BS).

Abhäng. Pat.: E. P. 22 603/1894; F. P. 243 142; A. P. 546 576.

138. DRP. 117 188, Meister, Lucius u. Brüning, Höchst. 1898.

1, 8 - Dinitronaphthalin.

500 Na_2S + 65 S + 2500 H_2O + 200 Substanz 2 Std. bei 50°; rote Lösung filtrieren, Filtrat + NH_4Cl kochen und Luft einleiten. Schwarzen Farbstoff filtrieren. Statt Luft: Säure gibt ungeeigneten Farbstoff. Statt Na_2S + S nur Na_2S: gibt Farbstoff gemengt mit Ausgangsmaterial.

Färbt schwarz. Wird kalt gefärbt, durch Einlegen der Ware in die Lösung. Sehr luft-, licht- und walkecht.

139. DRP. 117 189, Meister, Lucius u. Brüning, Höchst. 1898.
1, 8 - Dinitronaphthalin.
Ansatz wie Nr. 133. Statt NH_4Cl wird hier Bisulfitlauge zugegeben und
unter Lufteinleiten gekocht: nach 12 Std. blaue Lösung mit HCl
fällen (bei 60—80°), blauen Farbstoff filtrieren. In Lösung bleibt
wenig blauvioletter Farbstoff.
Färbt blau.

140. DRP. 117 819, Meister, Lucius u.[Brüning, Höchst. 1900.
1, 8 - Dinitronaphthalin.
Schwefelnatriumschmelze zur Trockne dampfen, im Ofen bei 160—180°
eintrocknen. Direkt verwenden.
Färbt braun.
Abhäng. Pat.: E. P. 8873/1900; F. P. 300 420; A. P. 674 137.

141. DRP. 125 667, Meister, Lucius u. Brüning, Höchst. 1900.
1, 8 - und 1, 5 - Dinitronaphthalin.
320 Na_2S + 120 S bei 110—130° + 40 Substanz + 30 Cl_2Zn (Cer, Al,
Fe, La, Salze) allmählich 220° (Gefäß schließen). Das Zinksalz
kann auch während der Schmelze eingetragen werden.
Färbt schwarz.
Abhäng. Pat.: E. P. 19 271/1900; F. P. 304 981; A. P. 674 137.

142. Anmeldung F. 8283, Bayer, Elberfeld. 1895.
1, 8 - Dinitronaphthalin.
Schwefelnatrium-, Natriumhydrosulfid- oder Polysulfidschmelze, bis
alles zu einer dunkelblauen Flüssigkeit gelöst ist.
Färbt kalt ein säureechtes, intensives Blau.
Abhäng. Pat.: E. P. 11 276/1895; F. P. 246 760, 247 936.

143. Anmeldung D. 8170, Dahl, Barmen. 1897.
1, 8 - Dinitronaphthalin.
96 Polysulfid + 30 Substanz + 150 H_2O, Temperaturen über 80°.
Färbt schwarzblau, weniger waschecht und nicht so schwarz wie DRP.
84 989. Gekupfert: tiefschwarz, sehr echt.
Abhäng. Pat.: A. P. 611 112.

144. A. P. 658 286, N. Schwan und W. Zedel, auf Höchst. 1900.
Trinitronaphthalin 1, 3, 8.
Polysulfidschmelze.
Färbt braun.

Die Farbstoffe der Patente (vgl. auch DRP. 90 414 und 91 391):

138 105	Höchst	blauer	Farbstoff aus	1, 5-Dinitronaphthalin
134 705	Badische	blauer	„ „	1, 5- „
114 264	„	schwarzer	„ „	1, 8- „
187 912	„	brauner	„ „	1, 8- „
88 236	„	blauvioletter	„ „	1,8- „
92 471	„	blauvioletter	„ „	1, 8- „
92 472	„	schwarzer	„ „ 1, 8- u. 1, 5-	„
92 538	„	brauner	„ „	1, 5- „

sind Wollfarbstoffe und kommen deshalb hier nicht in Betracht.

2. Oxy-, Dioxy-, Amino- und Aminooxynaphthaline
und andere Naphthalinderivate.

145. DRP. 91 719, Vidal, Paris. 1894.
1, 4 -, 2, 6 -, 2, 7 - Dioxynaphthalin, 1, 4 - Naphthochinon.
200 Na_2S + 75 S + 5 NH_4Cl + 100 Substanz 5—6 Std. bei 175° eintrocknen. Unter Druck verschmolzen steigt die Ausbeute und die
Färbungen werden blaugrüner.
Färben schwarzgrün. Oxydation: fixiert schwarz bzw. schwarzblau.
Abhäng. Pat.: Zusatz zu DRP. 84 632. — F. P. 236 405; A. P. 532 484.

146. DRP. 101 541, Bayer, Elberfeld. 1895.

β - Naphthol, 2, 7 -, 2, 6 -, 1, 8 -, 1, 5 -, 2, 8 - Dioxynaphthaline.

$5 Na_2S + 2 S + 1$ Substanz 2—3 Std. bei 250°. In H_2O gelöst zur Trockne dampfen. Mengen (evtl. auch Zeit und Temperatur) variabel.

Kalt und heiß färbbar; heiß im K_2CO_2-Bade mit Seifenzusatz: braun, kalt im Na_2S-Bade: tiefbraun bis braunschwarz.

Abhäng. Pat.: E. P. 22 417/1895; F. P. 253 216.

147. DRP. 113 333, Bayer, Elberfeld. 1897.

1, 8 - Dioxynaphthalin.

100 S + 95 konz. Na_2S + 50 Substanz + 95 H_2O allmählich auf 240°, bis eine Probe in Wasser blau löslich ist. Erkaltet wiederholt mit kleinen Mengen kalten Wassers extrahieren, filtrieren, Filtrate + Salz fällen.

Färbt im NaOH-Bade: sofort blaue Nuancen, im reduzierenden Bade (Na_2S usw.) zunächst gelbbraun, an der Luft blau werdend.

Abhäng. Pat.: Zusatz zu DRP. 113 332. — F. P. 269 233 und Zusatzpatent.

148. DRP. 113 334, Bayer, Elberfeld. 1897.

1, 8 - Aminonaphthol.

80 Na_2S wasserfrei + 125 S + 50 Substanz als Sulfat allmählich 200°, dann gemahlen in geschlossenem Gefäß auf 240° (hierbei erfolgt NH_3-Abspaltung) bis eine Probe sich indigblau in Wasser löst. Mit Wasser auslaugen. Filtrate mit Salz, besser mit $ZnCl_2$ fällen. Der Extraktionsrückstand ist ebenfalls ein direkter Baumwollfarbstoff.

Eigenschaften wie die Farbstoffe des Hauptpatentes Nr. 154.

Färbt: kalt aus Na_2S-haltigem Bade bräunlich auf die Faser gehend, an der Luft blau; heiß aus Traubenzucker + Soda-haltigem Bade.

Die Extraktionsrückstände färben aus Na_2S-haltigem Bade braun.

Abhäng. Pat.: Zusatz zu DRP. 113 195. — F. P. 269 234; A. P. 611 611.

149. DRP. 151 768, Meister, Lucius u. Brüning, Höchst. 1903.

1 - Monacet - 2, 4 - triaminonaphthalin.

Schwefelschmelze (gleiche Mengen), 5 Std. bei 160°. Mengen variabel. Färbt gelb.

150. DRP. 293 186, Akt.-Ges. Berlin.

N - Äthylarylamin allein oder im Gemisch mit aromatischen Aminen (Mono-, Poly-, Nitroamine).

Schwefelschmelze.

10 p-Nitrobenzolazo-α-N-äthylaminonaphthalin + 20 S 2—6 Std. auf 180—250° erhitzen.

Färbt gelbbraun, echt gegen kochende Seife und Säure.

151. DRP. 264 293, Bayer, Elberfeld. 1912.

Perinaphthylenharnstoff (-thioharnstoff, Subst. prod.)

Polysulfidschmelze mit Kupferzusatz.

15 Perinaphthylenharnstoff + 135 Na_2S + 40 S + 10 Cu 8 bis 10 Std. auf 200—250° erhitzen.

Farbt dunkelbraun.

Abhäng. Pat.: Zusatz zu DRP. 253 934.

152. DRP. 356 972, Soc. chim. d. l. Gr. Paroisse.

1, 2, 4, 8 - und 1, 2, 4, 5 - Trinitronaphthol einzeln oder im Gemenge.

Polysulfidschmelze.

Wässerig eindampfen, Rückstand zur Farbstoffbildung auf 170° erhitzen. Färbt braun.

3. Substitutionsprodukte von Naphthalinsulfosäuren.

153. DRP. 98 439, Kalle, Biebrich. 1897.

Naphthalinsulfosäuren mit zwei Sulfogruppen in meta-Stellung. Trisulfosäuren: 1, 3, 6; 1, 3, 7; 1, 3, 5; Tetra-sulfosäure: 1, 3, 5, 7.

$6 Na_2S + 2 S + 1$ Substanz als Na-Salz 2—3 Std. bei 120—140° eintrocknen. Direkt verwenden oder umlösen.

Färbt schwarz.

154. DRP. 198 049, Akt.-Ges. Berlin. 1907.

Naphthalin-α- und -β-Mono-, 2, 7- und 1, 5-Di- und 1, 3, 6-Trisulfosäure.

$40 Na_2S + 18 H_2O + 22$ Substanz als Na-Salz 8 Std. bei 350°. Direkt verwendbar.

Bronzetöne.

Abhäng. Pat.: E. P. 22 967/1907; F. P. 393 187.

155. DRP. 190 695, Akt.-Ges. Berlin. 1906.

1. 1, 4-; 2. 2, 8 - Naphthylaminmonosulfosäure; 3. 1, 4, 8-; 4. 2, 3, 6-; 5. 2, 6, 8 - Naphthylamindisulfosäure; 6. 2, 3, 6-; 7. 2, 6, 8 - Aminonaphtholmonosulfosäure.

$90 Na_2S + 15$ Substanz als Na-Salz auf schließlich 300°. Direkt verwendbar oder mit Luft oder Säure fällen.

Färben: 1. rötlich schwarzbraun, 2. gelblich olivebraun, 3. schwarzbraun, 4. schwarzbraun, 5. gelblich dunkelbraun, 6. dunkelbraun, 7. dunkelolivebraun.

Abhäng. Pat.: E. P. 9011/1907; F. P. 386 847.

156. DRP. 194 094, Kalle, Biebrich. 1907.

α - Naphthylamin - 4, 6, 8 -trisulfosäure.

Schweflungsmittel verschiedener Art, wie Na_2S oder $NaOH + S$, Thio-sulfate, Salze der hydroschwefligen, nicht aber der schwefligen Säure.

$4000 NaOH$ 50% $+ 100 S + 1350$ Substanz als Na-Salz bei 140—150° eingetragen. 150—170° eintrocknen. Mit HCl fällen, vom S und den Aminonaphtholsulfosäuren filtrieren, das schwach alkalische Filtrat mit Luft fällen.

Der Farbstoff scheint keinen Schwefel zu enthalten, wird in Form von Kryställlchen erhalten.

Färbt Wolle aus saurem Bade blau. Mehr S gibt trübe Töne.

Abhäng. Pat.: F. P. 381 386.

157. DRP. 95 918, Bayer, Elberfeld. 1895.

Oxy- und Dioxysulfosäuren des Benzols und Naphthalins: a) 2, 7-, b) 2, 6-, c) 2, 8 - Naphtholmonosulfosäure; d) 2-Naphthol - 3, 6-, e) 2 - Naphthol - 6, 8 -, f) 1 - Naphthol-4, 8-disulfosäure; g) 1, 8 - Dioxynaphthalin - 3, 6-disulfo-säure, h) Naphthsulton.

$4 Na_2S + 2 S + 1$ Substanz als Na-Salz, wenn bei 140° das Schäumen aufgehört hat, 4 Std. bei 250—260°. Direkt verwenden oder umlösen. Mengen und Temperaturen variabel.

Färben: g: schwarz, die anderen braune Töne. Aus kaltem Na_2S oder heißem K_2CO_3 mit Seifenzusatz.

Abhäng. Pat.: E. P. 17 738/1895; F. P. 253 213; A. P. 611 610.

158. DRP. 97 541, Bayer, Elberfeld. 1895.

Aminosulfosäuren des Benzols und Naphthalins: 1. 1, 7-, 2. 1, 8 - Naphthylamin, 3. 1, 5 - Nitronaphthalinsulfo-säuren.

$4 Na_2S + 2 S + 1$ Substanz als Na-Salz innig gemengt. Bei 150° Reaktion, dann 4 Std. 200—230°. — Vgl. Anm. **F.** 9705 Nr. 30.

Färbt olive, braun bis schwarz; 1. und 2. braunschwarz, 3. braun. Kalt in Na_2S-Lösung gefärbt: schwarz.

Abhäng. Pat.: E. P. 17 738/1895; F. P. 253 213; A. P. 611 610.

159. DRP. 113 195, Bayer, Elberfeld. 1897.

1, 8 - Aminonaphthol - 4 - mono -, ferner 2, 4 - und 3, 6 - Disulfosäuren usw. des E. P. 17 738/1895.

81 Na$_2$S wasserfrei + 75 S + 50 Substanz als Na-Salz allmählich auf
200°, schließlich bei geschlossenem Gefäß 4 Std. 240°. Gemahlen
mit kleinen Mengen H$_2$O extrahiert; Filtrate mit Cl$_2$Zn gefällt geben
den blauen Farbstoff, die Rückstände färben Baumwolle direkt braun.

Färben in NaOH-Lösung sofort blau; im Na$_2$S-Bade kalt oder heiß
zunächst bräunlich, verhängt werden die Färbungen blau.

Abhäng. Pat.: 17 018/1897; F. P. 269 233 und Zusatzpatent; A. P.
614 538.

160. DRP. 113 332, Bayer, Elberfeld. 1897.

1, 8 - Dioxynaphthalin - 4 - mono -, ferner 2, 4 - und 3, 6 - Disulfosäure usw.

50 Substanz + NaOH neutralis. + 81 S bei 200° eintrocknen, dann in
geschlossenem Gefäß noch auf 260—270°, bis eine Probe blau in
Wasser löslich ist. Gepulvert, mit kleinen Mengen H$_2$O ausgelaugt,
Filtrate + Cl$_2$Zn gefällt. Die Rückstände sind braune Farbstoffe.

Färben: heiß in NaOH-haltigem Bade direkt blau; heiß oder kalt aus
reduzierendem Bade gelbbraun.

Abhäng. Pat.: Zusatz zu DRP. 113 195. — F. P. 269 233 und Zusatzpatent.

161. Bayer, Elberfeld.

1, 8 - Dioxynaphthalin und 1, 8 - Aminonaphthol.
Schon gebracht Nr. 142, 143.

162. DRP. 113 335, Bayer, Elberfeld. 1898.

1, 8 - Dioxynaphthalin - 4 - mono- und 2, 4 - Disulfosäure und
Körper, welche reduziert in diese übergehen (Nitro-,
Nitroso-, Azo- usw. Derivate).

60 konz. Na$_2$S + 60 S + 30 Substanz als Na-Salz 200—210°, schließlich in geschlossenem Gefäß 2—3 Std. 240°. Aufarbeitung wie Hauptpatent.

Färben: Rohschmelze in neutralem Bade: rotbraun; mit Na$_2$S: grau-
braun. Farbstoff: violett, im Na$_2$S-Bade zunächst Küpe.

Abhäng. Pat.: Zusatz zu DRP. 113 195. — E. P. 4818/1899; F. P.
287 682.

163. DRP. 116 655, Bayer, Elberfeld. 1898.

Jene der vorstehenden DRP. 113 195, 113 332 bis 113 334, Zusatz zu F. P. 269 233, also 1, 8 - Naphthalinderivate.

87 konz. Na$_2$S + 82 S + 20 ZnCl$_2$ wasserfrei + 132 einer 38proz. Sub-
stanzpaste in 46 NaOH 1 : 3, schließlich bei geschlossenen Gefäßen
4 Std. 240°. Der Zinkzusatz erspart die Extraktionen mit Wasser,
da sich nur blauer Farbstoff, keine braunen Nebenprodukte bilden.

Färben aus kochenden NaCl- oder sodahaltigen Bädern verschieden
blaue Nuancen.

Abhäng. Pat. E. P. 18 737/1898, 24 383/1898; F. P. 283 188; A. P.
673 388.

164. DRP. 122 047, Bayer, Elberfeld. 1898.

Jene des DRP. 113 335.

66 konz. Na$_2$S + 60 S + 30 Substanz + 20 H$_2$O + 82 NaOH (1 : 3) +
20 Cl$_2$Zn wasserfrei, sonst wie DRP. 116 655.

Färben: violett, wie DRP. 116 655.

Abhäng. Pat.: E. P. 4818/1899; F. P. 287 682; A. P. 656 631.

165. E. P. 13 104/1897, Meister, Lucius u. Brüning, Höchst. 1897.

Aminonaphthol-, Dioxynaphthalinsulfosäuren (Nitroso-,
Azoverbindungen usw.).

Polysulfidschmelze. Auf schließlich 250° erhitzen.

Färbt braun bis schwarz.

4. Kondensationsprodukte.
Von Naphthalinderivaten.

166. DRP. 123 922, Sandoz, Basel. 1900.

Kondensationsprodukt von p - Aminophenol und seiner
3 - Sulfosäure mit 1, 4 - Chlornitro- oder 1, 4, 5 - und 1, 4, 8 -
Chlordinitronaphthalin oder mit 1, 4, 7 - Chlornitronaph-
thalinsulfosäure.

180 Na_2S + 60 S + 30 H_2O + 60 Substanz bei 130° reduzieren, 150 bis
160° eintrocknen. Die Schmelze kann durch Auskochen mit Alkohol
usw. gereinigt werden.

Färben: schwarze echte Töne. Oxydation: die Farbstoffe aus Mono-
nitrokörpern werden dunkler.

Abhäng. Pat.: E. P. 18 533/1900; F. P. 304 369; A. P. 675 585.

167. DRP. 129 788, E. Köchlin, Mühlhausen. 1901.

Kondensationsprodukte von Dinitrochlorbenzol mit 1, 6 -
und 1, 7 - Aminonaphthol.

3 Na_2S + 2 S + 1 Substanz. Bei 150—160° heftige Reaktion, bei 220°
eintrocknen. Direkt verwenden oder Säure fällen.

Färbt schwarz. Oxydation: Eisenalaun, Chromat, Chromalaun usw.
je 2% mit 2% Essigsäure: verdunkelt die Färbungen.

Abhäng. Pat.: F. P. 308 829.

168. DRP. 131 469, E. Köchlin, Mühlhausen. 1901.

Kondensationsprodukt von Chlordinitrobenzol mit Clevesäure (Gemenge von 1, 6 - und 1, 7 - Naphthylaminsulfosäure).

3 Na_2S + 2 S + 1 Substanz. 180°.

Färbt schwarz. Oxydation: verdunkelt.

Abhäng. Pat.: F. P. 308 829.

169. E. P. 26 520/1901, R. Holliday and Sons. 1901.

Kondensationsprodukte von Dinitrochlorbenzol und Aminonaphtholmonosulfosäure G oder -disulfosäure H.

Schwefelnatriumschmelze oder Erhitzen mit Natriumhydroxyd + Schwefel auf 150—250°.

Färbt schwarz.

170. DRP. 121 687, v. Heyden, Radebeul. 1900.

Kondensationsprodukte von Dinitrochlorbenzol mit Amino-
1. α- oder 2. β-oxynaphthoesäure.

100 Na_2S + 40 S + 25 Substanz 140—160° eintrocknen. Nuancen durch
Variation von Mengen und Temperatur variabel.

Färbt braunrot. Oxydation: dunkler braun.

171. DRP. 136 618, Sandoz, Basel. 1902.

Kondensationsprodukte von 1, 2 - Naphthochinon - 4 - sulfosäure mit Metanilsäure, o - und m - Aminobenzoesäuren,
m - Toluylendiamin, m - Nitrotoluidinsulfosäuren zu β-
Oxynaphthochinonarylimidoverbindungen.

250 Na_2S + 50 S bei 120° + 50 Substanz bei 200° eintrocknen, dann
einige Stunden im Backofen bei 220—270°. Direkt verwenden.

Färben aus NaCl-haltigem Bade wasch- und lichtechte Bronzetöne.
Oxydation: verändert kaum. Die Toluylendiaminfarbstoffe sind die
braunsten und leichtest in H_2SO_4 und Alkohol löslichen.

Abhäng. Pat.: E. P. 7849/1902; A. P. 712 176.

Indophenole mit Naphthalinkernen siehe Gruppe IV, Nr. 338 ff.

172. DRP. 253 239, 263 903; 253 934, 264 292, 264 293, Bayer, Elberfeld 1912.
  Phthaloperinon-nitro-(amino-)verbindungen, Perimidyl-o-
  benzoesäuren(-sulfosäuren); Perimidin-nitro-(amino-)
  verbindungen, -homologe, -sulfosäuren.
  20 Phthaloperinon (Sachs, Ann. 365, 117) + 130 Na$_2$S + 40 S + 10 Cu
  (das Kupfer ist unumgänglich nötig, sonst entsteht kein Farbstoff),
  8—10 Stunden auf 200—250° erhitzen.
  Färben braune, Catechu-, rotbraune, Bordeaux-Töne.

5. Diphenyl-, Carbazol- und Diphenylmethanderivate.

173. DRP. 125 699, W. Epstein, Frankfurt a. M. 1900.
  o-o'-Dinitrodiphenylderivate mit freien p-Stellungen zu
  den Nitrogruppen: 1. m-Dinitrobenzidin, 2. m-Dinitro-
  anisidin, 3. Diaminophenyltolyl, 4. Dinitrodiamino-
  phenyltolyl.
  6 Na$_2$S + 2 S + 1 Substanz. 210°. Mahlen, in geschlossenen Gefäßen
  auf 250—270° weiter erhitzen. Direkt verwendbar.
  Färben kalt und heiß echt tiefschwarz; 4. färbt oliveschwarz. Oxydation: braunschwarz.
  Abhäng. Pat.: A. P. 681 689.

174. DRP. 129 147, W. Epstein, Frankfurt a. M. 1901.
  Tetranitrodiphenyl.
  8 Na$_2$S + 2 S + 1 Substanz ab 160° wird die Schmelze braun löslich,
  bei 245—265° entsteht der schwarze Farbstoff identisch mit Farbstoff DRP. 125 699.
  Färbt schwarz.
  Abhäng. Pat.: Zusatz zu DRP. 125 699.

175. DRP. 293 578, Cassella, Frankfurt a. M.
  N-Alkyl-, Aralkyl- oder Acidylcarbazole.
  Schwefelschmelze unter Benzidinzusatz. Alkalisch aufschließen.
  100 N-Äthylcarbazol + 100 Benzidin + 400 S 10—15 Std. auf 180 bis
  240° erhitzen.
  Färbt gelb. Wasch-, licht- und chlorecht.

176. DRP. 291 894, Cassella, Frankfurt a. M.
  Acylderivate der Amino-, Nitroamino- und Diamino-(N-
  Alkyl- oder N-Aralykyl-)carbazole.
  Schwefelschmelze mit Benzidinzusatz. Alkalisch aufschließen.
  100 Diacetyldiaminocarbazol + 100 Benzidin + 200 S 10—14 Std. auf
  180—250° erhitzen.
  Färbt gelb. Wasch-, licht- und chlorecht. Der Farbstoff aus Diacetyl-
  diamino-N-alkylcarbazol färbt rötlichgelb.
  Abhäng. Pat.: Zusatz zu DRP. 293 608, 293 993.

177. DRP. 293 608, Cassella, Frankfurt a. M.
  Halogenderivate der Körper des Hauptpatentes statt ihrer
  Acetylderivate.
  Schwefelschmelze mit Benzidinzusatz. Alkalisch aufschließen.
  100 Dichlordiacetyldiaminocarbazol + 100 Benzidin + 250 S.
  Färbt grünstichig gelb. Sonst wie Nr. 169, jedoch chlor- und wasch-
  echter, besonders bäuchecht. Aus Na$_2$S- und Hydrasulfit färbbar.
  Abhäng. Pat.: Zusatz zu DRP. 291 894.

178. DRP. 293 993, Cassella, Frankfurt a. M.
  Freie Amino- und Nitroamino-N-alkylcarbazole.
  Schwefelschmelze mit Benzidinzusatz. Alkalisch aufschließen.
  50 Amino-N-äthylcarbazol + 50 Benzidin + 300 S, wie Nr. 169 u. 170.
  Färbt citronengelb. Wasch- und chlorecht. Lichtechter als die Farb-
  stoffe der Vorpatente, da die Seitenketten fehlen.
  Abhäng. Pat.: Zusatz zu DRP. 291 894.

179. DRP. 292 148, Bayer, Elberfeld.

Kernmethylierte primäre Diphenyldiamine oder ihre Halogenderivate mit oder ohne, die Tolidine jedoch mit Benzidin.
Schwefelschmelze mit Benzidinzusatz. Alkalisch aufschließen.
31,3-Methylbenzidin + 60 S 10—12 Std. auf 180 bis schließlich 250° erhitzen.
Färbt grünstichig gelb.
Abhäng. Pat.: Zusatz zu DRP. 293 187, 293 558, 302 792.

180. DRP. 293 187, Bayer, Elberfeld.

N - Diacetylderivate der im Kern methylierten primären
Diamine der Diphenylreihe oder ihre Nitro- oder Amino-
substitutionsprodukte.
Schwefelschmelze mit Benzidinzusatz. Alkalisch aufschließen.
21,6 N-Diacetyl-o-tolidin (Ber. 21, 746) + 27 Benzidin + 80 S 6—8 Std.
auf schließlich 240° erhitzen. Temperatur einige Stunden halten.
Färbt rotstichig gelb. Ausgiebiger als die Farbstoffe des Hauptpatentes.
Abhäng. Pat.: Zusatz zu DRP. 292 148.

181. DRP. 293 558, Bayer, Elberfeld.

N - Diacïdylderivate der im Kern methylierten primären
Diamine der Diphenylreihe.
Schwefelschmelze mit Benzidinzusatz.
26 Diphthalyl-o-tolidin (Ber. 13, 1066) + 20,8 Benzidin + 80 S all-
mählich auf 250° erhitzen, Temperatur 8—10 Std. halten, Schmelze
alkalisch aufschließen.
Färbt grünstichig gelb. Klarer als die Farbstoffe des Hauptpatentes.
Die Benzoylfarbstoffe müssen abgesäuert werden.
Abhäng. Pat.: Zusatz zu DRP. 292 148.

182. DRP. 126 165, W. Epstein, Frankfurt a. M. 1900.

Tetraalkyldinitrobenzidin.
6 Na_2S + 2 S + 1 Substanz allmählich 230°, schließlich bei Luftabschluß einige Stunden 280—290°. Je mehr Na_2S und je höher und
länger erhitzt wird, um so dunkler werden die Nuancen.
Graphitglänzende Masse. Färbt kalt und heiß ein reines gelbstichiges
Braun.
Abhäng. Pat.: Zusatz zu DRP. 125 699. — A. P. 681 689.

183. DRP. 131 874, W. Epstein, Frankfurt a. M. 1901.

Tetranitrotetraalkylbenzidin (tertiäre Benzidine tetra-
nitriert).
8 Na_2S + 2 S + 1 Substanz allmählich 280—290°. Je mehr Na_2S, um
so brauner wird der Farbstoff.
Färbt braun.
Abhäng. Pat.: F. P. 311 429; A. P. 681 689.

184. F. P. 308 564, F. Köchlin, Mühlhausen. 1901.

Kondensationsprodukt von Benzidin + Chlordinitrobenzol
(in alkoholischer Lösung bei Gegenwart von NaOH erhalten).
Polysulfidschmelze.
Färbt schwarz.

185. DRP. 139 989, W. Epstein, Frankfurt a. M. 1901.

p-p'-Amino- oder Alkylaminomono- oder -dinitrodiphenyl-
methanderivate oder die Polynitrokörper der letzteren.
5 Na_2S + 2 S + 1 Substanz; bei 150—170° entsteht zunächst ein säure-
unechter grünlichschwarzer Farbstoff, der beim Erhitzen auf 240 bis
250° in den echten braunen Farbstoff übergeht.
Färben kalt oder heiß braun. Oxydation: unverändert.

186. Anmeldung E. 7865, W. Epstein und Rosenthal. 1901.

Di- und Polynitrotetramethyldiaminobenzophenon.
Polysulfidschmelze mit Zinksalzzusatz.
Färbt olivebraun.
Abhäng. Pat.: F. P. 311 429.

187. DRP. 205 216, B. Rassow, Leipzig. 1907.

4 - 4′ - Diaminodiphenylmethan, seine Homologen und Derivate, die mindestens 2 freie Wasserstoffatome in den
Aminogruppen besitzen.
Schwefelsesquioxyd.
15 Oleum (25%) + 0,4 Schwefelblumen + 1,5 Substanz nicht über 40°
4—5 Std., rühren. In 80 H_2O gießen, SO_2 wegkochen, filtrieren, als
Paste verwenden.
Färbt dunkelgrün. Oxydation: verändert die Färbungen in bordeaux-
bis ziegelrot.

188. DRP. 223 980, Griesheim Elektron. 1909.

Dinitrodioxydiphenylmethan und Derivate.
180 Na_2S + 75 S + 50 H_2O + 15 $CuSO_4$ + 45 Substanz. Nach Beendigung der anfangs heftigen Reaktion mehrere Stunden auf 100—110°,
dann eintrocknen, oder mit Luft fällen.
Färbt rötlichbraun mit violettem Überschein. Bei hoher Schmelztemperatur entsteht ein gelberes Braun. Die p-Nitrophenolkörper geben
weniger lebhafte Töne.
Abhäng. Pat.: E. P. 2627/1910; F. P. 414 062; A. P. 960 652.

189. DRP. 232 713, Bayer, Elberfeld. 1910.

Diphenylmethanderivate (bzw. die aus ihnen durch Oxydation erhaltenen Hydrole), die sich von einwertigen
Phenolen ableiten, z. B. p-p′-Dioxydiphenylmethan,
Methanderivate der m - Kresotinsäure usw.
50 NaOH + 60 S + 150 H_2O + 20 Substanz (evtl. + Cu-Salz), 260 bis
280°.
Färben dunkel schwarzbraun und liefern nachoxydiert rötere Töne.

6. Anthracenderivate.

190. DRP. 91 508, Badische, Ludwigshafen. 1895.

1, 4′ - Di-o-nitroanthrachinon oder das Nitrierungsgemisch
des Anthrachinons oder das in ihm enthaltene α - Dinitro-
anthrachinon.
250 Na_2S + 75 S + 50 Substanz erhitzt bis zur Wasserlöslichkeit einer
Probe. Die reduzierten Produkte geben dieselben Farbstoffe.
Färbt direkt tiefschwarz (Anthrachinonschwarz).
Abhäng. Pat.: E. P. 15 242/1895; F. P. 249 511; A. P. 597 983.

191. DRP. 95 484, Badische, Ludwigshafen. 1896.

Alizarin, Anthra- und Flavopurpurin, Hexaoxyanthra-
chinon, Anthrachinonmono-, α- und β-disulfosäure,
β - Nitroalizarin, β - Dibromanthrachinon.
40 Na_2S von 65% Gehalt + 15 S + 10 Substanz werden erhitzt, bis
2 Proben in Wasser gelöst übereinstimmen. Direkt verwendbar.
Färbt schwarz.
Abhäng. Pat.: Zusatz zu DRP. 91 508. — E. P. 14 918/1897; F. P.
249 511; A. P. 597 983.

192. DRP. 204 772, Bayer, Elberfeld. 1907.

Halogenanthrachinone: 1. α - Chlor-, 2. 1 - Chlor - 4 - oxy-
anthrachinon, 3. 1 - Amino - 2, 4 - Dibromanthrachinon,
4. Bromanthrapyridon.

50 Na_2S + 6 S + 50 Alkohol + 50 H_2O + 10 Substanz 4 Std. kochen.
Der Farbstoff scheidet sich in Krystallen ab und wird als Leukoverbindung gewonnen.

Färben 1. rötlich, 2. lachsrot, 3. rotviolett, 4. orangegelb. 3. und 4.
aus der Küpe färbbar.

Abhäng. Pat.: E. P. 10 387/1908; F. P. 390 157.

193. DRP. 206 536, Bayer, Elberfeld. 1908.

1. α-, 2. β - Chloranthrachinon, 3. 4 - p - Tolylamino - 1 - chloranthrachinon, 4. 1 - Chlor - 4 - aminoanthrachinon.

Alkoholische Schwefelnatriumschmelze.

Keine Schwefelfarbstoffe.

Abhäng. Pat.: Zusatz zu DRP. 204 772.

DRP.	82 748	Nitroacet-α-Naphthylamin.	Gruppe	I.
„	102 069	Dioxynaphthalin.	„	VII.
„	139 429 } 146 914	1, 3-Naphthylen-6-Sulfosäureharnstoff	„	I.
„	98 437	Dinitronaphthalin.	„	I.
„	90 369	Nitroso- und Aminonaphthole.		I.
„	102 069	Dioxynaphthalin Azokörper.		VII.
„	82 748	Diacetdinitrobenzidin.		I.
E. P.	569/1902	1, 5-Dinitronaphthalin.		I.

III. Gruppe: Diphenylamin 1.

[Nitrierte Diphenylaminderivate; ferner Indazol- und Diphenyl-p-phenylendiamin-
abkömmlinge (Chlordinitrobenzoldarstellung].

1. Dinitrochlorbenzol-Kondensationsprodukte mit zweifach substituierten Benzolderivaten.

(Oxydinitrodiphenylamin als Gemengebestandteil siehe Gruppe VI, Abtlg. 7.)

194. DRP. 103 861, Cassella, Frankfurt a. M. 1897.

Kondensationsprodukt von Chlordinitrobenzol + p - Aminophenol (p - Oxy-o'-p'(-dinitrodiphenylamin).

75 Na_2S + 30 S + 15 Substanz allmählich auf 140°, einige Stunden
halten, bei 160° eintrocknen. — Schmelzen mit demselben Ausgangsmaterial sind in den folgenden Patenten enthalten; siehe auch Gruppe
VI, Abteilung 6.

Immedialschwarzmarken (z. B. V extra). Immedialblaumarken C, CB,
CR. Färbt direkt tiefblauschwarz, kann im gleichen Bade weiter
gefärbt werden, ohne daß die Nuance der folgenden Färbungen Unterschiede zeigt. Oxydation: H_2O_2 blau.

Abhäng. Pat.: E. P. 25 234/1897; F. P. 271 909; A. P. 610 541; Ö. P.
3224/1897; R. P. 2637/1899.

195. DRP. 132 424, Basler Chem. Ind. auf Cassella. 1900.

1. Kondensationsprodukt von Chlordinitrobenzol mit Aminophenol (Dinitrooxydiphenylamin) oder 2. Indophenole
aus p - Aminophenolen + Diaminen, z. B. m - Toluylendiamin.

10 Oxydinitrodiphenylamin oder sein partielles Reduktionsprodukt
+ 50—60 Spiritus + 18 festes Na_2S_4 ohne H_2O 3—4 Std. im Autoklaven auf 135—145° (I) oder 5 Std. auf 160—170° (II). Kalt absaugen, mit Alkohol farblos waschen (Oxydationserscheinungen
S. 154 und das folgende Patent). Der Farbstoff ist im Rückstand,
im Filtrat sind die verunreinigenden braunen Schwefelfarbstoffe.

Violettblaue bis blauschwarze Nuancen. Kupferglänzende dunkle Pulver. 1^I färbt 2% dunkel violettblau, 5% schwarz blauviolett. Diese Töne geben mit Braun und Grün nuanciert ein tiefes Schwarz. $1^{II} =$ säure-echtes Grau, das, oxydiert, unverändert bleibt.
Abhäng. Pat.: E. P. 5385/1900; F. P. 298 075 Zusatzpatent; A. P. 665 726.

196. DRP. 137 784, Cassella, Frankfurt a. M. 1900.
Wie im Hauptpatent.
Nachbehandlung der erhaltenen Farbstoffe mit Oxydationsmitteln, z. B. 23 Tl. Farbstoff 1 (I) in H_2O-Suspension $+$ doppeltem bis dreifachem Gewicht H_2O_2 verrührt, bis die gewünschte violettere Nuance erreicht ist. Ebenso wirken ozonisierte Luft, Wasserdampf usw. (vielleicht erfolgt Abspaltung von NH_2-Gruppen).
Färbt violett. Wasch-, licht- und auch chlorecht.
Abhäng. Pat.: Zusatz zu DRP. 132 424. — F. P. 298 075 Zusatzpatent.

197. E. P. 7477/1900, Akt.-Ges. Berlin. 1900.
Immedialschwarzbildung am Rückflußkühler.
Färbt schwarz.
Abhäng. Pat.: F. P. 299 756.

198. Meister, Lucius u. Brüning, Höchst. 1899.
Immedialschwarzbildung unter Druck.
Siehe Gruppe I, Nr. 34.

199. Anmeldung B. 29 055, Badische, Ludwigshafen. 1901.
Kondensationsprodukt von Chlordinitrobenzol $+$ p - Amino-phenol.
46 NaOH $+$ 42 S $+$ 30 Substanz $+$ 11 $CuSO_4$ $+$ 120 H_2O allmählich auf 200°, dann eintrocknen.
Färbt grünlichschwarz. Oxydation: H_2O_2 verändert den Farbstoff auf der Faser nicht.
Abhäng. Pat.: E. P. 18 897/1901; F. P. 313 773; A. P. 692 174.

200. Anmeldung C. 10 475, Chem. Werke Dr. Byk, Berlin. 1902.
Kondensationsprodukt von Chlordinitrobenzol $+$ p - Amino-phenol.
100 Na_2S $+$ 41,5 S $+$ 100 H_2O $+$ 20 Substanz $+$ 5,65 kryst. Eisensulfat bei 460—180° eintrocknen. Aus der alkalischen Lösung durch Luft fällbar.
Färbt blauschwarz. Soll luft- und lagerechter sein wie Immedialschwarz.
Oxydation: Chrom bläulicher; H_2O_2 zerstört den Farbstoff.
Abhäng. Pat.: E. P. 7822/1902; F. P. 320 369.

201. Anmeldung W. 16 004, J. Weißburg, Karlsruhe. 1900.
Kondensationsprodukt von Chlordinitrobenzol $+$ p - Amino-phenol partiell reduziert (gibt p - Nitro - o - Amino - p'-oxydiphenylamin).
2 Na_2S $+$ 0,8 S $+$ 1 Reduktionsprodukt bei 110—180° eintrocknen.
Färbt blauschwarz. Oxydation: lebhaftes Blauviolett.
Abhäng. Pat.: F. P. 297 483.

202. Anmeldung K. 20 173, A. Koetzle, Frankfurt a. M. 1900.
Kondensationsprodukt von Chlordinitrobenzol $+$ p - Amino-phenol, am Stickstoff acetyliert.
Polysulfidschmelze. Bei 200° eintrocknen.
Färbt schwarz. Oxydation: H_2O_2 oder gedämpft blau. Cu oder Cr: blaues Schwarz.

203. DRP. 113 418, Farbwerke Mühlheim, vorm. Leonhardt. 1899.
Kondensationsprodukt von Chlordinitrobenzol $+$ o - Amino-phenol (o - Oxy - o' - p' - dinitrodiphenylamin).

60 Na_2S + 20 S + 10 Substanz + 40 H_2O 150°   eintrocknen.   Direkt verwendbar.

Färbt schwarz.   Oxydation: verändert kaum.

Abhäng. Pat.: F. P. 292 793 Zusatzpatent; A. P. 639 806.

204. DRP. 194 198, Akt.-Ges. Berlin. 1907.

Kondensationsprodukt von Chlordinitrobenzol + o - Amino-phenol.

340 Na_2S wasserfrei + 680 H_2O + 120 S + 100 Substanz + 40 $CuSO_4$ in H_2O gelöst 24 Std. Rückfluß mit Luft fällen. Das Kupfer kann auch später eingetragen werden.

Färbt rotbraune Töne. Durch Veränderung der Schmelzbedingungen kommt man zu gelberen Färbungen.

Abhäng. Pat.: E. P. 14 746/1907; F. P. 379 416.

205. DRP. 105 632, Meister, Lucius u. Brüning, Höchst. 1898.

Kondensationsprodukt von Chlordinitrobenzol + Anilin = Dinitrodiphenylamin, dieses nitriert gibt Trinitrodi-phenylamin (siehe folgende Patente).

40 Na_2S + 30 S + 10 Substanz bei 140—160° eintrocknen, dann noch einige Zeit auf 220—240° (ca. 2 Std.).

Färbt aus kaltem und heißem Bade schwarz.

206. DRP. 134 704, Kalle, Biebrich. 1900.

Kondensationsprodukt von Chlordinitrobenzol + p - Phe-nylendiamin.

Nach DRP. 105 652 führt Na_2S ohne NaOH zu unlöslichen Farbstoffen. 30 NaOH (40°) + 80 Na_2S + 30 S + 100 H_2O + 30 Substanz   150°, 4—5 Std.

Färbt schwarz.

207. DRP. 144 119, Lauch und Weiler ter Meer, Ürdingen. 1900.

Kondensationsprodukt von Chlordinitrobenzol + p - Phe-nylendiamin.

180 Na_2S + 60 S + 60 H_2O + 15 Glycerin + 36 Substanz. Bei 150° tritt NH_2 aus unter spontaner Temperaturerhöhung auf 160°. Es ent-stehen 3 Farbstoffe: 1. bei 160° Dunkelblau, 2. bei 160—180° Schwarz, 3. bei 240° Olive; ohne Glycerin unter allmählichem Erhitzen auf 180° erhält man (1) nach $^1/_2$—1 Std., (2) nach 2 Std. Eingedickt in den Ofen von 150—160° gebracht: (1) in 3 Std., (2) in 5—6 Std. Olive bildet sich bei Glyceringegenwart überhaupt nur schwierig.

Färben 1. dunkelblau kalt oder heiß aus soda- und Na_2S-haltigem Bade; 2. aus demselben Bade: schwarz (Auronalschwarzmarken). Chromiert: blauer und echter. Cr + Cu: voller. Färbungen bronzieren nicht, der 1. Zug ist genügend stark.

Abhäng. Pat.: E. P. 11 733/1901; F. P. 310 713 und Zusatzpatent; A. P. 764 733—735; Ö. P. 16 886.

208. DRP. 147 635, Lauch und Weiler ter Meer, Ürdingen. 1901.

Kondensationsprodukt von Chlordinitrobenzol + p - Phe-nylendiamin.

180 Na_2S + 60 S + 60 H_2O — (oder 180 NaOH + 84 S) — + 36 Gly-cerin + 36 Substanz. Bei 135° nach 8—12 Std.: blauer Farbstoff (1), nach 15—20 Std.: schwarzer Farbstoff (2), länger erhitzt: evtl. olive (3). Unter Rückfluß: nach 20 Std. (1), nach $1^1/_2$—2 Tagen (2). Ohne Glycerin entsteht unterm Rückflußkühler der schwarze Farbstoff in 30 Std., bei 115—125°.

Färben dunkelblau bis schwarz. Oxydation: 1. echter, 2. blauer. Sie färben röter, unterscheiden sich durch Loslichkeiten und Aussehen (violettes Pulver) von den Farbstoffen des Hauptpatentes (dunkle Pulver).

Abhäng. Pat.: Zusatz zu DRP. 144 119. — E. P. 19 267/1901; F. P. 310 713 und Zusatzpatent; A. P. 764 734.

209. DRP. 125 584, Kalle, Biebrich. 1900.

Kondensationsprodukt von Chlordinitrobenzol + p - Phenylendiamin = Dinitroaminodiphenylamin; dieses + Sulfit gibt eine Sulfosäure.

80 Na_2S + 30 S + 100 H_2O + 40 Sulfosäure in 80 H_2O bei 140—160° eintrocknen.

Färbt braun (Sulfanilinbraun).

210. DRP. 109 353, Meister, Lucius u. Brüning, Höchst. 1899.

Kondensationsprodukt von Chlordinitrobenzol + p - Phenylendiaminsulfosäure.

50 Na_2S + 30 S + 10 Substanz 140—180°, zuweilen Wasser zusetzen. Zunächst erfolgt Reduktion der NO_2-Gruppen. Bei längerem und höherem Erhitzen entsteht ein wertloser, grauschwarzer Farbstoff.

Färbt blauschwarz.

Abhäng. Pat.: E. P. 8398/1899; F. P. 288 135.

211. DRP. 101 862, Dahl, Barmen. 1898.

Kondensationsprodukt von Chlordinitrobenzol + m - Aminobenzolsulfosäure.

60 Na_2S + 8 S + 5 H_2O + 12 Substanz nach erfolgter Reaktion bei 200—220° eintrocknen.

Färbt schwarz. Oxydation: verändert kaum.

Abhäng. Pat.: E. P. 13 167/1898; Ö. P. 48/4903.

212. DRP. 105 058, Dahl, Barmen. 1898.

Kondensationsprodukt von Chlordinitrobenzol + p - Aminobenzolsulfosäure.

60 Na_2S + 8 S + 10 Substanz nach erfolgter Reaktion auf 160°, dann höher, die Masse wird bei 220—240° wieder flüssig; nunmehr erst eintrocknen.

Färbt kohlschwarz, absolut walkecht. Oxydation: Nuancen und Echtheiten bleiben unverändert.

Abhäng. Pat.: Zusatz zu DRP. 101 862.

213. DRP. 117 066, Bayer, Elberfeld. 1899.

Kondensationsprodukt von Chlordinitrobenzol +: 1. p-, 2. m - Aminodimethylanilin, 3. Monomethyl-p-phenylendiamin. 4. o - Aminodimethylanilin.

75 Na_2S + 30 S + 15 Substanz 150—160° eintrocknen, dann noch 1 Std. 280—290°.

Färbt olivegrün.

Abhäng. Pat.: E. P. 8532/1899; F. P. 288 560; A. P. 653 670.

2. Chlordinitrobenzol und dreifach substituierte Benzolderivate.

214. DRP. 109 353, Meister, Lucius u. Brüning, Höchst. 1899.

Chlordinitrobenzol + p - Phenylendiaminsulfosäure.

Siehe Gruppe III, Nr. 202.

215. DRP. 107 971, Kalle, Biebrich. 1899.

Kondensationsprodukt von Chlordinitrobenzol + 1, 2, 4 - Diaminophenol (oder Nitroaminophenol).

80 Na_2S + 30 S + 30 Substanz 150—160° allmählich eintrocknen.

Färbt schwarz.

216. DRP. 104 283, Cassella, Frankfurt a. M. 1898.

Kondensationsprodukt von Dinitrochlorbenzol + m - Aminokresol (CH_3 : OH : NH_2 = 1 : 2 : 5).

Polysulfidschmelze, wie im Hauptpatent Nr. 187.

Färbt schwarz. Färbt blauer wie Immedialschwarz.

Abhäng. Pat.: Zusatz zu DRP. 103 861. — E. P. 25 234/1897; F. P. 271 909 und Zusatzpatent.

217. A. P. 660 067, A. Weinberg, Frankfurt a. M. 1899.

Das Kondensationsprodukt des DRP. 104 283 weiter nitriert und verschmolzen.

[1] Übertragen auf Cassella.

Färbt braun (siehe DRP. 111 789). Läßt sich auf der Faser diazotieren und entwickeln.

218. DRP. 194 199, Akt.-Ges. Berlin. 1907.

Kondensationsprodukt von Chlordinitrobenzol + 2 - Amino - 4 - methyl - 1 - phenol.

390 Na_2S wasserfrei auf 790 H_2O + 120 S + 100 Substanz + 50 $CuSO_4$ 24 Std. Rückflußkühler. Verdünnen, filtrieren, Filtrat mit Luft fällen.

Färbt gelbbraun. Vgl. Anmeldung F. 12 163, Nr. 32.

219. DRP. 110 360, Meister, Lucius u. Brüning. 1899.

Kondensationsprodukt von Chlordinitrobenzol + Nitro - p - phenylendiamin.

30 Na_2S + 15 S + 10 Substanz 6—8 Std. bei 150—180° eintrocknen.
Färbt rotbraun.

Abhäng. Pat. E. P. 9514/1899; F. P. 288 545.

220. DRP. 129 885, Kalle, auf Cassella. 1899.

Kondensationsprodukt von Chlordinitrobenzol + Amino - salicylsäure (NH_2 : OH : COOH = 1 : 4 : 3).

80 Na_2S + 30 S + 30 Substanz als Na-Salz. Bei 150° eintrocknen.

Färbt schwarz (Sulfanilinschwarz G). Oxydation: verändert kaum.

Abhäng. Pat.: F. P. 286 813; A. P. 667 689; R. P. 4274/1900.

221. DRP. 112 182, Bayer, Elberfeld. 1899.

Kondensationsprodukt von Chlordinitrobenzol + o - Amino - salicylsäure (NH_2 : OH : COOH = 1 : 2 : 3).

40 Na_2S + 30 S + 20 H_2O + 20 Substanz 140—150° bis fest, dann noch 10 Std. auf 150—160°.

Färbt schwarz (Katigenschwarz). — Anmeldung F. 12 163 (dasselbe Ausgangsmaterial) siehe Gruppe I, Nr. 32.

Abhäng. Pat.: F. P. 292 621 (enthält die Farbstoffe aus o-Oxydinitro- diphenylamin und seiner Sulfosäure).

222. Anmeldung A. 6120, Akt.-Ges. Berlin. 1898.

Kondensationsprodukt von Chlordinitrobenzol + p - Amino - salicylsäure (NH_2 : OH : COOH = 1 : 4 : 3) = m - Dinitro - phenyl - p - aminosalicylsäure.

5 Na_2S + 2 S + 1 Substanz. Über 140° eintrocknen.

Färbt schwarz. — E. P. 12 763/1899 geht auch von der p-Aminophenol- o-sulfosäure aus. Der Farbstoff löst sich in H_2O und H_2SO_4 (konz.) mit violettschwarzen Färbungen, er färbt blauschwarz.

Abhäng. Pat.: E. P. 12 763/1899; F. P. 284 170; A. P. 628 608, 628 609; R. P. 3621/1900.

223. DRP. 143 494, Kalle, Biebrich. 1900.

Kondensationsprodukt von Chlordinitrobenzol + Amino - phenolsulfosäure (NH_2 : OH : SO_2H = 1 : 4 : 2).

80 Na_2S + 30 S + 50 H_2O + 40 Substanz bei 120° eindicken, bei 130 bis 150° trocknen.

Färbt schwarz. — Zieht langsam auf, ist nicht luftempfindlich, intensiver und gibt reinere blaue Nuancen als Farbstoff DRP. 283 559.

Abhäng. Pat.: F. P. 311 517.

224. DRP. 113 795, Badische, Ludwigshafen. 1899.

Kondensationsprodukt von Chlordinitrobenzol + o - Aminophenol - p - Sulfosäure.

150 Na_2S + 40 S + 10 H_2O + 42 Substanz 160—170° eintrocknen.

Färbt grünschwarz. Oxydation: verändert die licht-, säure-, seifen- und
alkaliechten Töne nicht.

Abhäng. Pat.: E. P. 20 942/1899; F. P. 292 793; A. P. 644 959.

225. Anmeldung B. 29 054, Badische, Ludwigshafen. 1901.

Kondensationsprodukt von Chlordinitrobenzol + o - Aminophenol - p - sulfosäure (NH$_2$: OH : SO$_2$H = 1 : 2 : 4).

Polysulfidschmelze mit Zusatz von Kupfersulfat. Bei 130—140° dick,
bei 200—220° eintrocknen.

Färbt schwarz. Oxydation: keine Veränderung. — Der Farbstoff ist
verschieden von dem ohne Kupfersalze dargestellten DRP. 113 795.

Abhäng. Pat.: E. P. 11 624/1901; F. P. 311 438.

226. Anmeldung B. 29 580, Badische, Ludwigshafen. 1901.

Kondensationsprodukt von Chlordinitrobenzol + o - Aminophenol - p - sulfosäure.

Polysulfidschmelze unter Zusatz von Kupfermetall. 1 Std. 130—140°,
bei 200—240° eintrocknen.

Färbt schwarz.

Abhäng. Pat.: Zusatz zu Anmeldung B. 29 054; E. P. 11 624/1901.

227. DRP. 113 515, Akt.-Ges. Berlin. 1899.

Kondensationsprodukt von Chlordinitrobenzol + 1 - Amino-
3 - chlor - 6 - phenol.

50 Na_2S + 20 S + 15 H_2O + 10 Substanz. Einige Stunden 140—150°
eintrocknen.

Färbt schwarz.

Abhäng. Pat.: E. P. 2531/1900; F. P. 296 988; A. P. 651 077.

228. DRP. 121 462, Akt.-Ges. Berlin. 1900.

Kondensationsprodukt von Chlordinitrobenzol + 1 - Amino-
3 - chlor - 6 - phenol.

90 Na_2S + 31 S + 90 H_2O + 30 Substanz 24 Std. Rückflußkühler kochen.
Mit Luft fällen. Je mehr Polysulfid, desto bräunlichróter der Ton,
je länger erhitzt oder je weniger Polysulfid, um so violetter.

Färbt violettschwarz.

Abhäng. Pat.: E. P. 19 667/1900; F. P. 305 031.

229. DRP. 128 725, Akt.-Ges. Berlin. 1900.

(Auf Cassella übertragen.)

Kondensationsprodukt von Chlordinitrobenzol + 1 - Amino-
3 - chlor - 4 - phenol.

150 Na_2S + 60 S + 180 H_2O + 31 Substanz 40 Std. Rückflußkühler.
Farbenwechsel von rotbraun über olivgrün nach blauschwarz. Fällen
mit Salz, Säure, CO_2 oder Luft.

Färbt grünstichig schwarz. Oxydation: H_2O_2 verändert nicht (Unterschied von Immedialschwarz). — F. P. 336 630 verschmilzt o-p-Di-
nitro-p'-oxy-m'-m'-dichlordiphenylamin.

Abhäng. Pat.: E. P. 330/1901; F. P. 306 876 für Kochung; F. P. 296 988
für Schmelze.

230. F. P. 343 282, Oehler, Offenbach a. M. 1904.

Kondensationsprodukt von Chlordinitrobenzol + Chlor-p-
phenylendiamin.

540 Na_2S + 150 S + 100 H_2O + 60 Glycerin + 180 Substanz 2 Std. 150°.

Färbt schwarz.

3. Thioharnstoffe und Anhydroverbindungen von Dinitrodiphenylaminderivaten.

231. DRP. 139 099, Kalle, Biebrich. 1901.

Kondensationsprodukt von Chlordinitrobenzol + p - Aminophenol, partiell reduziert zu Nitroaminooxydiphenylamin, dieses + CS_2 gekocht = Thioharnstoff.

40 Na_2S + 24 S + 5 Thioharnstoff 145° 10 Std. eintrocknen. Aus der Lösung durch 36—50 stündiges Lufteinleiten fällbar.

Färbt blaugrün (Thionblau B). Oxydation: H_2O_2 reinblau. Nachbehandlung mit Zinntetrachlorid erhöht die Echtheit. Chromat wird zur Nachbehandlung nicht verwendet.

Abhäng. Pat.: E. P. 19 332/1901; F. P. 314 570; A. P. 695 533, 695 534.

232. DRP. 139 679, Kalle, Biebrich. 1901.

Kondensationsprodukt von Chlordinitrobenzol + 1 - Amino - 4 - oxy - 3 - benzolsulfosäure oder Carbonsäure, partiell reduziert + CS_2 gekocht = Thioharnstoff.

40 Na_2S + 24 S + 5 Thioharnstoff 10 Std. 150° eintrocknen oder umlösen.

Färbt graublau. Oxydation: H_2O_2 und Zinntetrachlorid: reinblau. Chromat: grünblau echter. Auch die Nuancen sind grüner als der Farbstoff des Hauptpatentes.

Abhäng. Pat.: Zusatz zu DRP. 139 099.

233. DRP. 148 341, Kalle, Biebrich. 1902.

Kondensationsprodukt von Chlordinitrobenzoesäure + p - Aminophenol, partiell reduziert + CS_2 = Thioharnstoff, verschmolzen wie der Farbstoff des Hauptpatents.

Färbt blau.

Abhäng. Pat.: Zusatz zu DRP. 139 099.

234. DRP. 148 342, Kalle, Biebrich. 1902.

Kondensationsprodukt von Chlordinitrobenzol + p - Aminophenol völlig reduziert + CS_2 gekocht = Thioharnstoff.

60 Na_2S + 40 S + 12 Thioharnstoff 140—145° 5 Std. H_2O lösen + NaOH mit Luft fällen.

Färbt ein grünliches Blau. Oxydation: H_2O_2 oder Ferricyankalium: Färbungen werden lebhafter.

Abhäng. Pat.: Zusatz zu DRP. 139 099.

235. DRP. 116 418, Kalle, Biebrich. 1900.

Kondensationsprodukt von Chlordinitrobenzol + Diphenylthioharnstoff.

120 Na_2S + 30 S + 30 Substanz 150° trocknen.

Färbt schwarz.

236. DRP. 118 079, Cassella, Frankfurt a. M. 1899.

Kondensationsprodukt von Dinitrochlorbenzol + Aminoindazol.

75 Na_2S + 30 S + 15 Substanz einige Stunden 130°, dann eintrocknen.

Färbt olivegrün. Sehr licht- und walkechte Töne. Oxydation: keine Einwirkung.

Abhäng. Pat.: E. P. 23 657/1899; F. P. 294 324.

237. DRP. 117 820, Cassella, Frankfurt a. M. 1899.

Kondensationsprodukt von Chlordinitrobenzol + Aminoindazol und nitriert.

100 Na_2S + 15 S + nitrierte Paste aus 15 Tl. Kondensationsprodukt 2 Std. auf 160°, dann eintrocknen.

Färbt gelbbraun. Oxydation: verändert die lichtechten Färbungen nicht.

Abhäng. Pat.: E. P. 23 657/1899; F. P. 294 324.

238. DRP. 121 156, Akt.-Ges. Berlin. 1900.

Kondensationsprodukt von Chlordinitrobenzol + Azimido-
aminobenzol.

$40 \, Na_2S + 10 \, S + 10$ Substanz $180°$ eintrocknen.

Färbt dunkelolivebraun.

Abhäng. Pat.: F. P. 305 968.

239. DRP. 175 829, D. Marron, Charlottenburg. 1905.

Kondensationsprodukt von Chlordinitrobenzol + p - Aminophenol, partiell reduziert und mit organischen Säuren
in 1. Methenyl-, 2. Äthenyl-, 3. Benzenylanhydro-p-oxy-
diphenylamine verwandelt.

$7 \, S + 8$ Benzidin $+ 4$ Substanz $220—240°$, bis kein H_2S mehr entweicht.

Färben 1. olivegrün, 2. leuchtend gelb, 3. olivegrün.

4. Chlordinitrobenzol mit vier- und fünffach substituierten Benzolderivaten.

240. DRP. 133 940, Kalle, auf Cassella. 1899.

Kondensationsprodukt von Chlordinitrobenzol + Amino-o-
oder -m-kresotinsäure $(CH_3 : OH : COOH : NH_2 = 1 : 2 : 3 : 5$
bzw. $= 1 : 3 : 4 : 6)$.

$80 \, Na_2S + 30 \, S + 30$ Substanz als Na-Salz bei $150°$ eintrocknen.

Färben grün bis blaustichig schwarz.

Abhäng. Pat.: E. P. 6245/1899; F. P. 286 813 und Zusatzpatent; A. P. 667 689.

241. DRP. 113 337, Badische, Ludwigshafen. 1899.

Kondensationsprodukt von Chlordinitrobenzol + Nitro-
aminophenolsulfosäure $(OH : NH_2 : NO_2 : SO_3H = 1 : 4 : 2 : 6.$

$150 \, Na_2S + 60 \, S + 30$ Substanz $140°$ eintrocknen oder umlösen, mit
Salz oder Säure fällen.

Färbt braun. Oxydation: dunkelbraun.

Abhäng. Pat.: E. P. 20 848/1899; F. P. 293 910; A. P. 650 292.

242. E. P. 7022/1899, Akt.-Ges. Berlin. 1899.

Kondensationsprodukt von Chlordinitrobenzol + a) 1 -
Amino - 4 - phenol - 3 - sulfosäure; b) 1 - Amino - 4 - phenol-
2 - methyl - 5 - sulfosäure.

$75 \, Na_2S + 25 \, S + 30$ Substanz eintrocknen.

Färbt a) schwarz, b) braun.

Abhäng. Pat.: F. P. 287 514.

243. DRP. 111 789, Cassella, Frankfurt a. M. 1899.

Kondensationsprodukt von Chlordinitrobenzol mit 1. Pikraminsäure, 2. p-, 3. m - Aminophenol, 4. Amino-
kresol $(NH_2 : OH : CH_3 = 1 : 3 : 4)$, 5. Aminokresol $1 : 4 : 5$;
6. Aminokresol $1 : 2 : 5$. Sämtliche Produkte außer 1.
nach der Kondensation nitriert.

$60 \, Na_2S + 15 \, S + 10$ Substanz $140°$ eintrocknen.

Färben 1. kastanienbraun, 2. schwarzbraun, 3. gelblichbraun, 4. reh-
braun, 5. dunkelbraun, 6. gelbbraun. Oxydation: Chromat hellt auf,
Chrom und Kupfer verändern wenig.

Abhäng. Pat.: E. P. 13 905/1899; F. P. 290 254.

244. DRP. 129 684, v. Heyden, Radebeul. 1900.

Kondensationsprodukt von Chlordinitrobenzol mit Salicylsäurederivaten (je 1 Mol. Halogennitrokörper mit):

    1. OH : COOH : SO$_3$H : NH$_2$ = 1 : 2 : 6 : 4   1 Mol.,
    2. OH : COOH : SO$_3$H : NH$_2$ = 1 : 2 : 4 : 6   1 Mol.,
    3. OH : COOH : NH$_2$: NH$_2$ = 1 : 2 : 4 : 6   1 Mol.,
    4. OH : COOH : NH$_2$: NH$_2$ = 1 : 2 : 4 : 6 $^1/_2$ Mol.,
    5. OH : COOH : NO$_2$: NH$_2$ = 1 : 2 : 4 : 6   1 Mol.,
    6. OH : COOH : NO$_2$: NH$_2$ = 1 : 2 : 6 : 4   1 Mol.

100 Na$_2$S + 40 S + 25 Substanz 160° und höher eintrocknen.
Färben 1. blau, 2. grün, 3. schwarz, 4. schwarz, 5. violettbraun, 6. braunrot. Gekupfert und chromiert: meist trüber, dunkler, blauer.

245. E. P. 357/1902, Holliday a. Sons (Turner und Dean). 1902.

Kondensationsprodukt von Chlordinitrobenzol + Aminosulfosalicylsäure (nach E. P. 2468/1899), wahrscheinlich (OH : COOH : NH$_2$: SO$_3$H = 1 : 2 : 4 : 5).
Polysulfidschmelze. 2—3 Std. 190°.
Färbt tiefschwarz.

246. E. P. 19 341/1902, Holliday a. Sons. 1902.

Kondensationsprodukt von Chlordinitrobenzol mit 1, 2, 4, 5 - oder 1, 2, 4, 6 - m - Toluylendiaminsulfosäure.
Färbt rotbraun.

247. E. P. 20 125/1902, Holliday a. Sons. 1902.

Kondensationsprodukt von Chlordinitrobenzol mit Aminosulfosalicylsäure (nach E. P. 2468/1899).
Polysulfidschmelze am Rückflußkühler.
Färbt blauschwarz.

248. F. P. 344 274, Oehler, Offenbach a. M. 1904.

Kondensationsprodukt von Chlordinitrobenzol + 1 - Amino - 3 - methyl - 5 - chlor - 4 - phenol.
300 Na$_2$S + 120 S + 200 H$_2$O + 75 Substanz 20 Std. Rückfluß 105 bis 110°. Über 125° bildet sich ein schwarzer Farbstoff.
Färbt blau.

249. F. P. 336 630, Comp. Paris. de coul. d. A. 1903.

Kondensationsprodukt von Chlordinitrobenzol mit 1 - Amino - 3, 5 - dichlor - 4 - phenol.
75 Na$_2$S + 30 S + 19 Substanz 160—170° eintrocknen.
Färbt schwarzblau. Oxydation: H$_2$O$_2$ verändert im Gegensatz zum Farbstoff DRP. 128 725 in rötlichblau.

5. Chlornitrobenzolsulfosäure - Kondensationsprodukte.

250. DRP. 109 352, Meister, Lucius u. Brüning, Höchst. 1898.

Kondensationsprodukt von p - Nitrochlorbenzol - o - sulfosäure + p - Aminophenol und reduziert.
100 Na$_2$S + 40 S + 30 Substanz bei 160—200° eintragen. Bei 240° weiter geschmolzen entweicht noch einmal H$_2$S und es entsteht ein schwarzer Farbstoff. Das nicht reduzierte Ausgangsmaterial gibt dasselbe Resultat.
Färbt blau.
Abhäng. Pat.: 24 538/1898; F. P. 283 414 und Zusatzpatent; A. P. 657 769.

251. DRP. 114 265, Akt.-Ges. Berlin. 1898.

Kondensationsprodukt von p - Nitrochlorbenzol - o - sulfosäure + p - Aminophenol.
150 Na$_2$S + 60 S + 30 Substanz bei 130—140° eintrocknen. Im Gegensatz zu DRP. 109 352 entsteht hier schon bei niederer Temperatur nicht die Leukoverbindung, sondern der direkt ziehende tiefschwarze Farbstoff.

Färbt schwarz. Reduktion (Zinkst. + NH_3): Küpe. Färbt sehr egal,
ist gut löslich.
Abhäng. Pat.: E. P. 5325/1899; F. P. 283 559 und Zusatzpatent.

252. DRP. 107 996, Akt.-Ges. Berlin. 1898.
Kondensationsprodukt von o-Nitrochlorbenzol-p-sulfosäure
+ p - Aminophenol.
150 Na_2S + 60 S +|30 Substanz 130—140° eintrocknen.
Färbt schwarz. Färbt sehr egal, setzt im Bade nicht ab.
Abhäng. Pat.: E. P. 5325/1899; F. P. 283 559 und Zusatzpatent; A. P.
628 607; R. P. 3829/1900.

253. DRP. 113 516, Meister, Lucius u. Brüning, Höchst. 1899.
Kondensationsprodukt von p - Nitrochlorbenzol - o - sulfosäure + p - Aminokresol und reduziert.
3 Na_2S + 1 S + 1 Substanz 1—2 Std. 180°, 3—4 Std. 240°. Nicht
genügend geschwefelte Schmelzen lösen sich grünlichbraun, die Färbung geht beim Stehen in schwärzlich violett über.
Färbt schwarz.
Abhäng. Pat.: E. P. 18 105/1899; F. P. 283 414 Zusatzpatent; A. P.
671 908.

254. DRP. 118 440, Meister, Lucius u. Brüning, Höchst. 1898.
Kondensationsprodukt von p - Nitrochlorbenzol - o - sulfo-
säure + p - Aminosalicylsäure und reduziert.
100 Na_2S + 30 S + 30 Substanz 4 Std. 130—150°, 1—1$^1/_2$ Std. 180°.
Lösen, HCl fällen, Leukoverbindung in Soda lösen, vom S filtrieren,
Luft fällen.
Färbt blau. Dunkles kupferglänzendes Pulver.
Abhäng. Pat.: Zusatz zu DRP. 109 352; E. P. 21 496/1899; F. P. 283 414
Zusatzpatent.

255. DRP. 109 150, Meister, Lucius u. Brüning, Höchst. 1899.
Kondensationsprodukt von p - Nitrochlorbenzolsulfosäure
+ p - Aminosalicylsäure.
50 Na_2S + 25 S + 10 Substanz 120—180° (Öl) eintrocknen. Ebenso
das vorher reduzierte Produkt.
Färbt olivegrün.
Abhäng. Pat.: E. P. 9413/1899; F. P. 288 514.

256. DRP. 114 269, Meister, Lucius u. Brüning, Höchst. 1899.
Kondensationsprodukt von p-Nitrochlorbenzol-o-sulfosäure
+ p - Aminosalicylsäure (evtl. reduziert) und Abspaltung der Sulfogruppe.
100 Na_2S + 40 S bei 140° + 20 Substanz 160—200° allmählich eintrocknen.
Färbt blau. Metallisch glänzendes Pulver. Red.: Küpe.
Abhäng. Pat.: E. P. 7261/1900; F. P. 299 510; A. P. 660 770.

257. DRP. 107 061, Akt.-Ges. Berlin. 1899.
Kondensationsprodukt von p - Nitrochlorbenzol - o - sulfo-
säure + m - Toluylendiamin.
60 Na_2S + 20 S + 20 Substanz bei 180° eintrocknen.
Färbt braun. Oxydation: Bronzetöne.
Abhäng. Pat.: E. P. 11 656/1899; F. P. 289 594; A. P. 640 559.

258. DRP. 107 521, Akt.-Ges. Berlin. 1899.
Kondensationsprodukt von o - Nitrochlorbenzol - p - sulfo-
säure + m - Toluylendiamin (verarbeitet wie im Hauptpatent).
Färbt braun.
Abhäng. Pat.: Zusatz zu DRP. 107 061 (ausländische Patente siehe
Nr. 248).

6. Kondensationsprodukte anderer Halogennitrokörper.

259. DRP. 112 399, Meister, Lucius u. Brüning, Höchst. 1899.

Kondensationsprodukt von Chlornitrobenzoesäure (Cl : NO_2 : COOH = 1 : 4 : 2) + p - Aminophenol, evtl. reduzieren.

100 Na_2S + 40 S + 30 Substanz 160—200° allmählich eintrocknen (Reinigung).

Färbt blau.

Abhäng. Pat.: F. P. 299 510.

260. DRP. 118 702, Meister, Lucius u. Brüning, Höchst. 1899.

Kondensationsprodukt von Chlornitrobenzoesäure + p - Aminosalicylsäure und reduziert.

100 Na_2S + 40 S bei 130° + 30 Substanz 2—4 Std. 130—180° eintrocknen.

Abhäng. Pat.: Zusatz zu DRP. 112 399. — E. P. 21 496/1899; F. P. 283 414.

261. DRP. 108 872, Kalle, auf Cassella. 1898.

Kondensationsprodukt von Chlordinitrobenzoesäure + p - Aminophenol.

Färbt tiefschwarz. Oxydation: tiefer und echter.

Abhäng. Pat.: E. P. 5581/1899; F. P. 286 813; A. P. 725 332; R. P. 4274/1900.

262. DRP. 116 339, Basler Chem. Industriegesellschaft. 1900.

Kondensationsprodukt von 4, 6 - Dinitro - 1, 2 - Chlorbenzolsulfosäure oder 2, 6 - Dinitro - 1, 4 - Chlorbenzolsulfosäure oder von Gemengen beider, mit den drei Aminophenolen.

20 Na_2S + 8 S (oder 18 Na_2S_4) + 10 Substanz. Bei 200° eintrocknen, direkt verwenden oder lösen, Filtrat mit Säure fällen.

Färben im Na_2S + NaCl-Bade in dunklen Tönen violettbraun, in hellen rötlichgrau; besonders säure-, wasch- und lichtecht.

Abhäng. Pat.: F. P. 298 201.

263. DRP. 116 172, Badische, Ludwigshafen. 1899.

Kondensationsprodukt von 1, 3 - Dinitro - 4, 6 - dichlorbenzol mit o- und p - Aminophenol, seinen Sulfo- und Carbonsäuren. In den Kondensationsprodukten wird das Chlor vor der Schmelze gegen NH_2 ersetzt.

180 Na_2S + 50 S + 30 Substanz 160° eintrocknen.

Färben schwarz, das o-Aminophenolprodukt: schwarzbraun.

Abhäng. Pat.: E. P. 5040/1900; F. P. 293 138 Zusatzpatent; A. P. 650 327.

264. DRP. 116 677, Badische, Ludwigshafen. 1899.

Kondensationsprodukt von 1, 4 - Dichlor - 2, 6 - Dinitrobenzol + p - Aminophenol, seinen Sulfo- und Carbonsäuren.

50 Na_2S + 20 S + 10 Substanz 150° eintrocknen.

Färbt braun.

Abhäng. Pat.: E. P. 12 517/1900; F. P. 302 007; A. P. 658 055.

265. E. P. 118 103, L'air liqu. Proc. G. Claude, Paris.

4' - p - Oxyphenylamino - 2 - amino - 4, 5 - dichlordiphenylamin erhalten durch Kondensation von Nitrosophenol mit Dichlornitrodiphenylamin (Kondensationsprodukt von 1, 2, 4, 5 - Trichlornitrobenzol und Anilin bei Gegenwart von Acetat) in schwefelsauerer Lösung.

Polysulfidschmelze.

Färbt blau wie Immedialindonmarken, jedoch dunkler wenig leuchtend, dagegen echter als der Farbstoff des DRP. 205 391.

266. DRP. 135 635, Badische, Ludwigshafen. 1901.

   Kondensationsprodukt von 3-Chlor-4,6-dinitrophenol + p-Aminophenol.

   100 Na_2S + 40 S + 30 Substanz. Bei 100° eintragen, bei 170° eintrocknen.

   Färbt grünlich tiefschwarz. Oxydation: $CuSO_4$: etwas grüner. Cu + Cr: kaum verändert. Na_2O_2: etwas blauer. Chrombisulfit: blauschwarz. Gedämpft: Spur blauer.

   Abhäng. Pat.: E. P. 25 697/1901; F. P. 317 624.

267. E. P. 10 709/1899, Claus, A. Rée, L. Marchlevsky. 1899.

   Kondensationsprodukt von Pikrylchlorid mit p- oder o-Aminophenol (oder ihren Homologen), jedes für sich oder als Gemenge der Kondensationsprodukte, oder gemengt mit Dinitrooxydiphenylamin (aus Chlordinitrobenzol + o-Aminophenol) verschmolzen.

   Mit Na_2S + S bei 150° eintrocknen.

   Färbt schwarz. Oxydation: Chromat + $CuSO_4$: echter.

   Abhäng. Pat.: 639 806.

7. Triphenyldiaminabkömmlinge.

268. DRP. 112 298, Badische, Ludwigshafen. 1899.

   Kondensationsprodukt von symmetrischem m-Dichlorbenzol + 2 Mol. p-Aminophenol, seinen Sulfo- und Carbonsäurederivaten.

   120 Na_2S + 40 S + 20 Substanz + 5 H_2O 140° eintrocknen.

   Färben 1. tiefschwarz, 2. grünlichschwarz, 3. blauschwarz (Kryogenschwarzmarken G, BG, BN usw.).

   Abhäng. Pat.: E. P. 20 232/1899; F. P. 293 138; A. P. 648 753—755.

269. DRP. 114 270, Badische, Ludwigshafen. 1899.

   Kondensationsprodukt von symmetrischem Dinitro-m-Dichlorbenzol mit 2 Mol. verschiedener Aminophenole oder ihrer Derivate, z. B.: 1. p-Aminophenol + p-Aminophenol-o-sulfosäure, 2. p-Aminophenol + p-Aminosalicylsäure, 3. p-Aminophenol + o-Aminophenol, 4. o-Aminophenol + p-Aminophenol-o-sulfosäure, 5. o-Aminophenol + p-Aminosalicylsäure, 6. p-Aminophenol-o-sulfosäure + p-Aminosalicylsäure.

   75 Na_2S + 25 S + 15 Substanz bei 160° trocknen.

   Färben 1. blauschwarz, 2. schwarz, 3. braunschwarz, 4. grünschwarz, 5. schwarz, 6. grünschwarz.

   Abhäng. Pat.: Zusatz zu DRP. 112 298. — E. P. 5040/1900; F. P. 293 138 Zusatzpatent; A. P. 650 326.

270. DRP. 127 441, Badische, Ludwigshafen. 1901.

   Kondensationsprodukt von 1,2,4-Trichlor-3,5-Dinitrobenzol + 2 Mol. p-Aminophenol.

   40 Na_2S + 15 S + 10 H_2O + 10 Substanz bei 140° lebhafte Reaktion, bei 160—180° eintrocknen.

   Färbt schwarz.

   Abhäng. Pat.: Zusatz zu DRP. 112 298. — E. P. 6546/1901; F. P. 293 138 Zusatzpatent; A. P. 688 646.

271. DRP. 137 108, Badische, Ludwigshafen. 1901.

   Kondensationsprodukt von 1,3,5-Trinitro-2,6-Dichlorbenzol mit 2 Mol. p-Aminophenol.

   200 Na_2S + 60 S + 200 H_2O + 50 Substanz bei 160—180° eintrocknen.

   Färbt grünlichschwarz. Alkalisch oxydiert: blau.

   Abhäng. Pat.: Zusatz zu DRP. 112 298. — E. P. 25 650/1901; F. P. 293 138 Zusatzpatent; A. P. 695 835.

272. DRP. 128 087, Kalle, Biebrich. 1900.

Kondensationsprodukt von Chlordinitrobenzol + partiell zu Nitroaminooxydiphenylamin reduziertem Dinitrooxydiphenylamin.

$40 \, Na_2S + 14 \, S + 8$ Substanz 2—3 Std. 140°.

Färbt blau.

Abhäng. Pat.: E. P. 16 592/1901; F. P. 313 737.

8. Schwefelhaltige Dinitrodiphenylaminderivate.

273. DRP. 122 605, Badische, Ludwigshafen. 1900.

Kondensationsprodukt molekularer Mengen von Dinitrodirhodanbenzol mit p-Aminophenol und seinen Derivaten.

$300 \, Na_2S + 80 \, S + 150 \, H_2O + 100$ Substanz bei 40° eintragen und während des Eintragens nicht über 90—100° erhitzen. Wenn eingedickt, bei 180° trocknen.

Färben: alkalisch nachoxydiert, reinblau, und zwar Aminophenolderivat am rötesten, Aminosalicylsäurederivat am grünsten, die Sulfosäuren zwischen beiden.

Abhäng. Pat.: E. P. 16 998/1900; F. P. 306 569; A. P. 735 775.

274. DRP. 122 606, Badische, Ludwigshafen. 1900.

Kondensationsprodukt von m-Dinitrochlor-p' oder -o'-oxydiphenylamin (aus o- oder p-Aminophenol + Dinitrodichlorbenzol) mit KSH, Xanthogenaten usw. zu den bezüglichen Schwefel im Kern enthaltenden Diphenylaminkörpern.

$75 \, Na_2S + 24 \, S + 40 \, H_2O$; bei 40° + 30 Substanz gibt spontane Selbsterwärmung auf 70° bei 160—180° eintrocknen.

Färben grünlichschwarz, ähnlich den Farbstoffen des Hauptpatents. Oxydation: alkalische Oxydationsmittel oder Nachbehandlung durch Dämpfen erzeugen, wie im Hauptpatent, ähnliche indigblaue Töne.

Abhäng. Pat.: Zusatz zu DRP. 122 605. — E. P. 22 989/1900; F. P. 306 569.

275. DRP. 161 462, Basler Chem. Industriegesellschaft. 1903.

Diaminodinitrodisulfid tetrazotiert vereinigt sich mit verschiedenen Azofarbstoffkomponenten zu Sulfinazofarbstoffen.

Auch nach Art des Paranitranilinrot auf der Faser darstellbar oder niedergeschlagen als Lacke oder Pigmente verwendbar.

Färben je nach der Komponente bunte Nuancen. Oxydation (z. B. Verhängen, H_2O_2, HNO_3, Formaldehyd usw.); es resultieren sehr waschechte Farbstoffe, die zum Teil auch Wolle und Seide aus saurem Bade färben.

Abhäng. Pat.: E. P. 7363/1904; F. P. 337 329 und Zusatzpatent.

9. Verschiedene andere hierher gehörende Körper.

276. DRP. 111 892, Badische, Ludwigshafen. 1899.

Phenoläther, erhalten durch Kondensation von Dinitrooxydiphenylamin und seiner Sulfosäuren + Chlordinitrobenzol, oder o- oder p-Nitrochlorbenzol-p- bzw. o-sulfosäure.

$200 \, Na_2S + 80 \, S + 40$ Substanz evtl. als Na-Salz 140° eintrocknen.

Färben grünschwarze Töne. Oxydation: sehr seifen-, chlor- und schwefelechte bläulichschwarze Töne.

Abhäng. Pat.: E. P. 25 288/1899; F. P. 294 491; A. P. 650 293.

277. DRP. 144 765, Badische, Ludwigshafen. 1901.
Chinonoximdïnitrophenyläther.
$4 Na_2S + 1,2 S + 2 H_2O$ bei 80° + 1 Substanz. Man erhitzt die orange-
farbene Lösung so lange (1—1$^1/_2$ Std.) auf 115°, bis H_2S- und NH_3-
Entwicklung aufgehört haben. Bei 150—200° eintrocknen.
Der Farbstoff färbt schwarz, und zwar verschieden von den aus Di-
nitrophenol bzw. p-Aminophenol unter denselben Bedingungen er-
haltenen und gemengten Farbstoffen. Oxydation: die grünlichen
Nuancen werden schwarz.
Abhäng. Pat.: E. P. 17 273/1901; F. P. 313 902.

278. DRP. 148 280, Badische, Ludwigshafen. 1901.
Toluchinonoximäther.
$4 Na_2S + 1,2 S + 2 H_2O$ + 1 Substanz, wie Hauptpatent.
Färbt schwarz. Oxydation: die dunkelgrünen bis schwarzen Töne wer-
den tiefschwarz.
Abhäng. Pat.: Zusatz zu DRP. 144 765. — E. P. 17 273/1901.

279. DRP. 167 769, Cassella, Frankfurt a. M. 1905.
Tetraaminodiphenyl-p-azophenylen oder sein Reduktionsprodukt Tetraaminodiphenyl-p-phenylendiamin.
S oder hochgeschwefeltes Polysulfid.
100 S + 100 Substanz 5 Std. 200°, dann mit der dreifachen Na_2S-Menge
2 Std. 115°, oder der Ansatz (120 Na_2S + 80 S + 40 Substanz)
8 Std. 200°.
Färbt schwarz.
Abhäng. Pat.: F. P. 359 674.

280. DRP. 118 390, Kalle, Biebrich. 1900.
Additionsprodukt aus Chlordinitrobenzol + Pyridin.
90 Na_2S + 30 S + 25 Substanz bei 180° trocknen.
Färbt braungelb.
Abhäng. Pat.: A. P. 661 907.

281. DRP. 127 676, Badische, Ludwigshafen. 1901.
Hexanitrodiphenylamin.
250 Na_2S + 50 Substanz bei 50° reduzieren, dann + 100 S 140° ein-
trocknen.
Färbt braun. Oxydation: Cr + Cu: vertieft; Cr oder H_2O_2: hellt auf.
Auf der Faser diazotierbar.
Abhäng. Pat.: E. P. 10 728/1901; F. P. 311 190; A. P. 690 271.

282. DRP. 102 821, Dahl, Barmen. 1898.
Polynitroprodukte des Diphenylamins (aus diesem mit
H_2SO_4 und HNO_3 bei 25 bzw. 60° erhalten).
60 Na_2S + 9 Substanz vorsichtig reduzieren, bei 200° eintrocknen oder
Schwefelschmelze.
Färbt aus kaltem oder warmem Bade braun (Baumwollbraun).

283. DRP. 106 039, Dahl, Barmen. 1899.
Polynitrodiphenylamin-m-Sulfosäure.
90 Na_2S + 24 S + 15 Substanz 170—180° eintrocknen. Direkt als Farb-
stoff verwendbar.
Färbt schwarz. Oxydation: verändert die Nuancen, nicht die Echtheit.
Abhäng. Pat.: DRP. 101 862, 105 632, 127 676.

284. E. P. 18 924/1903, Holliday a. Sons (Turner, Dean). 1903.
Nitrierte Diphenylaminsulfosäuren oder die Woll- und
Seidenfarbstoffe, die man durch Kondensation von
Chlordinitrobenzol mit aromatischen Aminosulfosäuren
und weitere Nitrierung nach E. P. 22 078/1902 erhält, allein
oder mit m-Dinitrooxydiphenylamin gemengt.
Mit Na_2S + S verschmolzen.
Färbt schwarz.

IV. Gruppe: Diphenylamin II
(Indophenole, Indamine).

1. Unsubstituiertes Oxy-, Aminooxy- und Dioxydiphenylamin
(Aminodioxydiphenylamin).

Die Vidal-Patente über Tetraphentrithiazine DRP. 99 039, 114 802, 125 135, 111 385 siehe Gruppe VI, Abteilung 5.

285. DRP. 261 651, Akt.-Ges. Berlin. 1911.
p'-freie p-Oxydiarylamine ohne Sulfogruppen.
Schwefelschmelze.
30 p-Oxydiphenylamin + 30 S im Ölbad von 160° innerhalb 2 Std. auf 200° steigern, Temp. 8 Std. halten, kalt pulvern, Produkt weiter 4 Std. auf 220—225° erhitzen.
Färbt braun, braunrot, schwarz. Chlorecht.
Abhäng. Pat.: Zusatz zu DRP. 267 089, 266 568, 282 163.

286. DRP. 149 637, Akt.-Ges. Berlin. 1903.
Dioxydiphenylamin.
30 S + 10 Substanz 230—240°. Wenn die H_2S-Entwicklung aufgehört hat, direkt verwendbar, oder in Lauge lösen, mit CO_2 fällen. Die Homologen geben ebenso verschmolzen wertlose blaugrün-schwarze Farbstoffe.
Färbt indigblau. Oxydation: H_2O_2: lebhafter und violetter.
Abhäng. Pat.: E. P. 23 437/1902; F. P. 325 639; A. P. 736 380.

287. F. P. 338 751, Akt.-Ges. Berlin. 1903.
Dioxydiphenylamin (Indophenol).
150 Na_2S + 80 S + 30 Indophenol 24 Std. Rückfluß 110—115°. Ähnlich werden die Homologen und Derivate verschmolzen. 4 S auf 1 Na_2S Bedingung.
Färbt blaugrün. Oxydation: indigblau. — o- oder m-Kresol- und p-Aminophenolabkömmlinge geben in direkter Färbung weniger grüne, oxydiert rötere Nuancen.
Abhäng. Pat.: E. P. 8405/1903.

288. DRP. 116 337, Vidal-Gesellschaft, Koblenz. 1899.
p-Amino-p'-oxydiphenylamin.
300 Na_2S + 64 S + 220 Substanz ab 160° entweicht 3 Std. H_2S, ab 180°: NH_3. Bei 180° unterbrochen resultiert ein blauer, sonst der schwarze Farbstoff des DRP. 111 385.
Färbt blau.
Abhäng. Pat.: E. P. 289 244; R. P. 5906/1901.

289. Anmeldung F. 13 405, Meister, Lucius u. Brüning, Höchst. 1900.
Aminooxydiphenylamin.
5 Na_2S + 2 S + 1 Substanz 10 Std. 125°. Mit HCl den Schwefel fällen, filtrieren, Filtrat Luft.
Färbt blau. — Die Vorschrift des zugehörigen französischen Patentes ist von der vorstehenden etwas verschieden.
Abhäng. Pat.: E. P. 14 081/1901; F. P. 304 884; A. P. 710 766; R. P. 5906/1901.

290. A.P. 657 768, Meister, Lucius u. Brüning, Höchst, und Gußmann. 1899.
Dioxyaminodiphenylamin.
Polysulfidschmelze. 160—200°.
Färbt blau. — Vgl. Anmerkung F. 12 163 Nr. 32.

291. DRP. 179 884, Meister, Lucius u. Brüning, Höchst. 1901.

Aminooxydiphenylamin.

$5 Na_2S + 2 S + 1$ Substanz 10 Std. 125°. $8 Na_2S + 3,4 S + 6$ Substanz
12—24 Std. 115—125°. $12 Na_2S + 4,8 S + 2$ Substanz 10 Std. 118°.
Verdünnen, + Säure das Polysulfid zerstören, vom S filtrieren,
Leukoverbindungen in Lauge lösen, filtrieren, Luft einleiten.
Färbt indigblau. Oxydation: erzeugt absolute Waschechtheit.
E. P. 22 824/1902 beschreibt die Herstellung des Oxydationsproduktes
von p-Phenylendiamin + Phenol und die blau- bis grünschwarzen
Schwefelfarbstoffe aus diesem Indophenol.
Abhäng. Pat.: A. P. 710 766.

292. DRP. 252 176, Badische, Ludwigshafen. 1911.

(Evtl. Monoalkyl-) p-Amino-p-oxydiphenylamine, besonders die in o-Stellung zum Hydroxyl mono- und dichlor-
substituierten Abkömmlinge.
Polysulfidschmelze.
Violette bis grünblaue Küpe.

293. F. P. 328 110, Comp. Paris. de Coul. d. A. 1902.

Indophenol aus p-Phenylendiamin + Phenol.
$230 Na_2S + 57 S + 10 H_2O + 47,7$ Substanz 10 Std. 125°. Luft oder
Salzsäure fällen F. P. 315 669: selbes Ausgangsmaterial am Rück-
flußkühler; F. P. 284 387: Dialkylderivat, Rückfluß.
Färben, bei 130° verschmolzen, grünstichig blauschwarz; bei 120° blau-
schwarz. Rückfluß: violett. Dialkylderivat: indigblau.

294. DRP. 222 406, Soc. anonym. St. Denis. 1908.

Indophenol aus p-Phenylendiamin + Phenol.
$1,2 Na_2S$ 61% $+ 1,2 S + 2,4 H_2O + 33\%$ Paste des Indophenols aus
1 kg p-Phenylendiamin $+ 0,1$—$0,2 MnSO_4$ 20 Std. 108° Rückflußkühler.
Färbt haltbare Indigonuancen.
Abhäng. Pat.: F. P. 406 225.

295. DRP. 103 646.

Monoxydiphenylamin.
Siehe Gruppe I, Nr. 15.

296. A. P. 653 277, A. Ashworth und J. Bürger Bury. 1900.

Die Liebermannschen Körper.
Verschmelzen mit Ätznatron und Schwefel bei schließlich 180°.
Färbt schwarz bis braun. — Die Farbstoffe resultieren aus zersetztem
Ausgangsmaterial, siehe daher Gruppe VII.
Abhäng. Pat.: A. P. 653 278.

2. Alkylierte Aminooxydiphenylamine.

297. DRP. 134 947, Cassella, Frankfurt a. M. 1900.

Indophenol aus Dialkyl-p-phenylendiamin + Phenol, reduziert zur Base.
$50 Na_2S + 12,5 S + 10 H_2O$ bei 90° $+ 25$ Substanz. Das sich zuerst
abscheidende grüne Harz geht wieder in Lösung. 24 Std. Rückfluß;
vorsichtig trocknen oder reinigen. — F. P. 303 524 Zusatzpatent und
E. P. 5580/1901: Fällen mit $CaCl_2$ statt mit $NaCl$. Bisulfitverbindung:
Nr. 564.
Färbt methylenblauartige Nuance (Immedialreinblau). Walk-, licht-,
säure-, chlorecht, beständiger und leuchtender wie Indigo.
F. P. 303 524 erwähnt auch einen blauen Farbstoff aus Dimethyl-p-
amino-p'-oxy-m'-chlordiphenylamin.
Abhäng. Pat.: E. P. 16 247/1900; F. P. 303 524; A. P. 693 633; Ö. P.
13 274; R. P. 10 495/1905.

298. DRP. 129 540, Cassella, Frankfurt a. M. 1901.

Indophenol aus Dialkyl-p-phenylendiamin + Phenol und reduziert zur Base.

124 Na_2S + 31 S + 50 Substanz + 10 $CuSO_4$ 24 Std. 120° unter Ersatz des verdampfenden Wassers. Eintrocknen oder umlösen und ausfällen.

Färbt blaugrün. Färbt sehr echte Töne. Ähnlich auch das Diäthylprodukt.

299. DRP. 141 752, Akt.-Ges. Berlin. 1901.

Indophenol aus Dialkyl-p-phenylendiamin + Phenol.

60 Na_2S + 15 S + 25 Glycerin + 15 Substanz 6 Std. 145°, gelöst mit Luft usw. fällen. Der Glycerinzusatz gestattet höhere Temperaturen anzuwenden; bis auf kleine Unterschiede ist der Farbstoff dem Immedialreinblau sehr ähnlich.

Färbt blau.

Abhäng. Pat.: E. P. 17 564/1901; F. P. 313 947.

300. DRP. 150 546, Badische, Ludwigshafen. 1902.

Indophenol aus Dimethyl-p-phenylendiamin + Phenol.

120 Na_2S + 30 S + 15 β-Naphthol + 20 Substanz 3 Std. 130—140°, später auf 140—160°. Luft fällen.

Färbt aus kaltem Bade oder aus der Küpe blau.

Abhäng. Pat.: F. P. 328 063.

301. DRP. 252 175, Badische, Ludwigshafen. 1911.

Indophenol aus Dialkyl-p-phenylendiamin + Phenol, seine Homologen und Substanzprodukte (besonders die in o- zu OH mono- und dichlorierten.

Lösung von 23,2 Na_2S in 60 Alkohol + 18 S (mindestens Na_2S_5 bis Na_2S_8), dann + 12 Substanz, 40—48 Std. Rückfluß.

Na_2S: völlig unlösliche Nebenprodukte, daher aus dem Rohfarbstoff mit Na_2S extrahierbar

Färbt aus Na_2S-Bade schwache blaue Töne, aus der Hydrosulfitküpe hervorragend echte blaue Nuancen. Na_2S: völlig unlösliche Nebenprodukte, daher aus dem Rohfarbstoff mit Na_2S extrahierbar.

Veröffentlicht 31. Juli 1911. Dazu: Zusatz zu Anmeldung B. 62 302 vom 11. März 1911.

302. DRP. 133 481, Cassella, Frankfurt a. M. 1901.

Indophenole aus p-Aminophenol und den Monoalkylverbindungen vom: 1. Anilin, 2. o-Toluidin, 3. α-Naphthylamin.

80 Na_2S + 20 S + 20 Substanz 12 Std. 130—140° Rückfluß. Verdünnen; HCl fällen. Niederschlag heiß in Lauge lösen, filtrieren, Filtrat vorsichtig eindampfen.

Färben 1. blau, 2. rotblau, 3. grünblau. Oxydation: H_2O_2: 1. und 2. kaum verändert, 3. dunkelblau.

Abhäng. Pat.: E. P. 7919/1901; F. P. 309 898; Ö. P. 13 274/1903; R. P. 10 495/1905.

303. DRP. 129 325, Geigy, Basel. 1901.

Indophenol aus p-Aminodimethylanilin + Phenol; + Sulfit behandelt resultiert eine Sulfosäure.

100 Na_2S + 40 S + 40 Sulfosäure als Na-Salz. Rückfluß 120—140°. In Wasser lösen, mit H_2O_2 oder Luft oder Hypochlorit usw. oxydieren, filtrieren.

Färbt sehr echte reinblaue Töne.

Abhäng. Pat.: E. P. 12 578/1901; F. P. 310 809; A. P. 696 751.

20*

304. DRP. 135 410, Geigy, Basel. 1901.

Indophenol aus p - Aminodimethylanilin + Phenol; + Sulfit resultiert eine Sulfosäure.

100 Na_2S + 40 S + 40 Sulfosäure als Na-Salz + 10 $CuSO_4$. Rückfluß 125—130°. In Wasser lösen, Luft einleiten, bei 60—80° trocknen. Auch die Rohschmelze kann man direkt bei 130° eintrocknen.

Färbt licht- und seifenechte, relativ rein gelbstichig grüne Töne (Eklipsegrün G).

Abhäng. Pat.: Zusatz zu DRP. 129 325. — E. P. 26 448/1901; F. P. 310 809 Zusatzpatent; A. P. 698 555.

305. Anmeldung F. 13 995, Farbw. Mühlheim, vorm. Leonhardt. 1901.

Indophenol aus Dialkyl-p-phenylendiamin + Phenol und zur Base reduziert.

Polysulfidschmelze. 130—140°.

Färbt blau.

306. Anmeldung B. 32 278, Badische, Ludwigshafen. 1902.

Indophenol aus Alkyl-p-phenylendiamin + Phenol (evtl. zur Base reduziert).

120 Na_2S bei 140° geschmolzen, abgekühlt + 50 Phenol + 30 Indophenol + 30 S. Rückfluß.

Färbt blau.

Abhäng. Pat.: F. P. 328 063; A. P. 755 428.

307. Anmeldung F. 16 377, Meister, Lucius u. Brüning, Höchst. 1902.

Indophenol aus Dialkyl-p-phenylendiamin + Phenol (gebildet durch Lufteinleiten in die alkalische Lösung bei Gegenwart von Cu - Salzen.

30 Std. 130—140° unter Ersatz des verdampfenden Wassers.

Färbt ein grünliches, blaustichiges Schwarz.

Abhäng. Pat.: E. P. 25 851/1902; F. P. 328 158.

308. DRP. 192 530, Akt.-Ges. Berlin. 1906.

Indophenol aus p - Aminophenol und Benzol- oder Toluolsulfoanilin.

620 Na_2S + 310 S + 275 H_2O + 180 Substanz 48 Std. Rückfluß. Die Farbstoffe enthalten teilweise noch die Arylsulfogruppe, die man durch Lösen der Farbstoffe in konz. H_2SO_4 eliminieren kann. (Fällen mit Eis, neutral waschen.)

Der sulfarylierte Farbstoff in H_2O rein blau löslich, färbt blau säureunecht. — Der von der Arylsulfogruppe befreite Farbstoff ist nur in Na_2S löslich. Färbt licht- und säureecht blau.

Abhäng. Pat.: E. P. 7148/1907; F. P. 385 673; A. P. 864 644.

309. Anmeldung C. 21 582, Weiler ter Meer, Ürdingen. 1912.

Leukoindiphenole verschiedener Art (kern- und seitenkettenalkylierte Aminooxydiphenylamine).

Schwefelschmelze in wässeriger Suspension der Leukoindophenole oder mit Schwefel + 1 Äqu. Na_2S in wässeriger Lösung der Leukoindophenole.

Färbt blau, rein, farbkräftig; in konzentrierter Form erhalten.

3. Homologe und Derivate der alkylierten und nichtalkylierten Aminodiphenylamine.

310. DRP. 132 212, Basler Chem. Industriegesellschaft. 1898.

Indophenole aus I. p - Aminophenol-kresol-salicylsäure-kresotinsäure mit II. m - Diaminen, Phenol, Kresol, Salicylsäure, α - Oxynaphthoesäure, m - Aminophenol (alkyliert), 1, 2-, 1, 6-, 1, 7 - Naphthylaminsulfosäure. Die einfachen vom p - Aminophenol abgeleiteten Derivate sind die geeignetsten. Indokörper ohne OH sind ungeignet.

80 Na$_2$S + 20 S + 25—30 Substanz 2—3 Std. 140°, dann 160° eintrocknen. Mengen und Temperatur weit variabel.
Färben blaugrün bis blauschwarz, schwarzgrün, tiefschwarz, je nach dem Indophenol und je nach der Schwefelung. Oxydation: verschiebt meist nach Blau.
Abhäng. Pat.: E. P. 5168/1901; F. P. 284 387; A. P. 665 547.

311. DRP. 140 733, Cassella, Frankfurt a. M. 1901.
Indophenol aus 1. o - Toluidin oder 2. Salicylsäure + Dialkyl-p-phenylendiamin.
75 Na$_2$S + 18 S + 10 H$_2$O + 25 Substanz 24 Std. Rückfluß 115°. H$_2$O lösen, aussalzen oder mit Luft fällen oder zur Trockne dampfen.
Färben 1. rötlich bzw. ultramarin, 2. grünlichblau. Oxydation: H$_2$O$_2$: 2. indigblau.
Abhäng. Pat.: Zusatz zu DRP. 134 947. — E. P. 7726/1901; R. P. 10 495/1905.

312. F. P. 374 800, Vidal, Paris. 1906.
Indophenol aus p - Aminophenol oder Kresol + o ; Toluidin oder Xylidin reduziert.
2—3 Na$_2$S + 0,75—1 S + 1 Substanz 4—5 Std. 110—114° oder 36 Std. Rückfluß. Direkt verwendbar oder mit Luft oder Säure fällen.
Färbt blau. Beim Verschmelzen mit Schwefel allein werden 50—70% des Substanzgewichtes an S verwendet. Man erhitzt auf 170—200°, läßt auf 130° abkühlen und trocknet so 4—6 Std. ein.
Abhäng. Pat.: Zusatz zu F. P. 374 800 vom 7. Mai 1906: Alkylderivate der Körper des Hauptpatentes.

313. Anmeldung F. 11 485, Meister, Lucius u. Brüning, Höchst. 1899.
Kondensationsprodukt von Nitrosophenol oder Nitroso-o-kresol mit m - Diaminen oder die Oxydationsprodukte letzterer mit Aminophenolen oder Kresolen zu Indophenolen.
Mit Na$_2$S + S verschmelzen, 5—6 Std. 180° eintrocknen.
Färbt schwarz.
Abhäng. Pat.: E. P. 9887/1899; F. P. 288 776.

314. E. P. 26 700/1903, E. E. Neef und Levinstein, Manchester. 1903.
Kondensationsprodukt von Nitrosophenol oder -kresol mit Aminosulfosäuren des Benzols und Naphthalins (p - Stellung zur Aminogruppe muß frei sein). Als Indophenole verschmolzen oder vorher reduziert.
Mit Na$_2$S + S verschmolzen.
Färbt grünlichblau usw. (Siehe Beispiele im Originalpatent.)

315. E. P. 17 318/1904, Cassella, Frankfurt a. M. 1904.
Indophenol aus p - Aminophenol, o - Kresol, p - Amino-o-chlorphenol + Phenol, o - Kresol, p - Xylenol, o - Chlorphenol usw.
24 Na$_2$S + 12,8 S + 10 H$_2$O + 20 Substanz. Rückflußkühler.
Färbt blau.

316. DRP. 156 478, Kalle, Biebrich. 1903.
Indophenol aus p - Phenylendiamin + o - Acetylaminophenol.
100 Na$_2$S + 10 H$_2$O + Indophenol gebildet aus 10,9 o-Aminophenol + 42 S + 30 Glycerin 20 Std. Rückfluß 120—130°.
Färbt blau.

317. Anmeldung K. 27 148, Kalle, Biebrich. 1904.
Indophenol aus o - Acetaminophenol + sekundären Aminen der Benzolreihe, zur Base reduziert.
Mit Na$_2$S + S verschmolzen.
Färbt blau.

318. DRP. 191 863, Cassella, Frankfurt a. M. 1902.

Indophenol aus p - Aminophenol + p - Xylenol.
80 Na_2S + 32 S + 28 Substanz 12—16 Std. 120° Rückfluß. Der Farbstoff scheidet sich krystallinisch aus. Auch unter Druck (12 Std. 125°) oder in alkoholischer Lösung (2—3 Tage Rückfluß) erhaltbar. Kleine bräunlich metallglänzende Krystalle.
Färbt echte tiefviolette Töne.
Abhäng. Pat.: E. P. 46 53/1902; F. P. 318 577.

319. E. P. 2617/1903, J. Levinstein, C. Mensching. 1903.

Indophenol aus p - Aminophenol + p - Xylidin, o - Toluidin, o - Chlor - p - aminophenol.
Polysulfidschmelze. 24 Std. Rückfluß 120°; mit Luft fällen.
Färben hellblaue, licht-, alkali- und säureechte Töne. Die chlorhaltigen Indophenole geben grünere Nuancen.

320. DRP. 199 963, Cassella, Frankfurt a. M. 1901.

Indophenol aus p - Aminophenol + o - Toluidin.
48 Na_2S + 19 S + 11 Substanz 20 Std. Rückfluß 120°. Auch in alkoholischer Lösung: 36 Std. Rückfluß. Höhere Schmelztemperatur führt zu grüneren trüberen, niedere zu reinen röteren Nuancen.
Färbt blau (Immedialindone). Der Farbstoff hat besondere Affinität zur Faser und ist jenem aus dem Indophenol, p-Phenylendiamin + Phenol in jeder Hinsicht überlegen.
Abhäng. Pat.: E. P. 58/1902; F. P. 317 219; A. P. 709 151.

321. E. P. 12 879/1903, Sandoz, Basel. 1903.

Indophenol aus p - Aminophenol + o - Toluidin.
5 S + 6 Substanz + 0,2 Cr_2O_2 · H_2O im Ölkessel 190—200° (Öl); es entweicht viel Schwefelwasserstoff, nach 2 Std. mahlen, direkt verwendbar.
Färbt aus kaltem Bade blau.
Abhäng. Pat.: F. P. 332 560; A. P. 747 643.

322. F. P. 350 077, Akt.-Ges. Berlin. 1904.

Kondensationsprodukt von Nitrosoverbindungen (Nitrosokresol) + Glycerin, z. B. 1. o - Tolylglycin, 2. α - Naphthylglycin.
5 Na_2S + 2,5 S + 1 Substanz + 20 Glycerin 3 Std. 140° oder 36 Std. mit Alkohol am Rückflußkühler.
Färbt 1. tiefblau, 2. grünblau.
Abhäng. Pat.: E. P. 16 268/1904.

Nach E. P. 196 993 soll man Indophenole mit Alkalipolysulphid bei Gegenwart von Butylalkohol verschmelzen.

4. Chlorhaltige Indophenole.

(Zusammenstellung aller chlorhaltigen Indophenole siehe S. 71.)

323. E. P. 7871/1902, J. u. H. Levinstein, Manchester. 1902.

Indophenol aus o - Chlorphenol + p - Phenylendiamin (auch darstellbar aus p - Nitrochlorbenzolsulfosäure + o -Chlor - p - Aminophenol, kondensiert, reduziert, SO_3H abgespalten.
Polysulfidschmelze. 20 Std. Rückfluß.
Färbt indigoblau. Wasch-, licht- und chlorechte Nuancen.

324. E. P. 23 418/1902, Cassella, Frankfurt a. M. 1902.

Indophenol aus p - Amino - o - chlorphenol + o - Toluidin.
100 Na_2S + 50 S + 25 Substanz 20 Std. 115—120°.
Färbt grüner blau als das chlorfreie Indophenolprodukt E. P. 58/1902 (siehe Nr. 310).
Abhäng. Pat.: F. P. 326 088 Zusatzpatent; A. P. 742 189.

325. E. P. 12 229/1902, J. u. H. Levinstein, Manchester. 1902.
Indophenol aus o - Chlor - p - aminophenol + Äthyl - o - tolui-
din (und Homologe) zur Base reduziert.
Polysulfidschmelze. Rückfluß 115° 24 Std.
Färbt indigoblaue, licht- und waschechte Töne.
Abhäng. Pat.: A. P. 732 090.

326. Anmeldung F. 16 642, Meister, Lucius u. Brüning, Höchst. 1902.
Indophenol aus Dialkyl - p - phenylendiamin + o - Chlor-
phenol.
$4 Na_2S + 1 S + 1$ Substanz Rückfluß 95—110°.
Färbt blau.
Abhäng. Pat.: A. P. 776 264.

327. DRP. 161 665, Meister, Lucius u. Brüning, Höchst. 1902.
Indophenol aus o - o' - Dichlorphenol + Dialkyl - p - phenylen-
diamin, evtl. zur Base reduziert.
$200 Na_2S + 84 S + 60$ Glycerin $+ 60$ Substanz Rückfluß 94°.
Färbt blau.
Abhäng. Pat.: E. P. 22 823/1902; F. P. 328 122; A. P. 728 623.

328. DRP. 152 689, Badische, Ludwigshafen. 1903.
Indophenol aus Dichlor - p - phenylendiamin + Phenol (red.).
$240 Na_2S + 240 H_2O + 40 S + 80$ Substanz 120° Rückfluß oder bei
höherer Temperatur (160°) eintrocknen. Aus 80 Tl. Indophenol
resultieren 184 Tl. Farbstoff.
Dasselbe Ausgangsmaterial mit hohem Polysulfid (bis Na_2S_8) siehe
Nr. 291.
Färbt violettblau bis violett; als Leukoverbindung graue, farbschwache
Töne, an der Luft erfolgt die Oxydation zum Farbstoff.
Abhäng. Pat.: E. P. 24 930/1903; F. P. 339 156; A. P. 779 860.

329. Anmeldung B. 60 984, Badische, Ludwigshafen. 1911.
Halogenhaltige Thiosulfosäuren der Dialkylamino-oxydi-
phenylamine.
Siehe Gruppe IV, Nr. 365.

330. DRP. 178 089, Badische, Ludwigshafen. 1904.
Indophenol 1. aus o - o' - Dichlorphenol + p - Phenylendiamin,
2. aus p - Aminophenol + Xylidin.
$18,5 S + 29,9$ vorher mit $4 NaOH + 10 H_2O$ bei 160—165° eingetrock-
neter Substanz 4—5 Std. 140—142°. In $60 Na_2S +$ etwas NaOH
lösen, mit Luft fällen.
Färben kalt schwach, heiß intensiv blau.
Abhäng. Pat.: E. P. 3083/1905; F. P. 351 451; A. P. 790 167.

331. DRP. 197 083, Akt.-Ges. Berlin. 1907.
Arylsulfoderivate des Indophenols aus p - Aminophenol
+ o - Chloranilin (p - Toluolsulfo - p - amino - m - chlor - p' - oxy-
diphenylamin).
$30 Na_2S + 15 S + 20 H_2O + 10$ Substanz 48 Std. Rückfluß. Durch
Luft oder Säure ausfällen. Abspalten der Toluolsulfogruppe wie im
Hauptpatent Nr. 298.
Färbt blau, wesentlich röter als der Farbstoff des Hauptpatents.
Abhäng. Pat.: Zusatz zu DRP. 192 530. — E. P. 7148/1907; F. P.
385 673; A. P. 864 644.

332. DRP. 172 079, Griesheim-Elektron. 1905.
Indophenol aus p - Aminophenol + o - Chlormonomethylanilin, besser als Indophenol verschmolzen.
$240 Na_2S + 96 S + 50 H_2O$ bei 50° $+ 74,5$ Substanz $+ 35 NaOH$ von
35° Bé 14 Std. 115° Rückfluß. Ebenso mit Tri- oder Pentasulfid.
Färbt wasch-, licht-, säure- und kochechte blaue Töne, röter wie DRP.
133 481.
Abhäng. Pat.: E. P. 618/1906; A. P. 841 877.

333. DRP. 205 391, Kalle, Biebrich. 1907.

Kondensationsprodukt von Nitrosophenol + p - Chlor - o - nitrodiphenylamin (reduziert).

25 Na_2S + Base aus 10 Nitroverbindungen bei 70—80° nach $^1/_2$ Std. + 5,4 S) 20 Std. Rückfluß 120—130°. Aussalzen, HCl fällen.

Färbt klare blaue, völlig säureechte Töne. Der Farbstoff ist chlorhaltig.

5. Indokörper mit mehr als zwei Kernen.

334. DRP. 150 553, Cassella, Frankfurt a. M. 1902.

Indophenole aus p - Aminodiphenylaminen + Phenolen = 1. Phenylaminooxydiphenylamin und 2. Phenylaminophenyl-p-oxytolylamin.

55 Na_2S fest + 27,6 Substanz in 150 Alkohol 24 Std. Rückfluß. Alkohol abdestillieren, Wasser lösen; Luft fällen. Auch in gewöhnlicher Polysulfidschmelze in 2—3 Std. bei 140—150° darstellbar. In diesem Falle wir dide Schmelze mit Salzwasser angerührt und der Farbstoff filtriert.

Färben 1. indigblau, 2. röter blau.

Abhäng. Pat.: E. P. 16 823/1902; F. P. 323 202; A. P. 723 154.

335. DRP. 153 130, Meister, Lucius u. Brüning, Höchst. 1903.

Indophenol aus p-p'- Diaminodiphenylamin + 2 Mol. Phenol; reduziert zur Base.

80 Na_2S + 34 S + 40 Glycerin + 30 Base 6 Std. 100—110°.

Färbt klar grünstichig blau, sehr echt.

Abhäng. Pat.: E. P. 6552/1904; A. P. 763 193.

336. DRP. 153 994, Meister, Lucius u. Brüning, Höchst. 1903.

Indophenol aus p-p'- Diaminodiphenylamin + 1 Mol. Phenol, evtl. reduzieren zur Base.

80 Na_2S + 34 S + 10 H_2O + 30 Substanz 8 Std. 115° Rückfluß. Luft fällen.

Färbt indigoähnlich, echter und reiner als F. P. 289 244 und 304 884.

Abhäng. Pat.: E. P. 22 824/1902.

337. A. P. 727 387, E. Kraus, auf Basler Ind. 1902.

Kondensationsprodukt von Nitrosophenol + aromatischen Alphylverbindungen (Alphylamino-p-oxydialphylamin).

Polysulfidschmelze.

Färben säure-, walk- und lichtechte blaue Töne.

338. DRP. 178 088, Badische, Ludwigshafen. 1904.

Indophenol aus 1 Mol. Phenol + 1 Mol. p-p'- Diaminodiphenylamin, reduziert zur Base.

27,6 Substanz + 4 NaOH + 10 H_2O bei 160° eintrocknen + 20,5 S, wenn die Reaktion bei 150° vorüber ist, 4 Std. 165°, dann 2—3 Std. 175°. Nun mit weiteren 7,1 S gemischt noch 2 Std. 180—185°, dann + 75 Na_2S + H_2O + etwas Lauge lösen, filtrieren. Luft ausfällen (bei 60°).

Färben blau, heiß am besten, kalt resultieren nur schwache Färbungen.

Abhäng. Pat.: E. P. 3083/1905; F. P. 351 451; A. P. 790 167.

339. DRP. 256 390, Badische, Ludwigshafen. 1912.

Indophenole (-thiosulfosäuren, Thiazine) oder die in Na_2S löslichen Schwefelfarbstoffe aus den Kondensationsprodukten von Carbazol(-derivaten) und Nitrosophenol.

Polysulfidschmelze (hochgeschwefelt) in wässeriger oder alkoholischer Lösung, Entfernung der in Na_2S löslich gebliebenen Bestandteile.

Färbt blau, echt.

340. DRP. 218 371, Cassella, Frankfurt a. M. 1908.

Indophenolartiges Kondensationsprodukt von Carbazol und Nitrosophenol.

1—$1,5$ Na_2S + Indophenol aus 1 Tl. Carbazol bis zur Entfärbung erwärmt + 1—$1,5$ S eindampfen.

Färbt im Na_2S-Bade sehr intensiv dunkelblau (Hydronblau). Licht- und besonders chlorechte Färbungen.

341. DRP. 221 215, Cassella, Frankfurt a. M. 1909.

Indophenol aus Carbazol + Nitrosophenol (Homologe, Substitutionsprodukte usw.).

144 Na_2S + 93 S + 40 Base mit 22 NaOH von 20° Bé angerührt + 14 $CuSO_4$ 18 Std. Rückfluß 125°. Mit Salzwasser verreiben. Aus Na_2S-Lösung umlösen, Luft fällen.

Färbt volle, blauschwarze, sehr chlorechte Nuancen (Indocarbon S, SF).

Abhäng. Pat.: F. P. 413 755.

342. DRP. 295 300, Meister, Lucius u. Brüning, Höchst.

Indophenolsulfosäuren aus (N - Alkyl-) Carbazol und Nitroso- (Amino-) Phenol.

Polysulfidschmelze.

10 Indophenolsulfosäure + 30 Na_2S + 16,5 S + 15 H_2O, 48 Std. unter Rückfluß kochen.

Färbt blau. Der Farbstoff aus nicht alkylierter Indophenolsulfosäure färbt rotstichiger.

343. DRP. 293 577, Cassella, Frankfurt a. M.

Leukoindophenolsulfosäuren aus den p - Nitrosophenol- Carbazol- (N - Alkyl-, N - Arylcarbazol-) Indophenolen und neutralen oder sauren Sulfiten.

Polysulfidschmelze.

22 Na_2S + 42 S + 90 Spiritus einige Stunden unter Rückfluß kochen + 18 Leuko-4′-oxyaryl-3-aminocarbazolmonolsulfosäure des DRP. 267 335, etwa 50—60 Std. unter Rückfluß kochen. Aus geschiedenen Farbstoff mit Na_2S-Lösung + Kochsalz vom S befreien.

Färbt tiefblau. Gut löslich; wasch-, licht-, chlorechte Färbungen. Der Farbstoff aus dem Nitrosophenol-N-Methylcarbazolindophenol (Sulfitbehandlung) färbt rein grünblau.

344. DRP. 268 891, Meister, Lucius u. Brüning, Höchst. 1912.

Ausgangsmaterialien wie Nr. 334.

Schmelze mit Kaliumhydrosulfid.

40 Tl. Farbstoff als Paste + 120 KSH gelöst in 600 H_2O, längere Zeit kochen, mit Säure fällen.

Färbt wie Nr. 334.

Abhäng. Pat.: Zusatz zu DRP. 264 044 (Nr. 334).

345. DRP. 264 044, Meister, Lucius u. Brüning, Höchst. 1911.

Die z. B. nach DRP. 222 640, 224 590, 224 591 erhaltbaren Küpenfarbstoffe aus Carbazolen und Nitrosophenol (besonders die N - Alkylprodukte).

Behandeln mit konz. Schwefelsäure.

100 trockenen Farbstoff + 3000 konz. H_2SO_4, kalt rühren, auf Eis gießen.

Färbt blau bis schwarz aus Na_2S-Lösung.

Abhäng. Pat.: Zusatz zu DRP. 268 891 (Nr. 333), 296 169 (Nr. 335).

346. DRP. 296 169, Meister, Lucius u. Brüning, Höchst.

Ausgangsmaterial wie bei Nr. 334.

H_2SO_4 konz. (Oleum, Chlorsulfonsäure).

20 Farbstoff des DRP. 224 591 + 200 Chlorsulfonsäure kalt anrühren, nun jedoch auf 80° anwärmen, 1 Std. bei 80—90° halten, auf Eis gießen, neutral waschen, wobei der Farbstoff in Lösung geht und im Filtrat ausgesalzen wird.
Färbt rotstichig blau, wird beim Seifen klarer, ist chlorechter als der Ausgangsfarbstoff.
Abhäng. Pat.: Zusatz zu DRP. 264 044 (Nr. 334).

Die DRP. 222 640, 224 590, 224 591, 227 323, 235 364 und 238 857 beziehen sich auf Indophenole aus Carbazolderivaten (Halogenderivate d. Carb.: DRP. 235 836 und F. P. 427 900; Überführung der schwefelhaltigen Farbstoffe in Bisulfitverbindungen: Anmeldung C. 20 112, Cassella vom 9. Dezember 1910) und Nitrosophenol. Die resultierenden schwefelhaltigen Farbstoffe sind nur bei niederer Schwefelung Schwefelfarbstoffe, höher geschwefelt aber Küpenfarbstoffe, · die in Na$_2$S unlöslich sind und hier nicht in Betracht kommen.
Vgl. die Angaben in DRP. 235 364, ausgegeben am 12. Juni 1911.

347. Anmeldung A. 19 131, Akt.-Ges. Berlin. 1911.
Kondensationsprodukt von Thiodiphenylamin (N-alkylierte oder nicht alkylierte Thiodiarylamine) + Nitrosophenol.
72 Na$_2$S + 60 S + 250 Alkohol + 15 Substanz 48 Std. Rückfluß.
Färbt grünblau.

348. Österr. Anmeldung A. 9836, Kl. 22 a, 1. Österr. Sodafabrik Hruschau und E. Kraus, Mährisch-Ostrau. 1910.
Sulfosäure, die man durch Einwirkung neutraler Sulfite auf das Indophenol aus Diphenylamin + Nitrosophenol erhält.
Polysulfidschmelze.
Färbt blau.

6. Indokörper mit Naphthalinderivaten als Komponenten.

(Siehe auch DRP. 132 212, Nr. 300.)

349. DRP. 131 999, Société anonyme, St. Denis. 1899.
Indophenol aus p-Phenylendiamin + α-Naphthol.
15 S + 10 Indophenol bei 130—140° eintrocknen. 4 Std. allmählich auf 200°. Gemahlen, mit Na$_2$S eindampfen und auf 200—250° erhitzen (kräftige Reaktion).
Färbt oxydativ fixiert: 1% violettgrau, 20% tiefschwarz.
Abhäng. Pat.: E. P. 7349/1899; F. P. 287 518; A. P. 665 547.

350. DRP. 179 839, Chr. Ris, Düsseldorf. 1905.
Indophenol aus α-Naphthol + p-Aminodimethylanilin.
40 Na$_2$S + 15 S + 25 Substanz 115° Rückfluß. Das Leukoindophenol scheidet sich als Öl aus, bleibt ungelöst, reagiert aber während der Schmelzdauer (8—10 Std) unter H$_2$S-Entwicklung. Die Homologen geben meist trübere p-Phenylen- und m-Toluylendiamin, z. B. dunkelviolette Farbstoffe. Mengen und Bedingungen (Autoklav-Alkohol-Glycerinschmelze) variabel, Temperatur aber nicht über 160°.
Färben sehr licht-, wasch- und alkaliecht, absolut säureunecht. Violett bis blau.
Kleine kupferglänzende Prismen aus Benzol. — Die Farbstoffe besitzen noch Indophenolcharakter, sind durch Säuren spaltbar.
Abhäng. Pat.: E. P. 17 540/1905; F. P. 357 587; A. P. 821 378.

351. A. P. 778 478, K. Elbel, auf Kalle, Biebrich. 1904.
Indophenol aus Monochlor-α-naphthol + Dimethyl-p-phenylendiamin.
Polysulfidschmelze.
Färbt echte grünliche Indigotöne.

352. Anmeldung F. 28 289 und Zusatzpatent, Bayer, Elberfeld. 1910.

Indophenole aus Aryl - α - naphthylamin + p' - Aminophenol.
Färbt grün.
F. P. 30 562 vom 25. August 1910, ausgelegt 25. Oktober 1911.

353. DRP. 246 020, Bayer, Elberfeld. 1912.

Indophenole aus Aryl - 1 - naphthylaminen + p - Aminophenol.
Polysulfidschmelze mit Kupferzusatz.
Färbt grün, gelb- bis blaustichig, sehr kochecht.
Abhäng. Pat.: Zusatz zu DRP. 259 519.

354. DRP. 181 987, Akt.-Ges. Berlin. 1901.

Verschiedene Indophenole: 1. α - Naphthylamin + p - Aminophenol, 2. letzteres mit Äthyl-o-toluidin, 3. mit Äthyl-α-naphthylamin, 4. mit 1, 2 - Naphthylaminsulfosäure.
25 Na_2S + 13 S + 5 Substanz + 50 Alkohol 24 Std. im Wasserbade sieden. Auch in H_2O-Lösung ausführbar.
Färbt blau. Oxydation: H_2O_2 reinblau.
Abhäng. Pat.: E. P. 22 734/1901; F. P. 315 669 Zusatzpatent.

355. Anmeldung A. 9948, Akt.-Ges. Berlin. 1903.

Indophenol aus α - Naphthylamin (oder aus seiner Sulfosäure) + p - Aminophenol (Homologe und Derivate).
50 Na_2S + 20 S + 10 Substanz + 5 $CuSO_4$ 20 Std. Rückfluß. Mit Luft fällen.
Färbt grün.
Abhäng. Pat.: E. P. 11 003/1903; F. P. 332 104; A. P. 741 030.

356. DRP. 259 519, Bayer, Elberfeld. 1910.

Indophenole aus Mono- oder Dialkyl - 1 - naphthylamin + p - Aminophenol.
Polysulfidschmelze mit Kupferzusatz.
34,7 Leukoindophenol aus Monoäthyl-1-naphthylamin- und 2, 6-Dichlor-4-amino-1-phenol + 136 Na_2S + 32 S + 7 $CuSO_4$ auf 105° erhitzen.
Färbt grün. Farbstoff löslicher als jener des Hauptpatentes. Kochechter, reiner, stärker als die Färbungen der DRP. 133 481, 134 947 und 162 156.
Abhäng. Pat.: Zusatz zu DRP. 246 020.

357. DRP. 187 823, Griesheim-Elektron. 1905.

Indophenol aus naphthylierten Arylsulfamiden, z. B. Naphthyl-p-tolyl- oder -benzoylsulfamid + p - Aminophenol und seinen Chlorderivaten.
168 Na_2S + 67 S + 8 $CuSO_4$ oder 2 Kupferbronze + 46 Substanz 20 Std. 120°.
Färbt sehr waschecht grün, löslicher als A. P. 741 030.
Abhäng. Pat.: E. P. 23 864/1906; A. P. 843 156.

358. DRP. 162 156, Sandoz, Basel. 1904.

Indophenol aus Phenyl- bzw. Tolyl - 1 - naphthylamin - 6, 7 oder 8 - monosulfosäure + p - Aminophenol (dessen Homologe und Derivate nicht in Betracht kommen).
100 Na_2S + 40 S + 100 H_2O + 40 Substanz 20 Std. 120°. Der größte Teil des Farbstoffes ist dann als bronzige Masse abgeschieden. Kupferzusatz (15% Cu-Pulver) erzeugt sehr rein gelbgrüne Nuancen.
Färbt grün.
Abhäng. Pat.: E. P. 11 863/1904; F. P. 343 377, 350 083; A. P. 776 885.

359. Anmeldung A. 8471, Akt.-Ges. Berlin. 1901.

Indophenol aus p - Aminophenol + 1, 2 -, 1, 6 - oder 1, 7 - Naphthylaminsulfosäure.

25 Na₂S + 13 S + 5 Substanz als Paste. Rückfluß 24 Std. Wasserb.
Die Farbstoffe scheiden sich meist krystallinisch aus.
Färbt dunkelgrünblau. Oxydation (H_2O_2): blau. — Nach dem franzö-
sischen Zusatzpatent vom 11. November 1901 wird in alkoholischer
Lösung gearbeitet.
Abhäng. Pat.: E. P. 22 385/1901, 22 734/1901; F. P. 315 669 und Zusatz-
patent; A. P. 756 403.

360. DRP. 342 351, Bayer, Elberfeld.

Indophenol aus p-Aminophenol + (N-Alkyl-) Tetra-
hydro-1-naphthylamin.
Polysulfidschmelze.
Färbt blau.

361. DRP. 254 328, Bayer, Elberfeld. 1911.

Indophenole aus cyclischen Harn- und Thioharnstoffen
des 1,8-Naphthylendiamins + p-Aminophenol (-deri-
vaten).
Polysulfidschmelze, evtl. mit Kupfer.
140 Na₂S + 56 S + 37,6 Leukoindophenol aus dem Thioharnstoff des
1, 8-Naphthylendiamins + Dichloraminphenol + 15 CuSO₄ + 26 NaOH
(33 proz.) + 150 Tl. Alkohol 48 Std. unter Rückfluß.
Färbt grünblau (ohne Cu) bis gelbstichig grün (mit Cu), sehr koch-,
licht- und überfärbecht.

362. A. P. 802 049, Levinstein u. Neef, Manchester. 1904.

Kondensationsprodukt von Nitrosophenol + Clevesäure
zum Indophenol und reduziert zur Base.
Polysulfidschmelze.
Färbt grünlichblau.

363. DRP. 272 843, Meister, Lucius u. Brüning, Höchst. 1911.

Indophenolsulfosäuren aus Benzidin und Naphthylamin-
sulfosäuren + p-Amino-(Nitroso-)Phenol.
Polysulfidschmelze, evtl. mit Kupfer.
100 Indokörper aus p-Aminophenol und dem Kondensationsprodukt von
Benzidin und 1,8-Naphthylaminsulfosäuren + 800 Na₂S + 500 S
+ 50 CuSO₄ 30 Std. unter Rückfluß erhitzen.
Färbt grün (mit Cu), blau bis grünblau (ohne Cu), waschechter als der
Farbstoff des DRP. 162 158. Lichtecht.

364. Anmeldung A. 20 316, Akt.-Ges. Berlin. 1911.

Indophenol aus Perimidin + p-Aminophenol oder seinen
Derivaten (2, 6-Dichlor-p-aminophenol).
40 Na₂S (22%) + 13 S + 17,1 Substanz in alkoholischer Lösung 60 Std.
Rückfluß. Glycerin oder andere Lösungsmittel auch anwendbar.
Färbt dunkelgrüne sehr echte Töne.
Perimidin [Ringgeb., Kondensationsprodukte von 1, 8-Naphthylen-
diamin mit Aldehyden, Ketonen (DRP. 122 475), Säuren u. dgl.]:
Ann. **365,** 53ff.; Ber. **42,** 3674ff.
(Ausgelegt den 4. September 1911.)

365. A. P. 1 209 580.

Indophenole aus p-Aminophenol oder Chinonchlorimid
und heterocyclischen Derivaten des 1, 8-Naphthylen-
diamins.
Polysulfidschmelze.
Färbt volle grüne Töne.

366. DRP. 241 909, Akt.-Ges. Berlin. 1911.

Indophenole aus Perimidin + p-Aminophenol (Chinonchlorimid).

Polysulfidschmelze, evtl. bei Gegenwart eines Lösungsmittels.
Färbt echte grüne Töne.
Abhäng. Pat.: Zusatz zu DRP. 255 823.

367. DRP. 255 823, Akt.-Ges. Berlin. 1911.

Ausgangsmaterial wie Nr. 355.
Polysulfidschmelze mit Kupfer.
Der Kupferzusatz bewirkt eine Verschiebung des Farbtones nach Oliv-
grün. Die Färbungen sind waschechter als jene des Hauptpatentes.
Abhäng. Pat.: Zusatz zu DRP. 241 909.

7. Indophenolthiosulfosäuren.

368. DRP. 120 560, Clayton Co., Manchester. 1898.

1. p-substituierte Benzolderivate (p-Aminophenol, p-Phenylendiamin,
Hydrochinon usw.) werden bei Gegenwart von Thiosulfat zu Thiosulfosäuren oxydiert, diese oxydiert man 2. weiter mit der 2. Komponente (o- oder p-Aminophenol, Phenylen- oder Toluylendiamin zu
chinoiden Zwischenkörpern, die 3. durch Kochen in saurer Lösung
in die Farbstoffe verwandelt werden.
Färben schwarze braune und Nuancen.
Abhäng. Pat.: E. P. 21 832/1898; F. P. 288 465; A. P. 641 587—589.

369. DRP. 127 856, Clayton Co., Manchester. 1898.

Die drei Operationen des Hauptpatentes werden a) in zwei vereinigt:
die zur Bildung der Indokörper befähigten Komponenten werden
in Lösung bei Gegenwart von Thiosulfat zusammen oxydiert und in
der zweiten Operation mit Säure zum Farbstoff verkocht oder b) in
eine Operation, indem man vom fertigen Indokörper ausgeht und
diesen oder seine Leukoverbindung bei Gegenwart von Thiosulfat
oxydiert, um die gebildeten Polythiosulfosäuren sofort sauer zum
Farbstoff zu verkochen.
Färben blau, grün, bräunlichviolett bis braunschwarz.
Abhäng. Pat.: Zusatz zu DRP. 120 560. — E. P. 21 832/1898; A. P.
641 953, 641 587—589.

370. DRP. 128 916, Clayton Co., Manchester. 1899.

Statt der Körper des Hauptpatentes werden ihre Homologen, Derivate usw., die zur Bildung von Indokörpern befähigt sind, verwendet.
Z. B. p-Diamine und ihre Di- oder Tetrathiosulfosäuren, als 1. Komponenten mit o-Toluidin, Anisidin, Chloranilin, Kresol, Resorcin usw.;
als 2. Komponenten, und zwar in einer Operation ohne, oder in zwei
Operationen mit Isolierung der Zwischenkörper.
Färbt schwarz.
Abhäng. Pat.: Zusatz zu DRP. 120 560. — E. P. 5039/1899; A. P.
641 589, 641 953, 641 954.

371. DRP. 130 440, Clayton Co., Manchester. 1900.

Ein Teil der 1. Komponente des Hauptpatentes wird ersetzt a) durch
Körper, die mit der 2. Komponente identisch; b) von ihr verschieden
sind; c) durch Körper, die mit der 1. Komponente Indokörper zu
bilden vermögen; d) durch die Indokörper selbst oder ihre Leukoverbindungen. Statt der so erhaltenen 2. Komponente kommen auch
ihre Thiosulfosäuren zur Anwendung.
Färben meist blau, violett oder grünschwarz.
Abhäng. Pat.: Zusatz zu DRP. 120 560. — E. P. 22 460/1898.

372. DRP. 127 440, Clayton Co., Manchester. 1899.

Bei Anwendung geringerer Mengen Thiosulfat, als zur Bildung der Dithiosulfosäuren nötig ist, vollzieht sich die Farbstoffbildung beim
sauren Verkochen (vermutlich über die Monothiosulfosäuren) am
besten in einer Operation zu vorzugsweise braunen Farbstoffen.

Färben braun, violettbraun, schwarzbraun.
Abhäng. Pat.: Zusatz zu DRP. 120 560. — E. P. 5039/1899; A. P.
641 953, 641 954.

373. Anmeldung C. 8528, Clayton Co., Manchester. 1899.

Man verwendet statt der p-Benzolderivate des Hauptpatentes o-Derivate
(o-Phenylendiamin, Triaminobenzol usw.). Man bildet auch hier durch
die Oxydation mit Chromat bei Gegenwart von Thiosulfat zunächst
die Thiosulfosäuren, oxydiert mit der 2. Komponente weiter zum
chinoiden Körper und kocht mit Schwefelsäure zum Farbstoff um.
Färbt braun. Oxydation: dunkler, aber echter.
Abhäng. Pat.: Zusatz zu DRP. 120 650. — E. P. 18 658/1899; A. P.
641 953.

374. DRP. 135 563, Badische, Ludwigshafen. 1901.

Mon-o-dialkylierte Indaminthiosulfosäure, z. B. das Indamin aus m-Phenylendiamin + p-Aminomonomethyl-o-
toluidinthiosulfosäure, oder die aus ihnen entstehenden
Thiazine.
700 Na$_2$S + 300 Substanz (Preßkuchen) lösen, nach $^1/_4$ Std. + 100 S
24 Std. Rückfluß, bis eine Probe Chloroform nicht mehr rot färbt.
In Wasser lösen, mit Luft fällen.
Färbt Violett. — Färbt im Na$_2$S-Bade schon kalt (besser bei 40°) sehr
echte, violettblaue Töne. Gedämpft: röter, ebenso andere Oxydationsmittel (H$_2$O$_2$, Chromat). Mit Nitrodiazobenzol geht die Faserfärbung
in Violettschwarz über. Diazotiert und entwickelt entstehen dunklere
Töne.

375. DRP. 153 361, Badische, Ludwigshafen. 1902.

Indophenolthiosulfosäuren aus aromatischen Alkyl-p-di-
aminothiosulfosäuren + Phenol oder die entsprechenden
Thiazine (Methylenviolett).
240 Na$_2$S + 85 Phenol (oder Phenolalkali) bei 136° + 60 Methylenviolett
+ 60 S rasch eintragen, 142° Rückfluß, bis Substanz verschwunden
ist. Mit Luft oxydieren, mit Salz fällen (in der Wärme).
Indigoähnliches Pulver.
Färbt blau, am besten kalt, auch in der Küpe farbbär. Oxydation:
keine Nuancenänderung, aber echter.
Abhäng. Pat.: E. P. 4024/1901, 19 440/1901; F. P. 328 063; A. P. 755 428.

376. Anmeldung B. 60 984, Badische Ludwigshafen. 1911.

Wie vorstehendes Patent (DRP. 153 361).
Mindestens Na$_2$S$_5$ bis Na$_2$S$_8$.
(Ansatz wie Nr. 291) alkoholische oder wässerige Rückflußkühler-
schmelze.
Färbt blau. — Färbt aus der Hydrosulfitküpe hervorragend echte blaue
Töne.
Veröffentlicht 3. August 1911.

Anmeldung B. 32 278, Badische, Ludwigshafen. 1907.
Siehe Gruppe IV, Nr. 306.

377. Anmeldung B. 28 701, Badische, Ludwigshafen. 1901.

Indophenolthiosulfosäuren oder die aus ihnen erhaltenen
Thiazine (Methylenviolett).
120 Na$_2$S + 50 S + 50 H$_2$O + 40 Substanz. Einige Stunden 125°. Mit
Luft fällen.
Färbt blau. — The Complete Specification der zugehörigen E. P. ent-
hält sehr genaue Vorschriften zur Herstellung der Farbstoffe.
Abhäng. Pat.: E. P. 4024/1901; F. P. 308 557 und Zusatzpatent; A. P.
679 199.

378. Anmeldung B. 30 050, Badische, Ludwigshafen. 1901.

Indophenolthiosulfosäuren oder die aus ihnen erhaltenen Thiazine (Methylenviolett).
Polysulfidschmelze in alkoholischer Lösung.
Färbt blau. H_2O und Soda wenig löslich. — Färbt aus kaltem Na_2S-Bade, aber auch bei Gegenwart von Traubenzucker aus NaOH-haltigem Bade. Nitrodiazobenzol-Nachbehandlung bewirkt grünere Töne.
Abhäng. Pat.: Zusatz zu Anmeldung B. 28 701. — E. P. 4024/1901; F. P. 308 557.

379. DRP. 167 012, Badische, Ludwigshafen. 1905.

1. Benzochinon und seine Halogenderivate. 2. Schweflungsmittel (H_2S, Thiosulfat, Na_2S, CNSK usw.). 3. Mono- und asymmetrisch dialkylierte p-Diaminthiosulfosäuren (oder ein Gemenge von Thiosulfat und Diamin) werden in Wechselwirkung gebracht. Dabei entsteht geschwefeltes Hydrochinon, das abgeschieden, oder in Lösung direkt mit der Diaminthiosulfosäure zur Bildung des Methylenblauzwischenproduktes in Reaktion gebracht wird. Die entstehenden Produkte werden durch Behandeln mit alkalischen Flüssigkeiten in die Farbstoffe bzw. ihre Leukoverbindungen übergeführt.
Z. B. Farbstoff aus der Thiosulfosäure des 2, 6-Dichlorchinons + Dimethyl-p-phenylendiaminthiosulfosäure bildet ein violettes Pulver. Küpt in Na_2S blau.
Färben alle kalt blau, heiß grün. — Die weiteren Beispiele der Farbstoffbildung siehe Originalpatent.
Abhäng. Pat.: E. P. 15 763/1905; F. P. 357 600; A. P. 820 501.

380. DRP. 178 940, Badische, Ludwigshafen. 1905.

Man stellt zuerst die Thioderivate der Hydrochinone dar, und bringt sie in Wechselwirkung mit den mono- und asymmetrisch dialkylierten p-Diaminthiosulfosäuren. Dithiohydrochinone führen zu grün-, Monothioderivate zu rotstichig-blauen Farbstoffen.
Färbt blau bis blaugrün.
Abhäng. Pat.: Zusatz zu DRP. 167 012. — E. P. 15 763/1905; F. P. 357 600.

381. DRP. 179 225, Badische, Ludwigshafen. 1905.

Das Verfahren des Hauptpatentes wird dahin abgeändert, daß die Einwirkungsprodukte von Chinon und z. B. Thiosulfat oder die fertig gebildeten Hydrochinonthioderivate (erhalten nach DRP. 175 070) mit p-Diaminthiosulfosäuren bei Gegenwart milder Kondensationsmittel in Wechselwirkung gebracht werden, so daß dem Molekül der saure Thiorest erhalten bleibt und die Farbstoffe aus saurem Bade Wolle, aus alkalischem Baumwolle direkt anzufärben vermögen.
Z. B. Farbstoff aus Dimethyl-p-phenylendiaminthiosulfosäure + Dichlorhydrochinonmonothiosulfosäure: krystallisiert erhaltbar; Na_2S: Küpe.
Färbt blau bis blaugrün.
Abhäng. Pat.: Zusatz zu DRP. 167 012. — E. P. 15 763/1905; F. P. 357 600.

382. DRP. 140 964, Clayton Co., Manchester. 1902.

Oxydationsprodukt von 21 Phenol-o-disulfid + 36 Dimethyl-p-phenylendiaminthiosulfosäure in je 1400 H_2O + 5 bzw. 25 Soda mit 350 Tl. Na-Hypochlorit (19 Tl. aktivem Chlor entsprechend) bei gewöhnlicher Temperatur. Die blaugrüne Lösung auf 70° erhitzt gibt einen voluminösen blauen Niederschlag. Aus der neutralisierten Lösung wird der Farbstoff mit Salz gefällt (evtl. vorsichtig trocknen).
Färbt blau. Na_2S: kalt leicht blau löslich, erwärmt Küpe. — Färbt direkt licht-, walk-, säure- und alkaliecht.
Abhäng. Pat.: E. P. 11 163/1901.

383. E. P. 9969/1902, Basler Chem. Industriegesellschaft. 1902.

Indophenole z. B. aus p - Aminodimethylanilin oder seiner
Thiosulfosäure und Phenol.

40 Na_2S + 5 S + 10 Substanz. Druckschmelze oder am Rückflußkühler
bei 120° und höher verschmelzen.

Tiefblaue Pulver, die in Na_2S je nach der Schwefelung röter oder grüner
blau löslich sind.

Färbt blau.

V. Gruppe: Azine.

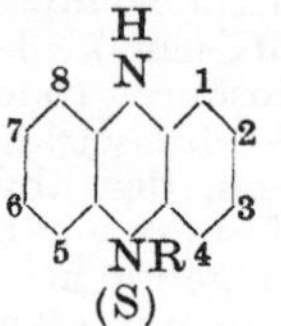

R = H subst. oder nicht
subst. Phenyl, Alkyl usw.

1. Thiazine.

384. DRP. 153 361, Badische, Ludwigshafen. 1902.

Thiazin. Siehe Gruppe VI, Nr. 364.

385. DRP. 138 255, Badische, Ludwigshafen. 1901.

Methylenviolett und Analoga.

Trithiokohlensäure.

90 Na_2S + 240 Alkohol + 45 CS_2 geschüttelt + 26 Substanz, gelöst in
300 Alkohol, Rückfluß, bis Substanz verschwunden. Alkohol abdestilliert. Auch in geschlossenen Gefäßen bei 120°. Wasser statt
Alkohol führt leicht zu dem blauen Farbstoff der Anmeldung B. 28 701,
siehe Nr. 366.

Färbt grünblau. — Der Diäthylfarbstoff ist sehr ähnlich.

Abhäng. Pat.: E. P. 6987/1902; F. P. 319 965; A. P. 750 113.

386. DRP. 141 461, Badische, Ludwigshafen. 1901.

Methylenviolett oder die blauen Farbstoffe der beiden Anmeldungen B. 28 701 und B. 30 050 (Nr. 366 und 367), die Farbstoffe des F. P. 308 557 (Dezember - Zusätze), die aus Di-
methylaminoindophenolthiosulfosäuremitalkoholischem
Na_2S_4 entstehen.

Trithiokohlensäure.

100 entwässertes Na_2S_4 in 600 Alkohol + 40 Farbstoff aus Methylenviolett + 50 CS_2, Rückfluß, bis der blaue Farbstoff verschwunden
ist. Luft fällen.

Färbt grün. Wie Hauptpatent.

Abhäng. Pat.: Zusatz zu DRP. 138 255. — E. P. 6987/1902; F. P.
319 965; A. P. 750 113.

387. DRP. 141 358, Badische, Ludwigshafen. 1902.

Methylenviolett.

700 Oleum oder Monohydrat, Chlorsulfonsäure usw. bei 10° + 100 Substanz und innerhalb 2 Std. + 100 Chlorschwefel 30—35°, bis Methylenviolett verschwunden ($CHCl_3$ Probe). Eis, NH_3 neutralisieren,
Luft fällen.

Färbt violettblau, am besten kalt. Oxydation: keine Nuancenänderung,
erhöht Echtheit.

Abhäng. Pat.: E. P. 15 600/1902; F. P. 322 784; A. P. 777 323.

388. DRP. 141 357, Badische, Ludwigshafen. 1902.

Der blauviolette Farbstoff DRP. 141 358 aus Methylenviolett + Chlorschwefel.

100 Na_2S + 30 Substanz lösen + 30 S bei 170° rasch eintrocknen oder Rückfluß 3—4 Std. 110—115°, bis Ausgangsmaterial verschwunden.

Färbt kalt oder heiß sehr echte blaue Töne. Oxydation: klarer; die Nuancen werden mehr oder weniger verändert.

Abhäng. Pat.: E. P. 15 600/1902; F. P. 322 784; A. P. 777 323.

389. DRP. 247 648, Badische, Ludwigshafen. 1911.

Methylenviolett oder Indophenolthiosulfosäure (Mercaptan usw.) aus Dialkyl-p-phenylendiaminthiosulfosäure + Phenol. Besonders die in o-Stellung zum Chinonsauerstoff mono- und dichlorierten Abkömmlinge.

Alkoholische oder wässerige Rückflußkühlerschmelze mit Polysulfid (mindestens Na_2S_5 bis Na_2S_8).

Färbt blau. Gegenüber E. P. 4024/1910 wasch-, potting-, überfärbe-, chlor-, lichtechter.

390. DRP. 266 568, Akt.-Ges. Berlin. 1912.

Die den Oxarylaminen des DRP. 261 651 entsprechenden Thiazine.

Polysulfidschmelze mit Kupfer evtl. unter Druck oder mit Lösungsmitteln.

175 Na_2S in 350 H_2O + 60 S + 30 p - Oxythiodiphenylamin 50—100 Std. unter Rückfluß.

Färbt braun, chlorecht.

Abhäng. Pat.: Zusatz zu DRP. 261 651.

391. DRP. 99 039, Vidal.

Thiazine (Tetraphentrithiazin).

Siehe Gruppe VI, Abteil. 5.

392. DRP. 256 390. Badische, Ludwigshafen.

Siehe Gruppe IV, Abteil. 5.

2. Phenazinderivate.

393. DRP. 120 561, Akt.-Ges. Berlin. 1899.

3 - Oxy - 6 - aminophenazin - 2 - sulfosäure.

85 Na_2S + 35 S + 25 Substanz als Na-Salz allmählich 165° eintrocknen. Direkt verwenden oder H_2O lösen, Salz fällen.

Red. Zinkstaub: Küpe.

Färbt schwarz.

Abhäng. Pat.: 7333/1900; F. P. 299 532.

394. Anmeldung A. 6872, Akt.-Ges. Berlin. 1899.

3 - Oxy - 6 - aminophenazin.

Längere Zeit mit Na_2S+S auf 145°, bei 160—170° erhitzen, schließlich eintrocknen, evtl. H_2O lösen, Salz fällen.

Färbt schwarz.

Abhäng. Pat.: F. P. 299 531.

395. DRP. 126 175, Cassella, Frankfurt a. M. 1900.

1. 3 - Oxy - 6 - aminophenazin;
2. 3 - Oxy - 6 - aminophenazinsulfosäure;
3. 3 - Oxy - 6 - aminophenazincarbonsäure;
4. 1 - Methyl - 3 - amino - 6 - dimethylaminophenazin (s. Toluylenrot);
5. 3, 6 - Dioxy - N - phenylazin : Safranol;
6. 3, 6 - Dioxy - N - äthylphenazin : Äthosafranol;
7. 3 - Amino - 6 - oxy - N - phenylazin (Phenosafraninon); seine Sulfo- und Carbonsäuren.

50 Na$_2$S + 20 S + 10 H$_2$O + 10 Substanz 140—150°, bis in H$_2$O schwarzviolett löslich, bei 170° eintrocknen. Auch in geschlossenem Gefäß oder Rückfluß.

Färben 1., 2. 3., 4. braunviolett, 5. blau-, 6. 7. rötlich violett (Immedialmarron u. a.). Oxydation: CuSO$_4$ 1. trüber, 7. wieder blauer.

E. P. 14 836/1900; F. P. 303 107; A. P. 701 435.

396. E. P. 24 008/1906. Levinstein (J. Hirschberger, D. Maron). 1906.

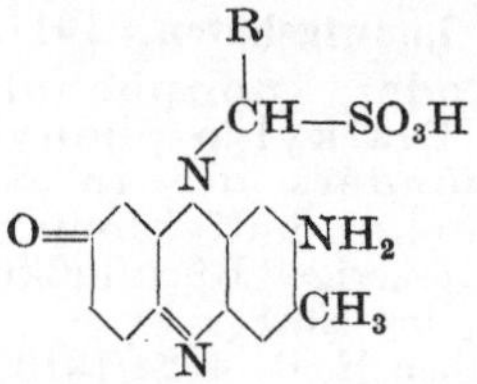

$$\underset{\displaystyle N}{\overset{\displaystyle R \atop CH\!-\!SO_3H}{\big|}}$$

R = Wasserstoff.
Aryl oder Alkyl

Aminooxytolazin sulfoaryliert (aus dem Kondensationsprodukt von Nitrosophenol + der Toluylendiaminaldehydbisulfitverbindung.

110 Na$_2$S + 50 S + 20 Substanz + 14 CuSO$_4$ in 40 H$_2$O 10 Std. 120°. Färbt rötlich; echte Töne.

397. E. P. 17 749/1907, Levinstein (Hirschberger, Maron). 1907.

Aminooxyphenazin.

110 Na$_2$S + 50 S + 66 H$_2$O + 20 Substanz + 8 Cobaltsulfat (oder Nickelsalze) in 16 H$_2$O 15 Std. 120°. Ähnlich die Farbstoffe aus Äthylsafranion usw.

Färbt rötlich. Die Farbstoffe sollen echter und röter sein als jene ohne Co- und Ni-Salze.

398. DRP. 208 109, Cassella, Frankfurt a. M. 1907.

2 - Methyl - 3 - amino - 6 - oxyphenazin.

42 Na$_2$S (100%) + 80 S + Azin aus 15,8 p - Aminophenol 20 Std. 135° eintrocknen.

Färbt klar rotbraun. Nuancen als Ersatz für Naturcatechu. Oxydation: sehr echte gelbstichig rotbraune Töne, zum Unterschied von DRP. 126 175 und 171 177.

Abhäng. Pat.: E. P. 19 548/1907; F. P. 382 412; A. P. 866 939.

399. E. P. 19 548/1907, Bayer, Elberfeld. 1907.

2 - Methyl - 3 - amino - 6 - oxyphenazin.

42 Na$_2$S als 20proz. Lösung + 80 S + Azin aus 15,8 Aminophenol und 18 m-Toluylendiamin 20 Std. Rückfluß 135°.

Färbt rotbraun. — Färbt auch ohne Kupfer, unter diesen Bedingungen verschmolzen, ein klares Rotbraun.

400. DRP. 171 177, Meister, Lucius u. Brüning, Höchst. 1905.

1. 3 - Amino - 6 - oxyphenazin; 2. 3 - Amino - 2 - methyl - 6 - oxyphenazin; 3. 3 - Amino - 6 - oxy - N - phenylazin; 4. 3, 6 - Dioxy - N - phenylazin; 5. 2 - Methyl - 3 - amino - 6 - oxy - N - äthylazin.

83 Na$_2$S + 38 S + 7 CuSO$_4$ + 15 H$_2$O 120—140°. Direkt verwenden oder umlösen. Mengen, Zeiten, Temperaturen, Bedingungen (Rückfluß usw.) variabel. Am NH$_2$-Stickstoff alkylierte Produkte geben blauere Farbstoffe. Höher erhitzt resultieren trübere, aber echtere Farbstoffe.

Färben 1. 2. dunkelrot, 3. 4. violettrot, 5. Bordeauxrot. — Der Einfluß des Kupfers äußert sich besonders in der Zunahme der Lichtechtheit. Abhäng. Pat. F. P. 361 608; A. P. 818 980.

401. DRP. 177 709, Meister, Lucius u. Brüning, Höchst. 1905.

Phenosafranin (ebenso verwendbar ist auch Tolusafranin).

$550\,Na_2S + 250\,S + 100$ Substanz $+ 100\,CuSO_4$ 145° Rückfluß 60 bis 100 Std. Setzt man der Schmelze Soda zu, so erhält man blauere trübere Produkte.

Färbt rötlich bis violett.

Abhäng. Pat.: Zusatz zu DRP. 171 177.

402. DRP. 179 021, Meister, Lucius u. Brüning, Höchst. 1905.

Jene des Hauptpatentes.

Zunächst: $83\,Na_2S + 37,5\,S + 15$ Azin als salzsaures Salz gibt die Farbstoffe des DRP. 126 175. Nunmehr: Farbstoff $+ 30\,Na_2S + 10\,S + 7\,CuSO_4$ längere Zeit 110°. Die Farbstoffe sind identisch mit jenen des Hauptpatentes.

Färbt rötlich bis violettrot. Wie Hauptpatent.

Abhäng. Pat.: Zusatz zu DRP. 171 177.

403. DRP. 222 418, Meister, Lucius u. Brüning, Höchst. 1908.

N - Acetaminophenyl - 3, 6 - diaminoazin = p - Acetaminosafranin und Homologe.

$60\,Na_2S + 30\,S + 13$ Substanz $+ 5\,CuSO_4 + 10\,H_2O$ 20   Std.   120°; Salzsäure fällen.

Färbt blauviolett. — Echter und farbstärker als die Farbstoffe aus den einfachen Safraninen, klarer als jener des F. P. 387 238 = Anmeldung A. 14 673.

404. DRP. 147 990, Badische, Ludwigshafen. 1901.

Azine ohne OH - Gruppen, z. B.: Toluylenrotbase; ihre Sulfosäure, Neutralviolett, 3, 6 - Diamino - 2 - methylazin.

Wenn alkaliunlöslich, zuerst S allein.

$625\,S + 250$ Rotbase bei 180° eintragen, dann noch mehrere Stunden auf 230°. Auf 180° abgekühlt $+ 1875\,Na_2S$ eintrocknen.

Färbt braun. Sehr echte, egalfärbende, rotstichig braune Farbstoffe. Oxydation: H_2O_2 röter. Nitrosamin: gelber. Cr $+$ Cu: echter, ohne die Nuance zu ändern.

405. DRP. 181 125, Meister, Lucius u. Brüning, Höchst. 1905.

N-alkylierte Aminooxyphenyl- oder -tolylazine, ferner die halogenhaltigen Azine, die bei der Verwendung von Chloraminophenolen bei der Azinbildung entstehen.

$55\,Na_2S + 25\,S + 10$ Substanz 110—135° Rückfluß. Auch in Alkohol mit oder ohne Druck, bei Verwendung von wasserfreiem oder wasserarmem Na_2S_4.

Färben klare bordeauxrote Töne, bei höheren Schmelztemperaturen entstehen blauere Produkte.

Abhäng. Pat.: E. P. 2797/1906; F. P. 372 277; A. P. 829 740.

406. DRP. 174 331, Meister, Lucius u. Brüning, Höchst. 1905.

a) 2. 4 - Dichlor - 3 - oxy - 6 - aminoazin;   b) 2, 4 - Dichlor - 3 - oxy - 6 - amino - 7 - methylazin;   c) 4 - Monochlor - 3 - oxy - 6 - aminoazin; d) N - phenyl - 3 - oxy - 6 - aminoazin; e) Dibrom - 3 - oxy - 6 - amino - 7 - methylazin; f) 2, 4 - Dichlor - 3, 6 - dioxy - N - phenylazin;   g) Dibrom - 3, 6 - dioxy - N - phenylazin;   h) 3 - Oxy - 6 - amino - 7 - methyl - 4 - chlor - N - phenylazin. — Halogenhaltige Azine im allgemeinen:

$83\,Na_2S + 37,5\,S + 7\,CuSO_4 + 15\,H_2O + 15$ Substanz 110° Rückfluß; eintrocknen.

Färben a, b, c) dunkelrot; d, e) rotviolett; f, g) violettrot; h) bordeauxrot.

407. DRP. 181 327, Meister, Lucius u. Brüning, Höchst. 1904.

2, 4 - Dichlor - 3 - oxy - 6 - amino - 7 - methylazin; 2, 4 - Dichlor - 3 - oxy - 6 - aminoazin; 4 - Monochlor - 3 - oxy - 6 - aminoazin; 4 - Monochlor - 3 - oxy - 6 - amino - 7 - methylazin (halogenhaltige Azine); ihre N-alkylierten oder alphylierten Derivate.

Später $Na_2S + S$.

40 Na_2S + 10 Halogene Azin mehrere Stunden 110—140°, nun + 20 S + 10 Na_2S eintrocknen oder umlösen.

Färbt rot bis violett. Oxydation (z. B. H_2O_2): röter.

408. DRP. 187 858, Meister, Lucius u. Brüning, Höchst a. M. 1904.

Im OH - Kern halogensubstituierte Phenazine oder ihre N-alkylierten oder arylierten Abkömmlinge.

40 Na_2S + 10 HCl-Salz des Dichloraminooxyphenazins einige Stunden 140° H_2O verdünnen, Essigsäure fällen.

Mercaptanderivate hydroxylierter Phenazine. — Sie besitzen nur sehr geringe Verwandtschaft zur Baumwollfaser, auch wenn sie 2 SH-Gruppen enthalten. Sie sind jedoch Zwischenprodukte und gehen in der Polysulfidschmelze in Schwefelfarbstoffe über.

Abhäng. Pat.: F. P. 360 437.

409. Anmeldung A. 14 673, Akt.-Ges. Berlin. 1908.

3, 6 - Diamino - N - o - chlorphenylazin.

88 Na_2S + 33 S + 60 H_2O + 13 $CuSO_4$ + 10 Substanz 3—4 Tage 142°.

Färbt violett.

$$\text{NH} = \underset{N}{\overset{N}{\bigcirc\bigcirc}} \text{NH}_2, \quad \text{Cl}$$

Abhäng. Pat.: F. P. 387 238.

410. DRP. 207 096, Akt.-Ges. Berlin. 1907.

N - m - Aminophenyl - 3, 6 - diaminoazin (Homologe und Halogenderivate).

117 Na_2S + 47 S + 80 H_2O + 11 Substanz als HCl-Salz + 13 $CuSO_4$ 36 Std. 140° Rückfluß. H_2O heiß lösen, vom Cu filtrieren, HCl fällen.

Färbt sehr echte bordeauxrote Töne aus Na_2S + NaCl-haltigem Bade.

Abhäng. Pat.: F. P. 387 120.

411. DRP. 168 516, Meister, Lucius u. Brüning, Höchst. 1904.

Phenosafraninon (3 - Oxy - 6 - amino - N - phenylazin).

30 S + 10 Substanz bei 115—120° auf 200°, dann mit Na_2S eintrocknen; beim Umlösen und Ausblasen mit Luft gehen Verunreinigungen (Phenosafranol) in Lösung.

Färbt violett (Thiogenviolett V, B).

Abhäng. Pat.: E. P. 16 269/1904; F. P. 350 086; A. P. 778 713.

412. DRP. 177 493, Meister, Lucius u. Brüning, Höchst. 1905.

Der S - haltige Farbstoff des Hauptpatentes (Nr. 397).

80 Na_2S + 10 S + 50 Farbstoff 135° 20 Std. Rückfluß.

Färbt echtere und blauer violette Töne wie der Farbstoff des Hauptpatentes.

Abhäng. Pat.: Zusatz zu DRP. 168 516.

413. DRP. 179 960, Meister, Lucius u. Brüning, Höchst. 1905.

Farbstoff des Hauptpatentes.

32 Na_2S + 4 S + 2 $CuSO_4$ + 20 Farbstoff ca. 17 Std. 135—145°.

Färbt röter violett und echter als der Farbstoff des Hauptpatentes.
Weniger Cu: blauer; mehr Cu: röter.
Abhäng. Pat.: Zusatz zu DRP. 168 516. — E. P. 14 543/1905; F. P.
361 608; A. P. 818 980.

414. DRP. 179 961, Meister, Lucius u. Brüning, Höchst. 1905.

3 - Amino - 6 - oxyphenazin am N - durch Reste wie p - Tolyl,
Methoxyphenyl, Dimethyl usw. substituiert.
S allein.
Die so erhaltenen Farbstoffe geben mit Polysulfid allein weiter ver-
schmolzen blauere, + Cu: rötere Farbstoffe.
Färbt violett.
Abhäng. Pat.: Zusatz zu DRP. 168 516.

415. DRP. 178 982, Meister, Lucius u. Brüning, Höchst. 1905.

Safranol (3, 6 - Dioxy - N - phenylazin).
S + hochsiedende organische Körper, wie z. B. Anilin, Dimethylanilin,
Benzidin usw.
30 S + 10 Anilin + 10 Substanz 3 Std. 170°. Bei 240° oder sehr langer
Dauer der Schmelze wird der Farbstoff blauer und trüber.
Färbt violett bis violettblau.
Abhäng. Pat.: F. P. 360 437.

416. DRP. 144 157, Kalle, Biebrich. 1900.

1 - Nitro - 4 - p - oxyphenylamino - 6 - dimethylaminophenazin
40 Na$_2$S + 16 S + 8 Substanz 2—3 Std. 130—140°. Direkt verwendbar.
Färbt violett.

3. Naphthazine.

417. DRP. 152 373, Kalle, Biebrich. 1903.

Trioxyphenylrosindulin.
160 Na$_2$S + 60 S + 52 Substanz in 200 H$_2$O und 24 NaOH von 40° Bé
gelöst 5 Std. 160—170°. Mengen variabel, auch 40 statt 60 S gibt
dasselbe Resultat.
Färbt rotviolett.
Abhäng. Pat.: E. P. 19 973/1903; F. P. 335 383; A. P. 796 443.

418. DRP. 160 790, Kalle, Biebrich. 1904.

Trioxyphenylrosindulin (nach DRP. 160 789 erhalten).
Polysulfidschmelze. Wie Hauptpatent.
Färbt reiner und röter violett wie der Farbstoff des Hauptpatentes.
Abhäng. Pat.: Zusatz zu DRP. 152 373. -- A. P. 796 443.

419. DRP. 160 816, Kalle, Biebrich. 1904.

Trioxyphenylrosindulin (nach DRP. 160 815 erhalten).
Polysulfidschmelze. Wie Hauptpatent.
Färbt reiner, blauer violett und anscheinend seifenechter wie der Farb-
stoff des Hauptpatentes.
Abhäng. Pat.: Zusatz zu DRP. 152 373.

420. DRP. 165 007, Kalle, Biebrich. 1904.

Oxyphenylrosindulin (nach Verfahren DRP. 163 239 er-
halten).
Polysulfidschmelze. Wie Hauptpatent.
Färbt gelber rot als die Farbstoffe aus den Aminophenolprodukten.
Abhäng. Pat.: Zusatz zu DRP. 152 373.

VI. Gruppe: Gemenge.

1. Toluylendiamin mit organischen Säuren.

421. DRP. 125 586, Geigy, Basel. 1900.

Gemenge von molekularen Mengen m-Toluylendiamin + m-Toluylenoxamid oder ein bei 200° zusammengeschmolzenes Gemenge von 2 Mol. Toluylendiamin + 1 Mol. Oxalsäure.

120 Na_2S + 40 S + 34 Base + 17 Säure 225—250, dann 300°. Direkt verwendbar.

Färbt braun (Eklipsbraun N, R, B, G, 3 G, V.

Abhäng. Pat.: E. P. 1644/1901; F. P. 306 655 und Zusatzpatent; A. P. 688 885.

422. DRP. 125 587, Geigy, Basel. 1901.

Gemenge von m-Toluylendiamin + Thiodiglykolsäure (oder Bernsteinsäure) 2 : 1 Mol.

120 Na_2S + 40 S + 17 Diamin + 14 Säure 200—300°. Reihenfolge des Eintragens ist ohne Einfluß auf das Resultat.

Färbt braun, zunächst lichtunecht. Oxydation: sehr echte Catechutöne. Bernsteinsäurefarbstoff: trüber.

Abhäng. Pat.: E. P. 1644/1901; F. P. 306 655 und Zusatzpatent.

423. DRP. 126 964, Geigy, Basel. 1900.

Gemenge zweier Moleküle Toluylendiamin (oder der Nitrotoluidine) mit 1 Mol. Phthalsäure (oder die fertig gebildeten Phthalylverbindungen).

120 Na_2S + 40 S + 34 Base + 20 phthalsaures Na 250—300°.

Färbt orange Töne. Oxydation: sehr echte Catechutöne.

Abhäng. Pat.: E. P. 1644/1901; F. P. 306 655; A. P. 688 885.

424. DRP. 128 659, Geigy, Basel. 1901.

Gemenge gleicher Moleküle m-Toluylendiamin (oder Nitrotoluidin) mit Phthalsäure, oder die fertig gebildeten Phthalylverbindungen.

100 Na_2S + 35 S + 35 Phthalsäure 300° eintrocknen, bis Probe orangebraun löslich ist (bei niederer Temperatur geschwefelt graugrün löslich).

Färbt reiner orangebraun wie der Farbstoff des Hauptpatentes, zunächst lichtunecht. Oxydation: sehr lichtecht; bedeutend gelber wie der Farbstoff des Hauptpatentes.

Abhäng. Pat.: E. P. 1644/1901; F. P. 306 655; A. P. 688 885.

2. Toluylendiamin + Diamine und deren Derivate.

425. DRP. 170 475, Akt.-Ges. Berlin. 1905.

Molekulare Mengen (1 : 1 oder 2 : 1) m-Toluylen- + m-Phenylendiamin.

50 S + 12 Toluylendiamin + 11 Phenylendiamin. Bei 250° tritt H_2S-Entwicklung auf, nach 3—4 Std. gemahlen + 90 Na_2S bei 110—120° aufschließen. Bei niederer Temperatur geschwefelt entstehen gelbbraune, bei höherer rötere Nuancen.

Färbt braun. — Farbstoff 2 : 1 färbt rötere, besonders klare Nuancen.

Abhäng. Pat.: E. P. 19 186/1905; F. P. 357 986.

426. DRP. 196 753, Cassella, Frankfurt a. M. 1907.

Gemenge von m-Toluylendiamin + p-Phenylendiamin.

50 S + 10 Toluylendiamin + 12 Phenylendiamin 4 Std. 200—240°. Gemahlen mit der dreifachen Na_2S-Menge bei 115° in lösliche Form bringen.

Färbt gelbolive, sehr wasch-, licht- und chlorechte Khakinuancen.
Abhäng. Pat.: E. P. 3279/1907; F. P. 384 344 und Zusatzpatent; A. P. 904 809.

427. DRP. 198 026, Cassella, Frankfurt a. M. 1907.

Gemenge von Thiotoluylendiamin + p-Phenylendiamin.
(150 S + 50 Phen. + Thiokörper aus 42,2 Toluylendiamin) 5 Std. 220°.
Mit der dreifachen Na_2S-Menge behandeln.
Färbt olivgelb.
Abhäng. Pat.: Zusatz zu DRP. 196 753. — E. P. 3 279/1907; F. P. 384 344 Zusatzpatent.

428. DRP. 146 917, Geigy, Basel. 1902.

Gemenge von m - Toluylendiamin + Diformyl - m - toluylendiamin (Molekular).
120 S + 30 Diformyl. + 20 Toluylendiamin 200—220°.
Färbt gelb.
Abhäng. Pat.: Zusatz zu DRP. 145 762. — E. P. 23 967/1902; F. P. 306 655 Zusatzpatent; A. P. 722 630.

429. DRP. 159 097, Akt.-Ges. Berlin. 1904.

Gemenge von m - Toluylendiamin + Diformyl - m - toluylendiamin in den Verhältnissen 1 : 1, 2 : 1, 1 : 2.
30 S + 10 Tol. + 14 Diformyl. 200—210°. Bei höheren Temperaturen entstehen Orangetöne.
Färbt gelb. — Farbstoff aus 7,5 Tol. + 5,2 Diformyltol. färbt röter.
Abhäng. Pat.: E. P. 7725/1904; F. P. 341 798; A. P. 782 905.

430. DRP. 170 476, Akt.-Ges. Berlin. 1905.

Gemenge von m - Toluylendiamin + Diformylbenzidin.
40 S + 6 Diformyl. + 6 Tol. 220—230° 2 Std. Je höher erhitzt, je länger oder je mehr Toluylendiamin gegen Diformyltoluylendiamin um so röter.
Färbt gelb bis orange.
Abhäng. Pat.: F. P. 358 017.

431. Anmeldung B. 34 869, Badische, Ludwigshafen. 1903.

Gemenge von m - Toluylendiamin + m - Toluylendithioharn-
stoff.
Wie im Hauptpatent verschmolzen.
Färbt gelb.
Abhäng. Pat.: Zusatz zu DRP. 144 762.

432. Anmeldung P. 15 366, Weiler ter Meer, Ürdingen a. Rh. 1903.

Gemenge von m - Toluylendiamin oder anderer Diamine
bzw. ihrer Acetyl- und Diacetylderivate (Benzol- und
Diphenylreihe) + sekundären oder tertiären Aminen der
Benzolreihe.
Schwefelschmelze. 200—280°.
Färbt gelb.

433. DRP. 157 103.

Toluylendiamin + Diaminoxaltoluid.
Siehe Gruppe I, Nr. 73.

3. Toluylendiamin mit Aminophenolen, Nitraminen, Dinitroverbindungen und ihren Derivaten (mit Oxydinitrodiphenylamin Nr. 485).

434. DRP. 215 547, Akt.-Ges. Berlin. 1908.

Gemenge von m - Toluylendiamin + p - oder o - Aminophenol
(1 : 1 oder 2 : 1 Mol.).
300 S + 61 Tol. + 50 Aminoph. 250° Gemahlen + 4faches Gewicht 50 proz. Na_2S-Lösung bei 100—120° in lösliche Form überführen.

Färbt braun. — Die Schmelze aus 122 Toluylendiamin + 50 Aminophenol gibt rötere Töne.
Abhäng. Pat.: E. P. 8677/1909; F. P. 411 360; A. P. 934 303.

435. DRP. 215 548, Akt.-Ges. Berlin. 1908.
Gemenge von m - Toluylendiamin + p- oder o - Aminophenol (1 : 2).
45 S + 10 Aminophenol + 6,1 Toluylendiamin 250° Mit Na_2S in lösliche Form überführen.
Färbt sehr echte olive bis olivebraune Töne. p-Aminophenol statt o - Aminophenol zieht mehr nach Olive.
Abhäng. Pat.: E. P. 8677/1909; F. P. 411 360; A. P. 934 302, 934 303.

436. DRP. 221 493, Akt.-Ges. Berlin. 1909.
Gemenge von m - Toluylendiamin + Acet-o-aminophenol (2 : 1 oder 1 : 1 Mol.).
45 S + 12,4 Tol. + 6,5 Acet. 250°. Gemahlen mit dem 3fachen Gewicht NaOH bei 130° aufschließen.
Färbt sehr echte Catechutöne.
Abhäng. Pat.: E. P. 24 703/1909; F. P. 419 665.

437. DRP. 229 154, Akt.-Ges. Berlin. 1909.
Gemenge von m - Toluylendiamin + Formyl-o-aminophenol.
Wie im Hauptpatent verschmolzen und aufgearbeitet.
Färbt sehr ähnliche Catechunuancen wie der Farbstoff des Hauptpatents.
Abhäng. Pat.: Zusatz zu DRP. 221 493. — E. P. 24 703/1909; F. P. 419 665.

438. DRP. 201 834, Bayer, Elberfeld. 1907.
Gemenge von m - Toluylendiamin + aromatische Nitroverbindungen (p- und m - Nitranilin, Nitrotoluidin, Dinitrobenzidin) und ihren Derivaten, auch Toluylendiamindithioharnstoff + p - Nitranilin.
100 S + 12,2 Tol. + 13,8 Nitranilin 250°. Na_2S aufschließen, Mengen variabel.
Färben rotstichig gelb, braun, gelbbraun, orange.
Abhäng. Pat.: E. P. 5485/1908; F. P. 388 539; A. P. 895 637.

439. DRP. 201 835, Bayer, Elberfeld. 1907.
Gemenge von m - Toluylendiamin + Dinitroverbindungen (m - Dinitrobenzol, 1,8 - Dinitronaphthalin, auch Toluylendiamindithioharnstoff + m - Dinitrobenzol.
120 S + 18 Tol. + 12,2 Dinitrobenzol 8—10 Std. 250°. Mit Na_2S behandeln.
Färbt gelb, gelbbraun, orange: ähnlich wie Hauptpatent.
Abhäng. Pat.: Zusatz zu DRP. 201 834. — E. P. 5485/1908; F. P. 388 539; A. P. 895 637.

440. DRP. 201 836, Bayer, Elberfeld. 1907.
Gemenge von m - Toluylendiamin und anderen Di- und Triaminen, ihren Derivaten usw. (z. B. Diaminoacetanilid, oder m - Phenylendiamin + Nitrotoluidine, Dinitrophenol u. a.
100 S + 16 m-Phenylendiamin + 11 Nitrotoluidin 240—250°, mit Na_2S behandeln bis H_2O löslich.
Färbt gelb, gelbbraun, orange.
Abhäng. Pat.: Zusatz zu DRP. 201 834. — E. P. 5485/1908.

441. DRP. 208 805, Bayer, Elberfeld. 1908.
Die Gemenge des Hauptpatentes und seiner Zusätze.
60 S + 10,8 Toluylendiamin + 6 m - Nitroanilin + 6 Benzidin 10 bis 12 Std. 250°. Gemahlen + 45 Na_2S (100 proz.) bei 80—100° behandeln bis löslich.
Färben gelb, gelbbraun, orange, gelbstichiger als jene ohne Benzidin.
Abhäng. Pat.: Zusatz zu DRP. 201 834. — E. P. 5485/1908; F. P. 388 539; A. P. 896 916.

4. Phenylendiamine (Nitroanilin, Acet-p-phenylendiamin) gemengt mit Diaminen, Nitraminen, Toluidin, Phenolen, Kresolen und ihren Derivaten.

442. DRP. 167 820, Akt.-Ges. Berlin. 1904.

Gemenge von p - Phenylendiamin + Diformyl - m - phenylendiamin in den Verhältnissen: a) 1 : 1, b) 1 : 2, c) 2 : 1 Mol.
(a): 140 S + 6,4 Phen. + 9 Diformyl. 220—230°. — (b): 30 S + 2,7
Phen. + 8,9 Diformyl. — (c): 50 S + 10,8 Phen. + 8,9 Diformyl.
Färben a) orange, b) und c) gelb.
Abhäng. Pat.: E. P. 27 091/1904; F. P. 360 780; A. P. 813 643; Ö. P.
27 424/1906.

443. DRP. 220 064, Jäger, Düsseldorf. 1909.

Gemenge von p - Phenylendiamin + Acetyl-p-phenylendiamin (Molekular).
100 S + 22 Phen. + 30 Acet. 230—250° mehrere Stunden. Gemahlen,
Na_2S-Behandlung mit 300 Na_2S + 100 H_2O. Säure fällen.
Färbt direkt Catechutöne, die an der Luft lebhaft gelbstichig moosgrün
werden. Oxydation: verändert kaum.

444. DRP. 220 065, C. Jäger, Düsseldorf. 1909.

Gemenge wie im Hauptpatent.
50 S + 5,5 Phen. + 7,15 Acet. + 13 Benzidin schließlich 250°. Die
Komponenten getrennt verschmolzen und die Produkte nachträglich
gemengt, geben farbschwache, an der Luft nicht veränderliche Farb-
stoffe.
Färben reiner und röter, wie die Farbstoffe des Hauptpatentes an der
Luft in viel gelbere Töne übergehend.
Abhäng. Pat.: Zusatz zu DRP. 220 064.

445. DRP. 208 560, Akt.-Ges. Berlin. 1908.

Gemenge von p - Phenylendiamin mit den drei Toluidinen
und ihren Acetyl-, Formyl- und Thioverbindungen.
167 S + 107 Toluidin + 162 Phen. 8 Std. Rückfluß 220—240°. Na_2S-
Behandlung.
Färben echte olive Töne, die durch die Variation der Mengenverhältnisse
verändert werden.
Abhäng. Pat.: E. P. 20 802/1908; F. P. 394 832; A. P. 958 460.

446. DRP. 293 557, Akt.-Ges. Berlin.

Gemenge von m-Phenylendiamin (m-Nitroanilin) oder
o-Phenylendiamin (o-Nitroanilin) mit Toluidin oder
Xylidin.
Schwefelschmelze.
20 p - Toluidin + 14 m - Nitroanilin + 50 S 1—3 Std. auf 180—240°,
1—2 Std. auf 240—260° erhitzen.
Färbt grünstichig gelb. Wasch- und säurekochecht, vor allem gegenüber den Farbstoffen der DRP. 208 560 und 209 039 auch chlorecht.

447. DRP. 209 039, Akt.-Ges. Berlin. 1908.

Gemenge von p - Nitranilin + den drei Toluidinen usw.
wie Hauptpatent.
178 S + 42 Nitranilin + 21,4 Toluidin 220—240° Rückfluß 8 Std.
Na_2S-Behandlung.
Färbt olive.
Abhäng. Pat.: Zusatz zu DRP. 208 560. — E. P. 20 802/1908; F. P.
394 832; A. P. 958 460.

448. F. P. 288 476, Vidal, Paris. 1899.

Gemenge von p - Phenylendiamin + Diaminophenol (oder
Diaminokresole).
6,5 S + 11,0 Phenylendiamin + 12,5 Diaminophenol (evtl. + etwas
Phenol) 6 Std. 170—180°. Na_2S-Behandlung.

Färbt sehr echte, tiefschwarze Töne. — Die Komponenten einzeln mit S verschmolzen geben Thionole, Thionoline usw.

Abhäng. Pat.: Ö. P. 1325/1900.

449. DRP. 150 834, Kalle, Biebrich. 1902.

Gemenge von p-Phenylendiamin + o-Nitrophenol. Molekular oder Überschuß von Phenylendiamin.

25 Na_2S + 10 S + 40 Phenylendiamin + 15 Nitrophenol 4—5 Std. 150°. Säure fällen.

Farbstoff des Beispiels färbt schwarz, bei gleichen Teilen Phenol und Base: blauschwarz.

Abhäng. Pat.: E. P. 26 379/1903; F. P. 337 278.

450. DRP. 123 612, Dahl, Barmen. 1899.

Gemenge von Acet-p-phenylendiamin + Phenol im Verhältnis 1 : 1.

100 S + 30 A. + 20 Phenol 250° 3—4 Std. Na_2S-Behandlung. Das Phenol beteiligt sich an der Reaktion, es verschwindet für den Nachweis und vermehrt das Farbstoffgewicht.

Färbt braun.

451. DRP. 125 585, Dahl, Barmen. 1899.

Gemenge gleicher Moleküle von Acet-p-phenylendiamin + 1. Kresol, 2. α-, 3. β-Naphthol.

82 S + 24 Acet. + 23 β-Naphthol bei 230° zusammenschmelzen, dann 3—4 Std. 260°.

Färben 1. gelb-, 2. olivebraun, 3. braun.

Abhäng. Pat.: Zusatz zu DRP. 123 612.

5. p-Aminophenol als Gemengebestandteil.

a) Tetraphentrithiazine.

452. DRP. 111 385, Deutsche Vidalgesellschaft, Koblenz. 1897.

Gemenge von p-Aminophenol + Hydrochinon, ferner Dioxydiphenylamin, Dioxythiodiphenylamin, Oxyaminothiodiphenylamin, Oxyaminodiphenylamin; p-Aminophenol + Dioxythiodiphenylamin. Oder p-Oxyaminodiphenylamin + p-Dioxydiphenylamin usw.

Verschmelzen mit S + **NH₃** oder **Phospham.**

32 S + 7 NH_3 (23%) + 23,3 Dioxythiodiphenylamin usw. 6—12 Std. 170—240°.

Färbt schwarz. — Zum Teil sind die Körper selbst Farbstoffe, zum Teil Zwischenprodukte und Ausgangsmaterialien für Schwefelfarbstoffe.

Abhäng. Pat.: Zusatz zu DRP. 84 632. — E. P. 13 093/1896; F. P. 231 188; A. P. 594 106 und 594 107: (p-Phenylendiamin bzw. p-Aminophenol + Hydrochinon + S).

453. DRP. 99 089, Vidal auf Weiler ter Meer. 1896.

p-Oxyaminothiodiphenylamin + p-Diaminothiodiphenylamin oder ein Gemenge der Diphenylamin- (nicht der Thiodiphenylamin-)Derivate. (In mol. Verhältnis.)

3,2 S + (23 + 23) Substanz 8 Std. 240°.

Thiodiphenylaminfarbstoff: schwammige Masse, Diphenylaminfarbstoff: pulvrig.

Färbt schwarz. Oxydation: fixiert schwarz.

Abhäng. Pat.: E. P. 13 093/1896; F. P. 231 188, 289 244; A. P. 601 363; Ö. P. 47/5174.

454. DRP. 114 802, Deutsche Vidalgesellschaft, Koblenz. 1897.

> Gemenge von je 1 Mol. p - Benzolderivat (p - Aminophenol,
> p - Diamin, Hydrochinon + m - Benzolderivat (m - Amino-
> phenol, Resorcin, m - Phenylendiamin usw.); eine Kom-
> ponente muß Aminophenol oder Diamin sein. (Je 1 Mol.
> + 1 Atom S.)
> 3,2 S + 11 Hydrochinon + 11 m-Aminophenol 200°.
> Färben bläulich, selten rötlich und grünlich schwarz. Wenn säurelöslich,
> färben sie auch Wolle und Seide.
> Abhäng. Pat.: E. P. 14 132/1897; F. P. 267 408; R. P. 3149/1900.

455. DRP. 125 135, Société Anonym. St. Denis. 1899.

> Gemenge von p - Aminophenol (Nitrophenol) + o - Phenylen-
> diamin, o - Nitranilin, Triaminobenzol (mit 2 o-ständigen
> Aminogruppen, z. B. Chrysoidin) usw.
> 20 S + 10,9 p-Aminophenol + 10,8 o-Phenylendiamin 6 Std. 200° mit
> Na_2S behandeln. Eintrocknen. Die o-Körper für sich verschmolzen
> geben braune Schwefelfarbstoffe.
> Färbt schwarz.
> Abhäng. Pat.: E. P. 3576/1899; F. P. 286 003.

456. DRP. 125 582, Société Anonym. St. Denis. 1899.

> Gemenge von p - Aminophenol + α - Naphthol.
> 1,5 S + 1 Aminophenol + 1,2 Naphthol 170—200°. H_2S- und NH_3-
> Entwicklung. Direkt verwenden (a) oder mit Na_2S bei 180—200°
> eintrocknen (b).
> Färben reinere Schwarz als p-Aminophenol allein.
> Abhäng. Pat.: E. P. 3576/1899; F. P. 286 003; A. P. 648 597.

b) p - Aminophenol mit Acetyl-, Azo- und Nitroverbindungen:
p - Aminophenolsulfosäure und Basen oder Nitrokörper.

457. DRP. 128 361, Geigy, Basel. 1899.

> Gemenge von p - Aminophenol (oder p - Aminokresol) mit:
> Acetanilid, Acet-o- und -p-toluid, -m-xylidid und -cumi-
> did, Aminoacetanilid, α - Naphthylaminoanilid, p - Oxy-
> acetanilid, p - Nitroacetanilid, p - Aminoacet-o-toluid.
> 21 S + 22 Aminophenol + 13 Acetanilid 240°. Es entweicht H_2S und
> NH_3. Mit Na_2S behandeln, dann mit Säure fällen oder eintrocknen.
> Färben grünlich wie die Vidalfarben und müssen auf der Faser oxydativ
> fixiert werden in graugrün-blauschwarz. Tönen von großer Licht-,
> Alkali- und Säureechtheit.
> Abhäng. Pat.: E. P. 6559/1900; F. P. 286 571; A. P. 636 066.

458. DRP. 122 826, Geigy, Basel. 1899.

> Gemenge von p - Aminophenol (oder Aminokresol) + Amino-
> azobenzol.
> 40 S + 44 p-Aminophenol + 40 Azokresol 220°. Gemahlen mit NaOH
> in lösliche Form überführen. Glycerinzusatz erhöht die Ausbeute.
> p-Aminophenol[1] allein gibt einen anderen Farbstoff. (Siehe die beiden
> folgenden Patente.)
> Färben blauschwarz; Oxydation: tiefschwarz; Essigsäurenachbehand-
> lung: unverändert.
> Abhäng. Pat.: E. P. 6559/1900; F. P. 286 571.

---

[1] p-Aminophenolfarbstoff: H_2SO_4: indigoblau löslich; H_2O_2-Nachbehandlung:
dunkelblau; Essigsäurenachbehandlung: braunviolette Töne.

459. DRP. 122 827, Geigy, Basel. 1899.

> Gemenge von p - Aminophenol (oder -kresol) + Oxyazover-
> bindungen einfacher Basen (Anilin, o-, p - Toluidin,
> m - Xylidin usw.).
> 40 S + 44 p-Aminophenol + 60 Oxyazoverbindungen 220°. H_2S- und
> Anilinabspaltung. Gemahlen + NaOH (40° Bé) lösen, Säure fällen.
> Färben blauschwarz; Oxydation: tiefschwarz.
> Die höheren Homologen geben blauere, Resorcin gibt grünere Farb-
> stoffe.
> Abhäng. Pat.: E. P. 6559/1900; F. P. 286 571; A. P. 645 738.

460. DRP. 122 850, Geigy, Basel. 1900.

> Gemenge von 4 Mol. p - Aminophenol + 2 Mol. Oxyazobenzol
> + 7 Atome S.
> 44 Aminophenol + 40 Oxyazobenzol + 21 S 180—190°. Es entweicht
> NH_3, kein H_2S. HCl extrahieren, Filtrat + Acetat = Leukover-
> bindung. Diese + 20 S auf 220° erhitzt, solange H_2S entweicht, gibt
> den Farbstoff des DRP. 122 827. Ebenso mit Aminoazobenzol.
> Zwischenprodukt. — Die Eigenschaften der aus dem Zwischenprodukt
> erhaltenen schwarzen Farbstoffe decken sich mit jenen der Farb-
> stoffe in: DRP. 122 826 und 122 827 (Nr. 443 und 444).
> Abhäng. Pat.: E. P. 6559/1900; F. P. 286 571 Zusatzpatent.

461. DRP. 116 338, Dahl, Barmen. 1900.

> Gemenge gleicher Moleküle p - Aminophenolsulfosäure + 1,
> 2, 4 - Dinitrophenol.
> 60 Na_2S + 20 S + 6 Sulfosäure + 6 Dinitrophenol 4 Std. 150—160°,
> 1—2 Std. 200°. Die Komponenten jeder für sich verschmolzen geben
> andere Farbstoffe.
> Färbt schwarz.

462. E. P. 19 551/1902, Holliday a. S. 1902.

> Gemenge von p - Aminophenol oder seiner Sulfosäure mit
> Pikrin oder Pikraminsäure.
> Polysulfidschmelze.
> Färbt schwarz.

463. E. P. 22 944/1899, Holliday a. S. 1899.

> Gemenge von p - Aminophenol mit Anilin, Toluidin, De-
> hydrothiotoluidin.
> 128 S + 109 Aminophenol + 107 Toluidin 2—3 Std. 180—210°.
> Färbt grünblau.

6. Resorcin (und 2, 7-Dioxynaphthalin) als wesentlicher Gemengebestandteil.

464. DRP. 161 516, Geigy, Basel. 1903.

> Gemenge von Resorcin + Dimethylanilin.
> 16 S + 17,5 Resorcin + 7,2 Dimethylanilin. Unter dem Rückflußkühler
> einige Stunden bei 200° kochen. Ein Überschuß an Base führt zu
> röteren Produkten mit stärkerer Fluorescenz.
> Färbt (nur als Nuancierungsfarbstoff verwendet) korinthfarbige Nuancen.

465. DRP. 160 395, Meister, Lucius u. Brüning, Höchst. 1904.

> Gemenge von Resorcin und Formylverbindungen (Form-
> anilid, Formyltoluidin, Formylbenzidin).
> Schwefelschmelze evtl. mit Glycerinzusatz. Evtl. Rückfluß 5 Std. 180°.
> Färbt rötlich.

466. Anmeldung T. 9654, V. Traumann, Würzburg. 1904.

> Gemenge des Kondensationsproduktes von Resorcin und
> Formaldehyd (mol.) + Dinitrochlorbenzol.
> Polysulfidschmelze.
> Färbt braun.

467. Anmeldung T. 9678, V. Traumann, Würzburg. 1904.

Gemenge von 2,7 - Dioxynaphthalin mit dem Konden-
sationsprodukt molekularer Mengen Formaldehyd und
Anilin.
Polysulfidschmelze.
Färbt braun.
Abhäng. Pat.: Zusatz zu DRP. 10 788.

468. Anmeldung T. 10 747, V. Traumann, Würzburg. 1905.

Gemenge von Resorcin + Di-o-ditoylmethan.
Schwefelschmelze bei höherer Temperatur.
Färbt rötlich.

469. Anmeldung T. 10 788, V. Traumann, Würzburg. 1905.

Gemenge von Resorcin + dem Kondensationsprodukt von
molekularen Mengen Formaldehydanilin und Resorcin
(oder Formaldehy + o - Toluidin + Resorcin).
Schwefelschmelze bei höherer Temperatur.
Färbt rötlich.

470. Anmeldung T. 10 789, V. Traumann, Würzburg. 1905.

Gemenge von Resorcin + Anhydro-p-aminobenzyl- oder
m-tolylalkohol.
Schwefelschmelze bei höherer Temperatur.
Färbt rötlich.

471. DRP. 170 132, K. v. Fischer, München. 1905.

Gemenge von Resorcin + Nitrobenzol, oder α - oder tech-
nischem Nitronaphthalin, oder o-, p-, m-Chlornitro-
benzol.
Schwefelschmelze evtl. mit Zusatz von Kupfersalz.
In verschiedenen Verhältnissen 6 Std. Rückfluß 170—175°. Je mehr S,
desto grüner die Nuance.
Färbt grün bis graublau; Oxydation verändert nicht, in einigen Fällen
werden die Nuancen dunkler. Cu-Zusatz zur Schmelze zieht nach
Olive.

472. DRP. 167 429, Oehler, Offenbach a. M. 1904.

Gemenge von Methylendiresorcin (oder seiner Polymeri-
sationsprodukte) + m - Diamin oder m - Dinitrobenzol.
100 Na$_2$S + 27 S + 23,2 Methylendiresorcin + 10,8 p-Phenylendiamin
allmählich 200—220°.
Färben catechuartige oder gelblichere, sehr echte Töne.
Abhäng. Pat.: E. P. 13 950/1905; F. P. 355 783; A. P. 801 598.

7. Di- und Trinitrooxydiphenylamin als Gemengebestandteil.

473. Anmeldung A. 6499, Akt.-Ges. Berlin. 1899.

Gemenge von Oxydinitrodiphenylamin oder seine Sulfo-
säure usw. + p - Aminophenol.
Polysulfidschmelze.. 4—5 Std. 150—160°.
Färbt schwarz.
Abhäng. Pat.: E. P. 13 251/1899; F. P. 290 284 und Zusatzpatent; A. P.
635 168 und 635 169; R. P. 4891/1901.

474. E. P. 24 765/1899, Claus, Rée, Marchlevsky, Clayton. 1899.

Molekulare Mengen von Oxydinitrodiphenylamin + p - Ami-
nophenol.
Polysulfidschmelze. Bei 140—150° eintrocknen.
Färbt schwarz; Oxydation: echter.

475. Anmeldung A. 6583, Akt.-Ges. Berlin. 1899.

Gemenge gleicher Moleküle von Oxydinitrodiphenylamin
+ 1, 2, 4 - Diaminophenol.
Polysulfidschmelze. Bei 160° eintrocknen.
Färbt schwarz.
Abhäng. Pat.: E. P. 7050/1900; F. P. 306 178; A. P. 635 168; R. P.
5135/1901.

476. A. P. 706 969, Levinstein und Mensching. 1902.

Gemenge von Dinitrooxydiphenylamin + Phenoldisazo-
benzol bzw. sein Nitroderivat.
Polysulfidschmelze.
Färbt schwarz.

477. Anmeldung A. 6685, Akt.-Ges. Berlin. 1899.

Gemenge molekularer Mengen von Oxydinitrodiphenylamin + Pikraminsäure.
Polysulfidschmelze. Einige Stunden 145°, dann eintrocknen.
Färbt schwarz.
E. P. 7074/1900 (= F. P. 299 790) beschreibt eine Schmelzmodifikation:
dasselbe Gemenge wird mit Polysulfid 30 Std. am Rückflußkühler
verschmolzen.
Abhäng. Pat.: E. P. 19 618/1899; F. P. 292 956; A. P. 647 847; R. P.
5135/1901.

478. Claus, Rée, Marchlevsky. 1899.
Siehe Gruppe III, Nr. 258.

479. Holliday. 1903.
Siehe Gruppe IV, Nr. 275.

480. E. P. 12 026/1899, Claus, Rée, Marchlevsky, Clayton. 1899.

Gemenge von Di- und Trinitrooxydiphenylaminen (o- und
p-oxy) oder Gemenge der Kondensationsprodukte von
o- und p-Aminophenol mit Chlordinitrobenzol.
Polysulfidschmelze. 140—160° eintrocknen.
Färbt schwarz; Oxydation erhöht die Echtheit.

481. Anmeldung A. 6808, Akt.-Ges. Berlin. 1899.

Gemenge gleicher Moleküle Oxydinitrodiphenylamin + Pi-
krinsäure.
Polysulfidschmelze.
Färbt schwarz.
E. P. 7074/1900 = F. P. 299 790 (Rückflußkühler).
Zusatz zu Anmeldung A. 6685. — E. P. 19 618/1899; A. P. 647 846;
R. P. 5135/1901.

482. Anmeldung A. 6688, Akt.-Ges. Berlin. 1899.

Gemenge gleicher Moleküle Oxydinitrodiphenylamin + 1,
2, 4 - Dinitro- oder Nitroaminophenol.
Polysulfidschmelze. 160—170° eintrocknen.
E. P. 7075/1900 und F. P. 299 791 enthalten eine Schmelzmodifikation:
die Darstellung des Farbstoffes am Rückflußkühler.
Färbt schwarz.
Abhäng. Pat.: E. P. 19 617/1899; F. P. 292 954; A. P. 647 846; R. P.
5135/1901.

483. F. P. 319 790, Badische, Ludwigshafen. 1902.

Gemenge von Oxydinitrodiphenylamin oder Dinitrodi-p-
oxy-diphenyl-m-phenylendiamin (und sein Chlorderi-
vat), oder o-p-Dinitro-m-p'-dioxydiphenylamin + 1, 8-
oder 1, 5-Dinitronaphthalin bzw. deren Umwandlungs-
körper.

300 Na$_2$S + 100 S + 45 Dinitrodiphenylaminderivate + 45 1, 8 - Dinitronaphthalin 6 Std. 180°. Ein ähnliches Resultat wird erzielt, wenn man fertige Schwefelfarbstoffe aus Dinitrokörpern (Immedial-Eklipse-Kryogenschwarz) mit Dinitronaphthalin und Polysulfid erhitzt. 120 Na$_2$S + 40 S + 50 H$_2$O + 100 Kryogenschwarz BW + 35 Dinitronaphthalin (1, 8) bei 200° eintrocknen; wenn fest, noch 6 Std. 180°.

Färbt schwarz.

Die Farbstoffe sind lagerechter und gegen Oxydationsmittel beständiger als jene aus den einzelnen Komponenten.

Dazu Zusatzpatent.

484. Anmeldung R. 15 988, F. Reisz, Höchst. 1901.

Gemenge von Oxydinitrodiphenylamin + den anilinschwarzartigen Oxydationsprodukten von p - Aminophenol.

Polysulfidschmelze. Bei 160—190° eintrocknen.

Färbt grünlichblau usw.

Abhäng. Pat.: Zusatz zu DRP. 135 562.

485. DRP. 135 788, Cassella, Frankfurt a. M. 1899.

Gemenge gleicher Moleküle von Oxydinitrodiphenylamin + m - Phenylen- oder Toluylendiamin.

48 Na$_2$S + 16 S + 5 H$_2$O + 10 Din. + 4 Base 4—5 Std. 150—160° eintrocknen.

Färbt schwarz. H$_2$O$_2$: verändert kaum (vgl. Immedialschwarz).

Abhäng. Pat.: E. P. 13 251/1899; F. P. 290 284; A. P. 635 169; R. P. 4891/1901.

486. DRP. 144 464, Kalle, Biebrich. 1900.

Gemenge (mol.) von o - p - Dinitro - p' - oxydiphenylamin + Tetranitrodiphenylsulfid.

80 Na$_2$S + 30 S + 100 H$_2$O + 12 Tetra. + 22 Dinitro. 4 Std. 150—160° eintrocknen.

Färbt grünschwarz.

487. DRP. 141 970, Kalle, Biebrich. 1900.

Molekulares Gemenge der 3 Kondensationsprodukte von Chlordinitrobenzol mit p - Phenylendiamin, p - Aminophenol, p - Aminosalicylsäure.

80 Na$_2$S + 30 S + 100 H$_2$O + 32 Summe der Kondensationsprodukte + .100 H$_2$O + 6 NaOH. (NaOH ist der Löslichkeit wegen wesentlich.)

Färbt olive bis grünblau.

Abhäng. Pat.: E. P. 21 879/1901; F. P. 315 458.

488. DRP. 147 862, Kalle, Biebrich. 1900.

Molekulares Gemenge von Dinitro-p-aminodiphenylaminsulfosäuren[1] + Dinitro-p-oxydiphenylamin bzw. + Dinitro-p-oxydiphenylamincarbonsäure[2].

Wie Hauptpatent.

Färbt schwarz. Wie Hauptpatent Nr. 470.

Abhäng. Pat.: Zusatz zu DRP. 141 970. — E. P. 21 879/1901; F. P. 315 458.

8. Andere Nitroverbindungen als Gemengebestandteil.

489. E. P. 18 762/1897, A. Asworth Bury. 1897.

Gemenge von Nitrosalicylsäure + Nitrosophenol.

60 Na$_2$S + 10 Salicylsäure + 10 Nitrosophenol 2 Std. 125°, dann + 16 S bei 200° eintrocknen.

Färbt braun.

---

[1] Aus Chlordinitrobenzol + p-Phenylendiaminsulfosäure.
[2] Bzw. +p-Aminosalicylsäure.

490. F. P. 316 576, Levinstein, Manchester. 1901.

Gemenge von Dinitrophenol oder Pikramin- oder Pikrinsäure + Oxyazokörpern.

85 Na_2S + 18,4 S + 50 H_2O + 18,4 Dinitrophenol + 9,2 Oxyazobenzol. Eintrocknen.

Färbt grün bis blauschwarz. — Der Dinitrophenolfarbstoff färbt grünschwarz, jener mit Pikrinsäure blauschwarz.

Abhäng. Pat.: E. P. 18 912/1901.

491. E. P. 22 534/1900, Holliday a. Sons. 1902.

Gemenge der Kondensationsprodukte von Aminoazokörpern mit Chlordinitrobenzol + p - Aminophenol, Dinitrooxydiphenylamin, Pikraminsäure.

Polysulfidschmelze.

Färbt schwarz. — Die Farbstoffe färben anders als jene aus den Aminoazokörpern allein.

492. Holliday. 1899.

Gemenge von Sulfosäuren der Aminophenole und der m-Aminobenzoesäure mit Phenolen, Naphtholen und ihren Derivaten.

Siehe Gruppe I, Nr. 113.

493. A. P. 1 187 614, C. Ellis.

Gemenge von Dinitrophenol und Kresol.

Polisulfidschmelze.

Färbt tiefschwarz.

494. E. P. 18 389/1901, J. Levinstein, Manchester. 1901.

Gemenge von Dinitrophenol + Dinitro- oder Oxyazobenzol oder + Diphenyltetrazophenol; Substitutionsprodukte und Derivate.

Polysulfidschmelze.

Färbt schwarz.

Abhäng. Pat.: A. P. 702 369.

495. DRP. 199 979, Griesheim Elektron. 1907.

Gemenge von hydroxylfreien Dinitrokörpern (m - Dinitrobenzol, Dinitrochlorbenzol, Dinitrodiphenylamin usw.) oder ihren Reduktionsprodukten + Glycerin (als wesentlicher Gemengebestandteil). 1 : 1½ oder 1 : 1 Mol.

200 Na_2S + 50 S + 50 Dinitrokörper + 23 Glycerin (evtl. + Metallsalze) schließlich 4—5 Std. 235—240°. Die evtl. vorhandenen Halogenatome werden in der Schmelze eliminiert. Mengen variabel.

Färbt braun. — Die Farbstoffe färben in sehr echten starken braunen, gelb- und rotbraunen Tönen wesentlich anders als die ohne Glycerin dargestellten Farbstoffe, die stumpfe, graugrüne Nuancen zeigen.

Abhäng. Pat.: E. P. 4848/1908; F. P. 388 354; A. P. 889 936.

496. DRP. 202 639, Griesheim Elektron. 1907.

Gemenge von hydroxylfreien Dinitrokörpern + höherwertigen Alkoholen, Stärke, Dextrin, Pentosen, Hexosen usw.

Wie im Hauptpatent verschmolzen.

Die amerikanischen Patente enthalten die Beschreibung von Schwefelfarbstoffen aus ähnlichen Ausgangsmaterialien: Gemenge von m-Nitroverbindungen mit Kohlehydraten; auch Schwefelfarbstoffe aus letzteren allein.

Färbt braun. — Färben sehr echte rötliche, braune Töne.

Abhäng. Pat.: Zusatz zu DRP. 199 979. — E. P. 4848/1908; F. P. 388 354.

497. Anmeldung K. 27 209, E. Köchlin, Belfort. 1904.

Gemenge von nitrotoluolsulfosaurem Natron + Dehydro-
thiotoluidinsulfosäure + Chlordinitrobenzol.

Polysulfidschmelze.

Färbt rot.

9. Gemenge verschiedener Art.

(Summenpatente.)

498. DRP. 267 089, Akt.-Ges. Berlin. 1912.

Gemenge von Alkyl-p-oxydiphenylamin + aromatischem
Amin.

Schwefelschmelze.

40 p′-Methyl-p-oxydiphenylamin + 28 1-Naphthylamin + 50 S wie
Nr. 276 verschmolzen.

Färbt braun, chlorecht.

Abhäng. Pat.: Zusatz zu 261 651 (Nr. 276).

499. DRP. 282 163, Akt.-Ges. Berlin. 1913.

Kernalkylierte 4-Oxydiphenylaminderivate im Gemenge
mit Körpern, die bei der Reduktion Aminoverbindungen
liefern.

Polysulfid- oder Schwefelschmelze.

10″ Methyl-4′-oxydiphenylamin + 7 Nitrobenzol + 25 S 2 Std. auf 200°,
5—7 Std. auf 220—230° erhitzen. Luftfällung.

Färbt braun.

Abhäng. Pat.: Zusatz zu DRP. 267 089.

500. DRP. 295 254, Akt.-Ges. Berlin.

Gemenge von Amino-, Di-, Nitroamino-, Nitro- und Amino-
oxyazokörpern mit C-alkylierten Benzol- oder Naph-
thalindiamine oder deren N-Arylderivaten.

Schwefelschmelze.

12 m-Toluylendiamin + 20 Aminoazobenzol + 80 S 4 Std. auf 180 bis
230°, dann 1—2 Std. auf 230—260° erhitzen.

Färbt Olivtöne. Wasch- und säurekochecht.

501. A. P. 1 251 368, H. Heimann.

Gemenge von Amino-, Diamino-, Nitroamino-Azoverbin-
dungen mit C-alkylierten Diaminen der Benzol- oder
Naphthalinreihe.

Schwefelschmelze.

502. E. P. 11 370/1896, Holliday. 1896.

Sulfierte, nitrierte, amidierte, hydroxylierte Benzol- und
Naphthalinderivate oder ihre Homologen allein, in Gemengen oder in Gemengen mit sulfierten Produkten.

Polysulfidschmelze.

Färbt grau, braun bis schwarz.

503. DRP. 172 016, Basler Chem. Industriegesellschaft. 1903.

Gemenge von alkylierten m-Aminophenolen + aromatischen Aminen oder Phenolen; die Verwendung der Derivate, Substitutionsprodukte und Homologen.

22 S + 15 p-Aminoacetanilid + 14 Dimethyl-m-aminophenol auf 180 bis
200°, dann eintrocknen.

Färben braune Nuancen, die durch oxydative Nachbehandlung kaum
verändert werden, die Echtheit wird jedoch gesteigert.

Abhäng. Pat.: E. P. 23 188/1903; F. P. 337 316.

504. E. P. 127 143, L'air liqu. Proc. G. Claude, Paris.

Azofarbstoff aus Pikraminsäure und einem Kresol oder
Phenol im Gemenge mit freiem Kresol.
Polysulfidschmelze.
Färbt schwarz.

VII. Gruppe: Andere Ausgangsmaterialien.

1. Azofarbstoffe und Azoverbindungen.

505. DRP. 120 833, Akt.-Ges. Berlin. 1900.

Azofarbstoffe aus 4 - Nitro - 2 - amino - 1 - phenol + m - Toluylendiamin.
115 Na_2S + 29 S + 25 H_2O + 27 A. 200—205° eintrocknen.
Färbt dunkelolivebraun; Oxydation verändert kaum; Nitrodiazoverbin-
dung: gelber.
Abhäng. Pat.: E. P. 18 827/1900; F. P. 304 785.
Diazotiertes 4-Nitro-2-aminophenol ungekuppelt gibt in der Polysulfidschmelze einen Baumwolle grün färbenden Schwefelfarbstoff; die
Färbungen werden mit Chromat oxydiert blauer.

506. DRP. 129 495, Geigy, Basel. 1900.

Azofarbstoff: Anilin- und Sulfanilinsäureazo-β-Naphthol
(Orange II), ferner jene aus 1 - und 2 - Naphthol - 4; 6 - oder
7 - mono- und 6, 8 - oder 3, 6 - Disulfosäuren mit Anilin
und dessen Sulfosäuren.
40 Na_2S (100%) + 15 Azofarbstoff werden fein gemahlen unter Luftabschluß auf 350° erhitzt.
Färbt sehr echt grünstichig gelbbraun.

507. DRP. 162 227, Kalle, Biebrich. 1901.

Bismarckbraun.
80 Na_2S + 30 S + 30 Substanz. Bei 220° eintrocknen.
Färbt braun. Wasch-, seifen-, besonders lichtechte gelbbraune Töne.
Abhäng. Pat.: Zusatz zu DRP. 157 540.

508. DRP. 160 109, Oehler, Offenbach. 1904.

Azofarbstoff aus Monoacetyl-m-toluylendiamin mit flüchtigen Basen.
100 S + 20 Azofarbstoff + 20 Benzidin. Bei 220° heftige Reaktion,
dann 10 Std. 220—240°. Mit NaOH in lösliche Form überführen.
Färbt orangebraun. Auch ohne Nachbehandlung waschecht.
Abhäng. Pat.: E. P. 25 506/1904; A. P. 785 675.

Benzol-azo-o-nitrophenol.
Siehe Gruppe I, Nr. 92.

509. Anmeldung L. 14 963, Levinstein Lim., Manchester. 1900.

Azofarbstoff aus Diazonitranilin + o - Nitrophenol (Nitro-
benzolazo-o-nitrophenole).
Mit Na_2S + S 170—180° 3 Std. eintrocknen; am Rückflußkühler
entstehen rotstichige Farbstoffe.
Färbt schwarz.
Die Monoazoverbindung des m-Nitranilins führt zu grüneren, jene aus
o-Nitranilin zu graueren Farbstoffen.
Abhäng. Pat.: E. P. 18 756/1900; F. P. 306 358.

510. DRP. 102 069, Vidal, Paris, auf E. Merck. 1897.

Azofarbstoff mit Resorcin oder mit Dioxynaphthalinen als
Komponente.
30 Na_2S + 8 S + 21,5 Substanz unter zeitweiligem H_2O-Zusatz erhitzen,
bis die Azogruppe reduziert ist, schließlich bei 250—280° eintrocknen.

E. P. 13 797/1898 enthält als Ausgangsmaterial den Azofarbstoff aus
Resorcin + Diazobenzol. (Die Disazoverbindung braucht zum Ver-
schmelzen die doppelte Polysulfidmenge.)
Dioxynaphthole: Es färben 2, 5 rein braun; 2, 8 gelber; 1, 8 rotbraun;
1, 5, 2, 7, 2, 6 braune Töne.
Abhäng. Pat.: E. P. 13 797/1898; F. P. 272 600; A. P. 630 952.

511. F. P. 293 721, Soc. Franc. de Coul. d'Aniline de Pantin. 1899.

Azofarbstoffe, welche wenigstens eine Carboxylgruppe
enthalten: Diazoamine der Benzol-, Naphthalin-, Ben-
zidinreihe, auch diazotiertes Fuchsin, Safranin usw.,
gekuppelt mit organischen Carbonsäuren, ihren Derivaten, Homologen, Nitrierungs- und Sulfierungspro-
dukten.

Mit $Na_2S + S$ (mit oder ohne Metallsalzen) bei höheren Temperaturen
eintrocknen.
Färbt schwarz.
Azofarbstoff aus Anilin und Salicylsäure führt z. B. zu einem schwarzgrünen Farbstoff, der gekupfert schwarzblau wird.

512. E. P. 26 167/1898, Vidal, Paris. 1898.

Benzolazo-o-kresol.
Verschmelzen mit $NaOH + S$. 6—8 Std. 180°.   Ebenso die m- und
p-Verbindung. Allein oder gemengt.
Färbt schwarz. — Zieht auf animalischen und vegetarischen Fasern ohne
Fixierungsmittel.
Abhäng. Pat.: E. P. 26 168/1898; F. P. 283 570; A. P. 629 221.

513. F. P. 287 342, J. Moeller, London. 1899.

Oxyazobenzol oder o- oder m-Benzolazokresole.
16 Na_2S + 20 Substanz 250° eintrocknen (16 + 20 gibt braun, 20 + 20
gibt schwarz.
Färben im Gegensatz zu Vidalschwarz ohne Fixierung direkt braun
bzw. schwarz.
Abhäng. Pat.: Ö. P. 1328.

514. E. P. 6078/1903, Soc. Chim. d. U. du Rhône. 1903.

Azofarbstoffe aus den Diazoverbindungen des p-Phenylendiamins mit Phenolen und Naphtholen.
Mit $Na_2S + S$ bei so niedriger Temperatur verschmolzen (100—130°),
daß die Azogruppe nicht gespalten wird (?), z. B. p-Aminophenylen-
azonaphthol mit Polysationsprodukten bei 100° eintrocknen.
Färbt olive bis schwarz. — Sie färben in NaOH oder Sodalösung und
können daher ohne weiteres mit Kupferwalzen gedruckt werden.

515. E. P. 4708/1902, W. G. Thompson u. Co., L. E. Vliess, Manchester. 1902.

Azofarbstoffe aus Benzol- und Naphthalindiazoverbin-
dungen mit Oxydinitrodiphenylamin und seinen Deri-
vaten allein oder ·gemengt mit Pikrinsäure, Dinitro-
phenol usw.
Polysulfidschmelze.
Färbt schwarz.
Siehe die Complete Spezifikation, die eine große Zahl der erhaltenen
Nuancen anführt.

516. Anmeldung K. 22 044, Kalle, Biebrich. 1901.

Prim. Disazofarbstoff aus m-Toluylendiamin + Diazover-
bindungen flüchtiger Amine.
Mit $Na_2S + S$ bei höherer Temperatur eintrocknen.
Färbt braun.
Abhäng. Pat.: E. P. 22 222/1901; F. P. 315 648; A. P. 723 448.

22*

517. DRP. 157 540.

Anilinazo-m-toluylendiamin.
Siehe Gruppe I, Nr. 106.

518. A. P. 1 199 697.

Azoverbindung eines N-Äthylarylamins, wie man sie aus
einer aromatischen Diazoverbindung und N-Äthylaryl-
amin gewinnt.
Schwefelschmelze.
Färbt braun. Wasch- und säureecht.

In neuerer Zeit haben E. R. Watson und S. Dütt diese Versuche zur Erzeugung roter geschwefelter Azofarbstoffe durch Einführung der SH-Gruppe in
oxy- und aminofreie Moleküle, wie z. B. in das Naphthylazophenyl ohne besonderen Ersatz wieder aufgenommen. Näheres im Journ. Chem. Soc. 121, 1939
und 2414.

2. Andere Farbstoffe.

(Dehydrothiotoluidin usw.) Die Produkte aus Oxythionaphthenderivaten und
Thiosulfat (F. P. 383 927) dürften keine Schwefelfarbstoffe sein.

519. DRP. 108 496, H. R. Vidal, Paris. 1897.

Der substantive blaue Farbstoff aus Sulfanilsäure + p-
Aminophenol, DRP. 104 105.
25 NaOH (33%) + 28 Substanz, später + 6 S 170°.
Färbt schwarz. Oxydation: vertieft.
Abhäng. Pat.: E. P. 6913/1897; F. P. 264 900; A. P. 608 354 und 355;
R. P. 2214/1899.

520. DRP. 115 003, Deutsche Vidalgesellschaft, Koblenz. 1898.

Der substantive schwarze Farbstoff aus Sulfanilsäure + p-
Aminophenol, DRP. 109 736.
25 NaOH + 28 Substanz bei 170° + 6 S eintrocknen.
Färbt echter schwarz wie der Farbstoff des Hauptpatentes. Oxydation:
intensiver.
Abhäng. Pat.: Zusatz zu DRP. 108 496. — E. P. 5916/1898; F. P.
264 900; R. P. 2858/1899.

521. DRP. 97 285, Bayer, Elberfeld. 1897.

Oxythiazole, ihre Sulfo-, Nitro- und Aminoderivate, z. B.
Dehydrothiotoluidin, und seine Sulfosäure, Primulin,
Oxythiazol, Nitrooxythiazol usw.
Mit Na₂S + S auf 300° erhitzen.
Färbt olive Töne. — Sie färben zum Unterschied von den Ausgangs-
materialien nicht bräunliche, sondern reine olivgelbe oder olivbraune
Töne aus kaltem oder heißem Bade.

522. DRP. 180 162, Cassella, Frankfurt a. M. 1906.

Dehydrothiotoluidin.
70 S + 16 Substanz + 19 Benzidin 1 Std. 210°. Mit Na₂S bei 120°
lösen. Säure fällen. S allein gibt keinen Farbstoff.
Färbt gelb (Immedialgelb GG). Färbt sehr waschechte, grüngelbe
Nuancen.
Abhäng. Pat.: E. P. 4097/1906; F. P. 372 137; A. P. 892 455.

523. DRP. 234 638, B. Rassow, Leipzig. 1910.

Dehydrothiotoluidin.
Schwefelsesquioxydschmelze. Das erhaltene Produkt wird mit Hypo-
chloriten oxydiert.
Färbt gelb. Licht-, chlor- und waschecht. Die ähnlichen Farbstoffe aus
Primulin färben röter.

524. DRP. 114 268, Soc. Franç. d. C. d'Aniline de Pantin. 1899.

Phthaleine (Phenolphthalein, Fluorescein, Eosin).
50 Na_2S + 10 S + 5 Substanz 280—300°.
Färbt braun. Faser mit $CuCl_2$ nachbehandelt: dunkler. Eosinfarbstoff: lebhafter.
Abhäng. Pat.: F. P. 289 881.

525. DRP. 220 628, Aladar Skita, Karlsruhe. 1908.

Fluorescine.
250 Chlorschwefel + 50 S gelöst + 50 Fluorescein 150—160° 4 Std.; mit CS_2, dann mit NaOH (keinen Überschuß!) den S extrahieren, dann mit Alkohol das Fluorescein entfernen. Bei 190° verschmolzen entsteht ein S-reicherer violetter Farbstoff, in beiden Fällen sind die Farbstoffe chlorhaltig.
Die rotvioletten bzw. violettroten Färbungen gehen an der Luft oder mit Chlorat usw. nachoxydiert in rot über.
Die Farbstoffe sind auch Beizenfarbstoffe; im Na_2S-Bade entstehen violette, nachoxydiert rote Lacke.

526. DRP. 189 948, Basler Chem. Industriegesellschaft. 1906.

Das Kondensationsprodukt von Thiophthalsäure + β - Naphthochinaldin ist ein Schwefelfarbstoff. 20 Thiophthalsäure + 20 Naphthochinaldin werden bei 200° kondensiert. Ebenso finden Dithiophthalsäure bzw. Chinaldin (statt des Naphthochinaldins) Verwendung.
Färbt im Na_2S-Bade orangegelb. Oxydation: sehr licht- und waschechtes reines Gelb. — Auch aus der Küpe, und auf Wolle und Seide färbbar.
Abhäng. Pat.: 4159/1905; F. P. 373 892; A. P. 852 158.

527. DRP. 185 562, F. Reisz, Höchst. 1901.

Die Oxydationsprodukte aromatischer Amine und Aminophenole vom Typus des Anilin - Nigranilin - Toluidinschwarz und des α - Naphthylaminschwarz.
Wenn alkalilöslich, sonst + S mit oder ohne Zusätzen wie Glycerin, Glucose, Phenol, Naphthol, Anilin u. dgl.
40 NaOH (40° Bé) + 200 Emeraldin + 250—400 Glycerin + 300—350 S 180—220°. Mit Na_2S eintrocknen.
Färben sehr echte olive, braune, graue Töne. Oxydation: verändert kaum.
Siehe die zahlreichen Beispiele für dieses und die folgenden beiden Patente in den Originalpatentschriften.

528. DRP. 143 761, H. Löster, Wien. 1902.

Die Nitrierungsprodukte der Farbstoffe vom Typus des Anilinschwarz, Emeraldin usw.
Polysulfidschmelze.
Auf 150°, dann + weiterem Na_2S, bei 250—280° eintrocknen. (Es entweicht viel NH_3.)
Färbt braun.

529. DRP. 146 915, H. Löster, Wien. 1902.

Die anilinschwarzartigen Produkte, die aus Benzol- oder Naphthalinpolyamino- oder aminophenolsalzen mit m- oder p - Nitranilin entstehen.
Polysulfidschmelze wie DRP. 143 761.
Färbt braun bis schwarz.

530. DRP. 283 875, H. Weil, München. 1913.

Wollfarbstoffe des DRP. 282 958, das sind Oxydationsprodukte von Aminoaryl-p-sulfaminsäuren und m - Oxydiarylaminen, z. B. Acetanilid-p-sulfaminsäure und m-Oxydiphenylamin in alkalischer Lösung mit Chlorlauge oxydiert. m-Oxyphenyl-p-tolylamin ist wenig geeignet.

Polysulfidschmelze.

10 Oxydationsprodukt + 50 Na$_2$S + 5 S in 50 H$_2$O gelöst, 24 Std. unter Rückfluß auf 105—108° erhitzen. Schmelze in Na$_2$S lösen, mit Säure fällen, aus Sodalösung umlösen.

Färbt bordeauxrot. Metallglänzendes Pulver; der Farbstoff ist niedrig geschwefelt.

531. DRP. 274 088, Badische, Ludwigshafen. 1913.

Amino- oder Oxyacridine, z. B. Acridingelb (2, 7 - Dimethyl-3, 6-diaminoacridin aus Formaldehyd und m - Toluylendiamin) oder seine Leukobase.

Schwefelschmelze und Aufschließen mit Na$_2$S.

1 Farbbase + 3—4 S 2—3 Std. auf 220—230° erhitzen, Schmelze mahlen, in 7,5 100° heißes Na$_2$S eintragen, bis zum Stehenbleiben des Rührers auf 170°, dann bis zum Schmelzen und Wiedererstarren auf 270° erhitzen. Luftfällung.

Färbt braun, echt.

3. Dinitronaphthalinumwandlungsprodukte.

532. DRP. 103 987, Badische, Ludwigshafen. 1898.

1, 8 - oder 1, 5 - Dinitronaphthalin - Reduktionsprodukte entstanden nach DRP. 88 236, 92 471, 92 472.

Verschmelzen mit Na$_2$S mit oder ohne S.

Bei niederer Temperatur (50—100°) entstehen die bunten, bei 150—200° schwarze Schwefelfarbstoffe.

Färben aus kaltem Bade violette, blaue, grünblaue und schwarze Töne (Kryogenblaumarken B, G, R).

Abhäng. Pat.: E. P. 9338/1898; F. P. 277 530; A. P. 632 170.

533. DRP. 125 588, Meister, Lucius u. Brüning, Höchst. 1900.

1, 8 - Dinitronaphthalin - Umwandlungsprodukte mit Sulfiden erhalten.

Polysulfidschmelze, schließlich bei Luftabschluß bei 220—240° eintrocknen.

Färbt braun.

Abhäng. Pat.: E. P. 304 981 Zusatzpatent.

534. DRP. 128 118, Meister, Lucius u. Brüning, Höchst. 1900.

Umwandlungsprodukte des 1, 8 - Dinitronaphthalins, erhalten durch Reduktion (z. B. mit H$_2$S in schwefelsaurer Lösung) oder mittels Oleum oder Schwefelsesquioxyd.

250 Na$_2$S + 120 S + 30 Cl$_2$Zn + Produkt aus 40 Dinitronaphthalin bei Luftabschluß 220°.

Färben: Ausgangsmaterialien aus: 1. DRP. 84 989$_I$: braunschwarz, 2. DRP. 84 989$_{II}$: braunlichschwarz, 3. DRP. 92 471: braunstichig schwarz, 4. DRP. 76 922: bläulichschwarz, 5. DRP. 90 414: schwarze Wollfarbe, 6. DRP. 114 264: blaulichschwarz. — 3. und 4. sind farbschwächere Produkte.

Abhäng. Pat.: Zusatz zu DRP. 125 667. — E. P. 8636/1901; F. P. 304 981.

535. DRP. 120 899, Meister, Lucius u. Brüning, Höchst. 1900.

Umwandlungsprodukt von 1, 5 - Dinitronaphthalin mit H$_2$S in saurer Lösung.

50 Na$_2$S + 20 S + 10 Cl$_2$Zn + 20 Substanz 6 Std. 160°.

Färbt dunkelgrau. — Gekupfert entstehen aus den blaugrauen Nuancen schwarze Färbungen.

Abhäng. Pat.: E. P. 392/1901; F. P. 303 791.

536. DRP. 127 090, Meister, Lucius u. Brüning, Höchst. 1900.

1, 8 - oder 1, 8 + 1, 5 - Dinitronaphthalin - Umwandlungsprodukte mit SO_2 oder Sulfiten erhalten.

$64 Na_2S + 24 S + 7 Cl_2Zn$ + Produkt aus 100 Dinitronaphthalin. Bei Luftabschluß 220—240°.

Färbt schwarz bis braun.

Abhäng. Pat.: Zusatz zu DRP. 125 667. — E. P. 19 271/1900; F. P. 304 981.

4. Schwefelfarbstoffe aus Naphthazarin.

537. DRP. 114 266, Meister, Lucius u. Brüning, Höchst. 1899.

Naphthazarinzwischenprodukt.

$5 Na_2S + 1 S + 1$ Substanz mehrere Stunden 150—180°. H_2O lösen, filtrieren, eintrocknen.

Färbt waschecht graublau. $CuSO_4$: echte blauschwarze Töne.

Die Färbungen sind während des Färbeprozesses luftunempfindlich.

Abhäng. Pat.: E. P. 16 295/1899; F. P. 291 720; A. P. 649 218.

538. DRP. 115 743, Meister, Lucius u. Brüning, Höchst. 1899.

Oxydationsprodukt des Naphthazarinzwischenproduktes.

$300 Na_2S + 60 S + 60$ Substanz 8 Std. 160—170°. Während des Eindampfens entweicht NH_2.

Färbt graublau. Oxydation (Metallsalz): schwarz.

Abhäng. Pat.: Zusatz zu DRP. 114 266. — E. P. 16 295/1899; F. P. 291 720.

539. DRP. 114 267, Meister, Lucius u. Brüning, Höchst. 1899.

Naphthazarinzwischenprodukt oder seine Zinkverbindung.

$50 Na_2S + 10 S + 10$ Substanz + $1,5 Cl_2Zn$ mehrere Stunden 150—180°. H_2O lösen, Filtrat eintrocknen.

Färbt waschecht blauviolett (Melanogenblau B, BG). $CuSO_4$: schwarz. Luftunempfindliche Färbungen.

Abhäng. Pat.: E. P. 18 954/1899; F. P. 292 757.

540. DRP. 116 417, Meister, Lucius u. Brüning, Höchst. 1899.

Oxydationsprodukt des Naphthazarinzwischenproduktes.

Verschmelzen mit $Na_2S + S + Cl_2Zn$.

Färbt blauviolett. — Farbstoff ist identisch mit jenem des DRP. 114 267.

Abhäng. Pat.: Zusatz zu DRP. 114 267. — E. P. 16 295/1899.

541. DRP. 119 248, Meister, Lucius u. Brüning, Höchst. 1899.

Naphthazarin.

Mit $Na_2S + S + Cl_2Zn$ bei 160—170° eintrocknen. Unter Zusatz von NH_4Cl zur Schmelze entsteht ein anderer blaustichiger Farbstoff.

Färbt rotviolett. Oxydation: mit Metallsalzen führt zu einem tiefen echten Schwarz.

Abhäng. Pat.: E. P. 16 295/1899, 18 954/1899; F. P. 292 757; A. P. 651 122.

542. DRP. 147 945, Badische, Ludwigshafen. 1902.

Ein Naphthazarinzwischenprodukt aus 1, 8 - Dinitronaphthalin wird mit Thiosulfat in einen Wollfarbstoff übergeführt, mit Bisulfit oder Sulfit gibt dieser eine in H_2O braun lösliche Sulfosäure.

Färbt schwarz. Kein Schwefelfarbstoff, seine Sulfosäure gibt jedoch mit Chromsalzen, auf Baumwolle gedruckt, grünschwarze Töne.

Abhäng. Pat.: E. P. 1864/1903; F. P. 328 768; A. P. 756 571.

5. Umwandlungsprodukte chemisch einheitlicher Körper mit Lauge, Sulfiten, Salpetersäure u. dgl.

543. DRP. 112 484, Cassella, Frankfurt a. M. 1899.

Umwandlungsprodukt erhalten aus Oxydinitrodiphenyl-amin durch Kochen mit Lauge.

53 Na_2S + 13 S oder 50 NaOH (40°) + 20 S + 25 Substanz bei 160° eintrocknen. Umkochung und Schwefelung sind auch in einer Operation ausführbar.

Aus warmem, kochsalzhaltigem Bade intensiv gelbbraune Töne (Immedialbraun B, Dunkelbraun A). Oxydation (Chrom): erzeugen gelbstichigere und echtere Produkte.

Abhäng. Pat.: E. P. 25 754/1899; F. P. 295 593; A. P. 660 058.

544. Anmeldung F. 17 125, Meister, Lucius u. Brüning, Höchst. 1903.

Umwandlungsprodukt des Oxydinitrodiphenylamins mit thiokohlensauren Salzen.

Polysulfidschmelze bei 240° eintrocknen.

Färbt grün.

545. Anmeldung DRP. 11 485, Dahl, Barmen. 1901.

Umwandlungsprodukt des Oxydinitrodiphenylamins mit Hypochloriten in alkalischer Lösung (Chinonimid).

55 Na_2S + 20 S + 10 Substanz bei 180° eintrocknen.

Färbt schwarz. — Die Flotte scheidet keine Farbstoffhäutchen ab.

546. Anmeldung DRP. 11 728, Dahl, Barmen. 1901.

Umwandlungsprodukt des Dinitrophenylchinonimids (siehe oben) durch Kochen mit Lauge erhalten.

Polysulfidschmelze. Bei 180° eintrocknen.

Färbt braun. Oxydation: schwärzer.

547. DRP. 125 588, Meister, Lucius u. Brüning, Höchst. 1901.

Umwandlungsprodukt des Oxydinitro- (oder Oxynitro-amino-)diphenylamins durch Erhitzen mit Na_2SO_3 unter Druck erhalten.

Polysulfidschmelze. Bei 185—195° eintrocknen.

Färbt braun. H_2O: violettschwarz löslich. — Das Nitroaminoprodukt färbt etwas schwärzlicher.

Abhäng. Pat.: E. P. 4568/1901; F. P. 308 735.

548. DRP. 169 856, G. E. Junius u. Vidal. 1904.

Umwandlungsprodukt von p-Nitrosophenol, p-Nitro-phenol oder Oxyazobenzol durch Behandeln mit einer zur Reduktion ungenügenden Menge Na_2S bei 140—290°. Das Zwischenprodukt ist selbst ein in H_2SO_4 schwarz, in Alkalien rötlichviolett löslicher Baumwollfarbstoff.

40 NaOH + 64 S + Produkt aus 123 Nitrosophenol von 150° beginnend, allmählich bei 250° eintrocknen, gibt nach 4—6 Std. den Schwefelfarbstoff.

Färbt schwarz. Der Farbstoff enthält keine Thio- oder gewöhnliche Diphenylamine, bildet durch Reduktion keine Leukobasen, ist daher an der Luft unbegrenzt haltbar.

Färbt intensiv schwarze Nuancen (grünlich oder bläulich, je nach Herstellung). Chlor- und lagerecht.

Abhäng. Pat.: E. P. 644/1905; F. P. 349 873.

549. F. P. 282 065, Vidal, Paris. 1898.

Die Einwirkungsprodukte von phenolartigen Körpern auf Benzol oder Naphthalinsulfosäuren bei Gegenwart von Alkali, z. B.

70 NaOH + 17 Sulfanilsäure + 17 Rohphenol werden auf 280—300°
erhitzt. Nach Hinzugabe von 20 S destilliert Phenol ab und die
Masse färbt sich schwarz.

Färbt schwarz. — Ebenso entstehen schwarze Schwefelfarbstoffe durch
Einwirkung von S auf das Reaktionsprodukt von NaOH auf Disulfo-
azobenzol bei Gegenwart von Phenol.

550. DRP. 109 586, Noetzel, Istel, Griesheim. 1899.

Umwandlungsprodukt des Oxydinitrodiphenylamins unter
dem Einflusse von Chlorschwefel.
10 NaOH + 10 H_2O + 40 Na_2S + Produkt aus 10 Oxydinitrodiphenylamin + 10 Chlorschwefel 200° eintrocknen.
Färbt braun.

551. DRP. 111 950, Noetzel, Istel, Griesheim. 1899.

Wie Hauptpatent, die Bildung des Umwandlungsproduktes
erfolgt mit oder ohne Benzol als Verdünnungsmittel,
eingetrocknet wird mit
NaOH allein verschmolzen.
Färbt braun.
Abhäng. Pat.: Zusatz zu DRP. 109 586.

552. DRP. 112 299, Noetzel, Istel, Griesheim. 1899.

Wie DRP. 109 586; das Umwandlungsprodukt wird mit
Na_2S allein eingetrocknet (130°).
Färbt schwarz.

6. Kondensationsprodukte unbekannter Konstitution.

553. DRP. 117 073, Chr. Rudolph, Offenbach a. M. 1900.

Kondensationsprodukt von aromatischen Nitroverbindun-
gen + p-Aminophenol (HCl usw. als Kondensationsmittel).
5 Na_2S + 1 S + 1 Tl. Kondensationsprodukt aus p-Aminophenol + p-
Nitranilin 5—6 Std. 150—160°.
Färben blau, schwarz, violett, violettschwarz.
Abhäng. Pat.: E. P. 10 293/1900; F. P. 300 970.

554. DRP. 117 848, Chr. Rudolph, Offenbach a. M. 1899.

Kondensationsprodukt von p-Aminophenol + salzsaurem
p-Aminophenol.
30 Na_2S + 4 S + 12 Kondensationsprodukt 220°.
Färbt schwarz [Pyrolschwarz (Mühlheim)]. Mit Zn + Alkali reduziert:
Leukoverbindungen. — Wasch- und lichtecht.
Abhäng. Pat.: E. P. 10 293/1900; F. P. 300 970.

555. E. P. 7040/1904, H. C. Cosway, Uni. Alk. Cp. 1904.

Kondensationsprodukt von 1 Mol. p-Aminophenolchlor-
hydrat + 2 Mol. p-Aminophenol.
Auf 160, schließlich auf 200° erhitzen.
Färbt blau.

556. E. P. 7041/1904, H. C. Cosway, Uni. Alk. Cp. 1904.

Kondensationsprodukt von p-Aminobenzolsulfosäure + p-
Aminophenol bei Gegenwart von Schwefel.
Mit KOH auf 180° erhitzen.
Färbt blauschwarz bis schwarz.

557. E. P. 7042/1904.

Aminophenolchlorhydrat + S.
Siehe Gruppe I, Nr. 16.

558. A. P. 731 669, E. Cullmann, auf Schöllkopf. 1902.

Schmelzprodukt von salzsaurem Aminoazobenzol allein
oder + p - Aminophenol bei 180° erhalten.
Polysulfidschmelze evtl. mit Kupfersalzzusatz.
Färbt grün.

559. DRP. 125 136, Badische, Ludwigshafen. 1900.

Kondensationsprodukt von p - Amino- + p - Nitrosophenol.
Polysulfidschmelze. 130—140°.
Färbt schwarz; H_2O: grün. — Die direkt schwarzen Färbungen oxydieren
kaum verändert, aber echter.

560. E. P. 8083/1899, H. Ashworth, J. Bürger Bury. 1899.

Kondensationsprodukt von Nitrosophenol+Phenol in konz.
H_2SO_4.
Verschmelzen mit **NaOH + S.**
180° eintrocknen. Kresol gibt ebenso einen braunen Farbstoff.
Färbt schwarz. Das grünliche Schwarz wird mit Chromat oxydiert:
tiefschwarz.
Abhäng. Pat.: A. P. 653 277, 653 278.

561. F. P. 361 982, Vidal, Paris. 1905.

Kondensationsprodukt von Nitroso-o-kresol + p - Aminophenol oder + Amino-o-kresol bei 60°. Zunächst + Na_2S
kochen bis alles gelöst, dann
Polysulfidschmelze bei 110—120° eintrocknen bzw. filtrieren, mit Säure
fällen.
Färbt schwarz. Der Farbstoff aus Kresol färbt gelbbraun.

562. DRP. 120 175, Basler Chem. Industriegesellschaft. 1900.

Kondensationsprodukt von nicht sulfierten p - Nitrotoluol-
derivaten allein oder mit aromatischen Aminen in alka-
lischer Lösung.
Polysulfidschmelze bei 190—210° eintrocknen.
Färbt braun.
Abhäng. Pat.: E. P. 1007/1900; F. P. 295 712.

563. DRP. 133 043, Basler Chem. Industriegesellschaft. 1901.

Kondensationsprodukt von p - Nitrochlorbenzol oder p - Di-
chlornitrobenzol + p - Nitrophenol.
Polysulfidschmelze bei 140—150° eintrocknen.
Färbt grün.
Abhäng. Pat.: E. P. 2722/1902.

564. E. P. 22 966/1903, H. C. Cosway und Uni. Alk. C., Liverpool. 1903.

Kondensationsprodukt von Dinitrobenzol + Aminobenzolsulfosäure in alkalischer Lösung bei 200—210° eingetrocknet + p - Aminophenol.
Polysulfidschmelze.
Färbt grün, licht-, säure- und alkaliecht.

565. DRP. 113 893, Société anonym., St. Denis. 1899.

Kondensationsprodukt von den aus Anilin, seinen Salzen,
Phenol oder Kresol mit Chlorschwefel erhaltenen Zwischenkörpern + aromatischen Polyamino- oder Oxy-
aminobenzolkörpern.
300 Na_2S + 100 Substanz rasch auf 150° 3—4 Std. (Siehe bei diesem
und die folgenden drei Patenten die Tabellen in den Originalschriften.)
Färben 1% grau, 20% schwarz. Oxydation: fixiert auf der Faser, Färbungen werden intensiver.
Abhäng. Pat.: E. P. 18 409/1899; F. P. 292 400; A. P. 646 873.

566. DRP. 120 467, Société anonym., St. Denis. 1900.

Die mittels Chlorschwefel erhaltenen Zwischenprodukte des Hauptpatentes werden mit einem Gemenge aromatischer Poly- oder Oxyaminokörper + Nitrokörpern von Art des Nitrobenzols, p - Nitranilins, Oxydinitrodiphenylamins in Reaktion gebracht und diese Produkte mit Na_2S allein erhitzt.

20—30 Na_2S + Produkt aus 5,5 Chlorschwefelkörper 8 Std. 150—175° eintrocknen.

Färbt schwarz. — Die Farbstoffe verhalten sich ähnlich wie jene des Hauptpatentes.

Abhäng. Pat.: Zusatz zu DRP. 113 893. — E. P. 1150/1900; F. P. 292 400 Zusatzpatent.

567. DRP. 131 468, Société anonym., St. Denis. 1901.

Das Chlorschwefelprodukt des Hauptpatentes wird mit o - Amino-p-nitro-p'-oxy- oder p-p'-dioxydiphenylamin oder mit p - Aminophenyl-p'-oxy-m'-tolylamin in Reaktion gebracht und dieses Produkt mit Na_2S erhitzt.

Färben bläulich, grünlich, blauschwarz. Oxydation: violettschwarz, zum Teil intensiver oder unverändert.

Abhäng. Pat.: Zusatz zu DRP. 113 893. — E. P. 999/1901; F. P. 292 400 Zusatzpatent; A. P. 740 765.

568. DRP. 131 567, Société anonym., St. Denis. 1901.

Das Chlorschwefelprodukt (DRP. 113 893) wird mit Indophenolen (z. B. mit jenem aus p - Phenylendiamin + Phenol oder Kresol) in Reaktion gebracht und der erhaltene Körper mit Na_2S auf 140—150° erhitzt (alle Reaktionen in einer Operation vereinigbar).

Färben 1% blau, violett bis rotgrau; 2% blau bis violett.

Abhäng. Pat.: E. P. 2839/1901; F. P. 292 400 Zusatzpatent; A. P. 708 662, 740 465, 763 320.

7. Organische Ausgangsmaterialien natürlichen Ursprungs oder ihre künstlichen Umwandlungsprodukte.

569. DRP. 103 302, Vidal, Paris. 1898.

Pyroxylin (Alkohol, Äther unlöslich), Colloxylin (Alkohol, Äther löslich), rohes Cellulosenitrat.

300 Na_2S + 300 H_2O + 100 Substanz, wenn bei 150° zäh + 70 S, bei 280° eintrocknen. Schmelzdauer: 6—8 Std. Es entweicht viel NH_3 und H_2S.

Färbt schwarzbraun. — Gegen die Cachous durch größere Intensität, dunklere Schattierung und direkte Färbbarkeit ausgezeichnet; Oxydation gibt im Gegenteil hier hellere und gelbere Färbungen.

Abhäng. Pat.: F. P. 279 332; A. P. 622 299; R. P. 2979/1900.

570. DRP. 283 137, A. u. E. Lederer. 1913.

Furanderivate.

Die durch kaltes Verrühren von gleichen Teilen Furfurol und Ätznatron erhaltene teigige Masse, enthaltend brenzschleimsaures Natron, Furfuralkohol und Natronlauge mit S 2—4 Stunden im Autoklaven auf 3—5 Atm. Druck erhitzen.

Färbt Baumwolle schwarz, das Filtrat der Säurefällung des Farbstoffes färbt ungebeizte Wolle dunkelgelb.

571. A. P. 1 346 153—154, A. T. Appelbaum, U. St.

Aloe oder Aloeharz.

Polysulfidschmelze unter Druck.

572. DRP. 115 337, C. Dreher, Freiburg i. B. 1899.

Nitrierte Harze.

40 Na_2S + 20 H_2O + 10 Produkt bei 150° + 20 S, dann in 4 Std. bei 260° eintrocknen. H_2O extrahieren, filtrieren, Säure fällen, den neutralen Rückstand schnell trocknen.

Färbt schwarzbraun. — Die Nuancen differieren bei den verschiedenen Ausgangsmaterialien unwesentlich.

573. DRP. 118 701, Lepetit, Dollfuß, Gansser, Mailand. 1899.

Ungesättigte Fettsäuren, ihre Ester, Alkalisalze und Türkischrotöl.

Soda + S (evtl. + NaOH).

12 Soda + 10 S + 5 Türkischrotöl oder verseiftes Leinöl oder Ricinusölseife usw. werden in gußeisernen Töpfen auf schließlich 320—330° erhitzt. Es entweicht CO_2, H_2S usw. Über 330° gebildet enthalten die Farbstoffe viel Rückstand.

Färbt braun bis braunschwarz. — Die Farbstoffe sind weniger chlor- und lichtecht wie die Cachous, oxydiert werden sie jedoch lebhafter und echter.

Abhäng. Pat.: E. P. 18 900/1899; F. P. 290 714; R. P. 8033/1903.

574. A. P. 886 532, M. R. Moffatt, H. S. Spira, Providence. 1907.

Die mit Alkali von Phenolen und Kresolen befreiten Holzteerrückstände.

Na_2S + S nicht über 200°.

Färbt braun. Wasch- und lichtechte Nuancen.

575. Anmeldung V. 6918 und V. 7013, Dr. Vanino, München. 1907.

Kakaoschalen, Hopfenabfälle und Abfälle der Zichorienfabrikation.

Polysulfidschmelze.

Färbt braun.

576. A. P. 909 151, E. S. Chapin, New York. 1909.

Nicht krystallisierbare Polysaccharide (Dextrin, Tragant, Stärke) werden allein oder bei Gegenwart von Diaminen, Dinitrokörpern, Salicylsäure usw. geschwefelt. Die Körper werden vorher erhitzt, bis sie nicht mehr hygroskopisch und leicht pulverisierbar sind.

Polysulfidschmelze, evtl. mit Kupfersalzen. 300°.

Färbt braune Nuancen. — Farbstoff aus Stärke und $CuSO_4$ färbt z. B. sehr wasch- und lichtechte braune Nuancen.

Abhäng. Pat.: A. P. 909 152, 909 153, 909 154[1], 909 155, 909 156.

577. A. P. 909 277, E. T. Bundsmann und The point Loma Chemic. Comp., Californien. 1909.

Verschiedene Zucker werden mit Diaminen oder Nitraminen zusammen geschwefelt.

Färbt braun.

Ähnlich ist A. P. 897 873 derselben Firma.

578. F. P. 306 672, A. Allers. 1900.

Gleiche Teile gerbstoffhaltiger (Gambir, Cachou, Sumach usw.) und cellulosehaltiger Materialien (Kleie, Sägespäne usw.).

Mit Na_2S allein auf 250°, dann + halbem Gewicht des Na_2S an S weiter erhitzen.

Färbt braun bis braunschwarz.

---

[1] Salicylsäure allein auf 300°. Vgl. E. P. 18 762/1897.

579. Ö. P. 2386, E. österr. Sodafabrik Hruschau. 1900.

Sulfitablauge, vorher vom Kalk befreit, wird mit NaOH oder Na_2S bis zur Zähflüssigkeit eingedickt.

Mit Schwefel auf 450° erhitzen.

Färbt braun bis schwarz. Oxydation: Nuancenänder. und Erhöhung der Echtheiten.

Abhäng. Pat.: E. P. 8229/1900; Kalle A. P. 687 581; F. P. 300 771.

580. DRP. 240 522, A. Redlich u. G. Deutsch. 1910.

Die Phlobaphene (Nebenprod. bei der Fabrikation der Quebrachoextrakte aus Gerbstoff der Mangroverinde usw.

Polysulfidschmelze.

Färbt braun.

Abhäng. Pat.: Ö. P. 296/1910.

581. E. P. 1838/1880, J. Sachs, Manchester. 1880.

Sägemehl und ähnliche organische Substanzen.

2 Spence-Metall $+$ 1 NaOH $+$ 1 Sägemehl.

Färbt braun bis olive. — Cachou-de-Laval-artige Farbstoffe.

582. E. P. 1489/1873, E. Croissant und L. M. F. Bretonnière. 1873.

Organische Substanzen: Sägemehl, Humus, Moos, Zucker, alle Kohlenhydrate, gerbstoffhaltige Materialien, Papier und jede Art von Cellulose, Blut, Horn, Fäkalien, organische Säuren (siehe Kopp, Ber. 7, 1746), Gummi, Tragant, alle Farbhölzer.

Verschmelzen mit **Schwefelalkalien oder Polysulfiden.** Es wird auf Temperaturen zwischen 100 und 350° erhitzt; je höher geheizt wird, um so dunkler sind die Färbungen.

Färbt Cachou de Laval. — Cachou de Laval S wurde durch Behandlung des rohen Farbstoffes mit Sulfiten als reinere Marke erhalten.

Ähnliche Produkte wie Cachou de Laval sind Katigenschwarzbraun und Sulfanilinbraun.

Abhäng. Pat.: E. P. 98 915.

Vgl. auch die Herstellung brauner Schwefelfarbstoffe durch Verschmelzen des färbenden Bestandteiles von Myrica rubra mit Polysulfid, Schwefel oder Polysulfid und Metallsalzen nach S. Satow, J. Ind. Eng. Chem. 1915, 113.

B. Auszüge der Patente über Verwendung der Schwefelfarbstoffe.

I. Patente über Reinigung und Veränderung der Schwefelfarbstoffe in Substanz.

1. Reinigung.

583. DRP. 132 424.

Alkoholschmelze, Gruppe III, Nr. 188.

584. DRP. 137 784.

Oxydation der Alkoholschmelzprodukte, Gruppe III, Nr. 188.

585. DRP. 109 456, Akt.-Ges. Berlin. 1899.

Reinigung der Schwefelfarbstoffe durch Auskochen mit Alkohol und Extraktion der verunreinigenden Bestandteile. Vgl. DRP. 132 424.

Abhäng. Pat.: E. P. 7023/1899 und 13 978/1899; F. P. 287 678; A. P. 542 256.

586. DRP. 140 963, Cassella, Frankfurt a. M. 1901.
Die vom Alkohol befreite Rohschmelze wird mit Soda, calciniertem
Glaubersalz, Kochsalz (auch mit Metallsalzen) verrieben und so feste
Form des sirupösen Produktes erzielt. (Man kann natürlich auch die
wässerige Lösung des Alkoholrückstandes mit Luft fällen.)
Abhäng. Pat.: Zusatz zu DRP. 134 424. — E. P. 9968/1902; F. P.
298 075.

587. DRP. 135 952, Cassella, Frankfurt a. M. 1900.
Reinigung der Immedialreinblauschmelze über die Bisulfitverbindung.
Abhäng. Pat.: Zusatz zu DRP. 134 947. — E. P. 20 741/1901; F. P.
303 524 Zusatzpatent; R. P. 10 495/1905.

588. DRP. 136 188, Cassella, Frankfurt a. M. 1900.
Reinigung der Immedialreinblauschmelze, basierend auf der Eigenschaft
der reinen Leukoverbindung des Farbstoffes mit verdünnten Säuren
als salzsaures Salz in Lösung zu gehen, während die Verunreinigungen
keine Salze zu bilden vermögen. Siehe auch A. P. 693 632.
Abhäng. Pat.: Zusatz zu DRP. 134 947. — E. P. 21 310/1900; F. P.
305 494; A. P. 693 632.

589. DRP. 139 099, Kalle, Biebrich. 1901.
Reinigung der Schmelze des Schwefelfarbstoffes aus p-Nitro-o-amino-
p'-oxydiphenylamin durch Ausblasen mit Luft bei Gegenwart von
Kochsalz.
Abhäng. Pat.: E. P. 19 332/1901; F. P. 314 570; A. P. 695 533 und 34.

590. DRP. 140 792, Kalle, Biebrich. 1902.
Wie im Hauptpatent, jedoch bei Gegenwart von Natronlauge (Thion-
blau B).
Abhäng. Pat.: Zusatz zu DRP. 139 099.

591. DRP. 131 757, Kalle, Biebrich. 1900.
Reinigung der Schwefelfarbstoffe durch Fällung ihrer Lösungen mit Erdalkalisalzen und Regeneration des Na-Salzes durch Behandlung der
gereinigten Schwefelfarbstoff-Erdalkalisalze mit Soda.

2. Alkylierung und Oxydation.

592. DRP. 131 758, Bayer, Elberfeld. 1900.
Veränderung der Schwefelfarbstoffe als Leukoverbindung durch Alky-
lierung mit Alkylierungsmitteln in Substanz oder auf der Faser.
Abhäng. Pat.: E. P. 21 898/1900; F. P. 305 800; A. P. 688 999.

593. DRP. 134 962, Bayer, Elberfeld. 1900.
Veränderung des Schwefelfarbstoffes (nicht seiner Leukoverbindung)
durch Alkylierung auf der Faser.
Abhäng. Pat.: Zusatz zu DRP. 131 758. — A. P. 688 999.

594. DRP. 134 176, Bayer, Elberfeld. 1900.
Veränderung des Schwefelfarbstoffes durch Alkylierung unter Verwendung der Ammoniumverbindung des Alkylierungsmittels; sie
spaltet sich in der Flotte in Alkylierungsmittel + tertiäre Base.
Abhäng. Pat.: Zusatz zu DRP. 131 758. — E. P. 21 898/1900; F. P.
305 800.

595. DRP. 134 177, Bayer, Elberfeld. 1901.
Veränderung der Schwefelfarbstoffe durch Alkylierung mit Chlorbrom-
acetamid.
Abhäng. Pat.: Zusatz zu DRP. 131 758. — F. P. 305 800 Zusatzpatent.

596. Anmeldung G. 15 020, Basler Chem. Industriegesellschaft. 1900.
Veränderung der Schwefelfarbstoffe in Substanz (oder auf der Faser)
durch Behandlung mit wässerigen Alkalien mit oder ohne unterchlorigsaurem Natron.

597. DRP. 211 837, Cassella, Frankfurt a. M. 1908.

Veränderung der Schwefelfarbstoffe in Substanz durch Halogenisierung in geeigneten Lösungsmitteln unter Bedingungen, die keine Spaltung der Farbstoffe herbeiführen.
Abhäng. Pat.: E. P. 17 352/1909; F. P. 401 944; A. P. 960 919.

598. F. P. 350 096, Cassella, Frankfurt a. M. 1904.

Oxydation der fertigen Farbstoffpaste z. B. aus Indophenolen oder deren Leukoverbindungen (Dioxydiphenylamin usw.) mit H_2O_2 oder Na_2O_2.

599. F. P. 308 669, Basler Chem. Industriegesellschaft. 1901.

Die schwarzen Schwefelfarbstoffe des Handels oder die geschwefelten Indophenole werden mittels SO_2 oder Bisulfitlauge in Thiosulfonate übergeführt, die ungebeizte Baumwolle erst nach Zusatz eines Reduktionsmittels färben (Umwandlung in Mercaptane). Bei Gegenwart von Formaldehyd entstehen blauere Färbungen. Die Thiosulfonate werden mit verschiedenen Agenzien (NaOH, Säuren) in Indophenole von niederem oder höherem·Schwefelgehalt übergeführt.

3. Sonstige Veränderungen.

600. DRP. 88 392, Société anonym., St. Denis, und Vidal. 1895.

Veränderung der Löslichkeit und Überführung der Schwefelfarbstoffe in eine zum Drucken geeignete Form durch Behandlung der gefällten Farbsäuren mit Sulfiten. (Cachou de Laval und die Farbstoffe der DRP. 84 632 und 85 330.) Vidalschwarz S.
Abhäng. Pat.: E. P. 3612/1895; F. P. 244 585; A. P. 549 036, 549 082.

601. DRP. 91 720, Société anonym., St. Denis. 1895.

Veränderung der Löslichkeit und Überführung der Schwefelfarbstoffe in eine zum Druck geeignete Form. Wie DRP. 88 392 angewendet auf die Farbstoffe des DRP. 82 748. (Siehe auch F. P. 239 714.)
Abhäng. Pat.: E. P. 3414/1895; A. P. 549 036, 561 276.

602. DRP. 94 501, Société anonym., St. Denis. 1896.

Dasselbe Verfahren angewendet auf die Farbstoffe aus Nitrotoluol und -xylol, ebenso auch auf ihre Aminoderivate.
Abhäng. Pat.: Zusatz zu DRP. 91 720.

603. DRP. 209 850, Akt.-Ges. Berlin. 1908.

Veränderung der Löslichkeit von Schwefelfarben durch Oxydation ihrer Sulfitverbindungen (siehe die obigen·Patente) mit H_2O_2, Luft usw. und Verwendung dieser Lösungen oder ihrer eingetrockneten Rückstände.
Abhäng. Pat.: E. P. 2290/1909; F. P. 398 685; A. P. 953 008.

604. DRP. 88 847, Badische, Ludwigshafen. 1894.

Erhöhung der Löslichkeit der Farbstoffe des DRP. 84 989 (Echtschwarz) durch Digerieren mit NaOH in der Wärme (gibt Echtschwarz BS).
Abhäng. Pat.: E. P. 22 603/1899; F. P. 243 142; A. P. 546 576.

605. DRP. 198 691, Cassella, Frankfurt a. M. 1906.

Erhöhung der Löslichkeit von Schwefelfarbstoffen durch Eindampfen der reinen Farbstoffpasten mit Glucose im Vakuum.
Abhäng. Pat.: E. P. 7273/1906; F. P. 373 033.

606. DRP. 140 610, Lauch, Ürdingen a. Rh. 1901.

Vermeidung der Selbsterwärmung von Schwefelfarbstoffen in gemahlenem Zustande · durch Hervorrufen künstlicher Erwärmung auf kontrollierbare Temperaturen.
Abhäng. Pat.: E. P. 15 708/1901; F. P. 313 052; A. P. 764 735.

607. Anmeldung F. 19 945, Meister, Lucius u. Brüning, Höchst. 1905.

Darstellung von Schwefelfarbstofflösungen in hoher Konzentration durch Zusatz von so viel Schwefelnatrium, daß weder Lösung noch Festwerden eintritt.

Abhäng. Pat.: E. P. 9883/1905; F. P. 361 481; A. P. 901 746; Ö. P. 23 232.

608. Anmeldung A. 14 985, Akt.-Ges. Berlin. 1908.

Darstellung von Schwefelfarbstoffen in flüssiger oder pastöser Form durch Lösen in konzentrierten Lösungen von Na_2S_2.

609. DRP. 265 883, Meister, Lucius u. Brüning, Höchst. 1912.

Die Verfahren zur Herstellung haltbarer Indigweißpräparate der DRP. 192 872, 200 914, 208 698, 257 457 sind auch auf die Leukoverbindungen von Schwefelfarbstoffen anwendbar.

Man konzentriert z. B. eine Mischung von 1 Tl. mittels Hydrosulfit erhaltener Thiogenschwarz-M-konz.-Leukopaste (30 proz.) und 0,25 Tl. 80 proz. techn. Milchsäure durch Vakuumverdampfung und erhält so eine haltbare Leukopaste, die mit wenig Reduktionsmitteln (Glucose, Na_2S oder Hydrosulfit) eine direkt färbbare Küpe liefert. Vgl. DRP. 280 370: Verwendung anderer Oxy- und Dioxysäuren.

II. Patente über Verwendung der Schwefelfarbstoffe in der Färberei.

1. Vermeidung des schädigenden Lufteinflusses und Flottenzusätze.

610. DRP. 122 456, Hölken u. Co., Barmen. 1898.

Egales Färben wird erzielt durch teilweises Eintauchen der Quetschwalzen in die Flotte. Das gefärbte Gewebe wird so von dem das ungleichmäßige Färben verursachenden Flottenüberschuß befreit, noch ehe es mit der Luft in Berührung kommt. Nach dem Färben wird sofort mit Chromat in schwefelsaurer Lösung oxydiert.

Abhäng. Pat.: E. P. 8153/1898; F. P. 276 612; A. P. 647 493; Ö. P. 1471/1898; R. P. 4793/1901.

611. DRP. 117 782, Cassella, Frankfurt a. M. 1900.

Der Flotte werden trithiokohlensaure Salze zugesetzt. Sie lösen die Farbstoffe besser als Schwefelnatrium und haften sehr stark an der Faser, so daß beim Spülen stets noch etwas von diesem Lösungsmittel vorhanden ist und die Oxydation verhindert. Man färbt z. B. 1 Stunde kochend 100 Tl. Baumwolle mit 15 Tl. Immedialschwarz V extra unter Zusatz von 7,5 Tl. Trithiocarbonat und 30 Tl. NaCl. Ein Teil des Carbonates kann durch Na_2S ersetzt werden.

Abhäng. Pat.: F. P. 299 373.

612. DRP. 129 281, Bayer, Elberfeld. 1900.

Man verwendet statt Na_2S: Alkalisulfhydrate. Z. B.: 20 Katigenschwarz SW werden in 40 l einer 50 proz. wässerigen NaSH-Lösung gelöst und diese Lösung in die Flotte von 1000 l H_2O + 8 konz. Soda + 50 NaCl (kg für 100 kg Baumwolle) eingetragen.

Abhäng. Pat.: F. P. 302 338.

613. F. P. 329 482, Bayer, Elberfeld. 1900.

Man verwendet zum Lösen des Farbstoffes statt Na_2S: Na_2S_2 oder ein anderes Polysulfid. Der Farbstoff zieht egal auf und ist reibechter.

614. A. P. 1 879 175.

Man verwendet zum Lösen der Farbstoffe die alkalische wässerige Lösung von Sulfitablauge.

615. DRP. 180 849, Weiler ter Meer, Ürdingen a. Rh. 1901.

Man verhütet die Bildung mißfarbiger Ränder an der Ware (hervor-
gerufen durch zu hohe Temperatur und dadurch Trockenwerden des
Gewebes) durch Begießen mit kaltem, evtl. Na_2S-haltigem H_2O
zwecks Feuchthaltung und Temperaturerniedrigung.
Abhäng. Pat.: E. P. 23 695/1902; F. P. 315 723; A. P. 724 631.

616. F. P. 884 797 Zus., Basler Chem. Industriegesellschaft. 1908.

Der Flotte werden vegetabilische Öle und Fette zugesetzt, welche die
gefärbte Faser umhüllen und die Luft abhalten; 2000 Flotte $+$ 10 Py-
rogenindigo $+$ 25 Na_2S $+$ 40 Glaubersalz $+$ 8 Olivenöl (für 100 Baumwolle).

617. Anmeldung F. 15 580, Farbwerk Mühlheim vorm. Leonhardt. 1902.

Den Spülbädern werden, um das Bronzieren der Ware zu verhindern,
geringe Mengen von Tonerdesalzen beigefügt.

618. DRP. 197 892, Bayer, Elberfeld. 1906.

Der Flotte werden Ammonsalze beigegeben, um die Oxydationsvorgänge
zu verlangsamen, zugleich werden die Färbungen dadurch zuweilen
tiefer und waschechter. Die Menge der Ammonsalze muß so gering
sein, daß sich nicht Schwefelammon bildet, es darf wegen der Flüchtigkeit der Salze nicht bei hoher Temperatur gefärbt werden: 2000 Flotte
$+$ 15 Katigenindigo B extra $+$ 30 Na_2S $+$ 8 calc. Soda $+$ 40 Na_2SO_4
$+$ 4 Schmierseife $+$ 3 Ammoniumcarbonat. Die Flotte wird gelb wie
eine Küpe. Man färbt 1 Stunde unter dem Spiegel bei 30°.
Abhäng. Pat.: E. P. 15 206/1906; F. P. 367 921 und Zusatzpatent;
A. P. 873 636.

619. DRP. 213 455, Bayer, Elberfeld. 1906.

Statt der Ammonsalze (siehe Hauptpatent) können auch: Bicarbonat,
Aluminiumacetat, Alaun, Natriumbisulfit, Weinstein usw. verwendet
werden. Die Wirkung dieser Salze beruht auf ihrer Fähigkeit, das freie
Alkali der Flotte zu binden. Demnach sind auch freie Mineralsäuren
verwendbar. Die Menge des Zusatzes muß so bemessen sein, daß die
Flotte eben nach H_2S riecht, ohne daß Ausfällung erfolgt (Verstärker).
Abhäng. Pat.: Zusatz zu DRP. 197 892. — E. P. 23 083/1906; F. P.
367 921 Zusatzpatent; A. P. 873 277.

620. Anmeldung K. 33 660, E. Kraus, Zürich. 1907.

Der Flotte werden 5—15% des Farbstoffgewichtes an Arylmercaptan
Benzol- und Naphthalinthiophenole, geschwefeltes Handelskresol usw.)
zugefügt. Sie gehen mit dem Luftsauerstoff schneller in Disulfide
über, als die Leukoverbindung des Farbstoffes oxydiert werden kann
und verhindern so Fleckenbildung.

621. DRP. 890 081, Chem. Ind., Basel.

Zur Beseitigung des bronzierenden Tones von Schwefelfarbstoffärbungen
behandelt man die gefärbte Ware mit Tanninlösungen.

622. DRP. 220 169, E. Dupetit, Amiens. 1908.

Die Flotte (200 l H_2O $+$ 250 g konz. Na_2S $+$ 500 g Soda $+$ 200 g
Katigenindigo RL extra gelöst in 250 g konz. Na_2S $+$ 10 kg Glaubersalz) wird mit 5 kg Bicarbonat versetzt, wodurch sich auf dem Gewebe eine dünne Gasschicht von CO_2 $+$ H_2S bildet. Nach 8 bis
10 Durchzügen wird, ohne zu spülen, in einem sauren Bade (700 H_2O
$+$ 10 Essigsäure) 20 Min. kalt nachbehandelt und dadurch der Farbstoff entwickelt.

623. DRP. 232 696, G. C. Dörr.

Statt des sonst den Farbbädern zugesetzten Glaubersalzes soll man beim
Färben gemischter Textilstoffe im Einbadverfahren mit substantiven
oder direkten Farbstoffen der Flotte Alkalisalze der Ameisen-, Essig-,
Wein- oder Milchsäure zusetzen. Sie haben die doppelt starke Wirkung des Natriumsulfates.

2. Verhütung der Faserschwächung gefärbter Ware.

624. Anmeldung C. 9561, Cassella, Frankfurt a. M. 1901.

Die gefärbte Ware wird nach der Nachbehandlung in einem Bade, das Acetate der Alkalien und Erdalkalien enthält, gespült. Die Acetate wirken zunächst neutralisierend, während des Lagerns aber als Vorbeugemittel zur Abstumpfung der sich bildenden Schwefelsäure.
Abhäng. Pat.: E. P. 2927/1901; F. P. 308 238; A. P. 693 653.

625. DRP. 242 933, Griesheim-Elektron. 1912.

Um mercerisierte, mit Schwefelfarbstoffen gefärbte Baumwollwaren ohne Verminderung ihrer Reißfestigkeit griffig zu machen, seift man die Ware und säuert sie mit Milch- oder Weinsäure bei Gegenwart eines Salzes dieser Säuren ab. Die Salze verhindern die Faserschwächung.

626. Anmeldung C. 9301, Clayton Anil. Co., Clayton bei Manchester. 1900.

Man kann Schwefelfarbstoffe, ohne die Faser zu schwächen, färben, indem man die Farbstoffe in Na_2SO_2 löst und mit einer dem Sulfit annähernd entsprechenden Menge Na_2S oder Glucose + Ätzkali reduziert.
Abhäng. Pat.: E. P. 15 413/1900; A. P. 681 117.

627. Anmeldung F. 13 877, Bayer, Elberfeld. 1901.

Die gefärbten und sauer mit Metallsalzen oxydierten Färbungen werden vor der Dekatur oder vor dem heißen Pressen mit Alkalicarbonatlösungen behandelt.
Abhäng. Pat.: E. P. 6429/1901; F. P. 309 281.

628. E. P. 3087/1909, G. E. Holden u. P. Magiure, Manchester. 1909.

Die mit Schwefelfarbstoffen gefärbten Gewebe werden mit Tannin und nachträglich mit Kalkwasser behandelt.

629. DRP. 134 899, Akt.-Ges. Berlin. 1900.

Die Säurebildung durch Oxydation des Schwefelfarbstoffes auf der Faser während des Lagerns wird durch Nachbehandlung der Färbungen in alkalischen Lösungen bei Gegenwart von Oxydationsmitteln unschädlich gemacht. Nachbehandlungsbad pro Liter: 1—2 ccm NaOH (40° Bé) + so viel Hypochlorit als $^1/_4$ des Warengewichtes an freiem Chlor entspricht. Statt Hypochlorit ebenso verwendbar: H_2O_2, Chromate, Permanganat, Ferricyankalium usw. Die Festigkeit der Ware nach dem Färben ist nur 1,8—3% geringer als vorher.
Abhäng. Pat.: E. P. 1285/1901; F. P. 307 255.

3. Nachbehandlung der Färbungen mit nichtmetallischen Agenzien und Nuancieren der Schwefelfarbstoffe.

630. DRP. 118 087, Cassella, Frankfurt a. M. 1898.

Oxydative Nachbehandlung der gefärbten Faser mit lufthaltigem gespannten Dampf von über 100° bei Gegenwart von Alkali. Man spült daher nach dem Färben nicht, sondern quetscht nur ab und bringt evtl. etwas Ammoniak in den Dämpfer, um die nötige Alkalität hervorzurufen.
Abhäng. Pat.: E. P. 4069/1899; F. P. 286 287; A. P. 678 884: Kertesz u. Cassella.

631. F. P. 312 596, Basler Chem. Industriegesellschaft. 1901.

Oxydative Nachbehandlung der gefärbten Faser mit Peroxyden oder Terpentinöl bei Luftgegenwart, um egale Entwicklung ohne Faserschwächung hervorzurufen.

632. A. P. 769 059, H. J. Cooke auf A. Klipstein u. Co., East Orange. 1903.

Die gefärbte Faser wird in feuchter, warmer Luft der Einwirkung eines ozonbildenden Körpers ausgesetzt, z. B. durch Einblasen von Dampf, der ätherische Öle enthält, in den Dämpfer.

633. DRP. 110 367, Cassella, Frankfurt a. M. 1898.

Veränderung der Nuance von mit Schwefelfarbstoffen gefärbten Fasern durch Nachbehandlung mit Wasserstoffsuperoxyd: 400 l Flotte + 1 kg Immedialblau C + 0,8 kg Na_2S + 12 kg NaCl 1 Std. färben und $^1/_2$ Std. bei 80° nachbehandeln in einem Bade, das 200 g H_2O_2 und etwas NH_3 enthält. Die bläulichschwarze Nuance wird tiefblau und die Färbung echter wie Indigo, besonders in der Wäsche. Vgl. F. P. 350 096.

Abhäng. Pat.: E. P. 12 635/1898; F. P. 278 744; A. P. 625 717.

634. DRP. 185 688, Kalle, Biebrich. 1902.

Veränderung der Nuance durch Nachbehandlung mit 10—20% H_2O_2 in der 20fachen Menge Wasser vom Warengewicht unter Zusatz von 30% (des H_2O_2) essigsauren Ammons (12° Bé) statt des Ammoniaks in DRP. 110 367.

635. Anmeldung G. 18 738, Basler Chem. Industriegesellschaft. 1900.

Veränderung der Nuance durch oxydative Nachbehandlung der gefärbten Faser bei gewöhnlicher Temperatur mit unterchlorigsauren Salzen bei Gegenwart von Alkali.

636. DRP. 140 541, Akt.-Ges. Berlin. 1902.

Veränderung der Nuance durch Nachbehandlung der Ware mit Natriumsulfit (50 Na_2SO_2 pro Liter) und folgendes Trocknen bzw. Verhängen, dann Spülen und Trocknen. Katigenschwarz-SW-Färbungen werden blau. Ähnlich ist das Verfahren A. P. 717 749 der Elberfelder Farbenfabriken.

Abhäng. Pat.: F. P. 321 652.

637. DRP. 141 371, Akt.-Ges. Berlin. 1902.

Statt Na_2SO_2 des Hauptpatentes wird hier Bisulfitlauge, angesäuertes neutrales Sulfit oder SO_2 in wässeriger Lösung verwendet und nachträglich verhängt. Das Verhängen ist wesentlich, da nach DRP. 131 961 mit Sulfiten allein nur schwache Bläuung eintritt.

Abhäng. Pat.: Zusatz zu DRP. 140 541. — F. P. 321 652 Zusatzpatent.

638. F. P. 325 462, Bayer, Elberfeld. 1902.

Nachbehandlung der Färbungen z. B. von Immedialblau CR, Katigenindigo R und R extra, Katigenschwarz SW, Pyrogenschwarz usw. nach kurzer Luftpassage in einem 2 g Na_2SO_2 pro Liter haltigem Bade. Grünstichige Färbungen werden lebhafter und rotstichiger.

639. DRP. 204 442, R. v. Hove jun., Burscheid. 1907.

Nachbehandlung schwarzer Schwefelfarbstoffärbungen nach dem Spülen und 12stündigem Liegenlassen mit Schwefelnatriumlösung zur Erhöhung der Wasch- und Reibechtheit. Für 100 Pfund Baumwolle wird ein 30° warmes Bad, enthaltend 2,75 kg Na_2S, angesetzt, $^1/_2$ Std. darin hantiert, zweimal gespült, getrocknet. Evtl. wird mit Chromat und Chromalaun bei Gegenwart von Essig- oder Ameisensäure nachoxydiert.

640. DRP. 214 038, R. v. Hove jun., Burscheid. 1907.

Das Verfahren des Hauptpatentes, angewendet auch auf bunte, nicht nur auf schwarze Schwefelfarbstoffe.

Abhäng. Pat.: Zusatz zu DRP. 204 442.

641. F. P. 861 995, C. Fastenaekels. 1905.

Verbessertes Färbeverfahren für schwarze Schwefelfarbstoffe, demzufolge nach verschiedenen normalen Operationen zuletzt ein 70° warmes Bad passiert wird, das für 10 kg der mit holzessigsaurem Eisen vorbereiteten Baumwolle 2 kg Stärke, 2 kg Seife und 1 kg Campecheextrakt enthält. Man soll 6% Farbstoff sparen können.

642. DRP. 129 477, Cassella, Frankfurt a. M. 1900.

Braungefärbte Fasern (Immedialbraun, Katigenbraunschwarz usw.) geben, mit Nitrodiazobenzol oder -toluol nachbehandelt, gelbere, intensivere und walkechtere Nuancen. Das frische Bad wird mit 0,5—2% Nitrodiazobenzol (vom Warengewicht) bestellt. Die Diazoverbindungen sind als Nitrazol C, Nitrosamin, Azophor usw. im Handel. Abhäng. Pat.: F. P. 301 081.

643. DRP. 175 077, Geigy, Basel. 1905.

Die zum Nuancieren der Schwefelfarbstoffe zumeist verwendeten basischen Farbstoffe werden durch Chromfarbstoffe ersetzt. Die z. B. mit Eklipsebraun B erhaltene braune Färbung wird nach dem Spülen bei 90° 1 Std. mit 2 Tl. Chromkali $+$ 2 Tl. CuSO$_4$ $+$ 3 Tl. Essigsäure nachbehandelt, gespült und in frischem Bade mit 200—500 g Eriochromrot B (für 100 kg Baumwolle) $^1/_4$ Std. bei gewöhnlicher Temperatur umgezogen, dann auf 50° erwärmt, gespült, getrocknet.

644. DRP. 270 992, Holliday a. sons.

Das Verfahren zum Übersetzen von mit Schwefelfarbstoffen gefärbten Fasern ist durch die Verwendung von Diamino- oder Aminooxyverbindungen (p-Phenylendiamin, o- und p-Aminophenol) in Gegenwart eines Oxydationsmittels (Bichromat) und einer organischen Säure (Essigsäure) gekennzeichnet.

4. Nachbehandlung der Färbungen mit Metallsalzen.

645. DRP. 112 799, Société anonym., St. Denis. 1899.

Statt CuSO$_4$ oder CuSo$_4$ $+$ Chromat und H$_2$SO$_4$ anzuwenden, die bei der oxydativen Nachbehandlung die Faser mürbe machen, wird Kupferchlorid oder -acetat oder eine Auflösung von CuO in NH$_3$ verwendet, bzw. man ersetzt einen Teil des Chromates durch CuCl$_2$. Man behandelt z. B. (bei Vermeidung von H$_2$SO$_4$) in Bädern, die 3% CuCl$_2$ oder 2—3% CuCl$_2$ $+$ 1—2% K$_2$Cr$_2$O$_7$ enthalten. Erstere Nachbehandlung gibt grünere, letztere bläuliche Nuancen. Durch folgendes Dämpfen erreicht man Färbungen, die 10 proz. kochender Sodalösung widerstehen. Abhäng. Pat.: F. P. 287 461.

646. DRP. 107 222, Hölken u. Co., Barmen. 1899.

Man verwendet zur Nachbehandlung von mit Schwefelfarbstoffen gefärbten Halbwollwaren statt der Kupfersalze Zinksalze, um beim folgenden Dämpfen die Bildung von Schwefelkupfer zu vermeiden, das sich aus dem Schwefel der Wolle und dem Kupfer des Nachbehandlungsbades bildet und die Wolle gelblich färbt; z. B. 4—6% ZnSO$_4$ $+$ 2—3% Chromat $+$ 2—3% H$_2$SO$_4$ vom Gewicht der Ware. Die Wolle bleibt weiß, die erzielten Echtheiten sind hervorragend. Abhäng. Pat.: E. P. 18 690/1899; F. P. 288 943; A. P. 647 493; Ö. P. 1471/1899.

647. DRP. 127 465, Cassella, Frankfurt a. M. 1900.

Nachbehandlung der Färbungen mit Chromoxydsalzen, um die Schwächung der Faser durch chromsaure Salze zu verhindern. Wenn oxydative Nachbehandlung nötig ist, werden die Oxydsalze im Gemenge mit geringen Mengen von Chromaten angewendet. Chromoxydsalze verschieben die Nuance der schwarzen Schwefelfarbstoffe weiter nach grün (Anwendung für Anilinschwarz-Ersatzfarbstoffe), die Färbungen werden voller und echter. Man behandelt 1 Std. in einem 80° heißen Bade, das 3—5% Chromalaun enthält.

Abhäng. Pat.: E. P. 1977/1900; F. P. 296 855; A. P. 660 069; O. P. 8973/1902.

648. Anmeldung G. 15 242, Geigy, Basel. 1901.

Nachbehandlung der Färbungen in warmem Bade mit Metallsalzen bei Gegenwart von Öl oder Fett mit oder ohne Zusatz von Stärke oder anderen Verdickungsmitteln.

649. DRP. 131 961, Badische, Ludwigshafen. 1901.

Nachbehandlung mit Chrombisulfit (Chromsalze + Bisulfitlauge). 100 Tl. mit 20 Tl. Kryogenschwarz B (auch Immedialschwarz V extra, FF extra, NB; Katigenschwarz TG) gefärbte Baumwolle kommt in ein 60° warmes Bad, das in 2000 l 10—20 l Chrombisulfitlauge von 28° Bé enthält. Nachbehandlungsdauer: $^1/_2$ Stunde.

650. Anmeldung A. 8979, Akt.-Ges. Berlin. 1902.

Nachbehandlung schwarzer Schwefelfarbstoffärbungen mit Tonerde oder Chromoxydnatron bei gleichzeitiger oder späterer Behandlung mit Ölen, Fetten, Seife, Türkischrotöl usw. Die Faser wird nicht geschwächt.

651. DRP. 213 582, Cassella, Frankfurt a. M. 1908.

Nachbehandlung der Färbungen mit Nickelsalzen allein oder in Kombination mit anderen in eisernen Apparaten verwendbaren Metallsalzen (Zn, Co, Fe, Cr, Al). Das frische Bad enthält z. B. 2—3 kg Nickelsulfat + 5 l Essigsäure oder 1—$1^1/_2$ kg $NiSO_4$ + 1—$1^1/_2$ kg $K_2Cr_2O_7$ + 5 l Essigsäure. Die Echtheiten werden wesentlich erhöht.

Abhäng. Pat.: E. P. 17 267/1908; F. P. 401 589.

5. Lacke aus Schwefelfarbstoffen auf der Faser und in Pigmentform.

652. DRP. 124 507, Meister, Lucius u. Brüning, Höchst. 1908.

Herstellung echter Färbungen durch Lackbildung, d. i. Nachbehandlung mit Metallsalzen, bei denen Oxydationswirkungen ausgeschlossen sind. Anwendbar fast ausschließlich auf die graublauen Farbstoffe der DRP. 114 266 und 114 267, die Beizencharakter besitzen (Melanogenblaumarken). Die Salze von Zn, Cd, Al geben blaue, jene von Cr, Ni, Co blauschwarze Töne. Die Cd-, Ni-, Co-Lacke sind die echtesten. 100 Pfund gefärbte Baumwolle benötigen zur Lackbildung z. B. 1,250 kg Cadmiumsulfat in 8000 l H_2O. Im selben Bade kann mit basischen Farben nuanciert werden. Die Färbungen sind sehr licht-, luft- und kochecht.

Abhäng. Pat.: F. P. 305 648.

653. DRP. 150 765, Meister, Lucius u. Brüning, Höchst. 1902.

Herstellung von Lacken in Pigmentform durch Versetzen der alkalischen reinen Schwefelfarbstofflösung mit Substrat [$Al(OH)_3$, Blanc fixe, Baryt usw.], Fällung mit einem Metallsalz und Kochen bis zur Erreichung der höchsten Farbintensität; z. B.: man löst 13,5 Tl. Melanogenblau B in 250 Tl. H_2O, fügt eine Lösung von 11 Tl. $BaCl_2$ in 200 H_2O hinzu, kocht auf, dekantiert und wäscht erschöpfend durch weitere Dekantierung (vgl. DRP. 131 757), versetzt mit einer Lösung von 18 Tl. K_2CO_3 in 180 Tl. H_2O, hierauf nach dem Aufkochen und Erkalten mit 29 Tl. Aluminiumsulfat in 550 Tl. H_2O, erhitzt auf 80°, läßt absitzen, dekantiert, wäscht und trocknet den blauen Lack. Ein schwarzer Lack entsteht aus Melanogenblau B mit $Al(OH)_3$, $CuSO_4$ und $ZnSO_4$, ein brauner aus Thiogenbraun usw.

654. Anmeldung A. 10 154, Akt.-Ges. Berlin. 1903.

Herstellung von Farblacken aus blauen bis blauroten, leicht zu Leukoverbindungen reduzierbaren Schwefelfarbstoffen. Man versetzt die Lösungen der Leukoverbindungen mit Metallsalzen, die keine gefärbten Schwefelverbindungen geben, und fällt unter Zusatz oder gleichzeitiger Bildung des Substrates mit Luft oder anderen Oxydationsmitteln.

Abhäng. Pat.: E. P. 6217/1904; F. P. 321 246; A. P. 772 931.

655. F. P. 360 825; Cassella, Frankfurt a. M. 1905.

Herstellung von Farblacken durch Fällung einer Schwefelfarbstofflösung, z. B. von 10 Tl. Immedialindon RR Paste (25%) in 5 Tl. Na_2S und 500 H_2O nach Hinzufügung von 100 Tl. $BaSO_4$ + 6 Tl. calc. Soda — mit 20 Tl. $BaCl_2$.

656. DRP. 207 373, Cassella, Frankfurt a. M. 1907.

Durch Zusatz von Phosphaten oder Boraten zur Flotte wird bei niederen Färbetemperaturen rascheres Aufziehen und besseres Durchfärben erzielt. Ansatz: 6% Immedialindon R konz. + 12% Na_2S + 2% calc. Soda + 10% NaCl + 6% Dinatriumphosphat.

6. Färben und gleichzeitiges Verändern der Baumwollstruktur.

657. DRP. 99 337, Bayer, Elberfeld. 1896.

Schwefelhaltige Farbstoffe, wie Cachou de Laval, Echtschwarz, Verde italiano, Vidalschwarz usw. werden in so stark alkalischer Lösung gefärbt, daß die Baumwolle zugleich mercerisiert wird; z. B. 50 Tl. Farbstoff werden gelöst und in eine Flotte gebracht, die auf 500 Tl. H_2O 100 Tl. festes NaOH enthält. Man geht mit der genetzten, gespannten oder losen Ware ein und läßt 6—10 Std. unter der Flotte liegen. Die Nuancen erleiden wesentliche Veränderungen.

Abhäng. Pat.: E. P. 5573/1897.

658. Anmeldung F. 20 262, Meister, Lucius u. Brüning, Höchst. 1905.

Man klotzt in einem Bade, das außer Farbstoff, Wasser und Zusätzen eine zur Mercerisation ungenügende Menge NaOH enthält, jedoch nicht weniger als 20 g von 40° Bé pro Liter Klotzbrühe.

7. Färben von Schwefelfarbstoffen in der Küpe.

659. DRP. 146 797, Meister, Lucius u. Brüning, Höchst. 1899.

Färben von Schwefelfarbstoffen in der Hydrosulfitküpe. Ein ähnliches Verfahren wurde G. A. G. Descat in F. P. 299 733 patentiert. Siehe auch F. P. 385 087, Ph. Schneider: Färben von Schwefelfarbstoffen mit Hydrosulfit in schwach alkalischer Küpe.

Abhäng. Pat.: E. P. 24 455/1899; F. P. 295 589, 301 740; A. P. 680 472.

660. DRP. 200 391, Badische, Ludwigshafen. 1907.

Färben von Schwefelfarbstoffen in der Gärungsküpe.

Abhäng. Pat.: E. P. 12 219/1907; F. P. 379 584.

661. DRP. 297 818.

Man färbt Kette und Bäume mit Schwefelfarbstoffen unter Zusatz von Hydrosulfit. Ausführungsbeispiele in der Patentschrift.

8. Färben von Schwefelfarbstoffen auf gebeizte Baumwolle.

662. DRP. 120 685, Société anonym., St. Denis. 1899.

Schwefelfarbstoffe, wie Vidalschwarz, Thiocatechine, Cachou de Laval usw. gehen auch auf vorher mit Tannin oder Tannin mit Metallsalzen und -oxyden vorgebeizte Gewebe; z. B.: Man gibt gebeuchte Baumwolle (100 Tl.) durch ein 30° warmes Bad, das 26 Tl.

Sumacheextrakt von 30° Bé enthält. Diese Baumwolle wird normal gefärbt und in einem 66° warmen Bade, das z. B. 5—6 g Kupferchlorür und 2 g Bichromat pro Liter enthält, nachbehandelt. Dann wird ein Bad von Soda und Sulforicinat passiert. Oder man behandelt die Baumwolle mit Tannin, geht nachträglich durch ein Bad von holzessigsaurem Eisen oder Permanganat und färbt. Mn-Salze geben rötlichere bis violette, Chromsalze gelbe, Eisen braune, Kupfer grüne Nuancen. Die Färbungen sind intensiv, aber wenig schön.

Abhäng. Pat.: F. P. 288 513.

663. Anmeldung D. 11 107, G. Déscat, Amiens. 1900.

Die Baumwolle wird in einem Metallsalzbad (Cu, Mn, Zn, Al, Cr speziell in einem Eisensalzbad) vorgebeizt, das Metallsalz wird mit Soda auf der Faser fixiert, dann wird gefärbt.

Abhäng. Pat.: F. P. 305 168 und Zusatzpatent.

9. Färben der animalischen Fasern mit Schwefelfarbstoffen und Schutz der Wolle und Seide vor dem zerstörenden Einfluß des Schwefelnatriums.

(Verhütung des Mitanfärbens der Wolle bzw. Seide in Halbwoll- und Halbseidengeweben.)

664. DRP. 138 621, Cassella, Frankfurt a. M. 1902.

Seide wird vor dem Mitanfärben geschützt durch Zusatz von Leim oder Gelatine zur Flotte. Es wird zweckmäßig auf mercerisierte Baumwolle bei nicht zu hohen Temperaturen gefärbt. Pro Liter Flotte 15 g Leim. $^1/_2$—$^1/_3$ Std. bei 40—50° färben. Die Seide bleibt fast weiß.

Abhäng. Pat.: E. P. 14 581/1902; F. P. 322 740.

665. DRP. 275 886.

Zum Schutze der Seide in halbseidenen Geweben beim Färben mit Schwefelschwarz setzt man dem Farbbade alkalilösliche, natürliche oder künstliche Harze zu. Man erhält wesentlich tiefere Färbungen als mit den Zusatzstoffen der DRP. 138 621 (Leim, Gelatine) und 212 951 (Protamol).

666. DRP. 145 877, Akt.-Ges. Berlin. 1902.

Man setzt, um Seide zu schützen, Dextrin zu; z. B. 15% Schwefelschwarz T + 15% Na_2S in kurzem Bade 1 : 10 oder 1 : 15 + 12 g Dextrin + 30 Kochsalz (beide in H_2O gelöst). Es wird $1^1/_2$ Std. bei 40° gefärbt. Seifen evtl. unter Rotölzusatz, spülen, trocknen.

Abhäng. Pat.: E. P. 3479/1903; F. P. 329 422.

667. DRP. 188 699, Meister, Lucius u. Brüning, Höchst. 1906.

Wolle wird gegen das Mitanfärben und gegen den zerstörenden Einfluß des Na_2S geschützt durch Zusatz von 100—150% (vom Warengewicht) Natriumphosphat oder -silicat. Man färbt die Halbwolle 1 Std. bei 50°.

668. DRP. 189 818, Meister, Lucius u. Brüning, Höchst. 1907.

Das Verfahren des Hauptpatentes wird auf Seide ausgedehnt; diese wird durch die Zusätze vor dem Einfluß des Na_2S bewahrt, bei höheren Temperaturen wird sie mit angefärbt.

Abhäng. Pat.: Zusatz zu DRP. 188 699.

669. F. P. 373 871, Basler Chem. Industriegesellschaft. 1907.

Wolle und Seide bleiben beim Färben mit Schwefelfarbstoffen rein weiß bei Zusatz von ca. 25 Tl. Wasserglas von 36° Bé pro Liter Flotte. Man färbt 30—35 Min. bei 30—40°.

Abhäng. Pat.: E. P. 3500/1907.

670. DRP. 203 427, Griesheim Elektron. 1907.

Schutz der Wolle gegen das Mitanfärben durch Zusatz von Dextrin. Ansatz pro Liter Flotte: 10 g Thioxinschwarz RTO + 20 g Na_2SO_4 + 50 g Dextrin bei 20—25° 5 Min. hantieren. Quetschen, spülen, trocknen.

Abhäng. Pat.: E. P. 22 549/1908.

671. DRP. 326 649, Bayer, Elberfeld.

Zum Reservieren von Seide oder Wolle in gemischten Geweben beim Färben mit Schwefelfarbstoffen behandelt man die Ware mit Tannin vor, das man mit Hilfe von Brechweinstein oder Formaldehyd auf der Faser fixiert.

672. Anmeldung G. 24 948, Basler Chem. Industriegesellschaft. 1907.

Der Flotte wird Blut oder Diastafor zugesetzt, um Wolle und Seide während des Färbens zu schützen. — Bei höherer Flottentemperatur wird die Seide mit angefärbt.

Abhäng. Pat.: E. P. 13 948/1907.

673. DRP. 193 798, Bayer, Elberfeld. 1907.

Die Wolle verliert durch Chromieren die Fähigkeit, Schwefelfarbstoffe aufzunehmen. Man beizt sie mit Kaliumbichromat und H_2SO_4 entweder im fertigen Gewebe oder vor dem Verweben, und färbt bei Gegenwart von Milchsäure.

Abhäng. Pat.: E. P. 3609/1907; F. P. 374 677.

Vgl. E. P. 13 132/1907: Vorbehandlung der Wolle in einer 1 proz. Formaldehyd- und einer 0,15 proz. Kaliumbichromatlösung.

674. DRP. 212 951, Farbwerk Mühlheim, vorm. Leonhardt. 1908.

Man setzt der Flotte, enthaltend z. B. 10 Pyrolschwarz 4 X + 20 Na_2S + 2 Soda + 700 H_2O + 20 Na_2SO_4, 40 Tl. Protamol (Lehnes Färber-Ztg. 1908, 266) zu und färbt 20 Min. bei 35°. Die Wolle bleibt weiß; die Protamollösung erhält man durch kaltes Verrühren von 100 Protamol + 100 H_2O + 20 Lauge (40° Bé) + 900 H_2O und Erwärmen ca. 5 Min. bis zur Gallertbildung.

675. DRP. 224 017, Meister, Lucius u. Brüning, Höchst. 1907.

Durch Zusatz von Bisulfit zu den Bädern erzielt man bei einer Färbedauer von 1—3 Min. tiefschwarze Baumwollfärbungen, während die Wolle nur wenig Farbstoff annimmt. Die kurze Färbedauer erlaubt das Arbeiten im Kontinuebetrieb, auf dem Foulard oder in der Rouletteküpe.

Abhäng. Pat.: Zusatz zu DRP. 199 167. — F. P. 386 501.

676. DRP. 224 004, Cassella, Frankfurt a. M. 1909.

Man setzt der Flotte flüchtige Stoffe, wie Schwefel- und Chlorkohlenstoffe, Kohlenwasserstoffe usw. zu. Beim langsamen Eingehen umhüllt sich die Wolle mit den Stoffen und wird nicht mit angefärbt.

677. DRP. 222 678, Meister, Lucius u. Brüning, Höchst. 1909.

Vorbehandlung der Wolle mit Thiosulfat in saurer Lösung macht sie unaufnahmefähig für verschiedene Farbstoffe, auch für Schwefelfarbstoffe.

678. Anmeldung C. 8999, Cassella, Frankfurt a. M. 1900.

Reduzierbare Schwefelfarbstoffe lassen sich in Form ihrer Leukokörper, die durch Einwirkung von Hydrosulfit als farblose Lösungen erhalten werden, auf Wolle färben. Nach $^1/_4$ stündigem Umziehen wird sauer gespült. Die blauschwarzen Färbungen, z. B. von Immedialschwarz, werden durch wiederholtes Eingehen vertieft.

Abhäng. Pat.: F. P. 301 740.

679. DRP. 130 848, Basler Chem. Industriegesellschaft. 1901.

Im schwefelammoniumhaltigen Bade (statt Na_2S) werden animalische Fasern mit angefärbt. Ansatz: 6 Pyrogendirektblau $+$ 18 Na_2S $+$ 2,4 Soda lösen, auf 1000 verdünnen $+$ 15 NH_4Cl $+$ 15 Dextrin. Mit 50 Tl. Halbseide bei 70—80° eingehen, 50 NaCl in 2 Portionen beifügen, 1 Std. bei 80—90° unter der Flotte färben. Spülen, avivieren. Bei Wolle und Halbwolle wird die Sodamenge verringert, die Flotte kann beim Färben auf dem Jigger oder Foulard entsprechend verkürzt werden.

Abhäng. Pat.: F. P. 311 950.

680. DRP. 161 190, Cassella, Frankfurt a. M. 1901.

Seitengleiche Färbungen (also Mitanfärben animalischer Fasern) in Halbwoll- bzw. Halbseidegeweben werden erzielt durch Zusatz von ca. 7 g Glykose oder Tannin pro Liter Flotte. Man färbt 1 Std. bei 80°.

Abhäng. Pat.: F. P. 316 243.

681. DRP. 144 485, A. Kann, Passaic, Neuyork. 1901.

Wolle wird durch Vorbehandlung mit Formaldehyd bedeutend unempfindlicher gegen Alkali und Schwefelalkali. Man färbt solche Wolle in Halbwollgeweben z. B. in einer Flotte, die für 50 Tl. Ware 6 Tl. Cachou de Laval, 10 Tl. Na_2S, 4 Tl. Soda auf 800 Tl. H_2O enthält. 1 Std. bei 90°. Vorteilhaft ist es, die Wolle vor oder nach der Formaldehydbehandlung zu chloren, da sie dann die Schwefelfarbstoffe viel leichter aufnimmt.

Vgl. E. P. 8111/1907, Levinstein: Hydrosulfit oder Formaldehydverbindungen werden der ·Flotte zugesetzt; je nach der Färbetemperatur wird Wolle mit gefärbt oder bleibt weiß.

682. DRP. 146 845, A. Kann, Passaic, Neuyork. 1901.

Die Formaldehydwirkung wird durch Anwesenheit von Alkali unterstützt. Man kocht z. B. das wollehaltige Material 1 Std. mit $^1/_2$ proz. Formaldehydlösung, dann weiter bis zu 6 Std. in einem Sodabade (10 g pro Liter). Alkali und Formaldehyd können auch zusammen verwendet werden.

Abhäng. Pat.: Zusatz zu DRP. 144 485.

683. Anmeldung C. 14 972 und C. 15 012, Cassella, Frankfurt a. M. 1907.

Halbwollgewebe werden mit Formaldehyd oder Tannin oder mit beiden zusammen vorbehandelt, dann kalt oder lauwarm kurze Zeit mit Schwefelfarbstoffen gefärbt. Vorteilhaft wird Glucose zugesetzt. Das 1 Std. mit 5—10% (vom Warengewicht) Formaldehydlösung kochend vorbehandelte Gewebe wird in kurzer Passage bei 20—30° gefärbt. (Wolle allein wird vorteilhaft zuerst mit 5—10% Tannin und folgend in einem frischen Formaldehydbade [5%] vorbehandelt). Ansatz: 20—30 Immedialschwarz $+$ 20—30 Na_2S $+$ 40 bis 60 Glucose $+$ 2 Soda $+$ 2 Rotöl $+$ 10 Glaubersalz $+$ 1000 H_2O.

Abhäng. Pat.: E. P. 25 971/1906; A. P. 904 752.

Vgl. E. P. 13 132/1907. Bayer behandelt die Wolle durch kombinierte Verwendung von Formaldehyd und Bichromat vor.

684. DRP. 173 685, Bayer, Elberfeld. 1905.

Salze reduzierend wirkender organischer Säuren, wie Milch-, Ameisensäure usw. heben die zerstörende Wirkung des Schwefelnatriums auf und erhöhen die Affinität der Fasern zu den Schwefelfarbstoffen. Man färbt Halbwolle 1 Std. bei 60°, Halbseide bei 90°. Beide Fasergattungen werden gleichmäßig stark angefärbt. Vgl. F. P. 359 093 (Vidal u. Junius), nach dessen Angaben die Alkalität der Flotte durch Zusatz von Essigsäure oder Bicarbonat abgestumpft wird.

Abhäng. Pat.: F. P. 363 028.

Vgl. DRP. 232 696: Zusatz von Salzen organischer Säuren, um besseres Aufziehen hervorzurufen.

685. DRP. 187 787, Cassella, Frankfurt a. M. 1906.

Woll- oder Halbwollgewebe können in schwach saurem oder neutralem
Bade mit Schwefelfarbstoffen gefärbt werden, indem man die Ware
in einer Suspension der Leukoverbindung, z. B. von Immedial-
Catechu (erhalten aus 10 Farbstoff + 10 Glucose + 4 NaOH [40°Bé]
gefällt mit Schwefelsäure bis zu schwach saurer Reaktion) gut durchwalkt.

Abhäng. Pat.: F. P. 375 056.

686. F. P. 379 960, M. Sestier en France (Rhône). 1906.

Die animalischen Fasern werden mit Metalloxyden oder -super-
oxyden, z. B. Chromat, Permanganat, Mangansuperoxyd usw.
vorbehandelt und gefärbt in einem Bade, das z. B. 20 Immedialschwarz + 40 Na_2S + 50 Glucose + 20 NaCl + 5—10 Soda enthält.
Man färbt 1 Std. bei 60—70°. Die Imprägnierungssalze wirken auf
die Leukoverbindung oxydierend.

687. DRP. 210 883, Farbwerke Mühlheim, vorm. Leonhardt. 1908.

Diastafor, das bei niederen Temperaturen die animalischen Fasern
vor dem Mitanfärben schützt, gestattet durch seine, den zerstörenden
Einfluß des Schwefelnatriums hemmende Wirkung das Mitanfärben
der Seidenfaser. Gefärbt wird zur Erzielung seitengleicher Färbungen
schwarz bei 80—90°, bunt bei 50—60°. Ansatz: z. B. 10 Pyrolblau R
konz. + 2 Soda + 20 Na_2S + 50 Diastafor + 20 Glaubersalz (Gramm
pro Liter Flotte).

688. DRP. 199 167, Meister, Lucius u. Brüning, Höchst. 1907.

Animalische Fasern werden mit gefärbt, wenn man der Flotte so viel
Bisulfit zufügt, daß die schädigende Wirkung des Na_2S aufgehoben
wird, ohne daß Fällung stattfindet (Phenolphthaleinprobe) (vgl.
DRP. 224 017). Je nach der Färbetemperatur gehen die Schwefelfarbstoffe mehr auf die Baumwolle oder mehr auf die Wolle. Man
färbt 1 Std. bei 80°.

Abhäng. Pat.: E. P. 8631/1907; F. P. 386 501; 907 937.

689. DRP. 293 455.

Zum Schutze der mit Schwefelfarbstoffen gefärbten Baumwolle in Halbwollgeweben oder -garnen färbt man die Wolle des mit Schwefelschwarz gefärbten Baumwoll-Halbmateriales wie üblich unter gleichzeitiger Behandlung mit Ammonsalzen und Chromat. Man färbt
z. B. unter Zusatz von 1,5% 90proz. Ameisensäure, 10% Natrium-
sulfat + 4% Schwefelsäure und 2% Kaliumchromat + 4% Ammonsulfat.

690. DRP. 221 887, Meister, Lucius u. Brüning, Höchst. 1907.

Anwendung des Hauptpatentverfahrens auf Seide und Halbseide.
Abhäng. Pat.: Zusatz zu DRP. 199 167.

691. Anmeldung F. 22 955, Meister, Lucius u. Brüning, Höchst. 1907.

Anwendung des Verfahrens des Hauptpatentes auf Leder, Felle, Pap-
pier usw.
Abhäng. Pat.: Zusatz zu DRP. 199 167.

10. Leder, Papier und Stroh.

692. DRP. 157 467, W. Epstein, Frankfurt, und E. Rosental, Berlin. 1902.

Färben von Chromleder durch kaltes Auftragen von 500 ccm einer 1proz.
Farbstofflösung (Schwefelfarbstoff Nr. 163, DRP. 139 989) pro Stück
chromgares Kalbsfell. Die Farbe wird sofort absorbiert, das Fell
wird durch Ausrecken mit dem Schlicker von der farblosen Mutter-
lauge befreit und mit 100 ccm einer Lösung von 20 Tl. p-Phenylen-
blau und 15 Tl. Essigsäure pro Liter überbürstet.

693. DRP. 159 691, Cassella, Frankfurt a. M. 1902.

Den schwefelnatriumhaltigen Farbstoffbädern wird zum Schutze der Ledersubstanz Glykose oder Tannin zugesetzt, z. B. wird schwedisch Glacée auf der Tafel bis zur intensiven Schwärze gebürstet mit 50 Immedialschwarz V extra + 20 Na_2S + 15 Tannin + 20 Türkischrotöl pro Liter Wasser. Ähnliche Verfahren führt das Patent auch für Sämisch- und Chromkalbleder an. Man kann auch im Walkfaß arbeiten. Die gefärbten Leder werden nachträglich mit Metallsalzen nachbehandelt und schließlich aviviert.
Abhäng. Pat.: E. P. 24 697/1901; F. P. 322 605 und Zusatzpatent.

694. DRP. 161 774, Cassella, Frankfurt a. M. 1903.

Statt Tannin wie im Hauptpatent verwendet man andere Körper mit gerbenden Eigenschaften (Extrakte der Eichen-, Fichten-, Mimosenrinde, Quebracho, Gambir usw.) als Zusatz zur Flotte beim Färben mit Schwefelfarbstoffen.
Abhäng. Pat.: Zusatz zu DRP. 159 691. — E. P. 7954/1903; F. P. 322 605 Zusatzpatent.

695. DRP. 161 775, Cassella, Frankfurt a. M. 1903.

Statt Glykose (wie im Hauptpatent) verwendet man andere Aldehyde der Fettreihe, in erster Linie Formaldehyd zum Schutze der Ledersubstanz in den Na_2S-haltigen Flotten (siehe nächstes Patent).
Abhäng. Pat.: Zusatz zu DRP. 159 691.

696. DRP. 158 186, Cassella, Frankfurt a. M. 1903.

Färben von Leder mit Schwefelfarbstoffen nach Vorbehandlung des gegerbten Leders in einer Operation oder getrennt zunächst in einer soda- oder boraxhaltigen alkalischen Walke, dann (pro 100 kg Leder) mit 1—1,5 kg Formaldehyd (40%). Nach 1 Std. wird gewaschen, geschmiert und durch Bürsten auf der Narbe gefärbt. Das Verfahren hat nichts mit der Formaldehydledergerbung zu tun.
Abhäng. Pat.: E. P. 23 563/1903; R. P. 13 364/1908.

697. DRP. 162 278, Cassella, Frankfurt a. M. 1904.

Färben und Schmieren von Leder in einer Operation durch Behandlung im Walkfaß mit einem Gemenge von Schwefelfarbstoff, Schutzsubstanz (Formaldehyd usw.) und Fettemulsion; z. B. für 100 Tl. entsäuertes Leder werden vermischt: 1,5 Klauenöl + 1,5 Tran + 3 Seife + 0,5 Eigelb + 0,3 Soda calc. in 100 H_2O gelöst + 1,0 (40proz.) Formaldehydlösung + 0,8 Immedialdirektblau B + 1,0 Na_2S in 20 bis 25 H_2O. Nach 30—40 Min. ist das Färben und Schmieren beendet. Zum Überfärben bürstet man eine Lösung von 50 Immedialschwarz V extra + 25 Na_2S + 10 Formaldehyd + 10 Rotöl pro Liter Flotte auf.

698. DRP. 168 621, Cassella, Frankfurt a. M. 1904.

Statt Formaldehyd wird Hyraldit als Schutz für die Ledersubstanz verwendet; z. B. 450 Immedialschwarz V extra + 200 bis 300 Hyraldit A in 10 l H_2O heiß gelöst, werden bei 30—50° je nach der Gerbung aufgebürstet. Die dunkelgrüne Lösung wird in wenigen Minuten schwarz. Im Walkfaß rechnet man 0,25—0,35% Hyraldit vom Ledergewicht.

699. DRP. 186 689, C. Schwalbe, Darmstadt. 1905.

Licht- und wasserecht gefärbtes Papier wird nach diesem Verfahren durch Färben der Bahn mit einer Schwefelfarbstoff und Schwefelnatrium enthaltenden Flotte erhalten. Man leitet die Bahn durch den Farbtrog, der die 1—4proz. Lösung des Farbstoffes enthält, quetscht ab und wäscht. Die Festigkeit wird nicht vermindert und aufgedruckte Metalle werden nicht geschwärzt.
Abhäng. Pat.: E. P. 20 119/1906.

700. DRP. 200 687, F. Bayer, Elberfeld. 1907.

Färben von Papier im Holländer mit Schwefelfarbstoffen unter Einleiten von Luft, wodurch das Na_2S zu Thiosulfat oxydiert wird. Die Färbungen sind intensiver, die Abwässer Na_2S-frei.

Abhäng. Pat.: E. P. 10 729/1907.

701. DRP. 306 447.

Zum Färben von Papier, Papiergarn oder Papiergewebe stellt man zunächst aus 1 Tl. Rohkresol, 1,5 Tl. Formaldehyd und 1 Tl. 8proz. Natronlauge durch 10 Min. während Erwärmen auf 80° nach Beendigung der Spontanreaktion das flüssige Phenolharz her, löst die Masse in 300—1000 Tl. Wasser, setzt die alkalische Schwefelfarbstofflösung zu, geht mit dem zu färbenden Papierstoff durch diese Flüssigkeit und erhitzt das getränkte und getrocknete Material zur Vervollständigung der Phenolharzbildung.

702. DRP. 153 191, Cassella, Frankfurt a. M. 1903.

Erzeugung von zweifarbigen Effekten auf Stroh durch Färben mit Schwefelfarbstoffen in kalter Flotte. Die Schwefelfarbstoff-Färbungen sind echter als jene der basischen Farbstoffe, die zum Färben von Stroh zumeist verwendet werden.

Abhäng. Pat.: E. P. 20 324/1903; F. P. 339 039.

III. Patente über Verwendung der Schwefelfarbstoffe im Baumwolldruck.

1. Verfahren zum direkten Druck (Schutz der Kupferwalzen).

703. Anmeldung A. 7086, Akt.-Ges. Berlin. 1900.

Drucken und Färben mit einer aus Schwefelfarbstoff, Alkali und Glucose bestehenden Farbflüssigkeit bzw. Druckpaste.

Drucken mit Echtschwarzfarbstoffen bei Gegenwart von Alkali mit oder ohne Traubenzucker.

Abhäng. Pat.: E. P. 11 042/1900; F. P. 301 419; A. T. 665 737.

704. E. P. 19 670/1900, Bayer, Elberfeld. 1900.

Eine die Druckwalzen nicht angreifende Paste wird erhalten durch Reduktion des Schwefelfarbstoffes; z. B. 15 Katigenschwarz SW werden mit 10 Zinkstaub, 10 NaOH und 20 H_2O reduziert; wenn entfärbt, wird die Paste mit 35 Tl. Verdickung und 2 Tl. Glucose verrührt und direkt zum Drucken verwendet.

Abhäng. Pat.: F. P. 305 009.

705. Anmeldung A. 7506, Akt.-Ges. Berlin. 1900.

Drucken und Färben mit einer sulfit- und glucosehaltigen Druckpaste bzw. Farbstofflösung bei Gegenwart von Soda, um das Schwefelnatrium zu vermeiden.

Abhäng. Pat.: F. P. 301 419.

706. Anmeldung C. 9326, Clayton Co., Manchester. 1900.

Farbstoffe, frei von Polysulfid und beigemengtem S, z. B. Claytonschwarz, werden in Sulfitlösung mit Dextrin als Verdickungsmittel gedruckt bei Gegenwart von starker Natronlauge, evtl. wenn eine Entwicklung nötig ist, auch bei Gegenwart von Metallsalzen, letztere können aber auch nach dem Dämpfen verwendet werden. Dextrin und Lauge wirken während des Dämpfprozesses als Reduktionsmittel, ähnlich wie Traubenzucker.

Abhäng. Pat.: E. P. 17 193/1901. 15 414/1900.

707. Anmeldung F. 15 897, Meister, Lucius u. Brüning, Höchst. 1902.

Zur Paralysierung des Schwefelnatriums werden der Druckpaste Xanthogenate und Thiocarbonate zugesetzt. Die Xanthogenat-

lösung wird erhalten durch Mischung von $76\,CS_2 + 60$ Alkohol $+ 114\,NaOH$ von $40°$ Bé bis zur klaren Lösung.
Abhäng. Pat.: E. P. 16 897/1902.

708. Anmeldung F. 15 948, Meister, Lucius u. Brüning, Höchst. 1902.

Die durch Zusatz von Sulfiten, Bisulfiten usw. von schädlichen freien Schwefelverbindungen befreiten Schwefelfarbstoffe werden mit oder ohne Reduktionsmittel aufgedruckt und gedämpft.
Abhäng. Pat.: E. P. 16 897/1902.

Die Vidalschen Patente zur Überführung von Schwefelfarbstoffen in druckfähige Form.

709. DRP. 148 964, Fabr. de prod. chim. de Thann et de Mulhouse. 1901.

Die Schwefelfarbstoffe werden aus ihren Lösungen mit Säure gefällt und neutral gewaschen, wodurch man sie in feinverteilter Form mit Schwefel gemischt erhält. Sie werden in diesem Zustande mit Bicarbonat, evtl. mit Thiosulfat angeteigt, gedruckt und gedämpft. Fügt man auch noch ein Schwermetallsalz zu (Cu, Fe, Zn als Carbonate), so wird die Nuance während des Dämpfens verändert. Die Druckpaste greift die Walzen nicht an, da sich erst während des Dämpfens Thiosulfat und Na_2S bildet; z. B. 10 Tl. Immedialreinblauteig $+ 50$ Tragant $+ 30$ Bicarbonat $+ 10\,H_2O$ gibt ein seifenechtes dunkles Blau. Durch Verschneiden der Stammfarbe mit Verdickung resultiert ein helleres Blau. (Universalfarben.)
Abhäng. Pat.: E. P. 6499/1902; F. P. 319 504; A. P. 747 295; Ö. P. 16 453/1904; R. P. 8816/1904.

710. Anmeldung F. 15 747, Fabr. de prod. chim. de Thann et de Mulhouse. 1901.

Der Druckpaste des Hauptpatentes werden noch Reduktionsmittel wie Glucose, Sulfit, Natriumformiat usw. beigefügt, um das Fixieren während des Dämpfens zu beschleunigen.
Abhäng. Pat.: Zusatz zu DRP. 148 964.

711. Anmeldung W. 18 541, L. Weiss, Elberfeld. 1901.

Der Druckpaste werden die Schwefelfarbstoffe als alkalische 20% NaOH-haltige Lösungen unter Zusatz von gefälltem Schwefel beigefügt. Die starke Lauge verändert die Baumwolle, macht sie aufnahmefähiger für Farbstoffe, ohne sie zusammenzuziehen (vgl. Anmeldung F. 20 262). Beim Dämpfen bildet sich Na_2S, das die Farbstoffe auf der Faser befestigt.
Abhäng. Pat.: F. P. 317 507; Ö. P. 13 576/1903.

712. DRP. 184 200, Weiler ter Meer, Ürdingen a. Rh. 1902.

Schwefelfarbstoffe, jedoch frei von Polysulfiden (erhalten durch Säurefällung) und fein verteilter Schwefel werden bei niederer Temperatur mit Ätz- oder kohlensauren Alkalien aufgedruckt.
Abhäng. Pat.: E. P. 13 471/1902; F. P. 322 147 2 Zusatzpatente; A. P. 708 429.

713. DRP. 192 593, Weiler ter Meer, Ürdingen a. Rh. 1902.

Statt der Carbonate oder ätzenden Alkalien des Hauptpatentes lassen sich auch Silicate verwenden, auf 10 Auronalschwarz z. B. 20 Natriumsilicat und die sonstigen Zusätze.
Abhäng. Pat.: Zusatz zu DRP. 184 200. — E. P. 13 471/1902; F. P. 322 147 Zusatzpatent 2; A. P. 708 429.

714. Anmeldung C. 10 881, Weiler ter Meer, Ürdingen a. Rh. 1902.

Der Druckpaste des Hauptpatents wird, um die Hygroskopizität zu erhöhen, Glycerin zugesetzt.
Abhäng. Pat.: Zusatz zu DRP. 184 200. -- E. P. 13 471/1902; F. P. 322 147 Zusatzpatent 1; A. P. 708 429.

715. DRP. 168 598, Cassella, Frankfurt a. M. 1904.

Statt Na_2S zum Ansatz der Druckpaste zu verwenden, nimmt man seine nach DRP. 164 506 hergestellte Formaldehydverbindung. C. Favre setzt überdies noch Glucose zu, die den S.-F. nach dem Formaldehydzusatz in Lösung hält, so daß er erst nach der durch den Dämpfprozeß bewirkten Spaltung der Na_2S-Formaldehydverbindung zur Ausscheidung gelangt und dann kräftige Drucke liefert. (M. Battegay, Veröff. d. ind. Ges. Mülh. 81, 207.) Die Druckwalzen werden nicht angegriffen.

716. Anmeldung F. 18 748, Meister, Lucius u. Brüning, Höchst. 1904.

Druckpaste oder Klotzbad werden mit Hydrosulfitverbindungen und starken Ätzalkalien mit oder ohne Zusatz von Sulfiten oder Bisulfiten angesetzt.

717. DRP. 200 818, Cassella, Frankfurt a. M. 1905.

Der Druckpaste werden Natriumhydrosulfit und Glycerin zugesetzt, der Schwefelfarbstoff wird auf diese Weise in Lösung gehalten und die Walzen werden beim Drucken nicht geschwärzt. (Für Indigoweiß schon in ähnlicher Form angewendetes Verfahren.) Zwecks Buntätzung, um z. B. Azofarbstoffe zu ätzen, kann der Druckfarbe Hyraldit zugesetzt werden.
Abhäng. Pat.: F. P. 361 742.

718. DRP. 193 349, Weiler ter Meer, Ürdingen a. Rh. 1906.

Reine Schwefelfarbstoffe werden solange mit konz. Na_2S - Lösung versetzt, bis (unter NH_3-Entwicklung und Temperatursteigerung) ein weiterer Zusatz Schwärzung eines Kupferbleches hervorrufen würde. Die so erhaltene Verbindung spaltet beim Dämpfen in Gegenwart von Alkalien Na_2S ab. Ein evtl. Zusatz von S erhöht die Intensität und Echtheit der Drucke. 100 Tl. Auronalschwarz können z. B. 23 Tl. Na_2S absorbieren, ehe die Heparreaktion auftritt.
Abhäng. Pat.: E. P. 8066/1906; F. P. 374 642.

719. DRP. 216 900, Weiler ter Meer, Ürdingen a. Rh. 1906.

Man löst zur Herstellung der Druckpaste den reinen Schwefelfarbstoff in Na_2S unter Ausschluß von Wasser (evtl. bei Gegenwart von Äthylalkohol, Glycerin usw.) durch Erwärmen; z. B. werden 10 Tl. reiner Auronaldruckschwarzpaste gelöst in 10 Tl. Na_2S (im Krystallwasser geschmolzen), 80 Tl. alkalischer Verdickung hinzugefügt und gedruckt.
Die Auronaldruckschwarzpaste wird aus dem Preßkuchen z. B. des Farbstoffes DRP. 208 377 durch Verrühren mit Na_2S in wässeriger Lösung bis zum Auftreten der Heparreaktion erhalten.
Abhäng. Pat.: E. P. 16 149/1907; F. P. 385 259.

720. DRP. 217 587, Weiler ter Meer, Ürdingen a. Rh. 1907.

Der Druckpaste (siehe Hauptpatent) wird, um die Entwicklung des Schwefelfarbstoffes beim Dämpfen zu begünstigen, Formaldehyd oder seine Bisulfitverbindung zugesetzt; z. B. verrührt man 10 Tl. Polysulfid- und schwefelfreie Auronaldruckschwarzpaste mit 10 Tl. kryst. Na_2S + 75 Tl. alkalischer Verdickung + 5 Tl. Formaldehyd (40%). Kurz dämpfen, evtl. mit Metallsalzen nachbehandeln.
Abhäng. Pat.: Zusatz zu DRP. 216 900. — F. P. 16 149/1907; F. P. 385 259.

721. DRP. 217 287, E. F. Kur, Prestwich bei Manchester. 1908.

Der Druckpaste werden Xanthogensäureester der Stärke (F. P. 370 505) (es genügt, wenn ein Teil der Stärke verestert ist) zugesetzt. Zum Druck müssen die in den Lösungen des Esters vorhandenen Nebenprodukte mit H_2O_2 zerstört werden. Das Verfahren ist auch zum Färben und Pflatschen verwendbar.
Abhäng. Pat.: E. P. 18 816/1907.

722. Anmeldung F. 22 808, Meister, Lucius u. Brüning, Höchst. 1907.

Das Druckverfahren beruht auf der Tatsache, daß Thiosulfat allein in der Druckfarbe vorhanden, die Walzen nicht schwärzt (E. P. 16 897/1902), wohl aber bei Gegenwart der Druckpastenzusätze: Formaldehydsulfoxylat oder Hydrosulfit; man kocht daher die Schwefelfarbstoffe, z. B. 200 Thiogencyanin G mit 200 Na_2SO_2 und 250 H_2O aus, filtriert von der Thiosulfatlösung, wäscht neutral und verwendet den so gereinigten Schwefelfarbstoff direkt zur Bereitung der Druckpaste.

Abhäng. Pat.: E. P. 10 527/1907; F. P. 387 327.

723. E. P. 8142/1908, Bayer, Elberfeld. 1908.

Man reduziert den Schwefelfarbstoff mit Glucose und Lauge 1—2 Std. bei 55—75°, läßt 24 Std. stehen und verwendet als Verdickungsmittel eine mit NaOH vorher gekochte (veränderte) Stärke. Man druckt unter Glucose- und Laugenzusatz, wodurch man intensivere und schönere Drucke erhält.

724. DRP. 247 046, Bayer, Elberfeld. 1912.

Man drückt die wie üblich reduzierten Schwefelfarbstoffe mit einer Verdickung aus mit Alkali aufgeschlossener Stärke auf.

725. E. P. 24 978/1907, Basler Chem. Industriegesellschaft. 1907.

Die Kupferwalzen werden nicht geschwärzt, wenn man in sehr konzentrierter Na_2S - Lösung druckt, z. B. 10 Pyrogencyanin L + 80 Na_2S kryst. + 80 H_2O + 30 British gum, $^1/_4$ Std. kochen, dann drucken, 2—3 Min. dämpfen.

Abhäng. Pat.: A. P. 901 705.

726. Anmeldung F. 15 506, Bayer, Elberfeld. 1901.

Die Verwendung von vernickelten oder Nickelwalzen im Baumwolldruck mit Schwefelfarbstoffen statt der Kupfer- oder Bronzewalzen.

Abhäng. Pat.: E. P. 21 272/1901; F. P. 315 230; Ö. P. 9644/1902.

727. DRP. 209 429, Badische, Ludwigshafen. 1907.

Die für Indanthrenfarbstoffe verwendete Druckmethode: mit Zinnsalz oder Zinnoxydulkali unter Zusatz von Alkali, besonders bei Gegenwart einwertiger Alkohole zusammen mit Naphtholen zu drucken, ist auch für Schwefelfarbstoffe anwendbar. Die Drucke werden voller und laufen auch bei längerem Dämpfen nicht aus; z. B. 100 Kryogenschwarz TB + 80 Glycerin + 125 NaOH (45° Bé) + 450 alkalische Verdickung + 70 H_2O werden $^1/_4$ Std. auf 65° erhitzt und zu 75 Zinnoxydulpaste (50%) zugesetzt, dann kalt gerührt und 100 g einer Lösung von β-Naphthol (30%) hinzugefügt.

Abhäng. Pat.: E. P. 23 793/1907; F. P. 383 533.

728. DRP. 225 814, Cassella, Frankfurt a. M. 1908.

Zur Fixierung der Schwefelfarbstoffe beim Färben und Drucken werden die Gewebe mit den Lösungen tierischer Kolloide (Leim, Albumin, Casein usw.) imprägniert oder letztere werden der Druckfarbe beigemengt. In beiden Fällen erfolgt beim folgenden Färben bzw. Drucken die Bildung unlöslicher Verbindungen von Schwefelfarbstoff und Fällungskolloid, die auf der Faser dadurch fixiert werden, daß man das Kolloid in geeigneter Weise auf der Faser befestigt. Man präpariert z. B. mit 1 Tl. Leim + 6 Tl. H_2O und druckt mit einer Farbe, die als reduzierendes Mittel Formaldehyd enthält, dämpft ca. 5 Min. und fertigt aus. Schließlich empfiehlt sich ein warmes Bad, das 20 g Leim und 3 g Bichromat im Liter enthält. Das Verfahren ist verschieden von jenem des DRP. 200 298 (Behandeln von Geweben mit Kolloiden zwecks mechanischer Befestigung von Reserven) und verschieden von jenem in Lehnes Färber-Ztg. 1906, 61: Beizung mit Formaldehyd und Casein.

729. A. P. 1 200 055.

Zur Herstellung von Schwefelfarbstoff-Druckpasten teigt man die Farbstoffe mit nur soviel Schwefelalkali an, daß die Paste selbst kein
überschüssiges, ungebundenes oder freies Alkali enthält.

730. DRP. 252 267, L. Lichtenstein, Königinhof a. d. Elbe.

Man druckt Schwefel- und Hydronfarbstoffe in Gegenwart der Salze
nicht sulfurierter höherer Fettsäuren, aromatischer Sulfo- und Carbonsäuren. Vgl. Färberztg. vom 5. Mai 1912.

2. Reservageverfahren.

731. DRP. 130 628, Cassella, Frankfurt a. M. 1901.

Die Gewebe werden mit Metall-, vorzugsweise Zinksalzen bedruckt,
die mit Schwefelfarbstoffen unlösliche Lacke geben, an diesen
Stellen wird die Baumwolle nicht angefärbt.

Abhäng. Pat.: F. P. 311 644; Ö. P. 10 262/1902.

732. DRP. 153 146, Badische, Ludwigshafen. 1901.

Es werden auch hier zur Erzielung von Weiß- und Buntreserven
Metallsalze aufgedruckt, z. B. für Weißreserve: 20 Bleisulfat,
Teig + 7,5 Bleizucker + 12,5 Bleinitrat + 3 Kupfervitriol + 6 Kupfer-
nitrat (50° Bé) + 3 Alaun + 3 Leiogomme + 4 hellgebrannte Stärke
+ 8 Gummilösung 1 : 1 + 0,5 Talg (kg). Man trocknet, behandelt
mit einer konz. Lösung von Pottasche nach und färbt auf dem
Foulard mit 2 kg Immedialblau CR + 1 kg Na_2S + 0,5 kg NaOH
+ 2 kg NaCl (pro 100 l). Dämpfen, waschen, absäuern, trocknen.
Eventuell ohne vorheriges Waschen in der Hydrosulfitküpe mit
Indigo übersetzen.

Abhäng. Pat.: A. P. 722 050.

733. Anmeldung F. 15 599, Bayer, Elberfeld. 1901.

Man druckt zur Erzeugung von Weißreserven Aluminium- oder
Chromsalze auf. Diese Salze geben mit Na_2S nicht Sulfide, sondern
Hydroxyde, die fest an den bedruckten Stellen haften; nach dem
Spülen erscheinen die Stellen unter der Reserve rein weiß.

Abhäng. Pat.: F. P. 317 145.

734. Anmeldung B. 48 747, Badische, Ludwigshafen. 1909.

Reserven unter Schwefelfarbstoffen werden erzeugt durch Aufdrucken
von Antimonverbindungen; ein Zusatz von Zinkoxyd ist vorteilhaft, z. B. 100 Antimonfluorid + 50 $(NH_4)_2SO_4$ + 50 NH_4Cl + 300
Chinaclay 1 : 1 + 500 Gummilösung (50%). Man färbt im Na_2S-
Bade oder in der Küpe.

Abhäng. Pat.: E. P. 3751/1908; F. P. 387 516.

735. Anmeldung F. 16 782, Meister, Lucius u. Brüning, Höchst. 1902.

Reserven unter Indigo- und Schwefelfarbstoffen werden erzeugt durch
Bedrucken des je nach dem Verwendungszweck mit β-Naphthol und
Glucose präparierten oder nicht präparierten Gewebes mit Milchsäure. Für Buntreserven wird die Weißreserve mit basischen, Beizen-
oder auf der Faser erzeugten unlöslichen Azofarbstoffen kombiniert.

736. DRP. 210 682, Kalle, Biebrich. 1906.

Die Gewebe werden zur Erzeugung von Reserven mit verdickten aromatischen Nitroverbindungen bedruckt, mit Schwefelfarbstoffen
überpflatscht, getrocknet und gedämpft. An den bedruckten Stellen
entwickelt sich der Schwefelfarbstoff nicht. Die Nitroverbindungen
müssen in Wasser und in der Verdickung leicht löslich sein. (Auch
für Indigo und Thioindigo verwendbar.)

737. DRP. 228 682, Cassella, Frankfurt a. M. 1908.

Man druckt ein tierisches Kolloid auf die Faser auf und färbt mit Schwefelfarbstoffen. Es bilden sich unlösliche, jedoch leicht abwaschbare Verbindungen von tierischem Kolloid und Schwefelfarbstoff, so daß die unter den Drucken befindlichen Stellen weiß bleiben. Vorteilhaft ist ein Zusatz von β-Naphtholnatrium oder Nuanciersalz zur Druckfarbe, um die Fixierung des Kolloides zu verhindern; z. B. 460 g Leim + 460 g Ameisensäure (80%) + 80 g Kaolin. Man färbt auf dem Foulard.

738. DRP. 283 104, Bayer, Elberfeld. 1909.

Erzeugung bunter Reserveeffekte.

3. Ätzverfahren.

739. Anmeldung F. 15 195, Bayer, Elberfeld. 1901.

Man ätzt Schwefelfarbstoffärbungen mit chlorsaurer Tonerde oder Magnesia mit oder ohne Zusatz von Oxydationsmitteln.
Abhäng. Pat.: E. P. 16 170/1901; F. P. 313 413.

740. Anmeldung F. 15 215, Bayer, Elberfeld. 1901.

Die nach dem Verfahren der ersten Anmeldung geätzten Stellen werden mit Beizenfarbstoffen gefärbt.
Abhäng. Pat.: Zusatz zur Anmeldung F. 15 195. Zurückgez. 1903.

741. Anmeldung F. 15 273, Bayer, Elberfeld. 1901.

Ätzverfahren mit chlorsaurem Eisen oder Chrom. Sie erzeugen grünliche bzw. gelbliche Ätzmuster.
Abhäng. Pat.: Zusatz zur Anmeldung F. 15 195.

742. Anmeldung F. 15 274, Bayer, Elberfeld. 1901.

Die mit chlorsaurem Eisen oder Chrom geätzten Stellen werden mit Beizenfarben überfärbt.
Abhäng. Pat.: Zusatz zur Anmeldung F. 15 195.

743. DRP. 208 998, Engl. Wollwarenmanuf., Grünberg i. Schl. 1907.

Buntätzen von Drucken auf Halbwollgeweben, die mit schwer reduzierbaren Schwefel- bzw. mit leicht reduzierbaren anderen Farbstoffen gefärbt sind.
Abhäng. Pat.: E. P. 25 801/1907.

Die Erzeugung von weißen oder bunten Ätzeffekten auf Küpen- oder Schwefelfarbstoffen mit Formaldehydsulfoxylaten, -hydrosulfiten, Hydrosulfiten oder anderen Reduktionsmitteln ist in den DRP. 231 543, 235 879, 235 880, 240 513, 246 252, 246 519, 247 099, 247 100, 247 101, 249 542, 249 543 beschrieben.

744. DRP. 274 866.

Das Verfahren zum Ätzen von Küpen- und Schwefelfarbstoffen mit Reduktionsmitteln ist durch die Vorbehandlung der Ware vor dem Ätzaufdruck mit Alkalien gekennzeichnet.

Anhang: Erzeugung von Schwefelfarbstoffärbungen auf der Faser.

745. DRP. 84 989, Badische, Ludwigshafen. 1893.

Erzeugung von Echtschwarzfärbungen auf der Faser durch Aufdrucken von 350 g 1,8-Dinitronaphthalin (als 20% Paste gewogen) + 240 g Na_2S + 410 g Verdickung. Bei 50° getrocknet, $^1/_4$ Std. ohne Druck gedämpft, abgesäuert, gewaschen und geseift.
Abhäng. Pat.: E. P. 10 996/1893; F. P. 237 610; A. P. 545 336 und 37.

746. DRP. 85 828, Badische, Ludwigshafen. 1893.

Die Farbstoffe der Echtschwarzreihe (DRP. 84 989) werden bei Gegenwart von Alkalien mit oder ohne Traubenzucker aufgedruckt, z. B.: 600 g 20proz. Paste des sodaunlöslichen Farbstoffes B + 120 g H_2O + 100 g Verdickung + 100 g Soda + 80 g Traubenzucker. Der sodaunlösliche Farbstoff C kann ohne Traubenzucker gefärbt und gedruckt werden. Die Nuancen sind je nach den Mengen grau bis schwarz, und zwar: B bläulich, C grünlichschwarz.
Abhäng. Pat.: E. P. 10 996/1893; F. P. 237 610.

747. DRP. 158 828, Akt.-Ges. Berlin. 1902.

Man bedruckt oder klotzt das Gewebe mit organischen Verbindungen und Polysulfid (nicht mit Na_2S allein wie in DRP. 84 989). Man erhält so aus p-Aminophenol ein tiefes Schwarz, ebenso aus Dinitrooxydiphenylamin ein Schwarz mit blauer Übersicht; Dinitrophenol gibt Kohlschwarz, Nitroaminooxydiphenylamin (+ Na_2S_3 gedruckt) Tiefschwarz, das Indophenol aus p-Aminodimethylanilin + Phenol (kalt mit Na_2S reduziert, kalt imprägniert) beim folgenden Dämpfen eine blaue Färbung.
Abhäng. Pat.: E. P. 7073/1902; F. P. 319 876.

Eine Anlage zur Wiedergewinnung der Schwefelfarbstoffe aus Färbereiabwässern durch Ausfällung mit H_2SO_4 oder Metallsalz unter Luftrührung, Sedimentierung und ·Filtration ist in Färberztg. 1918, 90 beschrieben.

Zusammenstellung der Firmen als Patentinhaber.

Die Patente der unten folgenden Firmen und einiger privater Patentnehmer sind in vorstehender Übersicht zusammengestellt. Die Abkürzungen sind so gewählt, daß die Firma leicht erkenntlich erscheint.

Aktiengesellschaft für Anilinfabrikation Berlin: Akt.-Ges. Berlin.
Badische Anilin- und Sodafabrik Ludwigshafen a. Rh.: Badische, Ludwigshafen.
Basler chemische Fabrik in Basel.
Farbenfabriken vorm. Friedr. Bayer, Elberfeld: Bayer, Elberfeld.
Leopold Cassella u. Co., G. m. b. H., Frankfurt a. M.: Cassella, Frankfurt a. M.
The Clayton Aniline Comp. Lim. in Manchester: Clayton Comp.
Carl Jäger, Anilinfarbenfabrik Düsseldorf: Jäger, Düsseldorf.
Clauss u. Rée, Anilin colours Manuf. Clayton, Manchester.
Farbenfabrik Wülfing, Dahl u. Co., Barmen: Dahl, Barmen.
John Dawson u. Co. Lim. in Kirkheaton Colour Works, Huddersfield.
Farbwerke vorm. L. Durand, Huguénin u. Co., Basel.
Fabriques de produits chimiques de Thann et de Mulhouse (Elsaß).
Anilinfarben- und Extraktfabriken vorm. Rud. Geigy u. Co., Basel: Geigy, Basel.
Red Holliday a. Sons Lim. in Huddersfield: Holliday.
Hudson River Aniline and Colour Works Albany, N. Y.
Gesellschaft für chemische Industrie Basel: Basler Chem. Industriegesellschaft.
Kalle u. Co. in Biebrich a. Rh.: Kalle, Biebrich.
Farbwerk Mühlheim vorm. A. Leonhardt u. Co., Anilinfarben- und Chem. Fabrik in Mühlheim b. Frankfurt a. M.
Lepetit, Dollfuss u. Gansser in Susa, Italien.
Levinstein, Lim. Vale Works Blackley near Manchester.
Leeds Manufacturing Comp., Brooklyn.
Farbwerke vorm. Meister, Lucius u. Brüning in Höchst a. M.
Manufacture Lyonnaise de Matières colorantes: Soc. anon. in Lyon (Cassella).
Société chimique des Usines du Rhône, anciennement Gilliard, P. Monnet u. Cartier.

Chemikalienwerk Griesheim, G. m. b. H., früher Farbwerk Griesheim a. M.
　　(Noetzel, Istel u. Comp. u. Marx u. Müller).
K. Oehler, Anilin- und Anilinfarbenfabrik, Offenbach a. M. (Oehlerwerk
　　Griesheim).
Société anonyme des mat. colorantes et prod. chim. de St. Denis.
Roberts, Dale u. Comp. in Manchester u. Warrington.
Schöllkopf, Hartford u. Hanna Co., Buffalo, N. Y.
Chemische Fabriken vorm. Weiler ter Meer, Ürdingen a. Rh.
Chemische Fabrik vorm. Sandoz u. Co. in Basel: Sandoz.
Chemische Fabrik Griesheim-Elektron in Griesheim a. M.
Société française de Couleurs d'Aniline de Pantin.
The United Alkali Compagny Lim. (H. C. Cosway), Liverpool.
Fernhill Chemical Works, Bury (A. Ashworth & J. Bürger).
The Point Loma Chemical Comp. Point Loma Californien (E. T. Bundsmann).

Verlag von Otto Spamer in Leipzig-Reudnitz

Die Zwischenprodukte der Teerfarbenfabrikation

Ein Tabellenwerk für den praktischen Gebrauch

Nach der Patentliteratur bearbeitet von

Dr. Otto Lange

Rund 700 Seiten Lexikonformat mit über 3600 Verbindungen
in systematischer Ordnung und 60 Seiten Sach- und Patentregister

Geheftet 17 Gm., gebunden 20 Gm.

Das in diesem Werke angewandte neue System bietet nicht nur den Vorteil der raschen Auffindbarkeit jeder gewünschten Verbindung, sondern auch einen Überblick über die im Sinne der Zwischenproduktchemie zusammengehörigen Derivate irgendeines Ausgangsmateriales und gewährt damit vielfache Anregung zu neuen Arbeiten. Nicht zuletzt deshalb, weil es nunmehr zum ersten Male möglich ist, festzustellen, welche Stoffe, z. B. welche vierfach substituierten Benzole, bisher in der Patentliteratur erschienen sind, — es werden also die Lücken aufgedeckt, deren Ausfüllung vielleicht zu ähnlichen Erfolgen führen wird, wie seinerzeit die Einbeziehung des Thionaphthen in den Bereich des Arbeitsgebietes die bedeutungsvolle Auffindung des roten Indigos brachte.

Das in knappster Form tabellarisch zusammengezogene gesamte Patentmaterial bringt von jedem Körper Literatur, Formelbild, Molekulargewicht und kurze Herstellungsvorschrift und wird durch ein erschöpfendes Namen- und ein Patentnummerverzeichnis vervollständigt.

Zeitschrift für angewandte Chemie: Für alle Chemiker, die auf dem Gebiete der Teerfarbstoffe arbeiten, bildet das vorliegende Werk ein höchst nützliches Nachschlagebuch. Die Zwischenprodukte sind geordnet nach dem in Lehrbüchern der organischen Chemie üblichen System; in erster Linie ist regelmäßig Bezug genommen auf das Deutsche Reichspatent oder die Anmeldung. Wir finden jedoch auch die ausländische Patentliteratur sowie die wissenschaftlichen und technischen Zeitschriften eingehend berücksichtigt. Ein ausführliches Sachregister und ein nach den Nummern geordnetes Verzeichnis der deutschen Patente ermöglichen die schnelle Orientierung. Wir sind sicher, daß das Werk in allen Laboratorien unserer Farbenfabriken und technologischen Institute mit Freuden begrüßt und eifrig benutzt werden wird.

Journal of the Franklin Institute: "Admirable" is the adjective to be applied to this work, using the word in both its Shakesperian and modern sense, for examination arouses both wonder and praise ... The enormous amount of information is made readily accessible by careful classification, largely based on an alphabetical arrangement and supplemented by an extensive index ... It scarcely needs to be added that the book is a most important and valuable contribution to the field of coal-tar chemistry and will be an indispensable guide to all who are engaged in either the practical or theoretical work.

Chemische Industrie: Der durch sein Buch über Schwefelfarbstoffe und besonders durch die ganz vorzügliche Zusammenstellung der chemisch-technischen Vorschriften bekanntgewordene Autor hat es unternommen, die in der Patentliteratur beschriebenen Zwischenprodukte der Teerfarbenfabrikation systematisch zu ordnen und in Form eines stattlichen Bandes von über 600 Seiten der Allgemeinheit zugänglich zu machen. Anordnung, Formeln und Druck sind vorzüglich und übersichtlich.